Timm Gudehus

Logistik II

Springer

Berlin
Heidelberg
New York
Barcelona
Hongkong
London
Mailand
Paris
Singapur
Tokio

Timm Gudehus

Logistik II

Netzwerke, Systeme und Lieferketten

146 Abbildungen

Springer

Dipl.-Phys. Dr. rer. nat.
Timm Gudehus
Strandweg 54
D-22587 Hamburg

ISBN 3-540-66850-0 Springer-Verlag Berlin Heidelberg New York

Die Deutsche Bibliothek – CIP-Einheitsaufnahme

Gudehus, Timm:
Logistik / Timm Gudehus. – Berlin ; Heidelberg ; New York ; Barcelona ; Hongkong ; London ; Mailand ;Paris; Singapur ; Tokio : Springer
(VDI-Buch)
2. Netzwerke, Systeme und Lieferketten – 2000
ISBN 3-540-66850-0

Umschlaggestaltung: Struve & Partner, Ilvesheim
Satz/Datenkonvertierung: MEDIO, Berlin
SPIN: 10726810 68/3020 - 5 4 3 2 1 0 – Gedruckt auf säurefreiem Papier

Geleitwort

Die zunehmende Globalisierung und die daraus resultierende Vernetzung der Unternehmen, die weiter sinkenden Lieferzeiten sowie die höheren Kundenanforderungen an die Flexibilität der Unternehmen erfordern eine praxisnahe und fundierte Logistik. Die Logistik ist in der Praxis als ein wettbewerbsentscheidender Faktor erkannt worden. Das Interesse am Aufbau und an der Optimierung von logistischen Systemen besteht nicht nur seitens der Anwender sondern ist auch in den mittleren und obersten Managementebenen festzustellen. Das Management konzentriert sich zunehmend auf die strategische Planung von Logistikkonzepten und die schnelle Implementierung innovativer Logistiksysteme.

Das vorliegende Werk über die Logistik nimmt sich der Aufgabe an, nicht nur die Grundlagen der Logistik zu erläutern. Es stellt den strategischen Rahmen der Logistik vor und verbindet diesen mit beispielhaften Anwendungen. Die Darstellung der Erkenntnisse zu strategischen Themen, wie Organisation der Logistik und Prozeßsteuerung, sowie das Vorgehen zur Planung und Realisierung von Systemen, bilden den Rahmen. Dabei erläutert der Verfasser Verfahren der Potentialanalyse sowie Strategien zur Optimierung von Logistiksystemen. Ein weiterer Teil des Werkes befaßt sich mit den administrativen und informatorischen Aspekten der Logistiksysteme. Die Parameter Zeit und Kosten sind hierbei von herausragender Bedeutung. Weiterhin werden Konzepte für die Leistungs- und Qualitätsvergütung, für die Auftragsdisposition und Produktionsplanung unter logistischen Gesichtspunkten sowie für die Versorgungsdisposition behandelt.

Der Schwerpunkt des Buchs liegt in der detaillierten Herleitung und bisher einzigartigen Erläuterung der theoretischen Grundlagen, Berechnungsformeln und Algorithmen, die für die Planung und Optimierung innovativer Logistiksysteme so entscheidend sind. Die Teilsysteme der Logistiknetzwerke, wie die Lager- und Kommissioniersysteme, die Logistikketten, wie die Belieferungs- und Transportketten, und der der Einsatz von Logistikdienstleistern werden theoretisch fundiert bearbeitet und anwendungsgerecht beschrieben.

Der Verfasser dieser Monographie, Dr. rer.nat. Timm Gudehus, ist als Analytiker, Manager und Unternehmensberater weithin bekannt. Er hat seit vielen Jahren mit seinen grundlegenden Arbeiten über Kommissioniertechnik, Transportsysteme, Grenzleistungsgesetze und andere Bereiche wertvolle Beiträge zur Entwicklung der Logistik geleistet. Seine theoretischen Erkenntnisse sowie seine langjährigen Praxiserfahrungen sind in dieses Werk eingeflossen.

Ich wünsche dem Leser einen hohen Nutzen sowie dem Buch viel Erfolg.

Berlin, Juni 1999 Prof. Dr.-Ing. Helmut Baumgarten

Vorwort

Seit Beginn meiner Industrietätigkeit haben mich die *Probleme* und *Aufgaben* der Logistik mit ihren Dimensionen *Raum* und *Zeit*, *Material* und *Daten*, *Organisation* und *Technik*, *Leistung* und *Kosten* fasziniert. Diese zweibändige Studienausgabe einer 1999 erschienenen *Monographie der Logistik* ist eine Zusammenfassung von Erkenntnissen und Erfahrungen aus meiner Tätigkeit als Planer und Projektmanager im Anlagenbau, als Privatdozent für Lager-, Transport- und Kommissioniertechnik, als Geschäftsführer von Unternehmen der Fördertechnik, des Maschinenbaus, der Zulieferindustrie und der Textilindustrie sowie als Berater für Logistik und Unternehmensplanung.

Eingeflossen sind Anregungen, Ideen, Lösungen und Kenntnisse aus Büchern und Veröffentlichungen, aus Diskussionen mit Fachkollegen und Kunden sowie aus der Bearbeitung von Projekten für Industrie, Handel und Dienstleistung. Die Lösungen und Beiträge anderer habe ich im Verlauf der Jahre weiterentwickelt und in eigener Arbeit neue Erkenntnisse hinzugewonnen. Einige neu entwickelte Problemlösungen und Strategien, die sich in der Beratungspraxis bewährt haben, werden hier erstmals veröffentlicht.

Erarbeitet und verfaßt habe ich das Buch neben meiner beruflichen Arbeit an Wochenenden und Feiertagen sowie in den Wartezeiten auf Geschäftsreisen. Mein größter Dank gilt meiner Frau *Dr. Heilwig Gudehus*. Sie hat meine häufige Geistesabwesenheit mit Verständnis ertragen, mich in Phasen des Zweifels zur Weiterarbeit ermutigt und mir durch geduldiges Zuhören und kritische Fragen beim allmählichen Verfertigen der Gedanken geholfen [1].

Meinem Vater *Herbert Gudehus*, der sich schon zu Zeiten mit Fragen der Logistik beschäftigt hat, als es den Begriff noch nicht gab, verdanke ich das kritische Denken, den Spaß an der Lösung mathematischer Probleme und viele Anregungen [70; 208; 222].

Einen besonderen Dank schulde ich *Prof. Dr. Helmut Baumgarten*, dem Nestor der Logistik in Deutschland. Professor Baumgarten hat mich 1991 in die Logistik zurückgeholt und mir die Zusammenarbeit mit dem *Zentrum für Logistik und Unternehmensplanung GmbH* (ZLU) in Berlin ermöglicht, dessen Gründer und geistiger Vater er ist. Mein weiterer Dank richtet sich an die Kollegen und Mitarbeiter des ZLU. Allen voran und zugleich stellvertretend für das gesamte ZLU-Team danke ich *Dr. Frank Straube* und *Dr. Michael Mehldau*. In der kreativen Atmosphäre des ZLU haben viele Fachdiskussionen im Rahmen der Beratungsprojekte und die Realisierung hieraus entwickelter Konzepte zum Entstehen des Buches beigetragen.

Für hilfreiche Unterstützung, nützliche Informationen, kritische Diskussionen und konstruktiven Widerspruch danke ich *Prof. Dr. Dieter Arnold*, *Astrid Boecken*, *Dr. Rudolf von Borries*, *Dr. Wolfgang Fürwentsches*, *Oliver Gatzka*, *Richard Kunder*, *Karsten Lange*, *Prof. Dr. Heiner Müller-Merbach*, *Dr. Jochen Miebach*, *Martin Reinhardt*, *Prof. Dr. E. O. Schneidersmann*, *Prof. Dr. Dieter Thormann*, *Wilhelm Vallbracht*, *Ole Wagner* und vielen anderen. Danken möchte ich auch dem *Springer-Verlag*, insbesondere *Herrn T. Lehnert*, für sein Interesse am Gelingen des Werks und die rasche Drucklegung sowie *Frau Claudia Hill* für die sorgfältige Gestaltung.

Diese Monographie über die Logistik mit Band 1 *Grundlagen, Verfahren und Strategien* und Band 2 *Netzwerke, Systeme und Lieferketten* richtet sich an Volks- und Betriebswirte, an Ingenieure, Techniker und Informatiker, an Praktiker und Theoretiker, an Planer und Berater, an Anwender und Betreiber, an Anfänger und Fortgeschrittene. Ich hoffe, daß das Werk in Forschung und Lehre, in der Beratung und für die Unternehmenslogistik von Nutzen ist und breite Verwendung findet.

TIMM GUDEHUS
Hamburg, im Mai 1999

Inhalt

Inhaltsübersicht Band I

Grundlagen, Verfahren und Strategien

Die Verweise im Text, die sich auf Band 1 (Kapitel 1–14) beziehen, sind durch „I“ gekennzeichnet.

Tabellen in diesem Band

Einleitung

Elegante und doch tragfähige Brücken und Bauwerke sind das Ergebnis der konsequenten Nutzung der Gesetze von Statik und Mechanik. Entsprechendes gilt auch für die Logistik: Schlanke und leistungsfähige Logistiksysteme sind nur erreichbar, wenn die Gesetze und Strategien der Logistik bekannt sind und bei der Gestaltung und Dimensionierung richtig genutzt werden.

Diese zweibändige Studienausgabe einer 1999 erstmals erschienenen *Monografie der Logistik* hat das Ziel, hierfür die Grundlagen zu schaffen und das erforderliche Wissen zu vermitteln. Sie gibt eine zusammenfassende Darstellung aller aktuellen Bereiche der Logistik und beschreibt die theoretischen Grundlagen, technischen Möglichkeiten und praktischen Verfahren zur systematischen Bearbeitung und zielführenden Lösung von logistischen Aufgaben. Dabei werden die organisatorischen, technischen und betriebswirtschaftlichen Aspekte der Logistik gleichrangig behandelt. Das Werk will das allgemeine Verständnis für die Logistik fördern, zum Weiterdenken anregen und Anstöße geben für die Forschung und Lehre.

In *Band 1* wurden die *Grundlagen, Verfahren und Strategien* zur Gestaltung, Dimensionierung und Optimierung von Logistiksystemen behandelt. Gegenstand von *Band 2* sind die *Netzwerke, Systeme und Lieferketten.*

Die in *Band 1* dargestellten allgemeinen *Strategien der Logistik* werden hier konkret eingesetzt für die Gestaltung und die Organisation der Systeme. Zur Auslegung und Dimensionierung der Netzwerke und Systeme werden die *Grenzleistungsgesetze* und die *Berechnungsformeln der Staueffekte* aus *Band 1* genutzt. Für die Auswahl und Optimierung der Logistikketten sind die in *Band 1* entwickelten Verfahren der *Kosten- und Leistungsrechnung*, der *Bedarfsprognose* sowie der *Bestands- und Nachschubdisposition* grundlegend.

Nach einem Überblick über die *Logistiknetzwerke* und *Logistiksysteme* werden im vorliegenden *Band 2* die *Lagersysteme*, die *Kommissioniersysteme* und die *Transportsysteme* behandelt, aus denen sich die übergeordneten Logistiknetzwerke zusammensetzen. Die betreffenden Kapitel beginnen jeweils mit der Festlegung und Abgrenzung der *Funktionen* und *Leistungsanforderungen*, die das System zu erfüllen hat. Danach werden die *Teilfunktionen*, *Systemelemente*, *Strukturen* und *Prozesse* analysiert. Aus einer logistischen Klassifizierung der Systeme resultieren *Auswahlregeln* und *Gestaltungsmöglichkeiten* zur Erfüllung der systemspezifischen Anforderungen.

Gegenstand des zentralen Kapitels von „*Optimale Lieferketten*" sind die unternehmensübergreifenden *Logistikketten* und *Logistiknetzwerke*. Hier werden die Grundlagen des *Supply-Chain-Managements* dargestellt und *Verfahren zur Auswahl optimaler Logistikketten* entwickelt. Das letzte Kapitels von *Band 2* behandelt den *Einsatz von Logistikdienstleistern* und das Vorgehen bei der *Ausschreibung von Logistikleistungen.*

Die allgemeinen Grundsätze, Strategien und Berechnungsformeln haben sich bei der Lösung konkreter Probleme bewährt und werden anhand von praktischen Anwendungsbeispielen erläutert. Das Buch gibt Hinweise auf *Handlungsspielräume* und *Optimierungsmöglichkeiten* und bietet *Lösungsansätze* und *Entscheidungshilfen.* Es enthält *Verfahren* und *Tools* zur Planung von Logistiksystemen und zur optimalen Gestaltung von Logistikketten. Ergebnisse sind *Planungs- und Gestaltungsregeln, Betriebsstrategien* und allgemeingültige *Berechnungsformeln.*

Neu eingeführte *Begriffe* und *Stichworte* werden *kursiv* geschrieben. *Definitionen* und allgemeingültige *Grundsätze* sind mit einem Spiegelpunkt (•) eingerückt und dadurch besser erkennbar. *Abbildungen* und *Tabellen* erleichtern das Verständnis des Textes. Zur Vereinfachung der Programmierung sind die *Formeln* einzeilig und mit schrägen Bruchstrichen geschrieben. Wichtige Formeln sind durch **Fettsatz** hervorgehoben und dadurch leichter auffindbar.

Die Kapitel der beiden Bände der Studienausgabe sind durchlaufend numeriert. Sie sind aufeinander abgestimmt und durch Querverweise miteinander verbunden. Die einzelnen Kapitel sind jedoch auch in sich verständlich. Damit sind die beiden Bände auch als *Nachschlagewerk* geeignet. Hierzu dienen das umfangreiche *Sachwortverzeichnis* und die *Tabellen* mit *Kennzahlen* und *Richtwerten* für die Planung von Logistiksystemen.

Das Buch enthält außerdem einige *Tabellenkalkulationsprogramme*, die der interessierte Leser unter Verwendung der angegebenen Formeln und Algorithmen selbst in MS-EXCEL programmieren kann. Das ermöglicht dem Leser, zum besseren Verständnis der Zusammenhänge eigene Modellrechnungen durchzuführen.

15 Logistiknetzwerke und Logistiksysteme

Das Logistiknetzwerk jedes Unternehmens ist Teil eines weltumspannenden Netzwerks, das von den Logistiksystemen der Speditionen, Verkehrsbetriebe, Eisenbahnen, Luftfahrtgesellschaften, Schiffahrtslinien und anderer Unternehmen aufgespannt wird. Das globale Logistiknetzwerk hat viele Eigentümer und Benutzer. Es dient unterschiedlichen Zwecken und Interessen.

Zentrale Aufgaben des *Netzwerksmanagements* sind die Abgrenzung des unternehmenseigenen Logistiknetzwerks und die Regelung der Beziehungen zu den Netzwerken der Lieferanten, Kunden und Logistikdienstleister. Die Unternehmenslogistik muß entscheiden, welche der geschäftsbedingten Logistikaufgaben den Lieferanten und Kunden überlassen, welche in eigener Regie ausgeführt oder zugekauft und welche als komplette Leistungspakete an Systemdienstleister vergeben werden. Die Grenzen des eigenen Logistiknetzwerks hängen davon ab, wie das Unternehmen seine *Kernkompetenzen* definiert und welche Bedeutung die Logistik für das Erreichen der Unternehmensziele hat.

Die beiden *Kernaufgaben der Unternehmenslogistik* sind daher:

1. Für die benötigten Logistikleistungen sind *Logistiksysteme* so zu gestalten, zu dimensionieren, zu organisieren, zu realisieren, zu betreiben oder zu beschaffen, daß sie die *Leistungsanforderungen* bei Einhaltung der *Restriktionen* optimal erfüllen.
2. Die eingesetzten Logistiksysteme sind so zu einem leistungsfähigen *Logistiknetzwerk* zu verknüpfen, zu koordinieren und zu managen, daß die *Auftrags-* und *Logistikprozesse* des Unternehmens optimal ablaufen.

Für diese Doppelaufgabe der Unternehmenslogistik wurden in Band *1* die *Grundlagen* und *Strategien* sowie die allgemeinen organisatorischen, technischen und kommerziellen *Handlungsmöglichkeiten* dargestellt. In diesem Band 2 werden die Auslegung, Dimensionierung und Optimierung der *Lager-*, *Kommissionier-* und *Transportsysteme* behandelt, Verfahren zur Auswahl *optimaler Lieferketten* und zur Gestaltung von *Logistiknetzwerken* entwickelt und hieraus das Vorgehen zum erfolgreichen *Einsatz von Logistikdienstleistern* abgeleitet.

15.1 Intralog, Extralog und Interlog

Ein Logistiknetzwerk ist eine Anzahl von Quellen und Senken, die durch Transportsysteme miteinander verbunden sind (s. *Abb. 1.3/I*). Das Logistiknetzwerk wird von Waren-, Güter- und Personenströmen durchlaufen, die durch Informations- und Datenströme ausgelöst, gesteuert und kontrolliert werden.

Analog zur Unterscheidung zwischen *Intranet*, *Extranet* und *Internet* der Informations- und Kommunikationsnetzwerke lassen sich die Logistiknetzwerke nach den in *Tabelle 15.1* aufgeführten Merkmalen einteilen in *Intralog*, *Extralog* und *Intralog*:

- *Intralog-Netze* sind die innerbetrieblichen Logistiknetzwerke innerhalb der einzelnen Betriebsstätten eines Unternehmens.
- *Extralog-Netze* sind die außerbetrieblichen Logistiknetzwerke zwischen den Betriebsstätten der Unternehmen.
- *Interlog-Netze* sind die Logistiknetze aller Unternehmen und Wirtschaftsteilnehmer.

	Intralog	Extralog	Interlog
Merkmale			
Abgrenzung	Innerbetriebliches Logistiknetzwerk einer Betriebsstätte	Außerbetriebliches Logistiknetzwerk eines Unternehmens	Unternehmensübergreifende Logistiknetzwerke mit vielen Teilnehmern
Betriebsstandorte	einer	mehrere	viele
Vernetzung	gering	mittel	hoch
Logistikketten	innerbetrieblich	zwischenbetrieblich	überbetrieblich
Quellen	Wareneingang Produktionsstellen	Lieferanten andere Betriebsstätten	Unternehmen Haushalte
Senken	Verbrauchsstellen Warenausgang	Kunden andere Betriebsstätten	Unternehmen Haushalte
Teilsysteme	Maschinensysteme Lagersysteme Kommissioniersysteme Förder- und Transportsysteme	Beschaffungssysteme Distributionssysteme Entsorgungssysteme Intramodale Transportsyteme	Interlog-Systeme Extralog-Systeme Verkehrssysteme Speditionssysteme
Betreiber			
Betriebsstätten	Unternehmen	Dienstleister	Dienstleister
Betriebsmittel	Unternehmen/Dienstleister	Unternehmen/Dienstleister	Dienstleister
Trassennetz	Unternehmen	Verkehrsbetriebe/Staat	Verkehrsbetriebe/Staat
Transportmittel	Unternehmen/Dienstleister	Unternehmen/Dienstleister	Dienstleister

Tab. 15.1 Merkmale der Logistiknetzwerke

Unternehmen: Industrie- und Handelsunternehmen
Dienstleister: Logistikdienstleister, Speditionen, Umschlagbetriebe usw.
Verkehrsbetriebe: Eisenbahnen, Schiffahrtsgesellschaften, Luftfahrtgesellschaften
Haushalte: Privathaushalte, Gastronomie, Verwaltungen, Krankenhäuser u.a.

Logistiknetzwerke sind Systeme mit vielfacher Funktion, die sich aus Teil- und Subsystemen mit nur einer oder wenigen Funktionen zusammensetzen.

Das *Interlog* besteht aus den Logistiknetzwerken der Industrie- und Handelsunternehmen, der Dienstleister und der Verkehrsbetriebe. Das Logistiknetzwerk eines Unternehmens setzt sich zusammen aus aus den Intralog-Netzen der einzelnen Betriebsstätten, die sich von den Eingängen zu den Ausgängen erstrecken, und dem Extralog-Netz, das von den Lieferanten über die Betriebsstätten bis zu den Kunden oder Abnehmern des Unternehmens reicht.

Subsysteme des Extralog sind die Beschaffungs- oder Versorgungssysteme der Betriebe, die Distributions- oder Verteilsysteme für die Fertigwaren und die Entsorgungssysteme für Produktions- und Verpackungsreste. *Teilsysteme* des Intralog sind die Maschinensysteme, Lagersysteme, Kommissioniersysteme, Bereitstellsysteme, Umschlagsysteme und innerbetrieblichen Transportsysteme.

15.2 Systemaufbau und Systemhierarchien

Jedes System besteht aus Systemelementen und einer System- oder Prozeßsteuerung. Die Systemelemente sind so miteinander verbunden und ihre Funktionen werden von der Prozeßsteuerung so koordiniert, daß die Aufträge vom System korrekt und zuverlässig ausgeführt werden.

Die Systemelemente können *Leistungsstellen*, *Teilsysteme*, *Subsysteme* oder *Maschinensysteme* sein, die ihrerseits wieder aus Systemelementen zusammengesetzt sind. Hieraus resultiert eine *Hierarchie der Systeme* [233]:

1. *Logistiknetzwerke* setzen sich zusammen aus den
2. *Extralog-Systemen* und *Intralog-Systemen* der Unternehmen, die aus
3. *Lager-, Kommissionier-, Umschlag-* und *Transportsystemen* aufgebaut sind, die aus
4. *Teil- und Subsystemen* bestehen, deren Elemente
5. *Leistungsstellen* sind, die *Räume, Betriebsmittel* und *Personen* umfassen, oder
6. *Maschinensysteme*, die aus aus *Teilen*, *Komponenten* und *Modulen* zusammengesetzt sind.

In abstrakter Form zeigt *Abb. 1.3/I* die Auflösung eines Logistiknetzwerks in einzelne Logistiksysteme oder eines Logistiksystems in einzelne Leistungsstellen und Subsysteme.

Aus der Systemhierarchie resultiert eine *Steuerungshierarchie* für die Prozeßsteuerung. *Abb. 18.6* zeigt beispielsweise die *Steuerungsebenen* der hierarchisch aufgebauten Prozeßsteuerung eines Transportsystems.

Die weitere Auflösung der Teile, Komponenten und Module in ihre Elemente und die Fortsetzung der Systemhierarchie nach unten ist nicht mehr Aufgabe der Logistik sondern anderer Fachdisziplinen, wie die Fördertechnik, der Fahrzeugbau, der Schiffbau, der Flugzeugbau und der Maschinenbau, die auf die Konstruktion und Herstellung der betreffenden technischen Anlagen und Maschinensysteme spezialisiert sind (s. *Abschnitt 3.10/I*).

Die Hierarchie der Systeme, der Systemaufbau aus Subsystemen und Elementen und die Verkopplung der Systemebenen durch eine hierarchisch aufgebaute Systemsteuerung sind der Schlüssel für die systematische Gestaltung, Dimensionierung und Optimierung der Logistiksysteme und für ein erfolgreiches Netzwerkmanagement. Dabei ist zu unterscheiden zwischen der *horizontalen Vernetzung* von Systemen in der gleichen Hierarchieebene und der *vertikalen Vernetzung* zwischen Systemen unterschiedlicher Hierarchieebenen.

Von anderen horizontal vernetzten Systemen der gleichen Ebene und aus den höheren Hierarchie ebenen, mit denen ein System vertikal vernetzt ist, resultieren die *Aufträge* und *Leistungsanforderungen* an das System. Die unterlagerten Hierarchieebenen bestimmen das *Leistungsvermögen* des Systems und erhalten ihre Aufträge aus übergeordneten Systemen.

15.3 Leistungsanforderungen und Leistungsvermögen

Maßgebend für die Planung und den Aufbau eines neuen Systems ebenso wie für die Bewertung vorhandener Systeme sind die *Leistungsanforderungen*. Die Leistungsanforderungen resultieren aus der Anzahl und dem Inhalt der *Aufträge*, die Betreiber oder Benutzer dem System erteilen:

- Die Aufträge an das System spezifizieren die *Menge*, die *Beschaffenheit* und die *Qualität* der geforderten Produkte und Leistungen.

Aufträge an Logistiksysteme sind *Beförderungsaufträge*, *Transportaufträge*, *Lageraufträge*, *Kommissionieraufträge* und *Lieferaufträge*.

Aus einem geforderten oder zu erwartenden *Auftragseingang* λ_{AE} [Auf/PE] pro Periode PE und einem mittleren *Auftragsinhalt* m_A [LE/Auf] von *Leistungs- oder Logistikeinheiten* LE resultiert ein *Leistungs- oder Mengendurchsatz*

$$\lambda_{LE} = m_A \cdot \lambda_{AE} \qquad [LE/PE]. \qquad (15.1)$$

Aus einem zeitabhängigen Auftragseingang $\lambda_{AE}(t)$ ergibt sich eine Zeitabhängigkeit des Leistungs- und Mengendurchsatzes $\lambda_{LE}(t)$. Aus einem stochastischen Auftragseingang folgt ein stochastisch schwankender Durchsatz.

Zeitabhängige und stochastisch schwankende Durchsatzanforderungen führen zu Auftragsbeständen oder zu Warenbeständen, für die das System eine ausreichende *Pufferkapazität* bieten muß. Zusätzlich hat die *Auftragsdisposition* die Möglichkeit, einen Teil der geforderten oder geplanten Liefermengen vor dem Lieferzeitpunkt auszuführen und auf Lager zu fertigen. Aus den *dynamischen Durchsatzanforderungen* an ein Logistiksystem und den *Strategien* der Auftrags- und Bestandsdisposition ergibt sich der *Kapazitätsbedarf* C [LE], das heißt die *statische Leistungsanforderung* an die Lager- und Pufferkapazität des Systems.

Den *Leistungsanforderungen*, die festlegen, was ein gesuchtes oder vorhandenes System unter welchen Bedingungen *leisten soll*, steht das *Leistungsvermögen* gegenüber, das angibt, was ein bestimmtes System unter gegebenen Bedingungen *leisten kann*.

Das *dynamische Leistungsvermögen* eines Leistungs- oder Logistikystems ist gegeben durch die maximalen *Durchsatzwerte* oder *Grenzleistungen* μ_{LE} [LE/PE] der Leistungs- und Logistikeinheiten, für die das System ausgelegt ist. Das *statische Leistungsvermögen* eines Logistiksystems ist die *Puffer- und Lagerkapazität* C_{LE} [LE], das heißt, die maximale Anzahl von Logistikeinheiten, die im System gepuffert oder gelagert werden kann.

Das Leistungsvermögen eines Systems wird bestimmt vom *Leistungsvermögen der Systemelemente*, von der *Systemstruktur* und von den *Betriebsstrategien*, nach denen die Prozeßsteuerung die Aufträge ausführt. Außer von diesen *systeminternen Einflußfaktoren* hängt das Leistungsvermögen des Systems von *externen Einflußfaktoren* ab, wie die Größe und Struktur der Aufträge und die Stochastik und zeitliche Veränderlichkeit des Auftrageingangs. Die internen und externen Einflußfaktoren müssen für die Bewertung und Optimierung eines bestehenden Systems ebenso bekannt sein wie für die Planung und Realisierung eines neuen Systems.

15.4 Systemplanung und Systemoptimierung

Aufgabe der *Systemplanung* ist die Entwicklung eines Systems, das die gestellten *Leistungsanforderungen* bei gegebenen *Randbedingungen* zu minimalen *Leistungskosten* erfüllt. Die *Systemoptimierung* hat die Aufgabe, die Leistungskosten eines vorhandenen Systems zu senken oder das Leistungsvermögen des Systems zu verbessern.

Die *Leistungskosten* k_{LE} [DM/LE] sind die *Betriebskosten* $K(\lambda_{LE})$ [DM/PE] in einer Periode PE (PE = Tag, Woche, Monat oder Jahr) bezogen auf die erbrachte *Systemleistung* λ_{LE} [LE/PE]:

$$k_{LE} = K(\lambda_{LE}) / \lambda_{LE} \qquad [\text{DM/PE}]. \tag{15.2}$$

Wenn ein System mehrere *Leistungsarten* mit den *Leistungseinheiten* LE_i und dem Durchsatz λ_{LEi} [LEi/PE] erbringt, müssen die Gesamtbetriebskosten $K(\lambda_{LE1}; \lambda_{LE2};...; \lambda_{LEn})$ möglichst verursachungsgerecht in eine Summe $K = \Sigma K(\lambda_{LEi})$ *partieller Betriebskosten* $K(\lambda_{LEi})$ aufgeteilt und aus diesen nach Beziehung (15.2) die *partiellen Leistungskosten* k_{LEi} kalkuliert werden.

Die Betriebskosten werden im wesentlichen bestimmt von den Abschreibungen, Zinsen und Wartungskosten für Gebäude, Maschinen, Anlagen und Betriebsmittel, vom Personalbedarf und vom Material, Energie- und Treibstoffeinsatz. Sie setzen sich zusammen aus *fixen Kosten* $K_{fix}(\mu_{LE})$, die unabhängig vom Leistungsdurchsatz anfallen, und *variablen Kosten* $K_{var}(\lambda_{LE})$, die vom Leistungsdurchsatz abhängen. Die Fixkosten hängen vom Mechanisierungsgrad und vom Leistungsvermögen μ_{LE} [LE/PE] des Systems ab (s. *Kapitel* 6 und 7/I).

Wenn die durchschnittliche *Systemauslastung*

$$\rho = \lambda_{LE} / \mu_{LE} \qquad [\%]. \tag{15.3}$$

im Verlauf einer Betriebsperiode gering ist, steigen die Leistungskosten infolge des hohen Fixkostenanteils. Das System ist dann entweder überdimensioniert oder wegen stark schwankender Leistungsanforderungen zur *Vorhaltung von Spitzenkapazität* gezwungen.

Aus diesem betriebswirtschaftlichen Zusammenhang folgt für die Systemplanung und Optimierung das *Verfahren der stufenweisen Annäherung*:

1. Das System ist zunächst unter Annahme eines *stationären Auftragseingangs* ohne stochastische Schwankungen so auszulegen, zu dimensionieren und zu optimieren, daß es den mittleren Leistungsdurchsatz, der für einen vorgegebenen Planungszeitraum zu erwarten ist, mit ausreichenden Leistungsreserven erfüllen kann.
2. Aus den Systemen, die den *stationären Leistungsanforderungen* genügen, werden die Lösungen mit den geringsten Leistungskosten ausgewählt.
3. Für die wirtschaftlich interessanten Lösungsmöglichkeiten werden die Auswirkungen eines *zeitlich veränderlichen* Auftragseingangs und Leistungsbedarfs untersucht, die Betriebsstrategien und das Leistungsvermögen dem Bedarf zur *Spitzenstunde des Spitzentags* der Planungsperiode angepaßt und danach erneut die Leistungskosten kalkuliert.
4. Die danach verbleibende wirtschaftlich interessanteste Lösung wird unter Berücksichtigung der zu erwartenden *stochastischen Schwankungen* von Auftragseingang und Leistungsbedarf einer *Funktions- und Leistungsanalyse* unterzogen, die in *Abschnitt 13.7/I* beschrieben ist. Mit den hieraus eventuell notwendigen Veränderungen resultiert die technisch und wirtschaftlich *optimale Systemlösung*.

Dieses Vorgehen entspricht dem in der Physik bekannten *Verfahren der stufenweisen Störungsrechnung*. Danach läßt sich ein mathematisch nicht explizit lösbares Problem durch schrittweise Annäherung mit zunehmender Genauigkeit lösen: Im ersten Schritt wird unter Vernachlässigung von Störungseinflüssen höherer Ordnung zunächst eine Lösung für die Haupteinflußfaktoren errechnet. Die weiteren Einflüsse werden in den nächsten Berechnungsschritten in der Reihenfolge ihrer Bedeutung berücksichtigt. Das Störungsverfahren führt am Ende mit der benötigten Genauigkeit zur gesuchten Lösung.

Entsprechend dem hierarchischen Aufbau der Logistiksysteme lassen sich Systemplanung und Systemoptimierung auf allen Hierarchieebenen, also für die Netzwerke, die Logistiksysteme und deren Subsysteme, nach dem in *Abb. 15.1* dargestellt *iterativen Planungs- und Optimierungsverfahren* durchführen.

Nach einer Erfassung der Leistungsanforderungen und Planungsgrundlagen führt das Verfahren über eine Analyse und Bewertung der vorhandenen oder der zur Auswahl stehenden Logistikketten und Systemvarianten zur Konzeption einer Systemlösung, die den gestellten Anforderungen genügt.

Am schnellsten zum Ziel führen dabei die *Systemplanungsgrundsätze*:

- Erst die Logistikketten analysieren und auswählen, danach die zur Realisierung der benötigten Logistikketten erforderlichen Strukturen und Netzwerke gestalten und optimieren.
- Auf die Entwicklung der Netzwerke und Systeme folgt die Gestaltung der Auftragsprozesse und der Daten- und Informationsflüsse zur Disposition, Auslösung, Steuerung und Kontrolle von Auftragsdurchführung und Warenfluß.

Abb. 15.1 Planung und Optimierung von Systemen

Für Logistiknetzwerke sind die Teilsysteme einzelne Logistiksysteme, wie Lager-, Kommissionier-, Umschlag- und Transportsysteme

Für Logistiksysteme sind die Teilsysteme einzelne Leistungsstellen, Maschinensysteme, Förderanlagen und Regalbediengeräte.

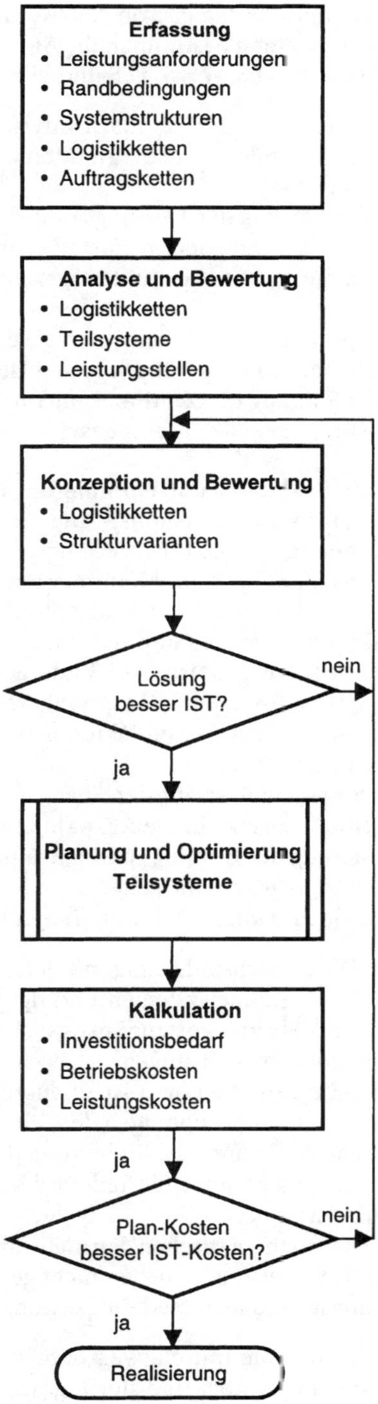

- Aufbau, Erfordernisse und Strategien von Netzwerk, Auftragsprozessen, Lieferketten und Logistiksystemen bestimmen die Anforderungen an die DV-Systeme, wie SCM, APM, ERP, PPS, WWS, TLS und LVS.

Die begrenzten Funktionalitäten der Standardsoftware dürfen nicht die Ausschöpfung der Potentiale verhindern und die Handlungsmöglichkeiten der Logistik einschränken [234; 235; 236].

Wenn die entwickelte Lösung die Leistungsanforderungen gegenüber dem IST-Zustand nicht zu deutlich reduzierten Kosten erbringen kann, müssen die zunächst als vorgegeben angenommenen unterlagerten Systeme optimiert oder neu geplant werden.

Die Planung und Optimierung der Teilsysteme verläuft wie ein *Unterprogramm* analog zu dem Vorgehen in der überlagerten Hierarchieebene. Das kann entsprechend wieder die Planung und Optimierung funktionskritischer oder kostenbestimmender Leistungsstellen, Maschinensysteme oder Elemente erforderlich machen.

Nach diesem iterativen Planungs- und Optimierungsverfahren werden in den folgenden Kapiteln die Lager-, Kommissionier- und Transportsysteme analysiert und Formeln zur Berechnung des Leistungsvermögens aus den Grenzleistungen ihrer Elemente hergeleitet. Für Lager- und Kommissioniersysteme, deren Aufbau und Struktur von den Kapazitäts- und Durchsatzanforderungen geprägt ist, wird zuerst eine *statische Dimensionierung* und danach eine *dynamische Dimensionierung* durchgeführt, deren Ergebnisse am Ende aufeinander abzustimmen sind. Für ausgewählte Systemlösungen und typische Beispiele aus der Planungspraxis werden die Auswirkung der Einflußfaktoren auf das Leistungsvermögen und die Leistungskosten berechnet.

Die Ergebnisse der Systemanalyse auf der *Ebene der Logistiksysteme* fließen auf der *Ebene der Logistiknetzwerke* in die Auswahl und Optimierung der Logistikketten und die Gestaltung der Intralog- und Extralog-Netzwerke ein.

Auf allen Ebenen der Logistiksysteme gelten auch bei komplex erscheinender Aufgabenstellung folgende *Planungs- und Gestaltungsprinzipien* [7]:

- *Einfachheitsprinzip*: Die einfachste Lösung mit den kürzesten Logistikketten, der kleinsten Anzahl von Parallelsystemen und der geringsten Automatisierung ist häufig auch die beste und kostengünstigste Lösung. Sie setzt den Maßstab für alle anderen möglichen Lösungen.
- *Entkopplungsprinzip*: Ein Gesamtsystem ist so auszulegen und zu dimensionieren, daß Rückstaus und Rückkopplungen der Teil- und Subsysteme im Normalbetrieb unwahrscheinlich sind. Bei Einhaltung des Entkopplungsprinzips lassen sich die voneinander entkoppelten Teil- und Subsysteme jeweils für sich gestalten und optimieren.
- *Näherungsprinzip*: Die mathematischen Formeln und Algorithmen zur Dimensionierung und Optimierung brauchen nicht genauer zu sein als die Eingabewerte, die Planungsgrundlagen und die Leistungsanforderungen.

Übermäßig komplizierte Systeme mit eng verkoppelten Teilsystemen und Elementen sind nicht mehr beherrschbar und störungsanfällig. Sie lassen sich auch mit Hilfe noch so genauer Berechnungs- und Simulationsverfahren nicht entscheidend verbessern.

Zwei weitere Grundsätze für die Systemgestaltung und Optimierung folgen daraus, daß der Transport, das Lagern und der Umschlag der Waren und Güter wesentlich aufwendiger und teurer sind als der Austausch, das Speichern und die Verarbeitung von Daten und Informationen. Auf der Ebene der Logistiksysteme gilt daher der Grundsatz der

- *Dominanz des Warenflusses*: Primär bestimmt der Material- und Warenfluß das Logistiksystem und nicht der Informations- und Datenfluß.

Auf der Ebene des Logistiknetzwerks eines Unternehmens gilt der Grundsatz der

- *Dominanz der Logistikketten*: Die Logistikketten und nicht die Auftragsketten bestimmen die Struktur des Logistiknetzwerks eines Unternehmens.

Jede Auftragskette mündet nach dem Durchlaufen organisatorischer Leistungsstellen an einer operativen *Umwandlungsstelle* in eine Logistikkette, in der die physische Ausführung des Auftrags beginnt. Die Umwandlungsstelle ist die in *Abschnitt 8.6/I* beschriebene und in *Abb. 8.1/I* dargestellte *Entkopplungsstelle* zwischen dem anonymen und dem auftragsspezifischen Abschnitt der betreffenden Logistikkette.

15.5 Optimierter Istzustand und optimale Lösung

Für die Systemplanung und die Verbesserung der Unternehmenslogistik bestehen zwei extreme *Lösungsmöglichkeiten*:

- *Optimierter Istzustand*: Innerhalb der vorhandenen Strukturen werden an den bestehenden Standorten mit minimalem Investitionsaufwand primär durch organisatorische Maßnahmen, Optimierung der Prozesse und verbesserte Betriebsstrategien die Kosten gesenkt und die Leistungsfähigkeit den erwarteten Anforderungen angepaßt.
- *Optimale Lösung auf grüner Wiese*: Nach grundlegender Neugestaltung der Prozesse und Strukturen werden an optimalen Standorten neue Betriebe aufgebaut, die frei von den Restriktionen der alten Standorte optimal geplant und mit modernster Technik ausgestattet sind.

Die optimale Lösung auf grüner Wiese sollte stets mit dem optimierten Istzustand und nicht nur mit dem meist unzulänglichen Ausgangszustand verglichen werden. Häufig lassen sich bereits durch eine Optimierung der bestehenden Abläufe und Systeme mit geringen Investitionen die Kosten soweit senken und die Leistungsfähigkeit so verbessern, daß der Unterschied zur vollständig neuen Lösung auf grüner Wiese wirtschaftlich nicht mehr attraktiv ist.

Wenn die Gebäude und Anlagen an den vorhandenen Standorten bereits abgeschrieben sind, trotzdem aber weiter genutzt werden können, sind die Fixkosten für den optimierten Istzustand in der Regel erheblich geringer als für die Lösung auf grüner Wiese. In diesen Fällen übertrifft die Fixkostendifferenz häufig die mit einer Lösung auf grüner Wiese erreichbaren Einsparungen der variablen Betriebskosten. Dann ist die langfristig optimale Lösung auf grüner Wiese nur in wirtschaftlichen Aufbauschritten erreichbar.

Auch wenn die Lösung auf grüner Wiese nicht sofort realisierbar oder gegenwärtig unwirtschaftlich ist, sollte ein Unternehmen diese Lösung kennen. Aus der Kenntnis der optimalen Lösung auf grüner Wiese resultieren die *Benchmarks*, an denen sich die Unternehmenslogistik in den bestehenden Strukturen und Betrieben zu messen hat. Außerdem muß die Struktur- und Standortentwicklung langfristig an der optimalen Lösung auf grüner Wiese ausgerichtet werden.

16 Lagersysteme

In den Unternehmen und Logistikbetrieben gibt es zahlreiche Lager, die falsch geplant, nicht richtig dimensioniert oder schlecht organisiert sind. Indizien und Folgen sind *geringe Füllungsgrade*, *schlechte Flächen- und Raumnutzung*, *Platzmangel* oder *Engpässe* bei der Ein- und Auslagerung.

Die Probleme resultieren weniger aus der Lagertechnik, die seit langem bewährt ist, sondern aus der Unkenntnis der *Einsatzkriterien*, *Dimensionierungsverfahren*, *Optimierungsmöglichkeiten* und *Betriebsstrategien* für die unterschiedlichen Lagersysteme. Weitere Probleme, wie die falsche Auswahl und Nutzung verfügbarer Lagersysteme, ergeben sich aus der Unkenntnis der Einflußfaktoren auf die *Lagerkosten* und der fehlenden Differenzierung zwischen *Platzkosten* und *Durchsatzkosten*.

Die *Verfahren*, *Techniken* und *Strategien* des Lagerns ergeben sich aus der *Lageraufgabe*:

- *Lagern* ist das *Aufbewahren* und *Bereithalten* der Bestände einer Anzahl von Artikeln.

Unvermeidlich mit diesem *Kernprozeß* des Lagerns verbunden ist das Ein- und Auslagern. Der *Lagerprozeß* setzt sich daher zusammen aus den *Teilprozessen*:

1. *Einlagern* der *Lagereinheiten* mit einem *Lagergerät*,
2. *Aufbewahren* und *Bereithalten* der Lagereinheiten auf den *Lagerplätzen*,
3. *Auslagern* der Lagereinheiten mit dem Lagergerät.

Zusatzfunktion vieler Einheitenlager ist das *Kommissionieren ganzer Ladeeinheiten*, das heißt, das *geordnete Auslagern* und *Zusammenstellen* der ausgelagerten Ladeeinheiten nach vorgegebenen Aufträgen (s. *Kapitel* 17).

Aus den verschiedenen Möglichkeiten der *Gestaltung* und *Anordnung* der *Lagerplätze* ergeben sich die unterschiedlichen *Lagerarten*. Die Ausführung der Lagerplätze, der Regale, der Lagergeräte, der Zu- und Abfördertechnik und der Lagersteuerung ist abhängig von der eingesetzten *Lagertechnik*. Maßgebend für die *Organisation* und den *Betrieb* eines Lagers sind die *Lagerverwaltung* und die *Lagerbetriebsstrategien*. Wenn zur Lagerung der Bestände mehrere Lager mit unterschiedlichen *Lagerkostensätzen* zur Auswahl stehen, werden darüber hinaus *Lagernutzungsstrategien* benötigt.

In diesem Kapitel werden die *Lageranforderungen* definiert, die möglichen *Verfahren* und *Techniken* zum Lagern diskreter Ladeeinheiten dargestellt und die

Betriebsstrategien für *Lagersysteme* analysiert. Die hieraus abgeleiteten *Vor-* und *Nachteile* der Verfahren, Techniken und Strategien sind zur *Auswahl* und *Gestaltung* von Lagersystemen nutzbar. Die primär technische Auslegung von Lagern, Mischbetten, Bunkern und Silos für Schütt- und Massengut sowie von Tanklagern für Flüssigkeiten und Gase wird hier nicht behandelt.

Für die *statische Lagerdimensionierung* werden Formeln entwickelt, mit denen sich der *Lagerfüllungsgrad*, der *Platzbedarf* und der *Flächenbedarf* in Abhängigkeit von der Platzkapazität, der Lagerart und den Betriebsstrategien berechnen und optimieren lassen. Zur *dynamischen Lagerdimensionierung* werden die Grundlagen der Spielzeitberechnung dargestellt und Formeln zur Berechnung der Ein- und Auslagerleistung und des Gerätebedarfs abgeleitet. Aus den funktionalen Abhängigkeiten ergeben sich *Einsatzkriterien* für die unterschiedlichen Lagerarten, *Zuweisungkriterien* für die Lagerbelegung und Möglichkeiten zur *Leistungssteigerung* von Lagersystemen.

Diese Grundlagen der Lagerdimensionierung sind maßgebend für die *Lagerplanung* und für die *Kalkulation* der *Lagerkosten*. Anhand von Modellrechnungen für 4 verschiedene Palettenlagersysteme werden die *Einflußfaktoren* der Lagerkosten dargestellt. Zum Abschluß werden die Konsequenzen für die *Beschaffung von Lagerleistungen* erörtert.

Neben den *Einheitenlagern* für gleichartige Ladeeinheiten werden auch *Bereitstellager* zum Kommissionieren mit dynamischer Bereitstellung berücksichtigt. Von den *Kommissionierlagern* für Teilmengen und von den *Sortierspeichern* werden nur die Lageraspekte behandelt.

16.1 Lageranforderungen

Zur Auswahl, Auslegung und Dimensionierung eines neuen Lagersystems ebenso wie zur Fremdvergabe müssen die *Lageranforderungen* für den *Planungshorizont* vollständig bekannt sein. Diese umfassen *Auftragsanforderungen*, *Durchsatzanforderungen* und *Bestandsanforderungen*.

Die *Durchsatzanforderungen* ergeben sich aus den *Lageraufträgen* einer *Planungsperiode* [PE], die in der Regel ein repräsentatives Betriebsjahr umfaßt. Bei bekannter Bestands- und Nachschubdisposition resultieren die *Bestandsanforderungen* aus den Lagerabrufen. Sie lassen sich aber auch aus dem Bestand zu Periodenbeginn und dem Durchsatz im Periodenverlauf errechnen.

1. Auftragsanforderungen

Die Auftragsanforderungen ergeben sich aus den *Lageraufträgen* der internen oder externen Nutzer eines Lagers und den *Nachschubaufträgen* zur Bestandsauffüllung.

- Ein *Einlagerauftrag* [EAuf] fordert das Einlagern einer bestimmten *Einlager-* oder *Nachschubmenge* M_E [LE/EAuf] eines *Lagerartikels* A.

Die Ladeeinheiten der Einlagermenge sind in einem bestimmten *Abholbereich* aufzunehmen, in geeignete Lagerplätze einzulagern und dort aufzubewahren, bis sie von einem Auslagerauftrag angefordert werden.

- Ein *Auslagerauftrag* [AAuf] oder *Lagerabruf* fordert das Auslagern einer *Auslager-* oder *Abrufmenge* M_A [LE/AAuf] vom *aktuellen Bestand* $M_B(t)$ [LE] eines lagerhaltigen Artikels.

Die ausgelagerten Ladeeinheiten sind in einem vorgegebenen *Bereitstellbereich* abzustellen.

Weitere Auftragsanforderungen sind die Bereitstellzeit und die Auftragsdurchlaufzeit:

- Die *Bereitstellzeit* oder *Zugriffszeit* pro Ladeeinheit, T_B [s/LE], ist die Summe der *Spielzeit* des Lagergeräts für den Auslagervorgang und der *Transportzeit* vom Lagerbereich zum Bereitstellbereich.
- Die *Auftragsdurchlaufzeit* eines Auslagerauftrags ist bei Nacheinanderausführung der Einzelauslagerungen das Produkt $T_{Auf} = M_A \cdot T_B$ [s/AAuf] der Auslagermenge M_A mit der *Bereitstellzeit* T_B [s/LE] pro Ladeeinheit.

Infolge der unterschiedlichen Entfernungen der Lagerplätze vom Bereitstellbereich schwanken die einzelnen Bereitstellzeiten stochastisch um eine *mittlere Bereitstellzeit* $T_{B\,mitt}$.

Die Bereitstellzeiten und die Auftragsdurchlaufzeiten erhöhen sich um die *Wartezeiten*, die aus der vorrangigen oder gleichzeitigen Bearbeitung mehrerer Auslageraufträge und den stochastisch schwankenden Bereitstellzeiten resultieren. In Spitzenbelastungszeiten können die Bereitstellzeiten und Auftragsdurchlaufzeiten infolge dieser *Staueffekte* erheblich ansteigen.

Die Gesamtzahl der Lageraufträge einer Planungsperiode λ_{LAuf} [LE/PE], also der Einlageraufträge λ_{EAuf} [LE/PE] und der Auslageraufträge λ_{AAuf} [LE/PE], betrifft insgesamt N_A *Lagerartikel*, die sich *permanent* oder *temporär* im Lager befinden.

Ein *Lagerartikel* kann der Artikel eines lagerhaltigen *Warensortiments* oder eines *Aktionsprogramms* sein. Der *Lagerartikel* kann aber auch die Ware eines *Kundenauftrags* umfassen, die im Lager angesammelt oder zwischengelagert wird, oder ein *Versandauftrag* sein, für den Ware in einem Pufferlager oder Sortierspeicher aus mehreren Lager- und Kommissionierbereichen zusammengeführt und bereitgestellt wird. Auch *abgestellte Transporteinheiten*, wie Sattelauflieger, Wechselbrücken und Waggons, oder *geparkte Fahrzeuge* mit oder ohne Beladung, wie Flurförderzeuge, Hängebahn-Fahrzeuge und Pkw, sind logistisch gesehen Lagerartikel.

Für bestimmte Lagersysteme ist außer der Bereitstellzeit die *Räumzeit* für den gesamten Lagerbestand eine kritische Anforderung. So sollte die Räumzeit für Pkw-Parksysteme nicht mehr als eine halbe Stunde betragen. Die Räumzeit für einen Lagerbestand wird bestimmt von der mittleren Auslagerzeit und der Anzahl gleichzeitig einsetzbarer Lagergeräte.

2. Durchsatzanforderungen

Die Durchsatzanforderungen bestimmen den *Geräte-* und *Personalbedarf* eines Lagers. Sie resultieren aus den Einlageraufträgen λ_{AAuf} und den Auslageraufträgen λ_{EAuf} pro Periode:

- Die *mittlere Einlagerleistung* ist

$$\lambda_{E\,mittel} = M_E \cdot \lambda_{EAuf} \qquad [LE/PE]. \qquad (16.1)$$

- Die *mittlere Auslagerleistung* ist gegeben durch

$$\lambda_{A\,mittel} = M_A \cdot \lambda_{AAuf} \qquad [LE/PE]. \qquad (16.2)$$

Solange der Lagerbestand im Verlauf einer Periode nicht auf- oder abgebaut wird, sind die mittlere Einlagerleistung und Auslagerleistung für die gesamte Planungsperiode gleich dem *Lagerdurchsatz*

$$\lambda_D = \lambda_{E\,mittel} = \lambda_{A\,mittel} \qquad [LE/PE]. \qquad (16.3)$$

Im Verlauf eines Jahres oder eines Betriebstages aber können sich Einlagerleistung und Auslagerleistung voneinander unterscheiden und vom mittleren Lagerdurchsatz abweichen. Daher müssen zur Lagerdimensionierung wie auch zur Personal- und Gerätebedarfsrechnung die *stündliche Einlagerleistung*

$$\lambda_E \qquad [LE/h] \qquad (16.4)$$

und die *stündliche Auslagerleistung*

$$\lambda_A \qquad [LE/h] \qquad (16.5)$$

für die *Spitzenstunde* des *Spitzentages* des Jahres bekannt sein. Die stündliche Einlager- und Auslagerleistung wird bestimmt von der *Anzahl der Betriebstage* pro Jahr, von der *Anzahl der Betriebsstunden* pro Tag und von den *Durchsatzspitzenfaktoren* f_{Dsais}, die aus dem zeitlichen Verlauf $\lambda_{LAuf}(t)$ des Eingangs der Lageraufträge ableitbar sind.

Zur Zeit der Spitzenbelastung lassen sich soviele Ein- und Auslagerungen in *kombinierten Ein- und Auslagerspielen* durchführen, wie paarweise zur Ausführung anstehen. Hieraus folgen:

- die für externe Aufträge benötigte *kombinierte Ein- und Auslagerleistung*

$$\lambda_{EA} = \mathrm{MIN}(\lambda_E ; \lambda_A) \qquad [LE/h], \qquad (16.6)$$

- die *zusätzlich benötigte Einlagerleistung*

$$\lambda_{Ezus} = \lambda_E - \mathrm{MIN}(\lambda_E ; \lambda_A) \qquad [LE/h], \qquad (16.7)$$

- die *zusätzlich benötigte Auslagerleistung*

$$\lambda_{Azus} = \lambda_A - \mathrm{MIN}(\lambda_E ; \lambda_A) \qquad [LE/h]. \qquad (16.8)$$

Für ein Lager, das außer zum Lagern auch zur dynamischen Bereitstellung von Ladeeinheiten für das Kommissionieren dient, erhöht sich die benötigte Ein- und Auslagerleistung (16.6) um die interne *Bereitstelleistung* λ_B [LE/h] für das Kommissionieren. Die Bereitstellungen für das Kommissionieren lassen sich stets in kombinierten Spielen ausführen, da mit jeder Auslagerung auch eine Rücklagerung verbunden ist. Damit ist

- die für externe und interne Aufträge *insgesamt benötigte kombinierte Ein- und Auslagerleistung*

$$\lambda_{EAges} = \lambda_B + \mathrm{MIN}(\lambda_E ; \lambda_A) \qquad [LE/h]. \qquad (16.9)$$

Die insgesamt benötigte Durchsatzleistungen (16.9) und die zusätzlich benötigten Ein- und Auslagerleistungen (16.7) und (16.8) bestimmen den *vorzuhaltenden Gerätebedarf* und die *Personalbesetzung* des Lagers in Zeiten der Spitzenbelastung.

3. Bestandsanforderungen
Neben der *Beschaffenheit* und den *Eigenschaften* der Lagerartikel sind folgende *Bestandsanforderungen* maßgebend für den *Lagerplatzbedarf*:

- *Anzahl der Lagerartikel* N_A, die das *Lagersortiment* bilden;
- *Lagereinheiten* [LE] mit *Außenabmessungen* l_{LE}, b_{LE}, h_{LE} [mm], *Außenvolumen* v_{LE} [l/LE], *Durchschnittsgewicht* g_{LE} [kg/LE] und *Maximalgewicht* g_{LEmax} [kg/LE];
- *Maximaler Ladeeinheitenbestand* pro Artikel (*Artikelmaximalbestand*)

$$M_{Bmax} = M_S + M_N \qquad [LE/Art]. \qquad (16.10)$$

- *Mittlerer Ladeeinheitenbestand* pro Artikel (*Artikeldurchschnittsbestand*)

$$M_B = M_S + M_N / 2 \qquad [LE/Art]. \qquad (16.11)$$

Hier sind M_S [LE] der Sicherheitsbestand und M_N [LE] die mittlere Nachschubmenge des Artikels.

Die Artikel eines *homogenen Lagersortiments* werden in gleichartigen Ladeeinheiten gelagert. Für ein homogones Lagersortiment werden zur Lagerdimensionierung nur die *Mittelwerte* der Bestands- und Durchsatzanforderungen über alle Lagerartikel benötigt.

Ein *inhomogenes Lagersortiment*, für das *unterschiedliche Ladeeinheiten* verwendet werden, muß in *Artikelgruppen mit gleichen Ladeeinheiten* unterteilt werden, zum Beispiel in Bestände in *Behältern*, auf *Industrie-Paletten* und auf *EURO-Paletten* mit unterschiedlichen *Beladehöhen*. Die Bestände mit den unterschiedlichen Ladeeinheiten können entweder *getrennt* in mehreren parallelen *homogenen Lagern* mit in sich gleichartigen Plätzen gelagert werden, die speziell für die verschiedenen Ladeeinheiten ausgeführt sind, oder gemeinsam in einem *inhomogenen Lager* mit unterschiedlichen Plätzen oder mit universell nutzbaren gleichartigen Plätzen.

Für die Lagerdimensionierung ist es wichtig, zwischen temporär und permanent lagernden Beständen zu unterscheiden (s. *Abschnitt 11.1/I*):

- Der Bestand eines *temporär lagerhaltigen Artikels* ist nur für eine begrenzte Zeit zu lagern. Dieser *Push-Bestand* oder *Speicherbestand* wurde unabhängig vom aktuellen Bedarf in das Lager hineingeschoben.
- Von einem *permanent lagerhaltigen Artikel* ist im Lager während einer längeren Zeit ein Bestand vorrätig. Der Nachschub eines *Pull-Bestands* oder *Dispositionsbestands* wird abhängig vom aktuellen Bedarf in das Lager hineingezogen.

In der Praxis kann es auch zu einer *Überlagerung* der Pull-Bestände und der Push-Bestände kommen, wenn, wie in vielen Handels- und Fertigwarenlagern, zusätzlich zum bedarfsabhängigen Pull-Bestand eines permanent lagerhaltigen Artikels für befristete Zeit ein Push-Bestand des gleichen Artikels zu lagern ist. Ursache dafür kann die Vorratsproduktion eines gängigen Artikels für eine bevorstehende Saison sein oder die Vorausbeschaffung von *Aktionsware* für eine geplante Verkaufsaktion.

Ein *Push-Bestand* wird entweder in einem Schub eingelagert und nach einer *festen Lagerdauer* in gleicher Menge wieder ausgelagert oder in mehreren Schüben aufgebaut und zu einem *bestimmten Zeitpunkt* vollständig abgebaut oder in einem Schub eingelagert und nach kurzer Zeit in wenigen Schüben ausgelagert. Im einfachsten Fall besteht der Push-Bestand nur aus einer Ladeeinheit, beispielsweise in einem Parkhaus aus einem Pkw.

Der *Pull-Bestand* eines permanent lagerhaltigen Artikels mit regelmäßigem Bedarf läßt sich sich aus den Lagerabrufaufträgen einer Periode errechnen, wenn die Bestands- und Nachschubstrategie bekannt ist (s. Kapitel 11/*I*). Ein aktueller Bestand $M_B(t)$ wird mit einer bedarfs- und prozeßkostenabhängigen *Nachschubfrequenz* durch *Nachschubaufträge* [NAuf] mit *Nachschubmengen* M_N [LE/NAuf] aufgefüllt und durch stochastisch eingehende *Auslageraufträge* [AAuf] mit kleineren *Auslagermengen* M_A [LE/AAuf] sukzessive abgebaut. Daraus ergibt sich der für *Pull-Bestände* charakteristische *sägezahnartige Bestandsverlauf* (s. Abb. 11.4/*I*).

Der Maximalbestand M_{Bmax} eines solchen Artikels ist die Summe eines *Sicherheitsbestands* M_S und der *Nachschubmenge* M_N, die gleich der Einlagermenge ist. Der Maximalbestand bestimmt den Lagerplatzbedarf bei *fester Lagerordnung*. Der Durchschnittsbestand M_B ist die Summe von Sicherheitsbestand und halber Nachschubmenge und bestimmt den Lagerplatzbedarf bei *freier Lagerordnung*.

- Die *Summe der Maximalbestände* von N_A Artikeln ist:

$$M_{Bmax\,ges} = N_A \cdot M_{Bmax} = N_A \cdot (M_S + M_N) \qquad [\text{LE/Art}]. \qquad (16.12)$$

- Der *mittlere Gesamtbestand* für N_A permanent lagerhaltige Artikel ist:

$$M_{Bges} = N_A \cdot M_B = N_A \cdot (M_S + M_N / 2) \qquad [\text{LE/Art}]. \qquad (16.13)$$

Der *aktuelle Gesamtbestand* $M_{Bges}(t)$ eines Sortiments mit vielen Artikeln schwankt stochastisch um den Mittelwert (16.13). Er kann sich außerdem im Verlauf des Jahres *saisonal* verändern. Daher genügt es nicht, ein Lager nur für den mittleren Gesamtbestand eines Jahres auszulegen.

Saisonale Bestandsänderungen müssen durch einen *Bestandsspitzenfaktor* f_{Bsais} berücksichtigt werden, der sich aus einer Analyse des Jahresverlaufs der Bestände ergibt. Bei nachdisponierbaren Beständen und optimaler Nachschubdispostion ist der saisonale Bestandsspitzenfaktor gleich der Wurzel aus dem Durchsatzspitzenfaktor (s. *Abschnitt* 11.9/*I*, *Bez.* (11.43/*II*)).

Bei der Auslegung eines Lagers mit *freier Lagerordnung* muß darüber hinaus für die stochastisch bedingten Bestandsschwankungen eine ausreichend bemessene *Atmungsreserve* eingeplant werden. Für Lagersortimente mit großer Artikelzahl und unkorreliertem Nachschub ergibt sich für die stochastische Schwankung des Gesamtbestands eine *Normalverteilung*. Die Streuung des Gesamtbestands läßt sich daher nach dem Gesetz der großen Zahl aus der Streuung der aktuellen Bestände der einzelnen Artikel errechnen (s. Abschnitt 9.5/*I*).

Wenn die Sicherheitsbestände wesentlich kleiner als die Maximalbestände sind, was in einem Dispositionslager im allgemeinen der Fall ist, ist die *Varianz des Artikelbestands* $s_A{}^2 = M_B{}^2/12$ und nach Beziehung (9.23) die *Varianz des Gesamtbestands:*

$$s_B^2 = N_A \cdot s_A^2 = M_{Bges}^2 / 12 N_A . \qquad (16.14)$$

Aus der saisonalen Veränderung und der stochastischen Schwankung des Gesamtbestands resultiert damit die *Kapazitätsauslegungsregel:*

- Wenn der mittlere Gesamtbestand bei freier Lagerordnung mit einer *Überlaufsicherheit* $\eta_{\text{Überl}}$ Platz finden soll, muß das Lager ausgelegt werden für einen *effektiven Gesamtbestand*

$$M_{Beff} = f_{Bsais} \cdot f_{\text{Überl}} \cdot M_{Bges} \qquad [LE]. \qquad (16.15)$$

mit dem *saisonalen Bestandsspitzenfaktor* f_{Bsais} und dem *Überlauffaktor*

$$f_{\text{Überl}} = 1 + f_{sich}(\eta_{\text{Überl}}) / \sqrt{12 \cdot N_A} . \qquad (16.16)$$

Der *Sicherheitsfaktor* $f_{sich}(\eta_{sich})$ ist durch die inverse *Standardnormalverteilung* gegeben und für übliche Sicherheitsgrade der *Tabelle* 11.5/*I* zu entnehmen. Für ein Sortiment mit 100 Artikeln und eine geforderte Überlaufsicherheit von 98 % ergibt sich beispielsweise der Überlauffaktor $f_{\text{Überl}} = 1 + 2{,}05/\sqrt{12 \times 100} = 1{,}06$. Das Lager muß also in diesem Fall mit einer Atmungsreserve von 6 % des Gesamtbestands ausgelegt werden.

3. Lagerdauer und Lagerumschlag

Entscheidend für die Lagerauswahl und die Lagerzuweisung sind außer den Durchsatz- und Bestandsanforderungen die sich hieraus ableitende *Liegezeit* und die *Reichweite* der zu lagernden Bestände.

Die genaue Lagerdauer eines Push-Bestands ist häufig bereits zum Zeitpunkt der Einlagerung bekannt oder absehbar. Die Lagerdauer der einzelnen Ladeeinheiten eines Pull-Bestands ist zum Zeitpunkt der Einlagerung grundsätzlich nicht bekannt.

Die *mittlere Lagerdauer* eines Pull-Bestands ergibt sich aus dem Durchsatz λ_D einer längeren Periode und dem Durchschnittsbestand M_B nach der Beziehung:

$$T_L = M_B / \lambda_D \qquad [PE]. \qquad (16.17)$$

Der *Lagerumschlag* – auch *Lagerdrehzahl* genannt – ist gleich der reziproken mittleren Lagerdauer $U_L = 1/T_L$ [pro Periode]. Gemäß Beziehung (16.17) ändert sich die mittlere Lagerdauer bei gleichem Bestand, wenn sich der Periodendurchsatz verändert.

Für die Lagerplanung und die Lagerzuweisung sind zu unterscheiden:

- *Kurzzeitlager* und *Pufferlager*, in denen ein Bestand nur für einige Stunden oder Tage angesammelt, abgestellt oder bereitgehalten wird

- *Vorratslager* und *Dispositionslager*, deren Bestände eine Lagerdauer oder Reichweite von mehreren Tagen oder Wochen haben
- *Langzeitlager* und *Speicher*, in denen die Bestände viele Wochen oder Monate lagern.

Wenn die *Aufbewahrungszeit* weniger als einen Tag beträgt und das Bereithalten vorrangig ist, wird das Lager zum *Zwischenpuffer*, wenn das Sortieren die wichtigste Funktion ist, zum *Sortierspeicher*.

16.2 Lagerplätze und Lagerarten

Jedes Lager besteht aus einer Anzahl von N_{LP} *Lagerplätzen* [LP]. Ein Lagerplatz kann einen oder mehrere *Stellplätze* [SP] haben, die wiederum eine oder mehrere Ladeeinheiten aufnehmen können. Die *Lagerplatzkapazität* C_{LP} [LE/LP] ist die maximale Anzahl der Ladeeinheiten, die auf einem Lagerplatz untergebracht werden kann.

Zur Angabe der Dimensionen eines Lagers werden die in *Abb. 16.1* für das Beispiel eines Hochregallagers dargestellten *Lagerkoordinaten* verwendet:

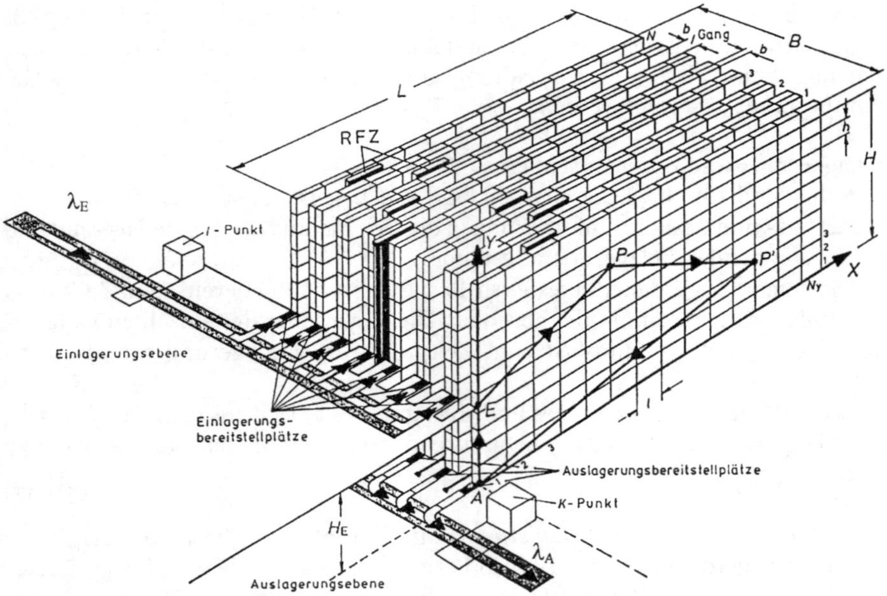

Abb. 16.1 Prinzipdarstellung eines automatischen Regallagers mit räumlich getrennten Zu- und Abfördersystemen

Lagerkoordinaten: x-Koordinate: horizontal parallel zum Gang
y-Koordinate. vertikal senkrecht zum Gang
z-Koordinate: horizontal senkrecht zum Gang

x-Koordinate: Horizontalrichtung parallel zum Bedienungsgang
y-Koordinate: Vertikalrichtung senkrecht zur Lagergrundfläche
z-Koordinate: Horizontalrichtung senkrecht zum Bedienungsgang.

Mit l_{LP} wird die *Länge* eines Lagerplatzes in x-Richtung, mit b_{LP} die *Tiefe* eines Lagerplatzes in z-Richtung und mit h_{LP} die *Höhe* eines Lagerplatzes in z-Richtung bezeichnet.

Die *Stapellänge* C_x ist die Maximalzahl Lagereinheiten, die auf einem Platz nebeneinander stehen, der *Stapelfaktor* C_y die Maximalzahl Lagereinheiten, die auf einem Platz übereinander gestellt werden, und die *Stapeltiefe* C_z die Maximalzahl Lagereinheiten, die auf einem Platz hintereinander stehen kann. Damit ist die *Lagerplatzkapazität*:

$$C_{LP} = C_x \cdot C_y \cdot C_z \qquad [\text{LE/LP}]. \tag{16.18}$$

Die Lagerplatzkapazität bestimmt den *Kapazitätsbedarf* für einen vorgegebenen Bestand und die *Zugänglichkeit* zu den Lagereinheiten.

Bei der Auswahl und Dimensionierung eines Lagers sind zu unterscheiden:

- *Einzelplatzlager* mit der Platzkapazität $C_{LP} = 1$ LE. Auf jedem Lagerplatz kann genau eine Ladeeinheit stehen, die sich im *direkten Zugriff* befindet.
- *Mehrfachplatzlager* mit einer Platzkapazität $C_{LP} > 1$ LE. Auf einem Lagerplatz können mehrere Ladeeinheiten untergebracht werden, von denen jeweils nur die oberste der Auslagerseite zugewandte Einheit ohne Umlagern direkt erreichbar ist.

In einem *homogenen Lager* haben alle Lagerplätze die gleiche Kapazität und die gleichen Grundmaße. In einem *inhomogenen Lager* haben die Lagerplätze unterschiedliche Kapazität oder voneinander abweichende Maße für unterschiedliche Ladeeinheiten (s. *Abb. 16.4*).

Für die *Ausführung der Stellplätze* in den Lagerplätzen gibt es folgende Alternativen:

- *Unbewegliche Stellplätze*: Die Ladeeinheiten bleiben zwischen Ein- und Auslagerung unbewegt auf den Stellplätzen stehen.
- *Bewegliche Stellplätze*: Die Ladeeinheiten werden zwischen Ein- und Auslagerung innerhalb des Lagerplatzes von einem Einlagerstellplatz zu einem Auslagerstellplatz bewegt.

Für die *Anordnung der Lagerplätze* bestehen die beiden Möglichkeiten:

- *Ebene Platzanordnung*: Die Lagerplätze sind in einer *Ebene* nebeneinander angeordnet.
- *Räumliche Platzanordnung*: Die Lagerplätze sind neben- und übereinander angeordnet.

In *stationären Lagern*, wie den Blocklagern und Regallagern, sind die Lagerplätze fest an einem Ort fixiert. In *mobilen Lagern*, wie den Verschieberegallagern und Umlauflagern, sind die Lagerplätze beweglich.

Für die Ver- und Entsorgung der Lagerplätze gibt es zwei verschiedene *Bedienungsmöglichkeiten*, die eine unterschiedliche *Erreichbarkeit* der Stellplätze zur Folge haben:

- *Räumlich kombinierte Ein- und Auslagerung* der Ladeeinheiten von einer Seite der Lagerplätze, die in diesem Fall als *Einschubplätze* bezeichnet werden.
- *Räumlich getrennte Einlagerung und Auslagerung* von den zwei Seiten eines Lagerplatzes, der als *Durchschubplatz* bezeichnet wird.

Unter Berücksichtigung der *Mobilität* der Lagerplätze ergeben sich aus der Kombination der *Ausführungsalternativen* der Stellplätze mit den *Anordnungsmöglichkeiten* der Lagerplätze sechs grundlegend verschiedene *Lagerarten* mit praktischer Bedeutung:

1. *Blockplatzlager* mit unbeweglichen Stellplätzen und stationären Lagerplätzen in ebener Anordnung.
2. *Sortierspeicher* mit beweglichen Stellplätzen und stationären Lagerplätzen in ebener Anordnung.
3. *Fachregallager* mit unbeweglichen Stellplätzen und stationären Lagerplätzen in räumlicher Anordnung.
4. *Kanalregallager* mit beweglichen Stellplätzen und stationären Lagerplätzen in räumlicher Anordnung.
5. *Verschieberegallager* mit mobilen Lagerplätzen in räumlicher Anordnung.
6. *Umlauflager* mit mobilen Lagerplätzen in horizontaler oder vertikaler Anordnung.

Die meisten dieser Lagerarten können mit räumlich kombinierter oder räumlich getrennter Ein- und Auslagerung ausgeführt und technisch unterschiedlich gestaltet werden. Sie haben bestimmte *Vor- und Nachteile*, aus denen sich *Einsatzkriterien* zur Vorauswahl der grundsätzlich für eine bestimmte Lageraufgabe geeigneten Lager ergeben [29; 89; 127; 145; 146].

1. Blockplatzlager

In einem *Blockplatzlager* sind, wie in *Abb. 16.2* gezeigt, auf einer Bodenfläche zu einer oder beiden Seiten des Bedienungsgangs nebeneinander unbewegliche Blocklagerplätze angeordnet.

Die Blocklagerplätze werden in der Regel aus kombinierten Ein- und Auslagergassen mit Hilfe eines *Frontstaplers* oder eines verfahrbaren *Stapelgeräts* bedient. Die räumlich getrennte Ein- und Auslagerung von zwei Seiten des Blockplatzes erfordert doppelt soviele Gassen. Durch eine Bedienung der Stellplätze *von oben* mit einem *Hallen-*, *Brücken-* oder *Stapelkran* lassen sich die breiten Fahrwege auf schmale Bedienungsgänge reduzieren.

Beispiele *konventioneller Blockplatzlager* (BPL) sind:

- Containerlager mit Front- oder Seitenstaplern in Verladebetrieben für Schiffe und Bahn
- Blocklager mit Frontstaplern und breiten Fahrwegen für stapelfähige Paletten oder Gestelle

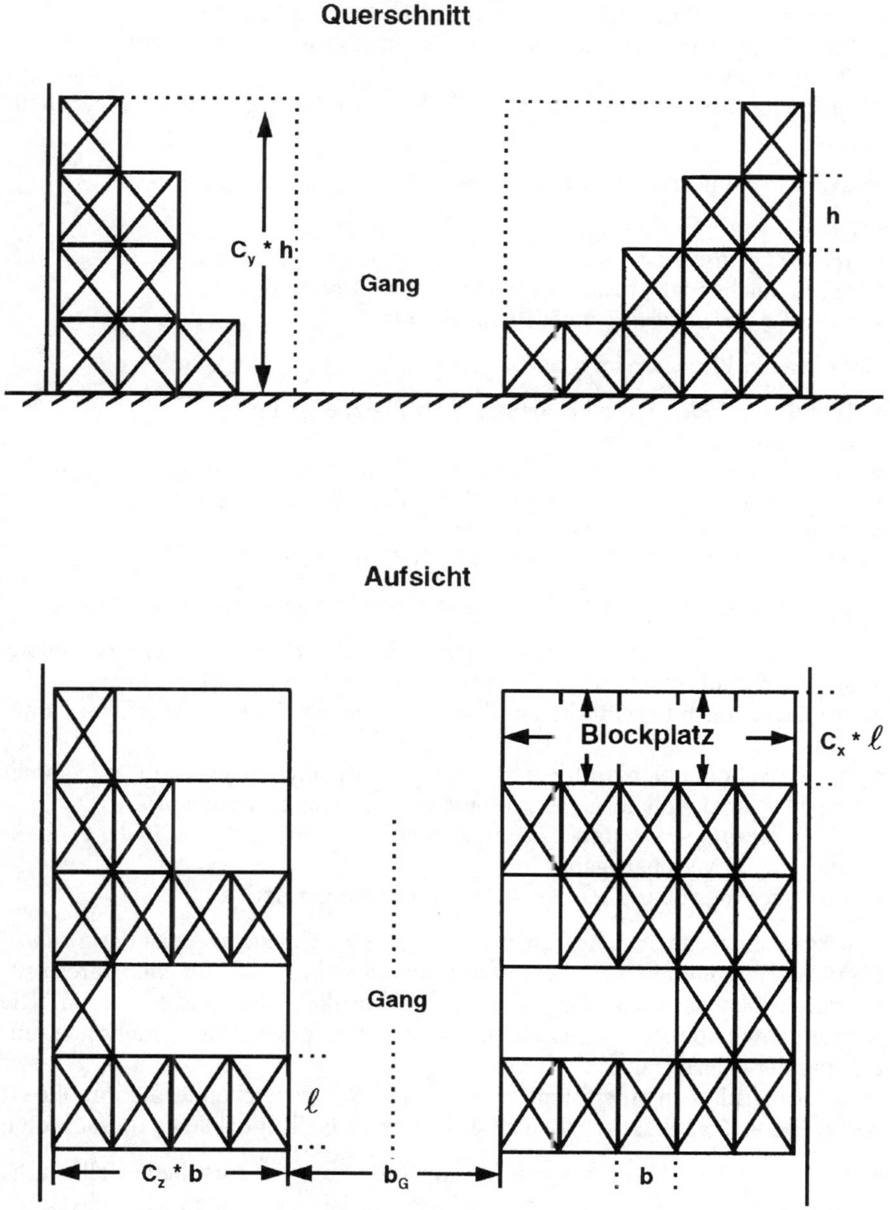

Abb. 16.2 Blocklagerplätze

C_x = Stapellänge ; C_y = Stapelfaktor ; C_z = Stapeltiefe

- Kranbediente Blocklager für Coils, Papierrollen oder Langgut
- Pufferflächen für Behälter und Paletten mit allseitiger Zugänglichkeit und Staplerbedienung
- Parkplätze für Fahrzeuge zu ebener Erde oder in mehrgeschossigen Parkhäusern.

Die *Vorteile* konventioneller Blocklager sind:

- *keine Investition* für Regale
- *kurze Zugriffszeiten*
- bei ausreichender Anzahl Lagergeräte *kurze Räumzeit*
- *einfache Veränderbarkeit* der Platzaufteilung.

Nachteile der Blocklagerung sind:

- *begrenzter Füllunggrad* bei artikelreiner Platzbelegung
- *fehlender Einzelzugriff*
- *Verletzung des FIFO-Prinzips* bei kombinierten Ein- und Auslagergängen
- bei großem Lagerbestand *lange Fahrwege* für die Lagerbedienung
- *Verdrückungsgefahr* bei zu hoher Stapelung
- *geringe Flexibilität* bei sich ändernder Bestandsstruktur.

Aufgrund dieser Vor- und Nachteile sind Blockplatzlager besonders geeignet

- für die *Langzeitlagerung* gleichartiger Ladeeinheiten, die mindestens dreifach stapelbar sind, wie Paletten, Gitterboxen, Lagergestelle und Container;
- zur Lagerung auf Freiflächen und in vorhandenen Hallen mit geringer lichter Höhe;
- für Artikel mit einem mittleren Bestand von deutlich mehr als 10 Ladeeinheiten oder einer Anliefermenge von mehr als 20 Ladeeinheiten pro Artikel;
- zur *Kurzzeitlagerung* und als *Zwischenpuffer* im Wareneingang, in der Produktion und im Warenausgang
- zur Lagerung von großen *Push-Beständen* weniger Artikel.

Eine spezielle technische Ausführungsform des Blockplatzlagers ist das *Einfahrregal.* In einem Einfahrregal werden *stapelempfindliche Ladeeinheiten* durch seitlich an Regalstehern befestigte Auflageriegel vertikal voneinander getrennt. Die Ladeeinheiten können wie beim konventionellen Blockplatzlager mehrfach hintereinander lagern [127].

Der Lagerplatz in einem Einfahrregal kann bei ausreichender Raumhöhe einen größeren Stapelfaktor haben als das konventionelle Blocklager. Hieraus folgt:

- Der Einsatz eines Einfahrregals ist sinnvoll, wenn eine vorgebene Hallenhöhe aufgrund eines begrenzten Stapelfaktors der Ladeeinheiten nicht vollständig genutzt wird.

Die Einsatzvoraussetzungen für die Blocklagerung sind häufig nicht erfüllt, die Plätze falsch dimensioniert oder die Bestände nicht den richtigen Plätzen zugewiesen. Daher gibt es viele Blockplatzlager und Einfahrregale mit geringem Füllungsgrad und schlechter Raumnutzung.

2. Sortierspeicher

In einem Sortierspeicher sind die Lagerplätze einzelne *Einschubkanäle*, *Durchlaufbahnen* oder *Staustrecken*, die, wie in *Abb. 16.3* dargestellt, *ebenerdig* nebeneinander angeordnet.

Wenn die Ladeeinheiten nicht selbst beweglich sind, enthalten die Kanäle eine fördertechnische Ausrüstung, mit der die einzelnen Ladeeinheiten oder Ladeeinheitenstapel in Kanalrichtung von einem Stellplatz zum anderen bewegt werden.

Sortierspeicher mit *Durchlaufbahnen* werden *räumlich getrennt* von zwei Seiten durch ein geeignetes Lagergerät bedient. Sortierspeicher mit *Einschubkanälen* werden *räumlich kombiniert* von einer Seite ver- und entsorgt.

Beispiele für *Sortierspeicher* (SSP) sind [93; 124]:

- *Sortierspeicher* für Paletten oder Behälter, die artikelrein gepuffert, sendungsrein sortiert und für den Versand bereitgestellt werden.
- *Staustrecken* und *Staubahnen* in Fördersystemen.
- *Parkspuren* und *Abstellstrecken* in Fahrzeugsystemen.
- *Gleisharfen* zur Zugbildung aus Waggons.

Vorteile der Sortierspeicher sind:

- *gute Zugänglichkeit*
- *Automatisierungsfähigkeit*
- *Einhaltung des FIFO-Prinzips* bei Durchlaufkanälen.

Nachteile von Sortierspeichern sind:

- *hohe Investitions-* und *Betriebskosten* für die Fördertechnik
- *großer Flächenbedarf*
- *begrenzter Füllunggrad* bei artikelreiner Kanalbelegung
- *fehlender Einzelzugriff*
- *Verletzung des FIFO-Prinzips* bei Einschubkanälen
- *geringe Flexibilität* bei sich ändernder Bestandsstruktur.

Außer für das reine Sortieren sind Sortierspeicher als *Kurzzeitpuffer* im Wareneingang, in der Produktion und im Warenausgang geeignet. Für die Dispositions- und Langzeitlagerung sind sie zu teuer.

3. Fachregallager

Fachregallager bestehen aus einzelnen *Fachmodulen* (FM), die – wie in *Abb. 16.4* gezeigt – einen oder mehrere Lagerplätze enthalten. Die Fachmodule sind – wie in *Abb. 16.5* dargestellt – in einer *Regalkonstruktion* nebeneinander und übereinander zu *Regalscheiben* zusammengefügt. Je zwei Regalscheiben bilden zusammen mit der *Regalgasse* ein *Gangmodul* (GM).

Die meisten Fachregallager sind als *Einzelplatzlager* ausgeführt. Bei einfach tiefer Lagerung befinden sich alle Ladeeinheiten im *Direktzugriff*. Damit ist die Ver- und Entsorgung aus dem gleichen Gang unter Einhaltung des FIFO-Prinzips möglich.

Bei hohen Beständen pro Artikel können auch *doppelt-* und *mehrfachtiefe Lagerplätze* sinnvoll sein, in denen zwei oder mehr Stellplätze hintereinander ange-

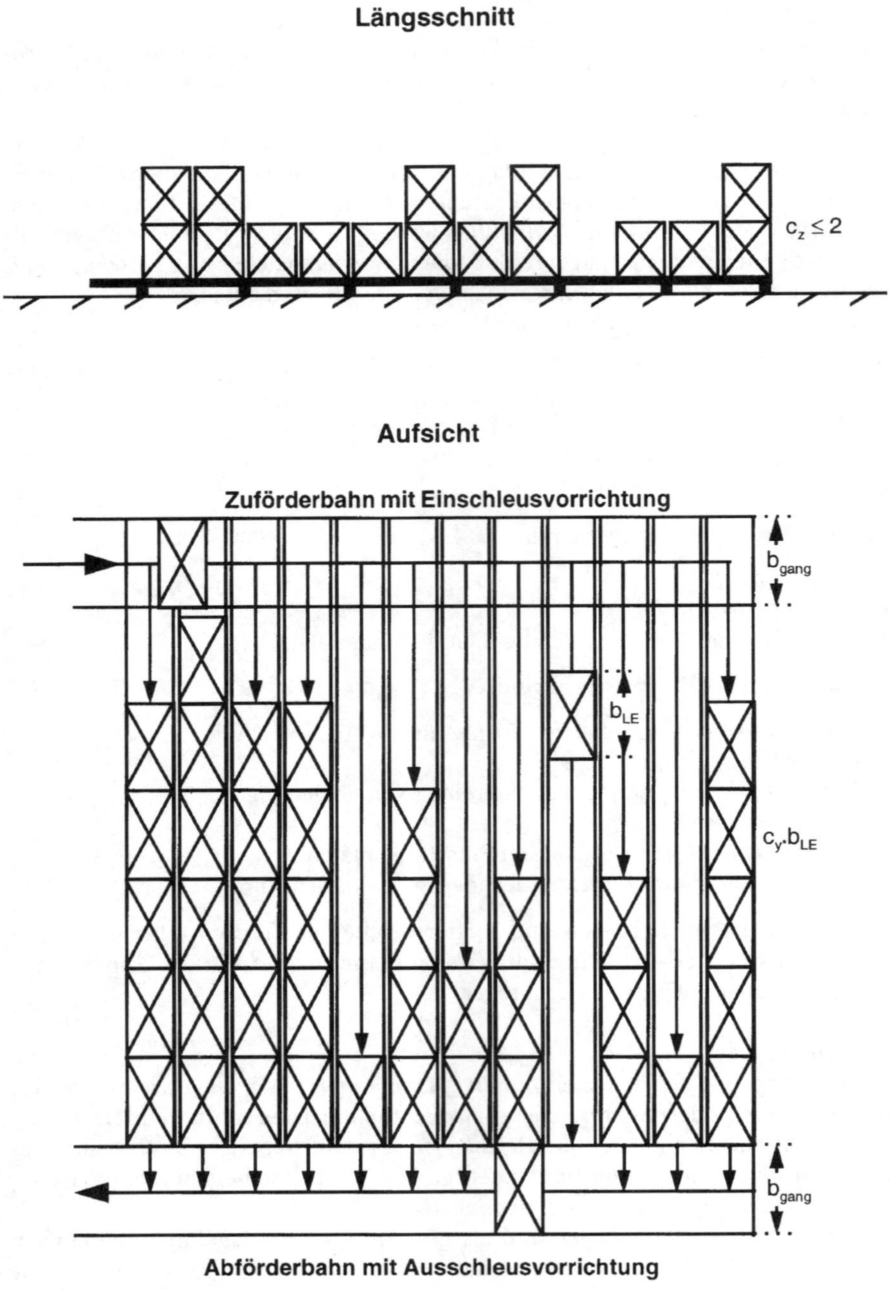

Abb. 16.3 Sortierspeicher mit räumlich getrennter Ein- und Auslagerung

Kanalkapazität $C_{LK} = C_x \cdot C_z = 6 \cdot 2 = 12$ LE

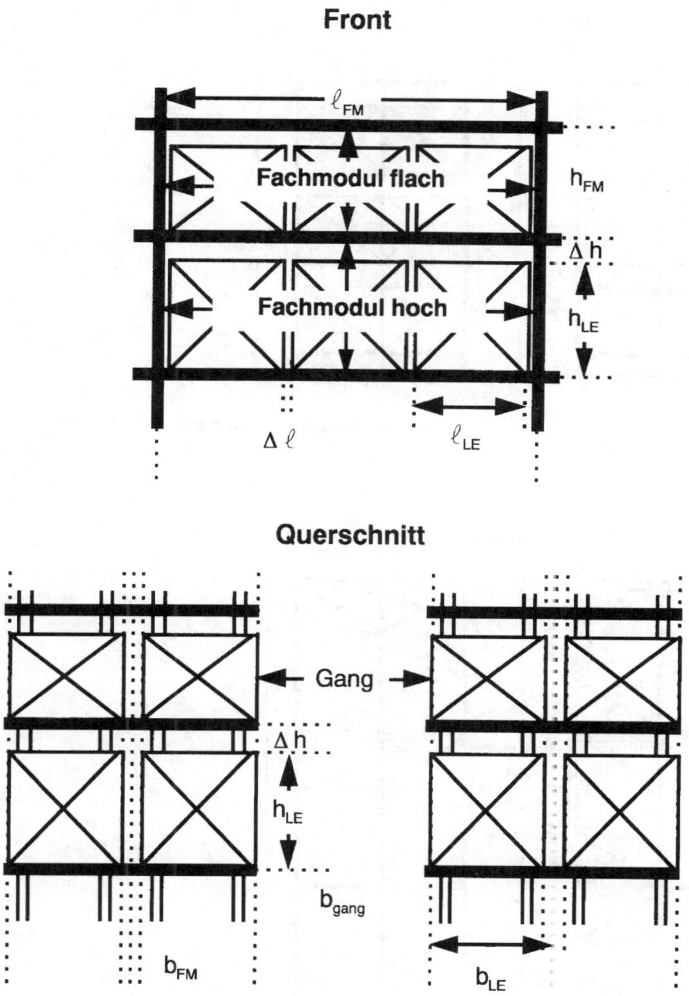

Abb. 16.4 Fachmodul eines Regallagers mit Einzelplätzen

Außenmaße der Ladeeinheiten :	l_{LE}, b_{LE}, h_{LE}
Fachfreimaße:	Δl, Δb, Δh
Außenmaße der Fachmodule:	l_{FM}, b_{FM}, h_{FM}

ordnet sind, oder *Mehrfachstapelplätze*, in denen zwei oder mehr Ladeeinheiten aufeinandergestellt werden.

Das Lastaufnahmemittel auf dem Lagergerät muß dafür so konstruiert sein, daß trotz der doppelt tiefen Regalfächer keine doppelt breite Bedienungsgasse benötigt wird, denn bei doppelt breiten Bedienungsgassen ist die Raumnutzung infolge des geringeren Füllungsgrads schlechter als bei der einfach tiefen Lage-

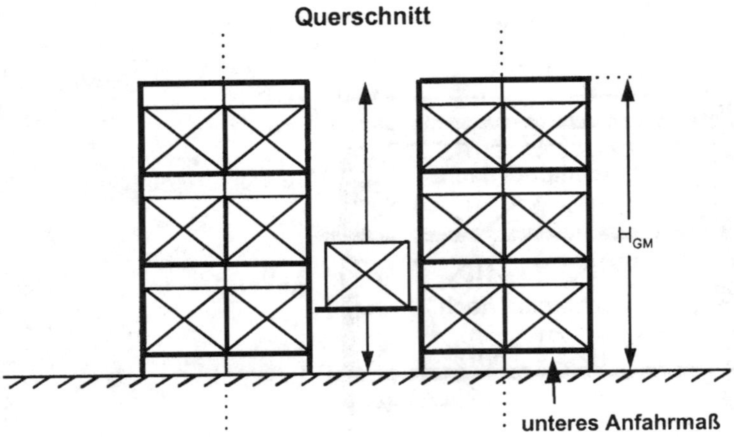

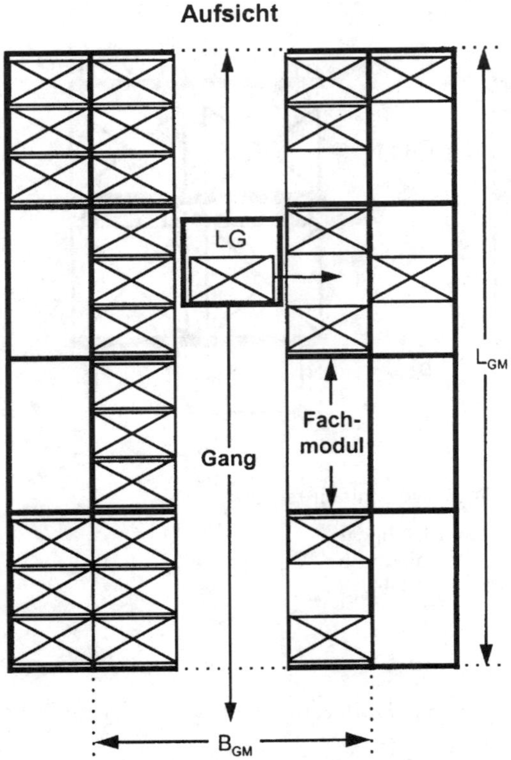

Abb. 16.5 Gangmodul eines Regallagers mit Einzelplätzen

Maße des Gangmoduls : L_{GM}, B_{GM}, H_{GM}
Lagergerät: LG

rung. Auch für Fachregallager mit mehrfach tiefer Lagerung ganzer Ladeeinheiten ist nur die räumlich kombinierte Ein- und Auslagerung sinnvoll.
Typische Beispiele für Fachregallager sind [145; 146]:

- manuell bediente *Fachbodenlager* (FBL)
- konventionelle *Staplerlager* (STL)
- staplerbediente *Schmalganglager* (SGL)
- halbautomatische und automatische *Hochregallager* (HRL)
- automatische *Kleinbehälterlager* (AKL).

Die wesentlichen *Vorteile* der Fachregallager sind:

- *Einzelzugriff* auf jede Ladeeinheit bei einfach tiefer Lagerung
- *Füllungsgrade bis 100 %* bei Einzelplatzlagerung und freier Lagerordnung
- *gute Flächennutzung* bei größerer Regalhöhe
- *kurze Fahrwege* für die Lagerbedienung
- *geringe Zugriffszeiten*
- *flexible Nutzbarkeit* bei wechselnder Bestandstruktur
- *kurze Räumzeit* bei ausreichender Anzahl Lagergeräte.

Diese Vorteile müssen jedoch erkauft werden durch *Investitionen* für

- die Regale, die mit der Regalhöhe zunehmen,
- die Lagergeräte, die mit der Gerätehöhe rasch ansteigen,
- die Zu- und Abfördertechnik.

Trotz der erforderlichen Investitionen ist das Fachregallager in vielen Fällen die *platzsparendste* und *wirtschaftlichste Lösung.*

Besonders geeignet sind Fachregallager bei *geringen Beständen pro Artikel,* beispielsweise für Artikel mit einem Lagerbestand von weniger als 10 Paletten, bei *geringem Lagerdurchsatz* mit einem Umschlag weniger als 6 pro Jahr wie auch bei sehr hohem Durchsatz. Daher werden automatische Hochregallager und Kleinbehälterlager auch als *Bereitstellungssysteme* für das Kommissionieren mit dynamischer Bereitstellung eingesetzt.

4. Kanalregallager
In einem Kanalregallager sind, wie in *Abb. 16.6* dargestellt, mehrere Durchlaufbahnen oder Einschubkanäle in einem Regal *wabenartig* nebeneinander und übereinander angeordnet. Die Ladeeinheiten können wie im Sortierspeicher im Kanal verschoben werden. Sie werden bei *Einschubkanälen* auf einer Seite, bei *Durchlaufkanälen* auf entgegengesetzten Seiten der Lagerkanäle von einem Lagergerät ein- und ausgelagert.

Beispiele für Kanalregallager sind [145]:

- aktive *Durchlauflager* (DLL) mit Rollenbahnen oder Tragkettenfördern für passive Ladeeinheiten.
- passive *Kanallager* (KNL) für mobile Ladeeinheiten auf *Rolluntersätzen.*
- *Kompaktlager* (KPL), in denen die Ladeeinheiten durch unterfahrende *Verfahrwagen* oder von einem *Satellitenfahrzeug* eines Regalbediengeräts im Kanal versetzt werden.

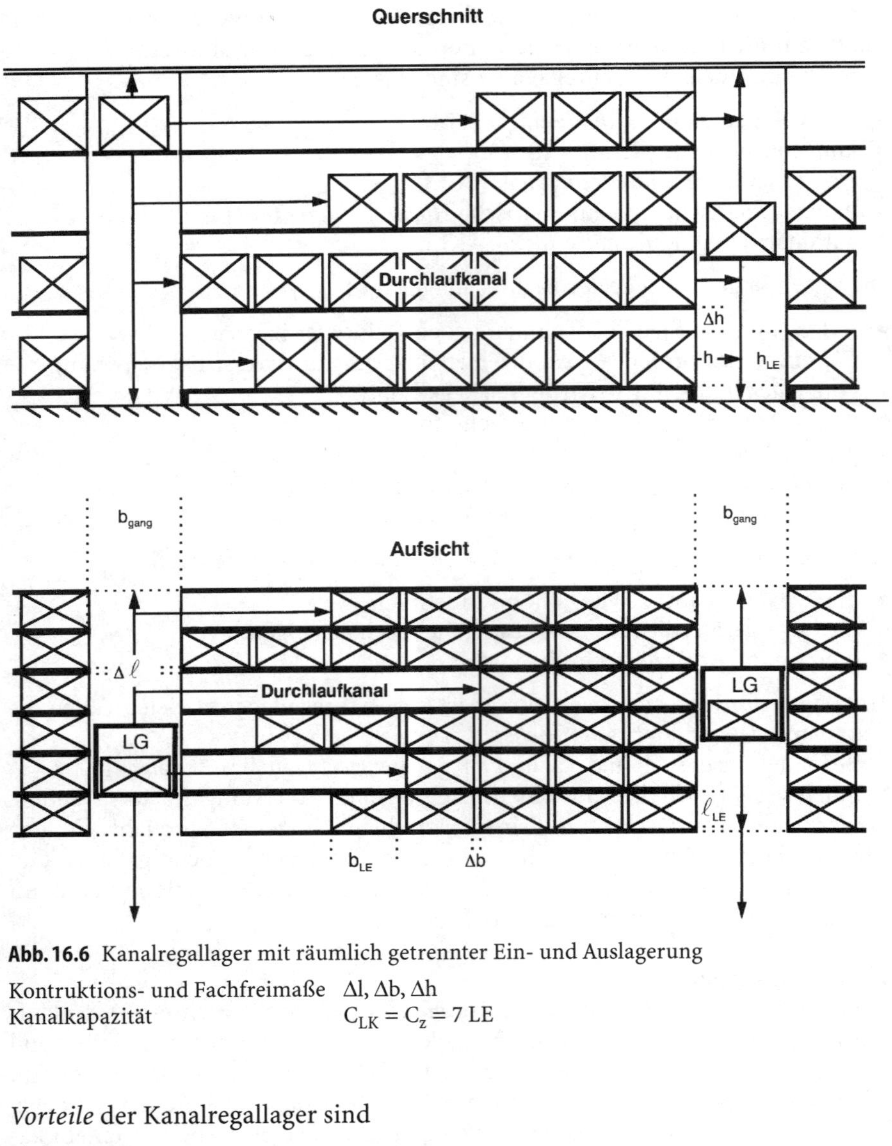

Abb. 16.6 Kanalregallager mit räumlich getrennter Ein- und Auslagerung

Kontruktions- und Fachfreimaße	$\Delta l, \Delta b, \Delta h$
Kanalkapazität	$C_{LK} = C_z = 7$ LE

Vorteile der Kanalregallager sind

- *kompakte Bauweise* und gute Raumnutzung,
- *gute Automatisierbarkeit*,
- *Einhaltung des FIFO-Prinzips* bei Durchlaufkanälen.

Diese Vorteile eines Kanalregallagers müssen erkauft werden mit vergleichsweise hohen *Investitionen* und *Betriebskosten* für die Fördertechnik in den Kanälen, für die Regale und für die Lagerbediengeräte. Bei automatischen Kanallagern kommen noch die Kosten für das Zu- und Abfördersystem und die Steuerung hinzu, bei den passiven Kanallagern außerdem die Kosten für die Rolluntersätze.

Die Kanallager haben die gleichen Nachteile wie die Sortierspeicher. Vor allem der begrenzte Füllungsgrad schränkt bei artikelreiner Kanalbelegung die Nutzung der Kanalkapazität ein. Weitere *Nachteile* der Kanalregallager sind:

- *schlechte Zugänglichkeit* der Ladeeinheiten in dicht übereinander liegenden Kanälen
- *lange Zugriffs-* und *Räumzeiten.*

Kanalregallager sind für die Langzeitlagerung, wenn überhaupt, nur als Kompaktlager mit Satellitenfahrzeugen geeignet. Für die Lagerung von Pull-Beständen ist ein Kanalregallager nur in Ausnahmefällen wirtschaftlicher als ein Fachregallager.

Zur *Kurzzeitpufferung* und zur *Versandbereitstellung* kann hingegen ein Durchlauflager bei hohen Artikel- oder Auftragsbeständen, artikelgemischter Kanalbelegung oder begrenzter Raumhöhe eine geeignete Lösung sein.

Ein spezieller Einsatzbereich für Durchlauflager ist das Lagern und Bereitstellen von Zugriffs- und Reserveeinheiten für das Kommissionieren mit statischer Bereitstellung. Dabei kann die Beschickung über automatische Lagergeräte und die davon räumlich getrennte Entnahme ganzer Ladeeinheiten mit dem Stapler oder von Hand erfolgen (s. *Kapitel* 17).

5. Verschieberegallager

Bei einem Verschieberegallager sind die *Regalscheiben* (RS) mit den Lagerfächern ebenso aufgebaut wie bei einem stationären Fachregallager. Die einzelnen Regalscheiben sind jedoch auf Rollen senkrecht zur Bedienungsgasse gegeneinander verschiebbar [127]. Dadurch läßt sich die Anzahl der Bedienungsgassen reduzieren.

Die *anteilige Gangzahl* pro Lagerplatz ist bei einem Verschieberegallager mit N_{RS} Regalscheiben und N_G Gassen $n_{gang} = N_G/N_{RS} \ll 1/2$. Damit ist der Raumbedarf für ein Verschieberegallager kleiner als für ein Fachregallager gleicher Kapazität mit einer anteiligen Gangzahl 1/2 oder 1.

Die wesentlichen *Vorteile* eines Verschieberegallagers sind:

- *kompakte Lagerung*
- *minimaler Raumbedarf.*

Dem stehen jedoch als *Nachteile* gegenüber:

- *schlechte Zugänglichkeit* der einzelnen Lagerplätze
- *lange Zugriffszeiten*
- *Investition* für die Verschiebetechnik
- *aufwendige Automatisierung*
- *begrenzte Ein- und Auslagerleistung.*

Wegen des geringen Raumbedarfs bei begrenzter Ein- und Auslagerleistung und wegen der langen Zugriffszeiten eignen sich Verschieberegale vor allem zur *Langzeitlagerung* von Beständen, auf die nur selten zugegriffen wird. Spezielle Einsatzbereiche von Verschieberegalen sind daher *Archive* für Akten, Dokumente oder elektronische Datenträger.

6. Umlauflager

In einem *konventionellen Umlauflager* werden die Lagerfächer für das Ein- und Auslagern zu einem stationären Zugriffsplatz bewegt. Solange kein Zugriff erfolgt, ruht das Lagergut.

Konventionelle Umlauflager gibt es in zwei verschiedenen *Bauarten* [29]:

- *Paternosterlager* (PNL) mit *vertikal* umlaufenden Fördersträngen, an denen *Lagertröge* mit den Einzelfächern befestigt sind. Der Zugriff auf die Lagerfächer erfolgt von der Seite.
- *Karussellager* (KRL) mit *horizontal* umlaufender Förderkette, an der bewegliche *Lagergestelle* hängen. Der Zugriff findet in der Regel an der Regalstirnseite statt.

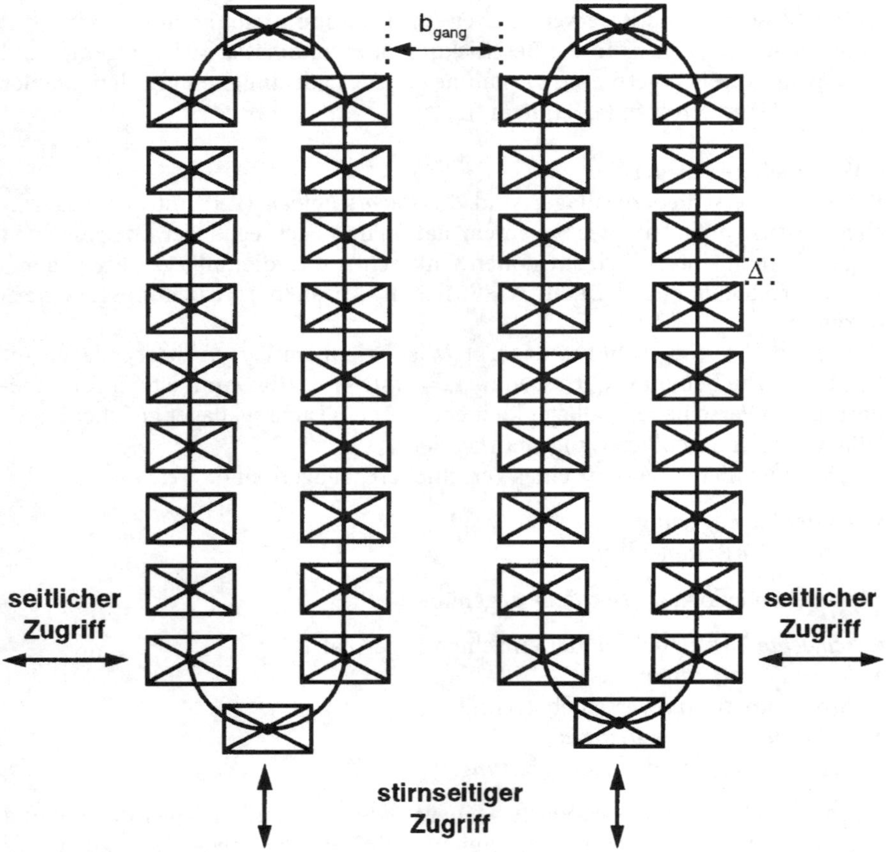

Abb. 16.7 Umlauflager

Paternosterlager: vertikaler Umlauf mit seitlichem Zugriff
Karussellager: horizontaler Umlauf mit stirnseitigem Zugriff

Die wesenlichen *Vorteile* dieser Umlauflager, deren Prinzip in *Abb. 16.7* dargestellt ist, sind:

- kompakte Lagerung
- Fortfall der Bedienungsgänge.

Wegen der Freimaße und der Konstruktion der Umlauftechnik ist der Raumbedarf vieler Umlauflager trotz der Gangeinsparung größer als der Raumbedarf eines Fachregallagers mit gleicher Kapazität.

Nachteile der Umlauflager sind:

- schlechte Zugänglichkeit der Lagerplätze
- lange Zugriffszeiten
- Investition für die Umlauftechnik
- begrenzte Ein- und Auslagerleistung.

Einsatzbereiche für Paternoster- oder Karussellager sind Kleinteilellager, Ersatzteillager, Werkzeuglager, Dokumentenlager und Karteien. Ein historisches Einsatzbeipiel eines Umlauflagers ist ein *Park-Paternoster* für Pkw, der bereits in den zwanziger Jahren in den USA gebaut wurde.

Infolge der aufgeführten Nachteile sind Umlauflager als reine Einheitenlager und Pufferlager ungeeignet. Unter bestimmten Voraussetzungen sind Umlauflager einsetzbar als *Bereitsstellsystem* für das stationäre Kommissionieren von Teilmengen (s. *Abschnitt 17.2.3*).

Außer den konventionellen Umlauflagern, in denen die Ladeeinheiten nur für den Zugriff bewegt werden, gibt es *dynamische Umlauflager*, in denen die Ladeeinheiten nach der Aufgabe permanent auf einer Fördertechnik umlaufen, bis sie an den Abgabestellen in der gewünschten Reihenfolge ausgeschleust oder abgezogen werden. Beispiele für dynamische Umlauflager sind *Sortierkreisel* (STK), *Umlaufsspeicher* (USP) und *Kreissorter* (KRS). Dynamische Umlauflager sind spezielle *Fördersysteme*, die sich in Einsatz und Dimensionierung grundlegend von den anderen Lagersystemen unterscheiden (s. *Abschnitt 18.6*).

16.3 Lagertechnik

Jedes Lager setzt sich zusammen aus mehreren Lagergewerken, die zur Ausführung der spezifischen Lagerfunktion benötigt werden. Funktionsspezifische *Lagergewerke* sind:

Ladeeinheiten und *Ladungsträger*,
Lagerplätze und *Regale*,
Lagergeräte mit *Lastaufnahmemitteln*,
Zu- und Abfördersystem, (16.19)
Lagersteuerung und *Lagerverwaltung*
Wareneingang und *Warenausgang*,
Lagerbau.

Zusätzliche Gewerke eines Lagers ohne lagerspezifische Funktion sind *Sprinkler- und Rauchabzugsanlagen, Klima- und Heizungsanlagen, haustechnische Anlagen* und *Sozialräume* für das Lagerpersonal.

Die einzelnen Gewerke, aus denen sich ein Lagersystem zusammensetzt, lassen sich technisch unterschiedlich realisieren. Infolge der Vielfalt der technischen Ausführungsmöglichkeiten ergibt sich aus den sechs zuvor dargestellten Lagerarten eine große Anzahl von Lagersystemen.

Die Konstruktion und die technische Realisierung der Lagergewerke sind nicht Aufgaben der Logistik sondern des Stahlbaus, des Maschinenbaus, der Fördertechnik, der Steuerungstechnik und der Bautechnik. Aufgaben der *Lagerplanung* als Spezialgebiet der Logistik sind die Auswahl und Kombination der verfügbaren technischen Lösungen für die einzelnen Lagergewerke zu einem funktionssicheren, leistungsfähigen und kostengünstigen Lagersystem.

Für den *Platzbedarf* und die *Funktionssicherheit* eines Lagersystems sind die optimale Abstimmung der *Freimaße*, der *Toleranzen* und der *Positioniergenauigkeit* entscheidend. Maßgebend für die *Ein- und Auslagergrenzleistung* sind die *mittleren Fahrwege* zwischen den Abholbereichen, den Lagerplätzen und den Bereitstellbereichen, die *technischen Leistungsdaten* der Lagergeräte sowie die von der Steuerung benötigten *Tot- und Positionierzeiten.*

1. Lagereinheiten und Ladungsträger

Die zu lagernden Ladeeinheiten oder *Lagereinheiten* bestehen meist aus einem *Ladungsträger*, der die Artikeleinheiten enthält. Gleichförmige Artikeleinheiten, wie Blechcoils, Papierrollen, Hänger, Wechselbrücken, Waggons oder Fahrzeuge, können jedoch auch ohne Ladungsträger gelagert werden (s. *Kapitel 12/I*).

Ladungsträger, Ladehilfsmittel, Lagerbehälter oder *Container* sind erforderlich zur Aufnahme ungleichförmiger Artikel, zur Bildung gleichartiger Ladeeinheiten und zur Mengenbündelung. Gebräuchliche Lagerhilfsmittel sind genormte *Container, Flachpaletten, Boxpaletten, Lagergestelle, Kassetten, Tablare* und *Kleinbehälter.*

Die Ausführung der Lagerhilfsmittel und die Abmessungen der Lagereinheiten bestimmen sehr wesentlich die Lagerart und die Lagertechnik. Maßgebend für die Größe der Lagerplätze und die Breite der Gänge sind die *Außenmaße* einschließlich der maximal zulässigen *Lastüberstände* in allen drei Raumrichtungen und die *Abstellrestriktionen* der Ladeeinheiten.

So wird in automatischen Palettenlagern in der Regel ein beidseitiger Lastüberstand bis zu ± 50 mm zugelassen. Dadurch vergrößern sich die Grundmaße einer 800 x 1.200 mm EURO-Palette effektiv auf 900 x 1.300 mm und die Grundfläche der Ladeeinheit um 22 %. Die Lastüberstände wirken sich auf die Abmessungen und die Kosten des gesamten Lagersystems aus, werden aber häufig nicht ausreichend beachtet und daher unnötig groß angesetzt.

Die vertikale Ausrichtung und die Höhe der Ladeeinheiten h_{LE} sind meist vorgegeben, während die Orientierung der Länge l_{LE} und Breite b_{LE} zum Gang frei ist. Bei *Langgut*, für das die Länge wesentlich größer als der Durchmesser, beispielsweise bei Rohren und Stangen, wie auch bei *Flachgut*, für das Länge und

Breite deutlich größer sind als die Dicke, wie Bleche, Glasscheiben, Holzplatten oder Türen, besteht die Freiheit, die Lagereinheit mit ihrer längsten Kante flachkant *liegend* oder hochkant *stehend* zu lagern.

2. Lagerplätze und Regale
Im einfachsten Fall sind die *unbeweglichen Stellplätze* eines *Blockplatzlagers* markierte Plätze in einer Halle oder auf einer Freifläche, die sich bei Bedarf mit wenig Aufwand verändern lassen.

Bei den *Fachregalagern* sind die unbeweglichen Stellplätze in *Lagerregalen* mit Fachböden aus Holz oder Blech, mit seitlichen Auflagewinkeln oder mit parallel zum Gang verlaufenden *Auflageriegeln* aus Stahl angeordnet.

Die *beweglichen Stellplätze* der Sortierspeicher und Kanalregallager für *passive Ladeeinheiten*, wie Paletten oder Behälter, können als Schwerkraft-Rollen- oder Röllchenbahnen oder als angetriebene Tragkettenförderer oder Rollenbahnen ausgeführt werden. Die Ladeeinheiten können auch auf unbeweglichen Stellplätzen stehen und von einem *Verschiebewagen* oder *Satellitenfahrzeug* im Kanal versetzt werden, das unterhalb der Stellplätze verfährt.

Wenn *mobile Ladeeinheiten*, wie Rollpaletten oder Wagen, gelagert werden, sind als Lagerplatz Schienen mit Zugvorrichtungen ausreichend. Bei aktiven Ladeeinheiten mit eigenem Antrieb, wie Fahrzeugen, ist der Lagerplatz eine *Standschiene*, eine *Parkspur* oder ein *Parkplatz*.

Spezielle Gestaltungsparameter der Fachregallager sind die *Fachteilung*, das heißt die Anzahl Ladeeinheiten zwischen zwei Regalstehern, die *Fachhöhe*, die *Fachtiefe* und die *Auflagekonstruktion* für die Ladeeinheiten. Die Breite der Regalsteher und die Höhe der Auflagekonstruktion resultieren aus dem Gewicht und den Abmessungen der Ladeeinheiten sowie aus der Statik und dem Material der *Regalkonstruktion*.

Zwischen je zwei Ladeeinheiten sowie zwischen den Ladeeinheiten und der Regalkonstruktion müssen ausreichend bemessene *Fachfreimaße* vorhanden sein, um trotz der Ungenauigkeit und Toleranzen der Ladeeinheiten und der Regale ein störungsfreies Ein- und Auslagern zu gewährleisten (s. *Abb.* 16.4). Die Fachfreimaße sind umso größer, je geringer die *Positioniergenauigkeit* der Lagergeräte und je größer die *Regaltoleranzen* sind.

So betragen beispielsweise die Fachfreimaße zwischen den Ladeeinheiten und den Regalstehern nach der Richtlinie FEM 9.831 für automatische Palettenlager 100 mm [153]. Dadurch erhöht sich der effektive Platzverbrauch einer EURO-Palette um ca. 10 %. Weiterer Platz wird für die Steher und die Auflageriegel der Regalkonstruktion verbraucht. Bei Einbau einer Sprinkleranlage wird zusätzlicher Platz für die Rohrzuführungen und die Sprinklerköpfe benötigt.

Aus den *Fachfreimaßen* und den *Konstruktionsmaßen* der Regale ergeben sich die *Platzmaßdifferenzen* Δx, Δy und Δz in den drei Raumrichtungen zwischen den effektiven *Abmessungen* l_{SP}, b_{SP} und h_{SP} der Stellplätze und den Außenmaßen der Ladeeinheiten einschließlich Lastüberstand.

Ein *freier Gestaltungsparameter* aller Lagerarten ist die *Orientierung der Ladeeinheiten* zum Bedienungsgang. Für Ladeeinheiten mit unterschiedlichen Abmessungen in allen drei Raumrichtungen und ohne Abstellrestriktionen gibt es 4 unterschiedliche Orientierungsmöglichkeiten, die sich aus der Kombination folgender *Abstellvarianten* ergeben:

- *Längslagerung*: Die Ladeeinheiten stehen mit der Längskante $l_{LE} \geqslant b_{LE}$ parallel zum Gang.
- *Querlagerung:* Die Ladeeinheiten stehen mit der Längskante $l_{LE} \geqslant b_{LE}$ senkrecht zum Gang.

jeweils kombiniert mit

- *Flachkantlagerung:* Die Ladeeinheiten sind mit der langen Kante liegend abgelegt.
- *Hochkantlagerung:* Die Ladeeinheiten sind mit der langen Kante stehend aufgestellt.

Bei Blockplatzlagern für Ladeeinheiten mit einer Breite unter 800 mm ist in der Regel eine Längslagerung notwendig, damit die Breite der Blockplätze für das Hineinfahren des Staplers ausreicht [146].

Bei anderen Lagern aber ist die Orientierung der Ladeeinheiten eine freier Gestaltungsparameter, der sich zur Optimierung der Flächen- und Raumnutzung sowie zur Minimierung der Lagerkosten nutzen läßt. Da es dabei in der Regel zu einem *Zielkonflikt* zwischen Raum- oder Grundflächenbedarf einerseits und Gerätebedarf andererseits kommt, kann diese Optimierung nur im konkreten Einzelfall mit Hilfe eines geeigneten Lagerdimensionierungsprogramms durchgeführt werden [147].

3. Lagergeräte und Lastaufnahmemittel

Ein Lagergerät befördert eine einzulagernde Ladeeinheit von einem *Einlagerübergabeplatz* zum Lagerplatz und eine auszulagernde Ladeeinheit vom Lagerplatz zu einem *Auslagerübergabeplatz.*

Maßgebend für die Ein- und Auslagerleistung eines Lagersystems sind die *Konstruktion*, das *Fahrverhalten*, die *Ganggebundenheit*, das *Lastaufnahmemittel* (LAM), die *Kapazität* C_{LG} [LE/LG] und die *Anzahl* N_{LG} der eingesetzte Lagergeräte. Die technischen *Kenndaten* und die *Richtpreise* für einige gebräuchliche Lagergeräte und Lastaufnahmemittel sind in den *Tabellen* 16.1 und 16.2 zusammengestellt.

Nach dem *Fahrverhalten* lassen sich unterscheiden:

- *Eindimensional verfahrende Lagergeräte*, wie *Hubwagen*, *Frontstapler* und *Seitenstapler*. Diese bewegen die Last in einer *additiven Fahr- und Hubbewegung.*
- *Zweidimensional verfahrende Lagergeräte*, wie *Schmalgangstapler* und *Regalbediengeräte.* Sie befördern die Ladeeinheiten in einer *simultanen Fahr- und Hubbewegung.*
- *Dreidimensional arbeitende Lagergeräte*, wie *Brückenkrane*, *Hallenkrane* und *Stapelkrane*, die die Last auf einem *räumlich verlaufenden Weg* bewegen.
- *Kombinierte Lagergeräte* mit *Lagerbedienwagen*, *Verteilerwagen* oder *Satellitenfahrzeugen* und *Hubstationen* oder *Vertikalförderzeugen.*

Die Lagerbedienwagen oder Satellitenfahrzeuge werden mit und ohne Last von einer Hubstation oder einem anderen Vertikalförderzeug zwischen den Lager-

LAGERGERÄT (LG) Ladeeinheiten	Kapazität LE/LG	Hubhöhe bis ca.	Gangbreite EURO-Pal.	Fahrt Geschwind. Beschleun.	Hub Geschwind. Beschleun.	Richtpreis 1997 TDM
Hochubwagen	1	4,5 m	3,0 m	2,0 m/s	0,2 m/s	40 bis 60
Paletten			3,4 m	0,7 m/s²	0,1 m/s²	
Gabelstapler	1 bis 4	6,5 m	3,0 m	3,0 m/s	0,3 m/s	40 bis 60
Paletten			3,4 m	1,0 m/s²	0,3 m/s²	
Schubmaststapler	1	7 m	2,2 m	2,5 m/s	0,5 m/s	40 bis 60
Paletten			2,5 m	1,0 m/s²	0,3 m/s²	
Schmalgangstapler	1 bis 2	14 m	1,5 m	2,5 m/s	0,35 m/s	140 bis 180
Paletten			1,8 m	1,0 m/s²	0,5 m/s²	
Regalbediengeräte	1 bis 2	40 m	1,5 m	3,5 m/s	1,0 m/s	300 bis 500
RGB für Paletten				0,5 m/s²	0,5 m/s²	
AKL für Kleinbehälter	1 bis 8	8 m	1,0 m	2,5 m/s²	1,5 m/s²	100 bis 150
Verteilerwagen	1 bis 2	-	1,0 m	bis 6 m/s	-	40 bis 50
Paletten, Behälter			1,4 m	1,0 m/s²	-	
Satellitenfahrzeug	1	-	0	1,0 m/s	-	30 bis 40
Paletten				0,5 m/s²	-	
Stapelkran	-	8 m	0	1,0 m/s	0,3 m/s	200 bis 300
Langgut, Coils u.a.				0,3 m/s²	0,2 m/s²	

Tab. 16.1 Kenndaten und Richtpreise von Lagergeräten
Gangbreite: Längs- bzw. Quereinlagerung EURO-Paletten 800×1.200 mm
Richtpreise: Stand 1997, mit Elektroantrieb und mitfahrender Steuerung
Alle Angaben sind Richtwerte

ebenen umgesetzt. Auf den Lagerebenen verfahren Lagerbedienwagen oder Satellitenfahrzeuge horizontal zu den Lagerfächern und in die Lagerkanäle.

Voraussetzung für die Automatisierung eines Lagers ist eine genaue *Spurführung* der Lagergeräte. Technische Möglichkeiten sind die *mechanische Spurführung* mit Fahr- und Führungsschienen, die *induktive Spurführung* mit Leitdraht, die *optische Spurführung* mit Markierungslinien oder Orientierungsmarken und die *akustische Spurführung* mit Orientierungspunkten zur Koppelnavigation.

Das Fahrverhalten, die Art der Spurführung und die Konstruktion haben eine mehr oder minder große *Ganggebundenheit* der Lagergeräte zur Folge [146]:

LASTAUFNAHMEMITTEL LAM	Ladeeinheiten LE	Kapazität LE/LAM	Lagergeräte	Fachtiefe bis ca.	Facheinfahrt Geschwind. m/s	Facheinfahrt Beschleun. m/s²
Starre Gabel	Paletten	bis zu 4	Hubwagen Stapler	2 m	0,3 m/s	0,2 m/s²
Schwenkschubgabel	Paletten	bis zu 2	Schmalgang-Stapler	2 m	0,3 m/s	0,2 m/s²
Seitengreifer	Kartons Fässer	bis 2 bis 4	Stapler RBG	1,5 m	0,5 m/s	0,2 m/s²
Teleskopgabel	Paletten	bis 2	Stapler RBG	2,0 m	0,5 m/s	0,3 m/s²
Teleskoptisch	Tablare Behälter	1 bis 2	RBG	1,5 m	1,0 m/s	0,8 m/s²
Schub- und Zugvorrichtung	Tablare	1	RBG	1,5 m	1,5 m/s	1,0 m/s²
Rollentisch **Tragkettenförderer**	Paletten Behälter	1 bis 2 1 bis 4	RBG Verteilerwagen	-	0,4 m/s	0,3 m/s²

Tab. 16.2 Kenndaten verschiedener Lastaufnahmemittel

- *Gangunabhängige Lagergeräte*, wie Hubwagen, Gabelstapler, Schmalgangstapler und andere Flurförderzeuge, können die Lagergassen unbeschränkt wechseln und den Lagerbereich verlassen.
- *Gangumsetzbare Lagergeräte*, wie kurvengängige Regalbediengeräte und Regalbediengeräte mit Umsetzgerät, können mit reduzierter Geschwindigkeit auf vorgegebebener Spur den Regalgang wechseln, aber den Lagerbereich nicht verlassen.
- *Ganggebundene Lagergeräte*, wie Regalbediengeräte ohne Umsetzeinrichtung, können den Regalgang nicht verlassen. Sie bedienen nur die Lagerfächer in einer Lagergasse.

Der Gangwechsel erfordert relativ viel Zeit. Bei hoher *Gangwechselfrequenz* v_{GW} [1/h] wird daher die Ein- und Auslagerleistung erheblich reduziert.

Die *Lastaufnahmemittel* können die Ladeeinheiten von *unten*, von *oben*, *stirnseitig* oder *längsseitig* aufnehmen. Sie unterscheiden sich außerdem in der Durchführung des *Lastspiels*:

- *Lastaufnahmemittel mit Leerspiel*, wie starre und schwenkbare Gabeln, unterfahrende Teleskopgabeln und Teleskoptische, seitliche Greifarme und Klemmbacken oder von oben einklinkende Container-Spreader, machen bei jeder Lastaufnahme eine leere Hinbewegung und bei jeder Lastabgabe eine leere Rückbewegung.

- *Lastaufnahmemittel ohne Leerspiel*, wie Zug- und Schubvorrichtungen oder Rollentische und Tragkettenförderer zur Bedienung von Kanallagern, führen bei Lastaufnahme und Lastabgabe jeweils nur eine Nutzlastbewegung durch.

Mit einem Lastaufnahmemittel ohne Leerspiel sind erheblich höhere Ein- und Auslagerleistungen erreichbar. Maßgebend für das Leistungsvermögen eines Lagergeräts ist außer der Art des Lastspiels die Kapazität des Lagergeräts:

- Die *Kapazität* C_{LG} [LE/LG] eines Lagergeräts ist gleich der Anzahl Ladeeinheiten, die das Gerät gleichzeitig beförden kann.

Sie ist das Produkt der Anzahl n_{LAM} [LAM/LG] Lastaufnahmemittel pro Gerät und der Kapazität C_{LAM} [LE/LAM] pro Lastaufnahmemittel:

$$C_{LG} = n_{LAM} \cdot C_{LAM} \qquad [\text{LE/LG}]. \qquad (16.20)$$

Regalförderzeuge für Paletten werden heute mit einer Kapazität bis zu 4 Paletten pro RFZ, Regalbediengeräte für Kleinbehälter mit einer Kapazität bis zu 8 Behälter pro RBG gebaut. Die für mehrere Lastaufnahmemittel erforderlichen Mehrkosten sind jedoch häufig größer als die damit erreichbare Leistungssteigerung [21].

4. Zu- und Abfördersystem

Das *Zufördersystem* eines Lagers befördert die einzulagernden Ladeeinheiten aus einem *Abholbereich* zum Einlagerübergabeplatz, nachdem sie an einem *I-Punkt* identifiziert und von der Lagerverwaltung erfaßt wurden. In *automatischen Lagern* müssen die Ladeeinheiten zwischen I-Punkt und Einlagerbereitstellplatz zur Überprüfung ihrer Außenmaße eine *Konturenkontrolle* durchlaufen, hinter der die nicht maßhaltigen Ladeeinheiten wieder ausgeschleust werden.

Das *Abfördersystem* befördert die vom Lagergerät ausgelagerten Ladeeinheiten vom Auslagerübergabeplatz zu einem *Bereitstellbereich*. Dort verlassen die Ladeeinheiten ab einem *K-Punkt* die Zuständigkeit der Lagerverwaltung.

Gangunabhängige Lagergeräte können die Ladeeinheiten aus dem *Abholbereich*, beispielsweise aus dem Wareneingang, zur Einlagerung selbst abholen und nach der Auslagerung im *Bereitstellbereich* außerhalb des Lagers abstellen. Lager mit *gangunabhängigen Lagergeräten* benötigen daher in der Regel kein Zu- und Abfördersystem.

Lager mit *gangabhängigen Lagergeräten* müssen hingegen durch ein Zu- und Abfördersystem ver- und entsorgt werden. In ausgedehnten Lagern und bei großer Entfernung des Abholbereichs oder des Bereitstellbereichs vom Lagerbereich kann auch bei gangunabhängigen Lagergeräten ein gesondertes Zu- und Abfördersystem sinnvoll sein.

In *manuell bedienten Lagern* mit gangumsetzbaren Geräten, beispielsweise mit Schmalgangstaplern, können *Verteilstapler* (VTS) die Funktion des Zu- und Abfördersystems übernehmen. Sie bringen die Ladeeinheiten von und zu *Übergabeplätzen* an der Regalstirnseite, die dafür zweckmäßig als *Kragarmplätze* ausgebildet sind.

Für die Kombination und Anordnung der Zu- und Abfördersysteme *automatischer Lager* gibt es zwei *Möglichkeiten* [29; 127; 148]:

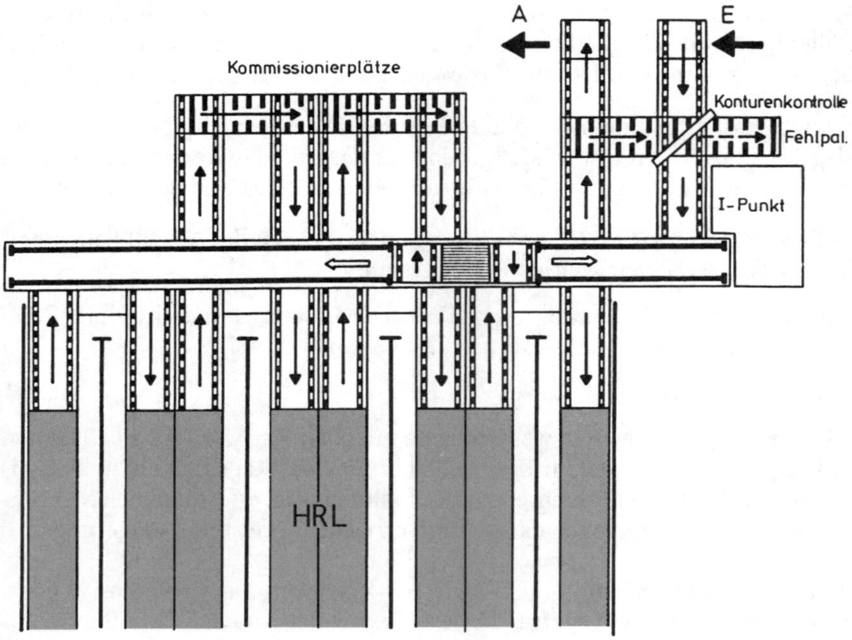

Abb. 16.8 Räumlich kombiniertes Zu- und Abfördersystem eines automatischen Hochregallagers mit Verteilerwagen in einer Ebene

- *Getrennte Zu- und Abfördersyteme* auf zwei Ebenen oder an zwei Regalseiten.
- *Kombinierte Zu- und Abfördersyteme* in einer Ebene an einer Regalseite.

Getrennte Zu- und Abfördersyteme bieten zusätzlichen Platz, der beispielweise zur Anordnung von Kommissionierarbeitsplätzen mit dynamischer Bereitstellung genutzt werden kann. Sie sind jedoch mit höherem Aufwand verbunden. Bei einem kombinierten Zu- und Abfördersystem entfallen bei Doppelspielen die Leerfahrten zwischen den Auslager- und Einlagerübergabeplätzen. Außerdem ist der fördertechnische und bauliche Aufwand geringer.

Für die Zu- und Abfördersysteme automatischer Lager gibt es eine Vielzahl technischer Ausführungsmöglichkeiten, wie [148]:

Verschiebehubwagen
Verteilerwagen
Tragkettenförderer
Rollenbahnen
Elektrohängebahnen (EHB)
fahrerlose Transportfahrzeuge (FTS)

und *Kombinationen* dieser Fördertechniken. Als Beispiel sind zwei Lösungen für das kombinierte Zu- und Abfördersystem eines automatischen Hochregallagers in *Abb. 16.8* und *Abb. 16.9* dargestellt.

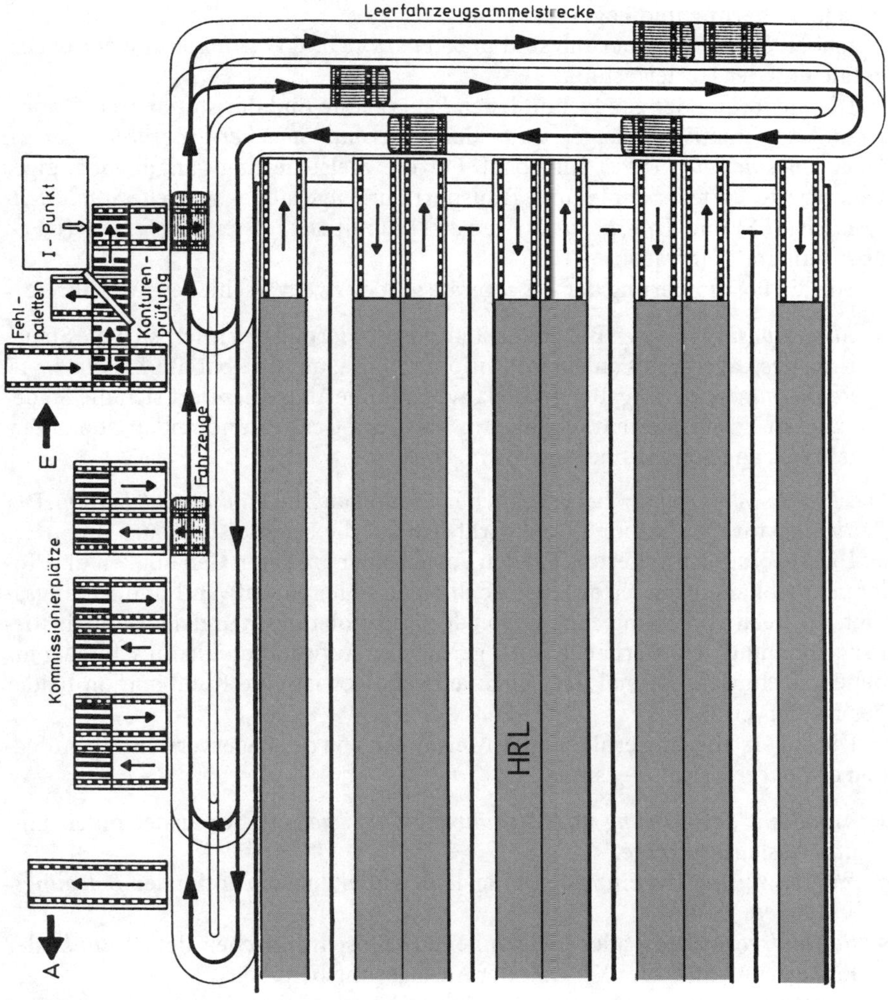

Abb. 16.9 Fahrzeugsystem zur kombinierten Ver- und Entsorgung eines automatischen Hochregallagers in einer Ebene
Fahrzeugtechnik: FTS-Fahrzeuge oder Elektrohängebahn

Die Zu- und Abförderstrecken von und zu den Auf- und Abgabeplätzen der Lagergeräte sind meist als *Verschiebehubwagen* oder *Tragkettenförder* mit mehreren *Stauplätzen* ausgebildet. Die *Stauplatzkapazität* auf den *Stichbahnen* vor den Regalen ist maßgebend für die *Auslastbarkeit* der Lagergeräte und für die *Entkopplung* der stochastisch schwankenden Lagerspielzeiten von dem ebenfalls stochastisch schwankenden Ein- und Auslagerbedarf (s. *Abschnitt 13.5/I*).

5. Lagersteuerung und Lagerverwaltung
Aufgaben der Lagersteuerung sind die *Steuerung* und *Positionierung* der Lagergeräte und der Fördertechnik.

Die Steuerung der ganggebundenen Lagergeräte und der stationären Fördertechnik automatischer Lager ist in der Regel aus *Speicher-Programmierbaren Steuerungsmodulen* (SPS) aufgebaut. Für die Zielsteuerung gangunabhängiger Lagergeräte, Verteilerstapler und Transportfahrzeuge gibt es spezielle *Staplerleitsysteme* (SLS) und *Transportleitsysteme* (TLS) mit *Datenfernübertragung* (DFÜ) über Funk oder Infrarot.

Für die Positionierung der Lagergeräte gibt es zwei verschiedene Verfahren:

- *Absolutpositionierung*: Bei der Absolutpositionierung orientiert sich die Steuerung des Lagergeräts an einer Positioniermarke unmittelbar am Zielplatz.
- *Relativpositionierung*: Bei der Relativpositionierung orientiert sich die Steuerung an Positioniermarken, die am Mast des Gerätes und entlang dem Verfahrweg angebracht sind.

Das *Positionierverfahren* hat erheblichen Einfluß auf die *Funktionssicherheit.* Der *Zeitbedarf* für die Positionierung wirkt sich auf die Lagerleistung aus.

Die Absolutpositionierung hat den Vorteil einer größeren Genauigkeit und Toleranzunabhängigkeit, erfordert jedoch einen höheren Aufwand und ist langsamer. Die Relativpositionierung ist von den Regaltoleranzen und der Gerätejustierung abhängig, erfordert aber einen geringeren Aufwand und kann schneller arbeiten. Technisch optimal aber auch aufwendiger ist eine Kombination beider Positionierverfahren.

Die Lagersteuerung erhält ihre Anweisungen von der Lagerverwaltung. Aufgaben der *Lagerverwaltung* sind:

- *Annahme*, *Speicherung* und *Ausführungsüberwachung* der anstehenden Ein- und Auslageraufträge,
- *Platzzuweisung* der einzulagernden Ladeeinheiten nach optimalen *Belegungsstrategien*,
- *Bestandsverwaltung* aller Ladeeinheiten, die sich zwischen dem *I-Punkt* der Einlagerung und dem *K-Punkt* der Auslagerung befinden,
- *Anweisung* und *Koordination* der Ein- und Auslagerungen durch die Lagergeräte und die Fördertechnik nach optimalen *Bewegungsstrategien.*
- *Erzeugung von Transportaufträgen* für ein Stapler- oder Transportleitsystem.

Die Aufgaben der Lagerverwaltung können von einem *Lagerverwalter* oder von einem *Lagerverwaltungssystem* (LVS) ausgeführt werden. Für die spezifischen Aufgaben der Lagerverwaltung gibt es heute leistungsfähige *Lagerverwaltungsrechner* (LVR) mit entsprechender *Standardsoftware.*

Viele der angebotenenen *Lagerverwaltungssysteme* bieten jedoch nicht die Möglichkeit zur Realisierung aller benötigten Lagerstrategien. Andere Lagerverwaltungssysteme enthalten überflüssige und im Einzelfall sinnlose Strategien und Funktionen. Daher ist es ratsam, vor der Beschaffung eines Lagerverwaltungssystems die für das spezielle Lager benötigten Funktionen und Lagerstrategien in einem *Lastenheft* zu spezifizieren.

Der Lagerverwaltungsrechner arbeitet entweder *Off Line*, das heißt ohne direkte Verbindung mit anderen Systemen, oder *On Line*, das heißt, im Verbund mit übergeordneten Systemen, beispielsweise mit einem *Warenwirtschaftssystem* (WWS) oder einem *Auftragsabwicklungssystem* (z.B. SAP), und mit unterlagerten Systemen, wie mit einem *Staplerleitsystem* und mit der *Anlagensteuerung*. Die übergeordneten und unterlagerten Systeme können auch einen Teil der Lagerverwaltungsaufgaben übernehmen. Bei der Funktionsaufteilung zwischen dem Lagerrechner und den über- und untergeordneten Systemem ist jedoch darauf zu achten, daß keine unzulässig langen *Totzeiten* entstehen.

Die *Totzeiten*, die zwischen den Bewegungsschritten einer Ladeeinheit vom *I-Punkt* zum Lagerplatz und vom Lagerplatz zum *K-Punkt* von der Lagersteuerung und vom Lagerverwaltungssystem zur Durchführung von Datenabfragen, zur Datenauswertung und zur Erzeugung von Anweisungen benötigt werden, verlängern die Spielzeiten. Bei hoher Belastungsfrequenz, falscher Funktionsteilung zwischen den Systemen und unzureichender Auslegung der Hard- und Software und der Elektronik können die Totzeiten mehrere Sekunden betragen und die Durchsatzleistung eines Lagers erheblich beeinträchtigen.

6. Wareneingang und Warenausgang

Die Funktions- und Leistungsfähigkeit eines Lagers hängt sehr wesentlich von der Gestaltung und Dimensionierung des Wareneingangs und des Warenausgang ab. Ein falsch geplanter oder schlecht organisierter Warenein- und Warenausgangsbereich kann zu gravierenden Funktionsstörungen und Engpässen führen.

Der Wareneingang und der Warenausgang eines Lagers, das sich in einem gesonderten Lagerbau befindet, besteht aus *Rampen*, *Toren*, *Bereitstellflächen* und anderen *Funktionsflächen* für Kontrollen, Ladungssicherung, Steuerstand und Lagerverwaltung.

Für den Wareneingang und den Warenausgang eines Lagers gibt es folgende *Anordnungs- und Kombinationsmöglichkeiten*:

- *Getrennter Wareneingang und Warenausgang* auf benachbarten oder auf gegenüberliegenden Seiten des Gebäudes.
- *Nebeneinander liegender Wareneingang und Warenausgang* an einer Gebäudeseite mit der Möglichkeit zur bedarfsabhängigen Nutzung der Tormodule im Zwischenbereich.
- *Kombinierter Warenein- und Warenausgang* mit Tormodulen, die abwechselnd oder bedarfsabhängig zum Entladen und Beladen genutzt werden.

Ein vollständig kombinierter Warenein- und Warenausgangsbereich ermöglicht kombinierte Ein- und Auslagerspiele und eine flexible Nutzung der *Tormodule* zu unterschiedliche Tageszeiten für den Wareneingang oder für den Warenausgang. Die Torbereiche des Warenein- und Warenausgangs sollten, wie in *Abb. 16.10* dargestellt, *modular* konzipiert sein. Außer dem modularen Aufbau sind bei der Planung folgende *Dimensionierungsgrundsätze* zu beachten:

- Die *Anzahl* N_{TM} der benötigten *Tormodule* resultiert aus der Frequenz der An- und Auslieferfahrzeuge zur Zeit der Spitzenbelastung, den Be- und Entladezeiten und den Bearbeitungszeiten der Warenannahme und im Versand.

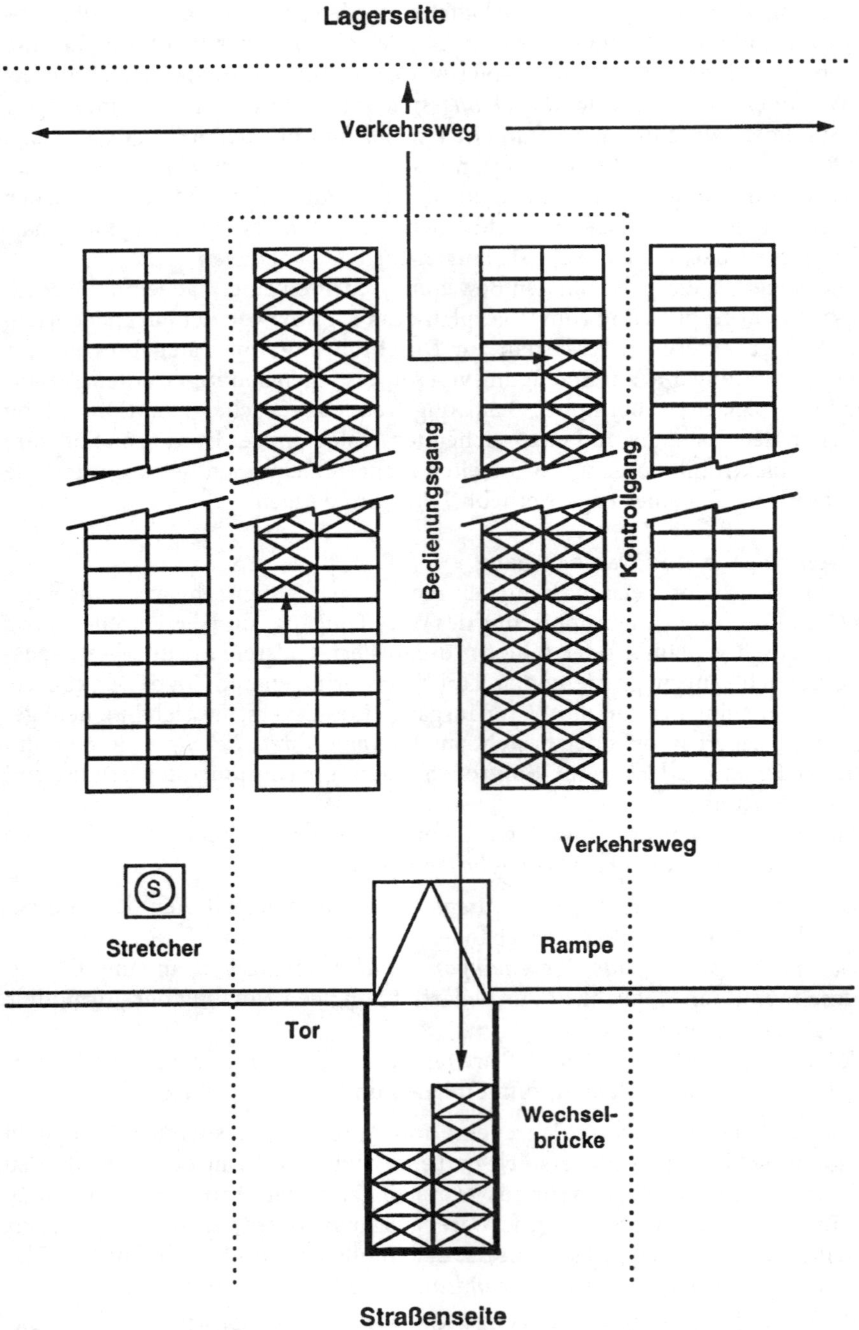

Abb. 16.10 Tormodul im Wareneingang oder Warenausgang

Parameter: Pufferplätze pro Tormodul

- Die *Anzahl* N_{BP} und die *Anordnung der Bereitstell- und Pufferplätze* pro Tormodul werden einerseits bestimmt von den *Durchsatzmengen* und den *Bearbeitungszeiten* im Wareneingang und Warenausgang und andererseits von der benötigten *Entkopplung* zwischen den innerbetrieblichen und den außerbetrieblichen Logistikketten, die an der Rampe des Lagers zusammentreffen.

Wareneingangspuffer und Warenausgangspuffer können weitgehend entfallen, wenn die ankommenden Ladeeinheiten aus angedockten Sattelaufliegern oder Wechselbrücken ohne Absetzen direkt eingelagert und die ausgehenden Ladeeinheiten, wie in *Abb.* 18.20 dargestellt, direkt verladen werden. Diese Arbeitsweise vermindert zugleich der Handlingaufwand, erfordert aber eine perfekte Organisation und Abstimmung der inner- und außerbetrieblichen Logistikketten.

7. Lagerbau

Viele Lager, wie Containerlager oder Materiallager, befinden sich auf einer *Freifläche* oder in einem *Multifunktionsbau*, beispielsweise in einer Produktionshalle. Für größere Lager wird in der Regel ein gesonderter Lagerbau errichtet. Der Lagerbau kann eine konventionelle *Halle*, ein *Stockwerksbau* oder ein *spezialisierter Lagerbau* sein, wie die Hochregalsilos oder automatische Parkhäuser.

Ein *Stockwerksbau* ist für Lager mit größerem Durchsatz schlecht geeignet, da die Geschosse durch Aufzüge miteinander verbunden sind, die zusätzliche Transportbewegungen erfordern. Ein *Hochregalsilo* auf einer Bodenplatte aus Beton mit dach- und wandtragender Regalkonstruktion ist für Bauhöhen ab 20 m und Lagerkapazitäten ab etwa 5.000 Palettenplätze deutlich leistungsfähiger und vielfach auch kostengünstiger als ein Regallager gleicher Kapazität, das frei in einer Halle steht.

Wenn möglich, sollten die Lagerart und die Lagertechnik den Lagerbau bestimmen und der Lagerbau keine Abweichung von der optimalen Lagerung bewirken. Ein Lager ist daher von innen nach außen zu planen, nicht von außen nach innen. In vielen Fällen aber ist ein bestimmter Baukörper als Lagerhülle vorgegeben, aus dessen Abmessungen, lichter Höhe und Stützenraster sich *Restriktionen* ergeben, die suboptimale Lagerlösungen erzwingen.

Restriktionen, die bei jeder Lagerplanung und Dimensionierung zu berücksichtigen sind, ergeben sich aus den *Sicherheitsvorschriften* für das Bedienungspersonal und das Lagergut:

- Große Lager mit einer hohen *Brandlast* müssen in mehrere *Brandabschnitte* zulässiger Größe aufgeteilt werden.
- Innerhalb eines Brandabschnitts darf der *Fluchtweg* bis zum nächsten Ausgang eine bestimmte Länge nicht überschreiten.

Die Größe der Brandabschnitte ist abhängig von der *Gefahrgutklasse* des Lagergutes und von der Höhe der *Versicherungsprämien*. Sie liegt in einer Größenordnung von 1.200 bis 6.000 m^2. Der *maximale Fluchtwegradius* beträgt nach deutschen Vorschriften 35 m.

16.4 Lagerbetriebsstrategien

Leistung und Kosten eines bestehenden Lagersystems hängen von den Strategien ab, mit denen das Lager betrieben wird. Bei der Neuplanung eines Lagers lassen sich durch richtige Lagerbetriebsstrategien die Investitionen reduzieren und die zukünftigen Betriebskosten senken. In vorhandenen Lagern können durch geeignete Lagerstrategien die Durchsatzleistung und die Platznutzung verbessert werden.

Abhängig von Aufgabe und *Zielsetzung* lassen sich die *Lagerbetriebsstrategien* unterscheiden in *Belegungsstrategien* und *Bewegungsstrategien.*

1. Belegungsstrategien
Die Belegungsstrategien bestimmen, auf welchen Plätzen und in welchen Lagerzonen welche Artikel gelagert und bereitgestellt werden müssen, um eine möglichst gute Platznutzung und kurze Wege für die Ein- und Auslagerung zu erreichen.

Die wichtigsten Belegungsstrategien sind:

- *Schnellläuferkonzentration*: Um die mittleren Fahrwege der Lagergeräte zu senken, werden die Ladeeinheiten schnellumschlagender Artikel in Plätzen nahe dem Ein- und Ausgang gelagert.
- *Feste Lagerplatzordnung*: Für den maximal zu erwartenden Lagerbestand jedes Artikels werden Lagerplätze fest reserviert, die nicht durch Ladeeinheiten anderer Artikel belegt werden dürfen.
- *Freie Lagerplatzordnung*:[1] Frei werdende Lagerplätze werden für die nächste einzulagernde Ladeeinheit genutzt, unabhängig davon, welcher Artikel darin enthalten ist.
- *Zonenweise feste Lagerordnung*: Bestimmte *Lagerzonen* sind für die Lagerung definierter Warengruppen reserviert oder bestimmte *Lagerplätze* oder *Fachmodule* nur für eine Sorte von Ladeeinheiten geeignet.
- *Gleichverteilungsstrategie*: Um eine *maximale Zugriffsicherheit* zu gewährleisten, wird der Lagerbestand eines Artikels gleichmäßig auf mehrere Lagergassen verteilt.
- *Platzanpassung*: Kleine Lagerplätze werden mit kleinen Lagereinheiten und geringem Artikelbestand, große Lagerplätze mit großen Lagereinheiten und hohem Artikelbestand belegt (s. *Abschnitte 12.5* und *12.6/I*).
- *Artikelreine oder chargenreine Platzbelegung*: Lagerplätze mit mehreren Stellplätzen werden nur mit einem Artikel oder einer Produktionscharge belegt.
- *Artikelgemischte Platzbelegung*: Lagerplätze mit mehreren Stellplätzen dürfen mit den Ladeeinheiten von bis zu N_{AP} verschiedenen Artikeln belegt werden.
- *Minimieren von Anbruchlagerplätzen*: In einem Mehrfachplatzlager werden, um den Füllungsgrad zu verbessern und mehr als einen Anbruchlagerplatz

1 Die freie Lagerplatzordnung oder kurz freie Lagerordnung wird häufig auch als *chaotische Lagerordnung* bezeichnet, obgleich bei dieser Belegungsstrategie von *Chaos* nicht die Rede sein kann.

pro Artikel zu vermeiden, die Ladeeinheiten aus teilgefüllten Lagerfächen stets zuerst ausgelagert.

Der Effekt einer *Schnellläuferkonzentration* wird meist überschätzt. Die Umschlagleistung kann durch eine Schnellläuferkonzentration in großen Lagern mit langen Wegen bei Einzelspielbetrieb bestenfalls um 15 % erhöht werden, wenn die ABC-Verteilung des Sortiments stark ausgeprägt ist. In den meisten Fällen aber liegt der Schnellläufereffekt deutlich unter 10 % [21].

Bei *fester Lagerplatzordnung* sind in Lagern mit Pull-Beständen, mehr als 100 Artikeln und geringen Sicherheitsbeständen bis zu doppelt soviele Plätze belegt wie bei freier Lagerplatzordnung. Für die Platzverwaltung bei freier Lagerordnung sind heute Standardprogramme und leistungsfähige Lagerverwaltungsrechner verfügbar. Daher ist die feste Platzordnung nur im Bereitstellbereich von Kommissionierlagern sinnvoll, nicht aber in Einheitenlagern und für Reserveplätze.

Auch die *zonenweise feste Lagerordnung* führt infolge der größeren Bestandsatmung zu einem erhöhten Platzbedarf. Der Platzmehrbedarf gegenüber der vollständig freien Lagerordnung ist dabei umso größer, je kleiner das Platzangebot und je größer die Anzahl der Lagerzonen ist. Daher sollten nur soviele gesonderte Lagerzonen wie unbedingt notwendig geschaffen werden.

Die *artikelgemischte Platzbelegung* wird bei Platzknappheit in Mehrfachplatzlagern, vor allem in Blockplatzlagern und Kanallagern, als *Notlösung* eingeführt, bei Langzeitbeständen aber auch gezielt eingeplant. Die artikelgemischte Platzbelegung ist jedoch mit zusätzlichen Lagerbewegungen verbunden, die einen erhöhten Gerätebedarf zur Folge haben können, denn:

- Wenn ein Lagerplatz in freier Mischung mit den Ladeeinheiten von N_{AP} unterschiedlichen Artikeln belegt ist, sind im Mittel $(N_{AP}-1)/2$ Ladeeinheiten umzulagern, um an eine bestimmte Ladeeinheit heranzukommen.

Außerdem kann die artikelgemischte Platzbelegung *Unübersichtlichkeit*, Probleme der Platzverwaltung und *Inventurdifferenzen* verursachen.

Soweit Umlagerungen nicht in betriebschwachen Zeiten durchgeführt werden können, ist eine Umlagerung in einem Palettenlager mindestens um einen Faktor 30 teurer als die täglichen Lagerplatzkosten pro Ladeeinheit. Daher ist die artikelgemischte Platzbelegung bei einer Lagerdauer unter 30 Tagen in der Regel nicht sinnvoll. Wenn das Lager und die Platzkapazität richtig dimensioniert sind, ist ein Verzicht auf die artikelgemischte Platzbelegung ohne Raumverlust möglich.

2. Bewegungsstrategien

Die Bewegungsstrategien legen fest, in welcher Reihenfolge welche Ein- und Auslagerungen vom Fördersystem und von den Lagergeräten durchgeführt werden, damit unter Einhaltung vorgegebener *Restriktionen* eine möglichst hohe Einlager-, Auslager- oder Durchsatzleistung erreicht wird.

Die wichtigsten *Restriktionen* der Bewegungsstrategien sind die *Auslagerprinzipien*:

- *Strenges FIFO-Prinzip*: Beim strengen FIFO-Prinzip müssen die einzelnen Ladeeinheiten in der Reihenfolge ihrer Einlagerung ausgelagert werden. Das strenge FIFO-Prinzip erzwingt Einzelplatzlagerung oder Durchschubkanäle mit räumlich getrennter Ein- und Auslagerung.
- *Schwaches FIFO-Prinzip* (*First-In-First-Out-Prinzip*): Um eine Überalterung und das Entstehen von Ladenhütern zu verhindern, müssen beim schwachen FIFO-Prinzip die Ladeeinheiten einer früheren vor den Ladeeinheiten einer späteren *Einlagercharge* ausgelagert werden. Das einfache FIFO-Prinzip verbietet bei Mehrfachplatzlagern mit räumlich kombinierter Ein- und Auslagerung das Zulagern in Lagerfächer, in denen sich noch Ladeeinheiten einer früheren Einlagercharge des gleichen Artikels befinden.
- *LIFO-Prinzip* (*Last-In-First-Out-Prinzip*): Bei einseitig zugänglichen Lagerplätzen müssen die zuletzt eingelagerten Ladeeinheiten zuerst ausgelagert werden.

Die wichtigsten *Bewegungsstrategien* sind:

- *Einzelspielstrategie*: Wenn der Wareneingang vorrangig ist, werden nur Einlagerspiele, wenn der Warenausgang vorrangig ist nur Auslagerspiele durchgeführt. Um die Ein- oder Auslagerleistung zu steigern, werden zu Lasten der Durchsatzleistung längere Leerfahrten der Lagergeräte in Kauf genommen
- *Doppelspielstrategien*: Um die Durchsatzleistung zu verbessern, werden die für einen Bedienungsgang anstehenden Ein- und Auslagerungen in kombinierten Ein- und Auslagerspielen ausgeführt (s. *Abb. 16.1*). Wenn nur ein Einlagerauftrag und ein Auslagerauftrag anstehen, wird das Einlagerfach in der Nähe des Auslagerfachs gewählt. Wenn mehrere Auslageraufträge anstehen, werden jeweils die Ein- und Auslageraufträge kombiniert, deren Fächer am nächsten beieinander liegen. Dadurch wird der *Leerfahrtanteil* der Lagergeräte reduziert. Die einzelnen Einlagerungen und Auslagerungen dauern jedoch in Doppelspielen etwas länger als in Einzelspielen.
- *Fahrwegstrategien*: Lagergeräte mit einer Kapazität $C_{LG} > 1$ LE fahren in einer kombinierten Ein- und Auslagerfahrt auf einem möglichst kurzen Fahrweg nacheinander C_{LG} Einlagerfächer und C_{LG} Auslagerfächer an. Eine bewährte Fahrwegstrategie ist beispielsweise die *Streifenstrategie* (s. *Abb.* 16.19) [21].
- *Umlagerstrategien*: Zum Freiräumen verdeckter Ladeeinheiten in Mehrfachplatzlagern mit artikelgemischter Platzbelegung werden Umlagerungen in Zeiten durchgeführt, in denen keine Ein- oder Auslagerungsaufträge anstehen.
- *Gangwechselstrategie*: Um einerseits den Leistungsverlust durch den Gangwechsel der Lagergeräte zu minimieren und andererseits unzulässig lange Ein- und Auslagerzeiten zu vermeiden, werden die Ein- und Auslageraufräge für eine bestimmte *Zykluszeit* T_{GW} gesammelt, nach Lagergassen geordnet und von den betreffenden Lagergeräten in zyklischer Gangfolge ausgeführt. Die minimale *Gangwechselfrequenz* $\nu_{GW} = 1/T_{GW}$ wird von der maximal zulässigen Ein- und Auslagerzeit bestimmt.
- *Zuförderstrategien*: Um eine größere Anzahl Ladeeinheiten möglichst schnell einzulagern, werden diese entweder einzeln den Lagergassen in *zyklischer Fol-*

ge zugewiesen oder *schubweise* jeweils dem Gang, auf dessen Zuförderbahn am meisten Platz ist.

- *Abförderstrategien*: Die am dringendsten benötigten Ladeeinheiten erhalten beim Einschleusen von der Auslagerstichbahn in die Abförderstrecke *absolute Vorfahrt*.

Die Belegungsstrategien und die Bewegungsstrategien sind nicht alle miteinander verträglich. So reduziert die Schnelläuferstrategie den Effekt der Fahrwegstrategien, da sich Fahrwege nicht mehrfach einsparen lassen. Hieraus folgt der *Grundsatz*:

- Um unnötigen Programmieraufwand zu vermeiden und längere Totzeiten für rechenintensive Algorithmen zu verhindern, dürfen nur wirklich effektive und miteinander verträgliche Strategien realisiert werden.

Vor einer Realisierung der Lagerstrategien muß daher sorgfältig geprüft werden, welche der möglichen Strategien einen ausreichenden Effekt bringen und wieweit die interessanten Strategien miteinander kompatibel sind.

16.5 Füllungsgrad und Lagerplatzbedarf

Bei einer Lagerplatzkapazität C_{LP} [LE/LP] und *freier Lagerordnung* ist die mittlere Anzahl Lagerplätze, die bei *artikelreiner Platzbelegung* zur Lagerung von M_B Ladeeinheiten pro Artikel benötigt werden, gegeben durch:

$$N_{LP\,frei} = MAX\left(1; M_B / C_{LP} + (C_{LP} - 1)/2C_{LP}\right) \quad [LP/Art]. \qquad (16.21)$$

Solange der Bestand des Artikels größer als 0 ist, wird mindestens ein Lagerplatz belegt. Bei Beständen, die größer als die Platzkapazität sind, ist pro Artikel ein Lagerplatz im Mittel zu einem Anteil $(C_{LP}-1)/2C_{LP}$ leer. Daher erhöht sich der Platzbedarf pro Artikel um $(C_{LP}-1)/2C_{LP}$. Für Einzelplatzlager mit $C_{LP} = 1$ entfällt der anteilige Platzverlust. Für Mehrfachplatzlager mit großer Platzkapazität $C_{LP} \gg 1$ ist der Leerplatzverlust im Mittel gleich einer halben Lagerplatzkapazität (s. *Abschnitt* 12.5/*I*).

Die N_{LP} Lagerplätze können maximal $N_{LP} \cdot C_{LP}$ Ladeeinheiten aufnehmen. Bei *freier Lagerordnung* enthalten die Plätze aber nur M_B Ladeeinheiten. Hieraus folgt:

- Der durchschnittliche *Füllungsgrad* der Plätze eines Lagers mit *artikelreiner Platzbelegung* und *freier Lagerordnung* ist

$$\eta_{L\,frei} = M_B / (N_{LP} \cdot C_{LP}) = M_B / MAX\left(C_{LP}; M_B + (C_{LP} - 1)/2\right). \qquad (16.22)$$

Für Einzelplatzlager ist die Platzkapazität $C_{LP} = 1$ und daher der Füllungsgrad bei freier Lagerordnung 100 %. Für Mehrfachplatzlager ist $C_{LP} > 1$ und der mittlere Füllungsgrad kleiner als 100 %. Wie in *Abb.* 16.11 dargestellt, nimmt der Füllungsgrad von Mehrfachplatzlagern mit der Platzkapazität ab. Andererseits steigt der Füllungsgrad bei gleicher Platzkapazität, wie *Abb.* 16.12 zeigt, mit dem Bestand pro Artikel an.

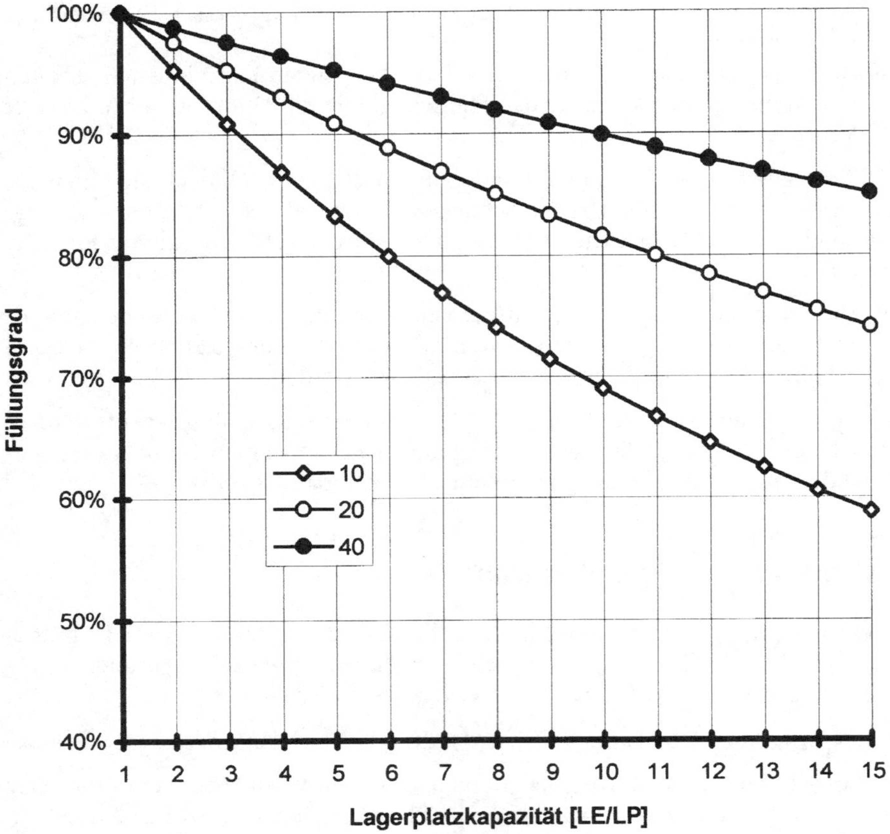

Abb. 16.11 Lagerfüllungsgrad als Funktion der Platzkapazität
Parameter: Durchschnittsbestand pro Artikel $M_B = 10, 20, 40$ LE
freie Lagerordnung, artikelreine Platzbelegung

Bei *fester Lagerordnung* sind pro Artikel soviele Lagerplätze blockiert, wie zur Lagerung des Maximalbestands (16.10) erforderlich sind. Daher ist die mittlere Anzahl Lagerplätze, die bei *fester Lagerordnung* und artikelreiner Platzbelegung zur Lagerung von Artikeln mit einem Maximalbestand M_{Bmax} benötigt wird:

$$N_{LP\,fest} = MAX\left(1; M_{Bmax} / C_{LP} + (C_{LP} - 1) / 2C_{LP}\right) \quad [LP/Art]. \qquad (16.23)$$

Daraus folgt:

- Mit einem Durchschnittsbestand pro Artikel M_B und einem Maximalbestand M_{Bmax} ist der durchschnittliche *Füllungsgrad* der Plätze eines Lagers mit *artikelreiner Platzbelegung* und *fester Lagerordnung*

$$\eta_{L\,fest} = M_B / (N_{LPfest} \cdot C_{LP}) = M_B / MAX\left(C_{LP}; M_{Bmax} + (C_{LP} - 1)/2\right). \qquad (16.24)$$

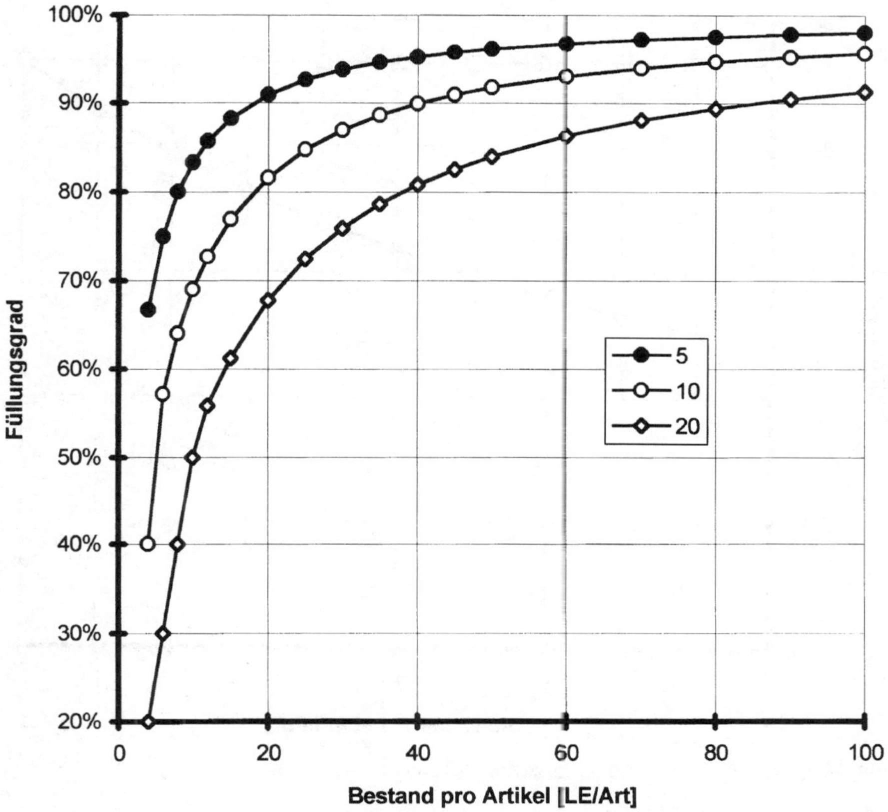

Abb. 16.12 Lagerfüllungsgrad als Funktion des Artikelbestands
Parameter: Platzkapazität $C_{LP} = 5, 10, 20$ LE
freie Lagerordnung, artikelreine Platzbelegung

Der *Maximalbestand* und der *Durchschnittsbestand* sind nach den Beziehungen (16.10) und (16.11) vom *Sicherheitsbestand* M_S und von der *Nachschubmenge* M_N pro Artikel abhängig.

Bei fester Lagerordnung ist der Füllungsrad auch für Einzelplatzlager mit $C_{LP} = 1$ kleiner als 100 %. Für Mehrfachplatzlager verschlechtert sich der Füllungsgrad bei fester Lagerordnung im Vergleich zur freien Lagerordnung. Wie *Abb.* 16.13 zeigt, ist die Verschlechterung des Füllungsgrads bei fester Lagerordnung am größten, wenn der Sicherheitsbestand gering ist. Wenn der Sicherheitsbestand hoch ist, sich also die Bestände während der Lagerzeit kaum verändern, verschwindet der Unterschied des Füllungsgrads zwischen fester und freier Lagerordnung. Hieraus folgt:

- Eine feste Lagerordnung ist, wenn überhaupt, nur sinnvoll für Lagerbestände pro Artikel, deren Höhe sich während der Lagerdauer kaum verändert, die also das Lager in der gleichen Menge verlassen, in der sie angeliefert wurden.

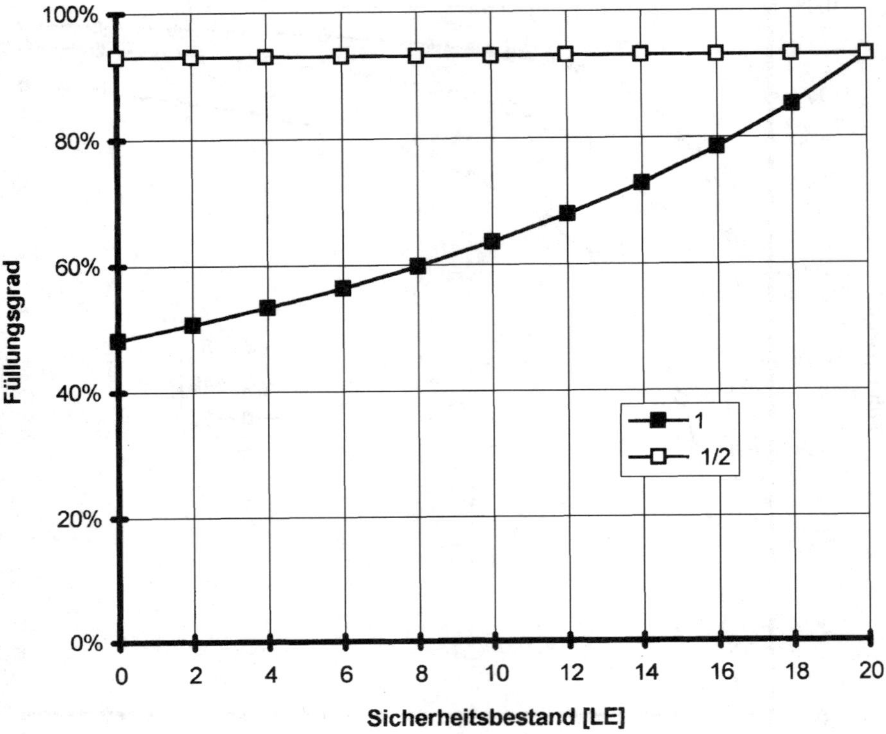

Abb. 16.13 Lagerfüllungsgrad als Funktion des Sicherheitsbestands

Parameter:	feste Lagerordnung	$f_{LO} = 1$
	freie Lagerordnung	$f_{LO} = 1/2$
	Platzkapazität	$C_{LP} = 5$ LE
	Durchschnittsbestand	$M_B = 20$ LE/Art

Um die Beziehungen (16.21) bis (16.24) für beide Arten der Lagerordnung und den allgemeinen Fall der artikelgemischten Platzbelegung zusammenzufassen, ist es zweckmäßig, einen *Lagerordnungsfaktor* einzuführen, der wie folgt definiert ist:

$$f_{LO} = \begin{cases} 1/2 & \text{für freie Lagerordnung} \\ 1 & \text{für feste Lagerordnung.} \end{cases} \qquad (16.25)$$

Bei *artikelgemischter Lagerordnung* darf ein Lagerplatz mit den Ladeeinheiten von N_{AP} verschiedenen Artikeln belegt werden. Infolgedessen reduziert sich der anteilige Leerplatzverlust um den Faktor $1/N_{AP}$, denn er verteilt sich auf N_{AP} Artikel. Damit folgen aus den Beziehungen (16.21) bis (16.24) unter Verwendung der Beziehungen (16.10) und (16.11) die *allgemeinen Lagerdimensionierungsformeln* [149]:

- Der *Lagerplatzbedarf* für einen mittleren Bestand M_B und einen Sicherheitsbestand M_S pro Artikel ist bei einer Platzbelegung mit durchschnittlich N_{AP} verschiedenen Artikeln und einer Lagerplatzkapazität C_{LP}

$$N_{LP} = MAX\big(1/N_{AP};(M_S + 2f_{LO} \cdot (M_B - M_S))/C_{LP} + (1/N_{AP})(C_{LP} - 1)/2C_{LP}\big) \quad [LP/Art]. \tag{16.26}$$

- Der erreichbare mittlere *Lagerfüllungsgrad* ist

$$\eta_L = M_B/(N_{LP}C_{LP}) = M_B/MAX\big(C_{LP}/N_{AP}; M_S + 2f_{LO} \cdot (M_B - M_S) + (1/N_{AP})(C_{LP} - 1)/2\big). \tag{16.27}$$

- Der *Gesamtlagerplatzbedarf* für einen *Gesamtbestand* M_{Bges} von N_A Artikeln, die einen *Gesamtsicherheitsbestand* M_{Sges} haben, ist bei einer Platzbelegung mit bis zu N_{AP} Artikeln und einer Lagerplatzkapazität C_{LP}

$$N_{LP\,gest} = MAX\big(N_A/N_{AP}; (M_{Sges} + 2f_{LO} \cdot (M_{Bges} - M_{Sges}))/C_{LP} + (N_A/N_{AP})(C_{LP} - 1)/2C_{LP}\big) \quad [LP]. \tag{16.28}$$

Für stochastisch schwankende und saisonabhängige Bestände ist in Beziehung (16.28) für den Gesamtbestand M_{Bges} der *effektive Gesamtbestand* M_{Beff} einzusetzen, der nach Beziehung (16.15) zu berechnen ist.

Die Dimensionierungsformeln (16.26) bis (16.28) sind universell nutzbar zur Dimensionierung und Optimierung aller Lagerarten. *Lagerdimensionierungsprogramme*, die ohne diese Berechnungsformeln arbeiten, sind unvollständig und zur Lageroptimierung ungeeignet.

Die *100%-Lagerkapazität* ist gleich der Anzahl Ladeeinheiten-Stellplätze bei 100% Füllungsgrad und gegeben durch:

$$K_L = N_{LP} \cdot C_{LP}. \tag{16.29}$$

Die *effektive Lagerkapazität* ist gleich der Anzahl effektiv nutzbarer Ladeeinheiten-Stellplätze, die gegenüber der 100%-Lagerkapazität um den Lagerfüllungsgrad (16.27) reduziert ist:

$$K_{L\,eff} = \eta_L \cdot K_L = \eta_L \cdot N_{LP} \cdot C_{LP}. \tag{16.30}$$

Aus den Funktionen (16.27) und (16.30) sind folgende *Gesetzmäßigkeiten* ablesbar:

- Die effektive Lagerkapazität ist für ein Mehrfachplatzlager kleiner als die 100%-Lagerkapazität.
- Die Abweichung der effektiven Lagerkapazität von der 100%-Kapazität ist der *Kapazitätsverlust* infolge der begrenzten Nutzbarkeit der Lagerplätze.
- Der Kapazitätsverlust steigt bei vorgegebener Lagerplatzkapazität mit abnehmendem mittleren Bestand pro Artikel an.

Diese Abhängigkeiten sind bei der Lagerplanung wie auch bei der Kalkulation der Platzkosten zu berücksichtigen. Weil die quantitative Auswirkung von Artikelbestand und Platzkapazität auf den Lagerfüllungsgrad nicht allgemein bekannt ist, gibt es viele Durchlauflager und Blocklager, deren Plätze trotz fehlender Lagerkapazität fast ebenso viel Luft wie Ladeeinheiten enthalten.

Für eine artikelgemischte Platzbelegung, also für $N_{AP} > 1$, ist aus der allgemeinen Beziehung (16.27) für den Füllungsgrad ablesbar:

- Die *artikelgemischte Lagerplatzbelegung* verbessert den Füllungsgrad, ist aber bei jedem Zugriff auf ein Lagerfach, das mit den Ladeeinheiten von N_{AP} Artikeln belegt ist, im Mittel mit $(N_{AP}-1)/2$ Umlagerungen verbunden.

Durch eine artikelgemischte Platzbelegung ist es also möglich, den Füllungsgrad und damit die effektive Kapazität eines *existierenden Mehrfachplatzlagers* bei erhöhtem Handlingaufwand zu verbessern. Eine artikelgemischte Platzbelegung sollte bei der Planung eines *neuen Lagers*, wenn überhaupt, nur für Langzeitbestände mit einer Lagerdauer von mindestens 30 Tagen vorgesehen werden.

16.6 Grundflächenbedarf pro Ladeeinheit

Der 100%-Grundflächenbedarf pro Ladeeinheit ist der *Nettogrundflächenbedarf* für die Lagerplätze und die Bedienungsgänge, ohne den Flächenbedarf für die stirnseitigen *Anfahrmaße*, bezogen auf die 100%-Lagerkapazität. Er ist abhängig von den Stellplatzmaßen, der Breite der Bedienungsgänge, der Anzahl Lagerebenen, der Anzahl Gänge pro Lagerfach und der Lagerplatzkapazität.

Der Stellplatz in einem Lagerplatz hat in Gangrichtung die effektive *Stellplatzlänge* l_{SP} und senkrecht zum Gang die effektive *Stellplatztiefe* b_{SP}. Die effektiven Stellplatzmaße resultieren, wie in den *Abb.* 16.4 und 16.6 skizziert, aus den Außenmaßen der Ladeeinheiten einschließlich *Lastüberstand*, den benötigten *Freimaßen* und den anteiligen *Konstruktionsmaßen* der Lagertechnik [153]. Für verschiedene Lagerarten zur Palettenlagerung sind *Richtwerte* für die Stellplatzmaße in *Tabelle* 16.3 zusammengestellt.

Die *Breite der Bedienungsgänge* b_{gang} ergibt sich aus den Maßen und der Orientierung der Ladeeinheiten zum Gang, der Konstruktion und dem Fahrverhalten des Lagergeräts und dem zur Sicherheit erforderlichen *Gangfreimaß*. Richtwerte für die Gangbreiten einiger Lagergeräte für Paletten sind in *Tabelle* 16.1 aufgeführt.

Die *Anzahl der Lagerebenen* übereinander ist bei ebener Anordnung der Lagerplätze auf einer Freifläche oder in einer eingeschossigen Halle mit $N_y = 1$ fest vorgegeben. Bei räumlicher Anordnung der Lagerplätze ist die Anzahl der Lagerebenen $N_y > 1$ ein *freier Parameter*, der zur Lageroptimierung nutzbar ist.

Auch die *Anzahl der Bedienungsgänge* N_G, auf die sich die Lagerplätze verteilen, ist ein *freier Parameter* der Lagerdimensionierung. Die *anteilige Gangzahl* pro Lagerplatz ist die Anzahl Bedienungsgänge bezogen auf die Anzahl Lagerplätze N_{LPz} in z-Richtung, das heißt, senkrecht zu den Gängen:

$$n_{gang} = N_G / N_{LPz} . \qquad (16.31)$$

LAGERTYP	Paletten Richtung zum Gang	Stellplatzmaße Länge [mm]	Tiefe [mm]	Bedienungsgänge Breite z.B. [mm]	anteilige Gangzahl	Stapelfaktor Paletten aufeinander	Ebenen überein. bis zu	Lagerhöhe bis ca. [m]	Flächenbedarf optimiert effektiv [m²/Palette]
Blockplatzlager	längs	1.300	850	3.000	1/2	2 bis 6	1	4 bis 6	0,4 bis 1,8
Einfahrregallager	längs	1.400	850	3.000	1/2	1	6	6 bis 8	0,3 bis 0,6
Durchlauflager	quer	1.000	1.200	3.000	2	1 oder 2	4	3 bis 8	0,25 bis 0,6
Staplerlager	quer	950	1.300	2.500	1/2	1	8	6 bis 8	0,4 bis 0,6
Schmalganglager	quer	950	1.300	1.800	1/2	1 oder 2	10	8 bis14	0,2 bis 0,4
Hochregallager	quer	950	1.300	1.500	1/2	1 oder 2	30	16 bis 40	0,07 bis 0,2

Tab. 16.3 Effektive Stellplatzmaße und Grundflächenbedarf pro Palette für verschiedene Palettenlagertypen

Ladeeinheiten: CCG1-Paletten
Abmessungen: 800×1.200×1.050 mm
Gangbreiten s. Tabelle 16.1

Für Lager, deren Plätze stationär zu beiden Seiten eines kombinierten Ein- und Auslagergangs angeordnet sind, ist die anteilige Gangzahl 1/2. Für Durchlauflager mit getrennter Beschickung und Entnahme ist die anteilige Gangzahl 2.

Mit diesen Parametern ist der effektive Grundflächenbedarf für einen Lagerplatz mit der *Stapellänge* C_x und der *Stapeltiefe* C_z in einem Lager mit N_y *Lagerebenen*:

$$F_{LP} = (C_x \cdot l_{SP}) \cdot (C_z \cdot b_{SP} + n_{gang} \cdot b_{gang}) / N_y . \qquad (16.32)$$

Bezogen auf die maximal mögliche Anzahl Ladeeinheiten pro Lagerfach folgt hieraus:

- Der 100%-*Grundflächenbedarf pro Ladeeinheit* ist für ein Lager mit N_y *Lagerebenen*, einer *Lagerplatzkapazität* $C_{LP} = C_x \cdot C_y \cdot C_z$ und dem *Stapelfaktor* C_y

$$F_{LE}(C_{LP}) = F_{LP} / C_{LP} = l_{SP} \cdot (b_{SP} + n_{gang} \cdot b_{gang} / C_z) / (N_y \cdot C_y). \qquad (16.33)$$

Der Grundflächenbedarf pro Ladeeinheit nimmt also bei 100 % Lagerplatznutzung mit der Anzahl Lagerebenen und mit der Lagerplatzkapazität ab. Andererseits aber sinkt auch der Lagerfüllungsgrad gemäß Beziehung (16.27) mit der Platzkapazität. Daher werden mit zunehmender Platzkapazität mehr Stellplätze benötigt.

Der Grundflächenbedarf für einen Artikel mit dem Durchschnittsbestand M_B und dem Sicherheitsbestand M_S ist gleich der Anzahl hierfür benötigter Lagerplätze (16.26) multipliziert mit dem Grundflächenbedarf pro Lagerplatz (16.32). Bezogen auf den Durchschnittsbestand M_B folgt damit:

- Der *effektive Grundflächenbedarf pro Ladeeinheit* in einem Lager mit N_y *Lagerebenen* und einer *Lagerplatzkapazität* C_{LP} ist für einen Durchschnittsbestand M_B und einen Sicherheitsbestand M_S pro Artikel

$$F_{LE\,eff}(M_B, C_{LP}) = N_{LP}(M_B, C_{LP}) \cdot F_{LP}(C_{LP}) / M_B = F_{LP}(C_{LP}) / \eta_L(C_{LP}). \quad (16.34)$$

Für die wichtigsten praktischen Anwendungsfälle folgt aus der universell gültigen Beziehung (16.34) durch Einsetzen der Beziehungen (16.26) für den Platzbedarf pro Artikel und (16.32) für den Grundflächenbedarf pro Lagerplatz:

- Der *effektive Grundflächenbedarf pro Ladeeinheit* für ein Lager mit N_y *Lagerebenen, freier Lagerordnung*, $f_{LO} = 1/2$, *artikelreiner Platzbelegung*, $N_{AP} = 1$, *Stapellänge* C_x, *Stapeltiefe* C_z, *Stapelfaktor* C_y und einem *Durchschnittsbestand* M_B pro Artikel, der größer ist als die Lagerplatzkapazität C_{LP}:

$$F_{LE\,eff} = \left(M_B + (C_x \cdot C_y \cdot C_z - 1)/2\right) \cdot l_{SP} \cdot \left(C_z \cdot b_{SP} + n_{gang} \cdot b_{gang}\right) / (C_y \cdot C_z \cdot N_y \cdot M_B). \quad (16.35)$$

Als Beispiel ist in *Abb.* 16.14 der mit Beziehung (16.35) errechnete effektive Grundflächenbedarf pro Palette für ein Blockplatzlager in einer Ebene, also mit $N_y = 1$, und mit kombinierten Ein- und Auslagergängen, das heißt, mit der anteiligen Gangzahl $n_{gang} = 1/2$, als Funktion der Stapeltiefe C_z dargestellt.

Aus dem Kurvenverlauf *Abb. 16.14* und den Funktionen (16.34) und (16.35) sind folgende *Abhängigkeiten* und *Auswirkungen* ablesbar:

1. Der effektive Grundflächenbedarf pro Ladeeinheit nimmt für Mehrfachplatzlager mit der Stapeltiefe C_z zunächst ab und steigt ab einer *optimalen Stapelplatztiefe*, für die der effektive Grundflächenbedarf ein Minimum hat, mit zunehmender Stapeltiefe wieder an.
2. Der effektive Grundflächenbedarf pro Ladeeinheit nimmt bei Mehrfachplatzlagern mit zunehmendem Stapelfaktor C_y ab, wobei sich die optimale Lagerplatzkapazität zu kleineren Werten verschiebt.
3. Der effektive Grundflächenbedarf nimmt bei konstanter Lagerplatzkapazität mit zunehmendem Ladeeinheitenbestand pro Artikel ab.
4. Der effektive Grundflächenbedarf steigt linear mit der Stapellänge C_x an, ist also für $C_x = 1$, das heißt, für Lagerplätze und Lagerkanäle, die in Gangrichtung nebeneinander nur eine Ladeeinheit enthalten, am kleinsten.
5. Bei falscher Dimensionierung der Lagerplatzkapazität können Grundfläche und umbauter Raum von Mehrfachplatzlagern, wie Blocklagern, Durchlauflagern und Kompaktlagern, um 25 % bis 40 % über den optimalen Werten liegen.
6. Bei Zuweisung der falschen Lagerplätze mit einer vom Optimum abweichenden Kapazität können Platznutzung und Füllungsgrad in einem Mehrfachplatzlager um 25 % und mehr vom Optimum abweichen.
7. Für Einzelplatzlager besteht das Problem der Optimierung der Stapeltiefe und der optimalen Platzzuweisung nicht, da die Stapeltiefe eines Einzelplatzlagers definitionsgemäß 1 LE ist.

Aufgrund der gravierenden Auswirkungen der Lagerplatzkapazität auf den effektiven Grundflächenbedarf, den umbauten Raum, den Lagerfüllungsgrad und da-

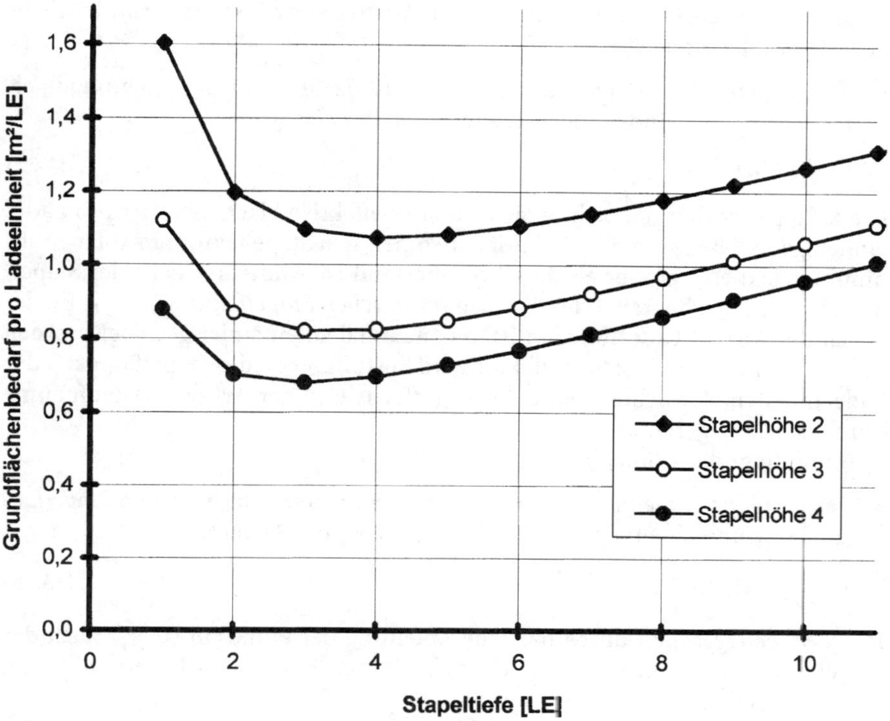

Abb. 16.14 Effektiver Grundflächenbedarf pro Ladeeinheit als Funktion der Stapeltiefe

Parameter:	Blockplatzlager	für Europaletten
	Stellplatzmaße	850 mm x 1.250 mm
	Gangbreite	b_{gang} = 3.000 mm
	Stapelfaktor	C_y = 2, 3, 4 LE/Stapel
	Durchschnittbestand	M_B = 10 Paletten pro Artikel
	freie Lagerordnung, artikelreine Platzbelegung	

mit auf die Lagerplatzkosten ist es für *Mehrfachplatzlager* notwendig, vor der eigentlichen Lagerdimensionierung die Lagerplatzkapazität zu optimieren.

16.7 Lagerplatzoptimierung für Mehrfachplatzlager

Die optimale Lagerplatzkapazität $C_{LP\,opt}$ eines Mehrfachplatzlagers ist das Produkt der *optimalen Stapellänge* $C_{x\,opt}$ mit dem *optimalen Stapelfaktor* $C_{y\,opt}$ und der *optimalen Stapeltiefe* $C_{z\,opt}$:

$$C_{LP\,opt} = C_{x\,opt} \cdot C_{y\,opt} \cdot C_{z\,opt} \quad (16.36)$$

Die optimale Lagerplatzkapazität resultiert aus den folgenden drei *Stapelregeln*, die sich aus den Beziehungen (16.34) und (16.35) herleiten lassen.

Die *1. Stapelregel* folgt aus dem linearen Anstieg des effektiven Grundflächenbedarfs mit der Stapellänge:

- Die *optimale Stapellänge*, also die optimale Anzahl der in Gangrichtung in einem Fach nebeneinder angeordneten Stellplätze ist

$$C_{x\,opt} = 1\ \text{LE}. \tag{16.37}$$

Die 2. Stapelregel ergibt sich daraus, daß der effektive Flächenbedarf pro Ladeeinheit gemäß Beziehung (16.34) mit zunehmendem Stapelfaktor nur solange abnimmt, wie dieser größer als der Artikelbestand ist. Andererseits ist der Stapelfaktor nach oben begrenzt durch einen *technischen Stapelfaktor* $C_{y\,tech}$ [LE], der gleich der Anzahl Ladeeinheiten ist, die maximal aufeinander gestapelt werden können. Der technischen Stapelfaktor wird bestimmt von der Stapelfähigkeit der Ladeeinheiten, der lichten Höhe des Lagerfachs und der Art der Lastaufnahme durch das Lagergerät.

Damit folgt die *2. Stapelregel:*

- Der *optimale Stapelfaktor* ist bei einem vorgegebenen technischen *Stapelfaktor* $C_{z\,tech}$ und einem Durchschnittsbestand M_B pro Artikel

$$C_{y\,opt} = \text{MAX}(C_{y\,tech};\ M_B). \tag{16.38}$$

Die 3. *Stapelregel* folgt durch partielle Ableitung der Funktion (16.35) nach der Stapeltiefe C_z, Nullsetzen der partiellen Ableitung, $\partial F_{LEeff}/\partial C_z = 0$, und Auflösung dieser Gleichung nach C_z:

- Die *optimale Stapeltiefe* für die Lagerung von Artikeln mit einem mittleren Bestand M_B und einem Stapelfaktor C_y in einem Lager mit *freier Lagerordnung*, *artikelreiner Platzbelegung*, einer effektiven Stellplatztiefe b_{SP}, der anteiligen Gangzahl n_{gang} und der Gangbreite b_{gang} ist

$$\mathbf{C_{z\,opt}} = \sqrt{(2\mathbf{M_B} - 1) \cdot \mathbf{n_{gang}} \cdot \boldsymbol{b_{gang}} / (\mathbf{C_y} \cdot \boldsymbol{b_{SP}})}\ . \tag{16.39}$$

Entsprechende Formeln zur Berechnung der optimalen Stapeltiefe ergeben sich für *feste Lagerordnung* und *artikelgemischte Platzbelegung* aus der partiellen Ableitung der allgemeineren Funktion (16.34) für den effektiven Grundflächenbedarf [162].

Aus der Funktion (16.39) sind folgende *Abhängigkeiten* und *Auswirkungen* ablesbar:

1. Die optimale Stapelplatztiefe ist unabhängig von der Anzahl der Lagerebenen, da die Aufgabe der Flächenoptimierung für jede Lagerebene gleich ist.
2. Die optimale Stapelplatztiefe nimmt mit der Wurzel des Artikelbestands zu, denn für größere Bestände können wegen des besseren Füllungsgrads die Lagerfächer zur Kompensation des Gangflächenverlustes tiefer gemacht werden.
3. Mit zunehmender Gangbreite und anteiliger Gangzahl steigt die optimale Gangzahl an, da der größere Gangflächenverlust durch tiefere Lagerplätze kompensiert werden muß.

4. Für große Stapelfaktoren ist die optimale Stapeltiefe geringer und die Grundflächennutzung besser als für kleine Stapelfaktoren.

Mit Hilfe der Beziehungen (16.36) bis (16.39) läßt sich für jeden Artikel mit bekanntem Durchschnittsbestand die optimale Lagerfachkapazität errechnen, wobei der mit Beziehung (16.39) errechnete Wert *ganzzahlig* zu runden ist.

Für einen mittleren Bestand von $M_B = 10$ EURO-Paletten eines Artikels mit dem Stapelfaktor $C_y = 4$ Paletten, der in einem Blocklager mit einer Stapelplatztiefe $b_{SP} = 800+50 = 850$ mm, einer Gangbreite $b_{gang} = 3.000$ mm und kombinierten Ein- und Auslagergängen, d.h. mit $n_{gang} = 1/2$, zu lagern ist, errechnet sich beispielsweise mit Hilfe der Beziehung (16.39) die optimale Blockplatztiefe $C_{z\,opt} = \sqrt{(2\cdot 10-1)(1/2\cdot 3000)/(4\cdot 850)} = 2{,}9$ Paletten. Der optimale Blockplatz für diesen Artikelbestand hat also eine Tiefe von 3 Paletten und eine Platzkapazität $C_{BPopt} = 3\cdot 4 = 12$ Paletten. Der optimierte effektive Platzbedarf ist 0,7 m² pro Palette (s. *Abb. 16.14*).

Durch Auflösen der Funktion (16.39) nach dem mittleren Bestand ergeben sich die folgenden *Zuweisungsregeln für Bestände und Einlagermengen* zu Lagerplätzen unterschiedlicher Kapazität:

- Der *Grenzbestand* zwischen Lagerplätzen der Stapeltiefe C_y und der Stapeltiefe C_z+1 ist

$$M_{grenz}(C_z) = C_y \cdot b_{SP} \cdot (C_z + 1/2)^2 / (2n_{gang} \cdot b_{gang}) \qquad (16.40)$$

- In die Lagerplätze mit der Stapeltiefe C_y sind bei artikelreiner Platzbelegung alle Artikel zu lagern mit einem mittleren Bestand im Intervall

$$M_{grenz}(C_z - 1) < M_B \leqq M_{grenz}(C_z). \qquad (16.41)$$

- Bei Eingang einer Einlagermenge M_B in ein Mehrfachplatzlager ist zunächst der mittlere Bestand während des Verbrauchs zu errechnen. Aus diesem Bestand sind dann mit Hilfe der Zuweisungsregel (16.41) die optimalen Lagerplätze zu bestimmen, in denen die Einlagermenge zu lagern ist.

Für nachdisponierbare Ware mit gleichmäßigem Verbrauch ist der mittlere Bestand einer Einlagermenge M_E, die nicht in Plätze mit Ladeeinheiten einer früheren Einlagercharge zugelagert werden darf, $M_B = M_E/2$. Für Einlagermengen, die das Lager in gleicher Menge wieder verlassen, ist der mittlere Bestand $M_B = M_E$.

In der *Tabelle 16.4* sind die mit Hilfe der der Beziehungen (16.41) errechneten Grenzbestände aufgeführt, nach denen die Einlagermengen abhängig von Bestandshöhe und Stapelfaktor den unterschiedlich tiefen Lagerplätzen eines Blocklagers für EURO-Paletten zugewiesen werden können. Entsprechende Tabellen lassen sich auch für andere Mehrfachplatzlager mit unterschiedlich großen Lagerplätzen, wie Durchlauflager und Kanallager, errechnen, um sie im Wareneingang zu verwenden. Besser noch ist es, die Formel (16.41) im Lagerverwaltungsrechner zu programmieren und bei jeder anstehenden Einlagerung die jeweils optimalen Lagerplätze zu errechnen.

Stapelfaktor 2			Stapelfaktor 3			Stapelfaktor 4		
Lagermenge Anzahl LE		Stapeltiefe LE	Lagermenge Anzahl LE		Stapeltiefe LE	Lagermenge Anzahl LE		Stapeltiefe LE
von	bis	Cz opt	von	bis	Cz opt	von	bis	Cz opt
1	1	1	2	2	1	3	3	1
2	4	2	3	5	2	4	7	2
5	7	3	6	10	3	8	14	3
8	11	4	11	17	4	15	23	4
12	17	5	18	26	5	24	34	5
18	24	6	27	36	6	35	48	6
25	32	7	37	48	7	49	64	7
33	41	8	49	61	8	65	82	8

Tab. 16.4 Zuweisung optimaler Blocklagerplätze für Paletten

Lagerstrategien:	artikelreine Platzbelegung, freie Lagerordnung, Längslagerung	
Lagermenge.	mittlerer Artikelbestand während der Lagerzeit	
Gangbreite:	3.000 mm	
Grundmaße:	Ladeeinheiten	Stapelplätze
Länge:	1.200 mm	1.300 mm
Breite:	800 mm	850 mm

Aus der Zuweisungsregel (16.40) ergibt sich die Möglichkeit, ein Mehrfachplatzlager durch Schaffung von Lagerplätzen mit unterschiedlicher Tiefe zu optimieren:

- Der Gesamtbestand wird aufgeteilt in Teilbestände mit gleichem Stapelfaktor, deren mittlere Bestände in den Intervallen (16.41) mit $C_z = 1, 2, 3...$ liegen, und für diese Teilbestände der Lagerplatzbedarf mit Hilfe der Beziehung (16.28) errechnet.

Ein nach diesem Verfahren optimiertes Blockager mit unterschiedlich tiefen Blockplätzen benötigt für einen Bestand mit ausgeprägter ABC-Verteilung bei sonst gleicher Ausführung 10 bis 20 % weniger Grundfläche als ein für den Durchschnittsbestand aller Artikel optimiertes Blocklager mit nur einer Blockplatztiefe.

Durch Einsetzen der optimalen Stapelplatztiefe (16.39) in die Funktion (16.35) für den effektiven Grundflächenbedarf ergibt sich für den *optimierten effektiven Grundflächenbedarf* bei optimaler Lagerplatztiefe:

$$F_{LE\,opt} = F_{LE\,eff}(C_{z\,opt}) \quad [m^2 / LE]. \tag{16.42}$$

Für das Beispiel des Blockplatzlagers, dessen effektiver Grundflächenbedarf als Funktion der Stapeltiefe in *Abb. 16.14* dargestellt ist, zeigt die *Abb. 16.15* die mit Beziehung (16.42) errechnete Abhängigkeit des optimierten effektiven Grundflächenbedarfs vom mittleren Bestand pro Artikel. Hieraus ist erkennbar:

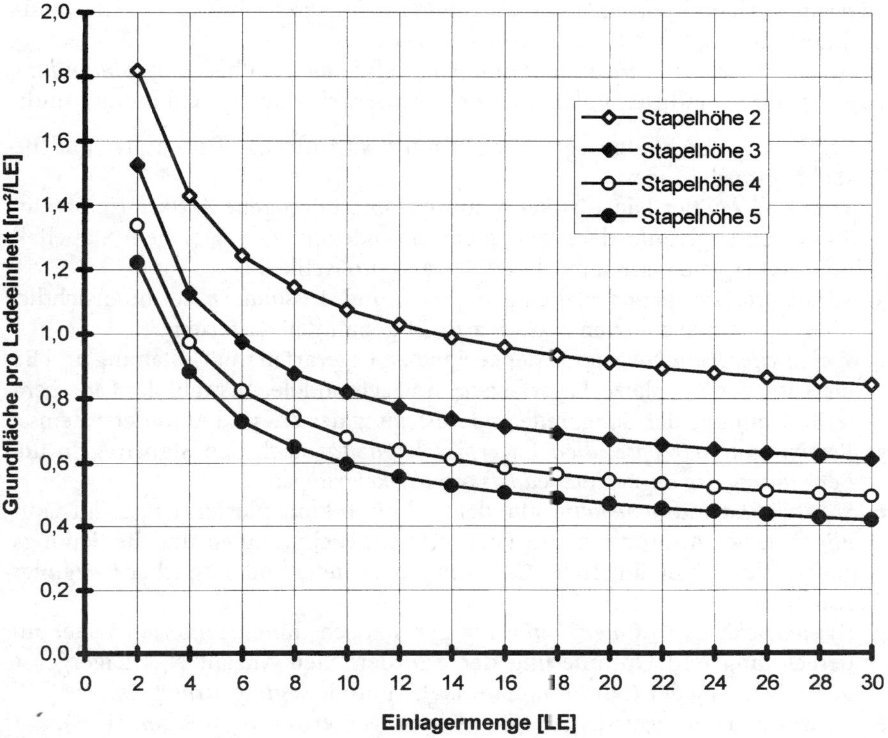

Abb. 16.15 Effektiver Grundflächenbedarf pro Ladeeinheit bei optimaler Stapeltiefe als Funktion der Einlagermenge
Parameter: s. *Abb. 16.14*

- Der optimale Grundflächenbedarf pro Ladeeinheit nimmt für ein Mehrfachplatzlager mit ansteigendem Bestand pro Artikel ab und erreicht asymptotisch den 100%-Grundflächenbedarf (16.33).

Die Optimierung des Grundflächenbedarfs nach dem zuvor beschriebenen Verfahren ist ein wichtiger Schritt der Planung und Dimensionierung eines Mehrfachplatzlagers, denn durch die Platzoptimierung wird nicht nur die Grundfläche sondern auch der umbaute Raum und die Länge der Fahrwege minimiert. Nur ein Mehrfachplatzlager mit optimierten Lagerplätzen kann auch in den übrigen Parametern kosten- und leistungsoptimal ausgelegt werden.

16.8 Lagerplanung und Lagerdimensionierung

Vor Beginn der Planung eines Lagerneubaus oder einer Lagererweiterung ist stets kritisch zu prüfen, ob die Höhe der zu lagernden Bestände erforderlich und wieweit durch eine *optimale Bestands- und Nachschubdisposition* eine Bestandsoptimierung möglich ist (s. *Kapitel 11/I*).

Gemäß *Abschnitt 3.2/I* umfaßt eine Lagerplanung die Phasen *Systemfindung, Layoutplanung* und *Detailplanung*. Die *Arbeitsschritte* der Systemfindung sind:

1. Ermittlung der *Planungsgrundlagen* mit den Auftrags-, Durchsatz- und Bestandsanforderungen.
2. *Segmentieren* der Lagerartikel in hinreichend homogene *Artikelgruppen* mit ähnlichen Lageranforderungen, gleichen Ladeeinheiten, gleichem Stapelfaktor und vergleichbarem mittleren Bestand pro Artikel.
3. *Vorauswahl* der grundsätzlich geeigneten und *Aussondern* der offensichtlich ungeeigneten Lagerarten nach den zuvor genannten Kriterien.
4. *Technische Grundkonzeption* der geeigneten Lagerarten mit Gestaltung und Bemessung der Stellplätze, Lagerfächer und Fachmodule, Auswahl der Lagergeräte, Bestimmung der Gangbreite und Auslegung des Zu- und Abfördersystems.
5. *Bestimmung der optimalen Lagerplatzkapazität* nach den Stapelregeln und *Berechnung des Lagerplatzbedarfs pro Artikelgruppe.*
6. *Statische Lagerdimensionierung* der technisch konzipierten Lager mit Optimierung der Anordnung von Lagerplätzen, Fachmodulen und Bedienungsgängen durch Nutzung freier *Gestaltungsparameter* und möglicher *Belegungsstrategien.*
7. *Dynamische Lagerdimensionierung* der statisch dimensionierten Lager mit Berechnung und Optimierung der erforderlichen Anzahl N_{LG} Lagergeräte durch Nutzung der *Gestaltungsparameter* und *Bewegungsstrategien.*
8. Konzeption der *Lagersteuerung* und des *Lagerverwaltungssystems* (LVS).
9. Berechnung der *Investition* und der *Betriebskosten* mit Hilfe von Richtpreisfaktoren und Richtkostensätzen.
10. *Gesamtoptimerung* der geeigneten Lager durch Variation der noch verbliebenen freien Parameter.
11. *Auswahl* des jeweils *optimalen Lagersystems* mit den geringsten Durchsatzkosten für die verschiedenen Artikelgruppen aus den geeigneten und optimierten Lagersystemen.

Nachdem auf diesem Wege für die verschiedenen Artikelgruppen das jeweils optimale Lagersystem gestaltet, dimensioniert und ausgewählt worden ist, werden in der *Layoutplanung* die modular aufgebauten Lagersysteme mit den Kommissioniersystemen, dem Wareneingang und Warenausgang und den übrigen Funktionsbereichen zu einer platz- und kostenoptimalen Gesamtanlage zusammengefügt. Entscheidend für den Erfolg der Layoutplanung ist der *modulare Aufbau* eines schrittweise ausbaufähigen Gesamtsystems.

Die Lagerplanung ist ein *iterativer Prozeß*, der sich rasch und zuverlässig mit Hilfe geeigneter Programme zur Dimensionierung und Optimierung für die verschiedenen Lagersysteme durchführen läßt. Diese *Tabellenkalkulationsprogramme* berechnen aus den Eingabewerten mit den hier angegebenen Berechnungsformeln die benötigten Ausgabewerte.

Eingabewerte sind die Lageranforderungen und die Richtpreise für die Lagergewerke. *Ergebnisse* sind die Lagerabmessungen, die Lagerkapazität und die

Durchsatzgrenzleistungen. *Zielwerte* sind die Gesamtinvestition und die Betriebskosten. Die Ergebnisse werden in den beschriebenen Schritten mit Hilfe der zuvor und der nachfolgend entwickelten Formeln berechnet. Danach werden die Zielwerte unter Nutzung der *freien Gestaltungsparameter* optimiert.

Mit derartigen *Lagerplanungsprogrammen* lassen sich relativ einfach

- *Sensitivitätsrechnungen* für veränderte Anforderungen durchführen,
- *zeitliche Belastungsänderungen* simulieren,
- unterschiedliche *Szenarien* durchrechnen,
- *Systemvergleiche* durchführen,
- *Einsatzbereiche* von Lagerarten und Lagertechniken ermitteln,
- *Lagerplatzkosten* und *Durchsatzkosten* kalkulieren und minimieren,
- *Einflußfaktoren der Lagerkosten* untersuchen.

Leistungsfähige Lagerplanungsprogramme, die alle wichtigen Dimensionierungsparameter und Berechnungsformeln korrekt enthalten, sind unentbehrliche *Werkzeuge* (*DV-Tools*) der Lagerplanung. Sie sind auch zur *analytischen Simulation* geeignet und machen die zeit- und kostenaufwendige *stochastische Simulation* eines Lagersystems entbehrlich (s. *Abschnitt* 5.3/*I*).

Freie Gestaltungsparameter zur Lagerplanung und Optimierung sind:

- *Orientierungsrichtung* der Lagereinheiten [212]

  Längslagerung $l_{LE} \,||\, L_{GM}$
  Querlagerung $l_{LE} \perp L_{GM}$

- *Lagerplatzparameter*

  Kapazität der Lagerplätze C_{LP}
  Kapazität der Fachmodule C_{FM}

- *Lagerraumparameter* (16.43)

  Anzahl Lagerebenen N_y
  Anzahl Bedienungsgänge N_G
  Anzahl Lagermodule N_{LM}
  Stirnseitige Pufferplätze N_{PP}

- *Geräteparameter*

  Kapazität der Lagergeräte C_{LG}
  Fahrgeschwindigkeiten v_x, v_y, v_z
  Beschleunigungswerte b_x, b_y, b_z.

Durch Variation dieser *Gestaltungsparameter* lassen sich die Lageranforderungen erfüllen und die Investition und die Betriebskosten eines Lagersystems optimieren. Außerdem bieten die freien Parameter *Handlungsspielräume* zur Einhaltung vorgegebener Restriktionen. Von den Gestaltungsparametern (16.43) lassen sich alle übrigen Lagerkenngrößen ableiten. Soweit im Einzelfall zweckmäßig, können auch andere Kenngrößen, wie die horizontale Anzahl Fachmodule N_x, als freie Parameter und dafür einer der Parameter (16.43), z.B. die Anzahl der Lagerbenen N_y, als abhängige Kenngröße gewählt werden.

Eine Lagerplanung ist in der Praxis nicht so einfach, wie allgemein angenommen wird. Mit zunehmendem Detaillierungsgrad müssen immer mehr Besonderheiten der Lagersysteme und der Lagertechnik berücksichtigt werden. So läßt sich die Lagerkapazität durch eine Reihe von Detailmaßnahmen verbessern, wie die Nutzung der Anfahrmaße an den Regalstirnseiten zur Unterbringung zusätzlicher Lagerplätze oder die Überbrückung von Verkehrswegen mit Regalen. Die Durchsatzleistung kann durch Lagergeräte für mehrere Ladeeinheiten und durch optimale Fahrwegstrategien gesteigert werden.

Um die praktische Ausführbarkeit einer theoretisch möglichen Lösung beurteilen zu können, sind bereits in der Systemfindung und Layoutplanung technische *Sachkenntnis* und *Erfahrung* erforderlich. Andererseits darf der Lagerplaner nicht vor lauter Technik die Dimensionierung und Optimierung der Gesamtlösung aus dem Auge verlieren.

16.9 Statische Lagerdimensionierung

In der statischen Lagerdimensionierung werden die Anzahl und Anordnung der Lagerplätze, die zur Erfüllung der Bestandsanforderungen benötigt werden, so festgelegt, daß die *Investition* für die *statischen Lagergewerke* und die *Lagerplatzkosten* minimal sind.

Alle Lager lassen sich aus *Gangmodulen* [GM] aufbauen, die aus *Fachmodulen* [FM] mit *Lagerplätzen* [LP] bestehen und in unterschiedlicher *Anordnung* ein oder mehrere *Lagermodule* [LM] bilden. Mehrere Lagermodule, die jeweils einen *Brandabschnitt* oder einen *Fördertechnikabschnitt* bilden, werden mit anderen Funktionsbereichen, wie dem Kommissionierbereich, der Packzone, dem Wareneingang und dem Warenausgang, zu einem *Gesamtlayout* zusammengefügt.

Dabei sind folgende *Restriktionen* und *Randbedingungen* einzuhalten:

- Durch maximal *zulässige Grundflächenmaße* $L_{L\,max}$ und $B_{L\,max}$ sind die *Lagerlänge* L_L und die *Lagerbeite* B_L nach oben beschränkt:

$$L_L \le L_{L\,max} \quad \text{und} \quad B_L \le B_{L\,max}. \tag{16.44}$$

Auch die *Lagergrundfläche* ist damit begrenzt:

$$F_L \le F_{L\,max} = L_{L\,max} \cdot B_{L\,max}. \tag{16.45}$$

- Durch eine *maximal zulässige Bauhöhe* $B_{L\,max}$ wird die *Lagerhöhe* H_L eingeschränkt:

$$H_L \le H_{L\,max}. \tag{16.46}$$

- Für *manuell bediente Lager* sind infolge einer maximal zulässigen *Fluchtweglänge* $S_{F\,max}$ die Grundmaße eines Lagermoduls, der einen *Brandabschnitt* bildet, begrenzt:

$$S_F = \sqrt{(L_{LM}/2)^2 + (B_{LM}/2)^2} \le S_{F\,max}. \tag{16.47}$$

- Die Anzahl der Lagergassen muß so groß sein, daß die Lagergeräte die Lagerplätze auf *kürzesten Wegen* unbehindert bedienen können und in einer Lagergasse nicht mehr als ein Lagergerät verkehrt. Dafür muß die Ganganzahl N_G gleich oder größer sein als die Anzahl der Lagergeräte N_{LG}, die aus der dynamischen Lagerdimensionierung resultiert:

$$N_G \geqq N_{LG}. \tag{16.48}$$

- Für *automatische Lager* ist die Anzahl der Lagergassen pro Fördertechnikabschnitt nach oben begrenzt durch die *maximale Gangzahl* $N_{G\,max}$, die durch das vor- und nachgeschaltete Fördersystem mit ausreichender Durchsatzleistung ver- und entsorgt werden kann:

$$N_G \leqq N_{G\,max}. \tag{16.49}$$

  So können beispielsweise mit einem Doppelverteilerwagen als Zu- und Abfördersystem, wie er in *Abb. 16.8* dargestellt ist, maximal 6 Regalbediengeräte eines Palettenhochregallagers ver- und entsorgt werden [148].
- Für *automatische Hochregallager* ist soweit sinnvoll anzustreben, daß die Anzahl der Gassen gleich der Anzahl der Lagergeräte ist, um kostspielige und platzraubende Umsetzgeräte und leistungsmindernde Gangwechsel zu vermeiden.
- *Kurvengängige Regalbediengeräte* oder Geräte mit *Gangumsetzer* sind nur bei geringem Lagerumschlag sinnvoll.

Eine begrenzte Lagergrundfläche kann bereits zu einem KO-*Kriterium* für Lager mit nur einer Lagerebene oder geringer Bauhöhe sein, wenn der *Nettogrundflächenbedarf* für den Lagerbereich $F_L = N_{LP} \cdot F_{Lef}$ größer ist als die verfügbare Grundfläche (16.45).

Die statische Lagerdimensionierung wird unter Berücksichtigung der projektspezifischen Restriktionen in den nachfolgend beschriebenen *Arbeitsschritten* durchgeführt:

1. Gestaltung der Fachmodule

In einem Fachmodul werden ein oder mehrere gleiche oder unterschiedliche Lagerplätze so zusammengefaßt, daß eine möglichst flächen- und raumsparende *konstruktive Einheit* entsteht, die sich mit geringem Aufwand auf dem Boden nebeneinander und in einem Regal übereinander anordnen läßt.

In einem Blocklager ist das Fachmodul gleich einem Blocklagerplatz. In einem Kanallager besteht ein Fachmodul abhängig von der gewählten Regalkonstruktion aus einem oder mehreren nebeneinander liegenden Kanälen.

In einem Fachregallager kann das Fachmodul, wie in *Abb. 16.4* dargestellt, nebeneinander mehrere Lagerplätze mit gleicher Höhe enthalten, die zum Beispiel für 3 EURO-Paletten 800x1.200 mm oder für 2 Industriepaletten 1.000x1.200 mm geeignet sind. Übereinander können Fachmodule mit unterschiedlicher Höhe angeordnet sein, zum Beispiel niedrige Fächer für CCG1-Paletten und hohe Fächer für CCG2-Paletten.

Die Unterbringung unterschiedlicher Paletten in Fachmodulen mit gleichen Außenmaßen macht den Nutzen des *Fachmodulkonzepts* deutlich:

- Ein Lager für unterschiedliche Ladeeinheiten läßt sich aus gleichartigen Fachmodulen aufbauen, wenn diese wahlweise für die verschiedenen Ladeeinheiten nutzbar oder umrüstbar sind.

Aus der Gestaltung der Fachmodule resultieren die *Außenmaße* l_{FM}, b_{FM}, h_{FM} und die *Kapazität* C_{FM} [LP/FM] eines Fachmoduls.

Die Anzahl der Fachmodule mit einer Kapazität C_{FM}, die zur Unterbringung der benötigten Anzahl Lagerplätze N_{LP} erforderlich sind, ist dann:

$$N_{FM} = [N_{LP} / C_{FM}] \qquad [\mathrm{FM}], \tag{16.50}$$

Die eckigen Klammern [..] in der Formel bedeuten ein *Aufrunden* auf die nächst höhere ganze Zahl.

2. Auslegung der Gangmodule

In einem Gangmodul werden N_x Fachmodule in Gangrichtung nebeneinander und N_y Fachmodule übereinander zu beiden Seiten eines Bedienungsgangs angeordnet. Mehrere parallel aneinander gefügte Gangmodule bilden einen *Lagerblock* (s. Abb. 16.16 und 16.17).

Bei ebener Fachmodulanordnung ist die Anzahl der Lagerebenen N_y und damit die vertikale Anzahl der Fachmodule gleich der *Anzahl der Geschosse* des Lagergebäudes. Bei einstöckigen Hallenbauten und ebener Lagerplatzanordnung ist also $N_y = 1$. Bei räumlicher Fachmodulanordnung ist die Anzahl Lagerebenen gleich der Anzahl *Regalebenen*.

Bei N_y Lagerebenen und N_G Lagergassen errechnet sich die *horizontale Anzahl Fachmodule* aus dem Fachmodulbedarf (16.50) nach der Beziehung

$$N_x = [N_{FM} / (2 \cdot N_y \cdot N_G)] \qquad [\mathrm{FM/GM}]. \tag{16.51}$$

Die *Maße eines Gangmoduls* sind damit:

$$\begin{aligned} L_{GM} &= N_x \cdot l_{FM} + L_{AM} \\ H_{GM} &= N_y \cdot h_{FM} + H_{AM} \\ B_{GM} &= 2 \cdot b_{FM} + B_G . \end{aligned} \tag{16.52}$$

Hierin sind:

- L_{AM} die *horizontalen Anfahrmaße*, die sich zusammensetzen aus den vorderen und hinteren Anfahrmaßen, die an den Gangstirnseiten für die Geräteabmessungen, die Zu- und Abfördertechnik und einen eventuellen Gangwechsel der Lagergeräte benötigt werden.
- H_{AM} die *vertikalen Anfahrmaße*, die sich zusammensetzen aus den unteren und oberen Anfahrmaßen, die unterhalb der untersten Lagerebene und oberhalb der obersten Lagerebene als Freiraum für die Technik erforderlich sind.
- B_G die *anteilige Gangbreite*, die bei kombinierten Ein- und Auslagergängen gleich der Gangbreite $B_G = b_{gang}$ ist und bei räumlich getrennten Ein- und Auslagergängen gleich der Summe $B_G = b_{Egang} + b_{Agang}$ von Einlagergangbreite $b_{E\,gang}$ und Auslagergangbreite b_{Agang}.

Bei räumlich getrennter Ein- und Auslagerung erhöht sich die anteilige Gangbreite (16.52) für die Gangmodule, die an den Außenseiten eines Lagerblocks liegen, jeweils um eine Ein- oder Auslagergangbreite, je nachdem ob die Einlagergänge oder die Auslagergänge außen liegen.

3. Anordnung im Lagermodul

Für die Anordnung der Gangmodule in einem Lagermodul gibt es zwei *Standardanordnungen*:

- *Parallele Anordnung* aller N_G Gangmodule in *einem Lagerblock* mit einem *Verkehrsgang* der Breite b_{VG} für das Zu- und Abfördern der Ladeeinheiten, der frontseitig an den Regalstirnseiten verläuft (s. *Abb.16.16*).
- *Gegenüberliegende Anordnung* von *zwei Lagerblöcken* mit je $N_G/2$ Gangmodulen und einem innen liegenden Verkehrsgang für das Zu- und Abfördern (s. *Abb. 16.17*).

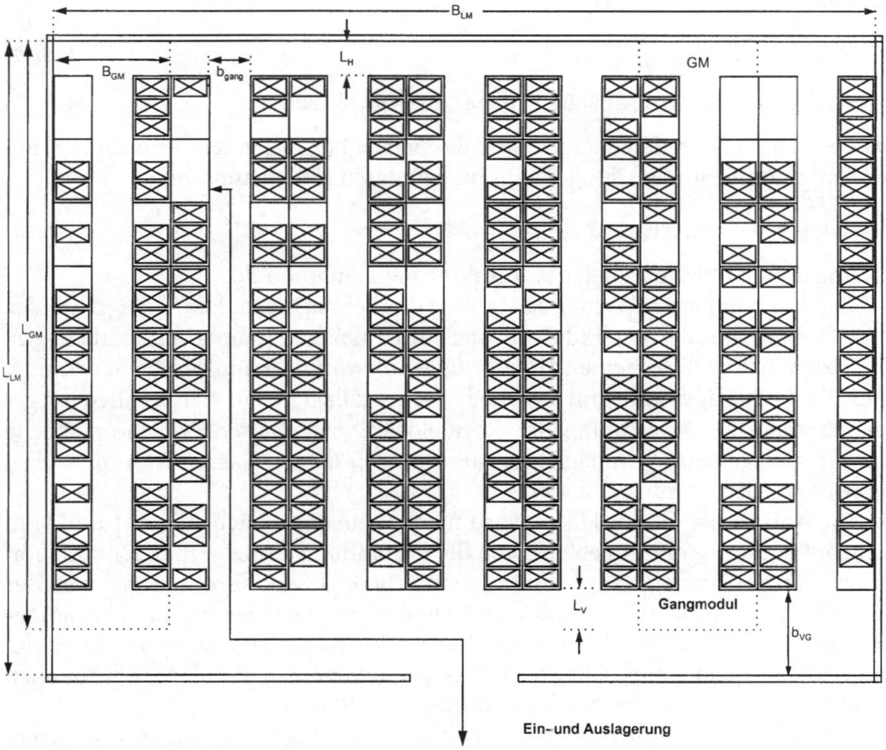

Abb. 16.16 Lagermodul mit paralleler Anordnung der Gangmodule

GM: Gangmodul
LM: Lagermodul
FM: Fachmodul
b_{VG}: Verkehrsgangbreite

Grundmaße und *Grundfläche* des *Lagermoduls* sind bei *paralleler Anordnung*

$$L_{LM\,par} = L_{GM} + b_{VG}$$
$$B_{LM\,par} = N_M \cdot B_{GM} \tag{16.53}$$

$$F_{LM\,par} = (L_{GM} + b_{VG}) \cdot N_G \cdot B_{GM}. \tag{16.54}$$

Bei *gegenüberliegender Anordnung* ist

$$L_{LM\,geg} = 2 \cdot L_{GM} + b_{VG}$$
$$B_{LM\,geg} = N_M \cdot B_{GM} / 2 \tag{16.55}$$

$$F_{LM\,geg} = (L_{GM} + b_{VG} / 2) \cdot N_G \cdot B_{GM}. \tag{16.56}$$

Die *Höhe des Lagermoduls* H_{LM} ist in beiden Fällen gleich der Höhe H_{GM} des Gangmoduls, die durch Beziehung (16.52) gegeben ist. Damit ist der *umbaute Raum* des Lagers:

$$V_{LM} = L_{GM} \cdot B_{LM} \cdot H_{LM}. \tag{16.57}$$

Der Vergleich der Grundflächen (16.54) und (16.56) zeigt:

- Der Grundflächenbedarf ist bei der gegenüberliegenden Anordnung der Gangmodule infolge des gemeinsam genutzten Mittelgangs um

$$\Delta F_{LM} = b_{VG} \cdot N_G \cdot B_{GM} / 2 \tag{16.58}$$

geringer als bei der parallelen Anordnung der Gangmodule.

Bei kurzen Lagergassen und breiten Verkehrsgängen kann die Differenz (16.58) der Grundflächen und damit auch des umbauten Raums beträchtlich sein. Trotzdem haben diese beiden *Standardlageranordnungen* praktische Bedeutung. Für Blockplatzlager und konventionelle Fachregallager ist in vielen Fällen die gegenüberliegende Anordnung der Regalblöcke vorteilhafter. Für automatische Hochregallager und Schmalgangstaplerlager mit langen Gassen ist in der Regel eine paralle Anordnung sinnvoll.

Die Anordnung in der Fläche wird nicht allein vom Flächenbedarf und vom umbauten Raum sondern ebenso von der Verbindung des Lagerbereichs mit Wareneingang, Warenausgang, Kommissionierbereich und Produktion, von der Verkehrsanbindung und von anderen Randbedingungen bestimmt. In Kombination mit den übrigen Funktionsbereichen und weiteren Lagersystemen für andere Artikelgruppen kann daher auch eine von den beiden Standardanordnungen abweichende Anordnung der Lagerblöcke sinnvoll sein.

Wenn die Anzahl und die Maße der benötigten Gangmodule so groß sind, daß die Abmessungen eines einzigen Lagermoduls die zulässigen Maße eines Brandabschnitts oder eines Fördertechnikabschnitts überschreiten, ist es erforderlich, die Gangmodule in 2, 6, 8 oder mehr gleichgroßen Lagerblöcken zusammenzufassen und aus je ein oder zwei Lagerblöcken mehrere Lagermodule mit entsprechend kleineren Abmessungen zu bilden.

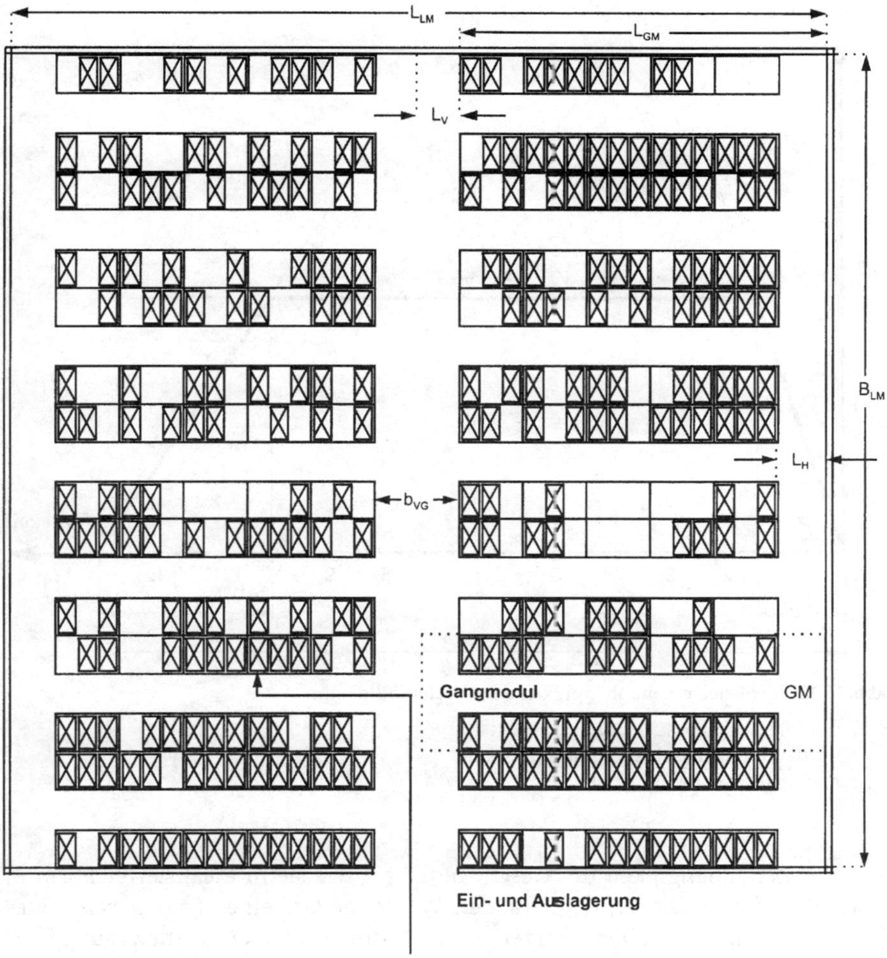

Abb. 16.17 Lagermodul mit gegenüberliegender Anordnung der Gangmodule

GM: Gangmodul
LM: Lagermodul
FM: Fachmodul
b_{VG}: Verkehrsgangbreite

16.10 Wegzeitberechnung und Geschwindigkeitsauswahl

Maßgebend für den Gerätebedarf eines Lagers sind die *Spielzeiten* der Lagergeräte für das Ein- und Auslagern. Diese hängen primär von den *Wegzeiten* für die Teilbewegungen in den drei Raumrichtungen ab.

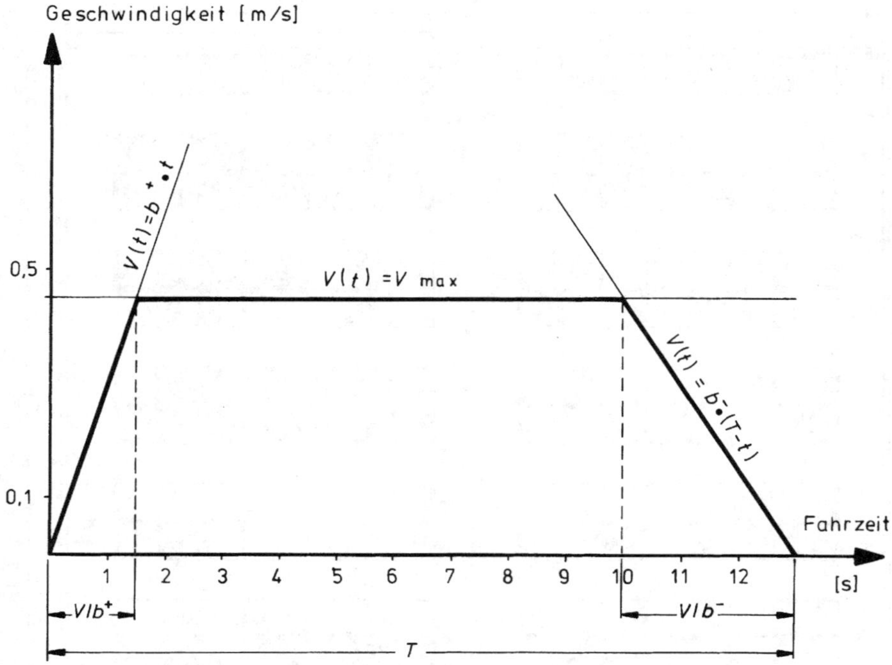

Abb. 16.18 Idealisierte Zeitabhängigkeit der Geschwindigkeit

b^+ : mittlere Anfahrbeschleunigungskonstante
b^- : mittlere Bremsbeschleunigungskonstante
v_m : maximale Geschwindigkeit

Aus der Zeitabhängigkeit der Geschwindigkeit, wie sie in idealisierter Form in *Abb. 16.18* dargestellt ist, folgt für den Wegzeitbedarf eines Lagergeräts, eines Flurförderzeugs oder eines Fahrzeugs mit eindimensionaler Fortbewegung [21]:

- Die *Wegzeit für eine eindimensionale Fortbewegung* über eine Strecke der Länge s [m] mit einer *Maximalgeschwindigkeit* v_m [m/s] und der mittleren *Bremsbeschleunigungskonstanten* $b_m = 2\,b^+b^-/(b^++b^-)$ [m/s²] ist

$$t_m(s) = \begin{cases} 2 \cdot \sqrt{s / b_m} & \text{für } s \leqq v_m^2 / b_m \\ s / v_m + v_m / b_m & \text{für } s \geqq v_m^2 / b_m \end{cases} \tag{16.59}$$

Anders geschrieben ist

$$\mathbf{t_m(s) = MAX\left(2 \cdot \sqrt{s / b_m}\,;\; s / v_m + v_m / b_m\right)} \quad [\mathrm{s}]. \tag{16.60}$$

Die *eindimensionale Wegzeitformel* (16.60) gilt mit m = x für horizontale *Fahrbewegungen*, mit m = y für vertikale *Hubbewegungen* und mit m = z für die *Facheinfahrbewegungen* eines Lagergeräts. Dabei kann mit ausreichender Genauigkeit mit dem Mittelwert der Maximalgeschwindigkeiten mit und ohne Last gerechnet werden.

Bei *simultaner Fortbewegung* über eine Weglänge l in x-Richtung und eine Weglänge h in y-Richtung benötigt ein Lagergerät oder Förderzeug jeweils die längere der beiden eindimensionalen Wegzeiten $t_x(l)$ und $t_y(h)$. Daher gilt:

- Die *Wegzeit für eine zweidimensionale Fortbewegung* über eine grade Strecke der Länge l mit der Geschwindigkeit v_x und der Bremsbeschleunigungskonstante b_x und *simultan* über eine dazu senkrechte Strecke der Länge h mit der Geschwindigkeit v_y und der Bremsbeschleunigungskonstanten b_y ist

$$\mathbf{t_{xy}(l,h) = MAX\big(t_x(l);\ t_y(h)\big)}. \qquad (16.61)$$

Die *zweidimensionale Wegzeitformel* (16.61) ist anwendbar für simultan fahr- und hubfähige Regalbediengeräte, aber auch für die simultane Flächenbewegung eines Krans oder den Greifvorgang beim Kommissionieren [21].

Um überdimensionierte Antriebe zu vermeiden, sollten die Geschwindigkeiten nur so groß gewählt werden, daß in der Mehrzahl der Fahrten die Maximalgeschwindigkeit erreicht wird. Aus dieser Forderung leiten sich folgende *Auswahlregeln für die Geschwindigkeiten* von Flurförderzeugen und Regalbediengeräten in Lagersystemen ab [21]:

- Die *optimale Fahrgeschwindigkeit* ist bei einer maximalen Bedienungslänge L

$$v_x \approx 1/2 \cdot \sqrt{L \cdot b_x}\,. \qquad (16.62)$$

- Die *optimale Hubgeschwindigkeit* ist bei einer maximalen Bedienungshöhe H

$$v_y \approx 1/2 \cdot \sqrt{H \cdot b_y}\,. \qquad (16.63)$$

- Die *optimale Facheinfahrgeschwindigkeit* ist bei einer maximalen Einfahrtiefe B

$$v_z \approx 1/2 \cdot \sqrt{B \cdot b_z}\,. \qquad (16.64)$$

Beispielweise ergibt sich aus (16.62) für eine maximale Bedienungslänge von L = 60 m bei einer Bremsbeschleunigungskonstanten $b_x = 0{,}5\ \mathrm{m/s^2}$ die optimale Fahrgeschwindigkeit $v_x = 1/2 \cdot \sqrt{60 \cdot 0{,}5} = 2{,}7\ \mathrm{m/s} = 160\ \mathrm{m/min}$.

Das Lastaufnahmemittel eines Lagergeräts bewegt sich bei simultaner Fahrt mit maximaler Geschwindigkeit in x- und y-Richtung entlang der *Geschwindigkeitsgraden* $y = (v_y/v_x) \cdot x$. Wenn jeweils gleich viele Punkte einer Regalfläche mit maximaler Fahrgeschwindigkeit und maximaler Hubgeschwindigkeit angefahren werden, ist die mittlere Fahrzeit minimal [21].

Hieraus folgt die zusätzliche *Geschwindigkeitsauswahlregel*:

- Bei *simultaner Fahr- und Hubbewegung* ist die *optimale Hubgeschwindigkeit* für die Bedienung einer Regalfläche mit der Länge L und eine Höhe H

$$v_y = (H/L) \cdot v_x\,. \qquad (16.65)$$

Bei einer optimalen Hubgeschwindigkeit (16.65) verläuft die Geschwindigkeitsgrade parallel zur Diagonalen der Regalfläche (s. *Abb. 16.1*).

Maßgebend für das Leistungsvermögen von Flurförderzeugen und Regalbediengeräten, die eine große Anzahl von Punkten entlang einer Strecke, auf einer

Fläche oder im Raum anfahren, sind nicht die Fahrzeiten zwischen den einzelnen Punkten sondern die *mittleren Fahrzeiten* bei gleichverteilter oder gewichteter Anfahrt der Gesamtheit aller Punkte.

Bei der Wegzeitberechnung für Geräte mit *eindimensionaler Fortbewegung* sind die Operationen der Fahrzeitberechnung und der Mittelwertbildung mit ausreichender Genauigkeit vertauschbar, wenn bei der Mehrzahl der Fahrten die Maximalgeschwindigkeit erreicht wird. Bei richtiger Geschwindigkeitsauswahl gilt daher (s. *Abschnitt* 9.6/*I*):

- Die mittlere Wegzeit zwischen den Punkten einer Strecke ist bei eindimensionaler Fortbewegung gleich der Wegzeit für den mittleren Abstand zwischen diesen Punkten.

Für den mittleren Abstand von n beliebigen Punkten einer Strecke gilt folgender *Satz der mittleren Weglänge* [21]:

- Der *mittlere Weg* zwischen je zwei benachbarten von n geordneten Punkten einer Strecke der *Gesamtlänge S* ist

$$s_n = S/(n+1). \tag{16.66}$$

Für die Spielzeitberechnung wichtige Sonderfälle dieses Satzes sind:

1. Der mittlere Weg zwischen dem Ende und einem beliebigen Punkt einer Strecke der Länge *S* hat bei gleicher Anfahrhäufigkeit aller Punkte die Länge *S*/2.
2. Der mittlere Weg zwischen zwei beliebigen Punkten einer Strecke der Länge *S* hat bei gleicher Anfahrhäufigkeit aller Punkte die Länge *S*/3.

Daraus folgt speziell für die Facheinfahrt zur Lastaufnahme:

- Die *mittlere Einfahrtiefe* für Lagerplätze mit der Stapeltiefe C_z und der Stellplatztiefe b_{SP} ist

$$B = \begin{cases} (C_z + 1) \cdot b_{SP} / 2 & \text{für Lastaufnahme innerhalb des Lagerfachs} \\ b_{SP} & \text{für Lastaufnahme am Ende des Lagerfachs.} \end{cases} \tag{16.67}$$

Bei der Wegzeitberechnung für Geräte mit *zweidimensionaler Fortbewegung* sind die Operation der Mittelwertbildung und der Fahrzeitberechnung *nicht* vertauschbar. Die Integration aller Einzelfahrzeiten (16.61) über eine Fläche der Länge L und der Höhe *H* ergibt mit einer Näherungsgenauigkeit von besser als 2 % [21; 29]:

1. Die mittlere Fahrzeit $t_1(E,P)$ zwischen einem Eckpunkt E und den Punkten P einer Fläche der Länge *L* und der Höhe *H* ist bei simultaner Hub- und Fahrbewegung, optimaler Geschwindigkeitsauswahl (16.65) und *gleicher Anfahrhäufigkeit* gleich dem Durchschnitt der beiden Fahrzeiten $t_{xy}(E,P_1)$ und $t_{xy}(E,P_2)$

$$t_1(E,P) = \left(t_{xy}(E,P_1) + t_{xy}(E,P_2)\right)/2 \tag{16.68}$$

vom Eckpunkt E zu den *Mittelwertpunkten* oder *Testanfahrpunkten*

$$P_1 = (2/3 \cdot L;\ 1/5 \cdot H) \qquad P_2 = (1/5 \cdot L;\ 2/3 \cdot H). \tag{16.69}$$

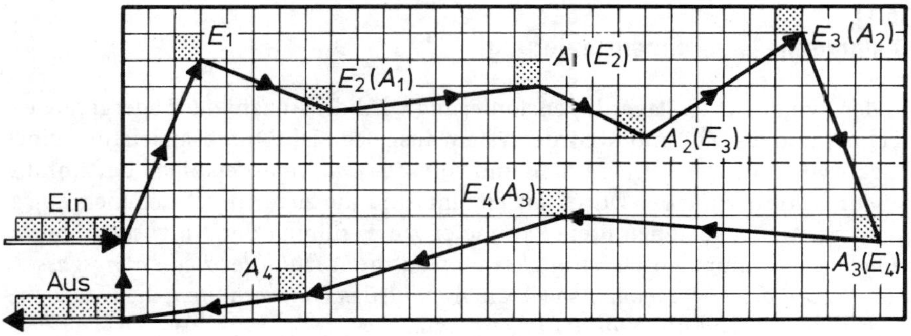

Abb. 16.19 Kombiniertes Ein- und Auslagerspiel nach der Zweistreifenstrategie

E_i : Einlagerfächer A_j: Auslagerfächer

2. Die mittlere Fahrzeit $t_2(P,P')$ zwischen zwei zufällig ausgewählten Punkten P und P′ der Fläche der Länge *L* und der Höhe *H* ist bei simultaner Hub- und Fahrbewegung gleich der Fahrzeit (16.61) zwischen den Mittelwertpunkten (16.69)

$$t_2(P,P') = t_{xy}(P_1,P_2) \qquad (16.70)$$

Hierin ist die Wegzeit $t_{xy}(P_1,P_2)$ durch Beziehung (16.61) gegeben.

Aus dem Satz der mittleren Weglänge (16.66) folgt für die mittlere Fahrzeit von Lager- und Kommissioniergeräten mit *Mehrfachlastaufnahme* [21]:

- Die *mittlere Fahrzeit einer* n-*Punkte-Rundfahrt*, die am Eckpunkt einer Fläche der Länge *L* und der Höhe *H* anfängt und endet und nach der in *Abb. 16.19* dargestellten *Zweistreifenstrategie* zu n zufällig ausgewählten Punkten in der Fläche führt, ist bei simultaner Hub- und Fahrbewegung (16.71)

$$t_n(L,H) = \begin{cases} t_y(3H/4) + t_y(H/2) + (n-1)\cdot t_x(2L/(n+2)) & \text{für } 3 < n < 6 \\ t_y(3H/4) + t_y(H/2) + t_y(H/4) + (n-2)\cdot t_x(2L/(n+2)) & \text{für } 6 \le n < 10 \\ t_y(3H/4) + t_y(H/2) + t_y(H/4) + (n-2)\cdot t_y(H/6) & \text{für } n > 10. \end{cases}$$

Hierin sind die Wegzeiten $t_x(..)$ und $t_y(..)$ nach Beziehung (16.60) zu berechnen. Die Fahrzeit für den nicht durch die Beziehung (16.71) abgedeckten Fall n = 3 kann näherungsweise zwischen der nach Beziehung (16.71) für n = 4 berechneten Fahrzeit und der Doppelspielfahrzeit nach Beziehung (16.70) interpoliert werden.

Die Genauigkeit der angebenen Wegzeitformeln ist für die Fahr- und Spielzeitberechnung in der Praxis ausreichend, da die Geschwindigkeiten und Beschleunigungskonstanten mit größeren Fehlern behaftet sind als die Näherungen.

16.11 Dynamische Lagerdimensionierung

In der dynamischen Lagerdimensionierung wird die Anzahl der Lagergeräte errechnet und das Zu- und Abfördersystem ausgelegt. Die Durchsatzleistung eines Lagers wird von den *Lagergeräten* und vom *Zu- und Abfördersystem* bestimmt.

Zur Optimierung der Durchsatzleistung sind die zuvor beschriebenen *Bewegungsstrategien* geeignet. Freie Parameter zur Erfüllung der *Durchsatzanforderungen* bei minimalen *Durchsatzkosten* sind die *Anzahl der Bedienungsgassen,* die *Anzahl der Lagerebenen* sowie die *Anzahl*, das *Fahrverhalten*, die *Geschwindigkeiten* und die *Kapazität der Lagergeräte.*

Restriktionen der dynamischen Dimensionierung sind:

- *Maximal zulässige Bereitstell- und Zugriffszeiten* pro Ladeeinheit

  $$T_B \leqq T_{B\,max}.$$

- *Maximal zulässige Durchlaufzeiten* für Auslageraufträge mit M_A Ladeeinheiten

  $$T_{AAuf} = M_A \cdot T_B \leqq T_{A\,max}.$$

- Extern geforderte *Lagerstrategien*, wie *FIFO* und *Gleichverteilung* auf die Lagergassen.

Die dynamische Lagerdimensionierung wird mit Hilfe der Wegzeitformeln unter Berücksichtigung der projektspezifischen Randbedingungen in folgenden *Arbeitsschritten* durchgeführt:

1. Berechnung der Lagerspielzeiten

Die *Einlagerspielzeit* ist die Zeit, die ein Lagergerät benötigt, um an einem *Einlagerübernahmeplatz* C_{LG} Ladeeinheiten aufzunehmen, mit diesen zu leeren Lagerplätzen zu fahren, sie dort einzulagern und nach der letzten Einlagerung leer zum Einlagerpunkt zurückzufahren.

Die *Auslagerspielzeit* ist die Zeit, die das Lagergerät benötigt, um leer zu einem oder mehreren Lagerplätzen zu fahren, dort bis zu C_{LG} Ladeeinheiten aufzunehmen, mit diesen zu einem *Auslagerübergabeplatz* zurückzufahren und dort die Ladeeinheiten abzugeben.

Die kombinierte *Ein- und Auslagerspielzeit* ist die Zeit, die ein Lagergerät benötigt, um am Einlagerübernahmeplatz C_{LG} Ladeeinheiten aufzunehmen, mit diesen nacheinander bis zu C_{LG} leere Lagerfächer anzufahren, die Ladeeinheiten dort einzulagern, auf dem weiteren Fahrweg C_{LG} Ladeeinheiten aufzunehmen, mit diesen zu einem *Auslagerübergabeplatz* zurückzufahren und dort die Ladeeinheiten abzugeben. Bei räumlich getrenntem Einlagerplatz und Auslagerplatz endet das kombinierte Ein- und Auslagerspiel mit einer Fahrt des Lagergeräts vom Abgabe- zum Aufnahmeplatz (s. *Abb. 16.19*).

Bei jedem Bewegungswechsel tritt im Verlauf eines Lagerspiels zwischen Fahrt, Hub und Facheinfahrt eine Totzeit auf. Die mittlere *Totzeit* t_o [s] ist die Summe der Reaktions-, Schalt- und Positionierzeiten, die von der Lagersteuerung und der Lagerverwaltung im Mittel benötigt werden, bevor der nächste Vorgang beginnt. Nach heutigem Stand der Technik gelten folgende *Erfahrungswerte*:

- Für manuell bediente Geräte beträgt die mittlere Totzeit pro Bewegungswechsel, abhängig von Geschick und Übung des Bedieners, 1 bis 2 Sekunden.
- Für automatisch gesteuerte Lagergeräte beträgt die mittlere Totzeit pro Bewegungswechsel bei sorgfältiger Justierung 0,5 bis 1,0 Sekunde.

Bei falscher Justierung, schlechter Steuerung und überlastetem Lagerverwaltungsrechner kann die Totzeit auch deutlich größer sein und die Geräteleistung erheblich reduzieren.

Die Länge des Lastübernahmespiels hängt ab von der Art der Lastaufnahme, die in den Spielzeitformeln durch folgenden *Lastaufnahmefaktor* berücksichtigt werden kann:

$$f_{LA} = \begin{cases} 1 & \text{für Lastübernahme ohne Leerspiel} \\ 2 & \text{für Lastübernahme mit Leerspiel.} \end{cases} \quad (16.72)$$

Für ein Lagergerät mit nur einem Lastaufnahmemittel zur Aufnahme von C_{LA} Ladeeinheiten resultieren aus dem Funktionsablauf der Lagerspiele und den Wegzeitformeln bei *eindimensionaler Fortbewegung* folgende *Spielzeitformeln* für kombinierte Einlager- und Auslagerpunkte am unteren Ende eines Gangmoduls mit der Länge *L* und der Höhe *H*:

- Die *mittlere Einzelspielzeit* für getrennte Ein- oder Auslagerspiele ist bei *additiver Fortbewegung* des Lagergeräts

$$\tau_E = \tau_A = 4 \cdot t_o + 2 \cdot t_y(L/2) + 2 \cdot t_y(H/2) + 2 \cdot f_{LA} \cdot t_z(B). \quad (16.73)$$

- Die *mittlere Doppelspielzeit* für kombinierte Ein- und Auslagerspiele im gleichen Gang ist bei *additiver Fortbewegung* des Lagergeräts

$$\tau_{EA} = 6 \cdot t_o + 2 \cdot t_x(L/2) + 2 \cdot t_y(H/2) + t_x(L/3) + t_y(H/3) + 4 \cdot f_{LA} \cdot t_z(B). \quad (16.74)$$

- Die *mittlere Umlagerspielzeit* für Umlagerungen im gleichen Gang ist bei *additiver Fortbewegung* des Lagergeräts

$$\tau_U = 4 \cdot t_o + 2 \cdot t_x(L/3) + 2 \cdot t_y(H/3) + 2 \cdot f_{LA} \cdot t_z(E). \quad (16.75)$$

In diesen Spielzeitformeln ist die Facheinfahrtiefe B durch Beziehung (16.67) gegeben. Die eindimensionalen Wegzeiten $t_i(..)$ lassen für i = x, y mit der Wegzeitformel (16.60) berechnen.

Für die mittleren Spielzeiten von Lagergeräten mit *zweidimensionaler Fortbewegung* ergeben bei optimaler Geschwindigkeit folgende Spielzeitformeln für die Bedienung einer Regalfläche mit der Länge *L*, der Höhe *H* und der mittleren Facheinfahrtiefe *B* bei Übernahme und Abgabe der Ladeeinheiten am gleichen unteren Regalende [21; 29; 207]:

- Die *mittlere Einzelspielzeit* für getrennte Ein- oder Auslagerspiele ist bei *simultaner Fahr- und Hubbewegung* des Lagergeräts

$$\tau_E = \tau_A = 2\cdot t_o + t_{xy}(2L/3;\ H/5) + t_{xy}(L/5;\ 2H/3) + 2\cdot f_{LA}\cdot t_z(B). \qquad (16.76)$$

- Die *mittlere Doppelspielzeit* für kombinierte Ein- und Auslagerspiele im gleichen Gang ist bei *simultaner Fahr- und Hubbewegung* des Lagergeräts

$$\tau_{EA} = 3\cdot t_o + t_{xy}(2L/3;\ H/5) + t_{xy}(L/5;\ 2H/3) + t_{xy}(14L/30;\ 14H/30) + 4\cdot f_{LA}\cdot t_z(B). \qquad (16.77)$$

- Die *mittlere Umlagerspielzeit* für Umlagerungen im gleichen Gang ist bei *simultaner Fahr- und Hubbewegung* des Lagergeräts

$$\tau_U = 2\cdot t_o + t_{xy}(L/3;\ H/3) + 2\cdot f_{LA}\cdot t_z(B). \qquad (16.78)$$

Wenn die Ein- und Auslagerpunkte nicht an der gleichen Stelle liegen sondern getrennt angeordnet sind, erhöhen sich die Einzel- und Doppelspielzeiten um die Fahrzeit zwischen den Ein- und Auslagerpunkten, die mit den Wegzeitformeln (16.60) und (16.61) berechnet werden kann [29].

Liegen die Ein- und Auslagerpunkte nicht an der unteren Regalecke, sondern auf halber Höhe oder mittig unter dem Regal, verkürzen sich die mittleren Fahrwege. Die daraus resultierende Steigerung der Ein- und Auslagergrenzleistungen ist bei Anordnung auf halber Regalhöhe auch für hohe Lager kleiner als 5 % und erreicht bei Anordnung auf halber Länge bei sehr langen Lagern maximal 10 %. Derart geringe Effekte rechtfertigen allein keine besondere Anordnung der Ein- und Auslagerpunkte, es sei denn, diese bietet sich auch aus anderen Gründen an [150].

Mit einer *optimierten Doppelspielstrategie*, wie Einlagerung im *Hinfahrbereich* des Auslagerplatzes oder Auslagerung im *Rückfahrbereich* des Einlagerplatzes, läßt sich bei zweidimensionaler Fortbewegung bestenfalls die mittlere Fahrzeit $t_{xy}(14L/30;14H/30)$ zwischen dem Einlagerfach und dem Auslagerfach einsparen. Diese Fahrzeit beträgt bei Lagern mit großer Regalfläche bis zu 10 % der Doppelspielzeit. Das bedeutet, daß mit einer optimierten Doppelspielstrategie maximal eine Verbesserung der Durchsatzleistung von 10 % möglich ist.

Deutlich größere Durchsatzleistungen lassen sich hingegen durch den Einsatz von *Lageräten mit mehreren Lastaufnahmemitteln* erreichen. Hierfür resultieren mit der Wegzeitformel (16.71) folgende Spielzeitformeln:

- Die *mittlere Einlagerspielzeit* und die *mittlere Auslagerspielzeit* eines Lagergeräts mit $n > 2$ Lastaufnahmemitteln sind für *getrennte Ein- oder Auslagerfahrten* nach der in *Abb.* 16.19 dargestellten *Zweistreifenstrategie*

$$\tau_{En} = \tau_{An} = ((n+1)\cdot f_{LA} + n + 3)\cdot t_o + t_n(L;H) + (n+1)\cdot f_{LA}\cdot t_z(B). \qquad (16.79)$$

- Die *mittlere Einlager- und Auslagerspielzeit* eines Lagergeräts mit $n > 2$ Lastaufnahmemitteln ist für *kombinierte Ein- und Auslagerfahrten* nach der in *Abb. 16.19* dargestellten Zweistreifenstrategie

$$\tau_{EAn} = ((2n+1)\cdot f_{LA} + 2n + 4)\cdot t_o + t_{2n}(L;H) + (2n+1)\cdot f_{LA}\cdot t_z(B). \qquad (16.80)$$

In *Abb. 16.20* sind die mit Hilfe der Spielzeitformel (16.79) berechneten Ein- *oder* Auslagergrenzleistungen eines Regalförderzeugs zur Ein- und Auslagerung von

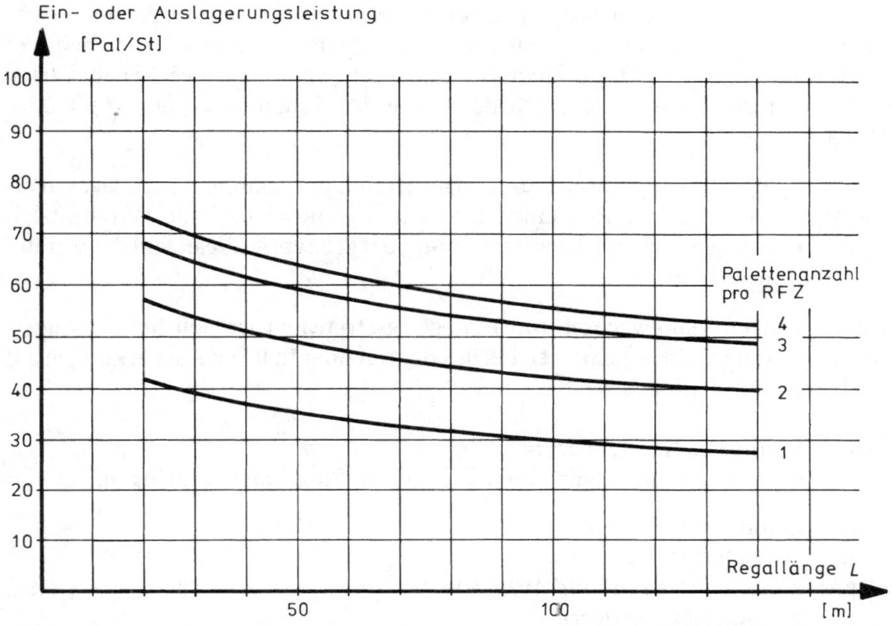

Abb. 16.20 Ein- oder Auslagergrenzleistung eines Regalbediengeräts mit simultaner Fahr- und Hubbewegung als Funktion der Regallänge

Parameter: Lastaufnahmekapazität des Regalbediengeräts
Strategie : Ein- und Auslagerrundfahrt nach Zweistreifenstrategie

EURO-Paletten mit n = 1, 2, 3 und 4 Teleskopgabeln in Abhängigkeit von der Regallänge L dargestellt.

Hieraus geht hervor, daß die Leistungssteigerung durch eine zusätzliche Teleskopgabel mit rund 40 % im Vergleich zu einer Teleskopgabel am größten ist. Die Leistungssteigerung wird mit weiteren Teleskopgabeln immer geringer. Da sich jedoch der Gerätepreis mit jedem Lastaufnahmemittel erhöht, muß in jedem Einzelfall sorgfältig geprüft werden, ob es bei hohen Durchsatzanforderungen vorteilhafter ist, Lagergeräte mit mehreren Lastaufnahmemitteln oder mehr Geräte mit nur einem Lastaufnahmemittel einzusetzen.

Für *gangumsetzbare Lagergeräte* wird zur Berechnung des Gerätebedarfs außer den Lagerspielzeiten die Gangwechselzeit benötigt.

- Die mittlere *Gangwechselzeit* eines gangumsetzbaren Lagergeräts ist bei einer Lagerlänge L und einem mittleren Umsetzweg B_U

$$\tau_{GW} = 3 \cdot t_o + 2 \cdot t_x(L/2) + t_u(B_u). \qquad (16.81)$$

Die Wegzeiten $t_i(..)$ lassen sich für i = x, u mit Hilfe der eindimensionalen Wegzeitformel (16.60) berechnen. Für die Geschwindigkeit v_u und die Beschleunigung b_u sind die entsprechenden technischen Werte der Umsetztechnik einzusetzen.

Der mittlere Umsetzweg ist bei Gangwechsel *ohne Strategie* gleich einem Drittel der Breite der von einem Gerät bedienten Anzahl Gangmodule, das heißt, es ist $B_u = N_{GM} \cdot B_{GM}/3$. Bei zyklischem Gangwechsel zwischen je zwei benachbarten Gängen ist der Umsetzweg gleich der Breite des Gangmoduls, also $B_u = B_{GM}$. Hieraus folgt:

- Bei Lagern mit gangumsetzbaren Lagergeräten und deutlich mehr Gassen als Lagergeräten kann durch einen zyklischen Gangwechsel die Durchsatzleistung des Lagers erheblich verbessert und bei großer Geräteanzahl der Gerätebedarf gesenkt werden.

Umlagerungen, Gangwechsel und Bewegungsstrategien werden bei der Lagerplanung häufig nicht angemessen berücksichtigt oder in ihren Auswirkungen auf die Durchsatzleistung falsch berechnet.

2. Berechnung des Gerätebedarfs
Ein Lagergerät kann im allgemeinen folgende *Teilfunktionen* erbringen:

E : gesondertes *Einlagern*
A : gesondertes *Auslagern*
EA: kombiniertes *Ein- und Auslagern* (16.82)
U : gesondertes *Umlagern*
GW: unproduktiver *Gangwechsel*

Die *partielle Auslastung* $\rho_i = \lambda_i/\mu_i$ einer dieser Teilfunktionen i = E, A, EA, U, GW wird bestimmt durch den *Leistungsdurchsatz* λ_i und die partielle Grenzleistung μ_i. Die Grenzleistung μ_i ist gleich der effektiven Leistung, mit der das Gerät allein die Teilfunktion i erbringen kann (s. *Kapitel* 13/*I*).

Die Summe der *partiellen Auslastungen* $\rho_i = \lambda_i/\mu_i$ kann zu keiner Zeit größer als 100 % sein. Hieraus folgt das

- *Grenzleistungsgesetz für ein Lagergerät:*

$$\lambda_E / \mu_E + \lambda_A / \mu_A + \lambda_{EA} / \mu_{EA} + \lambda_U / \mu_U + \nu_{GW} / \mu_{GW} \leq 1 \qquad (16.83)$$

Hierin ist λ_{EA} [LE/h] die in kombinierten Spielen durchzuführende Ein- und Auslagerleistung sowie λ_E die Einlagerleistung und λ_A die Auslagerleistung, die in getrennten Spielen auszuführen sind. Die gleichzeitig zu erbringende Umlagerleistung ist λ_U [LE/h] und die Gangwechselfrequenz ν_{GW} [1/h].

Die *partiellen Grenzleistungen* μ_i eines Lagergeräts für die Funktionen i = E, A, EA, U lassen sich aus den betreffenden *Spielzeiten* τ_i [s] und der *Gerätekapazität* C_{LG} [LE/LG] errechnen:

$$\mu_i = \eta_{ver} \cdot \eta_{aus} \cdot 3600 \cdot C_{LG} / \tau_i \qquad [\text{LE/h}]. \qquad (16.84)$$

Die *technische Verfügbarkeit* η_{ver} [%] und die *stochastische Auslastbarkeit* η_{aus} [%] reduzieren die maximal möglichen Leistungen eines Lagergeräts auf die effektiven Grenzleistungen (16.84).

Die technische Verfügbarkeit der Lagergeräte hängt ab von der Gerätekonstruktion, ihrer Belastung, der Wartung und weiteren Einflußfaktoren (s. *Ab-*

schnitt 13.6/I). Bedingung für einen wirtschaftlichen und zuverlässigen Lagerbetrieb ist:

- Die *technische Verfügbarkeit* muß für automatische Lagergeräte mindestens 98 % und für manuell bediente Geräte mindestens 95 % betragen.

Die stochastische Auslastbarkeit resultiert aus dem schwankenden Zulauf der Ein- und Auslageraufträge und aus den variablen Spielzeiten der Lagergeräte.

Die stochastische Auslastbarkeit ist abhängig von der *Anzahl der Pufferplätze* auf dem Zu- und Abfördersystem vor und nach den Übernahme- und Übergabeplätzen des Lagerbereichs. Aus der analytischen Berechnung mit Hilfe der Warteschlangentheorie wie auch aus der stochastischen Simulation dieses Wartesystems folgt die *Auslegungsregel* [79]:

- Um eine *stochastische Auslastbarkeit* der Lagergeräte besser als 97 % zu erreichen, müssen pro Gang mindestens 3 Zuführpufferplätze und 3 Abgabepufferplätze vorhanden sein.

Wird die Durchsatzleistung des gesamten Lagers, die durch die Beziehungen (16.6) bis (16.9) gegeben ist, zu gleichen Anteilen auf die N_{LG} Lagergeräte verteilt, dann ist die Durchsatzanforderung pro Gerät gleich $1/N_{LG}$ der Gesamtanforderung. Aus dem Grenzleistungsgesetz (16.83) und den Beziehungen (16.6) bis (16.8) folgt damit:

- Die für eine Einlagerleistung λ_E, eine Auslagerleistung λ_A und eine Umlagerleistung λ_U benötigte *Anzahl ganggebundener Lagergeräte* ist

$$N_{LG} = \big[\mathrm{MIN}(\lambda_E;\lambda_A)/\mu_{EA} + \big(\lambda_E - \mathrm{MIN}(\lambda_E;\lambda_A)\big)/\mu_E + \big(\lambda_A - \mathrm{MIN}(\lambda_E;\lambda_A)\big)/\mu_A + \lambda_U/\mu_U\big]. \tag{16.86}$$

Das durch die eckige Klammern geforderte Aufrunden auf die nächste ganze Zahl besagt, daß die Geräteanzahl eine ganze Zahl ist. Diese Ganzzahligkeit kann bei einer geringen Zunahme der Leistungsanforderung einen sprunghaften Anstieg des Bedarfs um ein Lagerät bewirken.

Sind beispielsweise die Leistungsanforderungen 120 Einlagerungen, 160 Auslagerungen und 30 Umlagerungen in der Spitzenstunde des Spitzentages und haben die Geräte die effektiven Grenzleistungen $\mu_E = \mu_A = 35$ LE/h, $\mu_{EA} = 25$ LE/h und $\mu_U = 65$ LE/h, ergibt sich bei optimal kombinierten Ein- und Auslagerspielen gemäß den Beziehungen (18.6) bis (18.8) mit Hilfe von Beziehung (18.86) ein Bedarf von $N_{LG} = [120/25 + 40/35 + 30/65] = [6{,}4] = 7$ Lagergeräten.

Wenn es möglich ist, die Umlagerungen nicht in den Spitzenbelastungszeiten durchzuführen, entfällt in Beziehung (18.86) der Gerätebedarf λ_U/μ_U für die Umlagerungen. In dem betrachteten Fall reduziert sich damit der Bedarf auf $N_{LG} = [40/35 + 120/25] = [5{,}9] = 6$ Lagergeräte.

Wenn die Einlagerungen und die Auslagerungen in getrennten Einzelspielen und nicht in kombinierten Doppelspielen durchgeführt werden, ist der Gerätebedarf ohne Umlagerungen $N_{LG} = [120/35 + 160/35] = [8{,}0] = 8$ Lagergeräte. Ohne die Doppelspielstrategie erhöht sich also in diesem Fall der Gerätebedarf von 6 auf 8 Lagergeräte.

Für gangumsetzbare Lagergeräte mit einer *Gangwechselgrenzleistung* μ_{GW} [GW/h] und einer *Gangwechselfrequenz* ν_{GW} [GW/h] vermindert sich die produktiv nutzbare Zeit infolge der partiellen Auslastung für den Gangwechsel ν_{GW}/μ_{GW}. Aus dem Grenzleistungsgesetz (18.83) folgt:

- Für *gangumsetzbare Lagergeräte* erhöht sich der Ausdruck innerhalb der eckigen Klammern der Beziehung (18.86) für den Gerätebedarf um den Faktor

$$f_{GW} = 1/(1 - \nu_{GW} / \mu_{GW}). \tag{16.87}$$

So erhöht sich der Gerätebedarf bei einer Gangwechsel-Grenzleistung $\mu_{GW} = 15$ GW/h und $\nu_{GW} = 2$ Gangwechseln pro Stunde und Gerät um den Faktor $f_{GW} = 1/(1- 2/15) = 1{,}15$. In dem betrachteten Beispiel nimmt damit die Anzahl der benötigten Lagergeräte von 6 auf 7 zu.

Zu wenig beachtet wird in der Regel der Einfluß der *Betriebszeiten* und der *Spitzenfaktoren* auf den Gerätebedarf. Wenn es beispielsweise möglich ist, die Betriebszeit flexibel von 8 auf 16 Stunden oder mehr pro Tag zu erhöhen und durch organisatorische Maßnahmen die Leistungsanforderungen auf die gesamte Betriebszeit gleichmäßig zu verteilen, läßt sich die Durchsatzleistung eines vorhandenen Lagers bei gleicher Geräteanzahl um einen Faktor 2 und mehr erhöhen oder der Gerätebedarf eines geplanten Lagers um den gleichen Faktor reduzieren.

Bei der Betriebskostenrechnung für die verlängerte Betriebszeit ist allerdings zu berücksichtigen, daß sich Abschreibungen, Energiebedarf und Wartungskosten entsprechend erhöhen und der Personalbedarf kaum sinkt. Die Lagerdimensionierung ist daher keine rein technische sondern eine organisatorische, betriebswirtschaftliche und technische, also eine essentientell logistische Aufgabe.

3. Auslegung des Zu- und Abfördersystems

Bei Lagern mit *gangunabhängigen Lagergeräten*, die auch den Transport der Ladeeinheiten vom Abholbereich zum Lagerbereich und vom Lagerbereich zum Bereitstellbereich ausführen, müssen die Spielzeiten (16.73) bis (16.75) um die Wegzeit für die Transporte außerhalb des Lagerbereichs erhöht werden. Dadurch nehmen die Ein- und Auslagergrenzleistungen der Geräte ab und der Gerätebedarf zu.

Bei Lagern mit *gangabhängigen Lagergeräten* können entweder mehrere *Verteilerstapler* oder ein fest installiertes Zu- und Abfördersystem den Transport der Ladeeinheiten vom Abholbereich zum Lagerbereich und vom Lagerbereich zum Bereitstellbereich ausführen.

Die Anzahl der benötigten Verteilerstapler errechnet sich analog zur Anzahl der Lagergeräte nach der Beziehung (16.86) aus den mittleren Spielzeiten für den Zu- und Abtransport. Ebenso lassen sich die Anzahl der Verteilerwagen eines *Unstetigfördersystems* (s. *Abb. 16.8*) und der Fahrzeugbedarf eines automatischen *Fahrzeugsystems* errechnen (s. *Abb. 16.9*).

Ist das Zu- und Abfördersystem ein *Stetigfördersystem* wird die Durchsatzleistung von dem jeweils am stärksten belasteten *Engpaßelement* bestimmt (s. *Abb. 16.1*). Das Engpaßelement des Einlagersystems ist in der Regel das erste *Verzweigungselement* auf der Einlagerförderstrecke entlang der Regalstirnseite. Das Engpaßelement des Auslagersystems ist in der Regel das letze *Zusammenführungselement* auf der Auslagerförderstrecke.

Aus der *Engpaßanalyse* ergeben sich folgende *Grenzleistungsgesetze* zur Auslegung des Zu- und Abfördersystems eines Lagers:

- Für eine Einlagerleistung λ_E müssen die partiellen Grenzleistungen für Durchlaß μ_{dur} und Ausschleusen μ_{aus} des Engpaßelements des Zufördersystems so bemessen sein, daß

$$\lambda_E \cdot (1 - 1/N_{LG}) / \mu_{dur} + (\lambda_E / N_{LG}) / \mu_{aus} \leq 1. \qquad (16.88)$$

- Für eine Auslagerleistung λ_A müssen die partiellen Grenzleistungen für Durchlaß μ_{dur} und Ausschleusen μ_{ein} des Engpaßelements des Abfördersystems so bemessen sein, daß

$$\lambda_A \cdot (1 - 1/N_{LG}) / \mu_{dur} + (\lambda_A / N_{LG}) / \mu_{ein} \leq 1. \qquad (16.89)$$

Mit Hilfe der Grenzleistungsbeziehungen (16.88) und (16.89) läßt sich nach Einsetzen der Ein- und Auslagergrenzleistungen $N_{LG} \cdot \mu_E$ und $N_{LG} \cdot \mu_A$ von N_{LG} Lagergeräten anstelle von λ_E und λ_A und durch Auflösung nach N_{LG} die maximale Anzahl Lagergeräte berechnen, die sich durch ein Stetigfördersystem bedienen läßt, dessen Engpaßelemente die partiellen Grenzleistungen μ_{dur}, μ_{aus} und μ_{ein} haben. Damit ergibt sich die maximale Größe eines *Fördertechnikabschnitts*.

16.12 Investition der Lagergewerke

Für die Systemfindung und Layoutplanung genügt es, die Investitionen für das gesamte Lagersystem mit Hilfe von *Richtpreisfaktoren* für die einzelnen Lagergewerke zu berechnen. Im Zuge der Detail- und Ausführungsplanung muß die Investitionsrechnung durch Einzelkalkulationen präzisiert und durch Angebote der Hersteller untermauert werden.

Außerdem ist zu berücksichtigen, daß die Beschaffungspreise wegen der Kostendegression von Herstellung und Montage großer Stückzahlen mit zunehmender Größe des Lagers abnehmen. Diese Degression der Lagerinvestition läßt sich jedoch in der Planungsphase nur grob abschätzen und erst in der Ausschreibungsphase über konkrete Angebote quantifizieren.

Mit Ausnahme des Lagerverwaltungssystems lassen sich die funktionsspezifischen Lagergewerke in statische und dynamische Lagergewerke einteilen:

- Die *statischen Lagergewerke* sind für das Aufbewahren und Bereithalten der Lagereinheiten erforderlich und für die *Lagerplatzkosten* maßgebend.
- Die *dynamischen Lagergewerke* werden für das Ein- und Auslagern eingesetzt und verursachen die *Durchsatzkosten*.

Das *Lagerverwaltungssystem* dient sowohl den statischen wie auch den dynamischen Funktionen des Lagers. Der Beschaffungsaufwand für das Lagerverwaltungssystem (LVS) kann daher zur Hälfte der statischen und der dynamischen Lagerinvestition zugerechnet werden. Ebenso sind die Betriebskosten für das LVS aufzuteilen. Die Investition P_{LVS} [DM] für die Hard- und Software des Lagerverwaltungssystems ist abhängig von den Anforderungen und der Größe des Lagers und liegt gegenwärtig zwischen 100 und 500 TDM.

1. Investition der statischen Lagergewerke
Die *statischen Lagergewerke* mit ihren Einflußparametern und Richtpreisfaktoren sind:

- *Grundstück*: Die Grundstücksinvestition wird vom Grundstückspreis und den Erschließungskosten bestimmt. Sie steigt mit einem *Grundstücks- und Erschließungspreisfaktor* P_{GE} [DM/m²] proportional mit der *Lagergrundfläche.*
- *Bodenplatte*: Die Investition für Fundament und Bodenplatte hängt von der Bodenbeschaffenheit, der Bauart und der Bodenbelastung ab und nimmt mit einem *Bodenplattenpreisfaktor* P_{BP} [DM/m²] ebenfalls proportional mit der *Lagergrundfläche* zu.
- *Gebäude*: Die Investition für den Lagerbau ist von der Bauart, der Bauqualität und der Gebäudetechnik, wie Heizung und Klima, abhängig. Sie steigt für Hallenbauten mit einem *Hallenbaupreisfakor* P_{HB} [DM/m²] weitgehend proportional mit der bebauten Fläche, mit einem *Wandpreisfaktor* P_{WA} [DM/m²] proportional mit der Wandfläche und mit einem *Dachpreisfakor* P_{DA} [DM/m²] proportional mit der überdachten Grundfläche.
- *Regalbau*: Die Investition für das Regal wird von der Lagerart, den Ladeeinheiten, den Fachmodulen und der Regalkonstruktion beeinflußt, bei beweglichen Stellplätzen zusätzlich von der Fördertechnik in den Lagerkanälen. Sie ist mit einem *Lagerplatzpreisfaktor* P_{LP} [DM/LP] weitgehend proportional zur *Anzahl* der *Lagerplätze* oder mit einem *Fachmodulpreisfaktor* P_{FM} [DM/FM] proportional zur *Anzahl der Fachmodule.*
- *Sprinkleranlage*: Die Investition für eine eventuell erforderliche Sprinkleranlage kann zum Zweck der Systemfindung und Budgetierung grob durch einen *Sprinklerpreisfaktor* P_{SP} [DM/LP] abgeschätzt werden. Sie ist abhängig von der *Brandklasse* des Lagerguts und steigt annähernd proportional zur *Anzahl der Lagerplätze.*

Für die Richtpreisfaktoren der statischen Lagergewerke von Palettenlagern sind in *Tabelle 16.5* einige Orientierungsgrößen zusammengestellt, die für Systemvergleiche brauchbar sind. Für die Kalkulation der absoluten Höhe der Lagerinvestition sind diese Werte nur mit Einschränkungen verwendbar. Das gilt vor allem für die Beschaffungskosten der Sprinkleranlage, die von der Brandklasse sowie von *Ausführung* der Sprinklerzentrale und des Auffangbeckens für das Löschwasser abhängen.

Mit den Richtpreisfaktoren und der anteiligen Investition für das Lagerverwaltungssystem ergibt sich für die *Investition der statischen Lagergewerke* folgende Abhängigkeit von den *Lagerparametern*:

$$\begin{aligned} I_{L\,stat} = {} & F_L \cdot (P_{GE} + P_{HB} + P_{BP} + P_{DA}) + 2H_L \cdot (L_L + B_L) \cdot P_{WA} \\ & + N_{LP} \cdot (P_{LP} + P_{SP}) + N_{FM} \cdot P_{FM} + P_{LVS} / 2 \end{aligned} \qquad (16.90)$$

Diese Abhängigkeit (16.90) zeigt:

- Die Investitionssumme für die statischen Lagergewerke steigt über die Anzahl der Lagerplätze N_{LP} und der Fachmodule N_{FM} proportional und über die

	Richtpreisfaktor		
LAGERGEWERK	Bandbreite	Modellrechn.	Preiseinheit
Grundstück			
Industriebaugrundstück mit Erschließung ohne Verkehrsfl.	50 bis 150	100	DM/m²
Silobau			
Betonbodenplatte	400 bis 500	420	DM/m²
Außenwandverkleidung für Stahlkonstruktion	150 bis 200	175	DM/m²
Innenbrandwand Beton	100 bis 150	100	DM/m²
Dachkonstruktion und Dacheindeckung incl. RWA	250 bis 350	300	DM/m²
Zwischenetage mit Arbeitsbühne	150 bis 200	200	DM/m²
Lagerhalle (Höhe 6 bis 12 m)			
Fundament, Fußboden, Stützen, Dachkonstruktion, Haustechn.	200 bis 300	250	DM/m²
Außenwand	400 bis 500	450	DM/m²
Innenbrandwand	200 bis 250	250	DM/m²
Dacheindeckung incl. RWA	100 bis 150	130	DM/m²
Tormodul mit Überladebrücke und anteiliger Verkehrsfläche	200 bis 300	240	TDM/TM
Regalanlage			
Palettenregale freistehend (abhängig von Höhe und Gewicht)	40 bis 100	80	DM/PalPlatz
Palettenregale Silobau (dach- und wandtragend)	120 bis 180	150	DM/PalPlatz
Platzkennzeichnung Blocklager	20 bis 30	25	DM/Blockpl.
Sprinkleranlage			
Sprinklerköpfe, Rohrleitungen und Zentrale (ohne Becken)	60 bis 100	60	DM/PalPlatz
Zu- und Abfördersystem für Paletten (incl. Steuerung)			
Zu- und Abförderstrecken und Pufferplätze	40 bis 70	50	TDM/Gasse
Stetigfördersystem	10 bis 20	15	TDM/m
Lagerverwaltungssystem (Hard- und Software)			
Platzverwaltungs- und Staplerleitsystem	100 bis 500	500	TDM

Tab. 16.5 Richtpreisfaktoren für Lagergewerke

Orientierungspreise, Basis 1995 bis 1997
RWA: Rauch- und Wärmeabzugsanlage
Tormodul s. Abb. 16.10

Grundläche F_L und die Außenfläche $2H_L \cdot (L_L+B_L)$ unterproportional mit der effektiven Lagerkapazität.

- Die Investitionssumme für die statischen Lagergewerke ist nicht direkt von der installierten Durchsatzleistung des Lagers abhängig.

Die statische Lagerinvestition wird von der geforderten Durchsatzleistung nur indirekt über die ausgewählte Lagerart, die Anzahl der Lagergassen und das Layout beeinflußt.

Wird die Investition auf die Anzahl der effektiv lagerbaren Ladeeinheiten bezogen, ergibt sich aus der Abhängigkeit (16.90):

- Die statische *Lagerplatzinvestition*, das heißt, die statische Lagerinvestition pro effektiven Lagereinheitenplatz, nimmt bei allen Lagerarten mit zunehmender Lagerkapazität ab und ist von der installierten Durchsatzleistung weitgehend unabhängig.

Zu dieser *technischen Degression der Lagerplatzinvestion*, die sich über die Abschreibungen und Zinsen auch auf die Lagerplatzkosten auswirkt, tragen bei allen Lagerarten die anteilig immer weniger ins Gewicht fallenden Anfahrmaße, Verkehrswege und Volumenverluste bei. Zusätzlich wirkt sich bei Mehrfachplatzlagern der bei gleicher Artikelzahl mit ansteigendem Bestand zunehmende Füllungsgrad aus. Die statische Platzinvestition nimmt nicht weiter ab, wenn die maximale Bauhöhe der betreffenden Lagerart erreicht ist und mehr als ein Lagermodul dieser Höhe benötigt wird.

2. Investition der dynamischen Lagergewerke
Die *dynamischen Lagergewerke* mit ihren Einflußparametern und Richtpreisfaktoren sind:

- *Lagergeräte*: Die Investition für die Lagergeräte einschließlich zugehöriger Steuerung, Spurführung und Gangausrüstung verändert sich proportional zum Gerätebeschaffungspreis P_{LG} [DM/LG] und zur Anzahl N_{LG} der Lagergeräte.
- *Verteilerstapler*: Auch die Investition für die Verteilerstapler einschließlich zugehöriger Staplerleitgeräte ist proportional zum Gerätebeschaffungspreis P_{VT} [DM/VT] und zur Anzahl N_{VT} der Verteilertapler.
- *Zu- und Abfördersystem*: Die Investition für das Zu- und Abfördersystem einschließlich der zugehörigen Steuerungstechnik ist außer von der Anzahl der zu bedienenden Lagergänge von der technischen Ausführung und der geforderten Durchsatzleistung abhängig. Sie läßt sich daher nur grob über Richtpreisfaktoren, wie Preis pro Meter, Preis pro Antriebselement oder Preis pro Förderelement, kalkulieren. Zur Lageroptimierung eignet sich am besten der *Richtpreis pro Lagergasse* P_{FT} [DM/LG].

Richtpreisfaktoren für einige Lagergeräte und Verteilerstapler sind in *Tabelle 16.1* angegeben. Als Richtpreise für ein automatisches Palettenfördersystem können für Systemvergleiche und zur groben Kostenbudgetierung die in *Tabelle 16.5* angegebenen Werte angesetzt werden.

Für die *Investition der dynamischen Lagergewerke* ergibt sich damit folgende Abhängigkeit von den Richtpreisfaktoren und Lagerparametern:

$$I_{L\,dyn} = N_{LG} \cdot (P_{LG} + P_{FT}) + N_{VS} \cdot P_{VS} + P_{LVS}/2$$
$$\text{wenn } N_{LG} = N_{LGeräte} = N_{LGassen}. \quad (16.91)$$

Abgesehen von den Sprüngen infolge der Ganzzahligkeit nimmt die Anzahl der Lagergeräte und der Verteilerstapler bei gleichbleibender Lagerkapazität nur unterproportional zur benötigten Durchsatzleistung zu, da mit zunehmender Geräteanzahl die Wege in den anteiligen Bedienungsbereichen der Geräte immer kürzer werden. Hieraus sowie aus der weitgehenden Durchsatzunabhängkeit der Investition für den Lagerverwaltungsrechner folgt:

- Die *Investitionssumme für die dynamischen Lagergewerke* steigt unterproportional mit der benötigten Durchsatzleistung.

Analog zur Lagerplatzinvestition ist die *Lagerdurchsatzinvestition* dadurch definiert, daß die dynamische Lagerinvestition (16.91) auf die während der Planbetriebszeit im Verlauf eines Jahres maximal durchsetzbare Anzahl Ladeeinheiten bezogen wird. Für diese ergibt sich ebenfalls eine lagertechnisch verursachte Kostendegression:

- Die *Lagerdurchsatzinvestition* nimmt bei gleicher Lagerkapazität mit zunehmender installierter Durchsatzleistung ab und steigt bei gleichbleibender Durchsatzleistung mit der Lagerkapazität an.

Die Lagerdurchsatzinvestition ist keine praktikable Größe und daher in der Lagerplanung ungebräuchlich. Wesentlich anschaulicher und für den Lagervergleich besser geeignet ist die

- Investition pro Lagerplatz

$$I_{LE} = I_L / K_{L\,eff} = (I_{L\,stat} + I_{L\,dyn}) / K_{L\,eff} \qquad [\text{DM/LE–Platz}]. \qquad (16.92)$$

In der Investition pro Lagerplatz wird die gesamte Lagerinvestition für die statischen *und* die dynamischen Lagergewerke allein auf die Anzahl der Lagerplätze und nicht auf den Durchsatz zu bezogen. Daher ist die Investition pro Lagerplatz von vielen Einflußfaktoren abhängig, die sich in ihren Auswirkungen nur schwer auseinanderhalten lassen.

Bei den Mehrplatzlagern, wie den Blockplatz- und Kanallagern, ist außerdem darauf zu achten, daß bei der Berechnung der Investition pro Lagerplatz die Gesamtinvestition auf die effektive Lagerkapazität (16.30) und nicht – wie es häufig getan wird – auf die 100 %-Lagerkapazität (16.29) bezogen wird. Andernfalls erscheinen Mehrplatzlager günstiger als sie tatsächlich sind.

3. Investitionsvergleich ausgewählter Lagersysteme

Zum Vergleich verschiedener Lagersysteme für Paletten sowie zur Veranschaulichung der Abhängigkeiten zeigen die *Abb. 16.21* bis *16.29* die Investitionen, Betriebskosten und Leistungskosten für ein *Blocklager* mit Staplerbedienung, ein *Palettenlager mit Schubmaststaplern*, ein manuell bedientes *Schmalgangstaplerlager* und ein *Hochregallager* mit automatischen Regalbediengeräten. Die *Leistungsanforderungen* und *Planbetriebszeiten* sowie die wichtigsten *technischen Kenndaten* dieser 4 Lagersysteme sind in *Tabelle 16.6* zusammengestellt.

Die Investitionen, Betriebskosten und Leistungskosten sind mit Hilfe von *Lagerdimensionierungsprogrammen* kalkuliert, die mit den zuvor entwickelten Formeln und Dimensionierungsverfahren arbeiten und die angegebenen Richtpreisfaktoren und Kostensätze verwenden. Die einzelnen Lagersysteme sind jeweils so dimensioniert und optimiert, daß die Gesamtbetriebskosten für die der Planung

		LAGERSYSTEME				
	Nutzung	**Blocklager BPL**	**Staplerlager STL**	**Schmalgangl. SGL**	**Hochregall. HRL**	Einheit
Leistungsanforderungen						
Lagersortiment	Spitze	1.000	1.000	1.000	1.000	Artikel
Durchsatzleistung	Spitze	960	960	960	960	Pal/BTag
Lagerbestand	Spitze	20.000	20.000	20.000	20.000	Paletten
Lagerdrehzahl	Spitze	12	12	12	12	pro Jahr
Ladeeinheiten	CCG1-Paletten mit Lastüberstand				Stapelfaktor : 3	
Länge	max	1.300	1.300	1.300	1.300	mm
Breite	max	900	900	900	900	mm
Höhe	max	1.050	1.050	1.050	1.050	mm
Volumen	max	1,23	1,23	1,23	1,23	m^3/LE
Planbetriebszeiten						
Kalendertage		365	365	365	365	KTage/Jahr
Betriebstage		250	250	250	250	BTage/Jahr
Betriebszeit		12	12	12	12	h/BTag
Auslegung Lagerbereich						
Lagergeräte		5 FST	7 SMS	5 SGS+ 4 VTS	4 RBG	LG
Länge		63	42	44	112	m
Breite		300	254	146	17	m
Höhe		4,4	8,4	13,6	35,0	m
Bebaute Fläche		18.900	10.634	6.424	1.926	m^2
Umbauter Raum		82.215	89.325	87.366	67.424	m^3
Investition		**13.561**	**11.850**	**10.539**	**11.983**	TDM
pro Palettenplatz		678	593	527	599	DM/Pal
Betriebskosten	100%	**2.135**	**2.348**	**2.718**	**1.995**	TDM/Jahr
bei Auslastung	80%	1.945	2.091	2.356	1.848	TDM/Jahr
Fixkosten		1.186	1.063	907	1.259	TDM/Jahr
Variable Kosten		949	1.285	1.811	736	TDM/Jahr
Leistungskosten						
Durchsatzkosten	100%	3,80	5,31	7,56	3,61	DM/Pal
bei Auslastung	80%	3,89	5,40	7,65	3,82	DM/Pal
Lagerplatzkosten	100%	16,7	14,7	12,4	15,5	Pf/Pal-KTag
bei Auslastung	80%	20,5	18,1	15,2	19,1	Pf/Pal-KTag
Umschlagkosten	100%	8,90	9,78	11,33	8,31	DM/Pal
bei Auslastung	80%	10,13	10,89	12,27	9,62	DM/Pal
ROI bei Auslastung	80%	**7,4**	**5,0**	**0,0**	**2,8**	**Jahre**

Tab. 16.6 Kenndaten und Ergebnisse der Modellrechnung von Palettenlagersystemen

Blocklager:	Blockplatzlager in Hallenbau mit Frontstaplern
Staplerlager:	konventionelles Palettenregallager in Hallenbau mit Schubmaststaplern
Schmalganglager:	manuell bedientes Schmalgangstaplerlager in Hallenbau mit Verteilerstaplern
Hochregallager:	automatisches Hochregallager in Silobauweise mit Fördersystem jeweils ohne Warenein- und Warenausgang
Durchsatzkosten:	spezifische Ein- und Auslagerkosten ohne Platzkosten
ROI:	Return on Investment gegenüber Schmalganglager

zugrunde gelegten Leistungsanforderungen minimal sind. Der Warenein- und Warenausgang bleibt bei den Modellrechungen unberücksichtigt, da er meist projektspezifisch auszulegen und in der Regel nicht systementscheidend ist.

Abb. 16.21 zeigt die Abhängigkeit der *Investition pro Palettenplatz* von der Lagerkapazität bei einer konstant gehaltenen Lagerdrehzahl von 12 pro Jahr. Aus

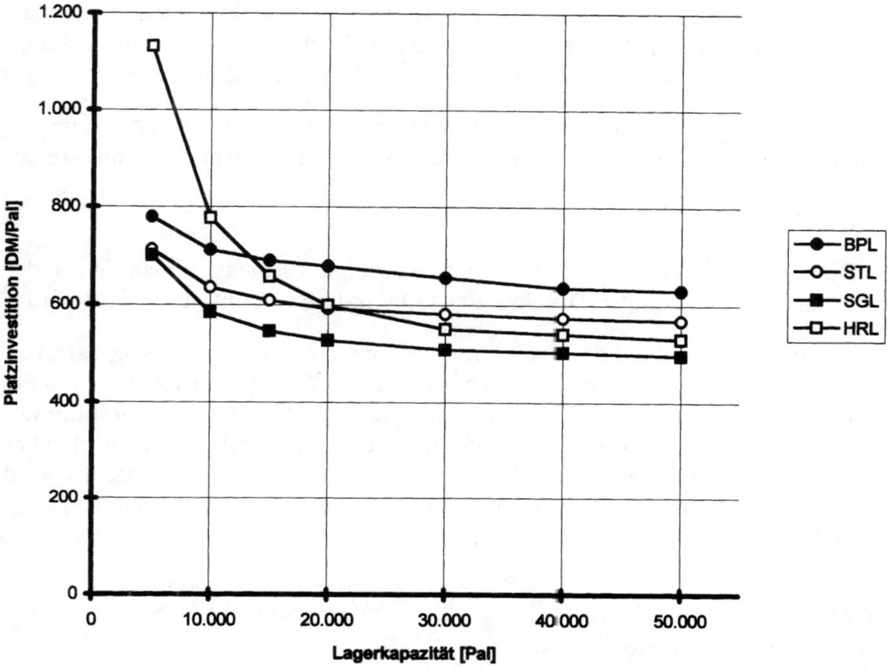

Abb. 16.21 Investition pro Palettenplatz als Funktion der Lagerkapazität
BPL : Blockplatzlager mit Stapelfaktor 3
STL : Staplerlager (Gangbreite 2,5 m)
SGL : Schmalgangstaplerlager (Gangbreite 1,75 m)
HRL : Hochregallager
Parameter : Drehzahl 12 p.a.
übrige Parameter s. *Tabelle 16.6*

dieser Abhängigkeit wie auch aus den zuvor hergeleiteten allgemeinen Zusammenhängen ist ableitbar:

- Für alle betrachteten Lagersysteme nimmt die Investition pro Palettenplatz mit ansteigender Lagerkapazität zunächst rasch und bei größerer Kapazität immer langsamer ab, bis sie einen asymptotischen Wert erreicht, der für die verschiedenen Lagersysteme in der Regel unterschiedlich ist.
- Für das Blockplatzlager, das Staplerlager und das Schmalgangstaplerlager erreicht die Investition pro Palettenplatz bereits ab ca. 20.000 Palettenplätze annähernd den asymptotischen Wert, für das automatische Hochregallager erst ab ca. 30.000 Palettenplätze.
- Für die zugrunde gelegten Leistungsanforderungen ist das Schmalgangstaplerlager bei allen Lagerkapazitäten die Lösung mit der geringsten Investition.
- Das Blockplatzlager erfordert bis zu einer Kapazität von 15.000 Palettenplätzen eine geringere Investition als das automatische Hochregallager, ist in der Investition aber stets ungünstiger als das Schmalgangstaplerlager.

- Die Investition für das automatische Hochregallager ist ab 15.000 Palettenplätzen günstiger als die Investition für das Blockplatzlager und erreicht ab 30.000 Palettenplätzen fast die Investitionshöhe des Schmalgangstaplerlagers.

Diese Abhängigkeiten und die relative Höhe der Investition pro Palettenplatz gelten weitgehend unabhängig von der Durchsatzleistung, also auch für andere Lagerdrehzahlen.

Aus Beziehung (16.91) aber folgt:

- Die absolute Höhe der Investition pro Palettenplatz ist stark abhängig von der installierten maximalen Durchsatzleistung und nimmt mit dieser deutlich zu.

Wegen der Abhängigkeit der Investition pro Palettenplatz von der Lagerart, von der Lagerkapazität und von der Durchsatzleistung führt es meist zu falschen Ergebnissen, wenn zur überschlägigen Investitionsabschätzung ein übernommener Richtwert für die Investition pro Palettenplatz einfach mit der benötigten Lagerkapazität multipliziert wird. Das ist nur zulässig, wenn die Kapazitäts- und Durchsatzanforderungen annähernd vergleichbar sind und das gleiche Lagersystem betrachtet wird.

16.13 Betriebs- und Leistungskosten

Maßgebend für Auswahl eines Lagersystems sind primär die Betriebskosten und weniger die Höhe der Investition. Wenn sich durch eine höhere Investitition die Betriebskosten senken lassen, ist die Lösung mit der höheren Investition immer dann günstiger, wenn der *Kapitalrückfluß* bei der erwarteten Auslastung in angemessener Zeit – in der Regel werden 3 bis 5 Jahre gefordert – gesichert ist.

Analog zu den Investitionen lassen sich die Betriebskosten K_L [DM/PE] eines Lagers aufteilen in die *statischen Betriebskosten* K_{LS} für den Betrieb der statischen Lagergewerke und die *dynamischen Betriebskosten* K_{LD} für den Betrieb der dynamischen Lagergewerke:

$$K_L = K_{LS} + K_{LD} \qquad [\text{DM/PE}]. \qquad (16.93)$$

Bezogen auf die kostentreibenden Leistungseinheiten ergeben sich aus den anteiligen Betriebskosten die *Leistungskosten* oder spezifischen *Prozeßkostensätze* des Lagers.

Die *Hauptkostentreiber* eines Lagers sind die *Platzkapazität* und der *Durchsatz*. Die entsprechenden Leistungskosten sind die spezifischen *Lagerplatzkosten* und die spezifischen *Durchsatzkosten*. Die gesamten Lagerbetriebskosten bezogen allein auf den Lagerdurchsatz sind die spezifischen *Umschlagkosten*.

Da die spezifischen Umschlagkosten auch die Lagerplatzkosten enthalten, ist der Umschlagkostensatz von der Lagerdauer der durchgesetzten Ladeeinheiten abhängig. Der Lagerplatzkostensatz ist hingegen vom Lagerdurchsatz und der Durchsatzkostensatz von der Platzbelegung weitgehend unabhängig. Daher gilt:

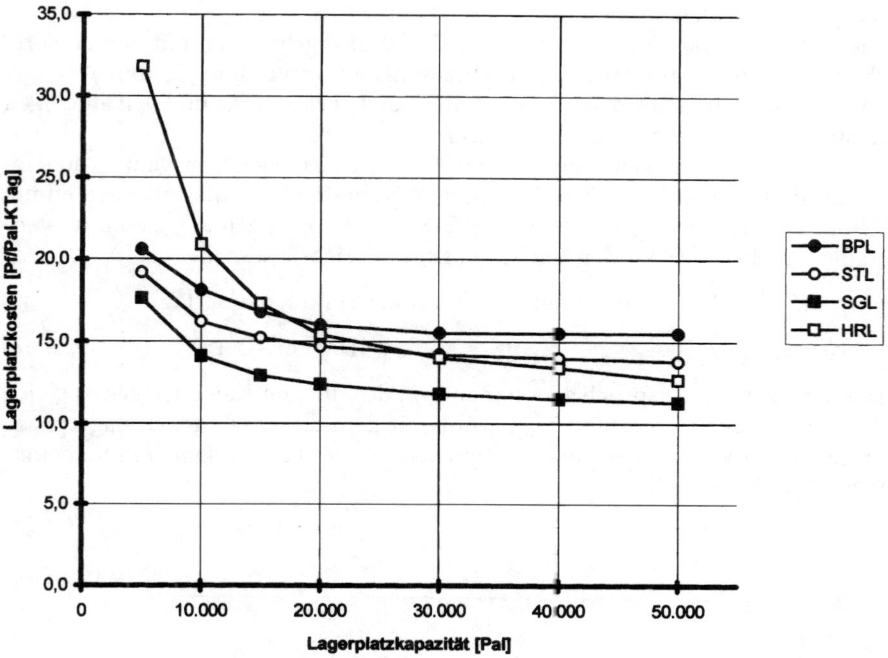

Abb. 16.22 Lagerplatzkosten als Funktion der Lagerkapazität

BPL : Blockplatzlager mit Stapelfaktor 3
STL : Staplerlager (Gangbreite 2,5 m)
SGL : Schmalgangstaplerlager (Gangbreite 1,75 m)
HRL : Hochregallager
Parameter : Drehzahl 12 p.a.
übrige Parameter s. *Tabelle 16.6*

- Für den Lagervergleich, für das Angebot und die Vergütung von Lagerleistungen sowie für die optimale Lagernutzung ist es erforderlich, die Lagerplatzkosten und die Durchsatzkosten gesondert zu kalkulieren.

Bei der Kalkulation der Betriebskosten und der daraus abgeleiteten Leistungskosten ist zu unterscheiden zwischen den *Plan-Kosten* für ein geplantes oder neu errichtetes Lager, das für bestimmte *Plan-Leistungen* ausgelegt ist, und den *Ist-Kosten* für ein bestehendes Lager, das mit *Ist-Leistungen* genutzt wird, die in der Regel von den Plan-Leistungen abweichen.

Bei der Kalkulation der in den *Abb. 16.22* bis *16.25*, *16.28* und *16.29* dargestellten Plan-Leistungskosten mit Hilfe der zuvor beschriebenen *Lagerprogramme* wurde eine hundertprozentige Nutzung der installierten Plan-Leistungen über die gesamte Betriebszeit vorausgesetzt. Die Auswirkung einer Unterauslastung der installierten Leistung ist in *Abb. 16.29* gezeigt und wird nachfolgend gesondert betrachtet.

1. Lagerplatzkosten

Die *statischen Lagerbetriebskosten* K_{LS} [DM/PE] ergeben sich mit den entsprechenden *Richtkostensätzen* für Abschreibungen, Zinsen, Energie und Wartung aus den Investitionen (16.90) für die statischen Lagergewerke und den anteiligen Kosten für das Lagerverwaltungssystem.

Kostentreiber der statischen Betriebskosten eines Lagers für ganze Ladeeinheiten sind die während einer Abrechnungsperiode PE in Anspruch genommenen *Ladeeinheiten-Kalendertage* λ_P [LE-KTag/PE]. Bezogen auf diesen Kostentreiber ergeben sich aus den statischen Lagerbetriebskosten die

- *spezifischen Lagerplatzkosten* pro Ladeeinheit und Kalendertag

$$k_P = K_{LS} / \lambda_P \qquad [\mathrm{DM/LE-KTag}] \qquad (16.94)$$

Die Anzahl der in Anspruch genommenen Ladeeinheiten-Kalendertage ist gleich dem mittleren Lagerbestand M_{Bges} [LE], mit dem die angebotenen Lagerplätze im zeitlichen Mittel belegt sind, multipliziert mit der *Periodendauer* in Kalendertagen T_{PE} [KTage/PE]:

$$\lambda_P = M_{Bges} \cdot T_{PE} \qquad [\mathrm{LE-KTage/PE}]. \qquad (16.95)$$

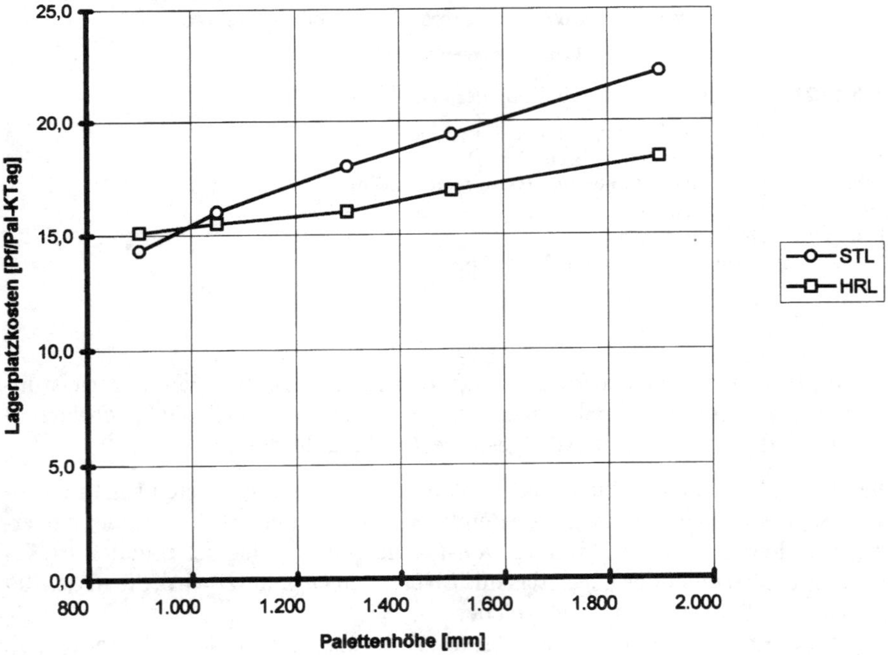

Abb. 16.23 Abhängigkeit der Lagerplatzkosten von der Palettenhöhe

STL : Staplerlager (Gangbreite 2,5 m)
HRL : Hochregallager
Parameter : Drehzahl 12 p.a.
20.000 Paletten, übrige Parameter s. *Tabelle 16.6*

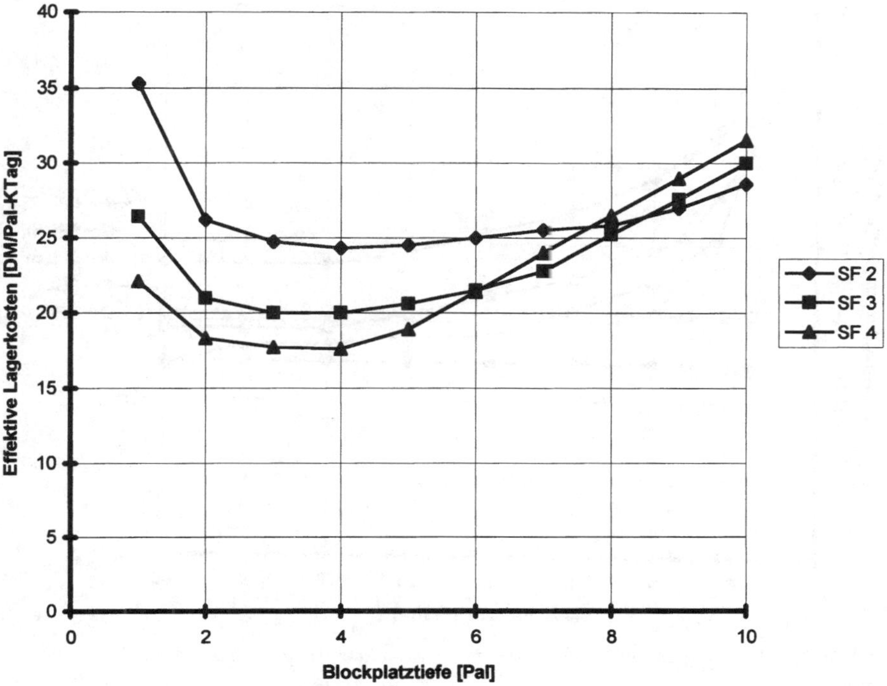

Abb. 16.24 Abhängigkeit der Lagerplatzkosten eines Blocklagers von der Lagerplatztiefe

SF i: Stapelfaktor i Paletten übereinander
Parameter: 20 Paletten pro Artikel, 20.000 Paletten
Übrige Parameter s. *Tabelle 16.6*

Die Abhängigkeit der Lagerplatzkosten von der effektiven Lagerkapazität bei konstant gehaltener Drehzahl ist für die in *Tabelle 16.6* spezifizierten Lagersysteme in *Abb. 16.22* dargestellt. Hieraus ist ablesbar:

- Die spezifischen Lagerplatzkosten nehmen mit der Lagerkapazität zunächst rasch und mit zunehmender Kapazität immer weniger ab, bis sie einen asymptotischen Wert erreichen.

Die Modellrechnungen ergeben außerdem:

- Die Lagerplatzkosten sind weitgehend unabhängig von der installierten Durchsatzleistung.
- Die Lagerplatzkosten hängen relativ wenig vom Volumen der Ladeeinheiten ab und steigen nur unterproportional mit dem Ladeeinheitenvolumen an.

Die aus weiteren Modellrechnungen resultierenden *Abb. 16.24* und *16.25* zeigen:

- Die Lagerplatzkosten eines *Mehrplatzlagers*, wie das Blockplatzlager, sind empfindlich von der *Lagerplatztiefe*, vom *Bestand pro Artikel* und vom *Stapel-*

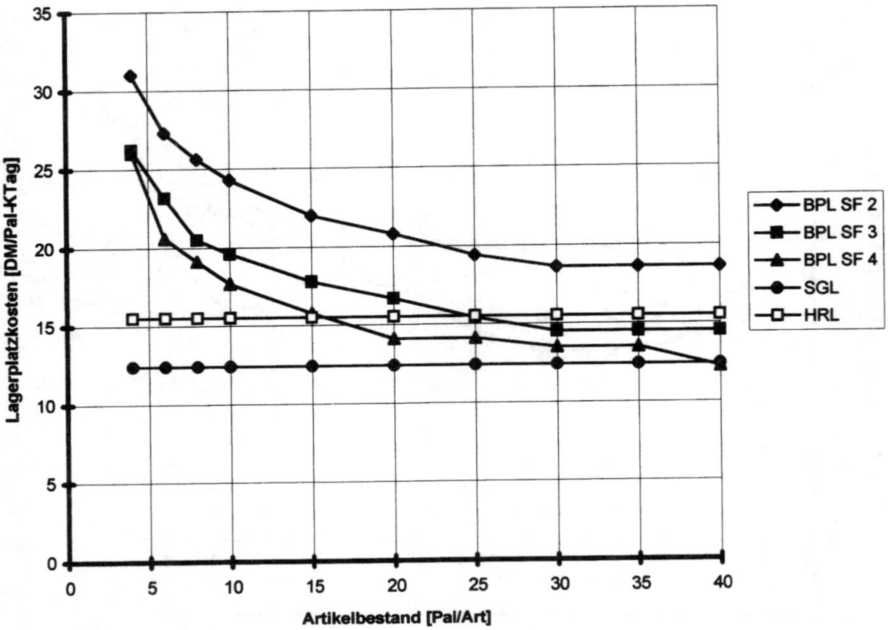

Abb. 16.25 Abhängigkeit der Lagerplatzkosten vom Artikelbestand bei optimaler Lagerdimensionierung

BPL SF i: Blockplatzlager mit Stapelfaktor i Paletten übereinander
SGL: Schmalgangstaplerlager
HRL: Hochregallager
Parameter: 20 Paletten pro Artikel, 20.000 Paletten
Übrige Parameter s. *Tabelle 16.6*

faktor abhängig, während die Platzkosten der Einplatzlager, wie das Schmalgangstaplerlager und das Hochregallager, von diesen Parametern unabhängig sind.

Hierin spiegeln sich die in den *Abb. 16.14* und *16.15* dargestellten Auswirkungen der Blockplatztiefe und des Stapelfaktors auf den effektiven Grundflächenbedarf pro Ladeeinheit wider. Die Modellrechnungen und ein Vergleich der *Abb. 16.14* und *16.24* zeigen außerdem:

- Die platzoptimale Stapelplatztiefe ist gleich der kostenoptimalen Stapelplatztiefe eines Mehrplatzlagers.

Wegen dieses Zusammenhangs führt das zuvor dargestellte Vorgehen der Lagerplatzoptimierung für Mehrplatzlager zum kostenoptimalen Lagersystem. Ohne eine derartige Lagerplatzoptimierung können die effektiven Lagerplatzkosten eines Mehrplatzlagers infolge der schlechten Raumnutzung erheblich höher sein als notwendig.

Bei den Mehrplatzlagern, wie den Blockplatz- und Kanallagern, müssen die Lagerplatzkosten stets auf die effektive Lagerkapazität (16.30) und nicht auf die 100 %-Lagerkapazität (16.29) bezogen werden, damit die Mehrplatzlager nicht günstiger erscheinen als sie sind.

2. Durchsatzkosten

Die *dynamischen Lagerbetriebskosten* K_{LD} [DM/PE] setzen sich zusammen aus Abschreibungen, Zinsen, Energie und Wartung für die dynamischen Lagergewerke einschließlich der anteiligen Kosten für das Lagerverwaltungssystem und aus den Personalkosten.

Die *Personalkosten* errechnen sich aus der Anzahl N_{VZK} [VZK] der für den Lagerbetrieb benötigten *Vollzeitkräfte* [VZK] und dem *Personalkostensatz* P_{VZK} [DM/VZK-Jahr]. Das Lagerpersonal besteht aus dem *Bedienungspersonen* für die Stapler und Lagergeräte, das auch mitarbeitende *Vorarbeiter* umfaßt, sowie aus den *Führungskräften*, dem *Wartungspersonal* und der *Leitstandbesetzung*. Das Personal der verschiedenen Qualifikationstufen ist mit unterschiedlichen Kostensätzen zu kalkulieren.

Für ein Lager mit einer *Tagesbetriebszeit* T_{BZ} [h/BTag] und insgesamt N_G personalbesetzten Geräten ist die *Anzahl der operativen Vollzeitkräfte* mit einer *Personalverfügbarkeit* η_{Pver} und einer *täglichen Arbeitszeit* T_{AZ} [h/BTag]:

$$N_{VZK} = [N_G \cdot (T_{BZ} / T_{AZ}) / \eta_{Pver}]. \tag{16.96}$$

Die Personalverfügbarkeit ist das Produkt aus einem *Verteilzeitfaktor* und einem *Urlaubs- und Krankheitsfaktor*. Der Verteilzeitfaktor erfaßt die Zeitverluste für persönliche Verrichtungen, der z. B. nach REFA-Verfahren ermittelt wird, und bei guten Arbeitsbedingungen zwischen 80 und 90 % liegt [151]. Der Urlaubs- und Krankheitsfaktor berücksichtigt die Reduzierung der bezahlten Jahresarbeitszeit durch Urlaub und Krankheit und liegt in Deutschland für gewerbliche Mitarbeiter derzeit bei ca. 80 %.

Kostentreiber der dynamischen Betriebskosten sind die in der Abrechungsperiode durchgesetzten Ladeeinheiten λ_D [LE/PE] oder – bei einer Aufteilung in Ein- und Auslagerbetriebskosten – die *Einlagerleistung* λ_E [LE/PE] und die *Auslagerleistung* λ_A [LE/PE]. Werden die Betriebskosten für die dynamischen Lagergewerke K_{LD} [DM/PE] auf den Lagerdurchsatz λ_D [LE/PE] während der Betriebsperiode bezogen, ergeben sich die

- *spezifischen Durchsatz- oder Umschlagkosten* pro ein- und ausgelagerter Ladeeinheit.

$$k_D = K_{LD} / \lambda_D \qquad [\mathrm{DM/LE}] \tag{16.97}$$

Für bestimmte Problemstellungen, beispielsweise für die Berechnung optimaler Nachschublosgrößen aus den Nachschubprozeßkosten, ist es notwendig, die dynamischen Betriebskosten weiter aufzuteilen in Einlagerkosten und Auslagerkosten und diese auf die Einlagerleistung bzw. Auslagerleistung zu beziehen (s. Abschnitt 11.6/*I*). Damit ergeben sich die spezifischen *Einlagerkosten* k_E [DM/LE] und die spezifischen *Auslagerkosten* k_A [DM/LE].

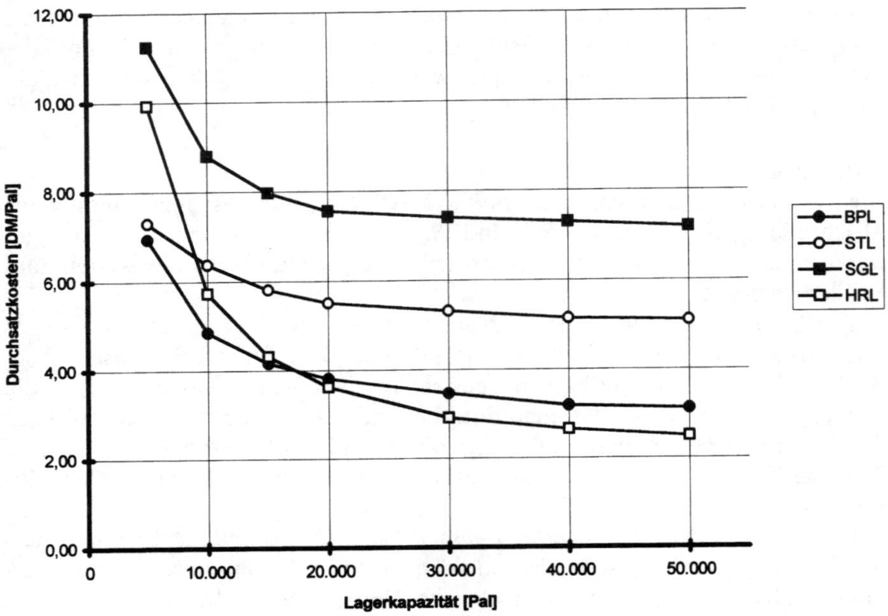

Abb. 16.26 Abhängigkeit der Durchsatzkosten von der effektiven Lagerkapazität

BPL :	Blockplatzlager mit Stapelfaktor 3
STL :	Staplerlager (Gangbreite 2,5 m)
SGL :	Schmalgangstaplerlager (Gangbreite 1,75 m)
HRL :	Hochregallager
Parameter :	20.000 Paletten; Drehzahl 12 p.a.
	übrige Parameter s. *Tabelle 16.6*

Die Abhängigkeit der Durchsatzkosten von der Lagerkapazität bei konstanter Drehzahl ist für die 4 betrachteten Lagersysteme in *Abb. 16.26* dargestellt. Die Abhängigkeit von der Drehzahl bei konstanter Lagerkapazität zeigt die *Abb. 16.27*. Nicht enthalten in den angegebenen Durchsatzkosten sind die Prozeßkosten für den Warenein- und Warenausgang, die je nach Anforderung und Funktionsablauf zwischen 2,50 und 3,50 DM pro Palette liegen (Kostenbasis 1998).

Aus den dargestellten Abhängigkeiten und weiteren Modellrechnungen folgt:

- Die spezifischen Durchsatzkosten sind wie die spezifischen Lagerplatzkosten von der Größe des Lagers abhängig, nicht aber von der Nutzung der Lagerplatzkapazität.
- Die spezifischen Durchsatzkosten verändern sich bei konstanter Lagerkapazität relativ wenig mit der Lagerdrehzahl und steigen nur bei Drehzahlen unter 10 pro Jahr deutlich an.

Die Degression der Durchsatzkosten mit der Größe des Lagers resultiert aus der Umlage der weitgend durchsatzunabhängigen Kosten für das Lagerverwaltungssystem, für die Leitstandbesetzung und für eine fest installierte Förder-

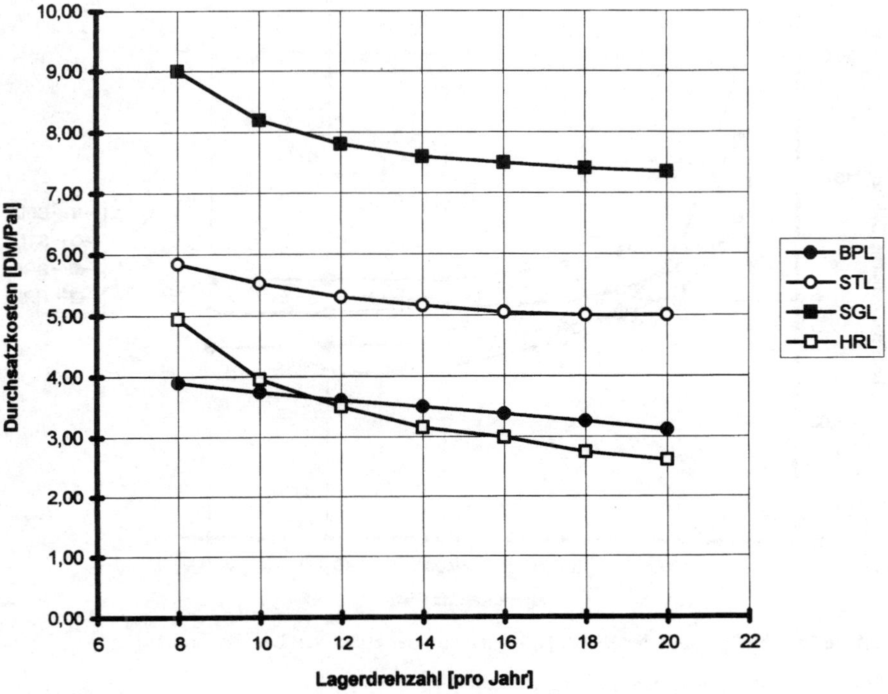

Abb. 16.27 Abhängigkeit der Durchsatzkosten von der Lagerdrehzahl

BPL : Blockplatzlager mit Stapelfaktor 3
STL : Staplerlager (Gangbreite 2,5 m)
SGL : Schmalgangstaplerlager (Gangbreite 1,75 m)
HRL : Hochregallager
Parameter : 20.000 Paletten, übrige Parameter s. *Tabelle 16.6*

technik auf einen größeren Durchsatz. Die Durchsatzkostendegression ist daher für Lager mit hoher Automatisierung größer als für Lager mit geringer Automatisierung.

3. Kostenvergleich ausgewählter Lagersysteme

Aus den in *Abb. 16.22* bis *16.28* gezeigten Abhängigkeiten der Leistungskosten und den Modellrechnungen ergeben sich für die untersuchten Lagersysteme folgende *Eigenschaften* und *Gesetzmäßigkeiten:*

- Für das *konventionelle Staplerlager* verändern sich die Lagerplatzkosten und die Durchsatzkosten vergleichsweise wenig mit der Kapazität und der Drehzahl des Lagers. Sie liegen jedoch ab 5.000 Palettenplätzen deutlich höher als die Kosten der anderen Fachregallager.
- Für das *Schmalgangstaplerlager* sind die Lagerplatzkosten bei allen Kapazitätsanforderungen geringer als für die anderen Lagersysteme. Die Durchsatzkosten sind dagegen im gesamten Kapazitätsbereich deutlich höher.

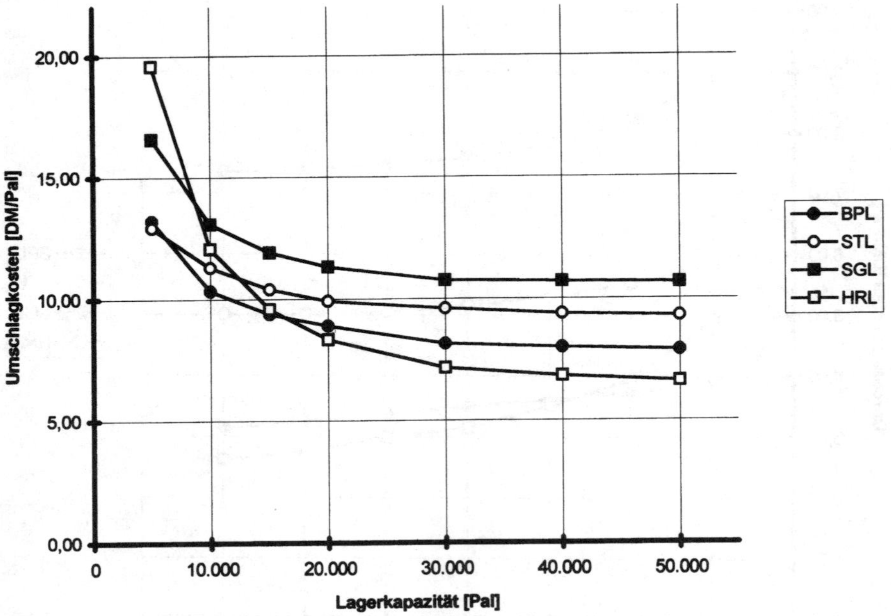

Abb. 16.28 Abhängigkeit der Umschlagkosten von der effektiven Lagerkapazität

BPL : Blockplatzlager mit Stapelfaktor 3
STL : Staplerlager (Gangbreite 2,5 m)
SGL : Schmalgangstaplerlager (Gangbreite 1,75 m)
HRL : Hochregallager
Parameter : 20.000 Paletten, übrige Parameter s. *Tabelle 16.6*

- Für das *Blocklager* sind die Lagerplatzkosten im gesamten Kapazitätsbereich höher als für das Schmalgangstaplerlager und für mehr als 20.000 Palettenplätze auch höher als für das Hochregallager. Die Durchsatzkosten des Blocklagers liegen hingegen erheblich unter den Durchsatzkosten des Schmalgangstaplerlagers und bis zu einer Kapazität von 20.000 Palettenplätzen auch unter den Durchsatzkosten des Hochregallagers.
- Für das *Hochregallager* sind die Lagerplatzkosten ab einer Lagerkapazität von mehr als 20.000 Palettenplätzen geringer als für das Blocklager. Sie erreichen asymptotisch annähernd den Wert des Schmalgangstaplerlagers. Die Durchsatzkosten des Hochregallagers zeigen die stärkste Degression und sind im Vergleich zu den anderen Lagersystemen ab etwa 20.000 Palettenplätzen am günstigsten.

In den *Abb. 16.28* ist die Abhängigkeit der *Umschlagkosten*, also der allein auf den Durchsatz bezogenen Gesamtbetriebskosten der vier untersuchten Lagersysteme dargestellt. Hieraus ist ablesbar:

- Bei großer Lagerkapazität und hoher Lagerdrehzahl sind die *Durchsatz-* oder *Umschlagkosten* eines automatischen Hochregallagers deutlich geringer als die entsprechenden Leistungskosten der anderen Lagersysteme.

Der allgemeine Vergleich der Lagerleistungskosten und ihrer Abhängigkeiten kann nicht die Lagerplanung für ein konkretes Projekt ersetzen sondern nur die Handlungsmöglichkeiten und Tendenzen aufzeigen. Ohne eine qualifizierte Lagerplanung und Kalkulation der Leistungskosten bleiben wesentliche Optimierungsmöglichkeiten ungenutzt. Infolgedessen werden allzu leicht falsche Entscheidungen getroffen.

4. Auslastungsabhängigkeit der Lagerleistungskosten
Wenn die installierten Lagerleistungen, also die bereitgehaltene Platzkapazität und die vorgehaltene Durchsatzfähigkeit des Lagers, nicht wie geplant genutzt werden, sind die Ist-Leistungskosten infolge der *Fixkostenremanenz* höher als die Plan-Leistungskosten.

Die statischen und die dynamischen Betriebskosten (16.93) setzen sich jeweils zusammen aus nutzungsunabhängigen *Fixkostenanteilen* K_{Pfix} und K_{Dfix} und aus nutzungsabhängigen variablen *Kostenanteilen* $K_{Pvar} = k_{Pvar} \cdot \lambda_P$ und $K_{Dfix} = k_{Dvar} \cdot \lambda_D$. Daher ist:

$$K_L = (K_{Pfix} + k_{Pvar} \cdot \lambda_P) + (K_{Dfix} + k_{Dvar} \cdot \lambda_D). \tag{16.98}$$

Jeweils bezogen auf den betreffenden Leistungsdurchsatz ergibt sich hieraus die Nutzungsabhängigkeit der *Lagerleistungskosten*

$$k_i(\lambda_i) = k_{i\,var} + K_{i\,fix} / \lambda_i \qquad \text{für } i = P, D. \tag{16.99}$$

Aus der Nutzungsabhängigkeit folgt für die *Auslastungsabhängigkeit* der Lagerleistungskosten:

- Bei einer Auslastung $\rho_i = \lambda_{iIst}/\lambda_{iPlan}$ der installierten Lagerleistung, also mit i = P der Lagerplatzkapazität und mit i = D der Durchsatzleistung, sind die spezifischen Leistungskosten

$$k_{i\,Ist}(\rho_i) = k_{iPlan} + (K_{ifix} / \lambda_{iPlan}) \cdot (\rho_i - 1) / \rho_i \qquad \text{für } i = P, D. \tag{16.100}$$

Die Aufteilung der Betriebskosten der vier betrachteten Lagerbeispiele in die fixen und variablen Kosten sowie die hieraus resultierenden Leistungskosten bei 80 % und bei 100% Auslastung sind in *Tabelle 16.6* angegeben. *Abb. 16.29* zeigt die Abhängigkeit der spezifischen Umschlagkosten von der mittleren Nutzung der installierten Kapazität und Leistung während einer Betriebsperiode.

Aus der allgemeinen Auslastungsabhängigkeit der Leistungskosten (16.100), aus dem Funktionsverlauf *Abb.16.29* sowie aus weiteren Modellrechnungen ergeben sich die allgemeingültigen Aussagen (s. *Abschnitt 6.8/I*):

- Die spezifischen Platzkosten eines Lagers steigen mit abnehmender Nutzung der installierten Kapazität und die spezifischen Durchsatzkosten mit abnehmender Nutzung der installierten Durchsatzleistung zunächst relativ langsam und mit gegen Null gehender Auslastung immer rascher über alle Grenzen an.

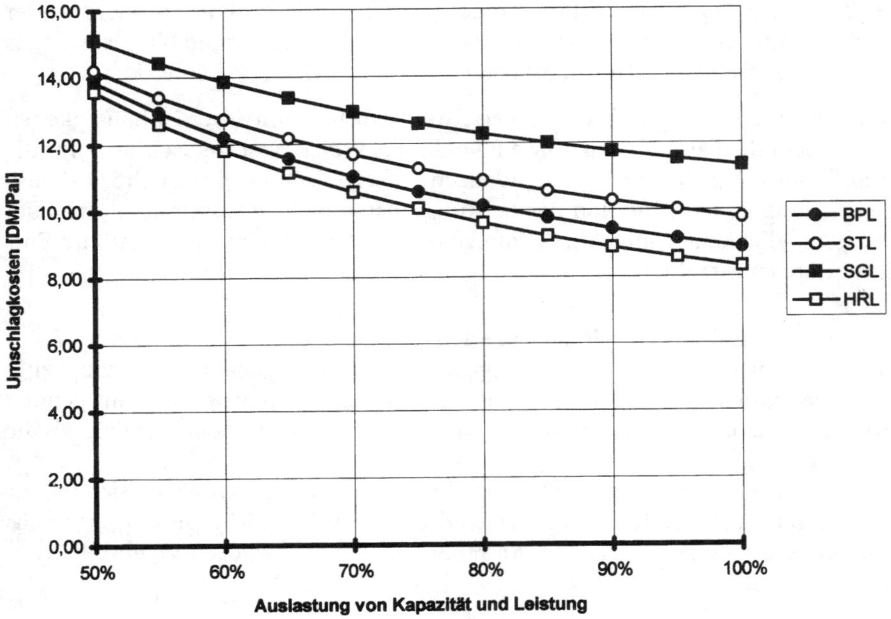

Abb. 16.29 Auslastungsabhängigkeit der Umschlagkosten

BPL :	Blockplatzlager mit Stapelfaktor 3
STL :	Staplerlager (Gangbreite 2,5 m)
SGL :	Schmalgangstaplerlager (Gangbreite 1,75 m)
HRL :	Hochregallager
Parameter :	20.000 Paletten, Drehzahl 12 p.a., übrige Parameter s. *Tabelle 16.6*

- Der Anstieg der Leistungskosten mit abnehmender Auslastung ist für Lager mit einem hohen Fixkostenanteil stärker als für Lager mit einem geringen Fixkostenanteil.
- Der Fixkostenanteil der Lagerplatzkosten ist weitgehend unabhängig vom Automatisierungsgrad sehr hoch und liegt für alle Lagerarten über 85 %.
- Der Fixkostenanteil der Durchsatzkosten ist für Lager mit hoher Automatisierung größer als für Lager mit geringer Automatisierung.

So beträgt der Fixkostenanteil der Durchsatzkosten für das Hochregallager bei den betrachteten Auslegungsanforderung ca. 24 %, für das Blockplatzlager ca. 9 % und für das Schmalganglager ca. 5 %, wenn vorausgesetzt wird, daß beim Blockplatzlager und beim Schmalgangstaplerlager Personal und Geräteanzahl flexibel der aktuellen Leistungsanforderung angepaßt werden können.

Hieraus folgen für die Lagerauswahl, die Lagernutzung und die Leistungspreiskalkulation die *Auslastungs- und Nutzungsgrundsätze:*

- Eine Unterauslastung der installierten Lagerkapazität hat bei allen Lagerarten einen erheblichen Anstieg der spezifischen Ist-Platzkosten zur folge.

- Eine schlechte Nutzung der Durchsatzleistung wirkt sich bei Lagern mit geringerer Automatisierung auf die spezifischen Ist-Durchsatzkosten nicht so stark aus wie bei Lagern mit hoher Automatisierung.
- Die installierte Lagerkapazität eines Lagers mit geringem Fixkostenanteil der Durchsatzkosten sollte möglichst gut belegt werden, auch wenn dabei die mögliche Durchsatzleistung geringer genutzt wird.
- Lager mit einem hohen Fixkostenanteil, wie die automatisierten Hochregallager, sind nur wirtschaftlich, wenn während der gesamten Planbetriebszeit sowohl die durchschnittliche Platznutzung wie auch die mittlere Durchsatzauslastung über 70 % liegen.
- Für stark schwankende Leistungsanforderungen und große Saisonspitzen des Lagerleistungbedarfs sind automatische Lager mit hohem Fixkostenanteil schlechter geeignet als manuell bediente Lager mit geringem Fixkostenanteil.

Diese Auslastungs- und Nutzungsgrundsätze sind vor allem für einen Lagerdienstleister von großer Bedeutung, der Lagerleistungen am Markt anbietet und hierfür den Bau eines neuen Lagers plant.

16.14 Beschaffung von Lagerleistungen

Jedes Unternehmen, das regelmäßig Lagerleistungen benötigt, steht vor der Grundsatzentscheidung, ob und in welchem Umfang es diese selbst erbringen soll oder am Markt beschafft und von einem Dienstleister ausführen läßt.

Für die *Fremdvergabe* der Lagerleistungen sprechen folgende Gründe (s. auch *Kapitel* 20):

- Der Aufbau und der Betrieb eines Lagers sind für einen Lagerdienstleister *Kernkompetenzen*, die er effizienter ausführt als ein Unternehmen, dessen Kernkompetenz auf anderen Gebieten liegt.
- Der Lagerdienstleister hat die Möglichkeit, durch den Bau eines größeren Lagers, das er für mehrere Kunden betreibt, technische und betriebswirtschaftliche Größeneffekte zu nutzen und günstigere Leistungskosten zu erreichen.
- Die Personalkosten sind im Lager- und Speditionsgewerbe geringer als in vielen anderen Branchen.
- Durch geschickte Preisgestaltung und guten Vertrieb kann ein Lagerdienstleister andere Kunden mit gegenläufigem Saisonbedarf akquirieren und dadurch insgesamt eine höhere und gleichmäßigere Auslastung seines Lagers erreichen.

Ein Dienstleister, der für einen oder mehrere Nutzer ein Lager betreibt, muß mit den Erlösen für die Lagerleistungen alle seine Kosten decken. Außerdem will er einen angemessenen Gewinn erwirtschaften. Daher sind die *Leistungspreise*, die ein Dienstleister seinen Kunden für die in Anspruch genommenen Lagerleistungen in Rechnung stellt, um die *kalkulatorischen Zuschläge* für Verwaltung, Vertrieb, Risiken und Gewinn höher als die Leistungskosten, zu denen die gleichen Leistungen im eigenen Unternehmen verrechnet werden.

Wettbewerbsfähige Lagerdienstleister kalkulieren heute – abhängig von Marktlage, Betriebsgröße und Vertragslaufszeit – mit einem *Vertriebs- und Gemeinkostenzuschlag* (VVGK) einschließlich Gewinnerwartung – aber ohne Auslastungsrisiko – zwischen 15 und 20 %. Wenn der Dienstleister ein Lager ausschließlich für den Bedarf eines oder weniger Kunden errichten soll, ist er hierzu in der Regel nur bereit, wenn die *Vertragslaufzeit* mindestens 5 Jahre, bei größeren Lagern eher 10 Jahre beträgt und er für die gesamte Laufzeit eine verbindliche *Nutzungszusage* erhält.

Bei der Kalkulation der Leistungspreise stellt die Berücksichtigung des *Auslastungsrisikos* das größte Problem dar. Das Risiko erhöhter Leistungskosten infolge einer Abweichung der tatsächlichen Nutzung von der geplanten Nutzung eines Lagers muß der *Lagerdienstleister* bei seiner Kalkulation durch einen entsprechenden *Risikozuschlag* berücksichtigen. Wenn ein Unternehmen, das am Markt Lagerleistungen anfragt, sich nicht festlegen will und keine verbindlichen Zusagen für die Mindestinanspruchnahme der Lagerkapazität *und* des Lagerdurchsatzes macht, ist unter Umständen mit Risikozuschlägen weit über 20 % zu rechnen.

Durch die Gemeinkosten-, Gewinn- und Risikozuschläge auf die kalkulierten Leistungskosten werden die Kostenvorteile des externen Dienstleisters teilweise oder vollständig kompensiert. Unter ungünstigen Umständen sind die resultierenden Leistungspreise des Dienstleisters sogar höher als die Leistungskosten bei Eigenbetrieb eines Lagers.

Aus diesen Gründen kann über die Frage *Eigenleistung* oder *Fremdbeschaffung* von Lagerleistungen letzlich nur nach einer differenzierten Ausschreibung entschieden werden. Die benötigten Leistungen, die Rahmenbedingungen, die Auslastungszusagen, die Vertragslaufzeit und weitere wichtige Vertragsbedingungen werden den Anbietern in einer *Ausschreibungsunterlage* vorgegeben, deren Qualität für den Erfolg der Ausschreibung entscheidend ist.

Besonders wichtig ist es, die anzubietenden *Leistungsumfänge* in der Ausschreibungsunterlage möglichst genau zu spezifizieren und die hiermit abgestimmte *Struktur der Leistungspreise* in einem *Preisblankett* bereits so vorzugeben, wie sie auch zur Vergütung vorgesehen sind. Das betrifft nicht nur die eigentlichen Lagerleistungen, sondern auch das damit verbundene Konfektionieren, Kommissionieren, Ver- und Entladen sowie andere Zusatzleistungen im Warenein- und Warenausgang.

Die Lagerart und die Lagertechnik aber sollten dem Lagerdienstleister nicht verbindlich vorgegeben werden, damit dieser eine optimale Lagerlösung entwikkeln kann, die den Einsatz vorhandener Ressourcen und anderer potentielle Nutzer berücksichtigt.

Da die Lagerleistungen und die Einflußfaktoren auf die Leistungspreise von Fall zu Fall unterschiedlich sind, gibt es für Preise von Lagerleistungen keinen transparenten Markt. Selbst wenn die Leistungsanforderungen und Randbedingungen vergleichbar sind, werden die Angebotspreise nicht allein von den Kosten sondern entscheidend von der aktuellen und der regionalen *Marktlage*, das heißt von *Angebot* und *Nachfrage* bestimmt.

Um trotzdem die Angebotspreise der Lagerdienstleister beurteilen und über Eigen- oder Fremdleistung entscheiden zu können, ist es erforderlich, parallel zur Ausschreibung die Leistungskosten bei eigener Durchführung der Lagerdienstleistungen zu kalkulieren. Wenn dafür ein neues Lager zu errichten ist, ist eine *Systemfindung und Layoutplanung* unerläßlich. Zur raschen und zuverlässigen Planung, Dimensionierung, Optimierung und Kostenkalkulation sind die zuvor beschriebenen Lagerplanungstools einsetzbar.

Wenn nach einem Preis-Leistungs-Vergleich unter Abwägung aller Vor- und Nachteile die Entscheidung für den Eigenbetrieb fällt, kann das Ergebnis der Systemfindung und Layoutplanung als Grundlage für die Ausschreibung an potentielle *Generalunternehmer* verwendet werden. Auch bei einer Generalunternehmer-Ausschreibung ist es ratsam, eine *herstellerunabhängige Vorplanung* durchführen zu lassen, um die angebotenen Lösungen technisch-wirtschaftlich besser beurteilen zu können.

16.15 Optimale Lagerauswahl

Wenn zur Lagerung eines Warenbestands in einem bestimmten Umkreis des Bereitstellorts mehrere Lager zur Auswahl stehen, ist zu entscheiden, in welchem dieser Lager eine anstehende Einlagermenge gelagert werden soll. Diese Entscheidung wird erschwert, wenn die verfügbaren Lager zum Teil eigene Lager mit unterschiedlichen Leistungskosten sind und zum Teil Lager von Dienstleistern mit verschiedenen Leistungspreisen und Auslastungszusagen.

Unter der Voraussetzung, daß bei der Einlagerung die voraussichtliche Lagerdauer bekannt ist, läßt sich die Lagerauswahl durch folgende *Lagerzuweisungsstrategie* lösen:

- Eine anstehende Einlagermenge wird dem Lager zugewiesen, das für die betreffende Menge *verfügbar* ist und bei der voraussichtlichen Lagerdauer die geringsten *Lagerprozeßkosten* hat.

Verfügbar sind für einen Einlagerauftrag alle Lager, die für die betreffende Lagerware technisch zulässig sind und deren ungenutzte Restkapazität zum Entscheidungszeitpunkt für die Einlagermenge ausreicht.

Die *spezifischen Lagerprozeßkosten* eines Lagerauftrags A mit M_E Ladeeinheiten betragen für ein Lager LA_i mit einem Lagerplatzkostensatz k_{Pi} [DM/LE-KTag] und einem Durchsatzkostensatz k_{Di} [DM/LE], das vom Bereitstellort der Ware mit *Zulauftransportkosten* in Höhe von k_{Zi} [DM/LE] erreichbar ist, bei einer voraussichtliche *Lagerdauer* von T_L Kalendertagen:

$$k_{Li}(T_L) = k_{Zi} + k_{Di} + k_{Pi} \cdot T_L \qquad [DM/LE]. \tag{16.101}$$

Wenn sich an das Lagern eine Kommissionierung oder Versandbereitstellung anschließt und hierzu die Ladeeinheiten nach dem Auslagern vom Lager zu einen anderen Ort transportiert und dort bereitgestellt werden müssen, erhöhen sich die Lagerkosten (16.101) um die *Auslauftransportkosten* k_{Ai} [DM/LE] zwischen dem Lager und dem Bereitstellort.

Bei *eigenen Lagern* sind nur die *variablen Anteile* der *Plan-Leistungskosten* für die Lagerzuweisung maßgebend, da die Fixkosten unabhängig von der Lageraus-

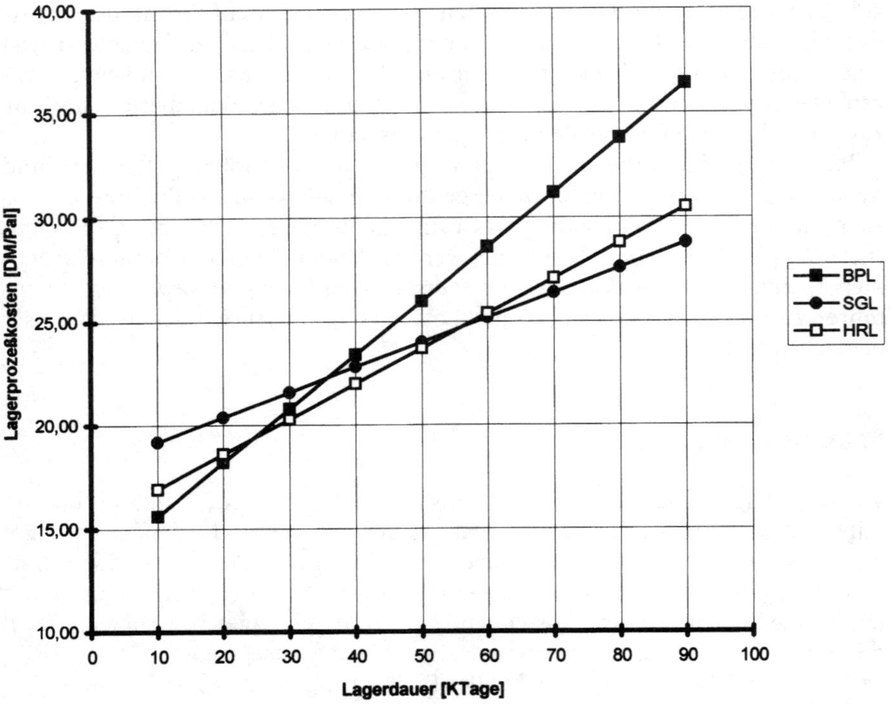

Abb. 16.30 Lagerkostenkennlinien von drei verfügbaren Palettenlagern

Kostensätze	Transportkosten	Durchsatzkosten	Lagerplatzkosten
Blockplatzlager	2,50 DM/Pal	10,50 DM/Pal	0,26 DM/Pal-KTag
Schmalganglager	3,50 DM/Pal	14,50 DM/Pal	0,12 DM/Pal-KTag
Hochregallager	8,00 DM/Pal	7,50 DM/Pal	0,17 DM/Pal-KTag

lastung anfallen. Bei *fremdbetriebenen Lagern* sind die Leistungskosten gleich den Leistungspreisen. Wenn jedoch dem Dienstleister innerhalb einer vereinbarten Periode, zum Beispiel in einem Kalenderjahr, eine bestimmte *Mindest- oder Durchschnittsauslastung* vertraglich zugesichert wurde, sind die Lagerkosten gleich 0 zu setzen, sobald sich abzeichnet, daß die zugesicherte Auslastung nicht erreicht wird.

Aus den Lagerkostensätzen ergibt sich durch die Lagerzuweisungsstrategie *selbstregelnd* eine *kostenoptimale Nutzung* aller verfügbaren Lager. Die Lager werden dabei in folgender Prioritätenfolge mit Lagermengen belegt:

1. Solange ein oder mehrere der verfügbaren *Fremdlager* nicht die zugesicherte Auslastung haben, wird der Einlagerauftrag dem unterausgelasteten Fremdlager mit den geringsten Transportkosten zugewiesen, vorausgesetzt diese sind geringer als die Summe der Transportkosten und der variablen Durchsatzkosten für die verfügbaren Eigenlager.

2. Wenn kein verfügbares Fremdlager unterausgelastet ist, wird der Einlagerauftrag dem verfügbaren *Eigenlager* mit den geringsten Transportkosten zugewiesen.
3. Wenn alle eigenen Lager voll sind, werden die Einlagermengen in dem verfügbaren *Fremdlager* mit den günstigsten Lagerkosten gelagert.

Die *Lagerkostenkennlinien* (16.101) steigen linear mit der Lagerdauer an, wobei die Lagerleistungskosten abhängig sind von den unterschiedlichen Kostensätzen der zur Auswahl stehenden Lager. In *Abb. 16.30* sind die Lagerkostenkennlinien von drei verschiedenen Lagern dargestellt, die sich mit den Kostensätzen eines Falls aus der Praxis ergeben.

Für die in *Abb. 16.30* dargestellte Kostensituation ergibt die Lagerzuweisungsstrategie, daß ein Einlagerauftrag mit einer voraussichtlichen Lagerdauer bis zu 25 Kalendertagen kostenoptimal im Blockplatzlager zu lagern ist, ein Lagerauftrag mit 25 bis 58 Kalendertagen Lagerdauer im Hochregallager und ein Lagerauftrag mit mehr als 58 Kalendertagen Lagerdauer im Schmalgangstaplerlager. Wenn in einem dieser Lager die Restkapazität nicht ausreicht, ist dieses nicht mehr verfügbar und die Zuweisungsentscheidung zwischen den beiden verbleibenden Lagern zu treffen. Die aktuelle Situation kann sich also abhängig vom Lagerfüllungsgrad ändern. Zusätzlich verändert sich die Kostenlage, wenn die Lagerleistungskosten auslastungsabhängig sind.

Simulationsrechnungen für einen konkreten Lagerverbund haben gezeigt, daß mit der dargestellten Lagerzuweisungsstrategie Kosteneinsparungen im Vergleich zur Lagerzuweisung ohne Strategie in einer Größenordnung von 20 % und mehr möglich sind.

Der Algorithmus der beschriebenen Lagerzuweisungsstrategie läßt sich in einem Warenwirtschaftssystem oder Lagerverwaltungssystem relativ einfach programmieren. Dadurch ist es möglich, für jeden anstehenden Einlagerauftrag aus der aktuellen Lagerbelegung und den hinterlegten Kostensätzen das jeweils optimale Lager zu errechnen und dem Disponenten vorzugeben.

Die Lagerkostenkennlinien sind nicht nur im praktischen Betrieb zur Lagerzuweisung bei mehreren verfügbaren Lagern geeignet, sondern auch in der *Planungsphase* nutzbar zur Auswahl eines geeigneten Lagersystems. Damit das richtige Lager für den richtigen Bestand genutzt wird, sind folgende *Lagerauswahlregeln* zu beachten:

- Für Lagerbestände mit kurzer Lagerdauer und hoher Drehzahl sind Lagersysteme mit geringen Durchsatzkosten geeignet, auch wenn die Lagerplatzkosten vergleichsweise hoch sind.
- Für Lagerbestände mit langer Lagerdauer und geringer Drehzahl sind Lagersysteme mit geringen Platzkosten vorteilhaft, auch wenn die Durchsatzkosten vergleichsweise hoch sind.

Schmalgangstaplerlager für Paletten haben relativ günstige Platzkosten und hohe Durchsatzkosten. Sie sind daher für die Langzeitlagerung besonders geeignet.

Automatischer *Hochregallager* haben mit zunehmender Größe abnehmende Durchsatzkosten bei etwas höheren Lagerplatzkosten. Sie sind daher besonders vorteilhaft für die Lagerung von großen Beständen mit hoher Drehzahl.

Blockplatzlager haben bei einem Stapelfaktor größer 2 und Artikelbeständen ab 10 Paletten günstige Durchsatzkosten *und* geringe Platzkosten. Wenn diese Einsatzvoraussetzungen erfüllt sind, ist das Blockplatzlager sowohl für wenig umschlagende Langzeitbestände, für schnellumschlagende Kurzzeitbestände wie auch im mittleren Umschlagbereich gut geeignet. Damit verbunden ist der Vorteil einer hohen Nutzungsflexibilität.

Konventionelle Palettenregallager mit normal breiten Gängen und Staplerbedienung können ebenfalls recht günstige Durchsatzkosten bei etwas höheren Platzkosten als das Schmalganglager haben. Sie sind daher für kleine bis mittlere Bestände mit einer mittleren Drehzahl sowie für stark schwankende Leistungsanforderungen gut geeignet.

Für Pufferbestände mit einer sehr kurzen Lagerdauer bis zu einigen Tagen und bei begrenztem Raum können auch *Durchlauf- und Kanallager* von Vorteil sein, deren Platzkosten sehr hoch, deren Durchsatzkosten aber recht günstig sind.

Mit einem dieser 5 Lagertypen oder mit einer geeigneten Kombination läßt sich der praktische Bedarf zur Lagerung von Paletten stets kostengünstig abdekken. Für andere Lagertypen zur Palettenlagerung, wie Kompaktlager oder Verschieberegallager, besteht nur in besonderen Fällen Bedarf.

Diese allgemeinen Einsatzbereiche der verschiedenen Lagertypen für Paletten, die sich aus den beiden Auswahlregeln, den Systemvergleichen und den vorangehenden Modellrechnungen ableiten, sind zur Vorauswahl in der Systemfindungsphase geeignet. Zur Entscheidung und Abgrenzung der Einsatzbereiche der Lagersysteme für Paletten oder anderer Ladeeinheiten sind die Kenntnis der konkreten Leistungsanforderungen, eine Lagerdimensionierung und eine Leistungskostenrechnung unerläßlich.

17 Kommissioniersysteme

Das Kommissionieren ist die schwierigste Aufgabe der innerbetrieblichen Logistik. Die Schwierigkeiten des Kommissionierens resultieren aus der Vielzahl der *Verfahren, Techniken,* und *Kombinationsmöglichkeiten*, aus den unterschiedlichen *Strategien*, nach denen sich Kommissioniersysteme aufbauen und organisieren lassen, sowie aus den vielen *Einflußfaktoren*, von denen *Auswahl, Dimensionierung, Investitionen* und *Kosten* abhängen.

Die *Verfahren, Techniken* und *Strategien* des Kommissionierens resultieren aus der *Kommissionieraufgabe* [21, 29; 50; 152; 155; 160; 165]:

- Das *Kommissionieren* ist das Zusammenstellen von Ware aus einem bereitgestellten Sortiment nach vorgebenen Aufträgen.

Werden ganze Ladeeinheiten nur *eines* Artikels angefordert, reduziert sich der Kommissionierauftrag auf einen Auslagerauftrag. Wenn ganze Ladeeinheiten von *mehreren* Artikeln angefordert werden, kommt das *Zusammenführen* an einem *Auftragssammelplatz* hinzu. Für das *Kommissionieren ganzer Ladeeinheiten* wird also nur ein *Einheitenlager* mit Fördertechnik oder Flurförderzeugen zur *Auftragszusammenstellung* benötigt (s. *Kapitel* 16).

Kommissionieraufträge für Teilmengen enthalten *Artikeleinheiten* oder *Gebinde*, die eine *Vereinzelung* der *Auftragsmenge* aus einer bereitgestellten *Artikelmenge* erfordern. Das *Kommissionieren von Teilmengen* ist die zentrale Aufgabe der *Kommissioniersysteme*. Deren *Kernprozeß* ist das Greifen zur *Vereinzelung, Entnahme* und *Abgabe* der Entnahmemenge.

Das *Greifen* – auch *Picken* genannt – wird von einem *Kommissionierer* durchgeführt, der eine *Person*, ein *Lagenpalettierer*, ein *Roboter* oder eine *Abzugsvorrichtung* sein kann. Der Greifvorgang benötigt in der Regel die meiste Zeit und verursacht die höchsten Kosten. Er läßt sich nur schwer mechanisieren und automatisieren.

Der gesamte *Kommissionierprozeß* setzt sich zusammen aus den *Teilprozessen*:

1. *Bereitstellung* von Ware in Bereitstelleinheiten,
2. *Fortbewegung* des Kommissionierers zum Bereitstellplatz,
3. *Entnahme* der geforderten Warenmenge aus den Bereitstelleinheiten,
4. *Abgabe* in Sammelbehälter, auf ein Fördersystem oder auf ein Transportgerät,
5. *Zusammenführen* der Sammelbehälter oder Waren an einem Sammelplatz,
6. *Beschickung* der Bereitstellplätze mit Nachschub.

Aus den räumlichen und zeitlichen Kombinationsmöglichkeiten der *Warenbereitstellung*, der *Entnahme* und der *Abgabe* resultieren die unterschiedlichen *Kommissionierverfahren*. Die verschiedenen *Kommissioniertechniken* ergeben sich aus den technischen Lösungsmöglichkeiten für die Bereitstellung, die Fortbewegung, das Greifen, die Abgabe, das Abfördern und die Informationsanzeige [21; 29; 50; 104; 127; 145; 152; 154; 155; 156].

Durch Verbindung der möglichen Kommissionier- und Beschickungsverfahren mit den verschiedenen Kommissioniertechniken und Lagersystemen entstehen elementare und kombinierte Kommissioniersysteme:

- *Elementare Kommissioniersysteme* sind die Verbindung eines *Sammelsystems*, das die Entnahme, das Ablegen und Zusammenführen der angeforderten Ware durchführt, mit einem *Beschickungssystem*, das die Bereitstellplätze mit Nachschub versorgt.
- *Kombinierte Kommissioniersysteme* sind aus mehreren elementaren Lager- und Kommissioniersystemen aufgebaut, die *nebeneinander* und *hintereinander* angeordnet sind (s. Abb. 17.7)

Für die *Organisation* und *Steuerung* der elementaren und der kombinierten Kommissioniersysteme gibt es eine Vielzahl von *Betriebsstrategien*, die sich in *Belegungs-*, *Bearbeitungs-*, *Bewegungs-*, *Entnahme-*, *Nachschub-* und *Leergutstrategien* einteilen lassen. Wenn es in einem Betrieb unterschiedliche Kommissioniersysteme gibt, werden zusätzlich *Nutzungs-* und *Zuweisungsstrategien* benötigt.

In diesem Kapitel werden die *Leistungsanforderungen* an Kommissioniersysteme definiert, die verschiedenen *Verfahren* und *Techniken* des Kommissionierens beschrieben sowie die elementaren Kommissioniersysteme und der Aufbau kombinierter Kommissioniersysteme dargestellt. Dabei werden die *Einsatzbereiche* der unterschiedlichen Kommissioniersysteme analysiert, qualitative *Einsatzkriterien* abgeleitet und Möglichkeiten zur *Leistungssteigerung* und *Kostensenkung* aufgezeigt.

Anschließend werden die *Betriebsstrategien* für Kommissioniersysteme dargestellt, ihre Auswirkungen untersucht und Verfahren zur *Leistungsberechnung* und *Dimensionierung* entwickelt. Hierzu werden Formeln zur Berechnung von *Wegzeiten* und *Greifzeiten* hergeleitet.

Mit diesem Instrumentarium ist möglich, Kommissioniersysteme systematisch zu planen und so zu optimieren, daß die *Leistungsanforderungen* bei Einhaltung aller *Randbedingungen* zu minimalen *Kommissionierkosten* erfüllt werden. Abschließend werden die *Kalkulation* der Kommissionierkosten behandelt und die wichtigsten *Einflußfaktoren* auf die Kosten analysiert.

17.1 Kommissionieranforderungen

Eine der häufigsten Ursachen für Probleme mit dem Kommissionieren ist die unzureichende Kenntnis der Anforderungen. Die Anforderungen an ein Kommissioniersystem werden durch die *Kommissionieraufträge* spezifiziert und durch Angabe der *Leistungsanforderungen* quantifiziert.

Die *Leistungsinhalte des Kommissionierens* lassen sich einteilen in:

- *Grundleistungen*

  Entnehmen der Artikelmengen
  Befüllen der Versandeinheiten (17.1)
  Zusammenstellen der Auftragsmengen.

- *Vorleistungen*

  Vorbereitung der Aufträge
  Bereitstellen des Sortiments
  Beschicken der Bereitstellplätze
  Nachschub von Reserveeinheiten (17.2)
  Lagern der Reserveeinheiten
  Disposition von Nachschub und Beständen.

- *Zusatzleistungen*

  Preisauszeichnung, Kodieren und Etikettieren der Ware
  Verpacken der Warenstücke oder Gebinde (17.3)
  Aufbau und Ladungssicherung der Versandeinheiten
  Kennzeichnung und Etikettieren der Versandeinheit

Die Vorleistungen sind notwendig, um ein unterbrechungsfreies Kommissionieren zu ermöglichen und werden von den Grundleistungen ausgelöst. Die Zusatzleistungen sind für das eigentliche Kommissionieren nicht zwingend erforderlich und können auch vor oder nach dem Kommissionieren durchgeführt werden. Beim Vergleich von Leistungen und Kosten des Kommissionierens müssen daher die geforderten Zusatzleistungen genau spezifiziert werden.

Der Leistungsumfang wird quantifiziert durch die *primären Leistungsanforderungen*, wie die *Sortimentsanforderungen* und die *Auftragsanforderungen*, und die *sekundären Leistungsanforderungen*, wie die *Durchsatzanforderungen* und die *Bestandsanforderungen*, die sich aus den primären Leistungsanforderungen ableiten. Die Leistungsanforderungen für den *Planungshorizont* lassen sich aus den *Ist-Anforderungen* mit *Hochrechnungsfaktoren* errechnen, die aus einer *Prognose* des Bedarfs in Abstimmung mit der Unternehmensplanung abgeleitet sind.

Die Leistungsanforderungen *schwanken stochastisch* und sind in der Regel *zeitlich veränderlich*. Die stochastischen Schwankungen, die sich aus zufallsabhängigen Einflüssen ergeben, lassen sich durch die *Mittelwerte* und *Varianzen* der Anforderungswerte erfassen.

Die systematischen zeitlichen Veränderungen im Verlauf des Jahres, der Woche und eines Tages sind bei der Dimensionierung durch entsprechende *Spitzenfaktoren* oder unterschiedliche *Belastungsfälle* zu berücksichtigen. Um die systematischen Veränderungen richtig zu erfassen und die stochastischen Schwankungen zu eliminieren, ist es für die Dimensionierung erforderlich, mit den *Stundendurchsatzwerten* zu rechnen.

Das Erfassen, Aufbereiten und Strukturieren der Leistungsanforderungen ist mit Entscheidungen verbunden, die für den Erfolg der Planung eines Kommissioniersystems entscheidend sein können. In vielen Fällen ist es daher notwendig, nach einer ersten groben Festlegung die Leistungsanforderungen im Verlauf der Planung weiter zu differenzieren und bei Bedarf auch neu zu strukturieren.

Als Beispiel sind in *Tabelle 17.1* die Jahresmittelwerte der Leistungsanforderungen für zwei verschiedene Kommissioniersysteme zusammengestellt. Zusätzlich benötigt werden die saisonalen Veränderungen und die Varianz der stochasti-

			Fertigwarenlager Industrie	Warenverteilzentrum Handelskonzern	
SORTIMENT			**Nonfood-Produkte**	**Handelssortiment**	
Artikelanzahl			**800**	**30.000**	
	Anteil	A-Artikel	10%	10%	
		B-Artikel	40%	40%	
		C-Artikel	50%	50%	
ENTNAHMEEINHEITEN			**Kartons**	**Warenstücke**	
Durchsatzmenge			**18.750**	**252.000**	**EE/Tag**
Volumen			3,8	5,0	l/EE
Gewicht			1,9	2,5	kg/EE
AUFTRÄGE		Art	**Kundenaufträge**	**Nachschubaufträge**	
Durchlaufzeit		max.	4	8	Stunden
Auftragsdurchsatz			**250**	**1.500**	**Auf/Tag**
Positionen			15,0	12,0	Pos/Auf
Entnahmemenge			5,0	14,0	EE/Pos
POSITIONSDURCHSATZ			**3.750**	**18.000**	**Pos/Tag**
davon					
		A-Artikel	50%	60%	
		B-Artikel	30%	35%	
		C-Artikel	20%	5%	
BEREITSTELLEINHEITEN			**Paletten**	**Paletten und Behälter**	
Kapazität			209	freier Parameter	EE/BE
Durchsatz			90	aufteilungsabhängig	BE/Tag
VERSANDEINHEITEN			**Paletten**	**Paletten und Klappboxen**	
Kapazität			188	freier Parameter	EE/VE
Durchsatz			250	aufteilungsabhängig	VE/Tag

Tab.17.1 Typische Leistungsanforderungen an Kommissioniersysteme für zwei Fallbeispiele

schen Schwankungen dieser Werte. Außerdem sind die Aufträge eventuell in Groß- und Kleinaufträgen oder in Eil- und Normalaufträge zu unterteilen. Anhand dieser beiden Beispiele aus der Planungspraxis werden nachfolgend die allgemeinen Zusammenhänge erläutert und Modellrechnungen durchgeführt.

1. Sortimentsanforderungen

Die Sortimentsanforderungen spezifizieren die *Breite und Beschaffenheit des Artikelsortiments*, aus dem kommissioniert werden soll, die *Form der Bereitstellung* und die *Art der Entnahmeeinheiten:*

- *Artikelanzahl* N_S des Sortiments, das im Zugriff bereitzuhalten ist;
- *Beschaffenheit* der Artikel, wie Form, Sperrigkeit, Haltbarkeit, Wertigkeit, Gefahrenklasse und Brandklasse.
- *Artikeleinheiten* [AE] mit *Abmessungen* l_{AE}, b_{AE}, h_{AE} [mm], *Volumen* v_{AE} [l/VE] und *Gewicht* g_{AE} [kg/AE].
- *Bereitstelleinheiten* [BE] mit *Kapazität* C_{BE} [AE/BE oder EE/BE], *Abmessungen* l_{BE}, b_{BE}, h_{BE} [mm], *Volumen* v_{BE} [l/BE] und *Gewicht* g_{BE} [kg/BE].
- *Entnahmeeinheiten* [EE] mit *Inhalt* c_{EE} [AE/EE], *Abmessungen* l_{EE}, b_{EE}, h_{EE} [mm], *Volumen* v_{EE} [l/EE] und *Gewicht* g_{EE} [kg/EE].

In Kommissioniersystemen mit statischer Bereitstellung bestimmt die *Artikelanzahl* die Anzahl der Bereitstellplätze und damit die benötigte *Bereitstellänge* oder *Bereitstellfläche.*

Die *Artikeleinheiten* können einzelne *Warenstücke* [WST] oder *Gebinde* [Geb] sein, in denen Flüssigkeit, Pulver, Feststoffe oder auch mehrere Warenstücke abgepackt sind. Abhängig vom Verwendungszweck wird die Artikeleinheit auch als *Verkaufseinheit* [VKE] oder *Verbrauchseinheit* bezeichnet.

Die *Bereitstelleinheiten*, in denen die Artikeleinheiten für den Zugriff bereitgestellt werden, können Paletten oder Behälter sein, aber auch Anlieferkartons oder Einzelteile, die ohne Ladungsträger in einem *Fachbodenregal* oder *Durchlaufkanal* lagern.

In vielen Fällen sind die *Ladeeinheiten* für die Bereitstellung durch den Nachschub vorgegeben. Sind die Bereitstelleinheiten nicht vorgegeben, sind *Auswahl, Abmessungen, Ausrichtung* und *Zuweisungskriterien* der Bereitstelleinheiten für die unterschiedlichen Sortimentsgruppen *Gestaltungsparameter* zur Optimierung des Kommissioniersystems. Aus den Abmessungen der Bereitstelleinheiten und der Entnahmeeinheiten resultiert das *Fassungsvermögen pro Bereitstelleinheit* C_{BE} [EE/BE] (s. *Kapitel 12/I*).

Die *Entnahmeeinheiten* – auch *Kommissioniereinheiten* [KE], *Greifeinheiten* [GE] oder *Pickeinheiten* genannt – sind entweder die Artikeleinheiten selbst oder *Gebinde*, die mehrere Artikeleinheiten enthalten, wie Kartons [Kart], Schrumpfverpackungen, Überkartons oder Displays. Das Kommissionieren der einzelnen Artikeleinheiten wird auch als *Feinkommissionierung* bezeichnet [152].

Für ein *homogenes Sortiment* mit gleichartigen Artikeleinheiten genügt es, die *mittleren Abmessungen* und das *durchschnittliche Gewicht* der Entnahmeeinheiten zu kennen. Wenn sich die Artikeleinheiten stark unterscheiden, muß das Sortiment in mehrere, in sich ausreichend gleichartige homogene *Sortimentsgrup-*

pen eingeteilt werden, zum Beispiel in *Großteile*, *Kleinteile* und *Sperrigteile*, die in unterschiedlichen Ladeeinheiten gelagert und bereitgestellt werden.

Wenn sich der Mengendurchsatz der einzelnen Artikel stark unterscheidet, kann es sinnvoll sein, das Sortiment nach einer *ABC-Analyse* aufzuteilen in *Artikelgruppen* mit in sich ähnlicher Gängigkeit, die jeweils N_A A-Artikel, N_B B-Artikel und N_C C-Artikel umfassen. Die Artikelgruppen mit unterschiedlicher Gängigkeit können in den gleichen oder in unterschiedlichen Ladeeinheiten bereitgestellt werden, beispielsweise Artikel mit hohem Volumendurchsatz und Bestand in *Paletten* und mit geringerem Volumendurchsatz und Bestand in *Behältern*.

2. Auftragsanforderungen

Kommissionieraufträge können *externe Aufträge* sein, wie *Versandaufträge* und *Ersatzteilaufträge*, oder *interne Aufträge*, wie *Sammelauftäge* einer ersten Kommissionierstufe, *Teilaufträge* für parallele Kommissionierbereiche und *Versorgungsaufträge* für die Montage oder Produktion. Wenn für die Aufträge unterschiedliche *Durchlaufzeiten* oder *Termine* gefordert sind, ist eine Aufteilung in *Dringlichkeitsklassen*, wie *Sofortaufträge*, *Eilaufträge* und *Terminaufträge*, erforderlich.

Die Auftragsanforderungen spezifizieren *Anzahl*, *Inhalt* und *Struktur* der Aufträge, die zu kommissionieren sind:

- *Art der Kommissionieraufträge* [KAuf];
- *Auftragsdurchsatz* λ_{KAuf} [KAuf/PE] pro *Periode* [PE = Jahr, Tag oder Stunde];
- *Auftragspositionen* n_{Pos} [Pos/Auf], d.h. Artikelanzahl pro Auftrag;
- *Entnahmemenge* oder *Pickmenge* pro Position m_{EE} [EE/Pos];
- *Versandeinheiten* [VE] mit *Kapazität* C_{VE} [AE/VE oder EE/VE], *Abmessungen* l_{VE}, b_{VE}, h_{VE} [mm], *Volumen* v_{EE} [l/VE] und *Gewicht* g_{VE} [kg/VE];
- *maximale zulässige Auftragsdurchlaufzeit* $T_{K\,Auf\,max}$ [h].

Bei stochastisch schwankendem und zeitlich veränderlichen Auftragseingang müssen der *Mittelwert* und die *Varianz* des *Auftragsdurchsatzes* λ_{KAuf} für den *Spitzentag* des Jahres bekannt sein. Wenn die *Betriebszeiten* fest vorgegeben oder die Auftragsdurchlaufzeiten begrenzt sind, wird auch der stündliche Auftragseingang für die *Spitzenstunde* des Spitzentages zur Dimensionierung benötigt.

Für Aufträge, die sich nicht allzu stark voneinander unterscheiden, genügt es, die *durchschnittliche Auftragstruktur*, also die mittlere Anzahl Positionen und Entnahmemengen für alle Aufträge zu kennen. Wenn die Aufträge sehr unterschiedlich sind, müssen *Auftragscluster* mit in sich ähnlicher Struktur gebildet und separat betrachtet werden, beispielsweise *Großmengenaufträge* und *Kleinmengenaufträge* oder *Einpositionsaufträge* und *Mehrpositionsaufträge*.

Aus der mittleren Positionsanzahl und der Entnahmemenge pro Position errechnet sich die *durchschnittliche Auftragsmenge*:

$$m_A = n_{Pos} \cdot m_{EE} \qquad \left[EE/KAuf\right], \qquad (17.4)$$

Aus der Auftragsmenge und dem mittleren Volumen und Gewicht der Entnahmeeinheiten resultieren das *durchschnittliche Auftragsvolumen* und *Auftragsgewicht*:

$$V_A = n_{Pos} \cdot m_{EE} \cdot V_{EE} \quad [l/KAuf]$$
$$G_A = n_{Pos} \cdot m_{EE} \cdot g_{EE} \quad [kg/KAuf]. \qquad (17.5)$$

Die *Versandeinheiten* können Paletten, Behälter, Klappboxen, Versandkartons oder andere Behälter sein. Wenn sich die *Versandanforderungen*, wie die zu verwendenden Verpackungen oder Versandeinheiten, unterscheiden, sind die Aufträge entsprechend zu klassifizieren und bei der Systemauslegung, Leistungsberechnung und Kostenkalkulation getrennt zu betrachten.

Sind die Versandeinheiten nicht vorgegeben, sind *Gestaltung*, *Auswahl*, *Abmessungen* und *Zuweisungkriterien* der Versandeinheiten zu den unterschiedlichen Auftragsgruppen weitere *Handlungsparameter*, die zur Optimierung des Kommissioniersystems genutzt werden können. Aus den Abmessungen der Versandeinheiten und der Entnahmeeinheiten resultiert das durchschnittliche *Fassungsvermögen der Versandeinheiten* C_{VE} [EE/VE] (s. *Kapitel* 12/I).

3. Durchsatzanforderungen

Die Durchsatzanforderungen lassen sich aus dem Auftragsdurchsatz, der Auftragsstruktur und den Sortimentsdaten errechnen. Für die Systemauslegung und die Dimensionierung werden benötigt der

- *Volumendurchsatz*

$$\lambda_V = V_A \cdot \lambda_{KAuf} \quad [l/PE]. \qquad (17.6)$$

und der

- *Mengendurchsatz*

  Positionen

$$\lambda_{Pos} = n_{Pos} \cdot \lambda_{KAuf} \quad [Pos/PE]. \qquad (17.7)$$

  Entnahmeeinheiten

$$\lambda_{EE} = m_{EE} \cdot \lambda_{Pos} \quad [EE/PE]. \qquad (17.8)$$

  Artikeleinheiten

$$\lambda_{AE} = c_{EE} \cdot \lambda_{EE} \quad [AE/PE]. \qquad (17.9)$$

Mit dem Fassungsvermögen C_{BE} [EE/BE] der *Bereitstelleinheiten* und dem Fassungsvermögen C_{VE} [EE/VE] der *Versandeinheiten* errechnet sich aus dem Durchsatz der Entnahmeinheiten der

- *Ladeeinheitendurchsatz*

  Bereitstelleinheiten

$$\lambda_{BE} = \lambda_{EE} / C_{BE} \quad [BE/PE]. \qquad (17.10)$$

  Versandeinheiten

$$\lambda_{BE} = \lambda_{EE} / C_{BE} + \lambda_{KAuf} (C_{VE} - 1) / 2C_{VE} \quad [VE/PE]. \qquad (17.11)$$

Der Zusatzterm für den Durchsatz der Versandeinheiten resultiert daraus, daß pro Kommissionierauftrag eine Anbrucheinheit mit einem mittleren *Anbruchverlust* von $(C_{VE}-1)/2C_{VE}$ entsteht. Faßt beispielsweise eine zum Versand eingesetzte Klappbox im Mittel 8 Entnahmeeinheiten, ist also $C_{VE} = 8$ EE/VE, dann ist der Durchsatz der Versandbehälter im Mittel pro Kommissionierauftrag um $(8 - 1)/16 = 0{,}44$ Versandbehälter größer als der Vollbehälterdurchsatz, der in diesem Fall gleich ein Achtel des Durchsatzes der Entnahmeeinheiten ist. Analog erhöht sich auch der Durchsatz (17.10) der Bereitstelleinheiten infolge des Anbruchverlustes im Mittel um $(C_{BE}-1)/2C_{BE}$ Bereitstelleinheiten pro Nachschubauftrag, wenn der Nachschub nicht in ganzen Einheiten erfolgt (s. *Abschnitt 12.5/I*).

Bei der Leistungsberechnung und Dimensionierung von Kommissioniersystemen ist also zu beachten:

- Der Ladeeinheitendurchsatz erhöht sich infolge der Anbrucheinheiten, vor allem wenn die Auftragsmenge im Vergleich zum Fassungsvermögen der Ladeeinheiten klein ist.

Der Durchsatz der Bereitstelleinheiten ist gleich der *Nachschubleistung* für die Bereitstellplätze. Die Nachschub- oder Bereitstelleistung bestimmt maßgebend den *Gerätebedarf* des Beschickungssystems.

Mit größerem Fassungsvermögen der Bereitstelleinheiten reduziert sich die *Nachschubfrequenz* und damit der Gerätebedarf zur Beschickung der Bereitstellplätze. Zugleich aber nehmen auch die Bereitstellänge und damit die Kommissionierwege zu. Außerdem verringert sich der Füllungsgrad der Bereitstelleinheiten im Zugriff mit größerer Kapazität C_{BE}, denn sie sind im Mittel nur mit $(C_{BE}+1)/2$ Entnahmeeinheiten gefüllt.

Gegenläufig dazu aber werden mit zunehmender Größe der Ladeeinheiten der Packungsgrad besser und der anteilige Raumverlust durch die Fachfreimaße geringer. Es gibt daher eine *optimale Größe der Bereitstelleinheiten*, die von vielen Einflußfaktoren abhängt und projektabhängig zu bestimmen ist.

Wenn die Versandeinheit gleich der *Ablageeinheit* am Entnahmeplatz ist, bestimmt deren Durchsatz die *Abförder-* oder *Entsorgungsleistung* des Kommissionierbereichs und damit die Auswahl und Auslegung des Abfördersystems.

Durch ein größeres Fassungsvermögen der Versand- oder Ablageeinheiten lassen sich die Abförderleistung und damit der Aufwand für die Fördertechnik zur Entsorgung des Kommissionierbereichs reduzieren. Mit zunehmendem Fassungsvermögen C_{VE} aber verschlechtert sich der Füllungsgrad der Versand- oder Ablageeinheiten, da pro Kommissionierauftrag ein *Anbruchbehälter* entsteht, der im Mittel nur $(C_{VE}+1)/2$ Entnahmeeinheiten enthält. Aus diesen gegenläufigen Effekten folgt, daß es auch eine *optimale Größe der Versandeinheiten* gibt, die ebenfalls projektspezifisch bestimmt werden muß.

4. Bestandsanforderungen

Die Bestände im Kommissionierbereich sind so zu bemessen, daß bei kostenoptimalem Nachschub ein unterbrechungsfreies Kommissionieren mit kurzen Wegen gewährleistet ist. Aus dieser Zielsetzung folgen die *Auslegungsregeln* (s. *Abschnitte 11.2* und *11.8/I*):

- Im Kommissioniersystem muß für jeden Artikel mindestens der *Pull-Bestand* vorrätig sein, dessen Höhe von der Bestands- und Nachschubdisposition für den Kommissionierbereich bestimmt wird (s. *Abschnitt 11.1/I*).
- Wenn der Gesamtbestand eines Artikels den für das Kommissionieren benötigten Pull-Bestand übersteigt, darf davon nur soviel im Kommissionierbereich gelagert werden, wie ohne Behinderung des Kommissionierens möglich ist.

Darüber hinausgehende *Reserve-* oder *Push-Bestände* müssen in einem *Reservelager* gelagert werden, das vom Kommissioniersystem räumlich getrennt ist [158].

Für das Kommissionieren mit *statischer Bereitstellung* teilt sich der Bestand pro Artikel auf in

- eine *Zugriffseinheit*, die sich auf einem *Bereitstellpatz* im *Zugriff* befindet,
- eine *Zugriffsreserveeinheit*, die in der Nähe des Bereitstellplatzes untergebracht ist,
- *Reserveeinheiten*, die ebenfalls im Kommissioniersystem oder getrennt in einem *Reservelager* lagern.

Die Summe der Artikelbestände in den Zugriffseinheiten und Zugriffsreserveinheiten ist der Pull-Bestand des Kommissionierbereichs (s. *Abb. 17.8*).

Der *Platzbedarf* für den Pull-Bestand wird von der Artikelanzahl und der *Belegungsstrategie* für den Zugriffsbereich bestimmt. Der Platzbedarf für die Reserveeinheiten ist abhängig von der *Lagerordnung*. Bei *freier Lagerordnung* ist der Platzbedarf durch den mittleren Bestand, bei *fester Lagerordnung* durch den maximalen Bestand gegeben (s. *Abschnitt 16.5*).

17.2 Kommissionierverfahren

Um den Greifvorgang zu ermöglichen, müssen die in *Abb. 17.1* dargestellten *zentralen Elemente eines Kommissioniersystems* an einem Ort zusammenkommen:

- *Bereitstelleinheiten* B_i, $i = 1,2...N_S$, in denen ausreichende Warenmengen der N_S Artikel des Sortiments bereitgehalten werden.
- *Auftragsablagen* A_j, $j = 1,2...N_A$, auf die die Entnahmemengen m_{ji} aus den Bereitstelleinheiten B_i für N_A gleichzeitig bearbeitete Aufträge abgelegt werden.
- *Kommissionierer* K_k, $k = 1,2 ..... N_K$, die das Greifen durchführen.

Die grundlegenden *Kommissionierverfahren* ergeben sich aus den unterschiedlichen Möglichkeiten, die zentralen Elemente des Kommissioniersystems am *Greifort* zusammenzuführen, also daraus, an welchem Ort der Greifvorgang stattfindet, welche der Elemente sich permanent am Greifort befinden und welche sich zum Greifort bewegen.

Aus den möglichen Kombinationen, in denen jeweils zwei Elemente zusammen zu einem dritten stationären Element kommen können und in denen ein Element zu zwei stationären Elementen kommen kann, ergeben sich die 6 verschiedenen *Kommissionierverfahren*:

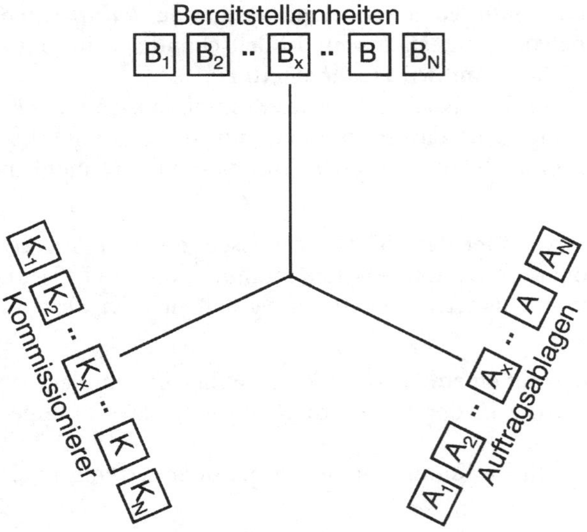

Abb. 17.1 Zentrale Elemente eines Kommissioniersystems

Bereitstelleinheiten B_i, $i = 1,2 \ldots N_B$
Auftragsablagen A_j, $j = 1,2 \ldots N_A$
Kommissionierer K_k, $k = 1,2 \ldots N_K$

- Kommissionierer kommen mit den Aufträgen zu den Bereitstelleinheiten
- Aufträge kommen zu den Kommissionierern bei den Bereitsstelleinheiten
- Bereitstelleinheiten kommen zu Kommissionierern und Aufträgen (17.12)
- Kommissionierer kommen mit Bereitstelleinheiten zu den Aufträgen
- Kommissionierer kommen zu den Aufträgen bei den Bereitstelleinheiten
- Bereitstelleinheiten kommen mit Aufträgen zu den Kommissionierern.

In den *Abb. 17.2* bis *17.6* sind verschiedene Realisierungsmöglichkeiten der wichtigsten dieser sechs grundlegenden Kommissionierverfahren dargestellt. Der Aufbau, die Funktion und die Einsatzvoraussetzungen sowie die Vor- und Nachteile der praktisch relevaten Kommissionierverfahren werden nachfolgend näher beschrieben.

Ein weiteres Kommissionierverfahren, das *stationäre Kommissionieren*, ergibt sich aus der Möglichlichkeit, jeweils einen Bereitstellplatz, einen Ablageplatz und einen Kommissionierer stationär an einem Ort zusammenzubringen. Die Kommissionierer sind in diesem Fall stationäre *Abzugsvorrichtungen*, die mit einem *Fördersystem* verbunden sind. Die Abzugsvorrichtungen ziehen die Warenstücke in der geforderten Anzahl von den stationären Bereitstellplätzen auf das Fördersystem, das sie bei *einstufiger Kommissionierung* direkt und bei *zweistufiger Auftragsbearbeitung* über einen *Sorter* zu den Auftragssammelplätzen in der Packerei oder im Versand befördert. An den Auftragssammelplätzen wird die Ware entnommen, in Versandeinheiten abgelegt oder verpackt.

1. Konventionelles Kommissionieren mit statischer Bereitstellung
Das konventionelle Kommissionieren ist jedem Konsumenten aus den Selbsbedienungsgeschäften bekannt. Beim konventionellen Kommissionieren mit statischer Bereitstellung - bei manueller Entnahme kurz *Mann zur Ware* genannt - befinden sich die Bereitstelleinheiten auf festen *Zugriffsplätzen.* Die Bereitstellung ist *statisch.* Die Kommissionierer kommen mit den Auftragsablagen oder Versandbehältern zu den Bereitstelleinheiten.

Die Zugriffsplätze mit den Bereitstellmengen sind -wie in *Abb. 17.2* für ein typisches Beispiel dargestellt - *platzsparend* und *wegoptimal* auf dem Boden nebeneinander oder in geeigneten Regalen übereinander angeordnet.

Die Kommissionierer bewegen sich mit den Aufträgen nacheinander zu den Bereitstellplätzen, die ihnen von einem *Beleg* oder einer *elektronischen Anzeige* angegeben werden, entnehmen die geforderten Mengen und legen sie auf dem Kommissioniergerät ab oder in die mitgebrachten Sammelbehälter. Nach Fertig-

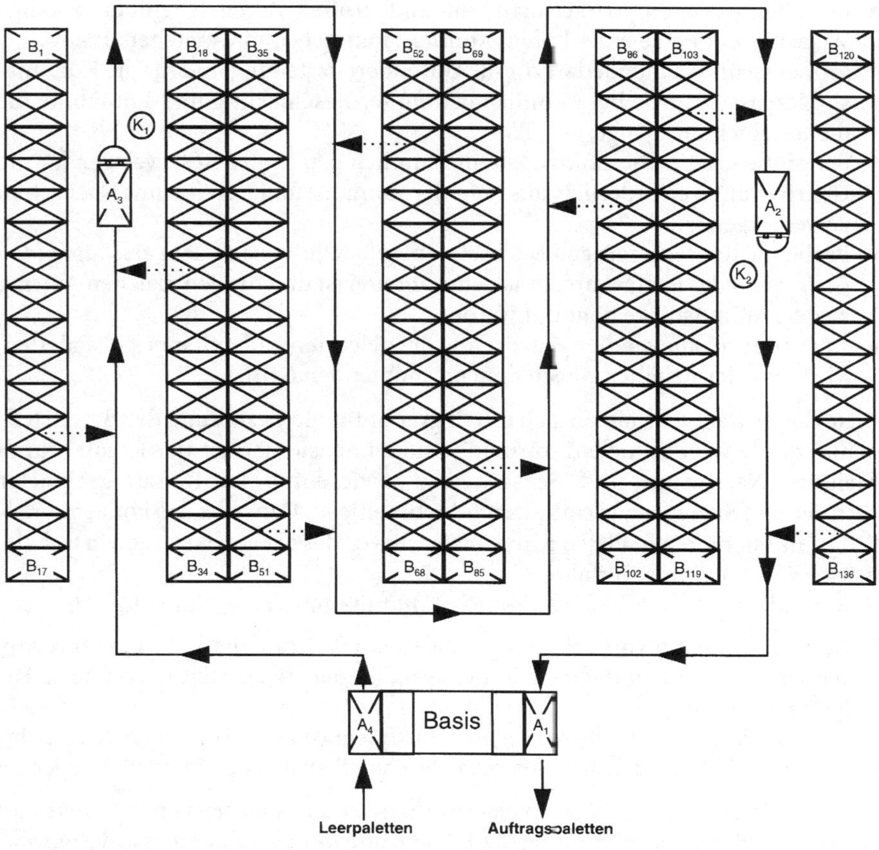

Abb. 17.2 Konventionelles Kommissionieren mit statischer Bereitstellung und räumlich kombinierter Beschickung und Entnahme

stellung aller mitgenommenen Aufträge wird die kommissionierte Ware an einem *Auftragssammelplatz*, der sogenannten *Basis* der Kommissioniertour, abgegeben.

Die *Vorteile* des konventionellen Kommissionierens sind:

- minimaler technischer Aufwand;
- einfache, auch ohne Rechnereinsatz realisierbare Organisation;
- kurze Auftragsdurchlaufzeiten;
- Möglichkeit der gleichzeitigen Bearbeitung von Eilaufträgen, Einzelaufträgen, Auftragsserien, Teilaufträgen und Komplettaufträgen;
- hohe Flexibilität gegenüber schwankenden Durchsatzanforderungen und Sortimentsveränderungen;
- Eignung für alle Arten von Waren, von kleinsten bis zu großen, schweren und sperrigen Warenstücken.

Wegen dieser Vorteile ist das konventionelle Kommissionieren bis heute am weitesten verbreitet. Dabei werden jedoch häufig die *Nachteile* übersehen oder unterschätzt:

- bei einem breiten Artikelsortiment und großen Bereitstelleinheiten lange Wege mit der Folge eines hohen Kommissionierer- und Gerätebedarfs;
- großer Grundflächenbedarf für die Warenbereitsstellung und für die Kommissioniergassen sowie bei räumlich getrennter Beschickung und Entnahme für die Beschickungsgänge;
- bei großen Artikelbeständen ist ein räumlich getrenntes Reservelager für die Überbestände erforderlich, aus dem der Kommissionierereich mit Nachschub zu versorgen ist;
- Probleme der rechtzeitigen Nachschubbereitstellung nach dem *erschöpfenden Griff*, wenn das letzte Warenstück entnommen ist und für den gleichen Auftrag weitere Warenstücke benötigt werden;
- störende und aufwendige Entsorgung der geleerten Ladehilfsmittel – Paletten, Kartons oder Behälter – nach dem erschöpfenden Griff.

Viele dieser Nachteile lassen sich durch greifoptimale Gestaltung der Bereitstellplätze, durch wegoptimale Anordnung und Dimensionierung der Regale, durch geeignete Nachschub- und Wegstrategien sowie durch den Einsatz geeigneter Technik und Steuerung vermindern oder beseitigen. Daher ist das konventionelle Kommissionieren in vielen Fällen nach wie vor das geeignetste und wirtschaftlichste Kommissionierverfahren.

Besonders gut ist das konventionelle Kommissionieren geeignet für das

1. Kommissionieren von Paletten auf Paletten (*Pick to Pallet*) aus einem relativ schmalen Sortiment in einer Kommissionierzone mit Beständen bis zu 10 Paletten pro Artikel;
2. Kommissionieren aus einem breiteren Sortiment von kleinvolumigen Artikeleinheiten, die in Fachbodenregalen oder Durchlaufkanälen bereitgestellt werden.

Die erste Voraussetzung ist beispielsweise in den Zentrallagern von Industrie und Handel zur täglichen Versorgung der Filialen und des Einzelhandels mit *Konsumgütern* erfüllt. Die zweite Voraussetzung ist in der ersten Kommissionierstufe der *Versandhäuser* und im Pharmahandel gegeben.

Für quaderförmige Warenstücke mit geeigneter Verpackung, die auf Paletten mit artikelweise gleichbleibendem Packschema angeliefert werden, läßt sich das Kommissionieren von Paletten mit statischer Bereitstellung auf Paletten oder in Rollcontainer auch von einem *Portalroboter* oder einem verfahrbaren *Greifrober* ausführen.

2. Dezentrales Kommissionieren mit statischer Bereitstellung
Auch beim dezentralen Kommissionieren haben die Bereitstelleinheiten einen festen Platz. Die Kommissionierer arbeiten jedoch in *dezentralen Arbeitsbereichen*, in denen eine bestimmte Anzahl von Zugriffsplätzen befindet.

Wie in *Abb. 17.3* für ein Beispiel dargestellt, laufen die Aufträge mit oder ohne Sammelbehälter nacheinander auf einer Fördertechnik oder mit einem automatischen Flurförderzeug die betreffenden Kommissionierzonen an. Dort halten sie, bis die geforderte Warenmenge entnommen und abgelegt ist. Danach läuft der Auftrag zu einem nachfolgenden Kommissionierer, der den Bereitstellplatz für die nächste Auftragsposition bedient.

Die dezentral abgelegte Ware wird über ein Sammel- und Sortiersystem zu den Auftragssammelplätzen in der Packerei befördert oder – bei Befüllung der Versandbehälter nach dem *Pick & Pack-Prinzip* – direkt zum Versand transportiert (s. Abb. 13.29).

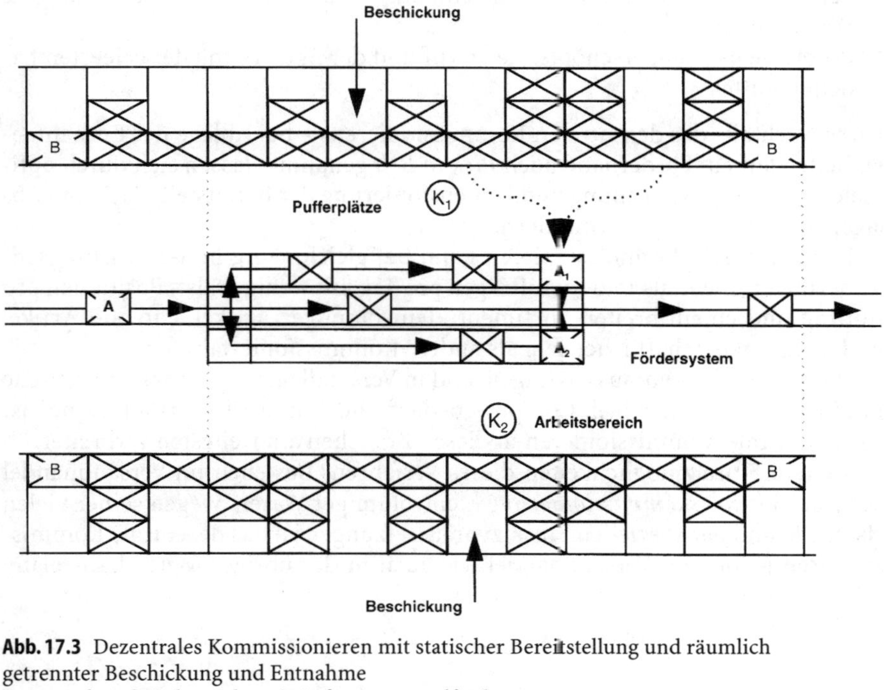

Abb. 17.3 Dezentrales Kommissionieren mit statischer Bereitstellung und räumlich getrennter Beschickung und Entnahme
Dezentrale Arbeitsbereiche mit Auftragssammelfördersystem

Die *Vorteile* des dezentralen Kommissionierens sind:

- kurze Wege und kontinuierliches Arbeiten,
- keine Rüstzeiten und Wartezeiten an einer zentralen Basis,
- höhere Pickleistung der Kommissionierer.

Diesen Vorteilen steht jedoch eine Reihe von *Nachteilen* gegenüber:

- gegenseitige Abhängigkeit der Kommissionierer in aufeinander folgenden Kommissionierzonen;
- geringere Flexibilität bei Schwankungen und Veränderungen der Leistungsanforderungen;
- räumliche Trennung der Beschickung von der Entnahme wegen der Fördertechnik in den Kommissioniergassen;
- hoher Grundflächenbedarf für die griffgünstige Warenbereitsstellung, die Kommissioniergassen, das Sammelfördersystems und die räumlich getrennte Beschickung;
- bei großen Artikelbeständen ist ein räumlich getrenntes Reservelager für die Überbestände erforderlich, aus dem der Kommissioniererreich mit Nachschub zu versorgen ist;
- gleichzeitiges Bearbeiten mehrerer Aufträge, das heißt *Batchbearbeitung* von *Auftragsserien*, oder *zweistufiges Kommissionieren.*
- infolge der Batchbearbeitung oder der zweistufigen Kommissionierung relativ lange Auftragsdurchlaufzeiten;
- bei kleinen Auftragsserien ungleichmäßige Auslastung und häufig längere Wartezeiten;
- Probleme mit dem erschöpfenden Griff und der Entsorgung der geleerten Ladehilfsmittel.

Diese Nachteile des dezentralen Kommissionierens – bei Ablage der Entnahmeeinheiten auf ein Förderband auch *Pick to Belt* genannt – lassen sich durch optimale Gestaltung, Anordnung und Dimensionierung der Bereitstellplätze und Ablageplätze nur bedingt vermindern.

Das dezentrale Kommissionieren kann bei gleichmäßig hohen Leistungsanforderungen, mehr als 10.000 Aufträgen pro Tag mit weniger als 5 Positionen pro Auftrag und einem breiten Sortiment kleinvolumiger Artikel – 10.000 Artikel und mehr – wirtschaftlicher sein als andere Kommissionierfahren.

Diese speziellen Voraussetzungen sind in Versandlagern für pharmazeutische Produkte, Kosmetikartikel, Computerbedarf und Büroartikel erfüllt. Daher ist das dezentrale Kommissionieren in diesen Branchen am weitesten verbreitet.

Weitere Einsatzmöglichkeiten dieses Verfahrens bestehen im Versandhandel zur *Hochleistungskommissionierung* kleinvolumiger Waren. Wegen seiner vielen Nachteile und der speziellen Einsatzvoraussetzungen ist das dezentrale Kommissionieren jedoch im Versandhandel wie auch in der übrigen Wirtschaft relativ selten zu finden.

3. Stationäres Kommissionieren mit dynamischer Bereitstellung
Das stationäre Kommissionieren mit dynamischer Bereitstellung ist im Prinzip jedem Konsumenten aus Läden mit *Thekenbedienung* vertraut, wo der Verkäufer einen Warenbehälter aus einem Regal holt, die gewünschten Artikel an der Theke entnimmt und den Behälter mit der Restmenge wieder zurückstellt.

Beim stationären Kommissionieren mit dynamischer Bereitsstellung – bei manueller Entnahme kurz *Ware zum Mann* genannt – findet der Greifvorgang an einem *festen Kommissionierarbeitsplatz* statt. Die Bereitstelleinheiten mit den angeforderten Artikeln werden – wie in *Abb. 17.4* dargestellt – aus einem *Bereitstellager* über eine Fördertechnik ausgelagert und an den Kommissionierarbeitsplätzen nur solange bereitgestellt, bis die benötigten Warenmengen entnommen sind. Die Bereitstellung der Ware ist *dynamisch*.

Bei einer *Einzelauftragsbearbeitung* befinden sich im Ablagebereich des Kommissionierers die Sammel- oder Versandbehälter jeweils für nur einen Auftrag. Bei einer *einstufigen Serienbearbeitung* sind mehrere Behälter für die Aufträge einer Serie ablagegünstig aufgestellt. Der Kommissionierer legt nach den Vorgaben einer Anzeige die entnommenen Warenmengen für die einzelnen Aufträge in die angewiesenen Sammelbehälter ab. Fertig befüllte Sammelbehälter werden mit einem Flurförderzeug oder von einem Fördersystem zum Versand gebracht (s. Abb. 17.25).

Bei *zweistufiger Kommissionierung* werden bei jeder Bereitstellung die Artikelmengen für mehrere externe Aufträge, die zu einem *Sammelauftrag* gebündelt sind, gemeinsam entnommen und auf ein Abfördersystem gelegt, das sie zur zweiten Kommissionierstufe oder über einen Sorter in die Packerei befördert. Die nach der Entnahme in den Bereitstelleinheiten verbleibenden Restmengen werden in beiden Fällen zum nächsten Kommissionierarbeitsplatz weiterbefördert oder wieder eingelagert.

Die *Vorteile* des stationären Kommissionierens mit dynamischer Bereitstellung sind:

- weitgehender Fortfall der Wege für den Kommissionierer;
- Möglichkeit ergonomisch optimaler Arbeitsplatzgestaltung, wie die Ausstattung mit Greifhilfen für schwere oder sperrige Warenstücke;

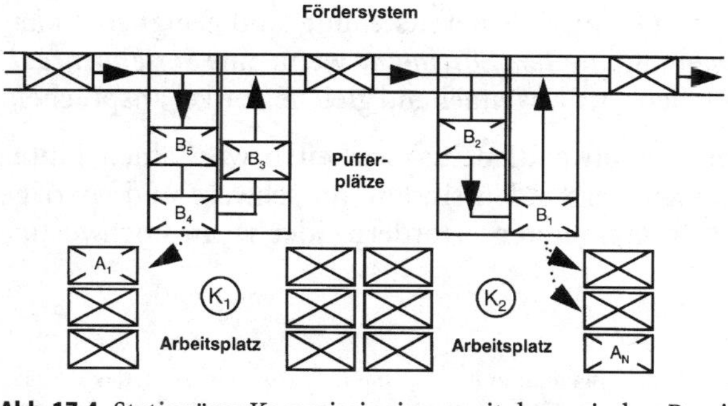

Abb. 17.4 Stationäres Kommissionieren mit dynamischer Bereitstellung Kommissionierarbeitsplätze mit Bereitstellungsfördersystem

- hohe Kommissionierleistungen;
- große Flexibilität bei Sortimentsveränderungen;
- geringere Probleme beim erschöpfenden Griff;
- einfache Entsorgung der geleerten Ladehilfsmittel;
- kompaktes und flächensparendes Bereitstell- und Reservelager;
- gegen unautorisierten Zugriff optimal gesicherte Warenbestände;
- geringer Platzbedarf wegen des Fortfalls der Kommissioniergassen;
- einfache Realisierbarkeit des *Pick & Pack-Prinzips*,
- Anordnung der Arbeitsplätze in der Nähe von Packerei oder Versand.

Wesentlichen *Nachteile* des stationären Kommissionierens mit dynamischer Bereitstellung sind:

- *hohe Investition* für das automatische Lager- und Bereitstellsystem sowie für die Zu- und Abfördertechnik zur Auslagerung und Rücklagerung,
- *hohe Kosten pro Bereitstellvorgang* (bei Paletten weit über 3,00 DM pro Bereitstellung);
- in Spitzenzeiten und bei zweistufiger Auftragsbearbeitung *lange Auftragsdurchlaufzeiten*;
- infolge der begrenzten Bereitsstelleistung *eingeschränkte Flexibilität* bei stark schwankenden Leistungsanforderungen;
- unter Umständen erforderliche *Ladungssicherung* für die rückzulagernden *Restmengen*.

Mit einem leistungsfähigen Bereitstellager und einer entsprechenden Prozeßsteuerung in Verbindung mit *Mehrschichtbetrieb* und *flexiblen Arbeitszeiten* lassen sich diese Nachteile jedoch zum Teil beherrschen.

Eine Möglichkeit zur Minimierung der erforderlichen Bereitstelleistung und damit der Investition in das Bereitstellsystem ist die *Bündelung von Aufträgen*, deren Positionen die gleichen Artikel ansprechen. Da die Zahl der Bereitstellungen pro Auftrag mit ansteigender Anzahl der gleichzeitig in Arbeit befindlichen Aufträge abnimmt, während die Auftragsdurchlaufzeiten mit der Batchgröße zunehmen, ist die *Batchgröße* ein wichtiger *Optimierungsparameter* der dynamischen Bereitstellung [62, 159].

Aus vielen Leistungs- und Kostenvergleichen folgt die allgemeine *Einsatzregel*:[1]

- Kommissioniersysteme mit dynamischer Bereitstellung sind geeignet bei *hohen Leistungsanforderungen* und *breitem Sortiment*, wenn eine *Serienbearbeitung* externer Aufträge möglich ist, die weitgehend gleiche Artikel ansprechen.

Auch wenn mit der Entnahme zeitaufwendige Zusatzarbeiten, wie Zählen, Eintüten, Abwiegen oder Zuschneiden, verbunden sind, wenn schwere und sperrige Teile den Einsatz von Handhabungsgeräten erfordern oder wenn hochwertige

---

1 Entgegen allgemeiner Auffassung ist der sogenannte *Kommissionierfaktor*, das heißt, das Verhältnis des Inhalts einer vollen Bereitstelleinheit zur mittleren Entnahmemenge, kein geeignetes Einsatzkriterium für die dynamische Bereitstellung [50; 152].

Ware gegen falschen Zugriff gesichert werden soll, ist die dynamische Bereitstellung eine gute Lösung.

Die dynamische Bereitstellung ist besonders zur artikelweisen Kommissionierung von Serienaufträgen in der ersten Stufe eines zweistufigen Kommissioniersystems geeignet. Das *zweistufige Kommissionieren* erfordert jedoch eine aufwendigere Organisation und Prozeßsteuerung sowie die Investition für die zweite Kommissionierstufe (s.u.).

Technische Voraussetzungen der dynamischen Bereitstellung sind gleichartige Ladeinheiten und eine ausreichende Stapelsicherheit der Warenstücke und Gebinde auf den Ladehilfsmitteln, die *Normpaletten*, *Tablare* oder standardisierte *Kleinbehälter* sein können.

Die weiteste Verbreitung hat das stationäre Kommissionieren mit dynamischer Bereitstellung bisher in Form der *Automatischen Kleinbehälter-Lagersysteme* – kurz *AKL-System* – gefunden, da hier die Bereitstellkosten im Vergleich zu den eingesparten Wegekosten besonders günstig sind (s. *Abb. 17.34*). Für das Kommissionieren von Paletten auf Paletten ist die dynamische Bereitstellung wegen der relativ hohen Bereitstellkosten und der vielen Restriktionen unter normalen Umständen nur in wenigen Fällen wirtschaftlich realisierbar.

Eine spezielle technische Ausführung des stationären Kommissionierens mit dynamischer Bereitstellung ist das in Abb. 16.7 gezeigte *Umlauflager*, in dem die Bereitstelleinheiten auf *mobilen Lagerplätzen* zu den Kommissionierplätzen kommen. Das Umlauflager ist zugleich Lager und Bereitstellsystem Es kann entweder als vertikal umlaufendes *Paternosterlager* oder als horizontal umlaufendes *Karussellager* ausgeführt sein [29]. Wesentliche *Nachteile* der Umlauflager sind die *begrenzte Lagerkapazität*, die *hohen Platzkosten*, der *Nachfüllaufwand* und die *Wartezeiten* zwischen den Bereitstellungen, die eine Größenordnung von 20 bis 60 s pro Position erreichen.

Einsatzbereiche für Paternoster- und Karussellager sind das Lagern und Kommissionieren von Kleinteilen, Ersatzteilen, Werkzeugen, Dokumenten und Karteien. Aber auch für das Lagern und Bereitstellen von *Langgut*, wie Stangenmaterial, Rohre oder Teppichrollen, sind Umlauflager geeignet.

4. Inverses Kommissionieren mit dynamischer Bereitstellung

Beim inversen Kommissionieren haben die *Auftragsbehälter* für die Dauer der Befüllung einen festen Ort. Der Greifvorgang findet am Auftragssammelplatz statt. Die Kommissionierer kommen mit den Bereitstelleinheiten zu den Auftragsplätzen. Die Warenbereitstellung ist also wie beim stationären Kommissionieren *dynamisch*.

Die Auftragsablageplätze mit den Sammelbehältern, Paletten oder Versandbehältern einer Auftragsserie sind – wie in *Abb. 17.5* dargestellt – nebeneinander auf dem Boden oder auf einem geeigneten Gestell *platzsparend* und *wegoptimal* angeordnet. Die Kommissionierer holen die Bereitstelleinheiten von einem Bereitstellplatz, der von einer Fördertechnik aus dem Lager versorgt wird, bewegen sich zu den angegebenen Auftragsplätzen, entnehmen die geforderten Warenmengen und legen sie in die Auftragsbehälter. In den Bereitstelleinheiten verbleibende Restmengen werden für die nächste *Auftragsserie* verwendet oder wieder eingelagert.

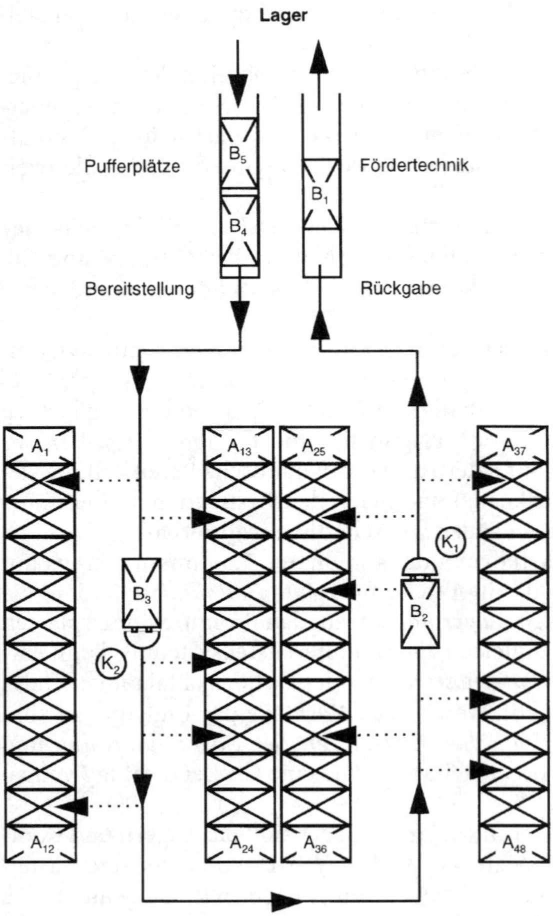

Abb. 17.5 Inverses Kommissionieren mit dynamischer Bereitstellung Kommissionierkreisel für Palettenware

Der Prozeß des inversen Kommissionierens ist im Prinzip die *zeitliche Umkehr* oder *Inversion* des konventionellen Kommissionierprozesses, wobei die Rollen der Versandeinheiten und der Bereitstelleinheiten vertauscht sind. Da die Kommissionierer die Auftragsbehälter einer Serie im Verlauf ihrer Arbeit umkreisen, wird das Verfahren im Handel auch als *Kommissionierkreisel* oder *Kommissioniertango* bezeichnet.

Das noch relativ wenig verbreitete Verfahren des inversen Kommissionierens bietet folgende *Vorteile*:

- kurze Wege bei geringer Anzahl gleichzeitig bedienter Aufträge;
- hohe Leistung der Kommissionierer;
- hohe Flexibilität bei Sortimentsveränderungen;

- integriertes Bereitstellungs- und Reservelager;
- keine Probleme beim erschöpfenden Griff und mit der Entsorgung der geleerten Ladehilfsmittel;
- geringer Platzbedarf wegen des Fortfalls der Kommissioniergassen;
- zentrale Anordnungsmöglichkeit der Auftragssammelplätze nahe dem Versand;
- direkte Ablage der Warenstücke in die Versandeinheit;
- einfache Organisation des Kommissionierbereichs.

Die wesentlichen *Nachteile* des inversen Kommissionierens sind:

- erhöhter lager-, förder- und steuerungstechnischer Aufwand zur Auslagerung und Rücklagerung der Bereitstelleinheiten;
- Batchbearbeitung von *Auftragsserien* mit entsprechend aufwendiger Organisation und Prozeßsteuerung;
- infolge der Batchbearbeitung relativ lange Auftragsdurchlaufzeiten;
- begrenzte Flexibilität bei großen Schwankungen und Spitzen der Leistungsanforderungen.

Wie beim stationären Kommissionieren mit dynamischer Bereitstellung verlieren diese Nachteile jedoch in großen Logistikzentren an Bedeutung, die über ein leistungsfähiges Hochregallager und eine entsprechende Prozeßsteuerung verfügen und im flexiblen Mehrschichtbetrieb arbeiten können.

Besonders geeignet ist das inverse Kommissionieren bei einer begrenzten Anzahl von Aufträgen mit wenigen Positionen, die möglichst gleiche Artikel betreffen und große Mengen anfordern, und bei einem relativ breiten Sortiment von deutlich mehr als 1.000 Artikeln mit ausgeprägter ABC-Verteilung.

Optimierungsparameter ist auch hier wieder die *Batchgröße* der gleichzeitig bearbeiteten Aufträge, mit der sich die Zahl der Bereitstellungen minimieren läßt, wobei sich allerdings die Auftragsdurchlaufzeiten verlängern (s.u.).

Das inverse Kommissionieren von Paletten auf Paletten oder in Rolltürme mit Versandbehältern wird in den Logistikzentren des *Handels* für die Nachschubversorgung der Verkaufsfilialen, insbesondere für das *Kommissionieren von Aktionsware*, eingesetzt. Auch für das Zusammenstellen der Versandmengen aus täglich angelieferten artikelreinen Paletten in bestandslosen Umschlagpunkten, die nach dem *Transshipment-Prinzip* arbeiten, eignet sich das inverse Kommissionieren (s. Abschnitt 19.1).

In beiden Fällen läßt sich Anzahl der an einem Tag angesprochenen Artikel durch geeignete *Dispositionstrategien* für den Filialnachschub begrenzen, indem beispielsweise an einem Wochentag nur die Artikel ausgewählter Warengruppen ausgeliefert werden.

5. Mobiles Kommissionieren mit statischer Bereitstellung

Beim mobilen Kommissionieren mit statischer Bereitstellung sind die Zugriffsplätze mit den Bereitstelleinheiten und die Auftragsablageplätze mit den Auftragsbehältern stationär angeordnet. Zwischen diesen Plätzen bewegt sich der Kommissionierer oder verfährt das Kommissioniergerät.

Der Kommissionierer entnimmt die Warenmenge für einen oder mehrere Aufträge und legt sie in die Sammelbehälter. Nach der Füllung wird der Sammelbe-

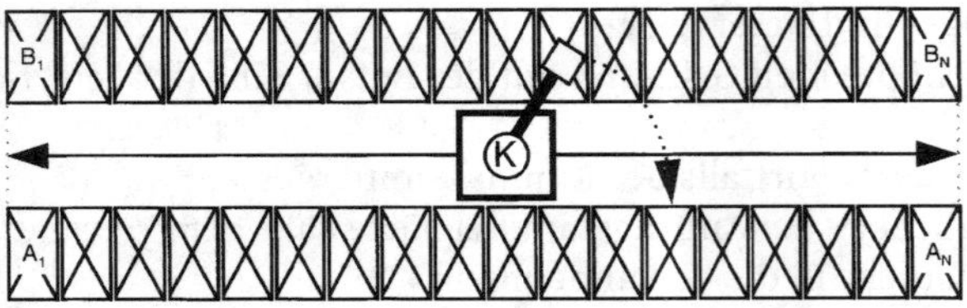

Abb. 17.6 Mobiles Kommissionieren mit statischer Bereitstellung

Kommissionierroboter oder Lagenpalettierer mit stationären Plätzen für Bereitstelleinheiten und für Versandeinheiten

hälter in die Packerei oder in den Versand befördert und ein leerer Sammelbehälter aufgestellt.

Dieses Kommissionierverfahren eignet sich, wie in *Abb. 17.6* dargestellt, vor allem für das *mechanische Kommissionieren* mit einem verfahrbaren *Kommissionierroboter*, einem *Portalroboter* oder einem *Lagenpalettierer*. Der Einsatz von Robotern ist jedoch beschränkt auf das Kommissionieren formstabiler, kubischer oder zylindrischer Standardgebinde mit nicht zu unterschiedlichen Abmessungen.

Das mobile Kommissionieren unter Einsatz eines Roboters oder eines Lagenkommissionierers mit statischer Bereitstellung der Waren und Aufträge ist nur bei großen Durchsatzmengen, vielen Gebinden pro Position und hoher gleichmäßiger Auslastung im Mehrschichtbetrieb wirtschaftlich. Da diese Voraussetzungen nur selten erfüllt sind, ist das vollautomatische Kommissionieren relativ wenig verbreitet. Einige Einsatzbeispiele gibt es in der Konsumgüterindustrie [145; 154; 155; 156].

6. Stationäres Kommissionieren mit dynamischer Bereitstellung
Wenn die Bereitstelleinheiten zusammen mit den Auftragsablagen zu einem stationären Kommissionierplatz kommen, ist das eine Realisierung des letzten der sechs Kommissionierverfahrens. Dieses theoretisch denkbare Verfahren macht in der Praxis wenig Sinn, da es mit hohem steuerungs- und fördertechnischen Aufwand verbunden ist, ohne besondere Vorteile zu bieten.

17.3 Kommissioniertechnik

Die einzelnen Komponenten eines Kommissioniersystems lassen sich technisch unterschiedlich ausgestalten. Die Kombination der möglichen *technischen Alternativen* für

- *Bereitstellung* der Zugriffsmengen: *statisch* oder *dynamisch*
- *Fortbewegung* des Kommissionierers: *ein-* oder *zweidimensional* (17.13)
- *Entnahme* der Ware: *manuell* oder *mechanisch*
- *Abgabe* der Auftragsmengen: *zentral* oder *dezentral*

führt zu der in *Abb. 17.7* dargestellten *Klassifizierung der Kommissioniersysteme* mit 16 verschiedenen Grundsystemen.

Diese vom Verfasser 1973 vorgeschlagene und von mehreren VDI-Richtlinien übernommene Klassifizierung ist jedoch unvollständig [21; 152]. Sie erfaßt weder alle Kommissionierverfahren – beispielsweise fehlt das inverse Kommissionieren – noch alle technischen Varianten, wie die unterschiedlichen Techniken der Beschickung, der Ablage und der Informationsanzeige.

Die Gestaltungsmöglichkeiten und Ausführungsvarianten der Kommissioniertechnik sind sehr vielfältig und führen in Kombination mit den zuvor dargestellten Kommissionierverfahren zu weit über 1.000 unterschiedlichen Kommissioniersystemen. Von den theoretisch möglichen Kommissioniersystemen haben allerdings weniger als 50 praktische Bedeutung. Im konkreten Einzelfall sind davon meist nur wenige Lösungen wirtschaftlich [145; 154, 155; 156].

1. Bereitstellung

Für die *Gestaltung* der Bereitstellplätze gibt es folgende Möglichkeiten:

- Der *Bereitstellort* kann sich, wie in den *Abb. 17.2, 17.3* und *17.8* gezeigt, *statisch* an einem Platz befinden oder, wie in *Abb. 17.4* und *17.5* dargestellt, im Verlauf des Kommissionierprozesses *dynamisch* verändern.
- Die *Bereitstellplätze* sind *eindimensional* nebeneinander oder *zweidimensional* neben- und übereinander angeordnet, wobei die Bereitstelleinheiten mit ihrer Längsseite *längs* oder *quer* zum Kommissioniergang gestellt werden können.
- Die *Beschickung* kann, wie in *Abb. 17.2* gezeigt, *räumlich kombiniert* von der gleichen Seite wie das Kommissionieren oder, wie in den *Abb. 17.3, 17.8, 17.9* und *17.10* dargestellt, *räumlich getrennt* von der Rückseite der Bereitstellplätze stattfinden.

Bei der dynamischen Bereitstellung ist die Gestaltung der stationären Arbeitsplätze und der Informationsanzeige sowie die Auslegung des Bereitstellfördersy-

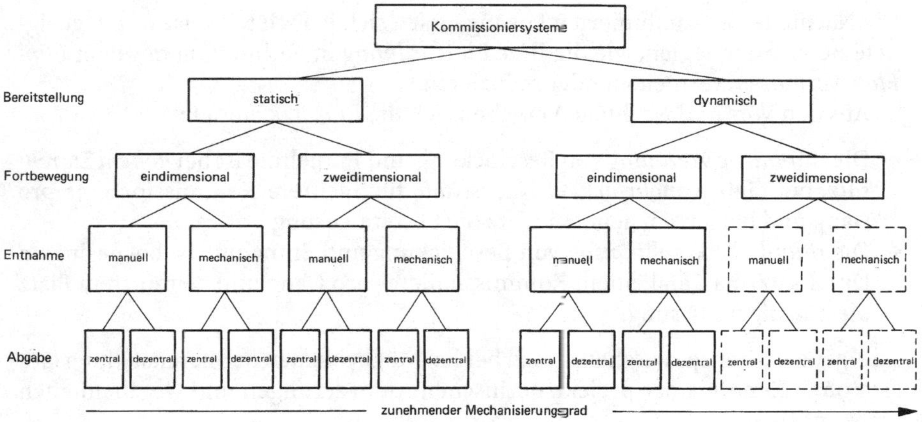

Abb. 17.7 Klassifizierung der elementaren Kommissioniersysteme

stems maßgebend für die Kommissionierleistung. Ein wichtiger Dimensionierungsparameter, von dem die *Auslastbarkeit* der Kommissionierer abhängt, ist dabei die *Anzahl der Stauplätze* vor und hinter den Bereitstellplätzen.

In den Kommissioniersystemen mit *statischer Bereitstellung* ist der *Bereitstellplatz* ein Platz auf dem *Boden*, in einem *Regalgestell* oder in einem *Fachbodenregal*. Die Bereitstelleinheit bleibt auf dem Bereitstellplatz unbewegt stehen, bis sie geleert ist.

Bei *räumlich getrennter Beschickung und Entnahme* befindet sich der Bereitstellplatz, wie in den *Abb. 17.8, 17.9* und *17.10* gezeigt, auf der Ausgangsseite eines *Durchlaufkanals, Durchschubkanals* oder *Durchlaufschachtes*, der von der Rückseite beschickt wird. Dadurch stehen hinter jeder Bereitstelleinheit eine oder mehrere Reserveeinheiten, die nach dem erschöpfenden Griff nachlaufen oder vorgezogen werden können.

Der *Nachteil* der räumlich getrennten Beschickung und Entnahme ist der zusätzliche Platzbedarf für die Nachschubgassen, deren *Gangbreite* b_{NG} von der Größe der Bereitstelleinheiten und der Technik der Nachschubgeräte bestimmt wird.

Bei *räumlich kombinierter Beschickung und Entnahme* entfallen die zusätzlichen Nachschubgassen. Zu entscheiden ist hier, ob für Beschickung und Kommissionieren das gleiche Gerät, wie zum Beispiel ein *Kommissionierstapler*, oder unterschiedliche Geräte eingesetzt werden, die nur auf das Lagern *oder* das Kommissionieren spezialisiert sind. Werden unterschiedliche Geräte eingesetzt, muß durch geeignete *Bewegungsstrategien* dafür gesorgt werden, daß diese möglichst nicht im gleichen Gang verkehren, um sich nicht gegenseitig zu behindern.

Der *Vorteil* der *räumlich kombinierten Beschickung und Entnahme* ist der geringere Platzbedarf. Die *Nachteile* sind:

- bei hohem Durchsatz reduzierte Kommissionierleistung infolge der gegenseitigen Behinderung von Nachschub und Kommissionierung,
- begrenzte Nachschubleistung ohne Automatisierungsmöglichkeit,
- kein unmittelbarer Nachschub nach dem erschöpfenden Griff.

Die Nachteile der kombinierten Lösung lassen sich jedoch teilweise durch geeignete Betriebsstrategien, wie die *freie Platzordnung* in Verbindung mit dem *Flip-Flop-Verfahren*, vermeiden oder reduzieren.

Aus den Vor- und Nachteilen ergeben sich die *Einsatzkriterien*:

- Die *räumliche Trennung* von Beschickung und Entnahme ist bei *hohem Durchsatz*, bei täglich *mehrfachem Nachschub*, für mehrere Kommissionierer pro Gang und bei ausreichendem Platz die bessere Lösung.
- Die *räumliche Kombination* von Beschickung und Entnahme ist bei geringem Durchsatz, maximal einem Kommissionierer pro Gang und begrenztem Platz die günstigere Lösung.

Eine genaue Grenze zwischen diesen beiden Möglichkeiten der Bereitstellung läßt sich ohne Kenntnis der projektspezifischen Anforderungen und Gegebenheiten nicht angeben.

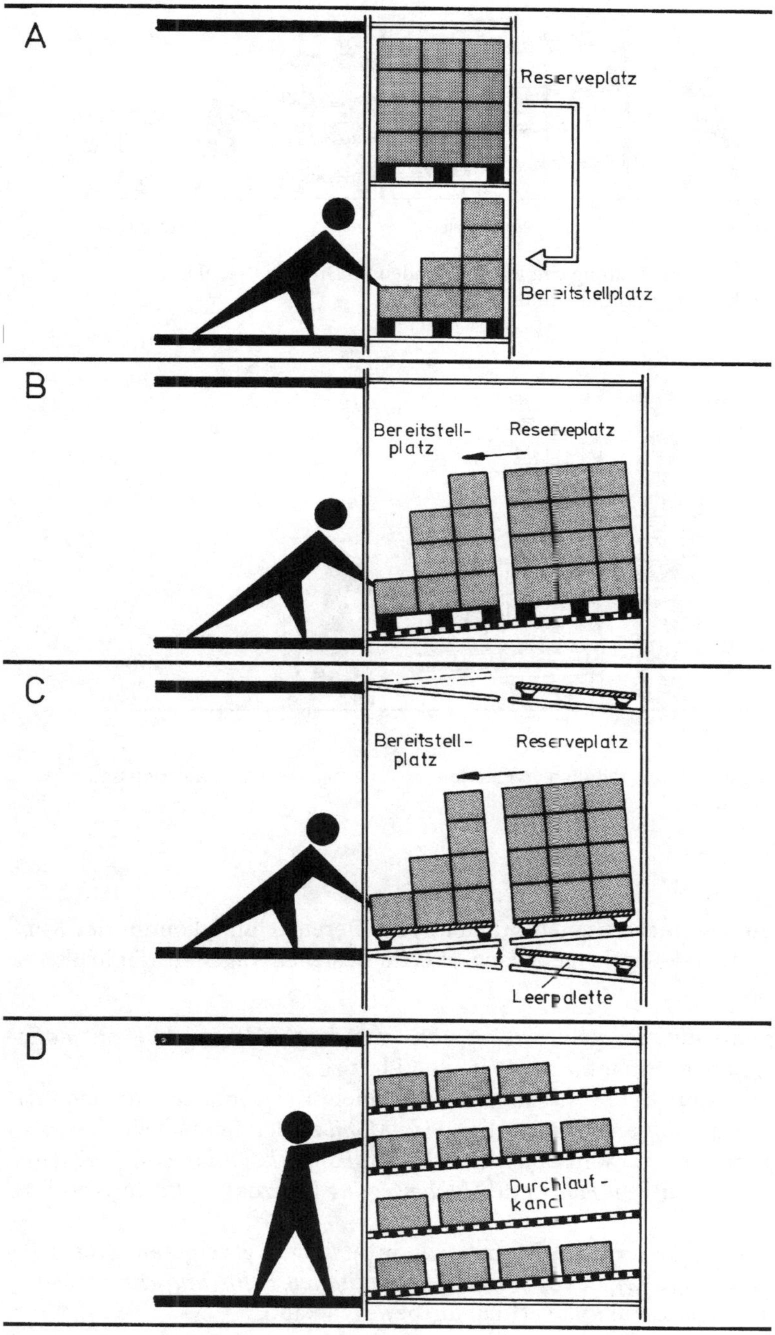

Abb. 17.8 Lösungsmöglichkeiten zur Bereitstellung der Zugriffsreserve bei räumlich getrennter Beschickung und Entnahme

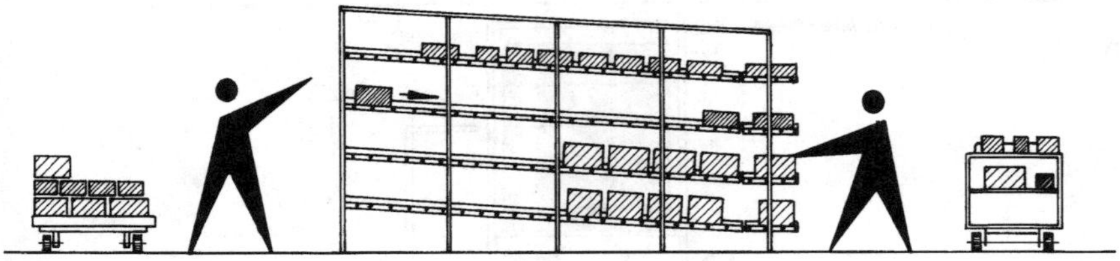

Abb. 17.9 Statische Bereitstellung von Einzelgebinden im Durchlaufregal mit getrennter Beschickung und Entnahme

Abb. 17.10 Statische Bereitstellung von Paletten mit automatischer Beschickung und manueller Entnahme

2. Fortbewegung

In den Kommissioniersystemen mit statischer Bereitstellung kommt der Kommissionierer zu den Bereitstellplätzen. Hierfür bestehen folgende Möglichkeiten [21; 29; 127, 154]:

- Der Kommissionierer geht, wie in *Abb. 17.11* dargestellt, *zu Fuß* mit einem *Handwagen* zur Aufnahme der Ware von Platz zu Platz.
- Der Kommissionierer *fährt* ebenerdig mit einem *Horizontalkommissioniergerät* [HKG] oder mit einem speziellen *Pick-Mobil* zu den Bereitstellplätzen.
- Der Kommissionierer fährt auf einem *Vertikalkommissioniergerät* [VKG], das sich in einer *additiven Fahr- und Hubbewegung* horizontal und vertikal fortbewegt.
- Der Kommissionierer befindet sich, wie in *Abb. 17.12* gezeigt, auf einem *Regalbediengerät* [RBG], das sich in einer *simultanen Fahr- und Hubbewegung* gleichzeitig horizontal *und* vertikal fortbewegen kann.

In den ersten drei Fällen ist die *Fortbewegung* des Kommissionierers *eindimensional*, im letzten Fall *zweidimensional*.

Abb. 17.11 Kommissioniersystem mit statischer Bereitstellung, eindimensionaler Fortbewegung, manueller Entnahme und zentraler Abgabe

Abb. 17.12 Kommissioniersystem mit statischer Bereitstellung, zweidimensionaler Fortbewegung, manueller Entnahme und zentraler Abgabe

KOMMISSIONIERGERÄT Kommissioniereinheiten	Traglast bis ca.	Hubhöhe bis ca.	Gangbreite ca.	Fahrt Geschwind. Beschleun.	Hub Geschwind. Beschleun.	Richtpreis 1997 TDM
Zu Fuß ohne Handwagen Warenstücke, Kleingebinde	1 kg	-	1,0 m 1,5 m	2,1 m/s 1,4 m/s²	- -	-
Zu Fuß mit Handwagen Behälter, Gebinde, Warenstücke	40 kg	-	1,5 m 2,5 m	1,3 m/s 1,0 m/s²	- -	1 bis 3
Elektro-Handhubwagen Behälter, Gebinde, Warenstücke	1.200 kg 1 EURO	1,0 m	1,5 m 2,5 m	1,7 m/s 0,5 m/s²	0,05 m/s 0,2 m/s	6 bis 8
Horizontal-Kommissioniergeräte Behälter, Gebinde, Warenstücke	2.000 kg 2 EURO	0,5 m	1,5 m 2,5 m	2,5 m/s 0,7 m/s²	0,1 m/s 0,3 m/s²	30 bis 40
Vertikal-Kommissioniergeräte Behälter, Gebinde, Warenstücke	1.000 kg 1 EURO	5,5 m	3,2 m -	2,2 m/s 0,7 m/s²	0,2 m/s 0,5 m/s²	60 bis 80
Regalbediengeräte (RBG) Behälter, Gebinde, Warenstücke	1.000 kg 1 EURO	10 m	1,4 m -	2,0 m/s 0,5 m/s²	0,5 m/s 0,5 m/s²	100 bis 140

Tab. 17.2 Kenndaten und Richtpreise von Kommissioniergeräten (Stand 1998)

Gangbreite: ohne und mit Übermöglichkeit, Ablage auf EURO-Palette
Richtpreise: mit Elektroantrieb und Handbedienung
ohne Datenanzeige zum Kommissionieren

Die *zweidimensionale Fortbewegung* kann bei einer geringen Anzahl von Entnahmeorten in einer großen Zugriffsfläche gegenüber der eindimensionalen Fortbewegung zu *Wegzeiteinsparungen* führen.[2] Der wesentliche Vorteil der Kommissionierung von einem Regalbediengerät aber besteht in der *kompakten Bauweise* des Kommissioniersystems, die durch *Nutzung der Raumhöhe* und *schmale Bedienungsgassen* erreichbar ist.

Von der *Fortbewegungsart* und dem *Aufnahmevermögen* C_{KG} [SB/KG] für Sammelbehälter [SB] sowie von der *Geschwindigkeit* und *Beschleunigung* der *Kommissioniergeräte* hängt sehr wesentlich die *Komissionierleistung* ab. Die erforderliche *Gangbreite* und die erreichbare *Greifhöhe* beeinflussen dagegen den *Flächen- und Raumbedarf* des Kommissioniersystems. Diese *technischen Kenndaten* und die *Richtpreise* einiger *Kommissioniergeräte* [KG] sind in *Tabelle 17.2* zusammengestellt.

Mit Kommissioniergeräten, die mehrere Sammelbehälter oder Versandeinheiten aufnehmen können, läßt sich eine *einstufige Kommissionierung* von *Kleinse-*

2 Die sogenannte *Flächenanfahrdichte*, das heißt, die Anzahl Zugriffe pro Bereitstellfläche, ist allein kein geeignetes Entscheidungskriterium zwischen der eindimensionalen und der zweidimensionalen Fortbewegung [50].

rien durchführen. Dadurch reduzieren sich – bei Vermeidung des doppelten Handling der zweistufigen Auftragsbearbeitung – die anteiligen Wegzeiten pro Position.

3. Entnahme

Die Entnahme ist wegen der damit verbundenen *Vereinzelung* der schwierigste Teil des Greifvorgangs. Für die Durchführung des Greifvorgangs gibt es folgende Möglichkeiten [21]:

- Das *manuelle Greifen* wird, wie in *Abb. 17.13* gezeigt, ohne technische Unterstützung von einem Menschen ausgeführt.
- Das *mechanische Greifen* wird vom Menschen mit einer *Greifhilfe* ausgeführt, zum Beispiel mit einem *Saugheber* oder einem anderen *Lastaufnahmemittel*, das von einem Dreh- oder Schwenkkran gehalten wird.
- Das *automatische Greifen* wird ohne direkte Mitwirkung eines Menschen von einem *Greifroboter*, einem *Lagenkommissioniergerät* oder einem *Kommissionierautomaten* ausgeführt (s. *Abb. 17.6*).
- Beim *automatischen Abziehen* werden die in einem *Durchlaufkanal* oder *Durchlaufschacht* bereitgestellten Entnahmeeinheiten von einer *stationären* oder *mobilen Abzugsvorrichtung* herausgezogen oder zum Herausrutschen gebracht, sodaß sie in einen *Sammelbehälter* oder auf ein *Förderband* fallen (s. *Abb. 17.14 E*).

Beim *manuellen* oder *mechanischen Kommissionieren* sind die *ergonomische Gestaltung* Greifplatzes, die *Abmessungen* des Zugriff- und Ablageraums sowie der *Abstand* und der *Winkel* zwischen Entnahme- und Ablageort entscheidend für das rationelle Greifen. Diese in *Abb. 17.13* dargestellten *Gestaltungsparameter* sind daher nutzbar zur Optimierung von Kommissioniersystemen mit manueller Entnahme.

Voraussetzungen für das automatische Kommissionieren ohne Mitwirkung des Menschen sind eine *hinreichende Gleichartigkeit*, eine *regelmäßige Form* und eine *geeignete Oberflächenbeschaffenheit* der Entnahmeeinheiten. Außerdem müssen die Entnahmeeinheiten entweder einzeln oder in gleichbleibender Stapelung bereitgestellt werden, damit sie der Kommissionierroboter zuverlässig fassen kann.

Wenn die Ware nicht bereits in geeigneter Form und Stapelung angeliefert wird, ist für das *Vorvereinzeln* bei der Beschickung ein *zusätzlicher Aufwand* erforderlich, der in vielen Fällen die Rationalisierung durch den Kommissionierautomaten aufzehrt. Das gilt beispielsweise für die sogenannten *Schachtkommissionieranlagen* für Kleinpackungen, die ähnlich wie Zigarettenautomaten mit einer automatischen Abzugsvorrichtung arbeiten [154].

Das automatische Kommissionieren *ungeordnet* bereitgestellter Warenstücke scheitert daran, daß der zuverlässige und schnelle „Griff in die Kiste“ durch einen Automaten ein Problem ist, das mechanisch und steuerungstechnisch bis heute ungelöst ist. Aber selbst wenn alle technischen Voraussetzungen für den Einsatz eines Kommissionierautomaten erfüllt sind, ist das automatische Kommissionieren nur in wenigen Fällen wirtschaftlich. Nur wenn eine gleichmäßig hohe Aus-

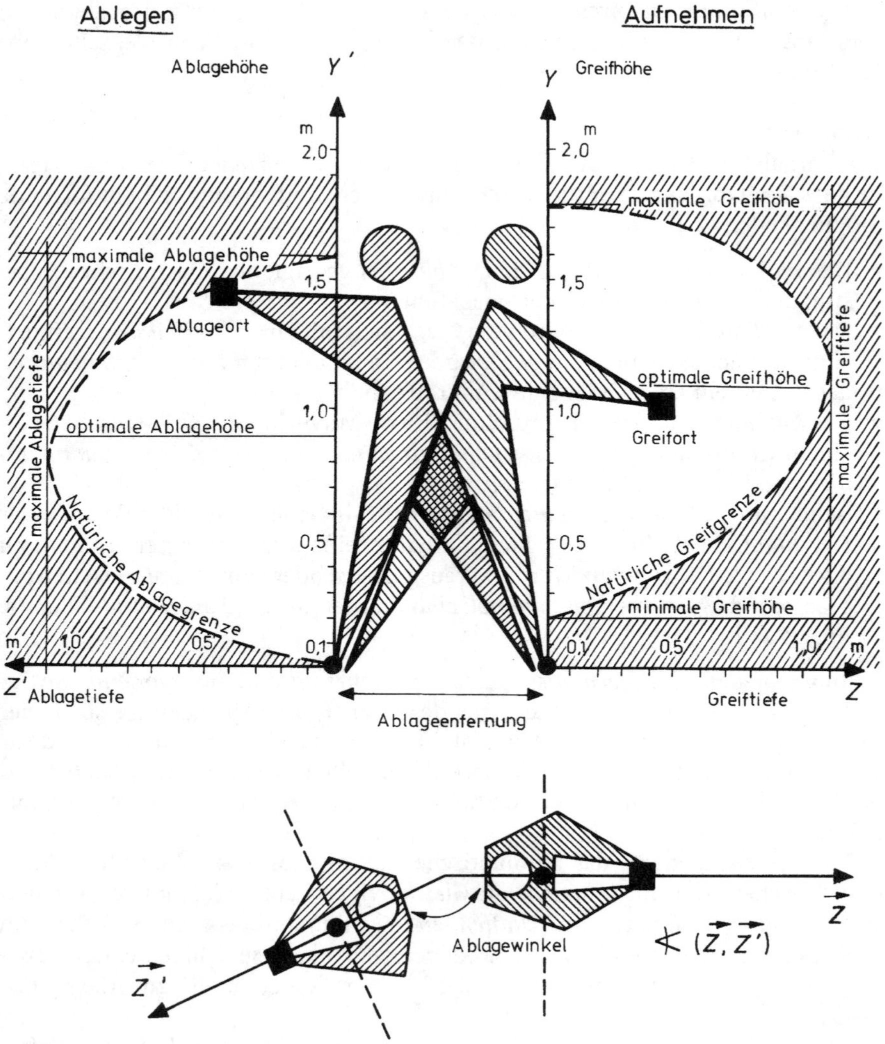

Abb. 17.13 Räumliche Einflußfaktoren des manuellen Greifvorgangs

Die Maßangaben beziehen sich auf Menschen mit 170 bis 180 cm Körpergröße
Ungünstige Greifbereiche sind schraffiert

lastung der Anlage für das ganze Jahr über mindestens zwei Schichten gewährleistet ist, kann unter bestimmten Umständen das automatische Kommissionieren im Vergleich zum manuellen Kommissionieren zu einer Kostensenkung führen [154].

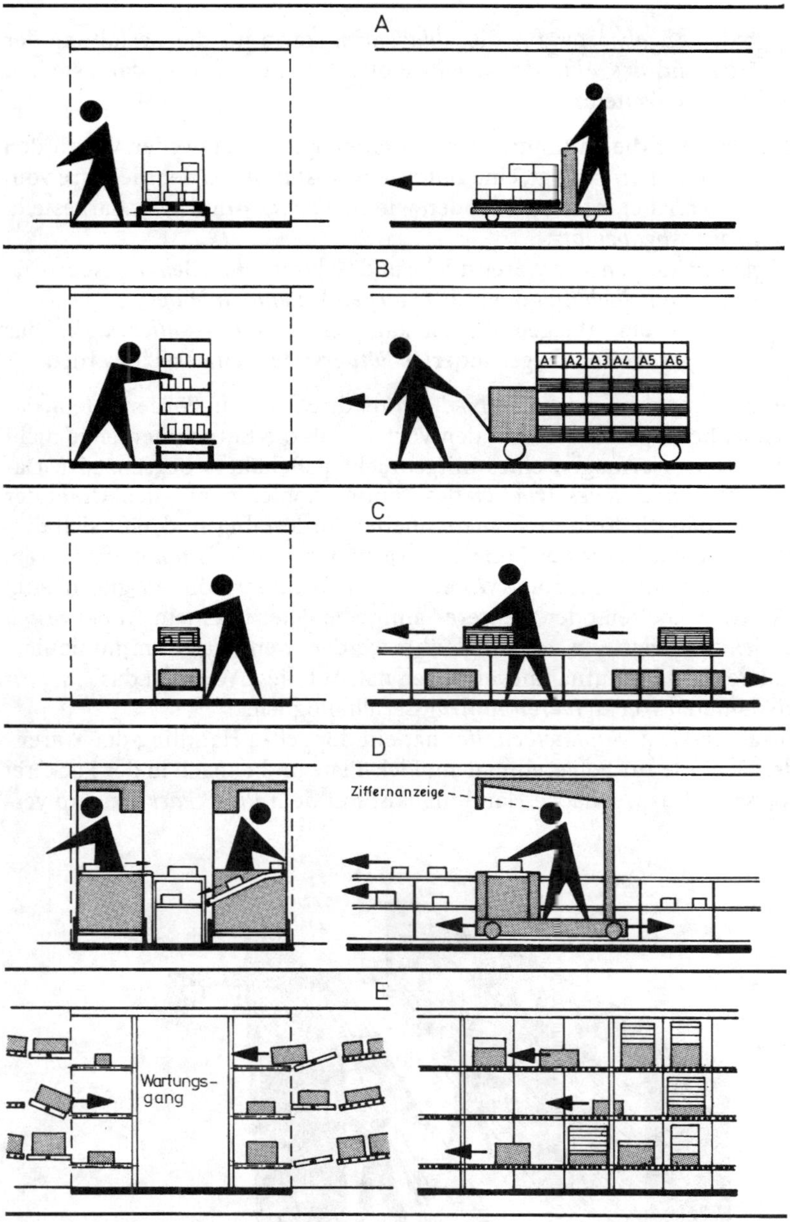

Abb. 17.14 Lösungsmöglichkeiten der Ablage beim Kommissionieren

A Konventionelles Komissionieren auf Palette mit Elektrogabelhubwagen
B Einstufige Serienkommissionierung in die Fächer eines Regalwagens
C Dezentrale Abgabe in Auftragsbehälter auf Förderanlage
D Belegloses Kommissionieren vom Pickmobil mit dezentraler Abgabe
E Automatisches Kommissionieren mit Abzugsvorrichtungen

4. Ablage
Für die Lage des *Abgabeortes*, für die *Ablageform* sowie für die Gestaltung der *Sammelbehälter* und des *Abfördersystems* gibt es die in *Abb 17.14* dargestellten technischen Möglichkeiten:

- Der *Abgabeort* für die entnommenen Warenmengen ist entweder, wie in den *Abb. 17.2, 17.4* und *17.11* gezeigt, eine *zentrale Basisstation*, zu der die Ware vom Kommissionierer befördert wird, oder, wie in *Abb. 17.3* und *17.15* dargestellt, ein *dezentraler Abgabeplatz*.
- Die *Ablageform* können lose Warenstücke und Gebinde *ohne Behälter* sein, spezielle *interne Sammelbehälter* oder die *externen Versandeinheiten*.
- Zur *Abförderung* der Ablageeinheiten kann ein *Kommissionierwagen*, das *Kommissioniergerät* oder ein gesondertes *Fördersystem* eingesetzt werden.

Die *Abgabe* der Entnahmemengen *ohne Behälter* direkt auf ein Fördersystem, das an den Pickort herangeführt ist, hat den Vorteil, daß die Entnahmemenge nicht durch das Fassungsvermögen eines mitgebrachten Behälters begrenzt ist. Dadurch ist ein *kontinuierliches Arbeiten* des Kommissionierers möglich. Unter der Voraussetzung, daß die Kommissioniereinheiten förderfähig sind, läßt sich dieser Vorteil vor allem in der ersten Stufe des *zweistufigen Kommissionierens* nutzen.

Bei *Abgabe* der entnommenen Ware *in einen Behälter* können gleichzeitig mehrere Auftragspaletten oder mehrere Sammelbehälter in einem *Wabengestell* oder einer *Schrankpalette* zu- und abgeführt werden, wenn das Kommissioniergerät ein ausreichendes Aufnahmevermögen hat. Auf diese Weise ist das *einstufige Kommissionieren* von *kleineren Auftragsserien* möglich.

Der Einsatz *interner Sammelbehälter* hat ein doppeltes Handling der Warenstücke oder Gebinde zur Folge, einmal am Pick-Platz und danach in der Packerei oder im Versand. Das zweifache Handling läßt mit dem *Pick&Pack-Prinzip* vermeiden:

Abb. 17.15 Kommissioniersystem mit statischer Bereitstellung, eindimensionaler Fortbewegung, manueller Entnahme und dezentraler Abgabe

- Die kommissionierte Ware wird gleich am Pickplatz in die *externe Versandeinheit* abgelegt, also in den Versandbehälter, die Versandpalette oder den Versandkarton .

Das Pick&Pack-Verfahren hat sich, wo immer es durchführbar ist, als besonders wirkungsvolles Mittel zur Senkung von Personaleinsatz und Kommissionierkosten erwiesen.

5. Förder- und Sortiersysteme
Für das Zuführen von Nachschub und Leergut sowie für das Sammeln, den Abtransport, das Zusammenführen, das Verteilen und das Sortieren der Entnahmemengen werden Förder- und Sortiersysteme benötigt, soweit diese Aufgabe nicht von den Nachschub- und Kommissioniergeräten übernommen wird.

Für die Zuführung und den Abtransport von Paletten und schwerem Stückgut werden *Stetigförderanlagen* mit Rollenbahnen, Tragkettenförderen und Verschiebewagen, *Hängebahnanlagen* und *fahrerlose Transportsysteme* (FTS) eingesetzt, die bei mehrstöckigen Anlagen mit Hubstationen und Aufzügen kombiniert sind. Die Grenzleistung der *Palettenfördersysteme*, die von den Engpaßelementen und der Transportstrategie bestimmt wird, liegt im Bereich von 50 bis 200 Pal/h (s. *Tabellen 13.3* und *13.4/I*).

Zur Zuführung von Kleinbehältern und zum Abtransport von Sammelbehältern oder losen Teilen werden *Bandförderer* und *Rollenförderer* mit Verzweigungs- und Zusammenführungselementen und Vertikalförderern zu einem Fördersystem kombiniert. Die Grenzleistung der *Fördersysteme für leichtes Stückgut* liegt in der Regel im Bereich von 200 bis 3.000 Beh/h (s. *Tabelle 13.4/I*).

In zweistufig arbeitenden Kommissioniersystemen werden als *Sammelsysteme* auch *Hängekreisförderer* und *Paternoster* eingesetzt, in deren Schachtgondeln die Warenstücke auftragsbezogen abgelegt werden. Für das *Verteilen* der Behälter oder losen Warenstücke auf eine große Anzahl Pack- oder Sammelplätze sind *Hochleistungssorter*, wie *Schuh- oder Posi-Sorter*, *Kippschalensorter* und *Schwenkarmsorter*, mit Sortierleistungen bis zu 10.000 Einheiten/h im Einsatz (s. *Abb. 18.13, 18.14 und 19.2*).

Die Auswahl, Auslegung und Dimensionierung der Transport-, Förder- und Sortiersysteme, mit denen die elementaren Kommissioniersysteme und andere Funktionsbereiche zu einem Gesamtsystem verbunden werden, ist eine projektspezifische Aufgabe. Maßgebend für die Leistungsfähigkeit der Kommissionierer und die Durchsatzleistung des Gesamtsystems sind dabei die *Grenzleistungen der Engpaßelemente*, die daher besonders sorgfältig auszulegen und zu bemessen sind (s. *Kapitel* 18).

6. Packerei und Auftragszusammenführung
Der Kommissionierprozeß endet mit der Bereitstellung der versandbereit oder abholfähig zusammengestellten Auftragsmengen. Wenn nicht nach dem Pick&Pack-Prinzip gearbeitet wird, muß die unverpackte Ware nach dem Kommissionieren in der Packerei versandfertig gemacht und anschließend mit der bereits verpackt entnommenen Ware auf einem *Auftragssammelplatz* zusammengeführt werden.

Das Verpacken findet an *Packplätzen* statt, die parallel arbeiten. Deren *Anzahl* läßt sich aus dem *Durchsatz* und der *Struktur* der *Packaufträge* sowie aus dem Zeitbedarf für den Packvorgang errechnen. Der Zeitbedarf wird bestimmt von der ergomischen Gestaltung der Arbeitsplätze, der Bereitstellung des benötigten Packmaterials, der Zuführung der zu verpackenden Ware und dem Abtransport der fertigen Pakete.

Die zu verpackenden Warenstücke können entweder in einer *Rutsche*, auf einem *Staurollenförderer* oder auf einem *Ladungsträger* den Packplätzen zugeführt werden. Für ein unterbrechungsfreies Packen ist pro Packplatz eine Zuführstrecke, die Stauraum für mindestens zwei Aufträge bietet, ausreichend. Alterativ sind pro Packplatz zwei oder mehr parallele Zuführstrecken erforderlich, aus denen nach dem *Flip-Flop-Prinzip* gearbeitet wird.

Der Kommissionierbereich und die Packerei können fördertechnisch *direkt verbunden* sein oder durch das Zwischenschalten eines *stationären* oder *dynamischen Puffers* voneinander *entkoppelt* werden (s. *Abb. 18.13* u. *18.14*).

Bei einer direkten Verbindung und bei einem stationärem Puffer wird die Anzahl gleichzeitig kommisionierter Aufträge, also die *Batchgröße* einer Auftragsserie, von der Anzahl *Zielstationen* begrenzt, die zur Aufnahme der fertig kommissionierten Ware zur Verfügung stehen. Bei direkter Verbindung ist die Anzahl der Zielstationen gleich der Gesamtzahl der Zuführstrecken zu den Packplätzen, bei einem vorgeschalteten statischen Puffer, wie einem *Sortierspeicher*, gleich der Anzahl der Staubahnen (s. *Abb. 18.13*).

Bei einem dynamischen Puffer, also einem *Sortierkreisel*, in dem die kommissionierten Warenstücke umlaufen, bis sie zu den Packplätzen abgezogen werden, wird die Batchgröße vom Fassungsvermögen des Fördersytems begrenzt (s. *Abb. 18.14*).

Die *Anzahl* und das *Fassungsvermögen* der Zuführstrecken zu den Packplätzen, der Staubahnen eines stationären Puffers und der Fördertechnik eines Sortierkreisels sind daher wichtige *Gestaltungs-* und *Dimensionierungsparameter* eines vollständigen Kommissioniersystems mit angeschlossener Packerei.

Werden für den Versand oder Abtransport *Ladungsträger*, wie Paletten oder Behälter, eingesetzt, ist die verpackte Ware in den Ladungsträgern möglichst raumsparend aufzustapeln, abzulegen und zu verdichten. Das *Verdichten* kann auch das Aufeinanderstapeln mehrerer flach beladener Paletten zu sogenannten *Sandwichpaletten* umfassen. Je nach Versandart und Anforderung des Auftraggebers müssen die fertigen Ladeeinheiten *etikettiert* und durch *Umreifen*, *Wickelfolien* oder *Schrumpffolien* für den Transport *gesichert* werden.

Eine *Sendung* oder eine *Ladung*, die in einer Wechselbrücke, einem Sattelauflieger oder einem anderen Transportmittel versand wird, umfaßt in der Regel mehrere Kommissionieraufträge. Das *Zusammenführen* der fertig kommissionierten Aufträge und der hinzukommenden artikelreinen Ganzeinheiten zu verladefähigen Sendungen und Ladungen – entweder auf den Pufferflächen vor den Versandrampen oder direkt in den bereitstehenden Transportmitteln – und die *Vollständigkeitskontrolle* der Aufträge und Sendungen sind die letzten Arbeitsschritte der Auftragsbearbeitung in einem Logistikbetrieb.

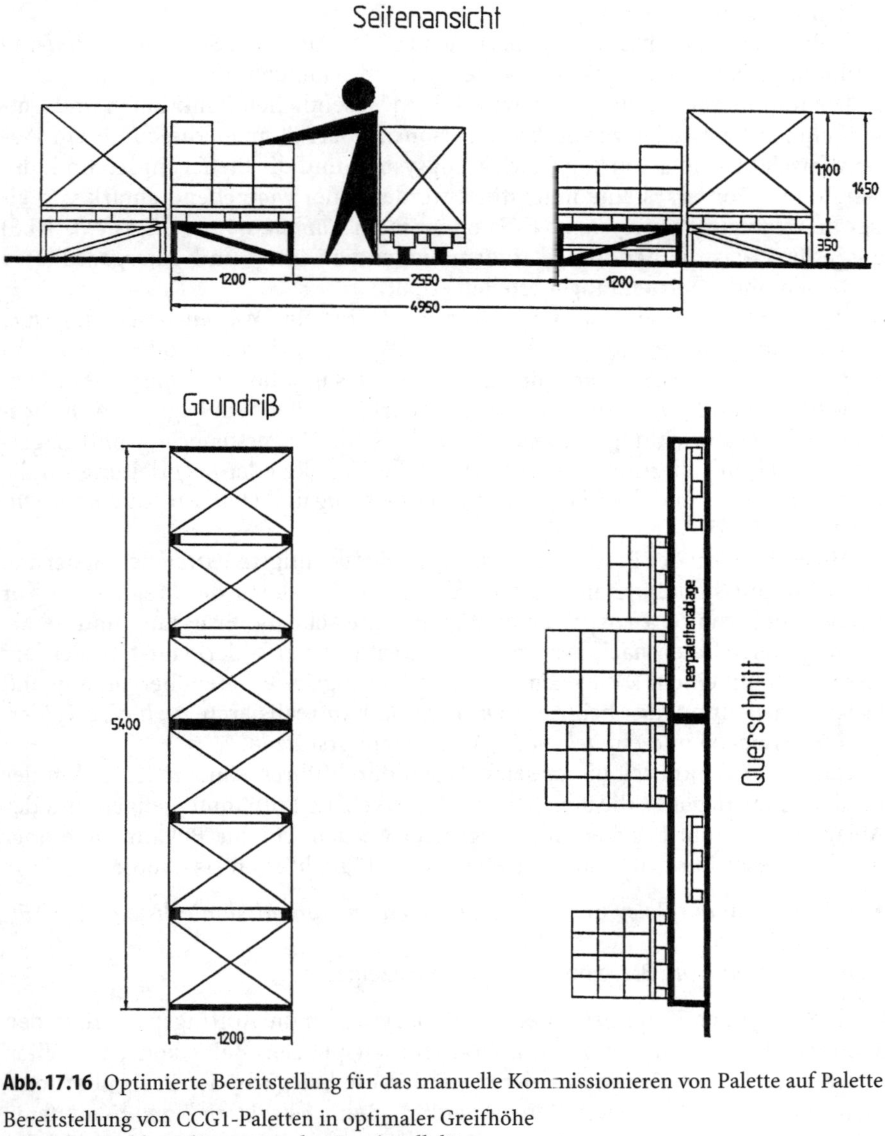

Abb. 17.16 Optimierte Bereitstellung für das manuelle Kommissionieren von Palette auf Palette

Bereitstellung von CCG1-Paletten in optimaler Greifhöhe
Leerpalettenablageplätze unter den Bereitstellplätzen
Flexibles Flip-Flop-Prinzip mit wechselnden Bereitstellplätzen

7. Kommissioniersteuerung
Aufgaben der Kommissioniersteuerung sind das *Auslösen*, *Steuern*, *Optimieren* und *Kontrollieren* der Prozesse in einem Kommissioniersystem.

Die Kommissioniersteuerung wird in den wesentlichen Funktionen und Entscheidungen entweder von *Aufsichtspersonen* übernommen, die durch ein Warenwirtschafts- oder Auftragsabwicklungssystem und die Steuerungstechnik der Geräte und Fördersysteme unterstützt werden, oder weitgehend autark von einem *Lagerverwaltungssystem* (LVS) oder einem *Kommissionierleitsystem* (KLS) ausgeführt, das die benötigten Informationen von über- und untergeordneten Systemen und externen Eingabestellen erhält.

Die Kommissioniersteuerung kann auch in ein *Warenwirtschaftssystem* (WWS) oder *Auftragsabwicklungssystem* (AWS) integriert sein oder von einem *Staplerleitsystem* (SLS) übernommen werden, das um die Funktionen der *Platzverwaltung* und *Informationsanzeige* erweitert ist. Mit einem Lagerverwaltungs- und Auftragsabwicklungssystem, das zugleich die Lagersteuerung und Lagerplatzverwaltung übernimmt, reduziert sich die Tätigkeit der Lagerleitung auf die *Personalführung* und die *Überwachung* der *Leistung* und *Qualität* aus einem *zentralen Leitstand.*

Abgesehen von der Personalentlastung ist der wichtigste *Vorteil* der Steuerung eines Kommissioniersystems mit Hilfe eines DV-Systems die Möglichkeit zur Realisierung von *Betriebsstrategien*, für die eine schnelle Erfassung und Verarbeitung vieler Daten nach bestimmten Algorithmen erforderlich ist. Außerdem lassen sich mit einem DV-System eine verzögerungsfreie Datenübertragung und Datenverarbeitung, das heißt ein *On-Line-Betrieb* realisieren, *geringere Fehlerquoten* erreichen und ein *belegloses Arbeiten* unterstützen.

Damit der Kommissionierer seine Arbeit durchführen kann, müssen ihm der nächste Zugriffsplatz, die angeforderten Artikel, die Entnahmemengen und der Ablageort bekannt gegeben oder angezeigt werden. Für die Bekanntgabe oder Anzeige dieser Informationen bestehen zwei Möglichkeiten [152; 160]:

- *Information mit Beleg* in Form von *Pickzetteln*, *Kommissionierlisten* oder *Auftragsbelegen*;
- *Information ohne Beleg* über geeignete Anzeigen.

Beim dezentralen Kommissionieren *mit Beleg* laufen die Auftragspapiere in den Sammelbehältern zu den Kommissionierarbeitsplätzen. Beim konventionellen und beim inversen Kommissionieren werden die Belege an der Basis übernommen und vom Kommissionierer mitgeführt. Beim *beleglosen Kommissionieren* kann die Anzeige entweder *stationär* an den Bereitstellplätzen angebracht oder als *mobiles* Anzeigeterminal auf dem Kommissioniergerät mitfahren [160].

Das sogenannte *Pick to Light* mit stationärer Anzeige ist optimal einsetzbar in Kommissionierarbeitsbereichen mit begrenzter räumlicher Ausdehnung, also beim dezentralen und stationären Kommissionieren. Bei weit mehr als 100 Artikeln, deren Bereitstellplätze entlang eines länger als 30 m Weges angeordnet sind, ist in den meisten Fällen die mobile Anzeige wirtschaftlicher als die stationäre Anzeige.

Das Lesen, Verarbeiten, Erfassen und Eingeben von Informationen zur Ausführung und Kontrolle kostet den Kommissionierer Zeit. Diese unproduktive *Totzeit* kann bei ungünstiger Anzeige, ungeeigneter Eingabetechnik und vielen Informationen länger sein, als die produktive Greifzeit. Bei *On-Line-Betrieb* mit einer Kommissioniersteuerung, die in ein übergeordnetes Auftragsabwicklungs- oder Warenwirtschaftssystem integriert ist, kommt die Gefahr hinzu, daß die *systembedingten Wartezeiten* auf die Informationsverarbeitung in Spitzenzeiten weit über 5 s ansteigen. Um das zu vermeiden, gilt die *Auslegungsregel*:

- Bei Kommissioniersystemen mit hohen Leistungsanforderungen, großem Informationsbedarf und On-Line-Betrieb ist eine *autarke Kommissioniersteuerung* erforderlich.

Außer der Geschwindigkeit der Informationsverarbeitung bestimmen die *Vollständigkeit*, die *Anordnung* und die *Lesbarkeit* der Informationen für den Kommissionierer maßgebend die *Totzeiten* und die *Fehlerquote*. Die Informationsanzeige hat daher erhebliche Auswirkungen auf Leistung, Qualität und Kosten des Kommissionierens.

17.4 Kommissionierqualität

Die Anzahl der nicht korrekt und termingerecht ausgeführten Positionen oder Aufträge in Relation zur Gesamtzahl der Positionen oder Aufträge einer Periode ist ein Maß für die *Kommissionierqualität*. Die Kommissionierqualität kann durch *Nichtverfügbarkeit* der Ware am Pickplatz und durch *Kommissionierfehler* beeinträchtigt werden.

Die Sicherung der *Warenverfügbarkeit am Zugriffsplatz* ist Aufgabe der Nachschubsteuerung für den Kommissionierbereich und erfordert entsprechende *Nachschubstrategien* (s.u.). Die *permanente Verfügbarkeit* der Ware am Pickplatz läßt sich durch Eingabe jeder Leerung eines Zugriffsplatzes steuern und kontrollieren. Die Sicherung der Gesamtwarenverfügbarkeit einschließlich der Reservebestände aber ist Aufgabe der Bestands- und Nachschubdisposition für den Logistikbetrieb.

Typische *Kommissionierfehler* sind:

- Entnahme aus einer falschen Bereitstelleinheit,
- Verwechslung der Artikel,
- Entnahme der falschen Menge,
- Ablage in den falschen Auftragsbehälter, (17.14)
- falsche Etikettierung,
- Liegenlassen oder Vergessen einzelner Pickaufträge,
- zu späte Bereitstellung zum Abholen oder Versand.

Bei der der Messung Kommissionierqualität ist zu unterscheiden zwischen der *Positionsfehlerquote* und der *Auftragsfehlerquote*:

- Die *Positionsfehlerquote* $\eta_{P\ fehl}$ [%] ist die Relation der Anzahl fehlerhaft ausgeführter Pickpositionen zur Gesamtzahl der bearbeiteten Positionen.

- Die *Auftragsfehlerquote* $\eta_{A\ fehl}$ [%] ist die Relation der Anzahl Aufträge, die nicht vollständig und korrekt ausgeführt wurden, zur Gesamtzahl der Aufträge.

Solange Ware vorrätig ist, sollte die Positionsfehlerquote in allen Kommissioniersystemen deutlich unter 1 % liegen. Fehlerquoten kleiner als 0,1 % pro Position sind nur unter besonderen Voraussetzungen erreichbar.

Bei einer Positionsfehlerquote $\eta_{P\ fehl}$ ist die *Positionskommissionierqualität*, also die Wahrscheinlichkeit, daß eine Position fehlerfrei ausgeführt wird, $\eta_{P\ kom} = (1 - \eta_{P\ fehl})$. Die Wahrscheinlichkeit, daß ein Auftrag mit mehreren Positionen fehlerfrei ausgeführt wird, ist das Produkt der Wahrscheinlichkeit, daß die einzelnen Auftragspositionen korrekt ausgeführt werden. Hieraus folgt der *Satz*:

- Wenn die Aufträge im Mittel n Positionen haben und die Positionsfehlerquote $\eta_{P\ fehl}$ beträgt, ist die *Auftragskommissionierqualität* $\eta_{A\ kom} = (1 - \eta_{P\ fehl})^n$ und die *Auftragsfehlerquote* $\eta_{A\ fehl} = 1 - (1 - \eta_{P\ fehl})^n$.

Hieraus ergibt sich beispielsweise, daß für Aufträge mit im Mittel 5 Positionen und einer Positionsfehlerquote von 1,0 % die Auftragsfehlerquote 4,9 % beträgt. Das bedeutet:

- Für Kommissionieraufträge mit vielen Positionen ist es ungleich schwerer, eine hohe Auftragskommissionierqualität zu erreichen, als für Aufträge mit wenigen Positionen.

Die Kommissionierfehler können durch eine *Qualitätskontrolle* in der Packerei oder im Warenausgang erfaßt und kontrolliert werden. Besser aber, als die Fehler zu kontrollieren, ist es, Fehler zu vermeiden.

Kommissionierfehler lassen sich dadurch vermeiden oder vermindern, daß vom Kommissionierer bestimmte *Kontrollinformationen* angefordert werden, die er vor und nach jedem Pick *eingeben, abscannen* oder *quittieren* muß. Eine andere Möglichkeit ist eine *Kontrollwiegung* unmittelbar beim Ablegen der Entnahmemenge am Kommissionierplatz.

Ziel aller Bemühungen ist das *Null-Fehler-Kommissionieren* (*Zero Defect Picking*), auch wenn dieses Ziel grundsätzlich nicht erreichbar ist [157]. Da Fehler, wenn auch selten, immer auftreten können, muß die Organisation eines Kommissioniersystems nicht nur auf das Vermeiden von Fehlern ausgerichtet sondern auch auf das gelegentliche Vorkommen von Fehlern vorbereitet sein.

17.5 Kombinierte Systeme

Ein elementares Kommissioniersystem ist geeignet zum gleichzeitigen Kommissionieren einer kleinen Anzahl von Aufträgen aus einem begrenzten und hinreichend homogenen Sortiment mit geringem Artikelbeständen.

Bei großem Durchsatz, inhomogenem Sortiment und hohen Artikelbeständen ist es erforderlich, mehrere elementare Kommissioniersysteme *parallel* und *nacheinander* zu installieren, die nach gleichen oder unterschiedlichen Verfahren und Techniken arbeiten. Wie in *Abb. 17.17* dargestellt, werden die elementaren

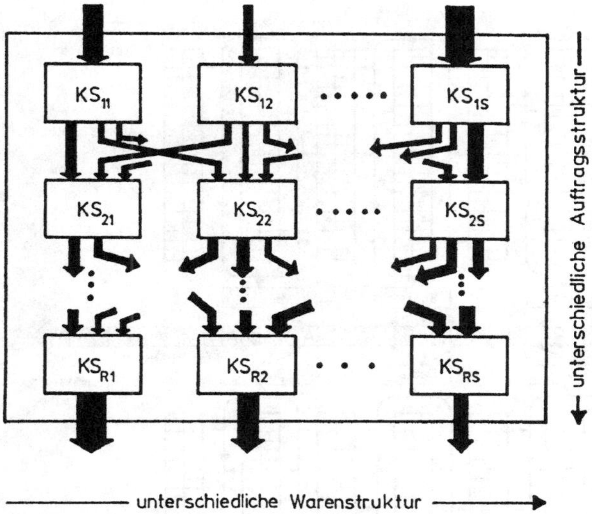

Abb. 17.17 Netzwerk aus parallel und nacheinander angeordneten elementaren Kommissioniersystemen

Kommissioniersysteme durch Fördertechnik und Informationssysteme zu einem *komplexen Netzwerk* von Lager- und Kommissioniersystemen verknüpft.

Generell gilt:

- Je unterschiedlicher die Warenbeschaffenheit, der Durchsatz und die Bestände des Sortiments sind, umso mehr *parallele* Lager- und Kommissioniersysteme sind erforderlich.
- Je größer der Durchsatz und die Bestände, je kleinvolumiger die Entnahmeeinheiten und je unterschiedlicher die externen Aufträge sind, umso geeigneter sind *mehrstufige* Lager- und Kommissioniersysteme.

Die Schwierigkeit der *Planung* eines Kommissioniersystems für Leistungsanforderungen mit großen Strukturunterschieden besteht darin, die angemessene Differenzierung und die richtige Kombination der benötigten Systeme zu finden. Für einen bestehenden *Logistikbetrieb* mit mehreren unterschiedlichen Kommissioniersystemen ergibt sich das Problem der optimalen Artikelzuweisung und Nutzung der einzelnen Systeme. Hierfür werden geeignete *Nutzungs-* und *Zuweisungsstrategien* benötigt.

1. Parallele Kommissioniersysteme

Für Sortimente mit *vielen gleichartigen Artikeln* ist es sinnvoll, ein großes Elementarsystem organisatorisch und auch räumlich in mehrere *Kommissionierzonen* aufzuteilen, die alle nach dem gleichen Verfahren arbeiten. Wie in den *Abb. 13.29/I, 16.16, 16.17, 17.18* und *17.19* gezeigt, können jeweils 2, 4 oder 6 Gassen eines konventionellen Kommissioniersystems zu *Kommissioniermodulen* oder *Kom-*

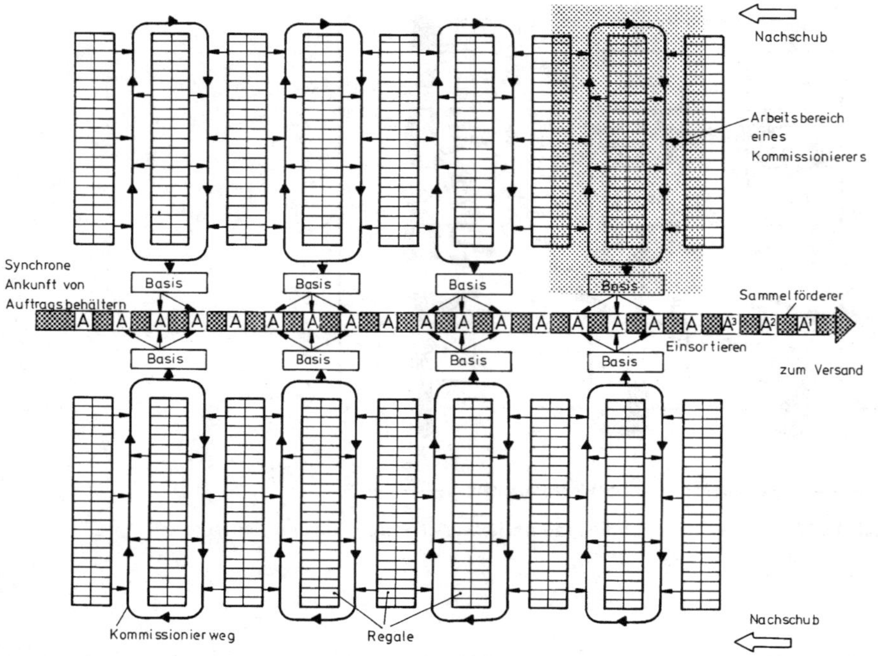

Abb. 17.18 Parallele Kommissionierzonen in der ersten Stufe eines zweistufigen Kommissioniersystems

missionierzonen zusammengefaßt werden, die jeweils einen Teil des Sortiments enthalten.

Wenn die Artikel von *unterschiedlicher Beschaffenheit* sind oder sich in der *Gängigkeit* stark unterscheiden, ist es sinnvoll, das Sortiment in Gruppen ähnlicher Beschaffenheit aufzuteilen und für jede dieser Artikelgruppen ein spezielles Kommissioniersystem zu schaffen. Eine typische Aufteilung dieser Art ist das Kommissionieren von

- *Kleinteilen* oder *Kleinmengen* in einer *Fachbodenanlage* oder einem *Kleinbehältersystem,*
- *Großteilen* oder *Großmengen* in einem *Palettensystem,*
- *Schwergut, Sperrigteilen* oder *Sonderware* in *Spezialsystemen.*

Je inhomogener das Sortiment ist, desdo mehr unterschiedliche Systeme können erforderlich sein. Zu viele spezialisierte Systeme haben jedoch den *Nachteil,* daß jedes für sich auf den *Spitzenbedarf* ausgelegt sein muß, die Auslastung sehr unterschiedlich sein kann und die externen Aufträge in viele Teilaufträge zerlegt werden müssen, die anschließend aus den getrennten Bereichen zusammenzuführen sind. Hieraus folgt der allgemeine *Planungsgrundsatz:*

- So wenig unterschiedliche und spezialisierte Kommissioniersysteme wie möglich, nur soviele wie unbedingt nötig.

Für alle Artikel, die wegen ihrer Beschaffenheit oder aufgrund *sachlicher Zuweisungskriterien* nicht in genau ein Kommissioniersystem passen, besteht bei parallelen Kommissioniersystemen die Optimierungsmöglichkeit der *durchsatzabhängigen Systemzuweisung*. So werden Artikel mit geringem Volumendurchsatz besser in einem Behältersystem und Artikel mit großem Volumendurchsatz am kostengünstigsten in einem Palettensystem kommissioniert.

2. Trennung von Lagern und Kommissionieren
Wenn der Gesamtbestand eines Sortiments mehr Ladeeinheiten füllt, als sich ohne Verlängerung der Wege im Zugriffsbereich unterbringen lassen, ist es für Kommissioniersysteme mit statischer Bereitstellung sinnvoll, einen Teil des Übervorrats in einem *getrennten Reservelager* zu lagern. Der *Übervorrat* ist der Teil des Gesamtbestands, der über den Inhalt einer *Anbrucheinheit* im Zugriff und einer vollen *Zugriffsreserveeinheit* pro Artikel hinausgeht.

In einem gesonderten Reservelager ausreichender Größe, das nur zum Lagern ausgelegt ist, sind die *Lagerplatzkosten* deutlich geringer als in einem Kommissioniersystem, das primär für das rationelle Kommissionieren ausgelegt ist. Ein dem Kommissioniersystem vorgeschaltetes Reservelager hat jedoch den Nachteil, daß die Nachschubeinheiten für das Kommissioniersystem unter Einsatz von Fördertechnik oder Staplern *umgelagert* werden müssen [158].

Hieraus folgt die *Regel*:

- Eine getrennte Lagerung der Reservemengen ist nur dann sinnvoll, wenn der gesamte Übervorrat erheblich größer ist, als die Kapazität der Reserveplätze im Kommissioniersystem.

Der Nachschub aus dem Reservelager wird über ein geeignetes Fördersystem nach dem *Pull-Prinzip* in *vollen Ladeeinheiten* in das Kommissioniersystem transportiert, sobald eine Zugriffseinheit aufgebraucht ist. Der Inhalt der Nachschubeinheit ist dabei nicht für bestimmte Aufträge reserviert.

3. Zweistufiges Kommissionieren
Beim zweistufigen Kommissionieren sind zwei Kommissioniersysteme oder ein Kommissioniersystem und ein Sortiersystem hintereinander geschaltet:

- In der *ersten Kommissionierstufe* werden die Bedarfsmengen für mehrere externe Aufträge, die zu einem *Batch-* oder *Serienauftrag* zusammengefaßt sind, *artikelbezogen* entnommen.
- In der *zweiten Kommissionierstufe* werden die Entnahmemengen der ersten Stufe *auftragsbezogen* kommissioniert oder sortiert.

Die Kommissioniersysteme der ersten Stufe können – wie in *Abb. 17.18* dargestellt – mehrere parallele konventionelle Kommissioniersysteme mit statischer Bereitstellung sein oder ein Kommissioniersystem mit dynamischer Bereitstellung.

Das Kommissionieren der zweiten Stufe wird von einem *Sammelfördersystem*, einer *Hängebahn* oder einem *Hängekreisförderer* in Verbindung mit einem *Verteilfördersystem* oder einem *Hochleistungssorter* ausgeführt, der die Warenstücke der ersten Stufe auf *Sammelplätze* verteilt, wo sie in Pakete verpackt oder auf Versandpaletten gestapelt werden. Die zweite Stufe kann aber auch ein anderes Kommissioniersystem, wie das inverse Kommissionieren, sein.

Durch das zweistufige Kommissionieren lassen sich bei statischer Bereitstellung in der ersten Stufe die anteiligen Weg-, Tot- und Basiszeiten verkürzen, denn pro Rundfahrt werden mehr Artikel angefahren und pro Halt größere Mengen entnommen. Bei dynamischer Bereitstellung lassen sich in der ersten Stufe die Bereitstellungen und Rücklagerungen vermindern und die anteiligen Rüstzeiten reduzieren, da aus einer Bereitstelleinheit größere Mengen für mehrere externe Aufträge entnommen werden.

Das zweistufige Kommissionieren hat jedoch den *Nachteil*, daß jede Entnahmeeinheit zweimal in die Hand genommen wird. Außerdem müssen die Entnahmemengen aus dem ersten System in das zweite System transportiert und dort auf die Auftragssammelplätze verteilt werden. Weitere Nachteile sind die längeren Auftragsdurchlaufzeiten und die erschwerte Bearbeitung von Eilaufträgen. Diese Nachteile der zweiten Kommissionierstufe können den Rationalisierungsgewinn der ersten Stufe weitgehend oder vollständig aufzehren.

Da die Nachteile der zweistufigen Kommissionierung bei den *Einpositionsaufträgen* besonders gravierend sind, werden für diese meist *Sonderabläufe* installiert.

Aufgrund seiner Vor- und Nachteile ist eine *Wirtschaftlichkeit* des zweistufigen Kommissionierens, wenn überhaupt, nur unter folgenden *Voraussetzungen* zu erwarten:

- viele Aufträge (> 1.000 pro Tag) mit wenigen Positionen (2 bis 5 Pos/Auf) und kleinen Entnahmemengen (bis 10 WST) aus einem breiten Sortiment (> 10.000 Artikel);
- Aufträge mit unterschiedlicher Struktur, vielen Positionen oder großen Entnahmemengen;
- planbarer Auftragseingang (ein oder zweimal pro Tag) und schubweiser Versand (bis zu vier Versandzyklen pro Tag);
- einfach greifbare, förderfähige Entnahmeeinheiten mit geringem Stückgewicht (< 7 kg);
- keine Eilaufträge und Sonderbearbeitung erforderlich;
- gleichmäßig hohe Auslastung über das gesamte Jahr für mindestens 8 Stunden pro Tag.

Diese Voraussetzungen sind zum Beispiel im *Versandhandel* und *Pharmagroßhandel* gegeben.

Auch wenn alle Voraussetzungen erfüllt sind, kann die Frage, ob das zweistufige Kommissionieren wirtschaftlicher ist als das einstufige, nur im Einzelfall durch einen Vergleich der *effektiven Kommissionierkosten* entschieden werden, nachdem für das einstufige und das zweistufige Verfahren jeweils ein optimales Konzept erarbeitet wurde.

4. Stollenkommissionerlager
Stollenkommissionierlager sind eine raumsparende Kombination von Kommissioniersystemen mit eindimensionaler Fortbewegung mit einem Schmalganglager oder einem Hochregallager.

Ein Stollenkommissionierlager ist, wie in *Abb. 17.19* dargestellt, aus einer Anzahl nebeneinander angeordneter Gangmodule aufgebaut. Jedes Gangmodul besteht aus einer *Nachschubgasse*, zwei *Regalscheiben* und seitlich davon auf mehreren Ebenen angeordneten *Kommissioniergängen*. Durch diese Anordnung entstehen tunnelartige *Kommissionierstollen*, die etwa 2,5 bis 3,0 m hoch und bis zu 60 m lang sind. Die Kommissionierstollen lassen sich auch zwischen zwei Regalscheiben oder an der Seite eines automatischen Hochregallagers anordnen.

In den Nachschubgassen verfahren mannbediente *Schmalgangstapler* oder automatische *Regalbediengeräte* zur Beschickung der Zugriffs- und Reserveplätze mit vollen *Paletten* oder *Behältern*. In den räumlich von den Nachschubgassen getrennten Kommissioniergängen arbeiten die Kommissionierer nach dem Verfahren der konventionellen oder dezentralen Kommissionierung mit statischer Bereitstellung.

Im *Zugriffsbereich* der Kommissionierer befinden sich in einem flexibel gestalteten *Fachmodul*, wie er für ein Beispiel in *Abb. 17.20* gezeigt ist, neben- und übereinander die *Bereitstellplätze*. In dem darüber liegenden Regalbereich sind die Zugriffsreserven abgestellt. Die Zugriffsplätze können auch, wie in den *Abb. 17.8* dargestellt, mit *Durchlaufkanälen* ausgerüstet sein.

Die Kommissionierer arbeiten jeweils in einer Ebene. Sie fahren mit einem *Handwagen*, in einem *Pick-Mobil* oder auf einem *Horizontalkommissioniergerät* beginnend an einer *zentralen Basis* nach den Vorgaben eines Pickbelegs oder einer mobilen Anzeige zu den Pickplätzen an beiden Seiten der Kommissionierstollen, entnehmen die angewiesenen Artikelmengen und beenden ihre *Rundfahrt* wieder an der Basis, wo sie die gefüllten Sammelbehälter oder Versandpaletten abgeben. Von dort werden die vollen Behälter und Paletten von Staplern oder durch ein Transportsystem zur Auftragssammelstelle in den Versand gebracht.

In den Kommissionierstollen kann auch ein Fördersystem zur *dezentralen Abgabe* der entnommenen Artikelmengen installiert sein, das die lose oder in Sammelbehältern abgelegte Ware in den Versand oder zur Packerei befördert.

Die Abmessungen und die Anzahl der Gangmodule, aus denen ein *Kommissioniermodul* besteht, sind durch die maximale *Fluchtweglänge* (< 35 m) und die zulässige Größe eines *Brandabschnitts* nach oben begrenzt.

Mehrere Kommissioniermodule können, wie in *Abb. 17.21* gezeigt, nach Bedarf nebeneinander und gegenüberliegend zu einem *Gesamtsystem* angeordnet werden, das zum Kommissionieren aus einem sehr breiten Sortiment von Artikeln in Paletten und Behältern geeignet ist.

Die *Hauptvorteile* der Stollenkommissionierlager sind:

- *gute Kommissionierleistungen* auch bei *breitem Sortiment* (> 1.000 Artikel);
- *hohe Flexibilität* gegenüber Anforderungsschwankungen und Sortimensveränderungen;
- *Automatisierbarkeit des Nachschubs*;
- *modularer Aufbau*, *kompakte Bauweise* und *stufenweise Ausbaumöglichkeit*.

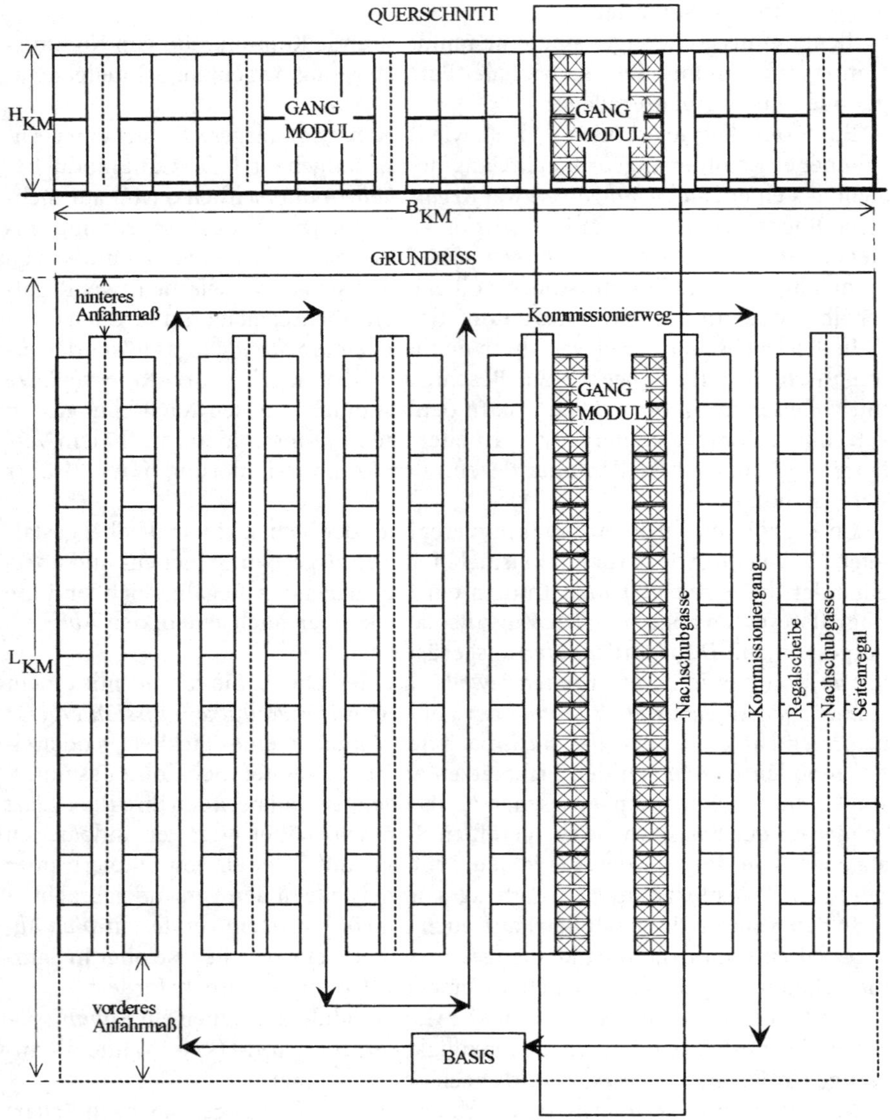

Abb. 17.19 Kommissioniermodul mit Gangmodulen eines Stollenkommissionierlagers mit zwei Ebenen

Beim Betrieb bestehender Stollenkommissionierlager aber haben sich *Nachteile* und *Einsatzgrenzen* gezeigt, die in der Planungsphase häufig übersehen oder unterschätzt werden. Die wesentlichen *Nachteile* von Stollenkommissionierlagern sind:

- problematische Sicherung der Zugriffsplätze;
- schlechte Zugänglichkeit der oberen Ebenen;

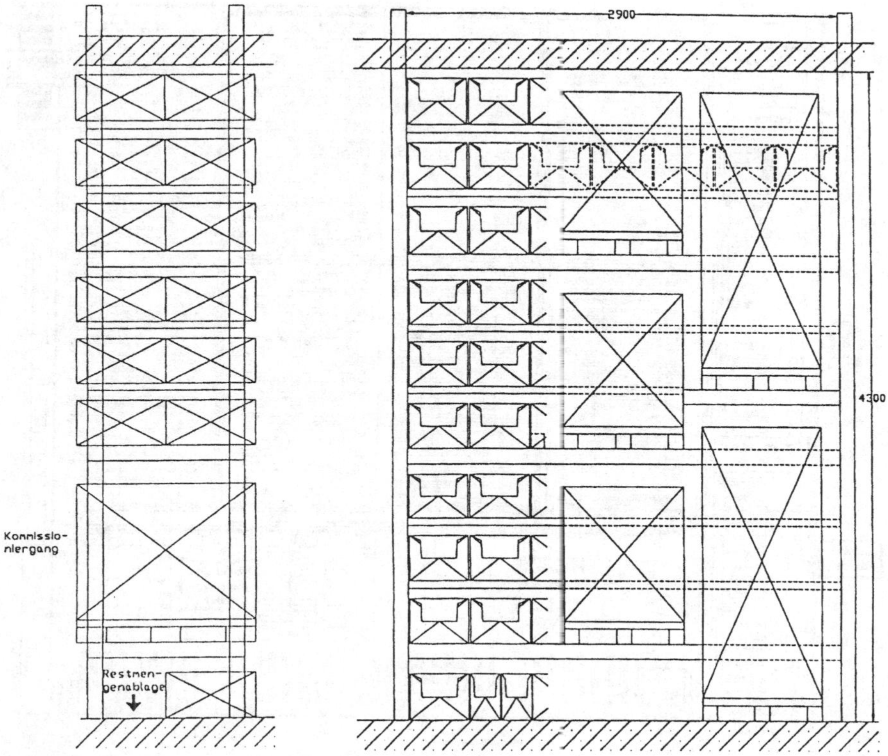

Abb. 17.20 Umrüstbarer Bereitstellmodul für Paletten oder Behälter

- Fluchtwege in den Regalen;
- begrenzte Nachschubleistung;
- Umlagerungen von den Reserveplätzen auf die Bereitstellplätze;
- Staueffekte und Wartezeiten der Kommissionierer;
- Umrüsten der Fachmodule bei Sortimentsänderungen;
- hohe Platzkosten;
- beschränkte Reserveplatzkapazität;
- Versorgung der oberen Kommissionierebenen mit leeren Sammelbehältern und Paletten;
- Entsorgen der geleerten Ladehilfsmittel von den Zugriffsplätzen;
- Abtransport der vollen Auftragsbehälter und Paletten aus den oberen Ebenen.

Um die Auswirkungen dieser Nachteile zu begrenzen und die damit verbundenen Probleme zu beherrschen, ist bereits bei der Planung und Auslegung zu beachten:

- Hohe Kommissionierleistungen und eine gute Platznutzung eines Stollenkommissionierlagers sind nur mit einer ausgefeilten, rechnergestützten *Kommissioniersteuerung* und optimalen *Betriebsstrategien* erreichbar.

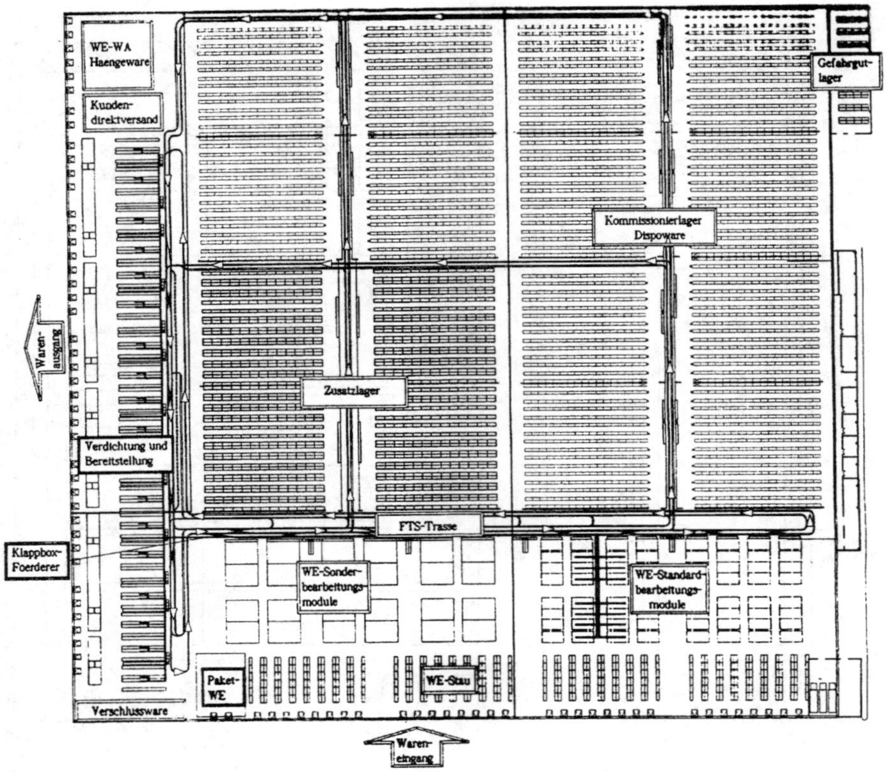

Abb. 17.21 Logistikzentrum des Handels für Paletten- und Behälterware
12 Kommissioniermodule (Stollenkommissionierlager) mit je 8 Gangmodulen
für Artikel mit regelmäßigem Verbrauch (Dispoware oder Stapelware)
4 Lagermodule für Aktionsware mit Schmalgangstaplerbedienung
Prinzipdarstellung ZLU [250]

Eine unzureichende Planung und falsche Betriebsstrategien können bei den Stollenkommissionierlagern ebenso wie bei den anderen kombinierten Systemen zu erheblichen Problemen führen.

Große Stollenkommissionierlager, die aus 8 bis 16 Modulen mit je 6 bis 8 Kommissionierstollen in zwei Ebenen bestehen, wurden in den letzten 10 Jahren mehrfach von großen Kaufhauskonzernen zur Versorgung ihrer Filialen mit Stapelware für ein Sortiment von 30.000 bis 50.000 und mehr Artikeln gebaut. Auch einige Industrieunternehmen und Konsumgenossenschaften betreiben Stollenkommissionierlager.

Die Stollenkommissionierlager haben sich nach einigen Anfangsschwierigkeiten und Aufbau der erforderlichen Organisation recht gut bewährt. Es hat sich aber auch gezeigt, daß sie nur für einen Teil des Sortiments geeignet sind und für die anderen Sortimentsteile, wie für Aktionsware, Kleinteile und Großteile, andere Systeme benötigt werden. Auch wo ein Stollenkommissionierlager technisch geeignet ist, bleibt zu prüfen, ob nicht ein anderes Kommissioniersystem wirtschaftlicher ist.

17.6 Betriebsstrategien für Kommissioniersysteme

Leistung und Kosten eines *bestehenden* Lager- und Kommissioniersystems hängen entscheidend von der Organisation und den Betriebsstrategien ab. Bei der *Planung* eines *neuen* Lager- und Kommissioniersystems lassen sich durch richtige Strategien die Investitionen reduzieren und die zukünftigen Betriebskosten senken.

Die Betriebsstrategien für Lager- und Kommissioniersysteme lassen sich einteilen in:

Belegungsstrategien
Bearbeitungsstrategien
Bewegungstrategien
Entnahmestrategien
Nachschubstrategien
Leergutstrategien.

Von den Betriebsstrategien werden nachfolgend die *Kommissionierstrategien* dargestellt und ihre Effekte analysiert [21; 160; 161]. *Lagerstrategien* werden nur soweit behandelt, wie sie für das Kommissionieren von Bedeutung sind (s. *Abschnitt 16.4*).

Mit den verschiedenen Betriebsstrategien werden meist *unterschiedliche Ziele* verfolgt, deren *Priorität* die Auswahl unter den möglichen Strategien bestimmt. Nicht alle Strategien sind miteinander verträglich. *Inkompatible Strategien* heben sich in ihrer Wirkung ganz oder teilweise auf oder erreichen das gleiche Ziel auf unterschiedliche Art. Vor der Implementierung einer Kommissionierstrategie muß daher geprüft werden, ob der erreichbare *Strategieeffekt* den Aufwand rechtfertigt und ob nicht der Effekt einer anderen, wirkungsvolleren Strategie beeinträchtigt wird.

1. Belegungsstrategien
Die Belegungsstrategien legen fest, auf welchen Plätzen und in welchen Zonen welche Artikel gelagert und bereitgestellt werden. *Ziele* der Belegungsstrategien sind *gute Platznutzung*, *kurze Wege* und ein *geringer Nachschubaufwand*. Die wichtigsten *Belegungsstrategien* sind:

- *Feste Pickplatzordnung*: Für jeden Artikel ist, solange er sich im Zugriffssortiment befindet, ein bestimmter Zugriffsplatz reserviert.
- *Freie Pickplatzordnung*: Frei werdende Zugriffsplätze werden dem nächsten Artikel mit Platzbedarf zugewiesen und von diesem nur solange belegt, bis der Platz geleert ist.
- *Feste Reserveplatzordnung*: Auch die Reserveplätze werden bestimmten Artikeln fest zugewiesen.

- *Freie Reserveplatzordnung*: Freie Reserveplätze werden für die Reserveeinheiten eines beliebigen Artikels genutzt.
- *Zonenweise freie Platzordnung*: Bestimmte Bereitstellzonen sind für die Lagerung und Bereitstellung definierter Warengruppen reserviert; innerhalb einer Zone aber ist die Platzordnung frei.
- *Schnelläuferkonzentration*: Um die mittleren Wege zu senken, werden die Zugriffseinheiten schnellumschlagender Artikel bei statischer Bereitstellung nahe der Basis, bei dynamischer Bereitstellung nahe den Ein- und Auslagerplätzen des Bereitstellagers abgestellt.
- *Packoptimale Pickplatzfolge*: Um ein Verdrücken der Pickeinheiten zu vermeiden und einen guten Packungsgrad zu erreichen, sind die Pickplätze entlang dem Kommissionierweg nach abnehmendem Volumen und Gewicht und zunehmender Empfindlichkeit angeordnet (s. *Abschnitt 12.4/I*).
- *Greifoptimale Platzbelegung*: Schnellgängige und schwer zu entnehmende Artikel werden in optimaler Zugriffshöhe bereitgestellt, langsam gängige und leicht zu greifende Artikel im unteren und oberen Bereich (s. *Abb. 17.13*).
- *Trennung der Reserveeinheiten*: Die Zugriffsreserveeinheiten werden oberhalb des Zugriffsbereichs oder, bei räumlich getrennter Beschickung, in einer gegenüberliegenden Regalfläche gelagert. Übervorräte sind in einem gesonderten Reservelager untergebracht.
- *Starres Flip-Flop-Verfahren*: Im Zugriffsbereich werden jedem Artikel zwei nebeneinander liegende Bereitstellplätze fest zugeordnet. Wenn die Zugriffsseinheit durch den erschöpfenden Griff geleert wird, setzt der Kommissionierer seine Arbeit an der daneben stehenden Reserveeinheit fort.
- *Flexibles Flip-Flop-Verfahren*: Im Zugriffsbereich wird zusätzlich zu den Artikelzugriffsplätzen eine Anzahl weiterer Plätze frei gehalten, auf die bei Erreichen des Meldebestands eines Artikels die Zugriffsreserve gestellt wird. Dadurch verändert sich der Bereitstellplatz eines Artikels im Verlauf des Betriebs.
- *Artikelreine Platzbelegung*: Auf einem Bereitstellplatz befindet sich nur ein Artikel.
- *Artikelgemischte Platzbelegung:* Auf einem Bereitstellplatz oder in einer Bereitstelleinheit befinden sich die Einheiten mehrerer Artikel.
- *Durchsatzabhängige Systemzuweisung*: Abhängig vom erwarteten *Volumendurchsatz* wird ein Artikel jeweils dem Kommissioniersystem zugewiesen, das für den entsprechenden Durchsatz am wirtschaftlichsten ist.

Die *feste Pickplatzordnung* ist einfach zu organisieren und erlaubt es, die Zugriffseinheiten der Artikel nach einer vorgegebenen *Pickfolge* aufzustellen, beispielsweise nach ansteigendem Gewicht oder in einer vom Empfänger gewünschten Artikelfolge. So wird beispielsweise beim Kommissionieren des Filialnachschubs in Handelslagern eine *abteilungsreine Füllung* der Versandbehälter entsprechend der *Reihenfolge in den Verkaufsregalen* gefordert. Die feste Pickplatzordnung erfordert jedoch bei Saisonwechsel oder bei Sortimentsveränderungen aus anderen Gründen ein *Umordnen* des Pickbereichs [161].

Die *freie Pickplatzordnung* wird benötigt für eine flexible Platznutzung in Verbindung mit dem Flip-Flop-Verfahren. Mit einer *freien Reserveplatzordnung* läßt sich der Platzbedarf für die Reserveeinheiten erheblich reduzieren. Voraussetzungen für die freie Platzordnung sind jedoch eine *zuverlässige Platzverwaltung* und eine *flexibe Auftragsbearbeitung.*

Die *Trennung der Reserveeinheiten* von den Zugriffseinheiten ermöglicht bei der statischen Bereitstellung kleinere Zugriffsflächen und kürzere Wege. Ohne besondere Vorkehrungen, wie das Flip-Flop-Verfahren, kann es dabei jedoch nach dem erschöpfenden Griff zu einer Unterbrechung des Kommissionierens oder zu unvollständigen Aufträgen kommen.

Durch das *Flip-Flop-Verfahren* wird erreicht, daß der Kommissionierer nach dem erschöpfenden Griff die Auftragsbearbeitung ohne Unterbrechung an der rechtzeitig bereitgestellten Reserveeinheit fortsetzen kann, die dann zur Zugriffseinheit wird. Beim *starren Flip-Flop-Verfahren* verdoppelt sich jedoch die Länge der Bereitstellfront und damit der Kommissionierweg. Beim *flexiblen Flip-Flop-Verfahren* ist die Verlängerung der Bereitstellfront und der Kommissionierwege vom Zeitbedarf für den Nachschub abhängig. Bei richtiger Auslegung des Nachschubsystems genügt beim flexiblen Flip-Flop-Verfahren in der Regel eine Zugriffsplatzreserve von 10 % bis 20 %.

Abhängig von der ABC-Verteilung, der Sortimentsbreite, der Anordnung der Zugriffsplätze und der gewählten Bewegungsstrategie sind durch eine *Schnellläuferkonzentration* beim konventionellen Kommissionieren *Wegzeiteinsparungen* bis zu 30 % erreichbar und Leistungsverbesserungen bis zu 10 % möglich. Dem steht der *Nachteil* gegenüber, daß sich die Kommissionierer vor den dicht beeinander liegenden Bereitsstellplätzen der schnellgängigen Artikel gegenseitig behindern können. Wegen dieser *Blockiergefahr,* aber auch, weil sich die Umschlagfrequenz eines Artikels im Verlauf der Zeit ändern kann, ist eine Schnellläuferkonzentration in konventionellen Kommissioniersystemen nur in Ausnahmefällen sinnvoll (s.u.).

Durch die in *Abb. 17.22* dargestellte *Auffüllstrategie* mit *flexibler Platzbelegung* ergibt sich *selbstregelnd* eine Konzentration der schnellumschlagenden Artikel in der Nähe der Basis und damit ein Teil des Schnellläufereffekts [161].

Mit der Strategie der *durchsatzabhängigen Systemzuweisung* wird dafür gesorgt, daß Artikel mit geringem Volumendurchsatz in kleinen Mengen, in Kleinbehältern oder als Einzelgebinde in Durchlaufkanälen bereitgestellt werden und wenig Bereitstellfläche belegen. Wegen des geringen Durchsatzes ist für diese Artikel die Nachschubfrequenz in Behältern oder als Einzelgebinde klein. Artikel mit hohem Volumendurchsatz werden dagegen in größeren Mengen und großen Ladeeinheiten bereitgestellt, die mehr Bereitstellfläche belegen, aber bei höherem Durchsatz eine geringe Nachschubfrequenz verursachen.

Strategieparameter der durchsatzabhängigen Platzzuweisung ist der *kritische Volumendurchsatz,* unterhalb dessen die Bereitstellung in Fachbodenregalen, in Durchlaufkanälen oder Kleinbehältern und oberhalb dessen die Bereitstellung auf Paletten wirtschaftlicher ist. Der kritische Volumendurchsatz ist projektabhängig und muß im Einzelfall errechnet werden. Hieraus ergeben sich *Zuweisungskriterien* für die Bereitstellung im täglichen Betrieb (s. *Abschnitt 12.6/I*).

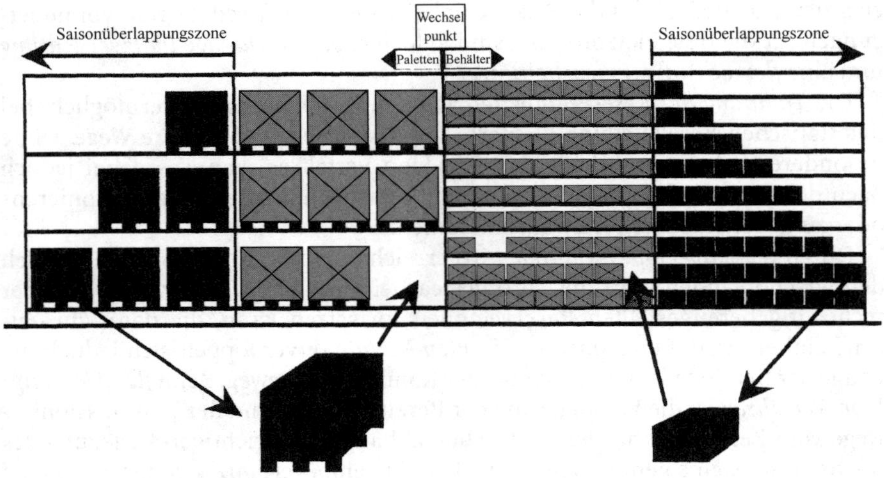

Abb. 17.22 Auffüllstrategie mit flexibler Platzbelegung für die Warenbereitstellung in Paletten und Behältern

2. Bearbeitungsstrategien

Die Bearbeitungsstrategien regeln die *Vorbereitung* und die *Ausführung* der externen Aufträge. Ziele sind die Einhaltung der geforderten *Durchlaufzeiten*, ein *rationelles Kommissionieren* und eine *gleichmäßige Auslastung* paralleler Arbeitsbereiche .

Bevor die externen Aufträge in die operativen Leistungsbereiche zur Ausführung gegeben werden, müssen sie in einer *Auftragsbearbeitungsstelle* oder vom *Rechner* geprüft, gesichtet und entsprechend den *Ausführungsstrategien* geordnet werden. Die Aufträge können nach folgenden Strategien bearbeitet werden [21; 152]:

- *Getrennte Echtzeitverarbeitung*: Jeder eingehende Auftrag wird sofort bearbeitet und an die betreffenden Kommissionierbereiche weitergeleitet.
- *Zeitgetaktete Stapelverarbeitung*: Die in einen bestimmten *Zykluszeitraum* T_S [h] eingehenden Aufträge werden gesammelt, danach gemeinsam bearbeitet und als *Auftragsstapel* (*Batch*) an die betreffenden Kommissionierbereiche gegeben.
- *Mengengetaktete Stapelverarbeitung*: Die eingehenden Aufträge werden gesammelt bis eine bestimmte *Stapelanzahl* n_S erreicht ist, die gemeinsam bearbeitet und als Stapel an die betreffenden Kommissionierbereiche weitergegeben wird.

Die *Echtzeitverarbeitung* (*Real-Time-Processing*) ist in konventionellen Kommissioniersystem mit relativ geringen Leistungsanforderungen üblich und für Eilaufträge auch in größeren Systemen notwendig. Sie bedeutet jedoch einen weitgehenden Verzicht auf leistungssteigernde Ausführungsstrategien. Außerdem bewirkt die Einzelbearbeitung eine stark schwankende Belastung der Kommissionierer. Bei großem Auftragseingang entstehen dadurch *Auftragswarteschlangen* vor den einzelnen Kommissionierbereichen und bei geringem Auftragseingang längere *Wartezeiten* der Kommissionierer.

Die *Stapelverarbeitung (Batch-Processing)* ermöglicht die Nutzung von Ausführungsstrategien zur Leistungssteigerung und führt zu einer gleichmäßigeren Auslastung der Kommissionierer. Sie hat jedoch den Nachteil, daß sich die Auftragsdurchlaufzeiten um die Zykluszeit oder Auftragssammelzeit verlängern.

Bei der *zeitgetakteten Stapelverarbeitung* enthalten die Auftragsstapel unterschiedlich viele Aufträge mit der Folge, daß die Ausführungszeiten voneinander abweichen. Da die Zykluszeit eine frei wählbare *Strategievariable* ist, lassen sich durch Anpassung der Zykluszeit auch kürzere Durchlaufzeiten einhalten bis hin zu einer Zykluszeit $T_S = 0$, die den Übergang zur Echtzeitverarbeitung bedeutet.

Bei der *mengengetakteten Stapelverarbeitung* ist die *Stapelanzahl* ein freier *Strategieparameter*, der sich unterschiedlichen Zielsetzungen, wie Durchlaufzeit und Kommissioniereffizienz, anpassen läßt. Die Ausführungszeiten der Auftragsstapel sind annähernd gleich lang.

Die einzelnen oder angesammelten Aufträge können von der Auftragsvorbereitung nach folgenden *Ausführungsstrategien* geordnet und an die Kommissionierbereiche zur Durchführung weitergegeben werden:

- *Einzelbearbeitung*: Alle Aufträge oder ausgewählte Aufträge, wie Eilaufträge, werden gesondert voneinander als *Einzelauftrag* ausgeführt.
- *Starre Serienbearbeitung* (*Fixed Batch*): Eine feste Anzahl *s* von Aufträgen wird zu einem *Sammel-* oder *Serienauftrag* gebündelt und gemeinsam ausgeführt. Erst, nachdem alle Aufträge der Serie fertig kommissioniert sind, wird mit einer neuen Serie begonnen.
- *Flexible Serienbearbeitung* (*Flowting Batch*): Im Kommissionierbereich befindet sich eine bestimmte Anzahl Aufträge gleichzeitig in Arbeit. Wenn ein Auftrag fertig kommissioniert und im Sortierspeicher oder in der Packerei eine Zielstation frei ist, wird mit dem Kommissionieren eines neuen Auftrags begonnen.
- *Nacheinanderbearbeitung*: Einzel- oder Sammelaufträge, die Artikel aus mehreren parallelen Kommissionierbereichen anfordern, durchlaufen als *Komplettauftrag* nacheinander die Bereiche.
- *Parallelbearbeitung*: Einzel- oder Sammelaufträge, die Artikel in mehreren Kommissionierbereichen ansprechen, werden in *Teilaufträge* zerlegt und in den betreffenden Bereichen parallel ausgeführt.
- *Priorisierung von Eilaufträgen*: Eilaufträge werden als Einzelaufträge in allen Kommissionierbereichen vorrangig ausgeführt.

Vorteile der *Einzelbearbeitung* sind minimale Auftragsdurchlaufzeiten und ein geringer Organisationsaufwand. Diese Strategie wird daher vor allem verfolgt, wenn es auf *kurze Lieferzeiten* ankommt. Nachteile sind eine ungleichmäßige Auslastung der Kommissionierer, geringere Kommissionierleistungen, vor allem aber der Verzicht auf Bündelungseffekte.

Entsprechend bietet die *Serienbearbeitung* die Nutzung dieser Bündelungseffekte, allerdings um den Preis längerer Auftragsdurchlaufzeiten und eines erhöhten Organisationsaufwands. Die Anzahl der gebündelter Aufträge, das heißt die *Serien-* oder *Batchgröße s*, ist ein frei wählbarer *Strategieparameter*, durch dessen Festlegung sich jeder gewünschte Kompromiß zwischen Durchlauflaufzeiten und Bündelungseffekten erreichen läßt bis hin zur Einzelauftragsbearbeitung, für die $s = 1$ zu setzen ist. Die Batchgröße s der Auftragsausführung muß dabei nicht notwendig gleich der Stapelanzahl n_S der vorangehenden Auftragsbearbeitung sein. Sie ist begrenzt durch die Anzahl und Kapazität der Zielstationen im Zwischenpuffer oder vor den Packplätzen.

Bei der starren Serienbearbeitung ist zwischen zwei aufeinander folgenden Auftragsserien eine *Serienwechselzeit* erforderlich, in der der Kommissionierbereich, das Abfördersystem und der Zwischenspeicher geräumt und für die nächsten Serie vorbereitet werden. Bei der flexiblen Serienbearbeitung entfällt diese Wechselzeit.

Die *Nacheinanderbearbeitung* ungeteilter Aufträge hat den Vorteil, daß nach dem Durchlauf des Auftrags durch alle Bereiche der Auftrag komplett ist. Wenn in die Versandeinheiten kommissioniert wird, können diese direkt zum Versand bereitgestellt werden. Ein weiterer Vorteil ist, daß jeweils *ein* Kommissionierer für das Auftragsergebnis verantwortlich ist, es sei denn, der teilbearbeitete Auftrag wird *staffettenartig* von einem Bereich zum nächsten weitergegeben.

Bei der Nacheinanderbearbeitung entsteht pro Auftrag maximal eine teilgefüllte Versandeinheit. Damit entfällt die Notwendigkeit einer Verdichtung im Versand. Ein weiterer Vorteil besteht in der einfachen Organisation. Nachteile der Nacheinanderbearbeitung aber sind die langen Auftragsdurchlaufzeiten, insbesondere von Aufträgen mit vielen Positionen aus mehreren Bereichen, und die ungleichmäßige Auslastung der Kommissionierer.

Durch eine *Parallelbearbeitung* von Teilaufträgen lassen sich kürzere Auftragsdurchlaufzeiten, eine bessere Auslastung der Kommissionierer und höhere Kommissonierleistungen erreichen. Bei Großaufträgen, die mehr Versandeinheiten füllen, als gleichzeitig in den Pickbereich gebracht werden können, ergibt sich die Parallelbearbeitung zwangsläufig. Nachteile der Paralellbearbeitung sind das Zusammenführen der Teilauftragsmengen und das Entstehen von mehr als einer teilgefüllten Versandeinheit pro Auftrag, die unter Umständen im Versand verdichtet werden müssen.

Durch eine *rechnergestützte Kommissioniersteuerung* lassen sich die Einzelbearbeitung und die Serienbearbeitung mit der Nacheinander- und der Parallelbearbeitung kombinieren und die Strategieparameter so festlegen, daß bei Einhaltung der geforderten Durchlaufzeiten die Vorteile der einzelnen Bearbeitungstrategien maximal ausgeschöpft und die Nachteile weitgehend vermieden werden.

3. Entnahmestrategien

Wenn ein Artikel an mehreren Plätzen zum Picken bereitsteht, regeln die Entnahmestrategien, an welchem der Bereitstellplätze die Entnahme durchzuführen ist. Die wichtigsten Entnahmestrategien sind:

- *First-In-First-Out-Prinzip* (*FIFO*): Die Ladeeinheiten und Artikelbestände, die zuerst eingelagert wurden, werden zuerst entnommen.

- *Räumung von Anbruchmengen*: Wenn von einem Artikel mehrere Breitstelleinheiten im Zugriffsbereich stehen, wird zuerst die Bereitstelleinheit mit dem kleineren Inhalt geleert, auch wenn es dadurch zur *Positionsteilung* oder zu längeren Wegen kommt.
- *Mengenanpassung*: Wenn von einem Artikel mehrere Bereitstelleinheiten zur Auswahl stehen, wird auf die Einheit zugegriffen, deren Inhalt größer als die geforderte Entnahmemenge ist, auch wenn dadurch mehrere Anbrucheinheiten pro Artikel entstehen.
- *Mitnahme der Bereitstelleinheit*: Wenn die Entnahmemenge größer ist als die nach der Entnahme verbleibende Restmenge, wird die Überschußmenge auf eine nebenstehende Bereitstelleinheit des gleichen Artikels gelegt und die Bereitstelleinheit mit der verbleibenden Entnahmemenge mitgenommen.

Die Strategie der Mengeanpassung ist vor allem für die dynamische Bereitstellung von Bedeutung, da sie die zweifache Bereitsstellung bei der Entnahme großer Mengen verhindert. Bei der statischen Bereitstellung ist die Mengenanpassung nicht sinnvoll, da sie die Nachschubsteuerung erschwert und die Plätze im Zugriffsbereich länger blockiert.

Eine *Mitnahme der Bereitstelleinheit* ist in Verbindung mit dem starren Flip-Flop-Verfahren möglich, wenn der Platz auf der nebenstehenden Zugriffseinheit zur Aufnahme der abgeräumten Überschußmenge ausreicht. Auch bei dynamischer Bereitstellung ist die Mitnahme der Bereitstelleinheit durchführbar, wenn die Überschußmenge auf eine leere Palette oder in einen Leerbehälter abgelegt und darin zurückgelagert wird.

Vorteile der Mitnahmestrategie sind die *Reduzierung der Greifzeit* und die gleichzeitige *Entsorgung des Ladungsträgers*. Diese Vorteile wirken sich besonders bei großen Entnahmemengen aus. Die Mitnahmestrategie ist speziell einsetzbar bei der *Kommissionierung ganzer Lagen* von Kartons auf Paletten.

4. Bewegungsstrategien

Die *Bewegungsstrategien* oder *Fahrwegstrategien* legen fest, in welcher Reihenfolge und auf welchen Wegen sich der Kommissionierer zu den Entnahmeplätzen bewegen soll, damit er seinen Auftrag in kürzester Zeit ausführt.

Bei einer Kommissionierung mit dynamischer Bereitstellung werden *Bewegungsstrategien* nur für das vorangeschaltete Lager- und Bereitstellungssystems benötigt, nicht aber für die Kommissionierer an den Bereitstellplätzen (s. *Abschnitt 16.4*).

In den Kommissioniersystemen mit statischer Bereitsstellung führt die Suche nach dem kürzesten Weg auf das bekannte *Travelling-Salesman-Problem*, für dessen Lösung im *Operations-Research* unterschiedliche Verfahren entwickelt wurden [11; 13; 163]. Bei n Entnahmepositionen pro Rundfahrt gibt es bis zu $(n-1)!/2$ verschiedene Wege, das sind beispielsweise für n = 12 mehr als 360 Millionen Wege. Von diesen theoretisch möglichen Wegen ist allerdings die größte Anzahl offensichtlich unsinnig.

Mit den bekannten OR-Verfahren benötigt ein leistungsfähiger Rechner zur Auswahl des kürzesten oder eines annähernd kürzesten Weges bei mehr als

10 Positionen eine längere Rechenzeit. Das stellt höhere Ansprüche an den Rechner und kann im *Echtzeitbetrieb* unzulässig lange *Totzeiten* zur Folge haben.

Hinzu kommt, daß der kürzeste Wege unpraktikabel sein kann, da er bei mehreren Kommissionierern im System zu störenden Begegnungen führt. Daher ist es für den *praktischen Betrieb* erforderlich, *Bewegungsstrategien* zu entwickeln, deren resultierende Wegzeiten im Mittel wenig – möglichst nicht mehr als 10 % – von der optimalen Wegzeit abweichen, die allgemein verständlich sind, eine *kurze Vorbereitungszeit* erfordern und bei vielen Kommissionieren einen *geordneten Verkehrsablauf* gewährleisten.

Zur Planung und Dimensionierung von Kommissioniersystemen sowie für die Vorausberechnung des Personalbedarfs muß die funktionale Abhängigkeit der mittleren Wegzeiten von den unterschiedlichen Einflußfaktoren bekannt sein. Der mittlere Weg für eine Vielzahl von Aufträgen, die auf dem jeweils kürzesten Weg kommissioniert werden, kann jedoch nur durch aufwendige und zeitraubende *stochastische Simulation* auf dem Rechner ermittelt werden.

Die verschiedenen *Einflußfaktoren* und ihre *Auswirkungen* auf die mittlere Wegzeit lassen sich auf diese Weise nur experimentiell und in ihren Wechselwirkungen nur unzureichend bestimmen [163]. Für die Planung, die Optimierung und den Betrieb muß daher für die verschiedenen Bewegungsstrategien die mittlere Wegzeit in Abhängigkeit von den unterschiedlichen Einflußfaktoren *analytisch* berechnet werden.

Für das konventionelle Kommissionieren mit statischer Bereitstellung und *eindimensionaler* Fortbewegung haben sich in der Praxis die folgende Bewegungsstrategien bewährt, deren Abläufe in *Abb. 17.23* dargestellt sind [164, 165]:

- *Durchgang-* oder *Schleifenstrategie*: Der Kommissionierer durchläuft oder durchfährt in einer Schleifenlinie nacheinander alle Kommissioniergänge seines Arbeitsbereichs, in denen sich Artikel für den auszuführenden Auftrag befinden, und läßt dabei alle Gänge aus, in denen keine Artikel zu entnehmen sind.
- *Stichgangstrategie ohne Gangwiederholung*: Der Kommissionierer bewegt sich entlang der Regalstirnseite und fährt mit seinem Kommissioniergerät oder Handwagen nacheinander in alle Gänge hinein, in denen sich Artikel für seinen Auftrag befinden, entnimmt dort die angeforderten Mengen *für alle Artikel* und kehrt danach zur gleichen Regalstirnseite zurück.
- *Stichgangstrategie mit Gangwiederholung*: Der Kommissionierer bewegt sich entlang der Regalstirnseite und geht nacheinander *für jeden Artikel gesondert* in die Gänge, in denen Artikel angesprochen sind, entnimmt dort die angeforderte Menge und kehrt danach zur gleichen Regalstirnseite zurück, wo er sie in den Kommissionierwagen oder auf ein Förderband ablegt.

Diese Bewegungstrategien lassen sich weiter differenzieren nach *Entnahme auf einer Gangseite* und *auf beiden Gangseiten* sowie in *Einweg-* und *Gegenverkehr.*

Die *Durchgangstrategie* bietet einen besonders einfachen und geordneten Ablauf. Gegenseitige Behinderungen und Begegnungen der Kommissionierer lassen sich durch *Einwegverkehr* in den Gängen vermeiden. Daher wird in den meisten konventionellen Kommissioniersystemen mit eindimensionaler Fortbewegung nach der *Durchgangstrategie* gearbeitet [164].

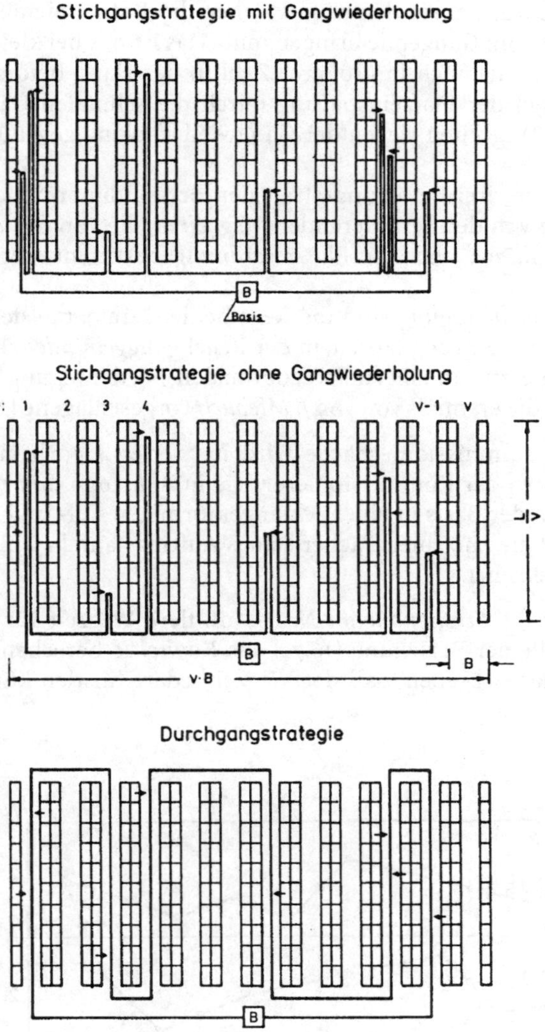

Abb. 17.23 Stichgangstrategien und Durchgangstrategie bei eindimensionaler Fortbewegung in Kommissioniergassen mit Kopfganganordnung
Strategieparameter: Anzahl Kommissioniergänge $N_{KG} = 12$

Die *Stichgangstrategie ohne Gangwiederholung* bietet sich an, wenn ein Gangwechsel nur an einer Stirnseite möglich ist, weil auf der anderen Stirnseite die Nachschubgeräte verkehren, aber auch bei Sortimenten mit stark *unterschiedlicher Gängigkeit*, wenn die A-Artikel an den Gangenden zur Basis konzentriert bereitgestellt werden.

Die *Stichgangstrategie mit Gangwiederholung* muß angewendet werden, wenn die Kommissioniergänge so schmal sind, daß der Kommissionierer nicht mit seinem Kommissioniergerät hineinfahren kann und daher die Entnahmemenge nach dem Ausfassen zu Fuß zum Gangende bringen muß. Das ist nur bei kleinen Entnahmeeinheiten möglich, die auch in größerer Zahl in der Hand befördert werden können. Dem Vorteil der Platzeinsparung durch die schmalen Gänge steht der Nachteil längerer Wegzeiten wegen der Gangwiederholung gegenüber [164].

Die Auswahl zwischen den drei Bewegungsstrategien der eindimensionalen Fortbewegung ist abhängig von den resultierenden *Wegzeiten*, die von der *Auftragsstruktur*, der *Bereitstellänge* und der *Platzanordnung* bestimmt werden (s.u.).

Bei *zweidimensionaler Fortbewegung* sind die Regalbediengeräte, mit denen die Kommissionierer von Fach zu Fach fahren, in der Regel *ganggebunden*. Eine einfache Bewegungsstrategie zur annähernd wegoptimalen Fortbewegung mit einem Regalbediengerät ist die erstmals von von *J. Miebach* vorgeschlagene [165]

- *N-Streifenstrategie*: Die Kommissionierfläche wird in 2 oder 4 horizontale *Streifen* aufgeteilt, in denen der Kommissionierer, wie in *Abb. 16.19 und 17.24* dargestellt, beginnend an der Basis in einer schlangenförmigen Auf- und Abbewegung nacheinander die einzelnen Fächer seines Auftrags anfährt, bis er am Ende zur Basis zurückkehrt.

Der *Strategieparameter* ist die *Streifenanzahl N*. Die mittlere Wegzeit für die Streifenstrategie ist mit Hilfe der Beziehung (16.71) aus *Kapitel 16* berechenbar. Simulationsrechnungen haben ergeben, daß der Wegzeitbedarf für den kürze-

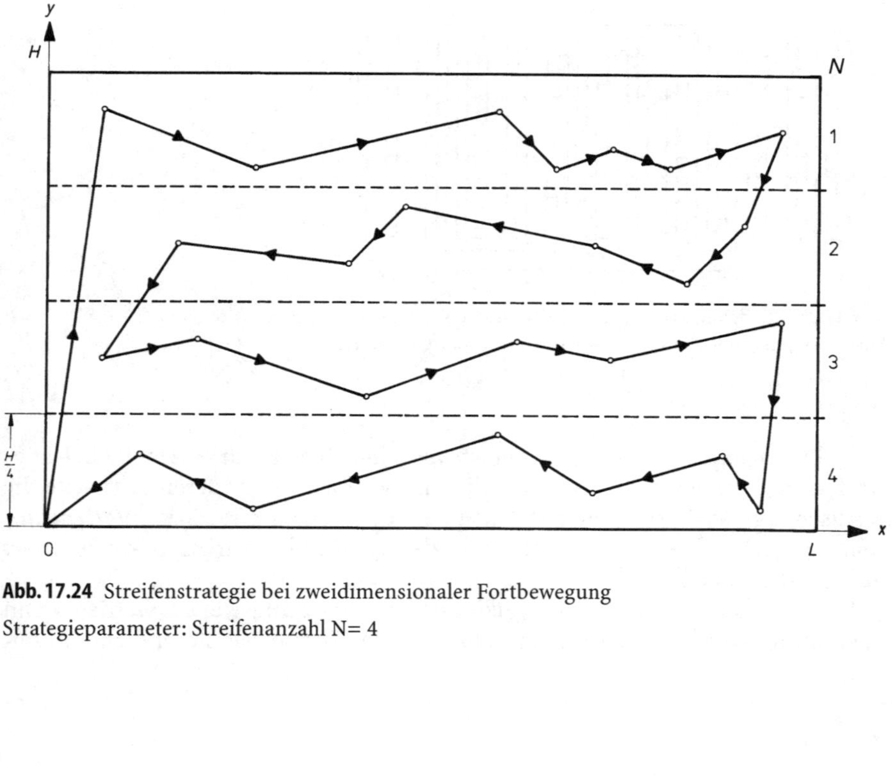

Abb. 17.24 Streifenstrategie bei zweidimensionaler Fortbewegung
Strategieparameter: Streifenanzahl N= 4

sten Weg weniger als 5 % von dem Wegzeitbedarf der Streifenstrategie abweicht, wenn die Streifenzahl bis zu etwa 25 Positionen pro Rundfahrt gleich 2 und ab 25 Positionen gleich 4 gewählt wird [21; 165].

5. Nachschubstrategien

Die Nachschubstrategien für den Kommissionierbereich haben zum Ziel, bei *minimalem Aufwand für den Nachschub* eine *hohe Verfügbarkeit der Bestände* auf den Zugriffplätzen zu sichern.

Die Nachschubsteuerung für den Zugriffsbereich setzt die Verfügbarkeit der benötigten Reservebestände voraus. Diese zu sichern ist Aufgabe der übergeordneten Bestands- und Nachschubdisposition des gesamten Lager- und Kommissioniersystems (s. *Kapitel 11/I*).

Für Kommissioniersysteme mit *dynamischer Bereitstellung* ist keine gesonderte Nachschubdisposition für den Bereitstellbestand erforderlich, da sich Bereitstell- und Resevebestand ununterscheidbar zusammen im Lager- und Bereitstellungssystem befinden.

Bewährte *Nachschubstrategien für die statische Bereitstellung*, die alle nach dem *Pull-Prinzip* arbeiten, sind:

- *Starres Flip-Flop-Verfahren*: Jeder Artikel hat im Zugriffsbereich mindestes zwei fest zugeordnete Bereitstellplätze, auf denen neben- oder hintereinander eine angebrochene Zugriffseinheit und eine volle Zugriffsreserveeinheit stehen. Sobald die Zugriffseinheit vom Kommissionierer geleert wurde, wird der Nachschub einer vollen Bereitstelleinheit ausgelöst. Während der Nachschub durchgeführt wird, setzt der Kommissionierer seine Arbeit ohne Unterbrechung an der nebenstehenden oder vorgezogenen Zugriffseinheit fort.
- *Flexibles Flip-Flop-Verfahren*: Zusätzlich zu je einem Zugriffsplatz pro Artikel gibt es im Zugriffsbereich eine ausreichende Anzahl Zugriffsreserveplätze. Sobald der Inhalt einer Zugriffseinheit einen bestimmten *Meldebestand* unterschreitet, wird der Nachschub einer Zugrifssreserveeinheit ausgelöst. Diese wird auf einem der freien Reserveplätze im Zugriffsbereich abgestellt. Nachdem der Kommissionierer die Zugriffseinheit vollständig geleert hat, kann er seine Arbeit nach einem Zwischenweg bei der rechtzeitig bereitgestellten Zugriffsreserveeinheit an einem anderen Platz fortsetzen.
- *Nachfüllverfahren*: Sobald der Inhalt des festen Zugriffsplatzes einen bestimmten *Meldebestand* unterschreitet, wird eine *Nachfüllmenge* angefordert, mit der die Zugriffseinheit oder das Zugriffsfach wieder aufgefüllt wird.

Das *starre Flip-Flop-Verfahren* ist die einfachste und sicherste Nachschubregelung für den Kommissionierbereich. Die Vorteile sind ein *unterbrechungsfreies Kommissionieren* und das *Vermeiden von Fehlmengen*. Bei nebeneinander angeordneten Zugriffs- und Reserveplätzen kommt als weiterer Vorteil die Möglichkeit zur Mengenanpassung und zur Mitnahme der Bereitstelleinheit hinzu. Außerdem besteht ausreichend Zeit zur Leergutentsorgung.

Das starre Flip-Flop-Verfahren mit Reserveeinheiten, die in *Durchlaufkanälen* hinter den Zugriffseinheiten stehen, ist die *optimale Nachschubstrategie* für das Kommissionieren eines breiten Artikelsortiments mit großem Durchsatz, da die

Wege minimal sind. Bei nebeneinander angeordneten Zugriffs- und Reserveplätzen erfordert das starre Flip-Flop-Verfahrens die verdoppelte Zugriffsfläche mit entsprechend längeren Wegen. Das starre Flip-Flop-Verfahren ist daher bei nebeneinander stehenden Zugriffs- und Reserveeinheiten auf das Kommissionieren aus einem relativ schmalen Sortiment beschränkt. Bei der Kommissionierung von Paletten liegt die Anwendungsgrenze bei etwa 100 bis 200 Artikeln.

Das *flexible Flip-Flop-Verfahren* reduziert den zusätzlichen Platzbedarf im Zugriffsbereich. Es erfordert jedoch eine *zuverlässige Verwaltung* der Bereitstellplätze, deren Artikelbelegung sich im Verlauf der Zeit ändert, und eine *genaue Verfolgung* des Inhalts der Zugriffseinheiten, um das Erreichen des *Meldebestands* rechtzeitig zu erkennen. Voraussetzung für das flexible Flip-Flop-Verfahren ist daher eine rechnergestützte Platzverwaltung und Kommissioniersteuerung.

Der *Meldebestand* ist die Menge, die mit ausreichender Sicherheit den Bedarf während *Nachschubzeit* T_N [h] für eine neue Bereitstelleinheit abdeckt. Er ist die Summe eines *Sicherheitsbestands* m_{sich}, der die stochastischen Schwankungen von Verbrauch und Nachschubzeiten ausgleicht, und des voraussichtlichen *Verbrauchs* $T_N \cdot \lambda_{EE}$ während der Nachschubzeit:

$$m_{MB} = m_{sich} + T_N \cdot \lambda_{EE} \qquad [EE]. \qquad (17.15)$$

Der Meldebstand hängt also von der Dauer des gesamten Nachschubvorgangs ab und muß bei Änderungen des *Stundenverbrauchs* λ_{EE} [EE/h] neu errechnet werden (s. *Kapitel 11/I*).

Wenn die Nachschubeinheit im Zugriffsbereich eintrifft, ist der Bestand auf dem alten Zugriffsplatz im Mittel auf den Sicherheitsbestand abgesunken. Nachdem auch der Sicherheitsbestand verbraucht ist, wird der erste Zugriffsplatz frei und nur noch ein Zugriffsplatz belegt. Hieraus folgt die *Auslegungsregel* (s. *Abschnitt 11.8/I*):

- Der *Zugriffsplatzbedarf pro Artikel* ist bei Nachschub nach dem flexiblen Flip-Flop-Verfahren

$$N_{ZP} = 1 + m_{sich} / C_{BE} \qquad [ZP/Art]. \qquad (17.16)$$

Auch beim *Nachfüllverfahren* wird der Nachschub durch das Erreichen eines Meldebestands ausgelöst. Im Unterschied zum Flip-Flop-Verfahren aber werden keine vollen Bereitstelleinheiten, sondern jeweils nur eine bestimmte *Nachfüllmenge* für den Zugriffsplatz oder das Zugriffsfach nachgeliefert. Die Nachfüllmenge sollte für Artikel mit regelmäßigem Verbrauch gleich der *optimalen Nachschublosgröße* gewählt werden (s. *Kapitel 11/I*). Wenn diese nicht bekannt ist, wird häufig die *Auffüllmenge* nachbestellt, die durch das Fassungsmögen des Bereitstellplatzes bestimmt ist. Das aber kann zu Ladenhütern und schlechten Drehzahlen führen.

Der Vorteil des Nachfüllverfahrens ist der *geringe Platzbedarf* im Zugriffsbereich, der jedoch mit einem *aufwendigeren Handling* der einzelnen Artikeleinheiten beim Nachfüllen erkauft wird. Haupteinsatzbereiche des Nachfüllverfahrens sind *Verkaufstheken* und *Verkaufsregale* sowie *Werkzeuglager* und *Ersatzteillager.*

6. Leergutstrategien

Voraussetzung der Nachschubbereitstellung ist die vorherige Entsorgung der geleerten Ladehilfsmittel, also von Behältern, Paletten und anderen Ladungsträgern.

Mögliche *Leergutentsorgungsstrategien* sind:

- *Leergutentsorgung durch den Kommissionierer*: Das Leergut wird nach dem erschöpfenden Griff vom Kommissionierer entnommen und mitgenommen.
- *Leergutentsorgung durch das Nachschubgerät*: Das Leergut wird im Zuge des Nachschubs vom Nachschubgerät entnommen und abtransportiert (s. *Abb. 17.8c*).
- *Gesonderte Leergutentsorgung*: Das Leergut wird vom Kommissionierer neben oder unter dem Bereitstellplatz abgestellt oder verbleibt auf dem Bereitstellplatz und wird von einem *Leergutentsorger* eingesammelt (s. *Abb 17.16*).
- *Leergutentsorgung durch Fördertechnik*: Bei der dynamischen Bereitstellung, aber auch bei einer statischen Bereitstellung in Durchlaufkanälen kann das Leergut durch ein Abfördersystem entsorgt werden (s. *Abb. 17.14c*).

Der Aufwand der Leergutentsorgung wird bei der Planung und Organisation von Kommissioniersystemen häufig unterschätzt und bereitet dann im laufenden Betrieb erhebliche Probleme.

Das gilt vor allem für die Entsorgung von Leerpaletten, die mit einem *Eigengewicht* über 15 kg nur schwer von einer Person zu handhaben sind. Bei einer Palettenkommissionierung mit hohem Volumendurchsatz kann daher mit einer Leergutentsorgung durch die Nachschubgeräte oder eine geeignete Fördertechnik die körperliche Belastung der Kommissionierer vermindert und die Kommissionierleistung deutlich verbessert werden.

Ebenso wie die Entsorgung des Leerguts muß der Nachschub leerer Sammelbehälter und Paletten für das Kommissionieren richtig organisiert sein und nach geeigeten Strategien gesteuert werden. Mögliche *Leergutnachschubstrategien* sind:

- *Stapelweise Leergutbereitstellung*: An der Basis oder an den Kommissionierarbeitsplätzen wird das zur Ablage der Entnahmengen benötigte Leergut in ausreichender Menge als Stapel bereitgestellt. Bei Erreichen eines Meldebestands wird vom Kommissionierer Leergutnachschub angefordert.
- *Auftragsweise Leergutbereitstellung*: Das für einen Kommissionierauftrag benötigte Leergut wird an einer zentralen Stelle auftragsweise kodiert auf ein Fördersystem gestellt und von diesem zu den Kommissionierarbeitsplätzen transportiert (*s. Abbildung* 17.14c).

Die *stapelweise Leergutbereitstellung* ist das einfachste und sicherste Verfahren, das technisch und organisatorisch den geringsten Aufwand erfordert. Das Leergut – Versandkartons, Sammelbehälter oder Leerpaletten – wird erst zum Einsatzzeitpunkt auftragsweise kodiert, gekennzeichnet oder durch Hineinlegen des Auftragsbelegs mit dem Auftrag „verheiratet".

Die *auftragsweise Leergutbereitstellung* ist aufwendiger, unsicherer und beschränkt auf Kommissioniersysteme mit dezentraler Abgabe, in denen ohnehin schon ein Fördersystem zu den Bereitstellplätzen führt. Dabei besteht die Gefahr, daß die Kommissionierer ihre Arbeit nicht fortsetzen können, wenn die Leerbehälterzuführung aus irgendwelchen Gründen unterbrochen ist, sowie die Gefahr der *Verwechslung* der Auftragsbehälter bei der Ablage.

Von besonderer Bedeutung ist die Leergutbereitstellung für das Kommissionieren nach dem *Pick&Pack-Prinzip* mit Ablage der Entnahmeeinheiten direkt in die Versandeinheit. Die hierfür benötigten Kartons und Packmittel müssen entweder vom Kommissionierer auf seinem Gerät mitgebracht oder an den stationären Kommissionierarbeitsplätzen griffgünstig bereitgestellt werden.

Für *Einpositionsaufträge*, deren Packmittelbedarf der Kommissionierer am Entnahmeort selbst abschätzen kann, bereitet das kein Problem. Für *Mehrpositionsaufträge* muß der Leitrechner aus dem Volumen der gesamten Entnahmenge eines Auftrags die Größe des benötigten Kartons errechnen und dem Kommissionierer am ersten Entnahmeplatz vorgeben.

17.7 Planung von Kommissioniersystemen

Das Kommissionieren ist ein Teilprozeß der innerbetrieblichen Logistik, der in enger Abstimmung mit dem Lagern und Umschlagen der Waren und Güter stattfindet. Entsprechend ist die Planung der Kommissioniersysteme nur zusammen mit der Planung der Lager, des Wareneingangs, des Warenausgangs und der übrigen Funktionsbereiche eines Logistikbetriebs möglich (s. *Abschnitte 3.2/I* und *16.8*).

Da das Kommissionieren die meisten Handlungsmöglichkeiten bietet, ist es ratsam, zuerst das Kommissioniersystem zu planen und danach die Lager und übrigen Funktionsbereiche. Die *Systemplanung* zur Auswahl und Dimensionierung eines Kommissioniersystems wird zweckmäßig in folgenden *Arbeitsschritten* durchgeführt:

1. Ermittlung der *Kommissionieranforderungen*, also der Sortiments-, Auftrags-, Durchsatz- und Bestandsanforderungen, sowie der *Randbedingungen* und *Schnittstellen*.
2. *Segmentierung* des zu kommissionierenden Artikelsortiments in eine möglichst kleine Anzahl *Sortimentsklassen* mit ähnlicher *Beschaffenheit*, *Gängigkeit* und *Volumendurchsatz*.
3. *Analyse* und *Clusterung* der externen Kommissionieraufträge in *Auftragsklassen*, wie Ein- und Mehrpositionsaufträge, Klein- und Großaufträge oder Termin- und Eilaufträge.
4. *Vorauswahl* geeigneter Kommissionierverfahren, Elementarsysteme, Kombinationsmöglichkeiten und Betriebsstrategien für die verschiedenen Sortimentsklassen aufgrund der zuvor dargestellten Merkmale und Eignungskriterien.
5. *Systementwurf* mit technischer Konzeption von Beschickung, Bereitstellung, Zugriffsmodulen, Regalmodulen, Kommissionier- und Nachschubgeräten, Fördertechnik und Informationstechnik.
6. *Statische Dimensionierung* des Bereitstellbereichs unter Nutzung freier Gestaltungsparameter und geeigneter Belegungsstrategien.

7. *Dynamische Dimensionierung* der Kommissioniersysteme mit Berechnung und Optimierung der erforderlichen Kommissionierer, Kommissioniergeräte, Nachschubgeräte und Fördertechnik unter Nutzung von freien Parametern und Strategievariablen der Bearbeitungs-, Bewegungs- und Nachschubstrategien.
8. *Konzeption der Kommissioniersteuerung*, der Datenströme sowie der Informations- und Kommunikationsprozesse.
9. *Kalkulation der Investition, Betriebskosten* und *Kommissionierleistungskosten* auf der Basis von Richtpreisfaktoren und Richtkostensätzen.
10. *Auswahl der kostenoptimalen Kommissioniersysteme* für die verschiedenen Sortimentsklassen unter Berücksichtigung der *Kompatibilität* mit den vor- und nachgeschalteten Lagern und anderen Funktionsbereichen.

Nach der Entwicklung, Dimensionierung und Optimierung der Kommissioniersysteme werden die Lagersysteme, der Warenausgang, die Packerei, die Versandbereitstellung und der Wareneingang geplant. In der sich anschließenden *Layoutplanung* werden die *modular aufgebauten Lösungen* für die einzelnen Funktionsbereiche auf den verfügbaren Flächen geeignet angeordnet und durch *Transportwege* und *Fördersysteme* miteinander verbunden. Das Ergebnis ist eine platz- und kostenoptimalen *Gesamtanlage*.

Dieser *iterative Planungsprozeß* läßt sich mit Hilfe geeigneter *Dimensionierungsprogramme* rasch und fehlerfrei durchführen. Die *Kommissionierprogramme* zur Dimensionierung und Optimierung von Kommissioniersystemen errechnen für vorgebene Leistungsanforderungen unter Verwendung entsprechender *Dimensionierungsformeln* den Flächen- und Raumbedarf und die Kapazität sowie mit Hilfe von *Spielzeit-, Weg- und Greifzeitformeln* den Personal- und Gerätebedarf eines Kommissioniersystems. Außerdem sind verschiedene Betriebsstrategien mit den entsprechenden Strategievariablen wählbar (s. *Tab. 17.3*).

Mit *Richtpreisen* für die Investitionen und *Kostenfaktoren* für Personal, Abschreibungen und Zinsen werden der Investitionsbedarf und die Betriebskosten und hieraus die *Kommissionierleistungskosten* kalkuliert.

Die einzelnen *Programm-Module* für die elementaren Kommissioniersysteme lassen sich projektspezifisch den verschiedenen technischen Ausprägungen anpassen und für kombinierte Kommissioniersysteme miteinander verknüpfen. Wegen ihres grundlegend verschiedenen Aufbaus und der völlig anderen Betriebsstrategien sind für Systeme mit statischer und mit dynamischer Bereitstellung unterschiedliche Kommissionierprogramme erforderlich. Die Kommissionierprogramme sind ein *analytisches Abbild* der funktionalen Wirkungszusammenhänge des Kommissioniersystems auf dem Rechner.

Die Kommissionierprogramme sind auch zur Untersuchung der verschiedenen Einflußfaktoren und Strategievariablen geeignet. Mit Hilfe der Programme lassen sich unterschiedliche *Szenarien* des Betriebs oder der Nutzung *analytisch simulieren*, die *Kommissionerkosten* minimieren und *Sensitivitätsrechnungen* durchführen.

Das Arbeiten mit den Kommissionierprogrammen hat gezeigt, daß hin und wieder eine weniger geeignet erscheinende *Anfangslösung* nach der Optimierung ebenso gut oder besser ist als das Optimum einer zunächst favorisierten Lösung. Eine Lösungsauswahl noch vor der Dimensionierung und Optimierung allein nach dem Verfahren der *Nutzwertanalyse* oder aufgrund von *Kennzahlen*, wie sie von vielen Planern aus Gründen der Arbeitsersparnis propagiert wird, kann zum Verfehlen der optimalen Lösung führen. Ein solcher Fehler ist später kaum noch korrigierbar.

In vielen Fällen gibt es mehr als nur eine kostenoptimale Lösung. Zur Entscheidung wischen mehreren Lösungen mit annähernd gleichen Betriebskosten aufgrund von qualitativen Kriterien ist das Verfahren der *Nutzwertanalyse* gut geeignet [49; 50].

Mehr noch als die Lagerplanung erfordert die Planung eines Kommissioniersystems außer praxisbewährten Rechnertools technische *Sachkenntnis* und *Erfahrung*. Vor aller Technik und Vielzahl der Kombinationsmöglichkeiten darf jedoch nicht das Ziel einer leistungsfähigen und kostenoptimalen Gesamtlösung aus dem Auge verloren gehen.

17.8 Gestaltungs- und Optimierungsparameter

Entscheidend für den Erfolg der Planung eines Kommissioniersystems sind die vollständige Kenntnis und die richtige Nutzung der freien Gestaltungs- und Optimierungsparameter. Diese Parameter gehen in die Formeln zur Berechnung der Abmessungen, Weglängen, Wegzeiten, Greifzeiten und Kommissionierleistung ein und bestimmen maßgebend die Kommissionierkosten.

Soweit nicht extern vorgegeben, sind die *Gestaltungsparameter aller Kommissioniersysteme*:

Abmessungen der Bereitstelleinheiten
Zuordnungskriterien der Bereitstelleinheiten

Abmessungen der Sammelbehälter (17.17)
Zurordnungskriterien der Sammelbehälter,

Batchgröße der Serienaufträge n_S [Auf/Serie].

Aus den Abmessungen der Ladeeinheiten und Entnahmeeinheiten läßt sich das *Fassungvermögen* der Ladeeinheiten und damit nach den Beziehungen (17.10) und (17.11) der *Ladeeinheitendurchsatz* errechnen (s. *Kapitel* 12/I).

Zusätzliche *Gestaltungsparameter* und *Strategievariable* zur Dimensionierung und Optimierung von *Kommissioniersystemen mit dynamischer Bereitstellung* sind (s. *Abb. 17.7*):

Lage der Kommissionierarbeitsplätze
Besetzung der Arbeitsplätze

Anzahl Zulaufstauplätze vor dem Bereitstellplatz
Anzahl Auslaufplätze nach dem Bereitstellplatz (17.18)

Anzahl Abgabeplätze pro Arbeitsplatz
Abstand und Orientierung der Abgabeplätze.

Wenn die Parameter (17.17) und (17.18) festliegen, lassen sich aus den Kommissionierleistungsanforderungen die benötigte *Anzahl der Kommissionierplätze* N_{KP} und die *Bereitstelleistung* λ_B [BE/h] errechnen. Das vorangeschaltete Lager- und Bereitstellungssystem ist für die benötigte Bereitstelleistung und die zur Unterbringung der Bereitstell- und Reserveeinheiten erforderliche Kapazität ebenso wie ein Einheitenlager zu dimensionieren (s. *Kapitel* 16).

Zusätzliche *Gestaltungsparameter* und *Strategievariable* zur Dimensionierung und Optimierung konventioneller *Kommissioniersysteme mit statischer Bereitstellung* sind [62]:

Orientierung der Bereitstelleinheiten
Kapazität der Bereitstellplätze C_{BP}

Kapazität der Bereitstellmodule C_{BM}
Kapazität der Reservemodule C_{RM}

Anzahl Kommissioniergänge pro Kommissioniermodul N_{KG}
Anzahl Kommissionierebenen N_{KE}

Anzahl Nachschubgassen pro Kommissioniermodul N_{NG}
Anzahl Nachschubebenen N_{NE} (17.19)

Anzahl der Kommissioniermodule N_{KM}
Anordnung der Kommissioniermodule

Geschwindigkeit und Beschleunigung der Nachschubgeräte
Kapazität der Nachschubgeräte C_{NG}

Geschwindigkeit und Beschleunigung der Kommissioniergeräte
Kapazität der Kommissioniergeräte C_{KG}

Anzahl der Basisstationen
Lage der Basisstationen

Vollgutkapazität der Basis
Leergutkapazität der Basis

Beim *inversen Kommissionieren* sind anstelle der Bereitstellplätze die *Aufteilung* und die *Kapazität* der *Auftragssammelplätze*, die *Anzahl* und *Länge* der Kommissioniergassen und deren *Anordnung* in der Fläche die wesenlichen Gestaltungsparameter, mit denen sich Wegzeiten und Kommissionierkosten optimieren lassen.

17.9 Statische Dimensionierung

In der statischen Dimensionierung werden die *Anzahl* und die *Anordnung* der Kommissionierarbeitsplätze, Bereitstellplätze und Reserveplätze so festgelegt, daß sich alle Artikel möglichst platzsparend, griffgünstig und wegzeitoptimal im Zugriff befinden und die Bereitstellplätze einfach mit Nachschub versorgt werden können. Dabei sind die projektspezifischen *Restriktionen*, wie verfügbare

Abb. 17.25 Kommissionierplatzmodul zur dynamischen Bereitstellung für das Kommissionieren von Palettenware in Klappboxen

Flächen und *Gebäude* und *begrenzte Bauhöhe* sowie die *gesetztlichen Auflagen* für *Sicherheit* und *Arbeitsplatzgestaltung* zu berücksichtigen.

Besondere Einschränkungen für die Auslegung eines Kommissioniersystems mit statischer Bereitstellung ergeben sich aus der Forderung nach *Brandabschnitten begrenzter Größe* und aus der *maximalen Fluchtweglänge*. Die Fluchtweglänge ist gleich dem kürzesten Abstand zwischen einem Arbeitsplatz und dem nächsten Ausgang des Brandabschnitts. Sie darf in Deutschland nicht länger als 35 m sein.

Bei einem *Kommissioniersystem mit dynamischer Bereitstellung* reduziert sich die statische Dimensionierung auf den *modularen Aufbau* und die *optimale Anordnung* der stationären Kommissionierarbeitsplätze unter Berücksichtigung der Gestaltungsparameter (17.18). Ein Beispiel für die Auslegung eines *Kommissionierplatzmoduls* zur Kommissionierung von Paletten in Sammelbehälter auf Rolltürmen zeigt *Abb. 17.25*.

Ein *Kommissioniersystem mit statischer Bereitstellung* läßt sich aus *Bereitstellmodulen* (BM) und *Reservemodulen* (RM) aufbauen, die entlang eines *Kommissioniergangs* neben- und übereinander angeordnet sind und zusammen mit den *Nachschubgassen* einen *Gangmodul* (GM) bilden. Ein *Kommissioniermodul* (KM) besteht aus mehreren Gangmodulen (s. *Abb.* 17.19).

Die statische Dimensionierung wird am effizientesten in folgenden *Arbeitsschritten* durchgeführt:

1. Konzeption der Bereitstell- und Reservemodule

Die Konzeption der Bereitstellmodule ist ausschlaggebend für den Platzbedarf und die Leistungsfähigkeit des gesamten Kommissioniersystems. Die Bereitstellmodule müssen folgende *Anforderungen* erfüllen:

- Anordnung möglichst vieler Zugriffsplätze auf minimaler Zugriffsfläche,
- Platz für die Zugriffsreserven,
- griffgünstige Bereitstellung der Entnahmeeinheiten,
- gute Nachschubmöglichkeit für die Zugriffsplätze,
- Sicherung der Kommissionierer in Richtung der Nachschubgassen,
- Vorkehrung zur Leergutentsorgung,
- einfache Umrüstbarkeit bei Einsatz unterschiedlicher Bereitstelleinheiten.

Abb. 17.20 zeigt das Beispiel eines umrüstbaren Bereitstellmoduls für Behälter und Paletten, das diesen Anforderungen genügt und für ein Stollenkommissionierlager konzipiert wurde.

Aus dem Aufbau und der Konstruktion resultieren die *Länge* l_{BM}, die *Tiefe* oder *Breite* b_{BM} und die *Höhe* h_{BM} des Bereitstellmoduls. Das *Fassungvermögen* C_{BM} für Bereitstelleinheiten ist gleich der Summe

$$C_{BM} = C_{BMZ} + C_{BMR} \qquad [BE/BM]. \qquad (17.20)$$

der *Zugriffskapazität* C_{BMZ}, das heißt der Anzahl Plätze im Zugriffsbereich, und der *Reservekapazität* C_{BMR}, das heißt der Anzahl Reserveplätze pro Bereitstellmodul.

Die benötigte Anzahl Zugriffsplätze hängt von Anzahl der Artikel und von der Platzordnung ab. Mit dem *Platzordnungsfaktor*

$$f_{PO} = \begin{cases} 1 & \text{für feste Pickplatzordnung} \\ 2 & \text{für starre Flip-Flop-Ordnung} \\ 1 + m_{sich}/C_{BE} & \text{für flexible Flip-Flop-Ordnung} \end{cases} \qquad (17.21)$$

folgt die

- Anzahl Bereitstellmodule mit einer Zugriffskapazität C_{BMZ} [ZP/BM], die für das Kommissionieren aus einem Sortiment von N_S Artikeln benötigt wird,

$$N_{BM} = [f_{PO} \cdot N_S / C_{BMZ}]. \qquad (17.22)$$

Diese Anzahl von Bereitstellmodulen ist auf den beiden Seiten der Kommissioniergänge nebeneinander anzuordnen. Die insgesamt benötigte Länge der Kommissioniergänge, die sogenannte *Bereitstellänge*, beträgt daher

$$L_{BL} = N_{BM} \cdot l_{BM}/2, \qquad (17.23)$$

wenn die Länge pro Bereitstellmodul l_{BM} ist.

Die benötigte Bereitstellänge ist auf eine *optimale Anzahl* von Kommissioniergassen aufzuteilen. Zusätzlich sind soviele Reservemodule unterzubringen, daß insgesamt ausreichend Platz für mindestens 2 Bereitstelleinheiten pro Arikel vorhanden ist, von denen jeweils eine auf einem Zugriffsplatz steht.

Wenn die Reservekapazität der Bereitstellmodule nicht ausreicht, können in einem Regal oberhalb der Bereitstellmodule oder auf der Gegenseite der Nachschubgassen zusätzliche *Reservemodule* angeordnet werden, die ähnlich wie die Fachmodule eines Einheitenlagers zum Abstellen von Reserveeinheiten konzipiert sind (s. *Abschnitt 16.2*).

2. Gestaltung der Gangmodule und Kommissioniermodule
Ein *Gangmodul* besteht aus N_x Bereitstellmodulen, die zu beiden Seiten eines Kommissioniergangs mit der *Gangbreite* b_{KG} in x-Richtung nebeneinander angeordnet sind. Wie in *Abb. 17.19* dargestellt, setzt sich ein *Kommissioniermodul* in z-Richtung aus N_{GM} parallel angeordneten Gangmodulen zusammen, zwischen denen bei getrennter Beschickung und Entnahme die Nachschubgassen verlaufen .

Bei mehretagigen Kommissioniersystemen, wie den Stollenkommissionierlagern, liegen N_{KE} Kommissionierebenen in y-Richtung übereinander. Soweit es der Höhenabstand der Ebenen, der durch die Kommissioniertechnik und die Regalkonstruktion bestimmt wird, erlaubt, können zwischen den Kommissionierebenen und über der obersten Kommissionierebene Reservemodule eingefügt werden.

Mit N_{KE} *Kommissionierebenen*, einem *vertikalen Anfahrmaß* H_{AM}, das sich zusammensetzt aus den unteren und oberen Anfahrmaßen für die Nachschub- und Kommissioniergeräte, und einem *Abstand der Kommissionierebenen* h_{KE} ist die *Höhe eines Gangmoduls*

$$H_{GM} = H_{KM} = N_{KE} \cdot h_{KE} + H_{AM}. \quad (17.25)$$

Die Höhe der Gangmodule ist gleich der lichten Höhe H_{KM} des Kommissioniermoduls.

Bei einer benötigten Anzahl Bereitstellmodule N_{BM}, die durch Beziehung (17.22) gegeben ist, sowie bei N_{KG} Kommissioniergängen pro Kommissioniermudul, N_{KE} Kommissionierebenen und N_{KM} Kommissioniermodulen ist die *horizontale Anzahl Bereitstellmodule* pro Gang

$$N_x = \left[N_{BM}/\left(2N_{KG}N_{KE}N_{KM}\right)\right] \qquad [\text{BM/Gang}], \quad (17.26)$$

wobei die eckigen Klammern ein *Aufrunden* auf die nächste ganze Zahl bedeuten.

Mit der *Länge* l_{BM} eines Bereitstellmoduls und dem *horizontalem Anfahrmaß* L_{AM}, das die Summe der vorderen und hinteren Anfahrmaße ist, wird damit die *Länge eines Gangmoduls* und damit auch eines Kommissioniermoduls

$$L_{GM} = L_{KM} = N_x \cdot l_{BM} + L_{AM}. \quad (17.27)$$

Bei getrennter Beschickung und Entnahme verlaufen auf der Rückseite der Bereitstellmodule die Nachschubgassen. Die innenliegenden Nachschubgassen eines Kommissioniermoduls bedienen jeweils zwei Gangmodule. Die beiden außen liegenden Nachschubgassen versorgen in der Regel nur einen Gangmodul (s. *Abb. 17.19*). Bei kombinierter Beschickung und Entnahme entfallen die Nachschubgänge.

Mit dem *Nachschubgangfaktor*

$$f_{NG} = \begin{cases} 0 & \text{für räumlich kombinierten Nachschul} \\ 1 & \text{für räumlich getrennten Nachschub,} \end{cases} \quad (17.28)$$

einer *Tiefe pro Bereitstellmodul* b_{BM} und einer *Nachschubgangbreite* b_{NG} ist damit die *Breite eines Gangmoduls* einschließlich der anteiligen Nachschubgangbreiten:

$$B_{GM} = 2 \cdot b_{BM} + f_{NG} \cdot b_{NG} . \qquad (17.29)$$

Wenn die äußeren Nachschubgassen jeweils nur einen Kommissioniergang versorgen und sich an den beiden Außenwandflächen noch zwei *Seitenregale* mit Reservemodulen befinden, ist die *Breite des Kommissioniermoduls*

$$B_{KM} = N_{GM} \cdot \left(2b_{BM} + b_{KG}\right) + f_{NG} \cdot \left(\left(N_{GM} + 1\right) \cdot b_{NG} + 2b_{BM}\right), \qquad (17.30)$$

Mit der Länge (17.27) und der Breite (17.30) ist der *Grundflächenbedarf für ein Kommissioniermodul:*

$$F_{KM} = L_{KM} \cdot B_{KM} . \qquad (17.31)$$

In den Beziehungen (17.25) bis (17.31) sind die *Anzahl Kommissioniermodule*, die *Anzahl der Gangmodule* pro Kommissioniermodul und die *Anzahl der Kommissionierebenen* freie *Dimensionierungsparameter.*

Bei der Nutzung dieser Parameter besteht ein *Zielkonflikt* zwischen der optimalen Raum- und Flächennutzung und der minimalen Kommissionierweglänge. Zusätzlich sind die projektspezifischen *Randbedingungen* zu erfüllen und die allgemeinen *Sicherheitsvorschriften* einzuhalten.

Mit wenigen und langen Gängen wird die benötigte Grundfläche (17.31) minimal, da die Anfahrmaße anteilig nur wenig ins Gewicht fallen. Andererseits aber sind die Abmessungen eines Kommissioniermoduls, der einen Brandabschnitt bildet, begrenzt durch die maximal zulässige Fluchtweglänge von 35 m.

Hieraus resultieren *maximale Abmessungen* eines Kommissioniermoduls von ca. 70 × 70 m und eine *maximale Ganglänge* von etwa 60 m. Die maximale Ganglänge ist jedoch für das konventionelle Kommissionieren nicht immer wegoptimal, da bei kürzeren Gängen und wenigen Positionen pro Kommissionierauftrag die Wahrscheinlichkeit groß ist, Gänge auslassen und dadurch den Auftragsweg abkürzen zu können. Die *wegoptimale Ganglänge* ist daher gesondert zu berechnen (s.u.).

3. Gestaltung und Zuordung der Basisstationen

Bei zentraler Abgabe hat eine bestimmte Anzahl Gangmodule in einer Ebene eine oder mehrere *Basisstationen*, die stirnseitig vor den Gängen angeordnet sind. Die Basisstationen sind Ausgangs- und Endpunkt für die Rundfahrten der Kommissionierer.

Die Anzahl und die Anordnung der Basisstationen, die Anzahl der von diesen bedienten Gänge und damit die Gesamtzahl der in einem Kommissioniersystem benötigten Basisstationen sind weitere *Gestaltungsparameter*, die zur Systemoptimierung nutzbar sind.

Aus einer Analyse der stirnseitigen Wege ergibt sich die *Anordnungsregel*:

- Zur Minimierung der mittleren Wege müssen die Basisstationen möglichst nahe in der Mitte vor den zu bedienenden Gängen angeordnet sein.

In einem größeren Kommissioniersystem mit mehreren benachbarten Basisstationen gibt es zwei verschiedene *Basisanfahrstrategien*:

- *Feste Basis*: Jeder Kommissionierer hat eine feste Basis, an der er seine Aufträge erhält und seine Rundfahrten startet und endet.
- *Wechselnde Basis*: Der Kommissionierer gibt die Ware für einen ausgeführten Auftrag jeweils an der nächsten freien Basis ab und beginnt dort mit dem folgenden Rundlauf.

Durch wechselnde Basisstationen lassen sich unter Umständen die Wege von und zur Basis verkürzen und bei hoher Durchsatzleistung die *Basiswartezeiten* reduzieren. Eine wechselnde Basis erfordert jedoch eine rechnergestützte Kommissioniersteuerung, um die Kommissionierer an allen Basisstationen gleichmäßig mit Aufträgen zu versorgen.

Anzahl, Gestaltung, Anordnung und Organisation der Basisstationen sind maßgebend für die benötigte *Basiszeit* und haben Einfluß auf die Kommissionierleistung. Die Basis muß mit einem *Terminal* ausgestattet sein und über genügend *Kapazität* zur Bereitstellung von Leergut für das Kommissionieren und das Abstellen der gefüllten Auftragsbehälter verfügen.

Wenn viele Kommissionierer von der gleichen Basis aus arbeiten, kann durch einen zeitversetzten Arbeitsbeginn die Wahrscheinlichkeit für ein gleichzeitiges Zusammentreffen und damit die *Wartezeit an der Basis* erheblich reduziert werden (s. *Abschnitt 17.11*).

In großen Anlagen ist die Basis zur Zuförderung von Nachschub und Leergut und zum Abfördern der Auftragsbehälter über ein Fördersystem mit dem Waren- und Ausgang verbunden (s. *Abb. 17.21*). Die Auf- und Abgabestellen an der Basis müssen ergonomisch gestaltet und mit einer ausreichenden *Anzahl Pufferplätzen* versehen sein, um die Arbeit der Kommissionierer von den vor- und nachgelagerten Transporten zu entkoppeln.

17.10 Optimale Wegzeiten und Gangzahlen

Die Zeit, die ein Kommissionierer für die Fortbewegung von der Basis zu den Bereitstellplätzen und zurück zur Basis benötigt, ist abhängig von der Länge des Rundwegs, von der Geschwindigkeit und Beschleunigung sowie von der Anzahl der Bremsbeschleunigungsvorgänge im Verlauf dieses Weges. Die Rundweglänge hängt ab von der Fortbewegungsstrategie, von der Anzahl Positionen pro Auftrag, von der Anordnung, der Anzahl und der Länge der Gänge sowie von der Breite der Bereitstellmodule.

Maßgebend für die Weglänge und für die Anzahl der Bremsbeschleunigungen beim Gangwechsel ist die Anzahl der Gänge, in denen sich die angeforderten Artikel befinden. Für die Leistungsberechnung und Dimensionierung interessiert nicht die Anzahl der aufzusuchenden Gänge für den einzelnen Auftrag sondern die *mittlere Gangzahl* für eine Vielzahl von Aufträgen.

Eine Wahrscheinlichkeitsanalyse der möglichen Verteilungen von n Artikelpositionen auf N Bereitstellgänge ergibt den *Satz der mittleren Gangzahl* [40; 164, 166]:[3]

- Die *mittlere Anzahl Gänge*, in der die Artikel von Aufträgen, die im Mittel n *Positionen* haben, zu finden sind, ist bei *Gleichverteilung* der Artikel eines Sortiments über insgesamt N *Bereitstellgänge*

$$x = \left(1 - (1 - 1/N)^n\right) \cdot N. \qquad (17.32)$$

Für Gangzahlen größer als 10 gilt mit ausreichender Genauigkeit die *Näherungsformel*:

$$x = \left(1 - e^{-n/N}\right) \cdot N. \qquad (17.33)$$

Die mit Beziehung (17.32) errechnete Abhängigkeit der Gangzahl, die im Mittel aller Rundwege aufgesucht wird, von der Anzahl Auftragspositionen ist für drei verschiedene Bereitstellgangzahlen in *Abb. 17.26* dargestellt. Hieraus wie auch aus Beziehung (17.32) ist ablesbar:

- Wenn die Positionsanzahl wesenlich kleiner ist als die Anzahl der Bereitstellgänge, dann ist die mittlere Gangzahl gleich der Anzahl Positionen, da die n Positionen mit großer Wahrscheinlichkeit in unterschiedlichen Gängen liegen.
- Nähert sich die Anzahl Positionen der Anzahl Bereitstellgänge wird die mittlere Gangzahl kleiner als die Positionsanzahl, da immer häufiger mehrere Positionen in einem Gang zu finden sind. Bei n = N befinden sich die Positionen im Mittel in 0,63 · n Gängen.
- Mit weiter ansteigender Anzahl Positionen nähert sich die mittlere Gangzahl der Anzahl der Bereitstellgänge, da die angeforderten Artikel mit zunehmender Wahrscheinlichkeit über alle Gänge verteilt sind.

Mit der Beziehung (17.32) für die mittlere Gangzahl ist es möglich, die mittlere Weglänge und die mittleren Wegzeiten für die verschiedenen *Bewegungsstrategien* und *Ganganordnungen* analytisch zu berechnen.

Von der Vielzahl denkbarer *Ganganordnungen* lassen sich die meisten bereits aufgrund qualitativer Überlegungen und Vergleiche als ungeeignet oder wegungünstig ausscheiden. Stochastischen Simulationen und analytischen Berechnungen ergeben in Übereinstimmung, daß die in den *Abb. 17.19* und *17.23* dargestellte *parallele Anordnung der Gangmodule* – kurz *Kopfganganordnung* genannt – mit zentraler stirnseitiger Basis die wegoptimale und praktikabelste Lösung ist, wenn die Anzahl der Gänge richtig gewählt und mit der jeweils geeignetsten Bewegungsstrategie gearbeitet wird [164; 165, 166].

Für eine *gegenüberliegende Anordnung der Gangmodule* mit einem zentralen Mittelgang – kurz *Zentralganganordnung* genannt – sind die mittleren Wege bei

3 Der Beweis der Formel (17.32) für die mittlere Gangzahl verläuft analog zu dem Beweis der Formel (17.83) für die mittlere Zeilenanzahl von Sammelaufträgen [159]. Ebenso wie (17.83) läßt sich (17.32) verallgemeinern auf den Fall der Konzentration von A-Artikeln in bestimmten Gängen. Der Verfasser dankt *J. Schulte* für den Hinweis auf einen Fehler in der Arbeit [164] und seinen Beitrag zur Lösung des Problems der mittleren Gangzahl [166].

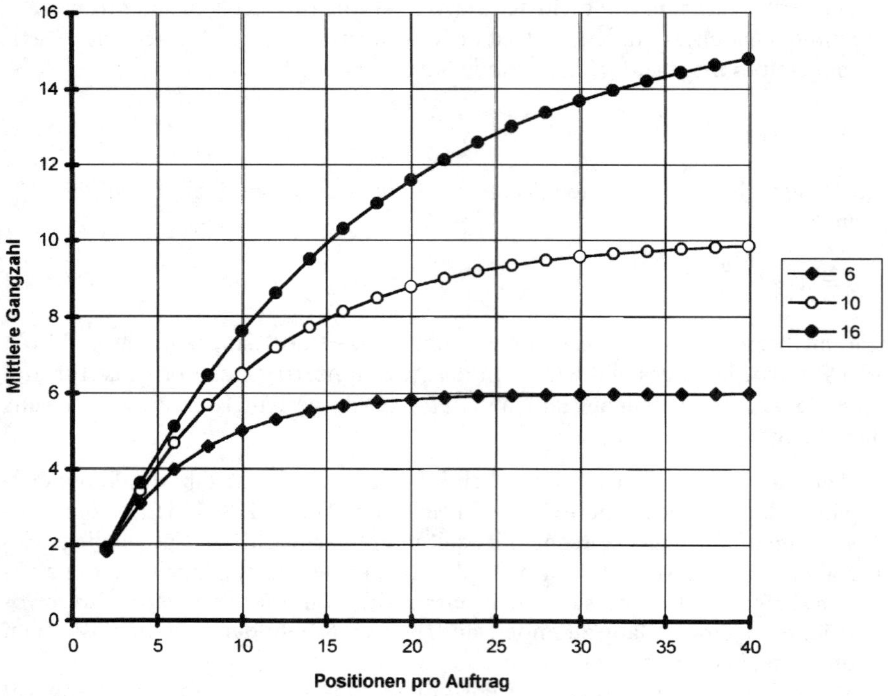

Abb. 17.26 Abhängigkeit der mittleren Gangzahl beim Kommissionieren von der mittleren Anzahl Positionen pro Auftrag

Parameter: Anzahl der Kommissioniergänge $N_{KG} = 6, 10, 16$

optimaler Gangzahl geringfügig länger als bei der Kopfganganordnung. Dafür ist die *Zentralganganordung* etwas *platzsparender*, da der Mittelgang für beide Gangblöcke genutzt wird (*s. Abschnitt* 16.9.3).

Von der Kopf- oder Zentralganganordnung abweichende Anordnungen der Kommissionergänge sind für ein neu zu errichtendes Lager- und Kommissioniersystem nicht sinnvoll, können aber bei vorgegebenen Flächen und Räumlichkeiten notwendig sein, um eine bessere Flächen- und Raumnutzung zu erreichen [166].

1. Wege und Zeiten bei Durchgangstrategie

Wenn alle Artikel gleichmäßig über die Gänge verteilt sind und die aufgerundete mittlere Gangzahl x kleiner als die Gangzahl N ist, werden bei einer Rundfahrt nach der Durchgangstrategie, wie sie in den *Abb. 17.2*, *17.19* und *17.23* gezeigt ist, bei gradzahligem x genau x Gänge und für ungradzahliges x ein zusätzlicher Gang, also x + 1 Gänge in einer *Schlangenlinie* durchfahren.

Da für Positionszahlen n, die größer als die Gangzahl sind, die mittlere Gangzahl mit großer Wahrscheinlichkeit gleich der Zahl aller Gänge ist, gilt die *Auslegungsregel*:

- Beim Kommissionieren nach der *Durchgangsstrategie* muß die Anzahl der Kommissioniergänge, die von einer Basis bedient wird, *grade* sein, damit für Aufträge, deren Artikel über alle Gänge verteilt sind, kein ungenutzter Rückweg entsteht.

In den Gängen der Länge L_{GM} wird im Mittel insgesamt ein Weg der Länge $(x + 1/2) \cdot L_{GM}$ zurückgelegt, wenn die aufgerundete mittlere Gangzahl x kleiner als die Gangzahl ist, und der Weg $N \cdot L_{GM}$, wenn die aufgerundete mittlere Gangzahl x gleich der Gangzahl ist.

Die Weglänge entlang den Stirnseiten ist bei x aufzusuchenden Gängen im Mittel $2 \cdot x/(x + 1)$ mal dem maximalen Weg $(N - 1) \cdot B_{GM}$ an der Stirnseite. Damit folgt:

- Die *mittlere Weglänge* beim Kommissionieren von n Auftragspositionen nach der *Durchgangstrategie* aus N parallelen Gangmodulen mit der Länge L_{GM} und der Breite B_{GM} ist

$$L(n) = \mathrm{MIN}(N; x + 1/2) \cdot L_{GM} + 2\big(x/(x+1)\big) \cdot (N-1) \cdot B_{GM}. \tag{17.34}$$

Für den mittleren Weg zwischen zwei Entnahmeorten, dessen Länge L/n ist, wird bei einer maximalen *Fahrgeschwindigkeit* v und einer mittleren *Bremsbeschleunigungskonstanten* b die mittlere Fahrzeit $(L/n)/v + v/b$ benötigt (s. *Beziehung* (16.59), *Kapitel* 16).

Zusätzlich finden beim Gangwechsel an den Stirnseiten x Bremsbeschleunigungsvorgänge statt, für die pro Vorgang die Zeit v/b verlorengeht. Hieraus folgt:

- Die *mittlere Auftragswegzeit* für das Kommissionieren von n Positionen nach der *Durchgangstrategie* aus N parallelen Gangmodulen mit der Länge L_{GM} und der Breite B_{GM} ist

$$t_n(N) = L(N)/v + (x + n) \cdot v/b. \tag{17.35}$$

Hierin ist die mittlere Gangzahl x durch Beziehung (17.32) und die mittlere Weglänge $L(N)$ durch Beziehung (17.34) gegeben. Aus der mittleren Auftragswegzeit (17.35) folgt die anteilige *Wegzeit pro Position:*

$$\tau_{weg}(n) = t_n(N)/n \qquad [s/Pos]. \tag{17.36}$$

Die Abhängigkeit der Wegzeit pro Position von der Anzahl Auftragspositionen ist in *Abb. 17.27* für ein Beispiel aus der Praxis dargestellt, dessen Leistungsanforderungen in *Tabelle 17.1* angegeben sind. Die anteilige Wegzeit nimmt mit zunehmender Positionsanzahl ab, da sich der Auftragsweg auf immer mehr Positionen verteilt und die Wege zwischen den Stops kürzer werden.

Zusammen mit der *Greifzeit*, der *Basiszeit* und der *Rüstzeit* bestimmt die *Wegzeit pro Position* die Kommissionierleistung. Die Formeln (17.32) bis (17.36) werden daher benötigt zur Berechnung der Kommissionierleistung in einer bestimmten Anzahl Kommissioniergänge bei vorgegebener Auftragsstruktur.

Wenn ein neues Kommissioniersystem geplant wird oder die Möglichkeit besteht, die Ganganordnung zu verändern, ist die Gangzahl N ein *Gestaltungsparameter*, der zur Optimierung der mittleren Wegzeit genutzt werden kann.

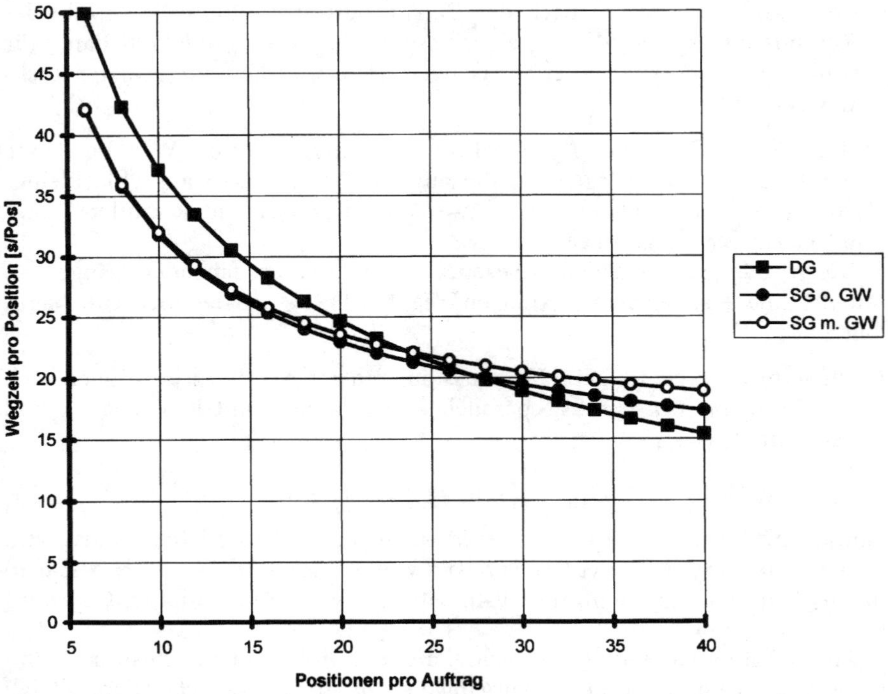

Abb. 17.27 Abhängigkeit der mittleren Wegzeit pro Position von der mittleren Anzahl Auftragspositionen für unterschiedliche Fortbewegungsstrategien

DG: Durchgangstrategie
SG o. GW: Stichgangstrategie ohne Gangwiederholung
SG m. GW: Stichgangstrategie mit Gangwiederholung
Parameter: s. Legende zu *Abb. 17.28*

Durch Aufteilung der insgesamt benötigten *Bereitstellänge* L_{BL}, die durch Beziehung (17.23) gegeben ist, auf N Gangmodule wird die Länge eines Gangmoduls:

$$L_{GM} = L_{BL}/N. \tag{17.37}$$

Nach Einsetzen von (17.37) in Beziehung (17.34) ergibt sich eine funktionale Abhängigkeit der mittleren Weglänge $L(N)$ von der Gangzahl N, deren Verlauf für das o.g. Beispiel *Abb. 17.28* zeigt. Die mittlere Weglänge steigt bei der Durchgangsstrategie mit zunehmender Gangzahl wegen der zusätzlichen stirnseitigen Wege zunächst leicht an, sinkt dann aber infolge der Wegeinsparungen durch das Auslassen von Gängen bis zu einer bestimmten Gangzahl N_{min} ab, um danach wegen der immer längeren stirnseitigen Weg wieder anzusteigen.

Insgesamt gilt jedoch:

- Bei der Durchgangstrategie verändert sich die mittlere Weglänge mit der Anzahl der Kommissioniergänge relativ wenig.

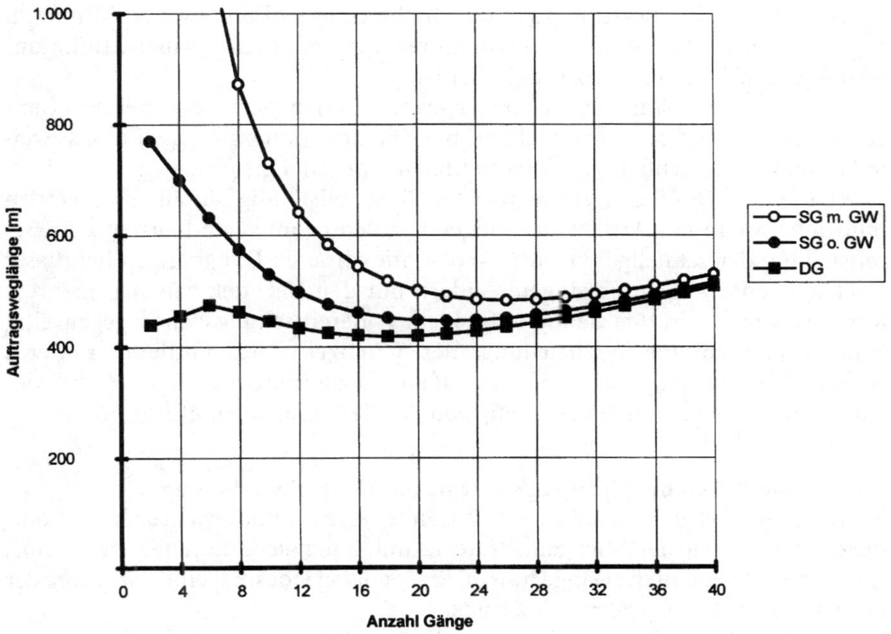

Abb. 17.28 Abhängigkeit der Auftragsweglänge von der Anzahl Kommissioniergänge für unterschiedliche Fortbewegungsstrategien bei Gleichverteilung aller Artikel *ohne* Schnelläuferkonzentration

Fahrwegstrategien Durchgangstrategie DG
Stichgangstrategie ohne Gangwiederholung SG o. GW
Stichgangstrategie mit Gangwiederholung SG m. GW:
Leistungsanforderungen: s. Tabelle 17.1, Spalte 1
Kommissioniersystem: s. Abb. 17.2 und 17.16
Parameter: Kommissioniergänge, Anzahl 12, Länge 36 m
Bereitstelleinheiten Paletten 800x1.200x1.050 mm
Versandeinheiten 800x1.200x1.050 mm
Gabelhubwagen für 2 Paletten

Wie *Abb. 17.28* zeigt, hat die mittlere Weglänge bei der Durchgangstrategie in der Regel zwei Minima, von denen das erste bei N = 2 liegt.

Die Gangzahl für das zweite Minimum läßt sich explizit nur näherungsweise bestimmen, da die mittlere Gangzahl nach Beziehung (17.32) ebenfalls von N abhängt. Mit dem Näherungsansatz $x \approx 0{,}63 \cdot n$, der im Bereich des Minimums näherungsweise richtig ist, ergibt sich durch Nullsetzen der partiellen Ableitung $\partial L(N)/\partial N$ nach der Gangzahl N und Auflösung nach N für die *Gangzahl am zweiten Minimum:*

$$N_{min} \approx \sqrt{0{,}3 \cdot n \cdot L_{BL} / B_{GM}} \qquad \text{wenn } n < N_{min}. \qquad (17.38)$$

Für das betrachtete Beispiel mit einer benötigten Bereitstellänge von insgesamt 432 m, einer Breite der Gangmodule von 5,1 m und im Mittel 15 Auftragspositionen ergibt sich aus Beziehung (17.38) für die Gangzahl am zweiten Minimum $N_{min} \approx 20$. Dieser Näherungswert stimmt recht gut mit dem genauen Minimumwert überein, der aus *Abb. 17.28* ablesbar ist.

Die mittlere Weglänge ist bei der Gangzahl (17.38) nur kürzer als bei zwei Gängen, wenn die Positionszahl n nicht größer ist als die Gangzahl N_{min} für das zweite Minimum. Andernfalls ist die *wegoptimale Gangzahl* gleich 2.

Weil bei der Durchgangstrategie jeder Gang vollständig durchfahren werden muß, auch wenn nur Artikel am Gangende zu entnehmen sind, bringt eine Bereitstellung der schnellgängigen A-Artikel im vorderen Gangbereich bei dieser Strategie keine Wegeinsparungen sondern nur den Nachteil, daß sich mehrere Kommissionierer in den häufig aufgesuchten Bereitstellungszonen gegenseitig behindern. Auch eine Bereitstellung aller A-Artikel in den mittleren 2 oder 4 Gängen bewirkt nur einen geringen Effekt, da die mittlere Weglänge bei der Durchgangstrategie nur relativ wenig von der Gangzahl abhängt [163; 166].

2. Wege und Zeiten bei Stichgangstrategie mit Gangwiederholung

Wenn alle Artikel gleichmäßig über die Gänge verteilt sind, bewegt sich der Kommissionierer nach der Stichgangstrategie mit Gangwiederholung, wie in *Abb. 17.23* gezeigt, n mal in die Gänge hinein. Er legt dabei jedesmal einen *Stichweg* der mittleren Länge $2 \cdot L_{GM}/2 = L_{GM}$ zurück.

Werden die A-Artikel, die einen Anteil p_A am Sortiment und den Anteil p_{Apos} an den Auftragspositionen haben, im vorderen Gangbereich mit der Länge $p_A \cdot L_{GM}$ bereitgestellt und die restlichen Artikel im hinteren Bereich, dann ist eine Position mit der Wahrscheinlichkeit p_{Apos} auf einem Stichweg der mittleren Länge $p_A \cdot L_{GM}$ erreichbar und mit der Wahrscheinlichkeit $(1 - p_{Apos})$ auf einem Stichweg der mittleren Länge $(p_A + 1) \cdot L_{GM}$.

Durch eine Konzentration der A-Artikel im vorderen Gangbereich verkürzen sich daher die mittleren Stichweglängen in der Gängen um den *Schnelläuferfaktor*

$$f_A = 1 + p_A - p_{Apos}. \qquad (17.39)$$

Haben beispielsweise 20 % A-Artikel einen Anteil von 65 % an den Auftragspositionen, dann ist $p_A = 0{,}20$, $p_{Apos} = 0{,}65$ und der Schnelläuferfaktor $f_A = 0{,}55$. Das heißt, die Stichwege in die Gänge verkürzen sich in diesem Fall im Mittel um 45 %.

Die Weglänge entlang den Stirnseiten ist bei der Stichgangstrategie ebenso lang wie bei der Durchgangstrategie. Damit folgt:

- Die *mittlere Weglänge* beim Kommissionieren von n Auftragspositionen nach der *Stichgangstrategie mit Gangwiederholung* aus N parallelen Gangmodulen mit der Länge L_{GM} und der Breite B_{GM} ist

$$L(N) = f_A \cdot n \cdot L_{GM} + 2 \cdot \left(x/(x+1)\right) \cdot (N-1) \cdot B_{GM}. \qquad (17.40)$$

Beim Hinein- und Hinausgehen aus den Gängen finden bei der Stichgangstrategie mit Gangwiederholung 2n Bremsbeschleunigungsvorgänge statt. Zusätzlich kommen beim Gangwechsel an den Stirnseiten und bei der Anfahrt der Basis x + 1 Bremsbeschleunigungsvorgänge vor. Hieraus folgt:

- Die *mittlere Auftragswegzeit* für das Kommissionieren von n Positionen nach der *Stichgangstrategie mit Gangwiederholung* aus N parallelen Gangmodulen mit der Länge L_{GM} und der Breite B_{GM} ist

$$t_n(N) = L(N)/v + (x+1+2n)\cdot v/b. \qquad (17.41)$$

Hierin ist die mittlere Gangzahl x wieder durch Beziehung (17.32) und die mittlere Weglänge $L(N)$ durch Beziehung (17.40) gegeben. Aus der mittleren Auftragswegzeit (17.41) folgt mit der Beziehung (17.36) die anteilige *Wegzeit pro Position* $t_{weg}(n)$, von der zusammen mit der Greifzeit, der Basiszeit und der Rüstzeit die *Kommissionierleistung* abhängt.

Nach Einsetzen der Abhängigkeit (17.37) der Länge pro Gangmodul von der Gangzahl in Beziehung (17.40) ergibt sich die funktionale Abhängigkeit der mittleren Weglänge $L(N)$ von der Gangzahl N. Die Gangzahlabhängigkeit der mittleren Weglänge ist für den Fall eines gleichmäßig verteilten Sortiments in *Abb. 17.28* und für den Fall einer Konzentration der 20 % A-Artikel mit einem Positionsanteil von 65 % im vorderen Gangbereich in *Abb. 17.29* dargestellt. Aus dem allgemeinen Funnktionsverlauf und den dargestellten Beispielen ist ablesbar:

- Die mittlere Weglänge hängt bei der *Stichgangstrategie* sehr empfindlich von der Anzahl Kommissioniergänge ab. Sie fällt mit zunehmender Gangzahl wegen der sich verkürzenden Wege in den Gängen und der ausgelassenen Gänge

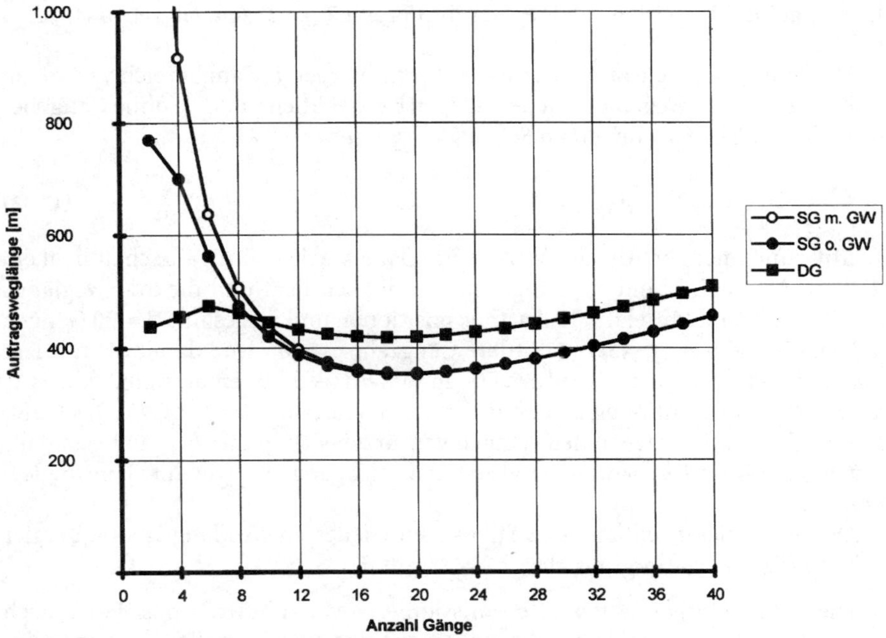

Abb. 17.29 Abhängigkeit der Auftragsweglänge von der Anzahl Kommissioniergänge für unterschiedliche Fortbewegungsstrategien *mit* Schnelläuferkonzentration der A-Artikel an den Gangenden
Parameter: s. Legende *Abb. 17.28*

bis zu einer *wegoptimalen Gangzahl* rasch ab und nimmt danach wegen der immer längeren stirnseitigen Wege wieder zu.

- Durch eine Konzentration der A-Artikel im vorderen Gangbereich läßt sich die mittlere Weglänge bei einer Stichgangstrategie deutlich reduzieren, wenn die Gängigkeit der A-Artikel wesentlich größer ist als die der übrigen Artikel.

Analog wie für die Durchgangstrategie ergibt sich mit der Näherung $x \approx 0{,}63 \cdot n$ durch Nullsetzen der partiellen Ableitung $\partial L(N)/\partial N$ nach der Gangzahl N und Auflösung nach N

- die *wegoptimale Gangzahl bei Stichgangstrategie mit Gangwiederholung*

$$N_{min} \approx \sqrt{0{,}5 \cdot n \cdot f_A \cdot L_{BL} / B_{GM}} \qquad \text{wenn } n < N_{min}. \tag{17.42}$$

Für das betrachtete Beispiel ergibt sich mit Beziehung (17.42) ohne Schnellläuferkonzentration die optimale Gangzahl 25 (s. *Abb. 17.28*) und mit Schnellläuferkonzentration die optimale Gangzahl 19 (s. *Abb. 17.29*).

3. Wege und Zeiten bei Stichgangstrategie ohne Gangwiederholung

Wenn alle Artikel gleichmäßig über die Gänge verteilt sind, wird bei der Stichgangstrategie ohne Gangwiederholung in jedem Gang, aus dem im Mittel n/x Artikel angefordert werden, ein Weg der mittleren Länge $2 \cdot ((n/x)/(1 + n/x)) \cdot L_{GM}$ zurückgelegt.

Durch eine Konzentration der A-Artikel im vorderen Gangbereich verkürzen sich die mittleren Weglängen in der Gängen bei der Stichstrategie ohne Gangwiederholung *bestenfalls* um einen *Schnellläuferfaktor*

$$f_A = \mathrm{MIN}\left(1; 1 + p_A - {p_{Apos}}^{n/x}\right). \tag{17.43}$$

Mit zunehmender Anzahl Artikel pro Gang wächst die Wahrscheinlichkeit, daß ein Artikel im hinteren Langsamläuferbereich liegt und die Stichweglänge bestimmt. Bei im Mittel n = 15 Auftragspositionen und insgesamt N = 20 Gängen ist nach Beziehung (17.32) die mittlere Gangzahl x = 10,7 und damit die mittlere Positionszahl pro Gang n/x = 1,86. Für 20 % A-Artikel mit einen Anteil von 65 % an den Auftragspositionen ist damit der Schnellläuferfaktor $f_A \geqq 0{,}75$. Das heißt: Die mittleren Stichwege in den Gängen verkürzen sich in diesem Fall bestenfalls um 25 %. Das sind 20 % weniger als bei der Stichgangstrategie mit Gangwiederholung.

Da die Weglänge entlang den Stirnseiten wieder ebenso lang ist wie bei der Durchgangstrategie, ergibt sich:

- Die *mittlere Weglänge* beim Kommissionieren von n Auftragspositionen nach der *Stichgangstrategie ohne Gangwiederholung* aus N parallelen Gangmodulen mit der Länge L_{GM} und der Breite B_{GM} ist

$$L(N) = f_A \cdot \left(2xn/(n+x)\right) \cdot L_{GM} + 2 \cdot \left(x/(x+1)\right) \cdot (N-1) \cdot B_{GM}. \tag{17.44}$$

Beim Hinein- und Hinausgehen aus den Gängen finden bei der Stichgangstrategie ohne Gangwiederholung n + x Bremsbeschleunigungsvorgänge statt. Zusätzlich kommen beim Gangwechsel an den Stirnseiten und bei der Anfahrt der Basis x + 1 Bremsbeschleunigungsvorgänge vor. Hieraus folgt:

- Die *mittlere Auftragswegzeit* für das Kommissionieren von n Positionen nach der *Stichgangstrategie ohne Gangwiederholung* aus N parallelen Gangmodulen mit der Länge L_{GM} und der Breite B_{GM} ist

$$t_n(N) = L(N)/v + (2x+1+n) \cdot v/b. \qquad (17.45)$$

Die mittlere Gangzahl x ist wieder durch Beziehung (17.32) gegeben und die mittlere Weglänge $L(N)$ durch Beziehung (17.44). Aus der mittleren Auftragswegzeit (17.41) folgt mit der Beziehung (17.36) die anteilige *Wegzeit pro Position* $t_{weg}(n)$, deren Abhängigkeit von der Positionszahl n in *Abb. 17.27* dargestellt ist.

Wie die *Abb. 17.28* und *17.29* zeigen, gelten für die Abhängigkeit der mittleren Weglänge von der Anzahl der Kommissioniergänge für die Stichgangstrategie *ohne* Gangwiederholung die gleichen Zusammenhänge, Funktionsverläufe und Aussagen, wie für die Stichgangstrategie *mit* Gangwiederholung. Wie zuvor folgt näherungsweise für

- die *wegoptimale Gangzahl bei Stichgangstrategie ohne Gangwiederholung*

$$N_{min} \approx \sqrt{0{,}4 \cdot n \cdot f_A \cdot L_{BL}/B_{GM}} \qquad \text{wenn } n < N_{min}. \qquad (17.46)$$

Für das betrachtete Beispiel ergibt sich aus Beziehung (17.46) ohne Schnellläuferkonzentration die optimale Gangzahl 22 und mit Schnellläuferkonzentration die optimale Gangzahl 19.

4. Strategievergleich und optimale Ganganordnung

Der Vergleich der mittleren Wegzeiten für die drei untersuchten Bewegungsstrategien und die *Abb. 17.27, 17.28* und *17.29* zeigen:

- Ohne Schnellläuferkonzentration ist die Durchgangstrategie mit und ohne Gangzahloptimierung deutlich günstiger als die Stichgangstrategien.
- Wenn die Gängigkeit des Sortiments sehr unterschiedlich ist, führt eine Bereitstellung der A-Artikel im vorderen Gangbereich in Verbindung mit einer Stichgangstrategie zu einer deutlichen Verkürzung der mittleren Wege, während sich bei der Durchgangstrategie dadurch keine Verbesserung ergibt.
- Für den Fall der Schnellläuferkonzentration weichen die mittleren Weglängen der Stichgangstrategie mit und ohne Gangwiederholung im Bereich der optimalen Gangzahl nur unwesentlich voneinander ab.
- Die mit Schnellläuferkonzentration bei optimaler Gangzahl kürzeren Wege der Stichgangstrategien im Vergleich zur Durchgangstrategie werden durch die häufigeren Brems- und Beschleunigungsvorgänge teilweise kompensiert, sodaß der Unterschied der Wegzeiten relativ wenig ins Gewicht fällt.
- Bei einem geringen Schnellläuferanteil mit relativ hoher Drehzahl ist die Stichgangstrategie nur für Aufträge mit wenigen Positionen vorteilhafter als die Durchgangstrategie.

Hieraus folgt die allgemeine *Planungsregel für konventionelle Kommissioniersysteme*:

- Ein Kommissioniermodul mit statischer Bereitstellung und eindimensionaler, nicht ganggebundener Fortbewegung der Kommissionierer ist mit einer parallelen oder gegenüberliegenden Anordnung der Gangmodule wegzeitoptimal, wenn für die Anzahl der Kommisioniergänge eine grade Zahl zwischen 2 und dem Wert (17.38) gewählt wird.

Ausgehend von einer solchen *Anfangslösung* können die Ganglänge und die Gangzahl den Gegebenheiten einer vorhandenen Halle, den Fluchtwegauflagen oder den Erfordernissen eines optimalen Gesamtlayouts angepaßt werden, ohne daß sich dadurch die Wegzeiten wesentlich verschlechtern.

Ergibt die Leistungsberechnung, daß sich in den einzelnen Gängen im Mittel nicht mehr als ein Kommissionierer befindet, kann es sinnvoll sein, die A-Artikel im vorderen Gangbereich zu konzentrieren und Aufträge mit wenigen Positionen, wie *Eilaufträge* oder *Einpositionsaufträge*, nach der Stichgangstrategie zu kommissionieren. Die übrigen Aufträge werden nach der Durchgangstrategie eingesammelt. Die Anzahl Positionen, ab der die Aufträge zeitgünstiger nach der Durchgangstrategie kommissioniert werden, läßt sich mit den *Wegzeitformeln* (17.35), (17.41) und (17.45) errechnen.

17.11 Kommissionierleistung und Kommissionierzeit

Die Arbeitsleistung eines Kommissionieres läßt sich auf verschiedene Weise messen:

- Die *Kommissionierleistung* $\mu_{K\ Pos}$ [Pos/h] ist die Anzahl *Positionen* oder *Auftragszeilen*, die ein Kommissionierer pro Stunde bearbeitet.
- Die *Pickleistung* $\mu_{K\ EE}$ [EE/h] ist die Anzahl *Picks* oder *Entnahmeeinheiten*, die ein Kommissionierer pro Stunde greift und ablegt.
- Die *Sammelleistung* $\mu_{K\ VE}$ [VE/h] ist die Anzahl *Versandeinheiten*, die ein Kommissionierer pro Stunde befüllt.

Bei *Leistungsvergleichen von Kommissioniersystemen* ist zu beachten [50]:

- Alle drei Leistungsmeßgrößen für das Kommissionieren hängen empfindlich von der *Auftragsstruktur*, vom *Kommissioniersystem*, von der *Kapazität* der Bereitstelleinheiten und Versandeinheiten sowie von der *Sortimentsbreite* ab.

Welche der Leistungsmeßgrößen im Einzelfall gewählt wird, ist eine Frage der Zweckmäßigkeit und der Vereinbarung.

Wenn ein Kommissionierer zur Ausführung eines Kommissionierauftrags mit n_{Pos} Positionen im Mittel die *Auftragskommissionierzeit* t_{AKom} [s] benötigt, dann ist die *mittlere Kommissionierzeit pro Position*

$$\tau_{Pos} = \mathbf{t}_{\mathbf{A\,Kom}} / \mathbf{n}_{\mathbf{Pos}} \qquad [\mathrm{s/Pos}]. \tag{17.47}$$

und die *effektive Kommissionierleistung* eines Kommissionierers

$$\mu_{K\,Pos} = \eta_{ver} \cdot \eta_{aus} \cdot 3600/\tau_{Pos} \qquad [Pos/Kom\text{-}h]. \qquad (17.48)$$

Hierin sind η_{aus} die *Auslastbarkeit* und η_{ver} die *Verfügbarkeit* des Kommissionierers (s.u.).

Aus der effektiven Kommissionierleistung (17.48) folgt bei einer mittleren Entnahmemenge pro Position m_{EE} [EE/Pos] die *Pickleistung* eines Kommissionieres

$$\mu_{K\,EE} = m_{EE} \cdot \mu_{Pos} \qquad [Pos/Kom\text{-}h]. \qquad (17.49)$$

Wenn die Auftragsmenge $m_A = m_{EE} \cdot n_{Pos}$ [EE/KAuf] in Versandeinheiten mit einer Kapazität C_{VE} [EE/VE] abgelegt wird, entstehen pro Auftrag im Mittel

$$n_{VE} = MAX\left(1; m_{EE} \cdot n_{Pos}/C_{VE} + (C_{VE}-1)/2C_{VE}\right) \qquad [VE/KAuf]. \qquad (17.50)$$

Versandeinheiten, von denen jeweils die letzte nur zum Teil gefüllt ist. Damit wird die *Sammelleistung* eines Kommissionierers

$$\mu_{K\,VE} = n_{VE} \cdot \mu_{Pos}/n_{Pos} \qquad [VE/Kom\text{-}h]. \qquad (17.51)$$

Wegen der teilgefüllten Versandeinheiten ist die Sammelleistung von der Auftragsmenge und vom Fassungsvermögen der Versandeinheiten abhängig. Daher ist die Messung der Leistung eines Kommissionierers in erzeugten Versandeinheiten pro Stunde in der Regel unzweckmäßig.

Die Anzahl der pro Auftrag geleerten Bereitstelleinheiten ist

$$n_{BE} = m_{EE} \cdot n_{Pos}/C_{BE} \qquad [BE/Auf], \qquad (17.52)$$

wenn C_{BE} [EE/BE] der mittlere Inhalt der Bereitstelleinheiten ist. Die Anzahl geleerter Bereitstelleinheiten (17.52) gibt zugleich die Häufigkeit an, mit der im Verlauf der Kommissionierung eines Auftrags die Arbeit nach dem *erschöpfenden Griff* unterbrochen wird.

Um die Kommissionierleistung berechnen zu können, muß also die Kommissionierzeit pro Position ermittelt werden und die Auslastbarkeit und Verfügbarkeit des Kommissionierers bekannt sein. Die Kommissionierzeit ist die Summe einer *Wegzeit* τ_{weg}, einer *Rüstzeit* $\tau_{rüst}$, einer *Greifzeit* τ_{greif} und einer *Basiszeit* τ_{bas}:

$$\tau_{Pos} = \tau_{weg} + \tau_{rüst} + \tau_{greif} + \tau_{bas} \qquad [s/Pos]. \qquad (17.53)$$

Diese *Kommissionierzeitanteile* sind für die verschiedenen Kommissionierverfahren von sehr unterschiedlicher Größe. So ist der Wegzeitanteil für das Kommissionieren mit dynamischer Bereitstellung gleich 0. Beim Kommissionieren mit dezentraler Abgabe verschwindet hingegen der Basiszeitanteil.

Für das konventionelle und das inverse Kommissionieren mit eindimensionaler Fortbewegung ist der Wegzeitanteil $\tau_{weg} = \tau_{weg}(n_{pos})$ durch Beziehung (17.36) gegeben. Für das Kommissionieren mit zweidimensionaler Fortbewegung ist der Wegzeitanteil gleich der mittleren Fahrzeit $t_n(L,H)$ einer n-Punkte Rundfahrt, die durch *Beziehung* (16.71) in *Abschnitt 16.10* gegeben ist, geteilt durch die Positionsanzahl n_{Pos}.

Bei der Ermittlung der *Kommissionierzeitanteile* ist zu beachten, daß für die Leistungsberechnung und die dynamische Dimensionierung eines Kommissioniersystems nicht die exakten Zeiten der einzelnen Teilvorgänge sondern die *Mittelwerte* für eine Vielzahl von gleichartigen Ereignissen maßgebend sind. Diese Mittelwerte gelten für eine große Anzahl hinreichend gleichartiger Aufträge und Leistungsanforderungen. Wenn das Sortiment zu inhomogen oder die Aufträge sehr unterschiedlich sind, ist eine gesonderte Berechnung der Kommissionierzeiten für die unterschiedlichen Sortiments- und Aufragsklassen erforderlich.

Die Kommissionierzeitanteile (17.53) werden stets auf die Auftragsposition bezogen. Daher ist es notwendig den Zeitbedarf für alle Vorgänge, die nicht direkt von der Auftragsposition sondern von der Bereitstelleinheit [BE], der Entnahmeeinheit [EE], der Versandeinheit [VE] oder vom Kommissionierauftrag [KAuf] ausgelöst werden, auf die Position umzurechnen.

Wenn t_{BE} [s/BE] der Zeitbedarf für einen Vorgang ist, der pro Bereitstelleinheit anfällt, dann ist der anteilig auf die Position umgerechnete Zeitbedarf:

$$t_{Pos} = n_{BE} \cdot t_{BE} / n_{Pos} \qquad [s/Pos]. \tag{17.54}$$

Hierin ist n_{VE} die durch Beziehung (17.50) gegebene Anzahl Versandeinheiten pro Auftrag. Analog ist der anteilige Zeitbedarf pro Position:

$$t_{Pos} = n_{VE} \cdot t_{VE} / n_{Pos} \qquad [s/Pos], \tag{17.55}$$

wenn t_{VE} [s/VE] der Zeitbedarf für einen Vorgang ist, der pro Versandeinheit anfällt. In Beziehung (17.55) ist n_{BE} die durch Beziehung (17.52) gegebene Anzahl Bereitstelleinheiten pro Auftrag.

Den größten Einfluß auf die Kommissionierzeit und damit auch auf die Kommissionierleistung haben Vorgänge, die mit jeder Entnahme anfallen. Den nächstgrößten Einfluß haben Vorgänge, die mit jeder Auftragsposition verbunden sind. Die entnahme- und positionsabhängigen Vorgänge und deren Zeitbedarf sind daher mit besonderer Sorgfalt zu gestalten und zu quantifizieren. Die auftragsabhängigen und die ladeeinheitenbestimmten Vorgänge sind im Vergleich dazu meist von geringerem Gewicht, dürfen aber trotzdem nicht vernachlässigt werden.

1. Rüstzeit

Die *Rüstzeit pro Position* – auch *Positionsrüstzeit* genannt – ist die im Mittel pro Auftragszeile zur Vor- und Nachbereitung des Greifvorgangs am Pickplatz benötigte Zeit.[4] Die Rüstzeit kann die gleiche Größenordnung haben wie die Greifzeit. Sie wird benötigt für *Informationsvorgänge*, zur *Positionierung* und für *Handhabungsvorgänge*, die zusätzlich zum Greifen anfallen. Außerdem können *Wartezeiten* die Rüstzeit am Entnahmeplatz verlängern.

Informationsvorgänge sind erforderlich zur Anweisung und zur Kontrolle der Tätigkeiten am Entnahmeort. Sie umfassen:

4 Die Positionsrüstzeit wird vielfach auch *Totzeit* genannt. Die Rüstzeit pro Position aber umfaßt in der Regel mehr als die in der Regelungstechnik als Totzeit bezeichneten Reaktions- und Informationsverarbeitungszeiten.

Lesen des nächsten Entnahmeplatzes
Suchen und Identifizieren des Entnahmeplatzes
Eingeben von Kontrollinformationen (17.56)
Belegbearbeitung
Kodieren.

Das *Positionieren* bringt den Kommissionierer vor dem Greifen in die richtige Ausgangsposition und nach dem Greifen wieder in die Fahrposition. Auch das Zu- und Abfördern der Bereitstelleinheiten bei dynamischer Bereitstellung ist Bestandteil des Positionierens. Zum Positionieren gehören also abhängig vom Kommissionierverfahren und Kommissioniergerät:

Absteigen und Aufsteigen vom Gerät
Ausrichten des Arbeitsgeräts (17.57)
Zu- und Abfördern der Bereitstelleinheit
Hin- und Rückbewegung vom Bereitstellplatz.

Die *Handhabungsvorgänge*, die über das Greifen hinausgehen, sind ebenfalls vom Kommissionierverfahren und von der Kommissioniertechnik abhängig.

Der Zeitbedarf für Handhabungen am Entnahmeplatz ist auch davon abhängig, ob und in welchem Umfang dort das Packen durchgeführt wird. Beim Arbeiten nach dem *Pick&Pack-Verfahren* bestimmt vor allem die *Packzeit* die Positionsrüstzeit.

Neben dem Greifen auszuführende Handhabungsvorgänge am Entnahmeplatz können sein:

Aufstellen eines leeren Packmittels oder einer Versandeinheit
Verschließen des Packmittels oder der Versandeinheit
Kodieren und Beschriften (17.58)
Heraus- und Mitnehmen eines geleerten Ladungsträgers
Vorziehen oder Nachschieben der Zugriffsreserveeinheit
Öffnen von Bereitstell- und Verpackungseinheiten.

Wartezeiten am Entnahmeplatz, die den Kommisionierer an der Arbeit hindern, sind:

Wartezeit auf die Nachschubeinheit
Wartezeit auf Information (17.59)
Blockierzeiten durch andere Kommissionierer.

Zur Rüstzeit zählt auch die regelmäßig wiederkehrende Wartezeit auf den Nachschub. Die mittlere Wartezeit auf Nachschub einer neuen Bereitstelleinheit ist gleich der *Spielzeit*, die das Nachschubgerät für den Nachschubvorgang benötigt. Die *stochastisch bedingten Wartezeiten*, die aus den Schwankungen der Nachschubbereitstellung und der Informationsverarbeitung sowie aus der gegenseitigen Behinderung der Kommissionierer resultieren, werden in der *Auslastbarkeit* berücksichtigt (s.u.).

Der Zeitbedarf für die Rüstvorgänge am Entnahmeplatz ist von vielen *Einflußfaktoren* abhängig, wie die *Arbeitsbedingungen*, die *räumlichen Gegebenheiten*, Form, Inhalt und Qualität der *Informationsanzeige* sowie die *Aufmerksamkeit* und *Übung* der Kommissionierer. Diese Einflußfaktoren sind bei der Gestaltung der Entnahmeplätze und der Prozesse sorgfältig zu beachten und zur Optimierung nutzbar.

So lassen sich die Zeiten für die Belegbearbeitung einsparen durch geeignete Anzeigen am Bereitstellplatz oder auf dem Kommissioniergerät. Der Zeitbedarf für die Informationseingabe wird durch das Abscannen von Barcode-Etiketten erheblich verkürzt und zugleich sicherer gemacht. Das Warten auf die Nachschubeinheit nach dem erschöpfenden Griff läßt sich durch die *Flip-Flop-Nachschubstrategie* vermeiden.

Die Quantifizierung des Zeitbedarfs für die Vorgänge, die zur Rüstzeit beitragen, ist im Einzelfall nicht immer einfach. Am sichersten ist es, die Situation am Entnahmeplatz im Maßstab 1:1 aufzubauen und die Dauer der einzelnen Vorgänge mit der Stoppuhr zu messen. Andere bewährte Verfahren sind arbeitswissenschaftliche Methoden, wie *MTM* oder *Workfactor* [151; 167; 168].

Einige Rüstvorgänge am Entnahmeplatz können im *Zeitschatten* anderer Vorgänge stattfinden. So kann die Leerpalette während der Wartezeit auf die Nachschubpalette aus dem Bereitstellplatz entfernt werden. Von den gleichzeitig stattfindenden Vorgängen ist nur die Zeit des länger dauernden Vorgangs in der Rüstzeit zu berücksichtigen.

2. Greifzeit

Die Greifzeit, die der Kommissionierer zur Entnahme und Ablage der Entnahmemenge benötigt, ist die eigentliche *Leistungszeit*.

Den zeitlichen Ablauf des manuellen Greifprozesses, der in *Abb. 17.13* räumlich dargestellt ist, zeigt *Abb. 17.30*. Hiernach hängt die Greifzeit hängt ab vom Zeitbedarf der *Teilvorgänge*:

Hinlangen
Aufnehmen
Befördern (17.60)
Ablegen.

Mit dem Greifen können Zusatzarbeiten verbunden sein, wie

Abschneiden oder Zuschneiden
Abwiegen oder Verwiegen (17.61)
Abmessen oder Vermessen .

Hierfür ist in vielen Fällen das Herausnehmen einer größeren Menge aus der Bereitstelleinheit und ein Zurücklegen der Restmenge erforderlich.

Die Greifzeit hängt über folgende *räumliche Einflußfaktoren* sehr empfindlich von der Gestaltung des Entnahmeplatzes und von der Anordnung Bereitstelleinheiten ab:

minimale Greifhöhe $h_{\text{gr min}}$ [m]
maximale Greifhöhe $h_{\text{gr max}}$ [m]
mittlere Greiftiefe b_{gr} [m]

mittlerer Ablagewinkel γ_{ab} [m]
mittlere Ablageentfernung d_{ab} [m] (17.62)

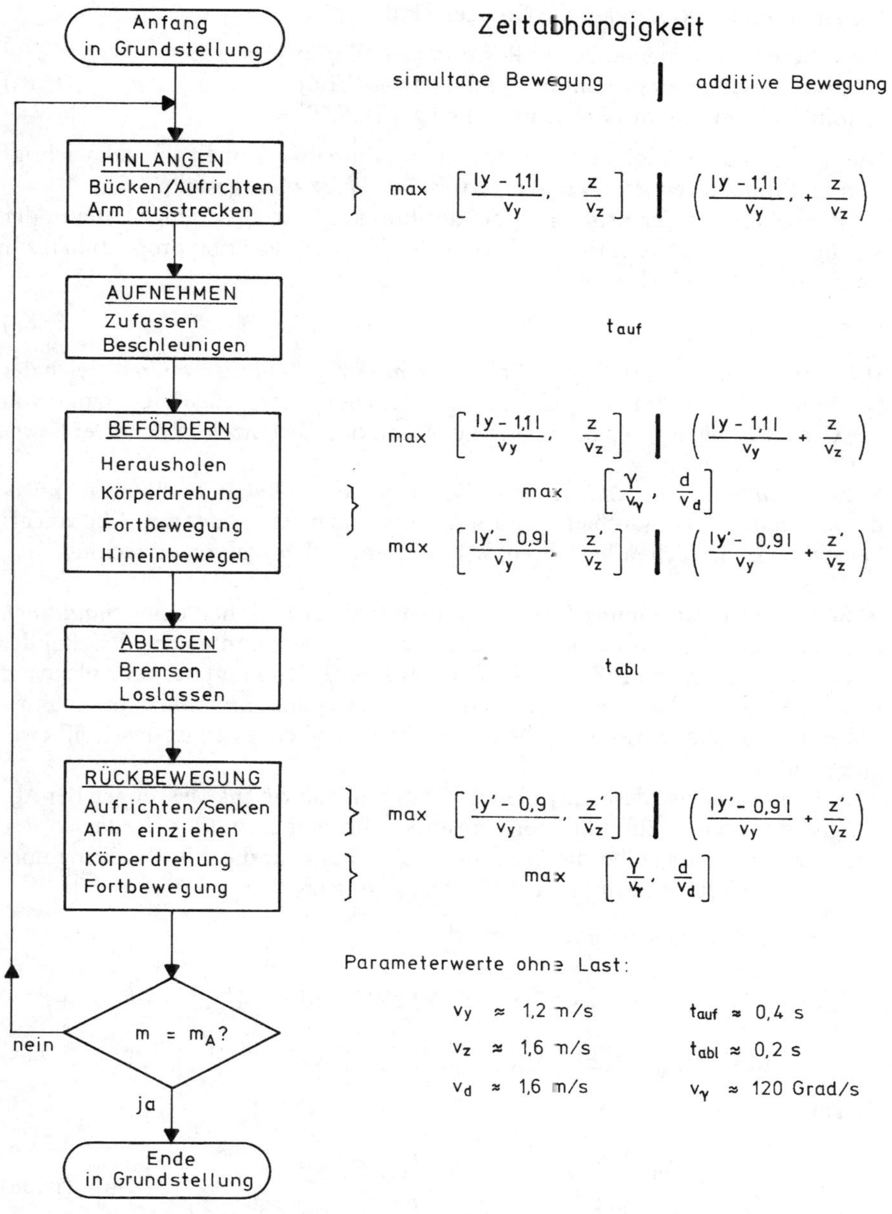

Abb. 17.30 Prozeßablauf und Zeitbedarf des Greifvorgangs

minimale Ablagehöhe $h_{ab\,min}$ [m]
maximale Ablagehöhe $h_{ab\,max}$ [m]
mittlere Ablagetiefe b_{ab} [m]. noch (17.62)

Weitere Einflußfaktoren auf die Greifzeit sind:

mittlere Entnahmemenge pro Position m_{EE} [EE/Pos]
mittleres Volumen pro Entnahmeeinheit v_{EE} [l/EE] (17.63)
mittleres Gewicht pro Entnahmeinheit g_{EE} [kg/EE].

Die gemessene Abhängigkeit der Greifzeit pro Entnahmeeinheit von den wichtigsten Einflußfaktoren (17.62) und (17.63) ist in *Abb. 17.31* dargestellt.

Abgesehen von der Ermüdung bei der Entnahme großer Mengen, die in der Verfügbarkeit berücksichtigt wird, ist die Greifzeit pro Position proportional zur Entnahmezeit pro Pickeinheit:

$$\tau_{greif} = m_{EE} \cdot \tau_{EE} \qquad [s/Pos]. \tag{17.64}$$

Die Entnahmezeit τ_{EE} [s/EE] ist für das *mechanische Kommissionieren* gleich der *Spielzeit für den Entnahmezyklus* des Roboters oder Pickgeräts. Diese hängt von der Geschwindigkeit, der Beschleunigung und den Distanzen in den drei Bewegungsrichtungen ab.

Beim *manuellen Kommissionieren* läßt sich die einzelne Entnahmezeit entweder in einem Versuchsaufbau oder am Arbeitsplatz messen oder mit Hilfe von arbeitswissenschaftlichen Verfahren, wie *MTM* oder *Workfaktor*, errrechnen [151; 167; 168].

Bei der Zeitbestimmung für den Greifvorgang ist zwischen einer *simultanen* und einer *additiven Bewegung* des Kommissionierers zu unterscheiden. Bei der Entnahme aus einem großen Fach oder von einer Palette und bei der Ablage auf eine freie Fläche oder eine Palette ist die Greifbewegung *simultan*. Bei Entnahme aus einem Fachbodenregal und bei Ablage in ein Wabengestell ist die Greifbewegung *additiv*.

Aus einer Analyse des manuellen Greifvorgangs sowie aus Messungen der Abhängigkeit von den Einflußfaktoren resultiert für eine *simultane Greifbewegung* nach einer Mittelung über die Greif- und Ablagehöhe für die mittlere Entnahmezeit bei Einzelpick und simultaner Greifbewegung die

- halbempirische Entnahmezeitformel

$$\tau_{EE} = 2 \cdot \left(1 + g_{EE}^{2}/110\right) \cdot \left(1 + v_{EE}^{2}/18.000\right) \cdot \Big(0,3 + \mathrm{MAX}\big(f(h_{gr})/1,2; b_{gr}/1,6\big) + $$
$$+ \mathrm{MAX}\big(f(h_{ab})/1,2; b_{ab}/1,6\big) + \mathrm{MAX}\big(\gamma_{ab}/120; d_{ab}/1,6\big)\Big) \quad [s/EE]. \tag{17.65}$$

Hierin ist

$$f(h) = \begin{cases} (h_{max} - h_{min})/2 & \text{wenn} \quad h_{min} < 1 < h_{max} \\ (h_{max} - h_{min})/2 - 1 & \text{wenn} \quad h_{min} > 1 \text{ oder } h_{max} < 1. \end{cases} \quad [m] \tag{17.66}$$

Für Teilvorgänge des Greifzyklus, die nicht simultan sondern additiv stattfinden, ist in Formel (17.65) der entsprechende Ausdruck MAX(a;b) durch die Summe (a+b) zu ersetzen.

Wenn die Entnahmeeinheiten nicht einzeln sondern jeweils zu x Stück in einem Zugriff entnommen und abgelegt werden, ist in Formel (17.65) anstelle von

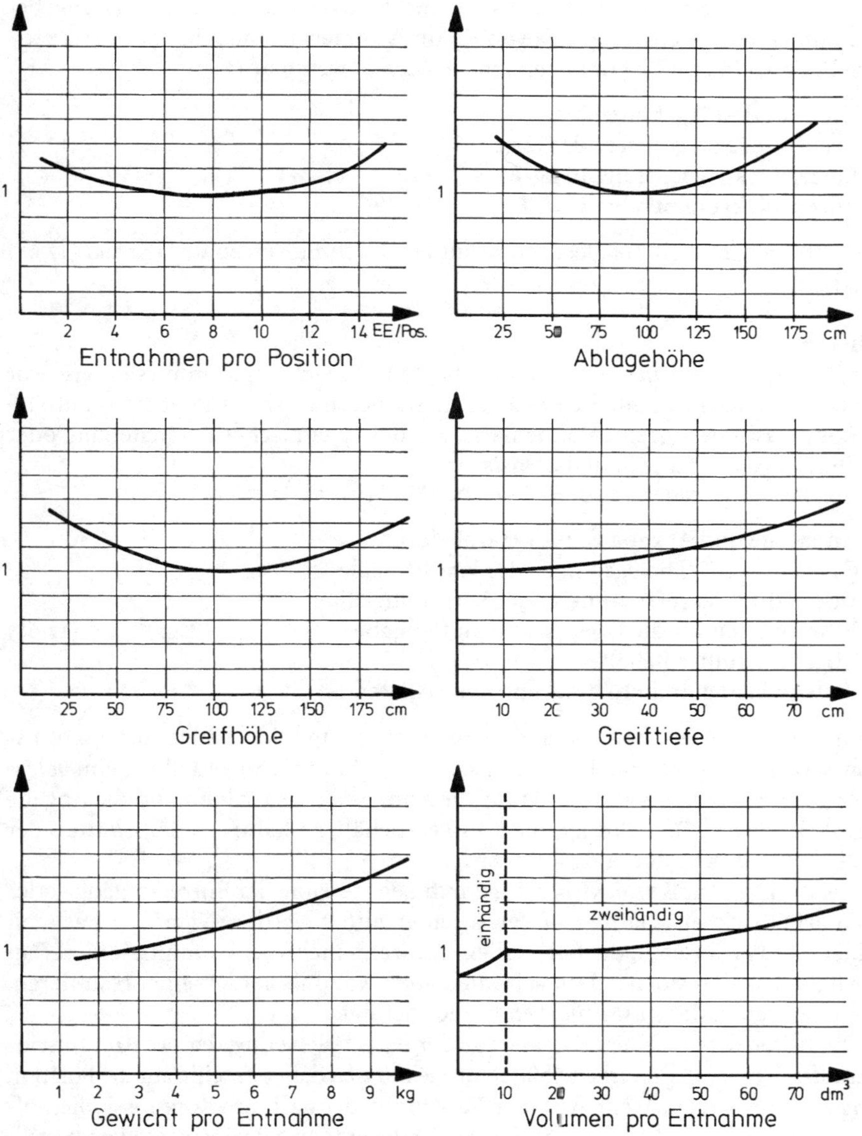

Abb. 17.31 Abhängigkeit der mittleren Greifzeit pro Entnahmeeinheit von den Einflußfaktoren (17.62) und (17.63)

g_{EE} mit $x \cdot g_{EE}$ und anstelle von v_{EE} mit $x \cdot v_{EE}$ zu rechnen und das Ergebnis durch x zu teilen.

Die mit Formel (17.65) errechneten mittleren Entnahmezeiten liegen in der Regel im Bereich zwischen 2 und 10 s pro Entnahmeinheit. Sie hängen sehr empfindlich vom durchschnittlichen Volumen und Gewicht der Entnahmeeinheiten ab.

Die halbempirischen Entnahmezeitformel (17.65) hat sich für die Leistungsberechnung und Dimensionierung von Kommissioniersystemen in der Praxis vielfach bewährt hat und ist in folgenden *Grenzen* anwendbar [21]:

Greif- und Ablagehöhen bis 1,8 m
Greif- und Ablagetiefen bis 1,2 m (17.67)
Einzelstückgewichte bis 10 kg/EE
Einzelstückvolumen bis 50 l/EE.

Die mittlere Greifzeit pro Position resultiert durch Einsetzen der Formel (17.65) in (17.64).[5]

3. Basiszeit

Die *Basiszeit* oder *Auftragsrüstzeit* ist die Zeit, die sich ein Kommissionierer vor Beginn und nach Abschluß einer Kommissionierrundfahrt an der Basis aufhält. In Kommissioniersystemen ohne Basis, wie bei dynamischer Bereitstellung oder dezentraler Abgabe, entfällt die Basiszeit.

Zur Basiszeit tragen folgende *Vor- und Nachbereitungsarbeiten* bei:

Annahme und Abgabe von Auftragsbelegen
Ordnen von Pickbelegen nach der Wegstrategie
Übernahme leerer Sammel- oder Versandbehälter
Positionieren für die Übernahme und Abgabe (17.68)
Abgabe gefüllter Behälter
Zielkodierung und Etikettierung der Behälter.

Ob und mit welchem Zeitaufwand diese Vorgänge anfallen, hängt vom Kommissionierverfahren und von der Kommissioniertechnik ab. So entfallen beim *beleglosen Kommissionieren* die Zeiten für die Annahme, das Ordnen und die Abgabe von Pickbelegen. Die Übernahme von Leerbehältern kann im *Zeitschatten* der Vollbehälterabgabe durchgeführt werden.

Die Basiszeit muß *projektspezisch* durch Zeitmessung der Einzelvorgänge oder nach arbeitswissenschaftlichen Verfahren ermittelt werden. Nicht zur Basiszeit zählen die Wartezeiten, die bei großem Andrang mehrerer Kommissionierer an der Basis aus den stochastisch schwankenden Kommissionierzeiten resultieren. Diese werden in der *Auslastbarkeit* berücksichtigt.

Die Zeiten der einzelnen Vorgänge an der Basis fallen entweder pro Kommissionierauftrag oder pro Sammelbehälter an. Sie müssen daher anteilig auf die Position umgerechnet werden. Wenn für einen Vorgang an der Basis pro Kommissionierauftrag die Zeit t_{Abas} [s/KAuf] benötigt wird, ist die anteilige Basiszeit pro Position

$$\tau_{bas} = t_{Abas}/n_{Pos} \qquad [s/Pos]. \tag{17.69}$$

Der Zeitbedarf für einen Vorgang pro Versandeinheit ist nach Beziehung (17.55) umzurechnen.

5 Die Entnahmezeitformel (17.65) ergibt sich aus der vom Verfasser in [21] angegebenen halbempirischen Greifzeitformel durch Integration über alle erreichbaren Greifhöhen und Ablagehöhen.

4. Verfügbarkeit

Ein Kommissionierer, ob Mensch oder Maschine, ist nicht während der gesamten Anwesenheitszeit für die von ihm geforderte Leistung verfügbar. Die Arbeitszeit des Kommissioniers setzt sich daher zusammen aus produktiven Zeiten und unproduktiven Zeiten:

- In der *produktiven Zeit* T_{prod} führt der Kommissionierer die für das Kommissionieren erforderlichen Arbeiten und Vorgänge aus.
- Zur *unproduktiven Zeit* T_{unpr} des Kommissionierers zählen *technische Ausfallzeiten, persönliche Verteilzeiten* und Zeiten für *kommissionierfremde Nebentätigkeiten.*

Die *Urlaubs- und Krankheitszeiten* des Personals sowie die *Wartungszeiten* der Geräte zählen nicht zur unproduktiven Zeit, da sie außerhalb der Betriebszeit anfallen. Diese Zeiten sind jedoch in der Betriebskostenrechnung zu berücksichtigen.

Bei der Berechnung der Kommissionierleistung nach Beziehung (17.48) wird die unproduktive Zeit durch den Verfügbarkeitsfaktor η_{ver} berücksichtigt:

- Die *Verfügbarkeit* eines Kommissionierers ist das langzeitige Verhältnis der produktiven Zeit zur Anwesenheitszeit

$$\eta_{ver} = T_{prod} / (T_{unpr} + T_{prod}). \qquad (17.70)$$

Die *Ausfallzeiten* eines Kommissioniergeräts oder eines Kommissionierroboters bewirken eine *technische Geräteverfügbarkeit*, die bei guter Konstruktion und vorbeugender Wartung nicht unter 98 % liegen sollte.

Die arbeitswissenschaftlich definierten *persönlichen Verteilzeiten* des Menschen hängen von den *Arbeitsbedingungen*, der *Motivation* und der *Mitarbeiterführung* ab [168]. Beim Kommissionieren kommt als weiterer Einflußfaktor die *Ermüdung* bei großen Entnahmemengen und hohem Gewichts- und Volumendurchsatz hinzu.

Vor allem bei dynamischer Bereitstellung kann ein permanentes Greifen großer Mengen und Gewichte, das nicht durch Wegzeiten unterbrochen wird, zu einer absinkenden Verfügbarkeit der Kommissionierer führen. Andererseits aber erholt sich ein Kommissionierer bei geringerer Auslastung und in den stochastisch bedingten Wartezeiten.

Für die Leistungsberechnung und Dimensionierung von Kommissioniersystemen kann mit folgenden *Erfahrungswerten* gerechnet werden:

$$\begin{array}{ll} \text{sehr gute Arbeitsbedingungen und geringe Belastungen} & \eta_{ver} \approx 90\,\% \\ \text{gute Arbeitsbedingungen und mittlere Belastungen} & \eta_{ver} \approx 85\,\% \\ \text{weniger gute Arbeitsbedingungen und hohe Belastung} & \eta_{ver} \approx 80\,\%. \end{array} \qquad (17.71)$$

Diese Erfahrungswerte sind als Planwerte brauchbar, können jedoch im Einzelfall bei schlechter Führung und fehlender Leistungskontrolle deutlich unterschritten werden.

Wenn ein Kommissionierer mit einer *persönliche Verfügbarkeit* η_{Pver} auf einem Kommissioniergerät arbeitet, das eine *technische Verfügbarkeit* η_{Tver} hat, dann ist in der Leistungsberechnung (17.48) mit der *Gesamtverfügbarkeit* von Mensch und Technik zu rechnen. Diese ist gleich dem Produkt der Einzelverfügbarkeiten:

$$\eta_{\text{ver}} = \eta_{\text{Pver}} \cdot \eta_{\text{Tver}}. \tag{17.72}$$

Die Leistungsminderung durch eine schlechte Verfügbarkeit wird vielfach nicht ausreichend beachtet. In der Verbesserung der Arbeitsbedingungen, der Führung und der Kontrolle liegt daher oft ein größerer Hebel zur Leistungssteigerung und Kostensenkung des Kommissionierens als in der technischen Rationalisierung.

5. Auslastbarkeit

Die verfügbare Zeit eines Kommissionierers kann nur soweit produktiv genutzt werden, wie er nicht durch stochastisch bedingte Wartezeiten an der Arbeit gehindert ist. Stochastische Wartezeiten entstehen beim Kommissionieren vor den Pickplätzen, in den Gängen und an der Basis infolge der Blockierung durch andere Kommissionierer sowie durch Warten auf Information oder Nachschub, wenn die Abfertigungszeiten stochastisch schwanken.

Die stochastischen Wartezeiten reduzieren die Auslastbarkeit des Kommissionieres und damit die effektive Kommissionierleistung.

- Die *Auslastbarkeit* eines Kommissionierers ist das Verhältnis der Kommissionierzeit τ_{kom} zur Summe von stochastisch bedingten mittleren Wartezeiten τ_{wart} und Kommissionierzeit:

$$\eta_{\text{aus}} = \tau_{\text{kom}} / (\tau_{\text{wart}} + \tau_{\text{kom}}). \tag{17.73}$$

Die beim Kommissionieren planmäßig auftretenden Abfertigungszeiten, deren Mittelwerte in der Kommissionierzeit enthalten sind, zählen nicht zur stochastischen Wartezeit.

Vor einer Abfertigungsstation mit einer stochastisch schwankenden Abfertigungsleistung

$$\mu = 3600/\tau_{\text{ab}} \qquad [1/\text{h}], \tag{17.74}$$

und einer *mittleren Abfertigungszeit* τ_{ab} [s], auf die ein stochastischer Strom λ zuläuft, entsteht eine *Warteschlange*, in der die neu Hinzukommenden warten müssen bevor sie drankommen.

Aus den Beziehungen (13.65) und (13.67) des *Abschnitts 13.5/I* folgt für ein *Wartesystem* mit der *Auslastung*

$$\rho = \lambda/\mu \tag{17.75}$$

die *mittlere Wartezeit*:

$$\text{t}_{\text{wart}} = ((1-\rho+V\cdot\rho)\cdot\rho/(1-\rho))\cdot\tau_{\text{ab}} \qquad [\text{s}]. \tag{17.76}$$

Der *Systemvariabilität V* ist bei maximaler Schwankung von Zustrom und Abfertigung gleich 1 und bei getaktetem Zustrom und getakteter Abfertigung 0. Wenn die Variabilität unbekannt ist, kann approximativ mit der *Systemvariabilität V* = 1/2 gerechnet werden (s. *Beziehung 13.57*).

Jeder Artikelbereitstellplatz ist im Prinzip eine Abfertigungsstation, zu der die Kommissionierer in stochastisch schwankenden Zeitabständen kommen und warten müssen, wenn sich dort noch ein anderer Kommissionierer befindet. Die mittlere Abfertigungszeit an den Pickplätzen ist

$$t_{P\,ab} = \tau_{rüst} + \tau_{greif} \qquad [s/Pos]. \tag{17.77}$$

Der mittlere Zustrom der Kommissionierer auf einen der N_S Artikelbereitstellplätze ist gleich $1/N_S$ des Auftragsdurchsatzes λ_{KAuf}. Wenn ein Kommissionierer zusammen mit seinem Gerät N_P Pickplätze blockiert, ist der Zustrom auf die N_P blockierten Pickplätze:

$$\lambda_P = N_P \cdot \lambda_{KAuf} / N_S \qquad [Pos/h]. \tag{17.78}$$

Durch Einsetzen der mit (17.77) resultierenden Abfertigungsleistung $\mu_P = 3600/\tau_{Pab}$ und des Zustroms (17.78) in die Beziehungen (17.74) und (17.76) ergibt sich die Berechnungsformel für die *mittlere Pickplatzwartezeit* τ_{Pwart} [s/Pos].

Auch eine Basisstation ist eine Wartestation, zu der die Kommissionierer in stochastisch schwankenden Zeitabständen kommen und warten müssen, solange dort vor ihnen andere Kommissionierer tätig sind. Die mittlere Abfertigungszeit an der Basis ist

$$\tau_{B\,ab} = n_{pos} \cdot \tau_{bas} \qquad [s/Kom]. \tag{17.79}$$

Bei N_B parallelen Basisstationen und einem Auftragsdurchsatz λ_{KAuf} ist der mittlere Kommissioniererzustrom auf eine der N_B Basisstationen

$$\lambda_B = \lambda_{KAuf} / N_B \qquad [Kom/h]. \tag{17.80}$$

Durch Einsetzen der resultierenden Abfertigungsleistung $\mu = 3600/\tau_{Bab}$ [KAuf/h] und des Zustroms (17.80) in die Beziehungen (17.74) und (17.76) ergibt sich die Berechnungsformel für die *mittlere Wartezeit* t_{Bwart} *der Kommissionierer vor der Basis.* Die Basiswartezeit pro Auftrag t_{Bwart} geteilt durch die Positionszahl n_{pos} ist die *mittlere Basiswartezeit* τ_{Bwart} pro Position.

Analog lassen sich auch die mittlere Wartezeit bei stochastisch schwankendem Nachschub oder zufallsabhängiger Informationsbereitstellung mit Hilfe der allgemeinen Wartezeitformel (17.76) aus der mittleren Abfertigungszeit berechnen.

Mit der Summe $\tau_{wart} = \tau_{Pwart} + \tau_{Bwart} + \ldots$ der Pickplatzwartezeit, der Basiswartezeit und eventuell weiterer Wartezeiten ergibt sich aus Beziehung (17.73) die Auslastbarkeit und durch Einsetzen in Beziehung (17.48) die Auswirkung der stochastisch bedingten Wartezeiten auf die effektive Kommissionierleistung. Für das in *Tabelle 17.1* angegebene Beispiel zeigt *Abb. 17.32* die analytisch berechnete Abhängigkeit der Auslastbarkeit von der Durchsatzleistung für den Fall einer und den Fall von zwei parallelen Basisstationen.

Aus den Berechnungsformeln und dem Planungsbeispiel lassen sich folgende allgemeinen *Zusammenhänge* ableiten:

- Die *Auslastbarkeit der Kommissionierer* ist bei geringer Auslastung des Gesamtsystems nur wenig und mit zunehmender Auslastung immer stärker vom Durchsatz abhängig.
- Bei Annäherung an den *Überlastzustand* sinkt die Auslastbarkeit auf Null.
- Entsprechend hängt die effektive Leistung pro Kommissionierer bei geringen Durchsatzanforderungen nur wenig vom Durchsatz ab.

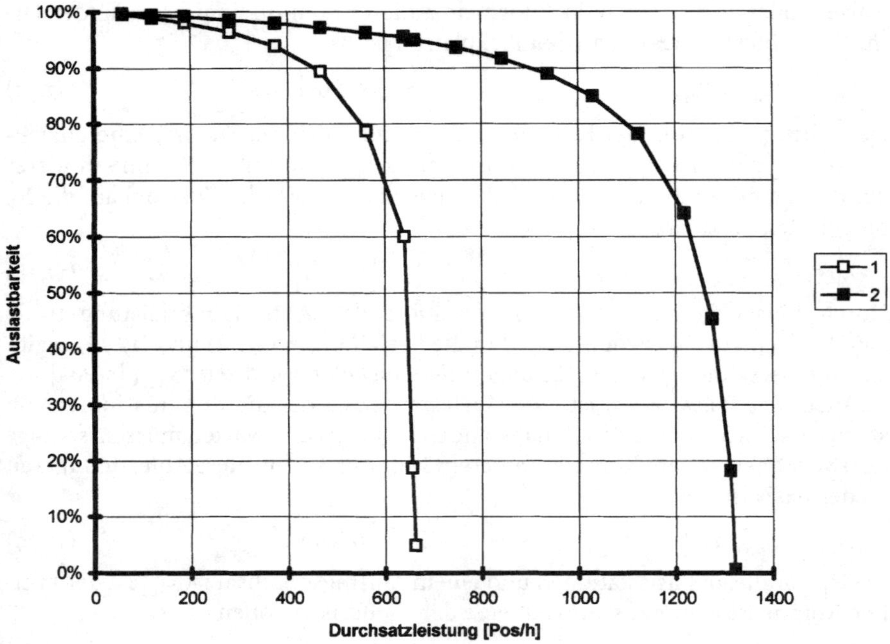

Abb. 17.32 Abhängigkeit der Auslastbarkeit vom Positionsdurchsatz

Parameter: Anzahl Basisstationen $N_{BS} = 1$ und 2
Übrige Parameter: s. Legende *Abb. 17.28*

- Mit zunehmendem Durchsatz nimmt die Kommissionierleistung infolge der gegenseitigen Behinderung der Kommissionierer an den Pickplätzen und an der Basis immer mehr ab.
- Die benötigte Anzahl Kommissionierer und Kommissioniergeräte steigt mit zunehmender Durchsatzleisung überproportional an.
- Bei nur einer Basis sind die Wartezeiten vor der Basis kritischer als die Wartezeiten an den Pickplätzen.
- Bei schmalem Sortiment, geringer Bereitstellfläche und zonenweiser Konzentration der A-Artikel kann es bei hohem Durchsatz vor den Pickplätzen zu erheblichen Wartezeiten kommen.
- Die Wegzeiteinsparungen durch eine Schnelläuferkonzentration in der Nähe der Basis werden bei hoher Durchsatzleistung überkompensiert durch die Wartezeiten in diesem Bereich.
- Je mehr Pickplätze ein Kommissionierer mit seinem Gerät blockiert, desto stärker reduziert sich die Auslastbarkeit infolge der Behinderung anderer Kommissionierer.

Für das betrachtete Beispiel wird der Überlastzustand bei einer Basisstation ab etwa 600 Positionen pro Stunde mit 18 Kommissionierern und bei zwei Basisstationen ab etwa 1.200 Positionen pro Stunde mit 32 Kommissionierern im System erreicht, die in beiden Fällen in 12 Gängen arbeiten.

Hieraus resultieren die *Planungsregeln:*

- Bei hohem Durchsatz ist die Einrichtung von zwei oder mehr parallelen Basistationen erforderlich, an denen mehrere Kommissionierer gleichzeitig abgefertigt werden können.
- Die schnellgängigen A-Artikel dürfen nicht in einer Zone konzentriert sondern müssen gleichmäßig über den gesamten Bereitstellbereich verteilt werden.

Wegen der empfindlichen Abhängigkeit der Kommissionierleistung von der Durchsatzleistung ist es unerläßlich, mit Hilfe der angegebenen Formeln die Auslastbarkeit zu berechnen. Wenn die Auslastbarkeit in Zeiten der Spitzenbelastung unter 80 % sinkt, muß die Betriebszeit verlängert oder das Kommissioniersystem umgestaltet werden, da sonst die Gefahr der Überlastung groß ist, die Leistung der Kommissionierer absinkt und die Kommissionierkosten unkalkulierbar ansteigen.

17.12 Auftragsbündelung und Zeilenreduktion

Abhängig von der gewählten Bearbeitungsstrategie sind die Kommissionieraufträge entweder *externe Einzelaufträge* oder *interne Sammelaufträge*, die aus einer Serie von *s* externen Aufträgen bestehen.

Bei einem Durchsatz der externen Aufträge λ_{EAuf} und einer *Batchgröße s* ist der *Durchsatz der Sammelaufträge:*

$$\lambda_{SAuf} = \lambda_{EAuf}/s \qquad [SAuf/h]. \qquad (17.81)$$

Bei einer *einstufigen Serienkommissionierung* bleiben die Sammelaufträge *unkonsolidiert:*

- Die Positionen eines Sammelauftrags sind gleich den Positionen der externen Aufträge.

Die Entnahmengen werden am Entnahmeort getrennt in die Sammel- oder Versandbehälter der einzelnen Aufträge abgelegt. Daraus folgt:

- Wenn die externen Aufträge im Mittel n_E Positionen mit einer durchschnittlichen Entnahmemenge m_E haben, dann haben die *unkonsolidierten Sammelaufträge* mit einer *Batchgröße s* die *gleichen Entnahmemengen* und die *s-fache mittlere Positionsanzahl*

$$n_S = s \cdot n_E \qquad [Pos/SAuf]. \qquad (17.82)$$

Bei der *zweistufigen Serienkommissionierung* wird jeder Sammelauftrag *konsolidiert:*

- Die Positionen der externen Aufträge einer Serie, die den gleichen Artikel betreffen, werden zu einer *Sammelauftragsposition* zusammengefaßt.

Dadurch reduziert sich die Anzahl der Positionen oder Zeilen eines konsolidierten Sammelauftrags gegenüber der Positionszahl (17.82) eines unkonsolidierten Sammelauftrags mit gleicher Batchgröße. Gleichzeitig erhöht sich die mittlere

Entnahmemenge der Sammelauftragspositionen gegenüber der mittleren Entnahmenge der Einzelauftragspositionen.

Vor allem aber gilt:

- Mit der Zeilenzahl der konsolidierten Sammelaufträge verringert sich die benötigte Bereitstelleistung für die dynamische Bereitstellung.

Werden die Aufträge so, wie wie sie hereinkommen, zu einer Serie zusammengefaßt, dann ist die Reduktion der Zeilenzahl der Sammelaufträge zufallsbestimmt und abhängig von der Wahrscheinlichkeit, daß die Zeilen der *s* externen Aufträge einer Serie die gleichen Artikel betreffen.

Die Überlappungswahrscheinlichkeit der Auftragszeilen kann grundsätzlich durch Auswertung einer großen Anzahl externer Aufträge ermittelt werden. Eine solche Auswertung aber ist stets projektspezifisch und läßt die Einflußfaktoren und Abhängigkeiten kaum erkennen.

Die Zeilenreduktion läßt sich jedoch auch *analytisch* berechnen. Aus einer Wahrscheinlichkeitsanalyse folgt der *Zeilenreduktionssatz* [159]:

- Wenn das Sortiment insgesamt $N = N_A + N_B + N_C$ Artikel mit N_A A-Artikeln, N_B B-Artikeln und N_C C-Artikeln umfaßt und die Einzelaufträge im Mittel $n = n_A + n_B + n_C$ Positionen haben, von denen im Mittel n_A die A-Artikel, n_B die B-Artikel und n_C die C-Artikel betreffen, dann ist die *mittlere Zeilenzahl der Sammelaufträge*, die durch Zusammenfassen von jeweils *s* Einzelaufträgen entstehen:

$$n_S = N_A \cdot \left(1-(1-n_A/N_A)^S\right) + N_B \cdot \left(1-(1-n_B/N_B)^S\right) + N_C \cdot \left(1-(1-n_C/N_C)^S\right). \qquad (17.83)$$

Werden beispielsweise 1.500 Einzelaufträge mit im Mittel 12 Positionen, die aus einem Handelssortiment mit 30.000 Artikeln und der in *Tabelle 17.1* angegebenen ABC-Verteilung zu kommissionieren sind, zu 2 konsolidierten Serien mit $s = 750$ Aufträgen zusammengefaßt, so ergeben sich für diese aus Beziehung (17.83) im Mittel 5.179 Auftragszeilen. Gemäß Beziehung (17.82) beträgt dagegen die Zeilenzahl der unkonsolidierten Sammelaufträge $750 \cdot 12 = 9.000$.

Die Reduktion der Zeilenzahl der konsolidierten Sammelaufträge gegenüber der Zeilenzahl der unkonsolidierten Sammelaufträge ist durch den *Zeilenreduktionsfaktor* gegeben:

$$r_S = n_S / (s \cdot n_E). \qquad (17.84)$$

Hierin ist die konsolidierte Zeilenzanzahl n_S mit Hilfe der Beziehung (17.83) zu berechnen.

In dem betrachteten Beispiel ist der Zeilenreduktionsfaktor $r_s = 5179/9000 = 0{,}64$. Die benötigte Bereitstelleistung wird durch die Konsolidierung der Zeilen einer Auftragsserie in diesem Fall um mehr als ein Drittel reduziert.

Für ein Handelssortiment mit 30.000 Artikeln und zwei verschiedene ABC-Verteilungen ist die Abhängigkeit des Zeilenreduktionsfaktors von der Seriengröße *s* in *Abb. 17.33* dargestellt. Hieraus wie aus der allgemeinen Beziehung (17.83) sind folgende *Abhängigkeiten* ablesbar:

- Die Zeilenreduktion durch Bündelung externer Aufträge zu konsolidierten Sammelaufträgen nimmt mit der Seriengröße und mit der Ungleichverteilung des Sortiments zu.
- Die Zeilenreduktion nimmt mit ansteigender Positionszahl der externen Aufträge zu und mit zunehmender Artikelanzahl ab.

Entsprechend der Zeilenreduktion steigt die mittlere Entnahmemenge pro Sammelauftragsposition an, denn allgemein gilt:

- Wenn die externen Aufträge eine mittlere Entnahmemenge m_E [EE/EPos] haben und der Zeilenreduktionsfaktor r_S ist, dann ist die *mittlere Entnahmemenge der konsolidierten Sammelaufträge*

$$m_S = m_E / r_S \qquad [\text{EE/SPos}]. \qquad (17.85)$$

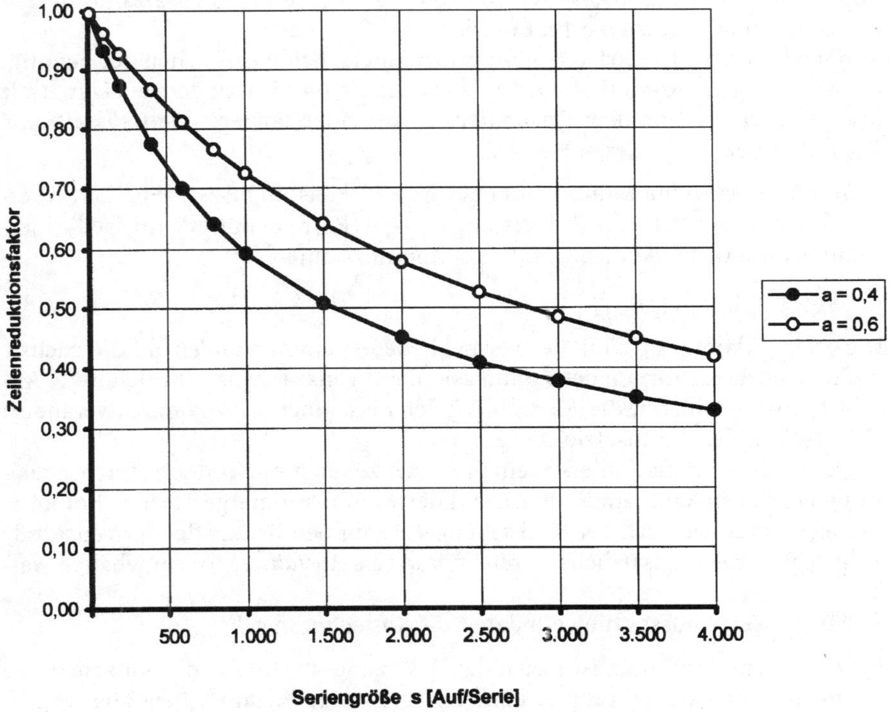

Abb. 17.33 Zeilenreduktion in Abhängigkeit von der Seriengröße

Sortimentsbreite 30.000 Artikel
Auftragsstruktur 12 Pos/Auftrag
Parameter Lorenzasymmetrie der Positionsverteilung a = 0,4 und 0,6

Die Formeln (17.83) und (17.85) zur Berechnung der Auftragsstruktur der konsolidierten Sammelaufträge sind Grundlage für die Leistungsberechnung und Dimensionierung von *zweistufigen Kommisioniersystemen* und von Kommissioniersystemen mit *dynamischer Bereitstellung.* Dabei ist die Seriengröße begrenzt durch die maximal zulässige Auftragsdurchlaufzeit für die externen Aufträge.

Unter bestimmten Voraussetzungen läßt sich der Bündelungseffekt durch eine geschickte Nachschubstrategie für die zu beliefernden Stellen positiv beeinflussen. So können für die Filialen eines Handelskonzerns, die aus einem Logistikzentrum beliefert werden, an den verschiedenen Wochentagen jeweils bestimmte Teilsortimente nachgeliefert und damit die an einem Tag angesprochene Artikelanzahl reduziert werden. Dadurch nimmt die Wahrscheinlichkeit zu, daß die Nachschubaufträge aus den Filialen an einem Tag die gleichen Artikel ansprechen.

17.13 Dynamische Dimensionierung

In der dynamischen Dimensionierung eines Kommissioniersystems werden die Anzahl der Kommissionierer, der Personalbedarf, der Gerätebedarf und die Zu- und Abfördersysteme so ausgelegt, daß die Auftrags- und Durchsatzanforderungen zu minimalen Kosten erfüllt werden.

Bei der Personalbedarfsrechnung ist zu unterscheiden zwischen der benötigten *Besetzung* mit Kommissionierern zu einem *Zeitpunkt* t, zu dem ein Durchsatz $\lambda(t)$ gefordert ist, und dem *Personalbedarf* für einen längeren *Betriebszeitraum* T_{BZ} mit mit einen mittleren Durchsatz.

- Wenn der einzelne Kommissionierer eine Pickleistung $\mu_{K\,EE}$ [EE/Kom-h] erbringt und zur Zeit *t* die Pickleistung $\lambda_{K\,EE}(t)$ [EE/h] benötigt wird, ist die hierfür erforderliche *Besetzungszahl* mit Kommissionierern

$$N_K(t) = \left[\lambda_{K\,EE}(t)/\mu_{K\,EE}\right]. \tag{17.86}$$

Die eckige Klammer [...] in der Formel bedeutet ein *Aufrunden* auf die nächste ganze Zahl, da die Anzahl der Kommissionierer ganzzahlig ist. Die benötigte Anzahl Kommissionierer, die Menschen oder Maschinen sein können, verändert sich also mit der Durchsatzleistung.

Damit ein Kommissioniersystem in Spitzenzeiten die geforderte Durchsatzleistung erbringen kann, muß die Anzahl der Kommissioniergeräte, der Kommissionierroboter wie auch der Nachschubgeräte auf den Bedarf der Spitzenstunde ausgelegt werden. Zusätzliche Geräte müssen als *Ausfallreserve* vorgehalten werden.

Für die Geräteausstattung gilt daher die *Auslegungsregel*:

- Die Anzahl der Geräte ist gleich der Besetzungsanzahl für die Spitzenstunde am Spitzentag des Jahres plus einer Reserve von 10 %, mindestens aber von einem Reservegerät.

Bei hochmechanisierten und automatisierten Anlagen ist ein Mehrschichtbetrieb Voraussetzung für die wirtschaftliche Nutzung. Bei großen Anforderungsschwankungen muß auch bei konventionellen Kommissioniersystemen versucht werden, zumindest in Spitzenzeiten im *flexiblen Mehrschichtbetrieb* zu arbeiten und weniger dringliche Aufträge auf Stunden oder Tage mit geringerer Auslastung zu verschieben.

Der Personalbedarf für einen längeren Betriebszeitraum hängt vom *Arbeitszeitmodell* ab. Bei maximal flexibilisierter *Arbeitszeitregelung* mit Teilzeitarbeit, Überstunden und Zeitausgleichskonten errechnet sich die Anzahl der *Vollzeitkräfte*, die im Verlauf eines Jahres zum Kommissionieren benötigt werden, aus der Besetzung N_K, die für den *mittleren Durchsatz* benötigt wird, aus der *Jahresbetriebszeit* T_{BZ} [h/Jahr] und aus der effektiven *Jahresarbeitszeit* T_{AZ} [h/Jahr] einer Vollzeitkraft nach der Beziehung:

$$N_{VZK} = T_{BZ} \cdot N_K / T_{AZ} . \qquad (17.87)$$

Wenn die Arbeitszeiten der Mitarbeiter nicht flexibilisiert sind, ist der Bedarf an Vollzeitkräften aus der Besetzungszahl für den maximalen Durchsatz zu errechnen und entsprechend höher.

Die Anzahl der benötigten Nachschubgeräte für einen Durchsatz der Bereitstelleinheiten (17.10) und deren Personalbesetzung ergeben sich bei *statischer Bereitstellung* aus den Spielzeiten der eingesetzten Lagergeräte nach den in *Kapitel* 16 angegebenen Verfahren und Berechnungsformeln für das Einlagern und Umlagern. Bei der *dynamischen Bereitstellung* muß zur Dimensionierung des vorangeschalteten Lager- und Bereitstellsystems die benötigte *Bereitstellungsleistung* bekannt sein.

1. Dimensionierung konventioneller Kommissioniersysteme

Für konventionelle Kommissioniersysteme mit statischer Bereitstellung und zentraler Abgabe können maximal soviele externe Aufträge zu einem Sammelauftrag zusammengefaßt werden, wie Sammelbehälter oder Versandeinheiten zur getrennten Aufnahme der externen Auftragsinhalte auf einer Kommissionierrundfahrt mitgenommen werden können.

Hieraus folgt die *Auslegungsregel*:

- Wenn für einen externen Auftrag im Mittel n_{VE} Versandeinheiten benötigt werden und das Kommissioniergerät ein *Fassungvermögen* für C_{KG} Versandeinheiten hat, dann ist die *maximale Seriengröße*

$$s \le C_{KG} / n_{VE} \qquad \left[\text{EAuf/SAuf}\right]. \qquad (17.88)$$

Die Anzahl Versandeinheiten n_{VE} [VE/EAuf] zur Aufnahme der Menge eines externen Auftrags ist für Versandeinheiten mit der Kapazität C_{VE} [EE/VE] durch Beziehung (17.50) gegeben.

Beispielsweise kann ein Kommissionierer in einem *Wabengestell*, das Fächer für 12 Kartons hat, im Mittel 6 externe Aufträge mitnehmen, wenn diese im Mittel 2 Kartons füllen. Aufgrund der Beziehung (17.36) reduziert sich dadurch die anteilige Wegzeit pro Position im Vergleich zur Einzelkommissionierung der externen Aufträge um einen Faktor 6.

Wenn der Inhalt eines externen Auftrags mehr als eine Versandeinheit füllt und das Fassungsvermögen des Kommissioniergerätes zu klein ist, um alle n_{VE} Sammelbehälter oder Versandeinheiten eines Auftrags aufzunehmen, muß der externe Auftrag in zwei oder mehr Teilaufträge zerlegt werden. Die Seriengröße (17.88) wird in diesem Fall kleiner als 1 und der Durchsatz der Sammelaufträge, die dann Teilaufträge sind, nach Beziehung (17.81) größer als der Durchsatz der externen Aufträge. Da die Teilaufträge jedoch nur in einem Teil der Gangmodule eingesammelt werden, erhöht sich bei richtiger Ablauforganisation durch eine Auftragsteilung nicht notwendig die Wegzeit pro Position.

2. Dimensionierung bei dezentraler Abgabe
Um eine gleichmäßige Auslastung der Kommissionierer zu erreichen, wird beim Kommissionieren mit statischer Bereitstellung und *dezentraler Abgabe* in *Auftragsserien* gearbeitet. Die Serienaufträge müssen in soviele *Teilaufträge* zerlegt werden, wie es dezentrale Kommissionierarbeitsplätze gibt. Die Anzahl dezentraler Arbeitsplätze wiederum ergibt sich aus der benötigten Besetzungszahl (17.86) für die Spitzenstunde mit dem höchsten Leistungsbedarf.

Die dynamische Dimensionierung von Kommissioniersystemen mit dezentraler Abgabe ist daher ein *iterativer Prozeß* mit folgenden *Schritten* (s. *Abb. 17.3* und *17.15*):

1. Die statisch dimensionierten Gangmodule mit den Bereitstellplätzen für die Artikel werden in einer *Anfangslösung* in eine bestimmte Anzahl N_{AB} *Arbeitsbereiche* aufgeteilt und deren maximale *Besetzung* mit Kommissionierern festgelegt.
2. Die *Arbeitsbereiche* werden *ergonomisch*, *fördertechnisch* und *informatorisch* optimal gestaltet.
3. Bei *starrer Serienbearbeitung* wird die Betriebszeit in *Zeitzyklen* – im Versandhandel *Rhythmen* genannt – eingeteilt, deren Länge durch die maximal zulässige Auftragsdurchlaufzeit und durch das Aufnahmevermögen der nachgeschalteten Fördertechnik begrenzt ist.
4. Bei *flexibler Serienbearbeitung* wird die *Batchgröße s* der gleichzeitig kommissionierten Aufträge so groß festgelegt, wie aufgrund der geforderten Auftragsdurchlaufzeiten und der Anzahl Zielstationen in der nachgeschalteten Fördertechnik zulässig.
5. Die Serienaufträge werden in soviele *Teilaufträge*, wie Arbeitsbereiche geplant sind, also in N_{AB} Aufträge zerlegt und für diese Teilaufträge die Kommissionierleistung und die Anzahl der benötigten Kommissionierer N_{Kmax} in der Spitzenstunde errechnet.
6. Wenn die errechnete Kommissioniereranzahl kleiner ist als die Planbesetzung der Anfangslösung, ist die Anzahl Arbeitsbereiche zu reduzieren und der zu bedienende Artikelbereich zu vergrößern, bis die Planbesetzung mit der Sollbesetzung übereinstimmt.
7. Wenn die errechnete Kommissioniereranzahl größer ist als die Planbesetzung der Anfangslösung, ist die Anzahl Arbeitsbereiche zu erhöhen und der zu bedienende Artikelbereich zu verkleinern, bis Planbesetzung und Sollbesetzung übereinstimmen.

Sind die nacheinander bearbeiteten Auftragsserien klein, entstehen Teilaufträge mit sehr unterschiedlichen Strukturen und stark wechselnder Frequenz. Dadurch sinkt die *Auslastbarkeit* der Kommissionierer in den dezentralen Arbeitsbereichen, wenn diese nicht über eine ausreichende Anzahl Pufferplätze für die Auftragsbehälter verfügen (s. *Abb. 17.3*).

Daher ist das Kommissionieren mit statischer Bereitstellung und dezentraler Abgabe nur sinnvoll, wenn die geforderten Auftragsdurchlaufzeiten nicht zu kurz sind und ein Arbeiten in ausreichend großen Serien nach der Strategie der *flexiblen Serienbearbeitung* möglich ist.

3. Dimensionierung bei dynamischer Bereitstellung

Wenn bei der dynamischen Bereitstellung *einstufig kommissioniert* wird, befinden sich an den parallelen Arbeitsplätzen Aufahmebehälter für eine bestimmte Anzahl externer Aufträge. In diesem Fall laufen die vom Bereitstellsystem ausgelagerten Ladeeinheiten nacheinander zu allen Arbeitsplätzen, an denen sich Aufträge für den betreffenden Artikel befinden.

Bei einstufiger Kommissionierung sind die *Schritte* zur Dimensionierung eines Kommissioniersystems mit dynamischer Bereitstellung (s. hierzu *Abb. 17.4*, *17.25* und *17.34*):

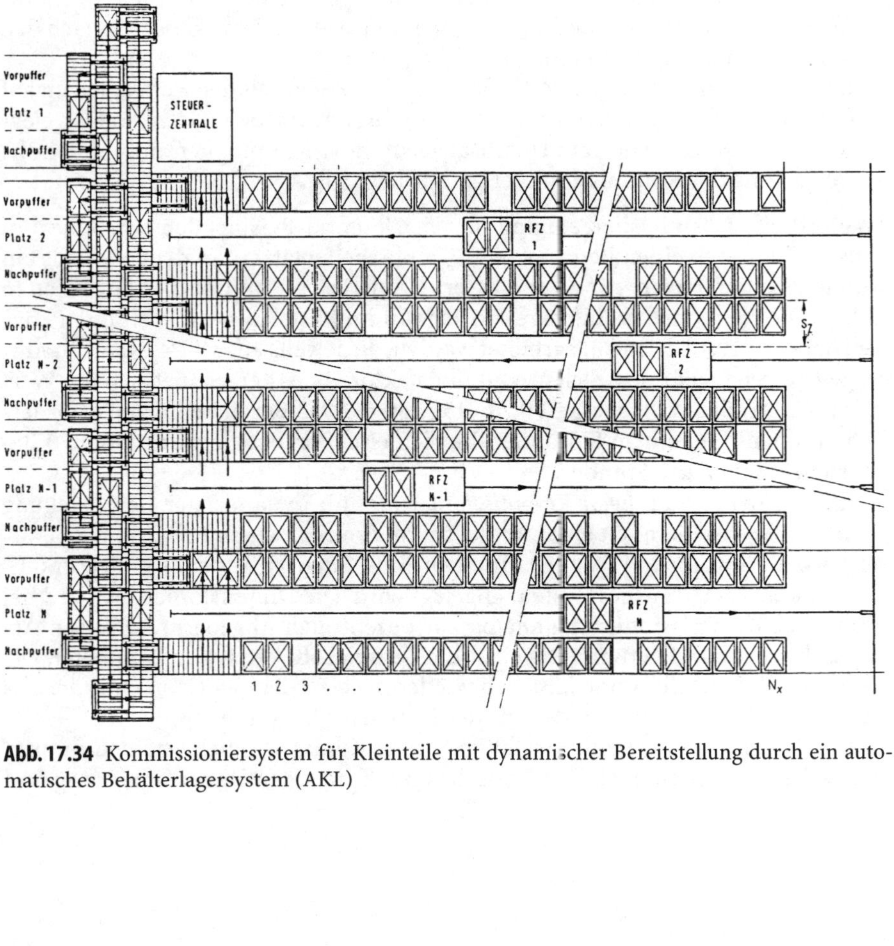

Abb. 17.34 Kommissioniersystem für Kleinteile mit dynamischer Bereitstellung durch ein automatisches Behälterlagersystem (AKL)

1. Zuerst werden die stationären *Arbeitsplätze ergonomisch, fördertechnisch* und *informatorisch* optimal gestaltet und die *Planbesetzung* pro Platz festgelegt.
2. Danach wird die Anzahl s_A der an einem Arbeitsplatz gleichzeitig zu bearbeitenden *externen Aufträge* festgelegt. Diese ist durch den Platzbedarf pro Versandeinheit begrenzt.
3. Dann wird für die externen Aufträge die *Kommissionierleistung* pro Arbeitsplatz und pro Kommissionierer berechnet.
4. Für den in der Spitzenstunde geforderten Durchsatz externer Aufträge werden nach Beziehung (17.86) die benötigte Anzahl Kommissionierer N_K und mit der Planbesetzung pro Kommissionierarbeitsplatz n_{KP} die *benötigte Anzahl Arbeitsplätze* errechnet:

$$N_{AP} = N_K / n_{KP} \qquad [\text{Kom/Platz}]. \qquad (17.89)$$

5. Für die resultierende *Seriengröße*

$$s = s_A \cdot N_{AP}, \qquad (17.90)$$

wird mit (17.83) die Zeilenanzahl n_S der Serienaufträge und damit aus dem externen Auftragsdurchsatz λ_{Eauf} die *benötigte Bereitstelleistung* errechnet:

$$\lambda_B = n_S \cdot \lambda_{EAuf} / s = r_S \cdot n_E \cdot \lambda_{EAuf} \qquad [\text{BE/h}]. \qquad (17.91)$$

6. Im *entscheidenden Schritt* der Dimensionierung wird das Bereitstellsystem für die Bereitstelleistung (17.91) und die benötigte Gesamtlagerkapazität nach den Verfahren aus Kapitel 16 dimensioniert
7. Im letzten Schritt muß das Zu- und Abfördersystem mit den Pufferplätzen auf den Zu- und Abförderstrecken der Kommissionierarbeitsplätze so ausgelegt werden, daß die benötigte Durchsatzleistung (17.91) möglich und eine hohe Auslastung der Kommissionierer gewährleistet ist.

So ergibt die Leistungsberechnung für das Nonfood-Beispiel der *Tabelle 17.1* im Einschichtbetrieb einen Bedarf von $N_{AP} = 6$ Arbeitsplätzen, an denen jeweils ein Kommissionierer Ware für $S_A = 4$ externe Aufträge entnimmt und auf Paletten ablegt. Die 250 externen Aufträge pro Tag mit im Mittel $n_E = 15$ Positionen können daher in 10,4 Serien abgearbeitet werden, die jeweils aus $s = 24$ externen Aufträgen bestehen. Für den Zeilenreduktionsfaktor (17.84) errechnet sich der Wert $r_s = 0{,}79$. Damit sind insgesamt $0{,}79 \cdot 15 \cdot 250 = 2.963$ Bereitstellungen erforderlich, das heißt bei einem 8-Stunden-Betrieb eine Bereitstelleistung von 370 Bereitstelleinheiten pro Stunde.

Im Fall der *zweistufigen Kommissionierung* mit dynamischer Bereitstellung wird die Bereitstelleinheit eines Artikels immer nur an *einen* Arbeitsplatz befördert, wo die angeforderte Menge für einen *konsolidierten Serienauftrag* entnommen und auf ein Transportsystem abgelegt wird. Die Dimensionierung wird bei zweistufer Kommissionierung analog zur dezentralen Abgabe in iterativen Arbeitsschritten durchgeführt. Dabei ist die Seriengröße ein freier Parameter. Die benötigte Bereitstelleistung läßt sich wieder nach Beziehung (17.91) mit der aus Beziehung (17.83) resultierenden mittleren Zeilenzahl errechnen.

Die Leistungs- und Funktionsfähigkeit von Kommissioniersystemen mit dynamischer Bereitstellung hängt kritisch von der richtigen Dimensionierung und

Abstimmung der Teilsysteme ab. Wegen der vielen Einflußfaktoren, der teilweise schwierigen Dimensionierungsformeln und der Vielzahl der Wechselwirkungen zwischen den Leistungsanforderungen und den Auslegungsgrößen sind die Dimensionierung und Optimierung von Systemen mit dynamischer Bereitstellung nur mit einem entsprechenden *Dimensionierungsprogramm* möglich.

17.14 Kommissionierleistungskosten

Die spezifischen *Kommissionierleistungskosten* oder *Pickkosten* sind die *Leistungskosten* des Kommissionierprozesses. Sie entsprechen den Stückkosten der Fertigung. Die Pickkosten ergeben sich durch Umlage der Betriebskosten des Kommissioniersystems auf die Leistungseinheiten, in denen das Ergebnis des Kommissionierens gemessen wird. Die *Betriebskosten* K_{kom} [DM/PE] umfassen alle Kosten, die in einer *Betriebsperiode* [PE = Jahr; Monat; Tag] für den Betrieb des Kommissioniersystem im Zuge der Leistungserbringung entstehen (s. *Kapitel 6/I*).

Die Betriebskosten eines Kommissioniersystems sind von folgenden *Leistungseinheiten* abhängig, die die *Kostentreiber* des *Kommissionierens* sind:

Auftrag	[Auf]	
Position	[Pos]	
Entnahmeeinheit	[EE]	(17.92)
Bereitstelleinheit	[BE]	
Versandeinheit	[VE].	

Die zugehörigen *Durchsatzgrößen* sind die Leistungsmengen pro Periode [PE]:

Auftragsdurchsatz	λ_{Auf}	[Auf/PE]	
Positionsdurchsatz	λ_{Pos}	[Pos/PE]	
Entnahmeeinheitendurchsatz	λ_{EE}	[EE/PE]	(17.93)
Bereitstelleinheitendurchsatz	λ_{BE}	[BE/PE]	
Versandeinheitendurchsatz	λ_{VE}	[VE/PE].	

Wenn die Auftragstruktur und die Kapazitäten der eingesetzten Ladeeinheiten bekannt sind, lassen sich vier dieser fünf Durchsatzgrößen mit Hilfe der Beziehungen (17.7) bis (17.11) aus dem Auftragsdurchsatz oder einer der anderen Durchsatzgrößen errechnen. Grundsätzlich ist es daher möglich, die Kommissionierkosten auf nur eine der Leistungseinheiten (17.92) zu beziehen.

Wenn die Leistung des Kommissioniersystems in den *Leistungseinheiten* LE gemessen wird, sind die spezifischen *Kommissionierkosten* k_{LE} [DM/LE] gleich den Betriebskosten bezogen auf den *Leistungsdurchsatz* λ_{LE} [LE/PE]:

$$k_{LE} = K_{kom} / \lambda_{LE} \qquad [DM/LE]. \tag{17.94}$$

Abhängig vom Vertragsverhältnis zwischen dem *Betreiber* und dem *Nutzer* des Kommissioniersystems erhöhen sich die Kommisionierkosten um *Zuschläge* für Verwaltung, Vertrieb, Risiko und Gewinn. Mit dem *Verwaltungs- und Gemeinkostenzuschlag* des externen Dienstleisters resultieren aus den Leistungskosten, zu denen die Leistungen innerhalb eines Unternehmens verrechnet werden, die *Leistungspreise*, die ein externer Dienstleister für die in Anspruch genommenen Leistungen in Rechnung stellt (s. *Abschnitt 7.2/I*).

Die Betriebskosten eines Kommissioniersystems setzen sich zusammen aus einem *Fixkostenanteil* K_{fix} und einem *variablen Kostenanteil* K_{var}, der von den Durchsatzgrößen (17.93) abhängt. Für Kommissioniersysteme mit hohem Fixkostenanteil besteht ein großes *Auslastungsrisiko*. Es ist daher wichtig, den Anteil der fixen Kosten zu kennen, die unabhängig vom Leistungsdurchsatz sind, und diese von den variablen Kosten abzugrenzen, die sich mit der *Leistungsinanspruchnahme*, also mit dem Leistungsdurchsatz verändern.

Die variablen Kosten lassen sich aufteilen in Kostenanteile, die durch die Auftragsbearbeitung, die Positionsbearbeitung, die Entnahme, das Bereitstellen und das Erzeugen der Versandeinheiten verursacht werden. Die Kosten für das Einlagern auf die Zugriffsreserveplätze und das Umlagern von den Zugriffsreserveplätzen auf die Bereitstellplätze gehören bei statischer Bereitstellung ebenso zu den Bereitstellkosten wie die Kosten der Lagergeräte und des Fördersystems für die dynamische Bereitstellung.

Nicht zu den Kommissionierkosten zählen hingegen die Einlager-, Lager- und Auslagerkosten eines getrennten oder integrierten *Reservelagers*, aus dem das Kommissioniersystem mit Nachschub versorgt wird. Diese Kosten fallen auch für Ladeeinheiten an, die aus dem Lager direkt in den Versand gebracht werden. Daher ist die Bestandshöhe kein Kostentreiber des Kommissioniersystems sondern des gesondert zu betrachtenden Lagersystems.

Wenn die Abhängigkeit der variablen Kostenanteile von den Durchsatzgrößen (17.93) *linear* ist, lassen sich die Betriebskosten eines Kommissioniersystems wie folgt darstellen:

$$K_{kom} = K_{fix} + k_{Auf} \cdot \lambda_{Auf} + k_{Pos} \cdot \lambda_{Pos} + k_{EE} \cdot \lambda_{EE} + k_{VE} \cdot \lambda_{VE} + k_{BE} \cdot \lambda_{BE}. \quad (17.95)$$

mit den *Grenzkostensätzen*:

Auftragsgrenzkosten	k_{Auf}	[DM/Auf]	
Positionsgrenzkosten	k_{Pos}	[DM/Pos]	
Entnahmegrenzkosten	k_{EE}	[DM/EE]	(17.96)
Bereitstellgrenzkosten	k_{BE}	[DM/BE]	
Versandeinheitengrenzkosten	k_{VE}	[DM/VE].	

Die *Grenzkostensätze* (17.96) sind weitgehend unabhängig vom Leistungsdurchsatz. Ihre Höhe wird vom Kommissionierverfahren, der Kommissioniertechnik, der Organisation und den Betriebsstrategien bestimmt.

Grundsätzlich ist es möglich, die Fixkosten verursachungsgerecht auf die Grenzkostensätze aller Durchsatzgrößen (17.93) umzulegen und dadurch die *effektiven Leistungskosten* der fünf Leistungseinheiten (17.92) zu errechnen. Die Kalkulation und Abrechnung der Kommissionierkosten in dieser Differenzierung ist jedoch sehr aufwendig und wegen der Abgrenzungsschwierigkeiten zwischen den Teilfunktionen nicht immer eindeutig. Das gilt speziell für zweistufige Kommissioniersysteme, wo die Kosten der ersten Stufe nicht von den externen Aufträgen sondern von den Serienaufträgen abhängen, und für Systeme mit dynamischer Bereitstellung, in denen die Bereitstellkosten auf mehrere externe Auftragspositionen umgelegt werden müssen.

Den *Auftraggeber* interessiert nur das *Ergebnis des Kommissionierens*, das heißt, die anforderungsgerecht, vollständig und korrekt zusammengestellten externen Aufträge. Wie die geforderten Leistungen im einzelnen durchgeführt werden und welche Vorleistungen damit verbunden sind, ist Sache des Betreibers. Der Auftraggeber will daher auch nur den Leistungspreis für die maßgebenden externen Leistungseinheiten wissen, deren Durchsatz er veranlaßt hat und nachprüfen kann. Aus diesen Gründen, aber auch, um eine ausreichende Transparenz und Verständlichkeit zu bewahren, ist es sinnvoll, die Kommissionierkosten nur auf eine, unter Umständen auf zwei und maximal auf drei verschiedene *Leistungseinheiten* zu beziehen.

Die *maßgebenden Leistungseinheiten* oder *Hauptkostentreiber* haben den größten Einfluß auf die Kommissionierkosten. Die Hauptkostentreiber eines Kommissioniersystems sind die *Entnahmeeinheiten*, die *Positionen* und die *Versandeinheiten*.

Wenn als Leistungseinheit nur die Entnahmeeinheit [EE] gewählt wird, sind die Kommissionierkosten gleich den *effektiven Leistungkosten pro Entnahmeeinheit* k_{EEeff} [DM/EE]. Durch Eliminieren aller übrigen Leistungseinheiten mit Hilfe der Beziehungen (17.7) und (17.8) ergeben sich aus Beziehung (17.95) die

- *effektiven Kommissionierkosten* oder *Pickkosten*

$$
\begin{aligned}
k_{\mathrm{EEeff}} = {} & \mathrm{K_{fix}}/\lambda_{\mathrm{EE}} + k_{\mathrm{EE}} + k_{\mathrm{Auf}}/\left(\mathrm{n_{Pos}m_{EE}}\right) + \\
& k_{\mathrm{Pos}}/\mathrm{m_{EE}} + k_{\mathrm{BE}}/\mathrm{c_{BE}} + \left(k_{\mathrm{VE}}/\mathrm{c_{VE}}\right)\left(1+\left(\mathrm{c_{EE}}-1\right)/\left(2\mathrm{n_{Pos}m_{EE}}\right)\right).
\end{aligned}
\qquad (17.97)
$$

Aus Beziehung (17.97) sind folgende *Abhängigkeiten* der Kommissionierkosten ablesbar, die grundsätzlich für alle Kommissioniersysteme gelten:

- Die Pickkosten fallen mit zunehmendem *Leistungsdurchsatz*, da sich die Fixkosten auf eine ansteigende Anzahl Leistungseinheiten verteilen (s. *Abb. 17.35*).
- Die Pickkosten nehmen mit steigender Anzahl *Auftragspositionen* ab, da die anteiligen Kosten für die Auftragsbearbeitung, die Bereitstellung, die Bildung der Versandeinheiten und – bei statischer Bereitstellung – für die Wege zwischen den Entnahmeplätzen geringer werden (s. *Abb. 17.36*).
- Die Pickkosten sinken mit ansteigender *Entnahmemenge* pro Position, da die anteiligen Kosten für die Auftragsbearbeitung, für die Positionsbearbeitung und für die Wege abnehmen (s. *Abb. 17.37*).
- Die Pickkosten sind abhängig von der *Kapazität* der Ladeeinheiten, die für die Bereitstellung und für den Versand eingesetzt werden (s. *Abb. 17.40*).

Die Degression der Kosten mit dem Leistungsdurchsatz ist für Kommissioniersysteme mit hohem Fixkostenanteil von entscheidender Bedeutung:

- *Hochinvestive Kommissioniersysteme* mit einem Fixkostenanteil weit über 50 % sind nur bei gleichmäßig hoher Auslastung im Mehrschichtbetrieb wirtschaftlich.

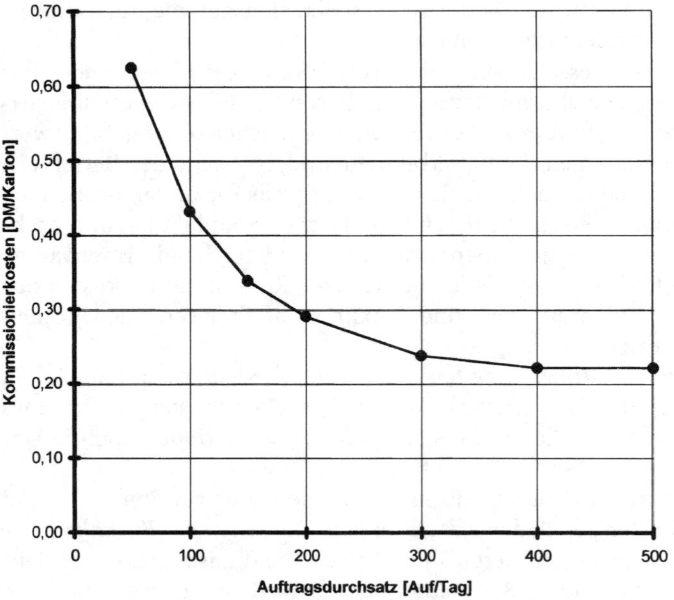

Abb. 17.35 Abhängigkeit der Kommissionierkosten vom Auftragsdurchsatz
Parameter: s. Legende *Abb. 17.28*

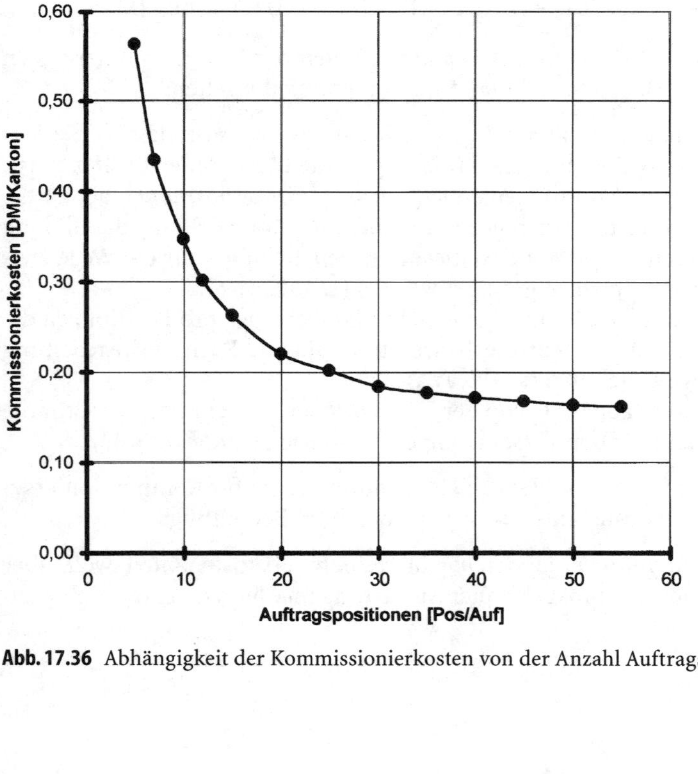

Abb. 17.36 Abhängigkeit der Kommissionierkosten von der Anzahl Auftragspositionen

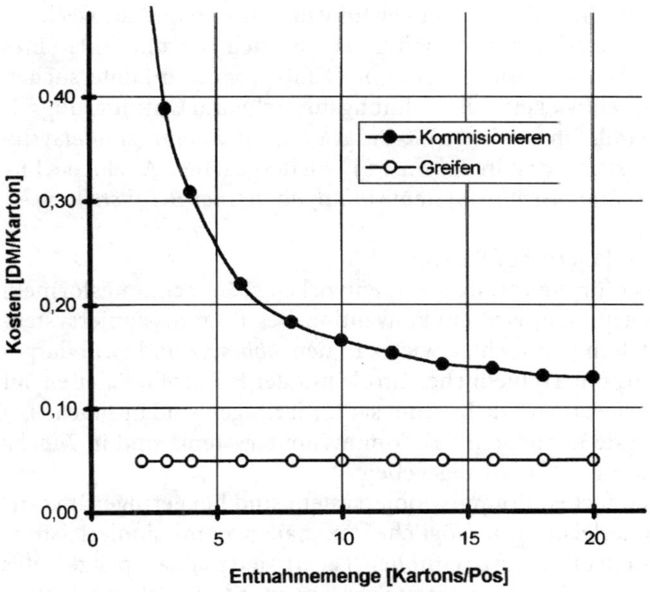

Abb. 17.37 Abhängigkeit der Kommissionierkosten von der Entnahmemenge pro Position

Das betrifft vor allem Systeme mit dynamischer Bereitstellung, vollautomatische Kommissioniersysteme und zweistufige Kommissioniersysteme mit Sorter.

Die aus Beziehung (17.97) ablesbare Abnahme der spezifischen Kommissionierkosten mit zunehmender Ladeeinheitenkapazität wird ab einer *optimalen Kapazität* kompensiert durch eine Zunahme der Fixkosten infolge des größeren Platzbedarfs und der aufwendigeren Fördertechnik (s. *Abb 17.40*).

17.15 Einflußfaktoren und Optimierungsmöglichkeiten

Die Einflußfaktoren auf Leistung und Kosten des Kommissionierens lassen sich einteilen in *externe Einflußfaktoren*, auf die der Planer und Betreiber keinen oder nur geringen Einfluß hat, und *interne Einflußfaktoren*, die der Planer und Betreiber weitgehend selbst bestimmen kann:

- *Externe Einflußfaktoren* sind die *Kommissionieraufträge* und *Leistungsanforderungen* der Auftraggeber, die *Beschaffungspreise* für Gebäude, Einrichtungen und Betriebsmittel sowie die *Kostenkennwerte* für Personal, Abschreibungen, Zinsen, Energie usw.
- *Interne Einflußfaktoren* sind das ausgewählte *Kommissioniersystem*, die eingesetzte *Technik*, die *Gestaltungs- und Dimensionierungsparameter* (17.17) bis (17.19), die *Betriebsstrategien* mit ihren *Strategievariablen* sowie die *Betriebs- und Arbeitszeiten.*

Die Auswirkungen der Einflußfaktoren auf Leistung und Kosten und die wechselseitigen Abhängigkeiten sind derart vielfältig, daß sie sich nur mit Hilfe eines *Kommissionier-Leistungs- und Kostenprogramms* (KLK-Programm) untersuchen lassen, in dem die zuvor entwickelten Berechnungsformeln und Optimierungsalgorithmen hinterlegt sind. Ein solches KLK-Programm für *Kommissioniersysteme mit statischer Bereitstellung* ist in *Tabelle 17.3*[6] wiedergegeben. Analoge KLK-Programme gibt es für *Kommissioniersysteme mit dynamischer Bereitstellung.*

1. Kommissionieren von Palette auf Palette

Als *Anwendungsbeispiel* für die vorangehend entwickelten Berechnungsformeln und Optimierungsalgorithmen wird ein konventionelles Kommissioniersystem mit statischer Bereitstellung betrachtet, wie es in den *Abb. 17.2* und *17.16* dargestellt ist, in dem Kartons unterschiedlicher Größe mit der Hand von Paletten auf Paletten kommissioniert werden. Die Leistungsanforderungen sind in *Tabelle 17.1* spezifiziert. Die wichtigste Kenndaten des Kommissionierystems sind in *Tabelle 17.3* und in der Legende zu *Abb. 17.28* angegeben.

Mit diesem relativ einfachen Kommissioniersystem sind bei geringer Investition hohe Kommissionierleistungen möglich. Maximale Kommissionierleistungen werden erreicht durch optimale Greifhöhen, Leerpalettenablageplätze unter den Bereitstellplätzen, kurze Wege bei optimaler Ganganordnung, Bereitstellung nach dem flexiblen Flip-Flop-Verfahren und belegloses Arbeiten nach den Anweisungen eines Kommissionierleitsystems.

Für das Beispiel ergeben sich mit Hilfe des in *Tabelle 17.3* wiedergegeben KLK-Programms folgende *Zusammenhänge* und *Abhängigkeiten* der Kommissionierkosten, die in den *Abb. 17.35* bis *17.40* dargestellt sind:

- Die *Betriebskosten* betragen c.a. 1.230 TDM pro Jahr. Davon entfallen auf die *Fixkosten* für die Platz- und Flächenkosten der Bereitstellung, die Kommissioniergeräte und die Steuerung rund 40 %.
- Die *Kommissionierleistungskosten* – jeweils vollständig bezogen auf nur eine Leistungseinheit – liegen bei ca. 19,70 DM pro Auftrag, 26,3 Pf pro Paket, 1,30 DM pro Position oder 19,70 DM pro kommissionierte Palette.
- *Abb. 17.36* zeigt die starke Abhängigkeit der Kommissionierkosten von der Anzahl der *Auftragspositionen.*
- *Abb. 17.37* zeigt das Absinken der *Kommissionierkosten pro Karton* mit Zunahme der Entnahmemenge pro Position. Die allein durch den *Greifvorgang* verursachten Kosten liegen auch bei großen Entnahmemengen immer noch unter 50 % der Kommissionierkosten.
- Erst ab etwa 30 Positionen pro Auftrag und 15 Entnahmeeinheiten pro Position sind die Kommissionierkosten in diesem Beispiel weitgehend unabhängig von der Auftragsstruktur.

6 In dieser wie in anderen Tabellenkalkulationsprogrammen sind die *Eingabefelder* umrandet und *Parameterfelder* punktiert unterlegt. Die nicht umrandeten Zahlenfelder enthalten Ergebniswerte, die das Programm mit den im Text beschriebenen Formeln berechnet.

- In *Abb. 17.38* ist der Anstieg der Kommissionierkosten mit der *Gebindegröße* dargestellt. Die Kostenzunahme resultiert aus dem Anstieg der Greifzeit und dem zunehmenden Ladeeinheitendurchsatz.
- Die Abhängigkeit der Kommissionierkosten von der *Sortimentsbreite* ist in *Abb. 17.39* dargestellt. Mit zunehmender Artikelzahl werden die Wege länger, die Flächenkosten höher und die Kommissionierleistung geringer.

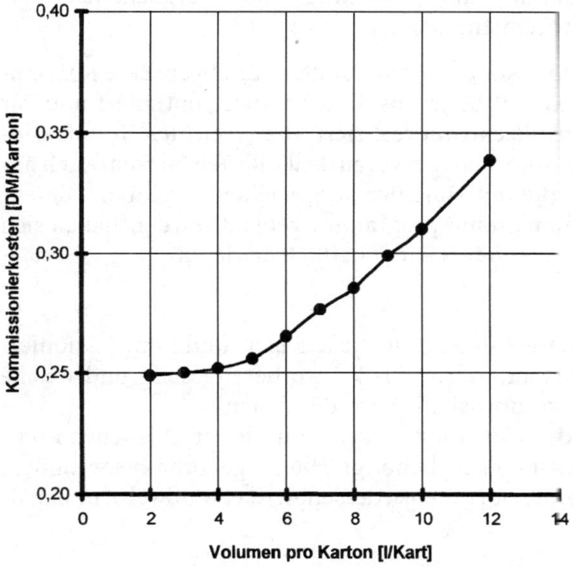

Abb. 17.38 Abhängigkeit der Kommissionierkosten von der Gebindegröße

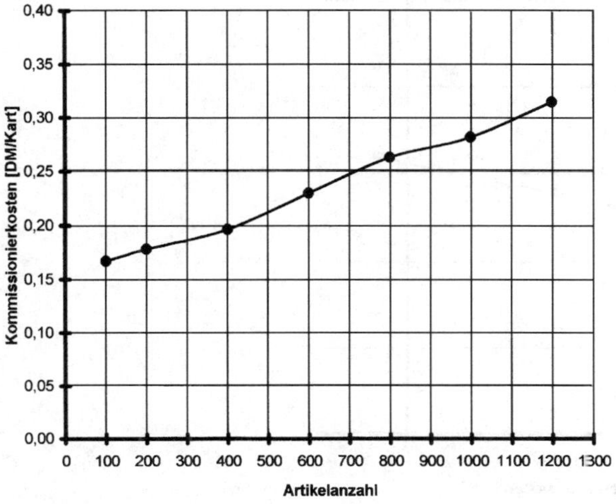

Abb. 17.39 Einfluß der Sortimentsbreite auf die Kommissionierkosten

- Den Einfluß der *Abmessungen der Versandpaletten* auf die Kosten zeigt *Abb. 17.40*. Die *optimale Höhe der Paletten* liegt für das betrachtete Beispiel zwischen 900 und 1.100 mm.

Die dargestellten Abhängigkeiten der Kommissionierkosten von den verschiedenen Einflußkatoren zeigen:

- Kommissionierleistungen und Kosten sind für ein *Benchmarking* nur geeignet, wenn die externen Einflußfaktoren der miteinander verglichenen Logistikbetriebe vollständig übereinstimmen.

Das hier als Beispiel betrachtete Kommissioniersystem für abgepackte *Konsumgüter* wurde mit Hilfe eines KLK-Programms dimensioniert, optimiert und vor einigen Jahren in einem Logistikzentrum realisiert. Die erreichten Kommissionierleistungen und Kosten entsprechen den vorauskalkulierten Werten. Auch andere Kommissioniersysteme, die mit Hilfe der dargestellten Verfahren, Dimensionierungsformeln und Kommissionierprogramme geplant wurden, haben sich in der Praxis bewährt und als besonders wirtschaftlich erwiesen.

2. Nutzungsstrategien

Wenn ein Logistikbetrieb mehrere unterschiedliche Lager- und Kommissioniersysteme hat, besteht das Problem, welche Artikel wo bereitgestellt und welche Aufträge in welchem Bereich kommissioniert werden sollen.

In der *Planungsphase* werden *Nutzungsstrategien* für die verschiedenen Kommissioniersysteme und Arbeitsbereiche benötigt. Hierzu gehören insbesondere Kriterien für die Aufteilung eines Sortiments, dessen Artikel wahlweise in Behäl-

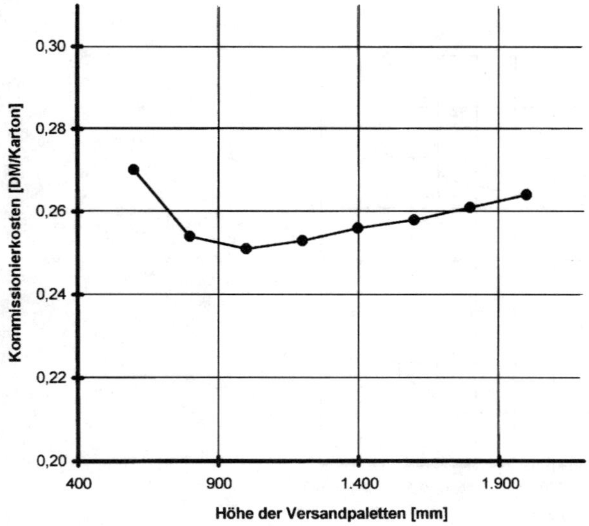

Abb. 17.40 Kommissionierkosten als Funktion der Größe der Versandeinheiten

tern oder auf Paletten gelagert und bereitgestellt werden können, auf die entsprechenden Kommissionierbereiche.

Für das in den *Abb. 17.19* bis *17.21* dargestellte Stollenkommissionierlager, das für die Leistungsanforderungen der 2. Spalte von *Tabelle 17.1* ausgelegt ist, zeigt *Abb. 17.41* die errechnete Abhängigkeit der Gesamtbetriebskosten von der Artikelverteilung auf Behälter und Paletten. Die *optimale Aufteilung* liegt in diesem Fall bei einer Bereitstellung von ca. 35 % A-Artikel auf Paletten und von ca. 65 % B-Artikeln in Behältern. Die *Grundfläche* der optimierten Lösung, deren *Betriebskosten* bei 105 *Vollzeitkräften* ca. 13,2 Mio. DM/Jahr betragen, ist ca. 35.000 m^2 und der *Investitionsbedarf* ca. 55 Mio. DM [62].

Als Alternative zu dieser konventionellen Lösung wurde für die gleichen Leistungsanforderungen ein Kommissioniersystem mit dynamischer Bereitstellung aus einem automatischen Hochregallager konzipiert. Die Optimierung der *Alternativlösung* unter Nutzung des Serieneffekts ergibt annähernd die gleichen *Betriebskosten* und den gleichen *Investitionsbedarf*. Im Jahresmittel werden jedoch nur 60 *Vollzeitkräfte* benötigt. Der Grundflächenbedarf beträgt 8.000 m^2, das

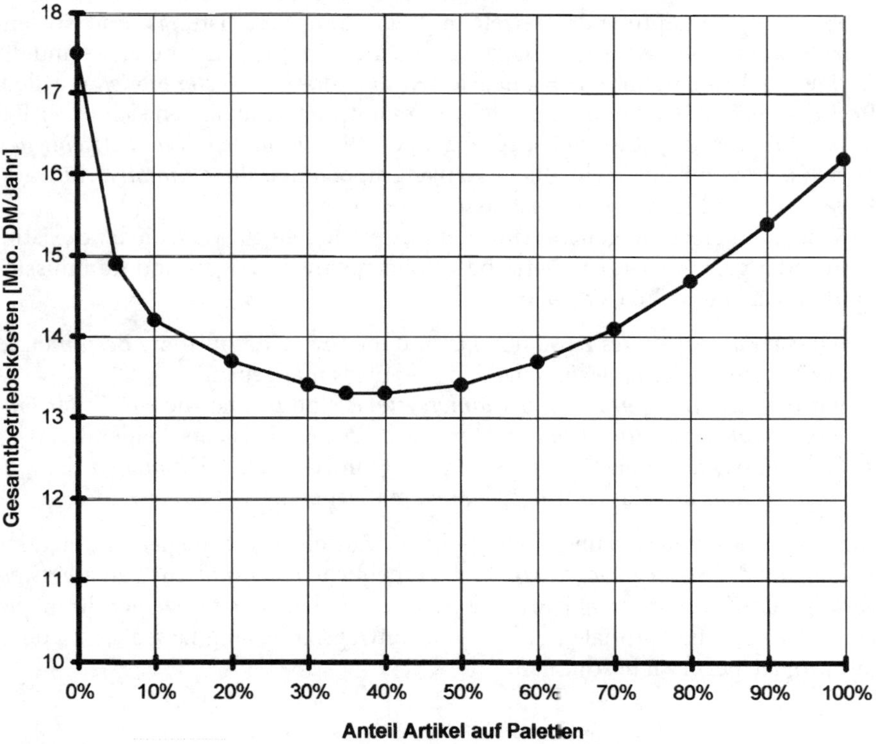

Abb. 17.41 Gesamtbetriebskosten eines optimierten Stollenkommissionierlagers für Stapelware zur Belieferung von Handelsfilialen als Funktion der Artikelverteilung auf Behälter und Paletten

heißt weniger als ein Viertel der konventionellen Lösung. Trotz dieser Vorteile ist die Systementscheidung am Ende für das Stollenkommissioniersystem gefallen, da es insgesamt die größere *Flexibilität* bietet, die für den Handel ein ganz besonderes Gewicht hat [62].

3. Zuweisungsstrategien

Bei mehreren zur Auswahl stehenden Lager- und Kommissionierbereichen werden für den laufenden Betrieb *Zuweisungsstrategien* benötigt, die regeln, in welchem System oder Bereich neu angelieferte und nachgelieferte Artikelmengen zu lagern und bereitzustellen sind. Für den Fall, daß ein Artikel in mehreren Systemen bereitgestellt wird, muß außerdem festgelegt werden, welche Aufträge wo kommissioniert werden sollen [161]. Die Zuweisungsstrategien müssen möglichst *selbstregelnd* und auf einem Rechner *implementierbar* sein.

Entscheidend für die Zuweisung der Artikel zu den Lager- und Kommissionierbereichen sind die Leistungskosten für die *innerbetrieblichen Logistiketten*, die für einen bestimmten Artikel zwischen Wareneingang und Wareausgang technisch möglich sind (*s. Abb. 1.12/I*). Maßgebend für die Auftragszuweisung sind die Prozeßkosten der möglichen Auftragsketten.

Zur Entwicklung von Zuweisungsstrategien ist es erforderlich, den Logistikbetrieb durch Verknüpfung der einzelnen Programme zur Leistungs- und Kostenkalkulation für den Wareneinang, die Lager, die Kommissionierbereiche und die übrigen Teilsysteme in einem integrierten *analytischen Kostenmodell* auf dem Rechner abzubilden. Mit einem solchen Gesamtprogramm lassen sich unter Berücksichtigung der Kapazitätsbegrenzungen die *optimalen innerbetrieblichen Logistikketten* für unterschiedliche Artikelgruppen und die *optimalen Auftragsketten* für verschiedene Auftragsklassen errechnen.

Sensitivitätsrechnungen mit Hilfe der Kostenmodelle für verschiedene existierende oder geplante Logistikbetriebe, die aus mehreren Lager- und Kommissionierbereichen bestehen, ergeben:

- Für die *Zuweisung des Lagersystems* sind die *Größe*, der mittlere *Bestand* und der *Durchsatz* der *Ladeeinheiten* eines Artikels maßgebend.
- Für die *Zuweisung des Kommissioniersystems* sind primär die *Größe der Entnahmeeinheiten* und der *Volumendurchsatz* des Artikels entscheidend.
- Für die kostenoptimale *Auftragszuweisung* sind die *Versandeinheiten*, die *Auftragsstruktur* und das *Auftragsvolumen* maßgebend.

Die optimale Systemnutzung durch geeignete Zuweisungsstrategien und richtige Festlegung der *Strategieparameter* bietet erhebliche *Potentiale* zur *Leistungssteigerung* und *Kostensenkung* [161]. Die entsprechenden *Grenzwerte* der Strategieparameter für die optimale Artikel- und Auftragszuweisung lassen sich jedoch nur projektspezifisch bestimmen.

ARTIKEL	**Konsumgüter**		**Sortiment**	800	Artikel
		davon	10%	A-Artikel mit	50% der Posit.

LOGISTIKEINHEITEN

		Länge	Breite	Höhe	
BE Nachschub-	Außenmaße:	800	1.200	1.050	mm
Palette	Innenmaße:	800	1.200	900	mm
CCG1	Nutzungsgrad:	91%	Inhalt:	864	l/BE
	Verschnittfaktor	0,25	Kapazität:	209	EE/BE
EE Kartons mit	Außenmaße:	250	150	100	mm
mit EE	Inhalt:	6 VKE/EE		3,8	l/EE
	Gewicht:	0,50 g/cm³		1,9	kg/EE
VE Versand-	Außenmaße:	1.200	800	1.050	mm
Palette	Innenmaße:	1.200	800	900	mm
CCG1	Nutzungsgrad:	82%	Inhalt:	864	l/VE
	Verschnittfaktor	0,50	Kapazität:	188	EE/VE

AUFTRÄGE

	externe Kommissionieraufträge		**int. Sammelaufträge**	
Aufträge pro Tag	250	Auf/Tag	125	KAuf/Tag
Positionen pro Auftrag	15,0	Pos/Auf	30,0	Pos/KAuf
Entnahmemenge pro Position	5,0	EE/Pos	5,0	EE/Pos
Auftragsvolumen	281	l/Auf	563	l/KAuf
Bereitstelleinheiten pro Auftrag	0,3	BE/Auf	0,7	BE/KAuf
Versandeinheiten pro Auftrag	1,0	VE/Auf	2,0	VE/KAuf

DURCHSATZ

	pro Tag		**pro Stunde**	
Verkaufseinheiteneinheiten	112.500	VKE/Tag	14.063	VKE/h
Entnahmeeinheiten	18.750	EE/Tag	2.344	EE/h
Volumen	70,3	m³/Tag	9	m3/h
Gewicht	35	t/Tag	4	t/h
Bereitstelleinheiten	90	BE/Tag	11	BE/h
Auftragspositionen	3.750	Pos/Tag	469	Pos/h
Versandeinheiten	250	VE/Tag	31	VE/h

ARBEITSZEITEN

Jahresarbeitszeit:	250	AT/Jahr
Tagesarbeitszeit:	8	h/Tag
Schichtlänge:	8	h/Tag

PERSONALKENNZAHLEN

Verteilzeit:	15%	Verfügbarkeit:	85%
Urlaub und Krankheit:	20%	Anwesenheit:	80%

Tab. 17.3 (*Blatt 1*) Tabellenprogramm zur Kommissionierleistungs- und Kostenrechnung

KOMMISSIONIERBEREICH		Länge	Tiefe	Höhe	
	Stellplätze	1	1	1	BE
Bereitstellmodul	Freimaße	100	100	200	mm
	Maße	900	1.300	1.250	mm
			Platzordnungsfaktor	1,2	
			Bedarf Bereitstellmodule	960	BM
			Bereitstellänge	432	m
Gangmodul			Kommissionergangbreite	2,5	m
			Nachschubgangbreite	0,0	m
			Breite Gangmodul	5,10	m
		vorne	hinten	gesamt	
	Anfahrmaße	5,0	3,0	8,0	m
Wegstrategien		Durchgang	Stichg.o.GW	Stichg.m.GW	
	Schnelläuferfaktor		79%	60%	
	Optimale Gangzahl	12,3	28,3	27,6	K-Gänge
	Gewählte Gangzahl	12	26	24	K-Gänge
	Mittlere besuchte Gangzahl	11,1	18,0	17,3	K-Gänge
	Ganglänge	36	17,1	18	m/K-Gang
	Kommissionierweg	521	544	546	m/Rundfahrt
	Gesamtwegzeit	562	611	624	s/Rundfahrt
Kommissioniermodule	Anzahl	1	1	1	K-Module
	Gangzahl	12	26	24	Gänge/KM
Flächenbedarf	K-Modul	2.693	3.328	3.182	m²/KM
	Gesamt	**2.693**	**3.328**	**3.182**	**m²**

GREIFPLATZ					
	Entnahme	Höhe	min (<1,1)	0,50	m
			max (>1,1)	1,40	m
		Tiefe	mittel	0,60	m
	Bewegung	Winkel	mittel	90	Grad
		Distanz	mittel	0,5	m
	Ablage	Höhe	min (<0,9)	0,40	m
			max (>0,9)	1,30	m
		Tiefe	mittel	0,40	m

KOMMISSIONIERGERÄT					
	Typ	**Elektro-Gehgabelhubwagen**			
	Kapazität	Anzahl Versandeinheiten		2	VE/Gerät
		Gerätelänge ohne VE		1,5	m
	Fahrt	Geschwindigkeit:		1,0	m/s
		Beschleunigung:		1,0	m/s²
	Hub	Geschwindigkeit:		0,3	m/s
		Beschleunigung:		0,2	m/s²
	Vertikalkommissionierung		ja = 1 nein = 0	0	
		Technische Verfügbarkeit		95%	

Tab. 17.3 (*Blatt 2*) Tabellenprogramm zur Kommissionierleistungs- und Kostenrechnung

KOMMISSIONIERZEIT					**51,8 s/Pos**
Fahrzeit			18,7	s/Pos	18,7 s/Pos
	Hubzeit		0,0	s/Pos	
Greifzeit	simultan (ja=1):	1	18,6	s/Pos	18,6 s/Pos
	Stück pro Zugriff:	1	25,0	s/Pos	
Totzeit	Lesen		3	s/Pos	9,3 s/Pos
	Suchen		0	s/Pos	
	Positionieren		5	s/Pos	
	Etikettieren		0	s/Pos	
	Belegbearbeiten		0	s/Pos	
	Auf- und Absteigen		0	s/Pos	
	Sonstige Tätigkeiten		0	s/Pos	
	Entsorgen Leer-BE		10	s/BE	
	Vorholen Voll-BE		0	s/BE	
Basiszeit	Positionieren		5	s/KAuf	5,2 s/Pos
	Belegabgabe		0	s/KAuf	
	Belegannahme		0	s/KAuf	
	Abgabe Voll-VE		20	s/VE	
	Ladungssicherung Voll-VE		30	s/VE	
	Kodieren VE		10	s/VE	
	Aufnahme Leer-VE		15	s/VE	
	Sonstiges		0	s/VE	

STAUEFFEKTE	blockierte Pickplätze	3	Basisanzahl	2	
	am	**Pickplatz**	**Basis**	**Summe**	
	Mittlere Wartezeit	0,4	2,2	2,6	s/Pos
Systemvariabilität	0,5		**Auslastbarkeit:**	**95,1%**	

KOMMISSIONIERLEISTUNG		**Stundenleistung**	**Schichtleistung**
pro Kommissionierer	Positionen:	56,2 Pos/h	449 Pos/Schicht
	Verkaufseinheiten:	1.685 VKE/h	13.476 VKE/Schicht
	Entnahmeeinheiten:	281 EE/h	2.246 KE/Schicht
	Versandeinheiten:	3,7 VE/h	30 VE/Schicht
	Weglänge:	1,0 km/h	8,3 km/Schicht

PERSONALBEDARF		**Schichtbesetzung**	**Tagesbedarf**
	Kommissionierer:	**8,3 MA/Schicht**	**8,3 MA/Tag**
	vorm Fach:	4,5 MA	4,5 MA
	in Fahrt:	3,0 MA	3,0 MA
	an Basis:	0,8 MA	0,8 MA
	Vollzeitkräfte	mit Urlaub und Krankheit	**11 VZK**

Tab. 17.3 (*Blatt 3*) Tabellenprogramm zur Kommissionierleistungs- und Kostenrechnung

PLATZKOSTEN	Platzinvestition:	140,00	DM/Stellplatz	134.400 DM
	Abschreibung:	10,0	Jahre	37.699 DM/Jahr
	Zinsen:	6,0%	pro Jahr	11.310 DM/Jahr
	Flächenmietkosten:	140,00	DM/m²/Jahr	376.992 DM/Jahr
			Platzkosten	**426.001 DM/Jahr**
GERÄTEKOSTEN	Elektro-Gehgabelhubwagen		Gerätebedarf:	**9 Geräte**
	Gerätepreis	9.000	DM/Gerät	81.000 DM
	Abschreibungsdauer:	5,0	Jahre	16.200 DM/Jahr
	Wartung- und Instandhaltung:	8,0%	pro Jahr	6.480 DM/Jahr
	Energie:	6,0%	pro Jahr	4.860 DM/Jahr
	Zinsen:	6,0%	pro Jahr	2.430 DM/Jahr
			Gerätekosten	**29.970 DM/Jahr**
STEUERUNGSKOSTEN	Zentrale+DFÜ	100.000	DM	181.000 DM
	Terminals	9.000	DM/Gerät	
	Abschreibung:	5,0	Jahre	36.200 DM/Jahr
	Wartung- und Instandhaltung:	10,0%	pro Jahr	18.100 DM/Jahr
	Zinsen:	6,0%	pro Jahr	5.430 DM/Jahr
			Steuerungskosten	**59.730 DM/Jahr**
PERSONALKOSTEN	Lohn + Nebenkosten	65.000	DM/Jahr	**pro Mitarbeiter**
			Effektive Kostensätze	47,79 DM/h
				0,80 DM/min
			Personalkosten	**715.000 DM/Jahr**
KOMMISSIONIERKOSTEN			**Betriebskosten**	**1.230.701 DM/Jahr**
	davon	fixe Kosten	40%	486.261 DM/Jahr
		variable Kosten	60%	744.440 DM/Jahr

Kommissionierkosten pro Leistungseinheit LE

LE	Auftrag	VKE	EE	Position	VE	100 kg
DM/LE	**19,69**	**0,044**	**0,263**	**1,31**	**19,69**	**14,00**

Tab. 17.3 (*Blatt 4*) Tabellenprogramm zur Kommissionierleistungs- und Kostenrechnung

18 Transportsysteme

Transportsysteme dienen der *Überwindung von Entfernungen*. Sie befördern *Transportgut* von den Eingangsstationen oder Quellen zu den Ausgangsstationen oder Senken eines Logistiknetzwerks oder eines Fertigungs-, Logistik- oder Leistungssystems. Das Transportgut kann *Massengut* oder *Stückgut* sein oder *Ladeeinheiten*, in denen Massen- oder Stückgut durch Ladehilfsmittel zusammengefaßt und vereinheitlicht ist [29; 115; 124; 126; 127; 169; 170; 177].

Aus der allgemeinen Logistikaufgabe – das rechte Gut zur rechten Zeit am richtigen Ort – resultiert für die Planer, Hersteller und Betreiber von Transportsystemen die *Transportaufgabe* [7]:

- Ein Transportsystem ist so zu gestalten, zu dimensionieren, zu organisieren und zu disponieren, daß ein bestimmter Beförderungsbedarf unter Berücksichtigung der räumlichen, zeitlichen und technischen Randbedingungen kostenoptimal erbracht wird.

Das *Gestalten* umfaßt die Auswahl technisch geeigneter Transportmittel und Transportelemente sowie das Zusammenfügen der Transportelemente zu einem Transportnetz. *Dimensionieren* ist das Festlegen von Lage und Längen der Transportwege sowie der Leistungskennzahlen der Transportmittel und Transportelemente. *Organisieren* heißt Konzeption und Aufbau der Transportsteuerung. Das *Disponieren* regelt den Einsatz der Transportmittel nach geeigneten *Transportstrategien*.

Räumliche Randbedingungen sind die *Standorte* $(x_i;y_i)$ der miteinander zu verbindenden *Stationen* S_i, $i = 1, 2, \dots N_S$, und die Wege, Flächen und Durchfahrthöhen, in die sich das Transportsystem einfügen muß. *Zeitliche Randbedingungen* sind die vorgeschriebenen Abholzeiten, die geforderten Anlieferzeiten und die maximal zulässigen Transportzeiten. Die *technischen Randbedingungen* ergeben sich aus der Beschaffenheit des Transportguts sowie aus der Belastbarkeit der Transportmittel, der Transportwege und der Transportelemente (s. *Abschnitt 3.5/I*).

Dieses Kapitel behandelt die Gestaltung, Dimensionierung und Optimierung *intramodaler Transportsysteme*, die vom Eingang bis zum Ausgang mit der *gleichen Transporttechnik* arbeiten. Im ersten Abschnitt werden die Transportsysteme nach logistischen Kriterien klassifiziert und im folgenden Abschnitt die *Beförderungsaufträge* und der *Beförderungsbedarf* spezifiziert. Danach werden *Grundsstrukturen* und *Gestaltungsregeln* für *Transportnetze* behandelt, der Aufbau von *Transportsteuerungen* dargestellt und *Transportstrategien* beschrieben. Gegenstand der weiteren Abschnitte sind der *Aufbau* und die *Leistungsdaten* von *Fördersystemen* und *Fahrzeugsystemen.*

Schwerpunkt der folgenden Abschnitte sind Berechnungsformeln für die *Transportzeiten* und den *Fahrzeugbedarf,* die zur Dimensionierung und Optimierung von Fahrzeugsystemen benötigt werden [126]. Im Anschluß daran werden Algorithmen zur Berechnung *transportoptimaler Logistikstandorte* sowie die *Tourenplanung* und Bestimmung *optimaler Fahrwege* behandelt. Im letzten Abschnitt werden die Zusammensetzung und die Einflußfaktoren der *Transportkosten* diskutiert.

Die Ein- und Ausgangsstationen eines Transportsystems sind in der Regel *Übergänge* zu Transportsystemen anderer Art und Technik. Die Verknüpfung unterschiedlicher Transportsysteme durch *Transportübergänge* und *Umschlagstationen* zu *intermodalen Transportketten* und *globalen Netzwerken* und die Bestimmung der *optimalen Transportketten* durch diese Netzwerke sind Gegenstand des nächsten Kapitels.

18.1
Klassifizierung der Transportsysteme

In der Fachliteratur über Verkehrs- und Transportsysteme und in den Richtlinien DIN 30781 und DIN 25003 werden Transportsysteme primär nach *technischen Merkmalen* klassifiziert. Diese sind für die Konstruktion, den Aufbau und die Herstellung kennzeichnend [115; 127; 170; 189; 191]. Für die Logistik ist die *Transporttechnik* jedoch nur soweit von Bedeutung, wie sie die Einsatzmöglichkeiten, die Leistungsfähigkeit, die Betriebskosten und die Verfügbarkeit der Transportsysteme beeinflußt. Hierfür ist eine Klassifizierung der Transportsysteme nach *logistischen Kriterien* erforderlich.

Bei der Auswahl und Dimensionierung eines Transportsystems ist zu unterscheiden zwischen *Transportsystemen zur kontinuierlichen Beförderung* und *Transportsystemen zur diskontinuierlichen Beförderung.* Transportsysteme zur kontinuierlichen Beförderung sind die *Rohrleitungssysteme* für gasförmiges, flüssiges und festes Massengut und die *Bandförderanlagen* für Massenschüttgut, wie Kohle oder Erz [170].

Transportsysteme zur diskontinuierlichen Beförderung sind die *Fördersysteme* und die *Fahrzeugsysteme:*

- In einem *Fördersystem* wird das Transportgut mit oder ohne Ladungsträger auf einem *angetriebenen Transportnetz* von den Aufgabestationen zu den Abgabestationen befördert.
- In einem *Fahrzeugsystem* wird das Transportgut in *Transporteinheiten* mit eigenem Antrieb auf einem *antriebslosen Transportnetz* von den Versand- und Beladestationen zu den Empfangs- und Entladestationen befördert.

Die *Transporteinheiten* [TE] sind die kleinsten Einheiten, die unabhängig voneinander zwischen den Stationen eines Fahrzeugsystems verkehren. Sie bestehen aus *Transportmitteln* mit unterschiedlich gefülltem *Laderaum,* wie *Lastfahrzeuge, Schiffe* oder *Eisenbahnzüge.*

Die zu befördernde Ladungsmenge wird in *Ladeeinheiten* [LE] gemessen. Für homogenes Massengut ist die Ladeeinheit eine *Gewichtseinheit*, wie *kg* und *t*, oder eine *Volumeneinheit*, wie *l* oder m^3. Für diskretes Transportgut ist die Ladeeinheit durch Abmessungen, Volumen, Gewicht und Inhalt definiert ist (s. *Abschnitt 12.3/I*).

Fördersysteme sind in der Regel *offene Systeme*, in deren *Eingabestationen* E_i die *Ladeeinheitenströme* λ_{Ei} einlaufen, die nach der Beförderung das System als *Auslaufströme* λ_{Aj} durch die *Abgabestationen* A_j wieder verlassen. Die innerbetrieblichen Fahrzeugsysteme und die Schienentransportsysteme sind in der *Regel geschlossene Systeme*, in denen zwischen den Stationen eine konstante Anzahl von Transporteinheiten mit wechselnder Beladung verkehrt oder auf Einsatz wartet. Teilsysteme der innerbetrieblichen Fahrzeugsysteme und der Fahrzeugsysteme in öffentlichen Verkehrsnetzen sind *offene Systeme* mit einer wechselnden Anzahl von Transporteinheiten, die durch die Eingangsstationen einlaufen und durch die Ausgangsstationen auslaufen.

Für die verschiedenen Arten der Transportsysteme gelten die *allgemeinen Einsatzregeln*:

- *Rohrleitungssysteme* und *Bandförderanlagen* sind geeignet für den Transport eines *kontinuierlichen Massenstroms* über kurze, mittlere und große Entfernungen zwischen zwei oder wenigen Stationen mit unveränderlichem Standort.
- *Fördersysteme* sind geeignet für das Befördern von einheitlichem und gleichartigem Transportgut mit wenig schwankendem Beförderungsbedarf über kürzere Entfernungen zwischen einer Anzahl von Stationen mit unveränderlichen Standorten.
- *Fahrzeugsysteme* eignen sich für das Befördern von gleichem und unterschiedlichem Transportgut mit wechselndem Beförderungsbedarf über kurze, mittlere und große Entfernungen zwischen einer unterschiedlichen Anzahl von Stationen, deren Standort sich ändern kann

Die hoch spezialisierten *Rohrleitungssysteme* werden zur Ver- und Entsorgung von Haushalten und Unternehmen und von verfahrenstechnischen Anlagen eingesetzt. *Förderbandsysteme* finden sich primär im Bergbau, in der Grundstoffindustrie und in Kraftwerksanlagen. Die anforderungsgerechte Konstruktion und Dimensionierung von Rohrleitungssystemen und von Förderbandanlagen sind Aufgaben der *Transporttechnik*, die hier nicht weiter behandelt werden.

Die *logistischen Merkmale* der Fördersysteme einerseits und der Fahrzeugsysteme andererseits sind in *Tabelle 18.1* einander gegenübergestellt. Die hieraus ableitbaren *Einsatzkriterien* dieser beiden grundlegend verschiedenen Klassen von Transportsystemen enthält *Tabelle 18.2*. Die Einsatzkriterien und Einsatzregeln der verschiedenen Systemarten begrenzen die Vielfalt der Lösungsmöglichkeiten für eine konkrete Transportaufgabe.

Die für definierte Ladeeinheiten ausgelegten, relativ unflexiblen, dafür aber vollautomatisierbaren *Fördersysteme* sind primär für Transportaufgaben der innerbetrieblichen Logistik geeignet. Die *Fahrzeugsysteme* finden sich sowohl in der innerbetrieblichen Logistik wie auch in der außerbetrieblichen Logistik. We-

Merkmale	Fördersysteme	Fahrzeugsysteme
Transporteinheiten	Ladeeinheiten ohne Antrieb	Fahrzeuge oder Züge mit Antrieb
Transportnetz	Förderelemente mit Antrieb	Strecken und Knoten ohne Antrieb
Geschwindigkeit	0,5 bis 10 km/h	1 bis über 500 km/h
Stationen	fest installiert	fest oder veränderlich
Relationen	2 bis 100	einige 100 bis viele 1.000
Streckenlängen	1 m bis wenige km	ab 10 m bis über 1.000 km
Transportzeiten	relativ lang	relativ kurz
Leistungsvermögen	fest installiert	nach Bedarf variabel
Funktionen	Befördern Sammeln und Verteilen Sortieren Puffern und Speichern	Transportieren Sammeln und Verteilen

Tab. 18.1 Merkmale von Fördersystemen und Fahrzeugsystemen

gen ihrer Flexibilität, der breiten Einsetzbarkeit und der vielseitigen Gestaltungsmöglichkeiten haben Fahrzeugsysteme die größte Bedeutung.

Aus der *Vergleichstabelle 18.1* ist ablesbar, daß sich Fördersysteme und Fahrzeugsysteme in den logistischen Eigenschaften, wie Entfernungen, Transportzeiten und Leistungsvermögen, deutlich voneinander unterscheiden. Trotz dieser Unterschiede zwischen den Systemenklassen gelten für die *Grenzleistungen* der Transportelemente, aus denen die Transportnetze aufgebaut sind, für die *Abfertigungsstrategien* an den Knotenpunkten sowie für die *Staueffekte* vor den Eingängen und in den Transportnetzen die gleichen Gesetzmäßigkeiten, die bereits in *Kapitel* 13/*I* behandelt wurden. Die Unterschiede zwischen den Fördersystemen und den Fahrzeugsystemen ergeben sich aus dem *Systemaufbau* und aus der *Fahrzeugtechnik*.

Zwischen den klaren Einsatzdomänen der Systeme gibt es *konkurrierende Einsatzbereiche*, in denen die unterschiedlichen Transportsysteme gleichermaßen geeignet sind. In diesen Anforderungsbereichen ist zur Auswahl und Entscheidung ein Leistungs- und Kostenverleich der grundsätzlich geeigneten Systeme erforderlich.

Einsatzkriterien	Fördersysteme	Fahrzeugsysteme
Transportgut	einheitliche und gleichartige Ladeeinheiten	gleichartig oder verschieden mit/ohne Ladungsträger
Transportzeiten	relativ lang	kurz, mittel oder lang
Stationen	fest	veränderlich
Relationen	wenige	wenige bis viele
Entfernungen	kleiner 1 km	bis über 1.000 km
Ladungsaufkommen	gering bis mittel möglichst gleichmäßig	gering bis hoch gleichmäßig oder variabel
Einsatzbereiche	innerbetrieblich	innerbetrieblich außerbetrieblich

Tab. 18.2 Einsatzkriterien für Fördersysteme und Fahrzeugsysteme

18.2 Transportanforderungen

Die Bewegungen in einem Transportsystem werden ausgelöst durch *Beförderungsaufträge* oder *Transportaufträge*. Ein *Beförderungsauftrag* gibt vor, zu welcher *Abholzeit* $Z_{ab\,i}$ eine *Ladungsmenge* mit M_{LE} Ladeeinheiten an welchem *Abholort* S_i zu übernehmen ist und bis zu welcher *Anlieferzeit* $Z_{an\,j}$ die Ladung an welchem *Zielort* S_j abzuliefern ist.

Er spezifiziert außerdem die *Beschaffenheit der Ladung:*

- *Massengutladungen* bestehen aus unabgepackten festen, flüssigen und gasförmigen Stoffen.
- *Stückgutladungen* bestehen aus diskreten Ladeeinheiten, wie Pakete, Behälter, Paletten oder ISO-Container, mit bestimmten Außenmaßen, Volumen und Gewicht.

Zusätzliche Transportanforderungen resultieren aus der *Verderblichkeit*, der *Brandgefahr*, der *Explosionsgefahr*, der *Empfindlichkeit*, der *Schwundgefahr* und dem *Wert* der Ladung.

Die anstehenden Sendungen werden vom Auftraggeber, dem sogenannten *Versender*, oder vom Betreiber des Transportsystems so disponiert und zu Beförderungsaufträgen zusammengefaßt, daß die jeweils kostengünstigste *Liefer- und Transportkette* genutzt wird (s. *Kapitel* 19).

Ein aus der Versanddisposition resultierender Beförderungsauftrag kann aus einer einzelnen Ladeeinheit bestehen. Er kann ein Versandauftrag sein, dessen Versandmenge in mehreren sendungsreinen Ladeeinheiten verladen ist. Er kann aber auch durch *transportoptimale Zusammenfassung* von mehreren Versandaufträgen entstanden sein, die für den gleichen Zielort bestimmt sind und deren Versandmenge auf *sendungsreinen* oder *sendungsgemischten Ladeeinheiten* bereitgestellt wird (s. *Kapitel* 19).

Die geforderte *Transportzeit* resultiert aus der vorgegebenen Abholzeit und dem gewünschten Anlieferzeitpunkt:

$$T_{\text{tr ij}} = Z_{\text{an i}} - Z_{\text{ab j}} \qquad [\text{ZE}] . \tag{18.1}$$

In der außerbetrieblichen Logistik sind in der Regel keine genauen Abhol- und Anlieferzeiten gefordert, sondern nur bestimmte *Zeitfenster* (Z_a, Z_b) oder eine *maximale Transportzeit* $T_{\text{tr max}}$.

Der *Beförderungsbedarf* $\lambda_{\text{BA ij}}$ ist gleich der Anzahl *Beförderungsaufträge* [BA], die pro Zeiteinheit [ZE = Stunde, Tag oder Woche] zwischen den Stationen S_i und S_j auszuführen ist. Aus dem Beförderungsbedarf und der *durchschnittlichen Ladungsmenge* M_{LE} [LE/BA] resultiert das Ladungsaufkommen:

- Das *Ladungsaufkommen* ist die Anzahl Ladeeinheiten, die pro Zeiteinheit von den Stationen S_i zu den Stationen S_j zu befördern ist, und gegeben durch die *Beförderungsmatrix*

$$\lambda_{ij} = M_{\text{LE}} \cdot \lambda_{\text{BA ij}} \qquad [\text{LE / ZE}] . \tag{18.2}$$

Die Elemente der Beförderungsmatrix (18.2) sind die *partiellen Beförderungsströme*. In einer Einlaufstation S_i trifft also ein *Einlaufstrom*

$$\lambda_{\text{Ei}} = \sum_j \lambda_{ij} \qquad [\text{LE / ZE}] . \tag{18.3}$$

ein, der zu den Auslaufstationen S_j zu befördern ist. An den Stationen S_j verlassen die *Auslaufströme*

$$\lambda_{\text{Aj}} = \sum_j \lambda_{ij} \qquad [\text{LE / ZE}] . \tag{18.4}$$

das Transportsystem.

Als *Zeiteinheit* [ZE] für die Bemessung der Beförderungsströme ist in vielen Fällen die Stunde [h] zweckmäßig, da sie einerseits lang genug ist, um stochastisch bedingte Anforderungsschwankungen herauszumitteln, und andererseits kurz genug, um tageszeitliche Veränderungen zu erfassen. Bei zeitlich veränderlichen Belastungsanforderungen muß das Transportsystem für die entsprechenden *Spitzenszenarien* ausgelegt werden, die durch die *Beförderungsmatrizen* in den Spitzenzeiten gegeben sind.

Die Belastungsmatrix für ein neu zu gestaltendes Transportsystem resultiert aus einer *Bedarfserfassung* und einer *Bedarfsprognose*. Sie ist daher mit stochastischen und prognosebedingten Fehlern in einer Größenordnung von mindestens ±5 % behaftet. Wegen der Ungenauigkeit der Belastungsmatrix brauchen auch die Formeln zur Berechnung des Leistungsvermögens und des Fahrzeugbedarfs nicht genauer als ± 5 % zu sein [7].

Zwei Stationen S_i und S_j, zwischen denen ein regelmäßiger Beförderungsbedarf besteht, bestimmen eine *Transportrelation* $S_i \rightarrow S_j$, für die eine *Beförderungsaufgabe* zu lösen ist. Wenn alle Beförderungsströme von einem *Versandpunkt* VP ausgehen und die Zielstationen S_j in einem begrenzten Gebiet liegen, handelt es sich um eine *Verteilaufgabe* VP $\rightarrow S_j$. Enden alle Ströme aus einem Gebiet in einem *Sammelpunkt* SP, liegt eine *Sammelaufgabe* $S_i \rightarrow$ SP vor. Sind in einem Betrieb Ladeeinheiten von mehreren Aufgabestationen auf viele Zielstationen zu verteilen, ist eine *Sortieraufgabe* zu lösen.

18.3 Netzgestaltung und Systemaufbau

Zwischen den Ausgängen und den Eingängen der Leistungsstellen eines Logistiksystems spannen Transportverbindungen ein *Transportnetz* auf, das durch Transportknoten verknüpft ist. Durch das Transportnetz fließen Ströme von Lade- und Transporteinheiten, die von der *Transportsteuerung* so durch das Netzwerk gelenkt werden, daß die vorgegebenen Beförderungs- und Transportaufträge erfüllt werden.

Sind die Versand- und Empfangsstationen bereits durch ein festes Transportnetz miteinander verbunden, besteht die Transportaufgabe darin, die anstehenden Beförderungsaufträge innerhalb der geforderten Transportzeiten zu möglichst geringen Kosten durchzuführen. Hierfür werden geeignete *Betriebsstrategien* und eine *Transportsteuerung* benötigt, mit der sich die wirkungsvollsten *Transportstrategien* durchführen lassen.

Wenn zwischen den Stationen noch kein Transportnetz besteht, sind aus den technisch verfügbaren Systemelementen passende Bausteine auszuwählen und aus diesen ein Transportsystem aufzubauen. Der Aufbau von Transportnetzen aus Transportelementen und die Anordnung der Strecken und Stationen führen auf Probleme, die in der *Graphentheorie* behandelt werden. Dabei entsprechen die Stationen und Transportelemente vom *Typ* (n,m) der *Ordnung* $n+m$, aus denen das Transportnetz besteht, den *Knotenpunkten* mit der *Valenz* $n+m$. Die Verknüpfungsstellen und Transportübergänge zwischen den Transportelementen entsprechen den *Kanten* eines *gerichteten Graphen*.

Die *Graphentheorie* klassifiziert, analysiert und quantifiziert die Strukturen und Verknüpfungen von Netzwerken [171; 172; 173; 174]. Für den praktischen Gebrauch in der Logistik lassen sich aus den Methoden und Ergebnissen der Graphentheorie und den Grenzleistungs- und Staugesetzen allgemeine *Regeln* für die Auswahl und Verknüpfung von Transportelementen sowie *Verfahren* zur Gestaltung von Transportnetzen herleiten. Die Untersuchung der möglichen Strukturen von Transportnetzen und die systematische Herleitung theoretisch abgesicherter und praktisch brauchbarer Auswahl- und Gestaltungsregeln sind wichtige Arbeitsfelder der Logistik, die noch nicht ausreichend erforscht sind [7; 169; 196; 231].

1. Netzstrukturen
Abhängig von der Anordnung und Verknüpfung der Stationen, Transportknoten und Verbindungsstrecken hat ein Transportnetz eine der *elementaren Netzstrukturen*, die in *Abb. 18.1* dargestellt sind:

Linienstruktur,
Ringstruktur, (18.5)
Sternstruktur,

oder eine *Flächen-* oder *Raumnetzstruktur*, die aus den Grundstrukturen (18.5) zusammengesetzt ist.

Einige Beispiele für *Flächentransportnetze*, die durch die Verbindung von Linien- Kreis- und Sternnetzen entstehen, zeigt *Abb. 18.2.* Derartige Flächennetze sind typisch für *Verkehrssysteme* zur Erschließung ausgedehnter Gebiete. Übereinander liegende Linien-, Ring- und Flächennetze, die durch *Vertikalförderer* oder *Steigstrecken* miteinander verbunden sind, bilden ein *Raumnetz.* Durch räumliche Netze werden mehrgeschossige Gebäude oder innerstädtische Ballungsgebiete erschlossen. Die flächigen und räumlichen Transportnetze lassen sich durch *Verbin-*

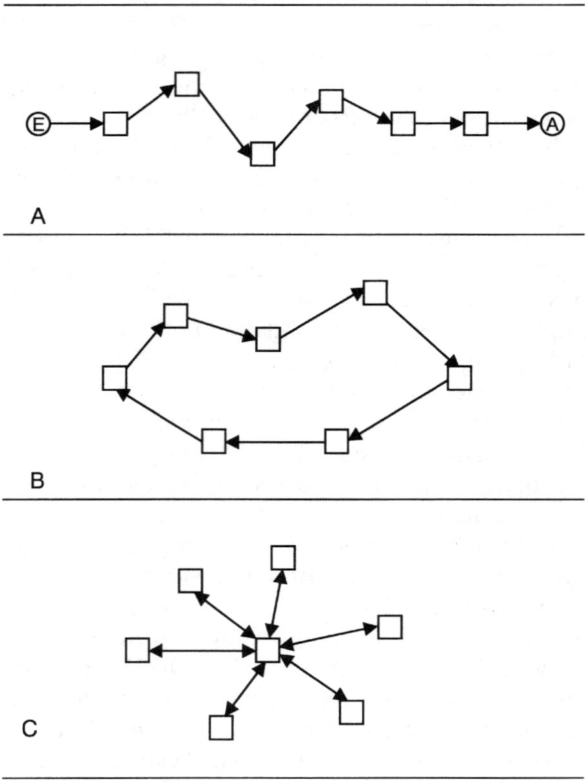

Abb. 18.1 Elementare Netzstrukturen
A: Linienstruktur
B: Ringstruktur
C: Sternstruktur
□ Stationen oder Transportknoten
→ Transportverbindungen

Abb. 18.2 Verknüpfte Flächennetzstrukturen
A : Linien-Stern-Netz
B : Sterncluster-Netz
C : Ring-Linien-Netz (Spinnennetz)

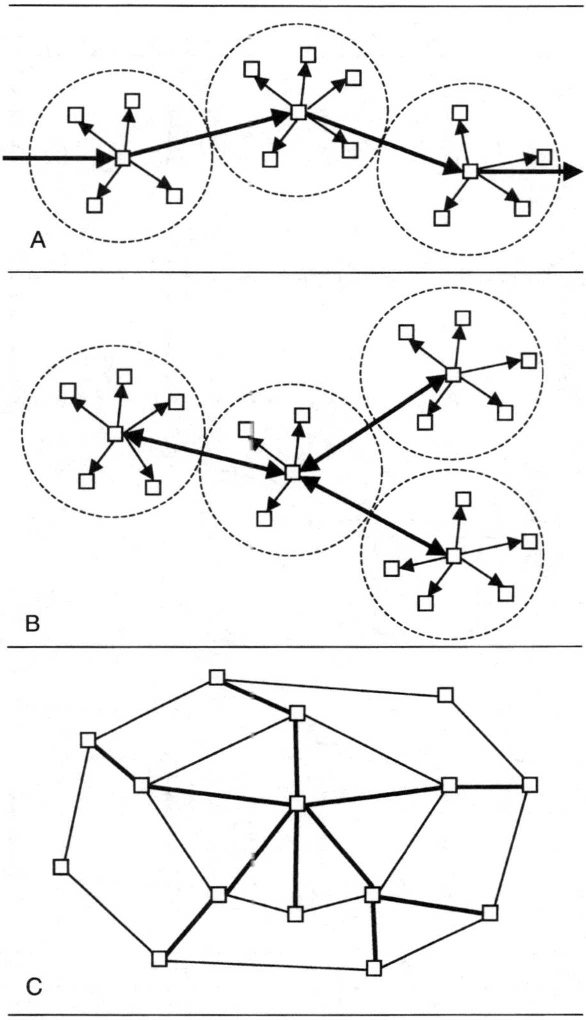

dungslemente, *Transportübergänge* und *Umschlagstationen* weiter verknüpfen zu intermodalen, lokalen, regionalen, nationalen und globalen *Logistiknetzwerken.*

Transportsysteme mit einer Linienstruktur bestehen aus einer Anfangsstation, einer Kette von Verbindungsstrecken, Transportknoten oder Zwischenstationen und einer Endstation. Die meisten Fördersysteme haben eine Linienstruktur oder sind aus linearen Teilstrukturen aufgebaut. Die einfachsten Linienfördersysteme sind Förderstrecken, die eine Reihe von Arbeitsplätzen oder Maschinen mit Werkstücken oder Material versorgen.

Auch Fahrzeugssysteme können eine Linienstruktur haben, entweder wenn eine Reihe von Stationen durch eine Transportstrecke miteinander verbunden ist

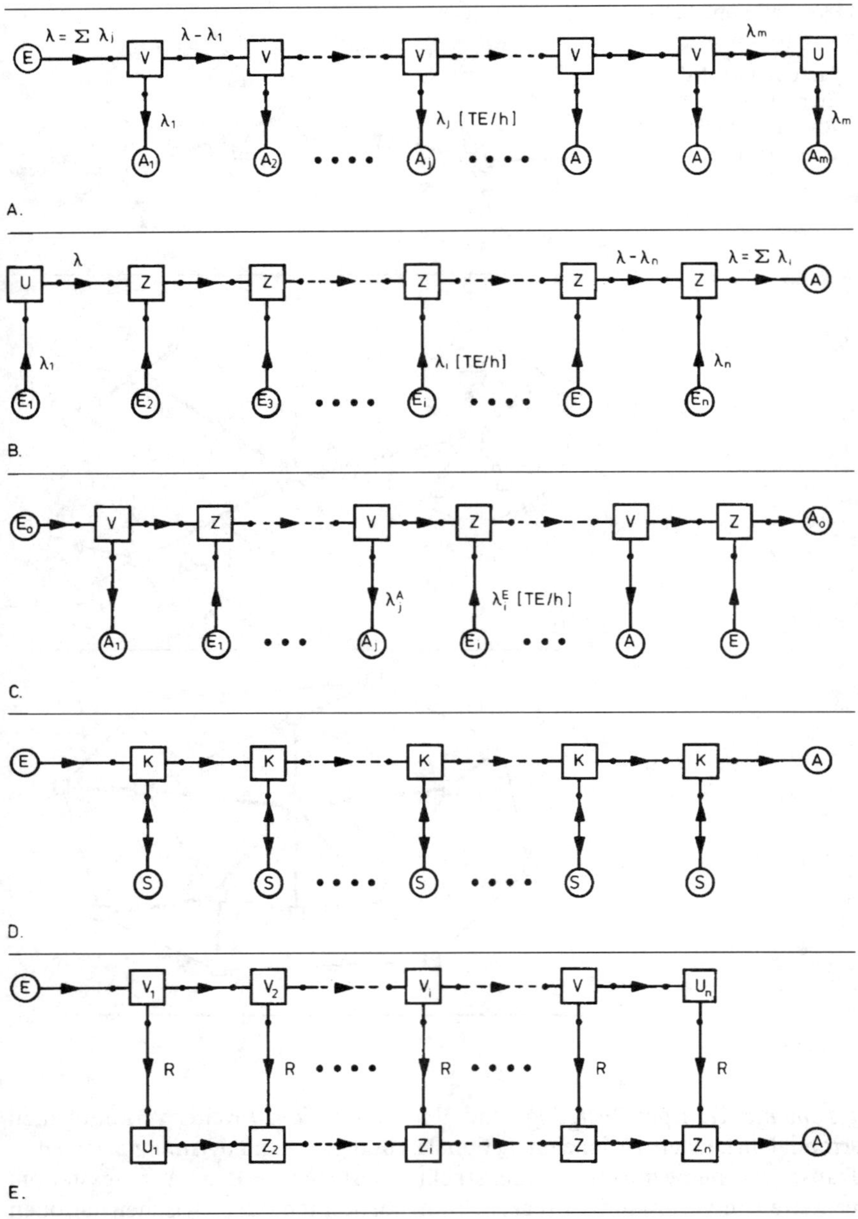

Abb. 18.3 Netzstrukturen linearer Transportsysteme

A : einspuriger Verteilerkamm
B : einspuriger Sammelkamm
C : teilweise kombinierter Verteiler- und Sammelkamm
D : vollständig kombinierter Verteiler- und Sammelkamm
E : Sortierspeicher mit n Staustrecken für R Transporteinheiten

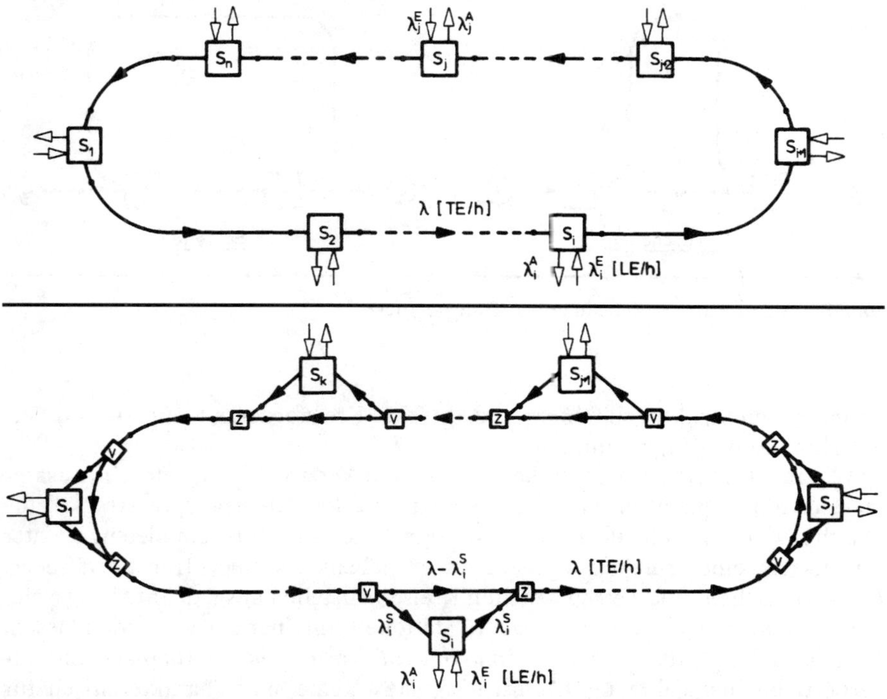

Abb. 18.4 Transportsysteme mit Ringnetzstruktur

oben : Ringnetz mit On-Line-Stationen ohne Maschen
unten : Ringnetz mit Off-Line-Stationen und Maschen

oder wenn das von den betrachteten Transporteinheiten befahrene *Teilnetz* eine Linienstruktur hat. Beispiele sind Linienverkehre von Autobussen oder Eisenbahnen.

Spezielle Ausprägungen von *Linientransportsystemen* sind die in *Abb. 18.3* dargestellten *linearen Netzstrukturen*:

- *Verteilerkämme* aus Streckenelementen und Verzweigungselementen,
- *Sammelkämme* aus Streckenelementen und Zusammenführungselementen,
- *Teilweise kombinierte Verteiler- und Sammelkämme* aus Streckenelementen, Verzweigungen und Zusammenführungen,
- *Vollständig kombinierte Verteiler- und Sammelkämme* aus Streckenelementen und reversiblen Verbindungselementen,
- *Sortierspeicher* mit Zuförderstrecke, Verzweigungen, Staustrecken, Zusammenführungen und Abförderstrecke.

Durch Verbindung des Endes mit dem Anfang eines Liniennetzes ensteht ein *Ringnetz* oder *Kreisnetz*. Einfache Ringssysteme mit *On-Line-* oder *Off-Line-Sta-*

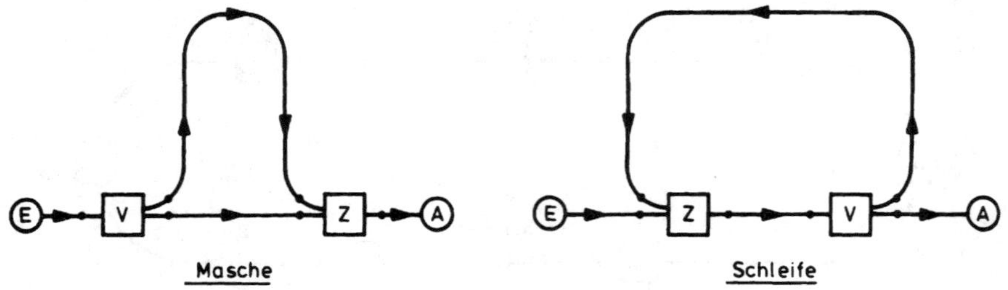

Abb. 18.5 Masche und Schleife in einem Transportnetz

tionen, deren Struktur die *Abb. 18.4* zeigt, sind Kreisförderer, Sammel- und Verteilerkreise und Ringbahnlinien.

Wie in *Abb. 18.5* dargestellt, kann durch ein Verzweigungs- und ein Zusammenführungselement an einen Transportring oder eine Transportstrecke eine Masche oder eine Schleife angefügt werden. Eine *Masche* ist ein gleichgerichter Nebenkreis, eine *Schleife* ist gegenläufiger Nebenkreis einer Transportstrecke. Aus vermaschten und verschachtelten Kreisen enstehen ausgedehnte Ringsysteme, mit denen sich räumlich verteilte Stationen miteinander verbinden lassen. Als Beispiel zeigt *Abb. 18.21* das *vermaschte und verschachtelte Ringnetz* eines innerbetrieblichen Fahrzeugsystems. Ringnetzsysteme sind charakteristisch für geschlossene Transportsysteme und für bestimmte Transporttechniken, wie Hängebahnen, induktiv gesteuerte Flurförderzeuge und Schienenfahrzeugsysteme.

2. Gesamtnetzlänge und Entfernungsmatrix

Jedes Transportnetz setzt sich zusammen aus einer bestimmten Anzahl N_{TN} von *Transportelementen* TE_k, $k = 1, 2,..N_{TN}$, mit den *partiellen Funktionen* $F_{k\alpha}$, $\alpha = 1,2...n_k$.

Für Streckenelemente, Verbindungslemente und Stationen mit einem Eingang und einem Ausgang ist $n_k = 1$, da sie nur eine Funktion haben. Verzweigungen mit einem Eingang und zwei Ausgängen sowie Zusammenführungen mit zwei Eingängen und einem Ausgang haben jeweils zwei partielle Funktionen. Transportknoten der Ordnung $o = n+m$ haben $n_k = n \cdot m$ Funktionen (s. *Abschnitt 13.2/I*).

Die Längen der Wege durch die partiellen Funktionen $F_{k\alpha}$ eines Transportelements TE_k sind die *partiellen Durchfahrlängen* $l_{k\alpha}$. Die Summation der Durchfahrlängen aller Transportelemente einschließlich der Stationen, aus denen sich das Transportnetz zusammensetzt, ergibt die

- *Gesamtlänge eines Transportnetzes* mit den partiellen Durchfahrlängen $l_{k\alpha}$ durch die Transportelemente TE_k in den Funktionen $F_{k\alpha}$

$$L_{TN} = \sum_k \sum_a l_{ka} \quad . \tag{18.6}$$

Von der *Gesamtnetzlänge* (18.6) und von der Anzahl und Beschaffenheit der Transportelemente hängen die *Investition* und *Betriebskosten* des Transportnetzes ab.

Die Länge l_{ij} des *kürzesten Wegs* zwischen zwei Stationen S_i und S_j ist die Summe der partiellen Durchfahrlängen $l_{k\alpha}$ durch die N_{ij} Transportelemente, die von den Transporteinheiten auf diesem Weg durchlaufen werden:

$$l_{ij} = \sum_k l_{ka} \ . \tag{18.7}$$

Die kürzesten Weglängen l_{ij} sind Elemente der *Entfernungsmatrix* zwischen den Stationen des Transportnetzes.

3. Auswahlregeln und Gestaltungsgrundsätze

Zum Aufbau von Transportsystemen werden *Auswahlregeln für die Transportelemente* und *Gestaltungsregeln für das Transportnetz* benötigt. Die *Gestaltungsregeln* für das Netz sind von der *Struktur der Beförderungsmatrix* und vom *Typ des Transportsystems* abhängig. Die *Auswahlregeln* resultieren aus den Leistungsanforderungen an das Gesamtsystem, den *Grenzleistungen* der Transportelemente und dem *Stauvermögen* der Verbindungsstrecken.

Die Leistungsfähigkeit eines Transportsystems wird durch die Grenzleistungen und die Abfertigungsstrategien der *Engpaßelemente* und durch die *Staukapazität* der Transportstrecken begrenzt. Die Engpaßelemente und der Stauplatzbedarf lassen durch die in *Abschnitt 13.7/I* beschriebene *Funktions- und Leistungsanalyse* erkennen und mit Hilfe der Strategien, Grenzleistungsgesetze und Staugesetze der *Abschnitte 13.3/I, 13.4/I* und *13.5/I* richtig dimensionieren.

Fördersysteme, in denen die Transporteinheiten gleich den Ladeeinheiten sind, sind für den Durchsatz auszulegen, der durch die Belastungsmatrix (18.2) zur Spitzenstunde gegeben ist. Für Fahrzeugsysteme, deren Transportmittel eine *Beförderungskapazität* $C_{TE} > 1$ LE/TE haben, muß zunächst aus der Belastungsmatrix die *Transportmatrix* errechnet werden. Die Transportmatrix bestimmt die erforderliche *Netzleistung* und den *Fahrzeugbedarf*. Sie ist abhängig von der *Belastungsmatrix*, der *Beförderungskapazität* und der *Transportstrategie*.

Aus dem Ziel der Kostenminimierung leiten sich folgende *Gestaltungsgrundsätze für Transportnetze* ab:

möglichst kurze Verbindungswege,
möglichst wenig Knotenpunkte,
ausreichende Staukapazitäten,
geringe Steigungen, (18.8)
möglichst wenige Vertikalverbindungen,
minimale Gesamtnetzlänge,
einfachste Netzstruktur.

Zwischen den Gestaltungsgrundsätzen bestehen teilweise *Zielkonflikte*. So sind bei kürzester Gesamtnetzlänge mit einfachster Netzstruktur die Investition und die Betriebskosten für das Transportnetz minimal. Dafür sind viele Stationen nicht auf den kürzest möglichen Wegen erreichbar. Das aber hat im Vergleich zu einem dichteren Netz einen größeren Fahrzeugbedarf und höhere Kosten für die Transportfahrten zur Folge.

Die Lösung dieses Zielkonflikts hängt ab von der Relation der Kosten für das Netz und der Kosten für die Transportfahrten. Die Zielkonflikte zwischen den Gestaltungsgrundsätzen (18.8) lassen sich nur bei Kenntnis der speziellen Anforderungen und Randbedingungen lösen.

18.4 Transportsteuerung

Die Transportsteuerung hat die Aufgabe, die Bewegung der Lade- oder Transporteinheiten durch das Transportnetz auszulösen, zu kontrollieren, zu koordinieren und entsprechend der Gesamtbelastung zu steuern und zu regeln. Für diese Aufgabe verfügt eine Transportsteuerung mit einem *hierarchischem Steuerungsaufbau*, wie er in *Abb. 18.6* dargestellt ist, über folgende *Steuerungsbereiche* [124; 175; 176]:

mitfahrende Steuerungen der Transporteinheiten,
stationäre Einzelsteuerungen an den Transportelementen, (18.9)
zugeordnete Gruppensteuerungen für Teile des Transportsystems,
übergeordnete Zentralsteuerung des gesamten Transportsystems.

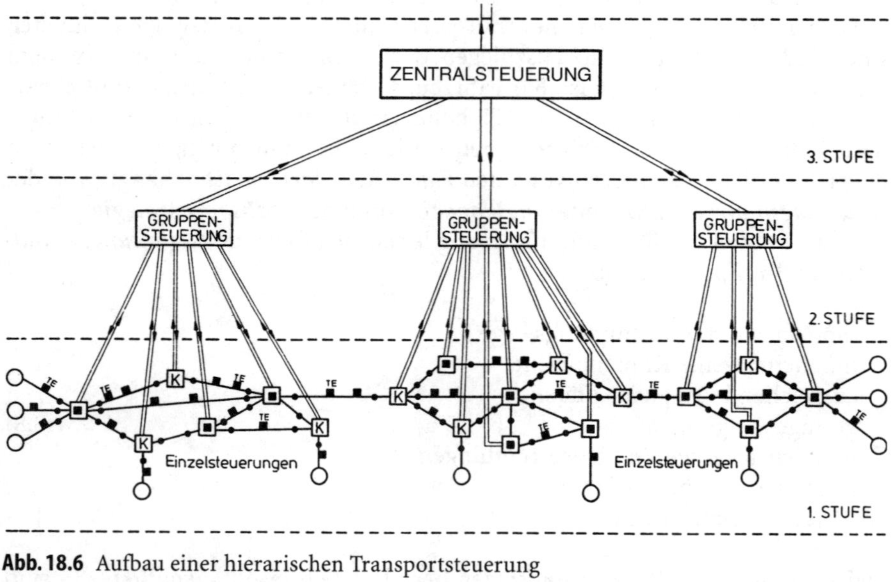

Abb. 18.6 Aufbau einer hierarischen Transportsteuerung

K : Transportknoten
TE : Transporteinheiten

Zusätzlich werden für den Austausch von Daten, Informationen und Anweisungen zwischen diesen Steuerungsbereichen *Datenübertragungssysteme* benötigt [29; 176].

1. Mitfahrende Steuerung
In einem *Fördersystem* ist die *mitfahrende Steuerung* in der Regel *passiv*. Sie besteht nur aus der *Kodierung* der Ladeeinheiten, die ein Strichcode (Barcode), eine Kodierleiste mit Reflektoren oder ein programmierbarer Chip sein kann. Die Kodierung wird von der stationären Steuerung gelesen [29].

In einem *Fahrzeugsystem* ist die mitfahrende Steuerung *aktiv*. Sie übernimmt abhängig vom Steuerungsaufbau bestimmte Teilfunktionen, wie die *Antriebsregelung*, die *Spurführung*, die *Abstandsregelung*, die *Durchfahrtregelung* durch Transportknoten oder die *Zielsteuerung* durch das gesamte Transportnetz. Dafür muß jedes Fahrzeug mit einer Fahrzeugkennung, mit Meßfühlern, Datenerfassungs- und Datenübermittlungseinheiten sowie mit einer *Fahrzeugsteuerung* oder einem *Fahrzeugleitrechner* ausgerüstet sein.

Bei *manueller Bedienung* führt der *Fahrer* einen Teil der Steuerungsfunktionen aus. Er wird dabei unterstützt durch die *Anzeigen* von Meßgeräten, wie Tacho und Kilometerzähler, oder von einem *Bordrechner* und geleitet durch *Anweisungen* der Zentralsteuerung, die ihm von *mobilen Terminals* angezeigt oder über *Mobilfunk* übermittelt werden. In *fahrerlosen Transportsystemen* (*FTS*) übernimmt der Leitrechner *alle* Steuerungsfunktionen des Fahrzeugs.

2. Einzel- und Gruppensteuerungen
Die *stationären Einzelsteuerungen* bestehen aus *Meßfühlern*, wie Schaltern, Kontakten, Lichtschranken und Leseeinrichtungen, zur Erfassung der durchlaufenden Lade- oder Transporteinheiten, aus *Stellgliedern* zum Umschalten zwischen den verschiedenen *Betriebszuständen* der Transportelemente und aus einer *Teilautomatik*, deren Funktionsumfang vom Steuerungsaufbau abhängt.

In größeren Anlagen wird die Steuerung von abgegrenzten *Teilsystemen*, beispielsweise von einer längeren Kette oder einer bestimmten Gruppe der Transportelemente durch eine *Gruppensteuerung* ausgeführt. Die Gruppensteuerung erhält Informationen und Anweisungen von der übergeordneten Zentralsteuerung, den stationären Einzelsteuerungen und den Fahrzeugsteuerungen und gibt ihrerseits Informationen und Anweisungen an die übrigen Steuerungsbereiche ab.

3. Zentralsteuerung
Eine übergeordnete *Zentralsteuerung* wird für Transportsysteme mit einem ausgedehnten Transportnetz, einer großen Anzahl von Transporteinheiten und vielen Stationen benötigt. Sie steuert, regelt und koordiniert die Transporte abhängig von der aktuellen Belastung nach vorgegebenen *Gesamtstrategien* und übernimmt übergeordnete Funktionen, wie die *Wegeverfolgung* der Transporteinheiten, die *Verkehrsüberwachung*, die *Staukontrolle* oder die Erfassung und Auswertung von *Störungen*.

Die Zentralsteuerung erhält ihre Befehle entweder vom Betreiber des Transportsystems über einen *Steuerstand* oder in Form von Transportaufträgen und

Anweisungen aus einem übergeordneten Warenwirtschafts-, Buchungs- oder Verwaltungssystem.

4. Steuerungsaufbau

Die Aufgabenteilung zwischen den Teilsteuerungen ist abhängig vom *Steuerungsaufbau*. Die Steuerung kann dezentral, zentral oder hierarchisch aufgebaut sein:

- Bei *dezentralem Steuerungsaufbau* übernehmen die stationären Einzelsteuerungen und die mitfahrenden Steuerungen alle Funktionen.
- Bei *zentralem Steuerungsaufbau* übernimmt eine Zentralsteuerung alle intelligenten Steuerungs-, Regelungs- und Entscheidungsfunktionen. Die Aufgabe der Einzelsteuerungen und der mitfahrenden Steuerungen reduziert sich auf die Erfassung und Weitergabe von Informationen und die Ausführung von Anweisungen.
- Bei *hierarchischem Steuerungsaufbau* hat die Transportsteuerung – wie in *Abb. 18.6* dargestellt – mehrere *Steuerungsebenen*, auf die die verschiedenen Steuerungsfunktionen zweckmäßig verteilt sind.

Für die Aufgabenteilung zwischen den einzelnen Steuerungsebenen gilt der *Dezentralisierungsgrundsatz* (s. *Abschnitt 2.3/I*):

- Alle Funktionen müssen so dezentral wie möglich und dürfen nur so zentral wie nötig und wirtschaftlich ausgeführt werden.

Neben dem Dezentralisierungsgrundsatz sind die Größe und Struktur des *Transportnetzes*, die *Verkehrsdichte*, die *Leistungsanforderungen*, der *Sicherheitsbedarf* und die *Transportstrategien* für die Gestaltung und den Aufbau der Transportsteuerung maßgebend.

5. Datenübertragung

Der Steuerungsaufbau und die Funktionsteilung bestimmen Menge und Inhalt des erforderlichen Datenaustausches zwischen den einzelnen Steuerungsbereichen und damit die Datenübertragungssysteme. Der Datenaustausch zwischen den stationären *Steuerungseinheiten* findet in der Regel über Leitungen, Kabel oder *Datenbus* statt. In ausgedehnten Systemen ist eine drahtlose Datenübetragung erforderlich.

Die *Kodierung* und die *Position* der Ladeeinheiten in einem Fördersystem wird von *Leseeinrichtungen*, die an den Ein- oder Ausgängen der Transportelemente installiert sind, mechanisch, optisch, induktiv oder mit Laserstrahl festgestellt und an die stationären Steuerungseinheiten übertragen [29].

In einem Fahrzeugsystem kommunizieren die Fahrzeugsteuerungen mit den stationären Einzelsteuerungen und mit der Zentralsteuerung über ein geeignetes *Datenfernübertragungssystem* (*DFÜ*). Für die Datenfernübertragung sind unterschiedliche Techniken möglich, wie *Infrarot* oder *Funk*, deren Einsatz von der Entfernung zwischen den Fahrzeugen, den stationären Empfängern und dem Standort der Zentralsteuerung abhängt [176].

In den außerbetrieblichen Fahrzeugsystemen findet der Informationsaustausch zwischen den Fahrzeugen und der Zentralsteuerung oder einem *Verkehrs-*

leitsystem zunehmend über *Mobilfunk* und *Satellitenkommunikation* statt. Dabei wird die *Standortbestimmung* der Fahrzeuge durch *Satellitennavigationssysteme*, wie das *Global Positioning System GPS* unterstützt.

18.5 Transportstrategien

Transportstrategien sind *Betriebstrategien*, nach denen die Transportsteuerung die anstehenden Beförderungs- und Fahraufträge ausführt, die Transporteinheiten zu den Zielen leitet und die Abfertigung an den Stationen und Transportknoten regelt.

Durch geeignete Transportstrategien lassen sich die Ziele der Logistik – *Leistungssteigerung*, *Qualitätssicherung* und *Kostensenkung* – oftmals billiger und schneller erreichen als durch eine verbesserte Technik. Transportstrategien bieten daher die beste Optimierungsmöglichkeit. Mit den Transportstrategien lassen sich folgende *Wirkungen* erzielen:

- Lösung der Transportaufgabe mit einem einfacheren Transportnetz,
- Verbesserung des Leistungsvermögens eines bestehenden Transportsystems,
- Senkung der benötigten Fahrzeuganzahl,
- Verbesserung der Funktions- und Verkehrssicherheit.

Die Transportstrategien lassen sich einteilen in *Stationsstrategien*, *Fahrwegstrategien*, *Leerfahrtstrategien* und *Verkehrsstrategien* [124; 178; 179; 180].

1. Stationsstrategien
Die Stationsstrategien regeln die Abfertigung der Beförderungsaufträge an den Stationen und das Beladen der Transporteinheiten mit den zur Beförderung anstehenden Ladungen.

Für die Abfertigung an den Verladestationen bestehen folgende Möglichkeiten:

- *Feste Abfertigungsreihenfolge* (*First-Come-First-Served FCFS*): Die ankommenden Ladeeinheiten werden in der Reihenfolge ihrer Ankunft von den nächsten in der Station eintreffenden Transporteinheiten übernommen. Dabei werden von einer Transporteinheit jeweils soviele Ladeeinheiten mitgenommen, wie hintereinander für die gleiche Richtung oder das gleiche Ziel bestimmt sind und die freie Kapazität zuläßt.
- *Freie Abfertigungsreihenfolge* (*Ladungsbündelung*): Die für eine Fahrtrichtung oder das gleiche Ziel an einer Station anstehenden Ladeeinheiten werden unabhängig von der Ankunftsreihenfolge gesammelt bis das freie Fassungsvermögen einer Transporteinheit erreicht ist und dann gemeinsam zum Bestimmungsort befördert.

Mit der Ladungsbündelung soll eine bessere Auslastung der Transporteinheiten und damit eine Kostensenkung bewirkt werden. *Voraussetzungen* sind, abgesehen von der Zulässigkeit der Reihenfolgevertauschung, entsprechende *Sortiereinrichtungen* und *Sammelpuffer* in den Verladestationen. Der wesentliche *Nachteil* der Ladungsbündelung sind längere Wartezeiten.

Beladestrategien zum Befüllen der Transportmittel sind:

- *Zielreine Beladung*: Ein Transportmittel wird nur mit Ladung für das gleiche Ziel beladen.
- *Zielgemischte Beladung*: Ein Transportmittel wird mit Ladungen für mehrere Ziele, die auf der gleichen Fahrtroute liegen, beladen.

Voraussetzung der zielgemischten Beladung ist entweder eine Beladung und Zugänglichkeit der Ladeeinheiten in den Transporteinheiten in der Abfolge der nacheinander anzufahrenden Ziele oder eine Möglichkeit zum Umstapeln der Ladung vor dem Entladen.

Die zielreine und die zielgemischte Beladung lassen sich kombinieren mit den *Abfertigungsstrategien*:

- *Fahrten ohne Zuladen*: Nur vollständig geleerte Transportmittel werden mit einer neuen Ladung beladen.
- *Fahrten mit Zuladen*: Mit $C \leq C_{TE}$ Ladeeinheiten teilgefüllte Transportmittel werden soweit zusätzlich beladen, wie es die *freie Kapazität* $C_{TE\,frei} = C_{TE} - C$ zuläßt.

Vorraussetzung für Fahrten mit Zuladen ist ein freier Zugriff auf die einzelnen Ladungen in den Verladestationen, um jeweils eine für die gleiche Zielrichtung bestimmte Ladung verladen zu können.

Die Strategien der *zielgemischten Beladung* und der *Fahrten mit Zuladung* zielen darauf ab, den Füllungsgrad der Transporteinheiten zu erhöhen. Sie haben jedoch nur die angestrebte Wirkung, wenn in den Stationen eine ausreichende Anzahl von Ladungen mit passender Größe für die gleiche Fahrtroute ansteht, wie die Ladung teilgefüllt ankommender Transporteinheiten.

2. Fahrwegstrategien

Fahrwegstrategien regeln die Reihenfolge, in der die Bestimmungsorte der Ladung einer Transporteinheit angefahren werden, und damit den Fahrweg.

Die Fahrwegstrategien lassen sich einteilen in:

- *Strategien minimaler Fahrwege*: Abhängig von Ladung und Zielorten wird der Fahrweg mit minimaler *Weglänge*, kürzester *Fahrzeit* oder geringsten *Fahrtkosten* gewählt.
- *Strategien maximaler Kapazitätsauslastung*: Abhängig vom gesamten Beförderungsbedarf werden die Transportmittel so eingesetzt, daß ihre Kapazität maximal genutzt wird.
- *Fahrplanstrategien*: Die Transportfahrten werden nach einem festen *Fahrplan* durchgeführt, der bei minimalen Fahrwegen für das erwartete Ladungsaufkommen eine maximale Kapazitätsnutzung anstrebt.

Die Fahrwege und Rundfahrten mit minimaler Weglänge, kürzester Fahrzeit oder geringsten Kosten lassen sich für einfache Transportsysteme mit wenigen Verbindungen nach dem Verfahren der Vollenumeration durch Vergleich aller möglichen Wege relativ rasch herausfinden. Für komplexe Transportnetze mit vielen Verbindungswegen zwischen den Stationen ist die Fahrwegoptimierung in begrenzter Rechenzeit nicht mehr exakt durchführbar.

Im *Operations Research* wurde hierfür eine Reihe *heuristischer Suchverfahren* entwickelt, die in kurzer Rechenzeit zu brauchbaren Näherungslösungen führen [11; 13; 181]. Einfacher und in vielen Fällen ausreichend ist die Auswahl eines annähernd optimalen Fahr- oder Verbindungsweges nach einer *analytischen Fahrwegstrategie*, wie die nachfolgend dargestellte *Streifenstrategie*.

Die Strategien maximaler Kapazitätsauslastung wie auch die meisten Fahrplanstrategien zielen auf eine Minimierung der Betriebskosten ab, arbeiten aber häufig zu Lasten der Benutzer oder Versender, da sie zu verlängerten Warte- und Fahrzeiten führen können. Voraussetzungen sind daher, daß die geforderten Beförderungszeiten ausreichend lang sind und daß in den Verladestationen genügend Pufferplatz für die wartenden Ladungen besteht.

3. Leerfahrtstrategien

Die Anzahl der leeren und teilgefüllten Transporteinheiten, die im Transportnetz eines Fahrzeugsystems umlaufen, wird durch *Leerfahrtstrategien* bestimmt, die den Einsatz der leeren Transporteinheiten regeln. Mögliche Leerfahrtstrategien sind:

- *Einzelfahrten*: Jedes Transportmittel bringt die übernommene Ladung zu ihrem Bestimmungsort und kehrt danach auf dem kürzesten Weg leer zur Ausgangsstation zurück, um dort die nächste Ladung zu übernehmen.
- *Kombinierte Fahrten*: Ein geleertes Transportmittel übernimmt am Entladeort eine für die Ausgangsstation bestimmte *Rückladung*.
- *Leerfahrtminimierung*: Ein geleertes Transportmittel übernimmt am Entladeort eine Ladung unabhängig von deren Bestimmungsort, oder fährt, wenn dort keine Ladung ansteht, zur nächstgelegenen Station, in der eine Ladung auf Beförderung wartet.
- *Fahrplanmäßiges Kapazitätsangebot*: Die Fahrzeuge, ob leer oder voll, verkehren unabhängig vom aktuellen Beförderungsbedarf nach einem festen *Fahrplan*, der an einem prognostizierten Bedarf ausgerichtet ist.
- *Leerfahrzeugräumung*: Wenn bei abnehmendem Beförderungsbedarf an den Entladestationen mehr Transportmittel geleert als an den Versandstationen benötigt werden, fahren die leeren Transportmittel zum nächsten freien *Leerfahrzeugpuffer*.

Wenn in den Stationen kein ausreichender Warteraum für leere Transportmittel vorhanden ist, müssen an geeigneten Stellen im Transportnetz spezielle *Pufferstrecken* oder *Bahnhöfe* für Leerfahrzeuge geschaffen werden. Die Leerfahrzeugpuffer sind möglichst nahe bei den am meisten frequentierten Abgangsstationen anzuordnen.

4. Verkehrsstrategien

Verkehrsstrategien regeln und lenken die Ströme der Lade- oder Transporteinheiten so durch das Transportnetz, daß bei Einhaltung der zugesicherten Transportzeiten ein maximaler Durchsatz erreicht wird, ohne daß es dabei zu Kollisionen kommt.

Abhängig von ihrem Wirkungsbereich lassen sich die Verkehrsstrategien einteilen in *Knotenpunktstrategien*, *Teilsystemstrategien* und *Systemstrategien*. Die

Knotenpunkt- und Teilsystemstrategien sowie ihre Strategieparameter und Effekte wurden bereits in *Kapitel 13/I*, insbesondere in *Abschnitt 13.3/I*, behandelt. Bei den *Systemstrategien* sind zu unterscheiden:

- *Kombinationsstrategien* durch belastungsabhängigige Verbindung von Einzelstrategien zur Optimierung von Leistung, Kosten und Sicherheit.
- *Gesamtnetzstrategien*, wie Umleitungs-, Ausweich- und Räumungsstrategien bei Überlastung und Ausfall einzelner Stationen, Verbindungsstrecken oder Knotenpunkte.

Die Systemstrategien erfordern eine *Zentralsteuerung*, die das Geschehen in allen Teilen des Transportnetzes verfolgt.

Die Strategieparameter, Auswirkung und Einsatzkriterien der Systemstrategien sind noch nicht vollständig erforscht und lassen sich nur begrenzt mit analytischen Verfahren quantifizieren. Bei komplexen Systemen mit zeitlich rasch veränderlichen Belastungen ist zur Untersuchung der Wechselwirkungen der Einzelstrategien und der Auswirkungen von Systemstrategien eine *digitale Simulation* erforderlich (s. *Abschnitt 5.3/I*) [59; 60; 61; 178; 183; 231].

18.6 Fördersysteme

Bestandteile eines Fördersystems für den Transport diskreter Ladeeinheiten sind:

Fördergut
Förderhilfsmittel
Transportnetz (18.10)
Transportsteuerung.

Die *Beschaffenheit des Förderguts* bestimmt seine Förderfähigkeit, von der die einsetzbare Fördertechnik abhängt. Die wichtigsten *Einflußfaktoren auf die Förderfähigkeit* sind:

Bodenebenheit
Rutschfestigkeit
Abriebfestigkeit (18.11)
Standsicherheit
Stapelbarkeit.

Wenn das Transportgut selbst nicht förderfähig ist oder kleinere Fördermengen zu größeren Ladeeinheiten gebündelt werden sollen, werden *Förderhilfsmittel* eingesetzt, wie Behälter, Tablare, Paletten oder Rolluntersätze. *Nachteile* des Einsatzes von Förderhilfsmitteln sind das *Be- und Entladen*, die *Beschaffungskosten* und der *Leerbehältertransport* zu den Stationen, in denen mehr Leerbehälter benötigt werden als ankommende Vollbehälter geleert werden.

Für definierte *Abmessungsbereiche* und *Gewichtsklassen* des Förderguts gibt es verschiedene technische *Ausführungsarten* der Fördersysteme, die sich in Auslegung und Konstruktion unterscheiden [29; 124; 127; 148; 169; 170; 237;]:

- *Behälterfördersysteme* für Behälter und Kartons bis ca. 800 mm und 30 kg;
- *Palettenfördersysteme* für palettiertes Fördergut bis ca. 1.400 mm und 1.500 kg;
- *Spezialfördersysteme* für Fördergut mit größerem Gewicht und Volumen oder Sonderform.

Bei allen Ausführungsarten setzt sich das Transportnetz aus Auf- und Abgabestationen, Förderstrecken, Zusammenführungen, Verzweigungen und Förderelementen höherer Ordnung, wie Mehrfachweichen, Verteilerwagen und Regalbediengeräten, zusammen.

Bei den am häufigsten eingesetzten Behälter- und Palettenfördersystemen sind die einzelnen Förderelemente weitgehend standardisiert und normiert. Damit ist der *modulare Aufbau* unterschiedlicher Transportnetze aus wenigen gleichartigen *Standardbausteinen* möglich.

In den *Spezialfördersystemen*, die beispielsweise zur Gepäckbeförderung, für den Karosserietransport, als Produktionsband oder für Schwerlasten benötigt werden, sind die Förderelemente in der Regel Sonderkonstruktionen, die jeweils nur für ein Projekt gebaut werden.

Wenn *mobile Transporthilfsmittel*, wie Rolluntersätze, Rollpaletten oder Rollbehälter, eingesetzt werden, besteht das Transportnetz aus speziellen Fahr- und Führungsschienen und stationären Zugvorrichtungen, unterseitigen Antrieben oder Linearmotoren. *Nachteile* des Einsatzes mobiler Transporthilfsmittel sind das Be- und Entladen, die hohen Beschaffungskosten und der Verschleiß sowie der Leerbehälterrücktransport. Diese Nachteile wiegen nur in wenigen Fällen die *Vorteile* auf, die aus einer leichten und kompakten Bauweise der Trassen und einer unter Umständen höheren Transportgeschwindigkeit resultieren.

Die Förderstrecken eines Fördersystems sind entweder in nur eine Richtung verlaufende *Standardförderer*, die sich aus einzeln angetriebenen *Verbindungselementen* zusammensetzen, oder *Kreisförderer* mit umlaufender *Kette* oder *Endlosseil* und Zentralantrieb. Für Sortieraufgaben mit hoher Durchsatzleistung werden darüber hinaus spezielle *Sortersysteme* benötigt. Die Standardförderer, Kreisförderer und Sorter lassen sich durch *Transportübergänge* miteinander verbinden und zu komplexen Fördersystemen mit mehrfachen Funktionen kombinieren.

1. Standardfördersysteme

Technische Ausführungsarten der *stetigen Verbindungselemente* in den Standardfördersystemen sind [29; 124; 127; 237]:

Rutschen
Bandförderer
Gurtförderer
Röllchenbahnen

Rollenbahnen (18.12)
Tragkettenförderer
Plattenbandförderer
S-Förderer

In der Regel werden die Förderelemente direkt oder indirekt von Elektromotoren angetrieben. Auf Gefällestrecken genügt unter Umständen die Schwerkraft als Antrieb.

Die *Abb. 18.7* zeigt eine *Stetigförderstrecke*, die aus einer Kette von Bandförderelementen besteht, und eine Rollenbahnstrecke, deren Teilabschnitte einzeln an- und abschaltbar sind. Beide Ausführungsarten sind *staufähig* und können eine *Warteschlange* von Ladeeinheiten puffern, die durch Rückstau entsteht (s. Abschnitt 13.5/*I*).

Zwei verschiedene technische Ausführungsarten stetiger *Verzweigungen* in Behälterfördersystemen sind in *Abb. 18.8* dargestellt. *Abb. 18.9* zeigt zwei unterschiedliche technische Lösungen der *Zusammenführung* von zwei Rollenbahnstrecken.

Als Beispiel für ein Förderelement mit unstetigen Verbindungen zwischen den Ein- und Ausgängen zeigt *Abb. 18.10* einen Rollenbahn-Verteilerwagen. Weitere

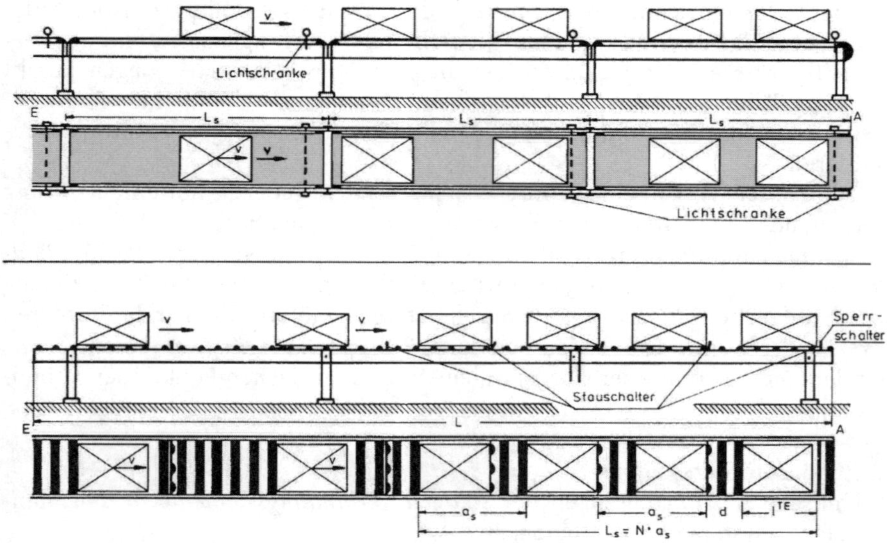

Abb. 18.7 Ausführungen von Stetigfördererstrecken

oben : Gurtförderstrecke aus abschaltbaren Stauelementen
unten: Rollenbahnstrecke aus Trenn- und Stauelementen

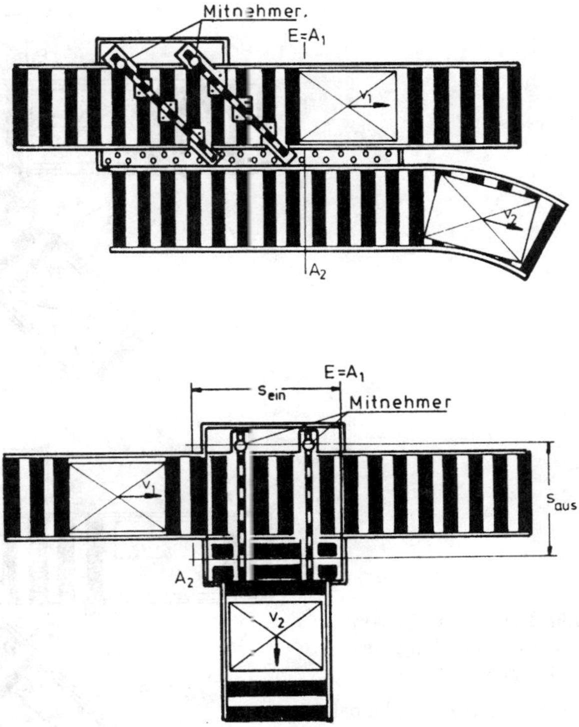

Abb. 18.8 Stetige Verzweigungselemente in Behälterfördersystemen

oben : Mitnehmender 45-Grad-Kettenausschleuser
unten: Mitnehmender 90-Grad-Kettenausschleuser

Förderelemente von Behälter-und Palettenfördersystemen zeigen die *Abb. 13.4, 13.14, 13.16/I, 16.8* und *17.34*.

Aus den *Grundstrukturen* (18.5) der Transportnetze mit den in *Abb. 18.3* und *18.4* dargestellten Ausprägungen werden durch Einsatz und geeignete Anordnung konkreter Fördereemente *fördertechische Teilsysteme*. Diese Teilsysteme lassen sich wieder durch Förderstrecken, unstetige Verbindungselemente und Vertikalförderer zu einem anforderungsgerechten Gesamtsystem zusammenfügen.

In *Abb. 18.11* ist beispielsweise die fördertechnische Ausführung eines Teilsystems dargestellt, das zur Beschickung und Entsorgung der Basisstationen eines ausgedehnten Kommissioniersystems mit Auftragsbehältern entwickelt wurde. Eine Besonderheit dieser Lösung ist, daß weiterlaufende Behälter die anhaltenden Behälter *überholen* können. Weitere Realisierungsbeispiele sind das in *Abb. 16.8* gezeigte Zu- und Abfördersystem eines automatischen Hochregallagers und das in *Abb. 17.34* dargestellte Bereitstellungssystem eines AKL.

Standardfördersysteme für Behälter und Paletten sind besonders geeignet zur Ver- und Entsorgung von Arbeitsplätzen in der Produktion, zur Verkettung von Maschinen, als Zu- und Abfördersysteme vollautomatischer Lager und zur Beschickung und Entsorgung von Kommissioniersystemen mit dynamischer Bereitstsellung oder dezentraler Abgabe.

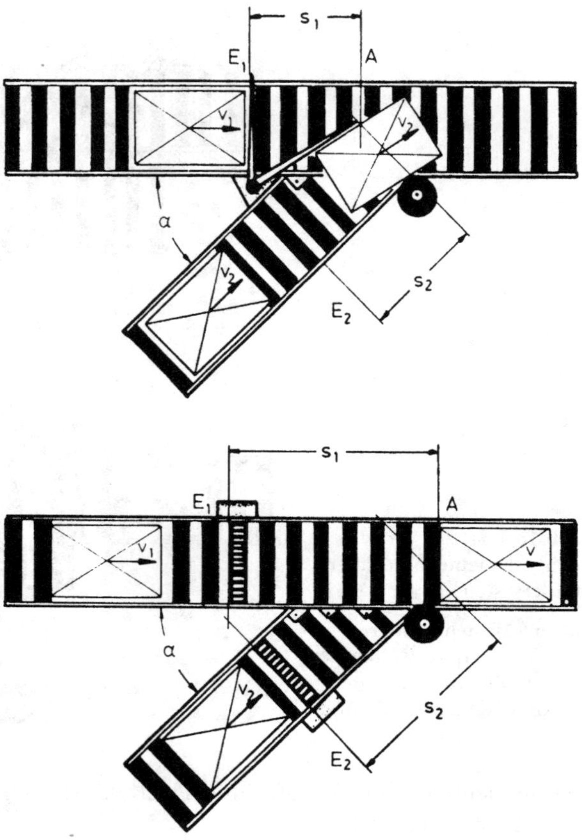

Abb. 18.9 Stetige Zusammenführungselemente in Behälterfördersystemen

oben : 45-Grad-Rollenbahneinschleuser mit Zweiwegesperre
unten: 45-Grad-Rollenbahneinschleuser mit Zuteilrollen

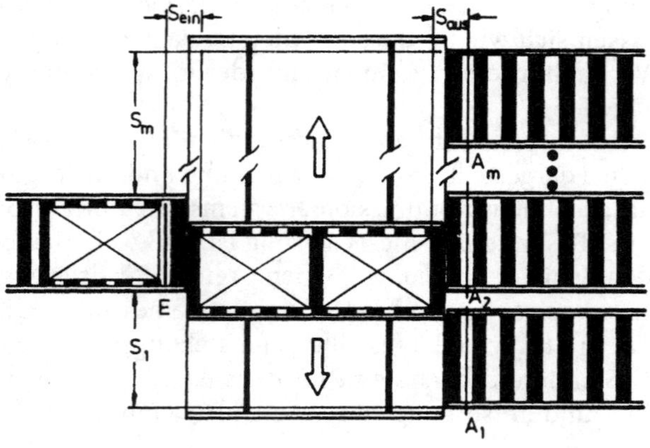

Abb. 18.10 Unstetiges Verteilerelement

Rollenbahn-Verteilerwagen

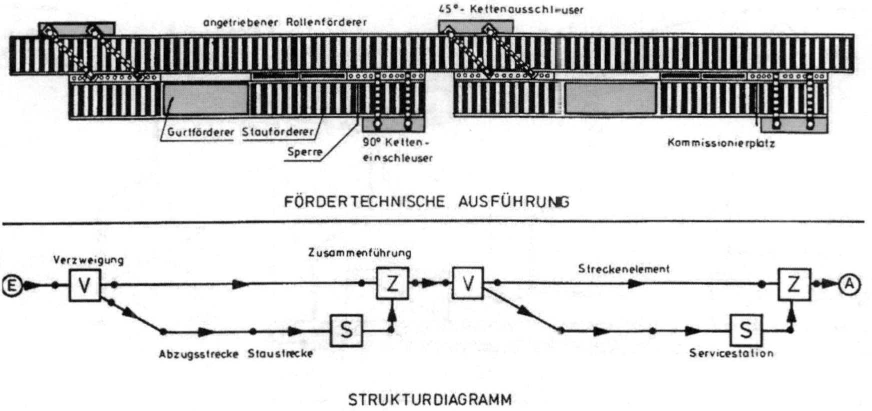

Abb. 18.11 Technische Ausführung und Strukturdiagramm eines Überholförderers zur Bereitstellung von Auftragsbehältern

2. Kreisfördersysteme

Ein Kreisfördersystem besteht aus einem umlaufenden *Zugmittel*, das eine Kette oder ein endloses Seil sein kann, und den am Zugmittel befestigten *Lastaufnahmemitteln* für die zu befördernden Ladeeinheiten.

Die Lastaufnahmemittel sind mit dem Zugmittel fest verbunden oder lassen sich für die Auf- und Abgabe und auf Staustrecken von dem weiterlaufenden Zugmittel lösen. Wenn das Zugmittel *unter Flur* geführt ist, werden die Lastaufnahmemittel von oben eingehängt. Wenn das Zugmittel *über Kopf* angeordnet ist, sind die Lastaufnahmemittel Gehänge oder Gondeln.

Beispiele für Kreisfördersysteme sind [29; 124]:

Unterflurschleppkettenförderer
Hängekreisförderer
Power & Free-Förderer
Kippschalenförderer
Cross-Belt-Förderer (18. 13)
S-Förderer
Skilifte
Seilbahnen.

Als Beispiel zeigt *Abb. 18.12* einen über Kopf geführten *Power&Free-Förderer* mit Zugkette, Laufschiene und Gehängen zur Lastaufnahme. In *Abb. 18.14* ist ein Kippschalenförderer dargestellt, der als Sorter arbeitet.

Die *Netzstruktur* der Kreisfördersysteme wird bestimmt von dem umlaufenden Zugmittel. Charakteristisch ist daher die in *Abb. 18.4* gezeigte *Ringnetzstruk-*

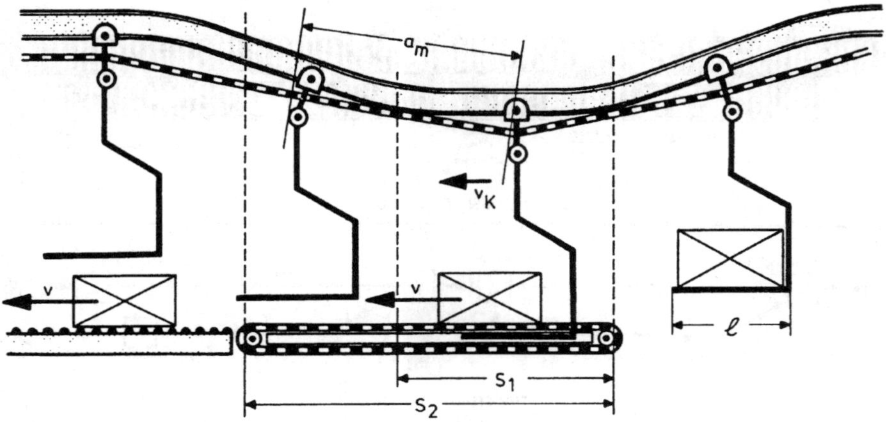

Abb. 18.12 Hängekreisförderer mit stetiger Lastabgabestation

tur mit einem geschlossenen Förderkreis und Auf- und Abgabestationen, die auf oder neben dem Kreis liegen.

Der Kreisförderer ist ein Stetigförderer, dessen *Streckengrenzleistung* nach Beziehung (13.10) von der Geschwindigkeit des Zugmittels und vom Endpunkabstand der Lastaufnahmemittel bestimmt wird. Die Leistung des gesamten Kreisfördersystems hängt außer vom Leistungsvermögen des Kreisförderers von den Grenzleistungen der Aufgabe- und Abnahmestationen ab.

Die Stationen des Kreisförderers sind häufig *Transportübergänge* zu Transportsystemen anderer Art. Die Be- und Entladeleistung der Stationen wird bestimmt von der Konstruktion und von der Anordnung. Die Stationen können entweder *On-Line* direkt an der Zugstrecke liegen oder *Off-Line* neben der Zugstrecke angeordnet sein. Bei den *Off-Line-Stationen* müssen die Lastaufnahmemittel vom Zugmittel gelöst werden. Sie können dann im Ruhezustand be- und entladen werden. Bei einer *On-Line-Station* muß die Lastaufnahme und Lastabgabe stetig und synchron mit dem umlaufenden Zugmittel stattfinden. *Abb. 18.12* zeigt eine *On-Line-Station* mit stetiger Lastabgabe eines Hängekreisförderers, der durch einen Tragkettenförderer mit anschließender Rollenbahn bedient wird.

Hängekreisförderer und *Power&Free-Förderer* werden ebenso wie die Hängebahnen eingesetzt zum Befördern von Blechteilen, Karrosserieteilen und Stangenmaterial in der Serienproduktion oder in Lackieranlagen, zur dynamischen Bereitstellung von *Packmitteln* sowie als Sammelförderer in zweistufigen Kommissioniersystemen.

Die *Unterflurschleppkettenförderer* konkurrieren mit den innerbetrieblichen Fahrzeugsystemen, insbesondere mit den FTS-Systemen. Sie sind geeignet für das *Crossdocking* in großen Umschlaghallen sowie zur Verbindung von Wareneingangstoren, Lagerbereichen und Warenausgangstoren in ausgedehnten Lager- und Kommissioniersystemen.

3. Sortersysteme

Sortersysteme sind spezielle Fördersysteme zum Trennen von *Sortiergut* nach Aufträgen und zum Verteilen des Sortierguts auf eine größere Anzahl von Zielstationen. Abhängig von der *Netzstruktur* und der *Speichermöglichkeit* ist zu unterscheiden zwischen *Liniensortern* und *Kreissortern* mit und ohne Zwischenpuffer [93; 124; 184].

Liniensorter ohne Zwischenpuffer sind einspurige Verteilerkämme, deren Netzstruktur in *Abb. 18.3 A* dargestellt ist. Sie bestehen aus einer Aufgabestelle oder Einlaufstation, einer Kette von Strecken- und Verzweigungselementen und ein- oder beidseitigen Sammelbahnen. Am Eingang der Sortierstrecke wird das einlaufende Sortiergut von der Sortersteuerung identifiziert. Von den Verzweigungselementen werden die für das betreffende Ziel bestimmten Einheiten in die Sammelbahnen ausgeschleust.

Je nach Leistungsanforderung und Beschaffenheit der Sortiereinheiten ist die Sortierstrecke eine konventionelle Rollenbahn mit Verzweigungselementen, ein Bandförderer mit Abweisern oder Pushern oder ein Plattenband mit beweglichen Schuhen zum dynamischen Ausschleusen. Die Sortierleistung eines Liniensorters ohne Zwischenpuffer wird von der Auschleusgrenzleistung der Verzweigungselemente bestimmt. Sie beträgt – abhängig von Bauart und Geschwindigkeit – für Sortiereinheiten [SE] bis zu 600 mm Länge und 30 kg Stückgewicht mit konventionellen Förderelementen 2.000 bis 6.000 SE/h und für *Hochleistungssorter* 8.000 bis zu 13.000 SE/h [93; 184].

Haupteinsatzgebiete von Liniensortern ohne Zwischenspeicher sind die Umschlagpunkte von Paketdienstleistern – s. *Abb. 19.2* – und die zweite Kommissionierstufe in den Logistikzentren des Versandhandels.

Liniensorter mit Zwischenpuffer oder *Sortierspeicher* haben die in *Abb. 18.3* E dargestellte Netzstruktur. Sie setzen sich zusammen aus einer *Verteilerstrecke*, mehreren parallelen *Staubahnen* und einer *Abzugstrecke*. In den Staubahnen werden die zulaufenden Sortiereinheiten auftragsrein gesammelt. Die Einheiten vollständiger Aufträge werden bei *statischem Batchbetrieb* abgezogen, wenn die Einheiten aller Aufträge einer Serie, und bei *dynamischem Batchbetrieb*, wenn alle Einheiten eines Auftrags eingetroffen sind.

Zur Realisierung eines Sortierspeichers sind die zuvor beschriebenen Standardförderelemente geeignet. Als Ausführungsbeispiel zeigt *Abb. 18.13* einen Sortierspeicher, der aus der Produktion gemischt ankommende Fertigwarenkartons für das Palettieren sortenrein trennt. Sortierspeicher werden auch eingesetzt zur Auftragszusammenführung im Warenausgang von Produktions- und Logistikbetrieben.

Die Durchsatzleistung eines Sortierspeichers mit Zwischenpuffer ist abhängig von der Betriebsstrategie, von den Grenzleistungen der Ein- und Ausschleuselemente und von der maximalen Länge der Sortieraufträge, deren Anzahl und Länge von der *Staukapazität* der Staubahnen begrenzt wird. Die Sortierleistung erreicht Werte bis 3.000 SE/h und ist damit deutlich geringer als die Durchsatzleistung von Liniensortern ohne Zwischenpuffer [124].

Kreissorter ohne Zwischenpuffer sind spezielle Kreisförderer mit einzeln ansteuerbaren, schnell arbeitenden Lastaufnahmemitteln. Die am Zugmittel dicht

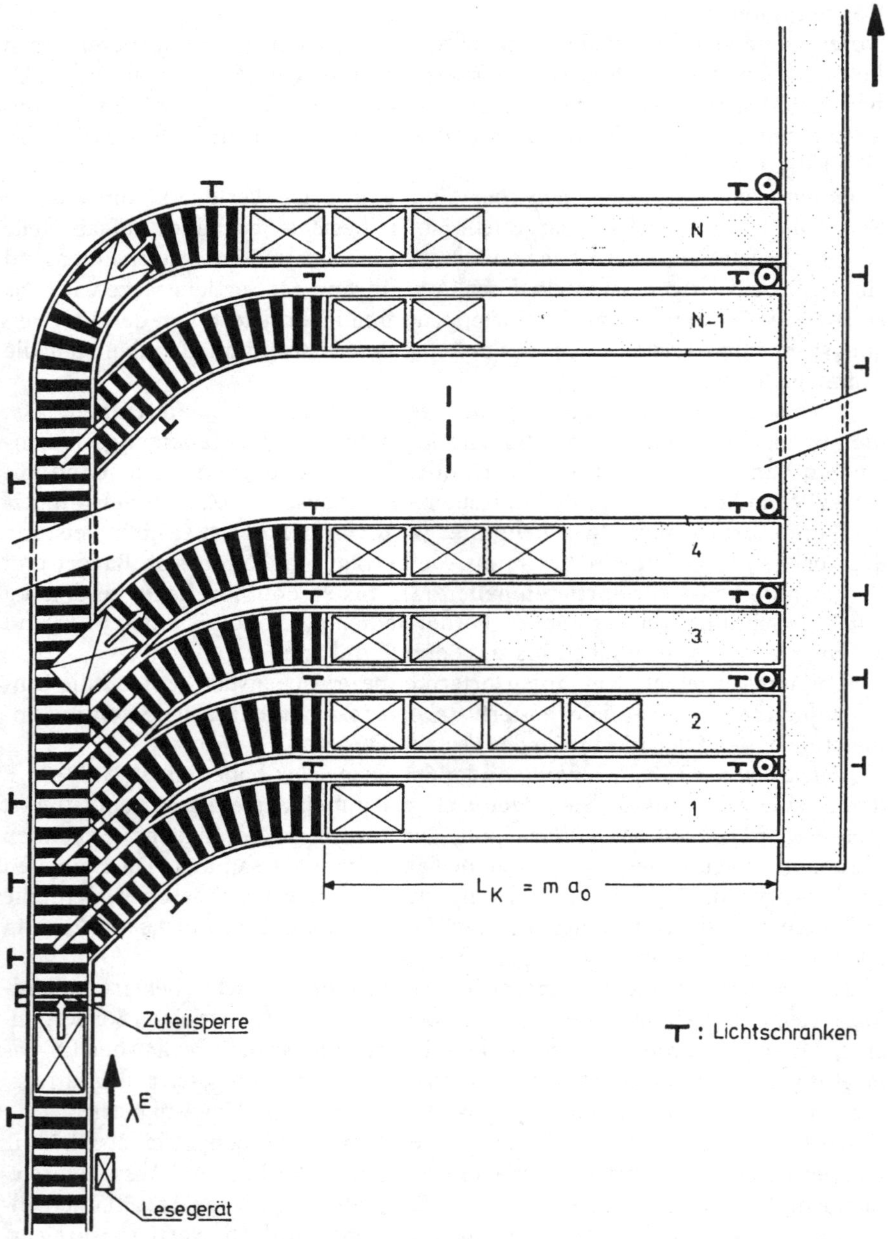

Abb. 18.13 Sortierspeicher für Behälter oder Kartons

hintereinander befestigten Lastaufnahmmittel können aufgesetzte Kippschalen, Gurtförderelemente oder Gondeln sein. Als Ausführungsbeispiel zeigt *Abb. 18.14* einen *Kippschalensorter* [93; 124; 184].

Das Sortiergut wird nach der *Identifizierung* an einer oder mehreren Aufgabestellen über Zuführungsstrecken auf die Lastaufnahmemittel aufgegeben. An den Zielstationen löst die Sortersteuerung das dynamische Abladen oder Abwerfen der Sortiereinheiten in die Zielbahnen oder Sammelrutschen aus.

Wenn die Grenzleistung der Aufgabestationen ausreicht, ist die maximale Sortierleistung gleich der Grenzleistung des zentralen Kreisförderers. Sie erreicht bei Hochleistungssortern bis zu 15.000 SE/h [184]. Kreissorter ohne Zwischenpuffer werden vor allem in zweistufigen Kommissioniersystemen des Versandhandels eingesetzt.

Kreissorter mit Zwischenspeicher oder *dynamische Umlaufspeicher* bestehen aus einer oder mehreren *Zuführungsstrecken*, einem *Speicherring* von Strecken-, Kurven- und Verzweigungselementen und einer Anzahl von *Zielbahnen*. In dem Speicherring laufen die zugeführten Sortiereinheiten solange um, bis alle Einheiten eines Sortierauftrags eingetroffen sind. Sobald eine Zielbahn frei ist, werden die Einheiten eines vollständigen Auftrags dorthin ausgeschleust.

Das Leistungsvermögen eines dynamischen Umlaufspeichers, der aus Stetigförderelementen oder als Kreisförder ausgeführt werden kann, ist gleich der Grenzleistung des Engpaßelements. Engpaß eines Umlaufspeichers ist das Einschleus- oder das Auschleuselement mit dem höchsten Durchsatz. Einsatzbereiche dynamischer Umlaufspeicher sind Zufördersysteme automatischer Tablarlager und Arbeitsspeicher vor Packzonen mit vielen parallelen Arbeitsplätzen.

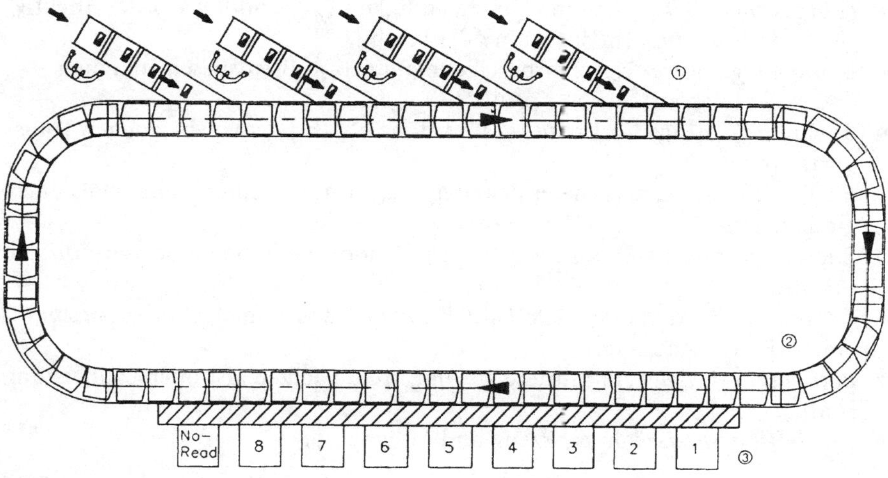

Abb. 18.14 Kippschalensorter [184]

1 Aufgabestationen
2 Kreisförderer mit Kippschalen
3 Sammelrutschen

18.7 Fahrzeugsysteme

Die Bestandteile eines Fahrzeugsystems sind:

Transportmittel
Stationen
Transportnetz (18. 14)
Transportsteuerung
Energieversorgung.

Die *Transportmittel* eines Fahrzeugsystems sind einzelne beladbare *Transportfahrzeuge* oder *Transportzüge*, die aus einem *Zugfahrzeug* und mehreren *Anhängern* bestehen. Sie bewegen sich mit oder ohne Beladung nach den Vorgaben der Transportsteuerung zwischen den Stationen durch das Transportnetz.

Eine *stationäre* oder *mitfahrende Energieversorgung* liefert die notwendige Energie für den Antrieb der Transportmittel.

1. Kennzahlen der Transportmittel
Folgende Leistungs- und Kostenkennzahlen der Transportmittel bestimmen die Leistungsfähigkeit, den Fahrzeugbedarf, die Wirtschaftlichkeit und die Zuverlässigkeit eines Fahrzeugsystems [222]:

- *Transportkapazität: Laderaum* V_{TE} [m³/TE], *Nutzlast* G_{TE} [kg/TE, t/TE] und *Fassungsvermögen* C_{TE} [LE/TE],
- *Laderaummaße*: Länge l_{LR}, Breite b_{LR} und Höhe h_{LR} [m] des nutzbaren Laderaums.
- *Fahrgeschwindigkeit*: Maximalgeschwindigkeit v_{max} und Reise- oder Effektivgeschwindigkeit v_{eff} [m/s; m/min oder km/h;],
- *Beschleunigungswerte*: Anfahrbeschleunigung b_{TE}^{+}, Bremsbeschleunigung b_{TE}^{-} und Notbremskonstante $b_{TE\,n}^{-}$ [m/s²],
- *Außenmaße*: Länge l_{TE}, Breite b_{TE} und Höhe h_{TE} [m] der voll beladenen Transportmittel.
- *Energiereichweite*: maximaler Fahrweg $s_{E\,max}$ [m] mit einer Füllung des Energiespeichers.
- *Energieverbrauch*: *Treibstoffverbrauch* [l/100 km] oder *Stromverbrauch* [kW/h].
- *Gesamtnutzbarkeit*: maximale *Laufleistung* [Fahr-Kilometer] oder *Nutzungsdauer* [Betriebsstunden]
- *Betriebszuverlässigkeit*: mittlere störungsfreie Laufzeit [h] oder Laufleistung [km]
- *Anschaffungspreise* von Fahrzeug und Anhängern.

Die Leistungs- und Kostenkennzahlen resultieren aus der Konstruktion, der Antriebsart, der Fahrzeugsteuerung und anderen technischen Merkmalen des Transportmittels. Die Leistungskennzahlen und Kostenkennwerte einiger ausgewählter *Verkehrsmittel* sind in den *Tabellen 18.3* und *18.4* angegeben.

VERKEHRSTRÄGER		Nutzlast	Laderaum					Kapazität	
Transportmittel	Transporteinheit	t	Länge m	Breite m	Höhe m	Fläche m²	Volumen m³	Anzahl	LE
STRASSE									
Transporter	Laderaum	2,6	3,2	2,2	2,5	7	18	5	PalStp
Lastwagen	Ladekoffer	7,5	7,2	2,4	3,0	18	53	17	PalStp
Sattelauflieger-Zug	Sattelauflieger	27,0	13,6	2,5	3,0	34	102	34	PalStp
Wechselbrücken-Zug	2 Wechselbrücken	14,0	7,1	2,5	3,0	18	53	2 X 17	PalStp
SCHIENE									
Standardwaggon	4 oder 8 Achsen	50	14,6	2,6	2,8	38	106	36 2	PalStp TEU
Großraumwaggon	8 Achsen	100	26,0	2,6	2,8	68	189	60 4	PalStp TEU
Halbzug	Lok + Waggons	bis 1.600	bis 500	3,0				12 bis 16 60	Waggons TEU
Ganzzug	Lok + Waggons	bis 4.000	bis 1.000	3,0				17 bis 32 120	Waggons TEU
WASSER									
Europa-Binnenschiff	Container	3.000	75,0	10,0	6,0	750	4.500	bis 60	TEU
Feederschiff	Container	5.200	ca. 100	ca. 22				500	TEU
Überseeschiff mittel	Container	20.500	ca. 150	26 bis 28				1.500	TEU
Überseeschiff groß	Container	34.000	ca. 200	28 bis 30				2.500	TEU

Tab. 18.3 Kenndaten ausgewählter Transportmittel [184]
1 PalStp = 1 Euro-Palettenstellplatz
1 TEU = 1 20“ -Container

Das Fassungsvermögen eines Transportmittels ist:

$$C_{TE} = C_{FZ} + N_{Hg} \cdot C_{Hg} \qquad [LE/TE], \qquad (18.15)$$

wenn – wie in *Abb. 18.15* dargestellt – C_{Fz} [LE/Fz] die Kapazität des Fahrzeugs, C_{Hg} [LE/Hg] die Kapazität der Anhänger und N_{Hg} [Hg/TE] die Anzahl der Anhänger ist. Aus (18.15) folgt:

- Das *Fassungsvermögen* der Fahrzeuge und Anhänger und die *Anhängeranzahl* sind für die Planung *Optimierungsparameter* und im Betrieb *Dispositionsparameter*, mit denen sich die Kapazität der Transportmittel *flexibel* dem Beförderungsbedarf anpassen läßt.

Im einfachsten Fall ist $N_{Hg} = 0$ und die Transporteinheit ein beladbares Fahrzeug ohne Anhänger. Beispiele sind Stapler, Lastkraftwagen, Personenwagen, Schiffe oder Flugzuge. Für den Fall $C_{Fz} = 0$ ist – wie bei Eisenbahnzügen, Binnenschiffsschleppzügen und innerbetrieblichen Schleppzügen – die Zugmaschine nicht be-

VERKEHRSTRÄGER Transportmittel	Geschwind. effektiv	Reichweite max	Laufleistung Gesamtnutzung	Investition Neuwert	Treibstoff Verbrauch	Transportleistungspreise Grundpreis	 Stoppreis	 Wegpreis
STRASSE	km/h	km/Tag	Mio.km	TDM/Fahrzeug	l/100 km	DM/Fahrt	DM/Stop	DM/km
Transporter	50	400	0,8	55	14 bis 18	19,00	4,75	1,30
Lastwagen	60	500	1,2	115	20 bis 25	37,00	9,30	1,85
Sattelauflieger-Zug	60	800	1,5	250	35 bis 40	81,00	30,00	2,10
Wechselbrücken-Zug	60	800	1,5	260	35 bis 40	85,00	40,00	2,15
				Bereitstellung+Zugbildung		Fahrt	Traktion	Trasse
SCHIENE	km/h	km/Tag	Mio.km	TDM/Waggon	DM/Wag	DM/Wag-km	DM/Zug-km	DM/km
Zug mit Standardwaggons	30 bis 60	800	3,0	120	60,00	0,30	25,00	10,00
Zug mit Großraumwaggons	40 bis 80	1.000	3,0	180	90,00	0,40	30,00	10,00
WASSER	km/h	km/Tag	Mio.km	Mio.DM/Schiff	l/100 km	DM/Fahrt	DM/Stop	DM/km
Binnenschiff	15	300	1,0	5 bis 8	50			
Feederschiff	30	650	2,0	25 bis 28	250	9.600	2.400	41,90
Überseeschiff mittel	35	850	3,0	48 bis 50	550	40.300	13.400	45,80
Überseeschiff groß	40	950	3,0	65 bis 70	750	30.600	7.650	51,50

Tab. 18.4 Leistungs- und Kostenkennwerte ausgewählter Transportmittel
Leistungspreise: Richtwerte aus Modellkalkulationen Kostenbasis: 1997

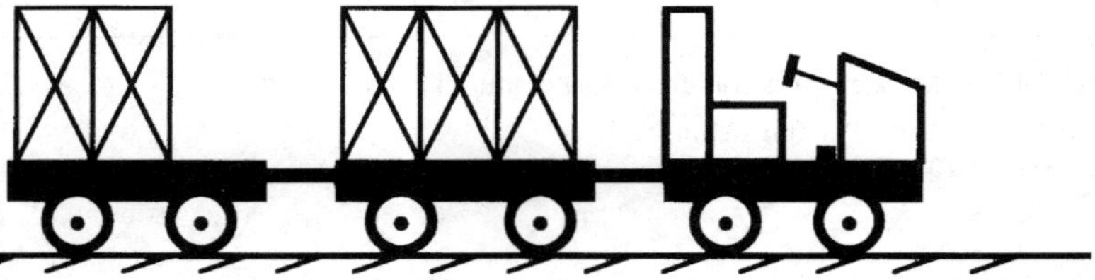

Abb. 18.15 Fassungsvermögen eines Transportzugs mit Anhängern
Fahrzeugkapazität $C_{Fz} = 0$ LE
Hängerkapazität $C_{Hg} = 3$ LE
Hängeranzahl $N_{Hg} = 2$
Transportkapazität $C_{TM} = C_{Fz} + N_{Hg}C_{Hg} = 6$ LE
Beladung $M_{TE} = 5$ LE

ladbar und die Kapazität der Anhänger $C_{Hg} > 0$. Der allgemeine Fall $C_{Fz} > 0$, $N_{Hg} > 0$ und $C_{Hg} > 0$, liegt zum Beispiel bei einem Lastzug mit Anhängern vor.

2. Ausführungsarten der Transportmittel

Die große Ausführungsvielfalt der Transportmittel resultiert aus den unterschiedlichen Konstruktionen, technischen Bauarten und vielen Kombinationsmöglichkeiten der Komponenten von Transportfahrzeugen und Transportzügen. Die *Komponenten der Transportmittel* eines Fahrzeugssystems sind:

Fahrzeug
Anhänger
Lastaufnahmemittel (18.16)
Spurführung
Antrieb
Fahrzeugsteuerung.

Zur manuellen oder automatischen Auf- und Abgabe der Ladung können die Transporteinheiten mit *Lastaufnahmemitteln* ausgerüstet sein, deren Technik von der Beschaffenheit der Ladeeinheiten und von den stationären Einrichtungen in den Stationen bestimmt wird. Gebräuchliche *Lastaufnahmemittel* sind [190]:

Haken und Ketten
Spreader und Ladegeschirre
Schub-, Hub- und Teleskopgabeln (18.17)
Rollenbahnen und Tragketten
Lafetten
Greif-, Zug- und Schubeinrichungen.

Die Transportmittel der Fahrzeugsysteme lassen sich einteilen in *Hängebahnfahrzeuge, Flurförderzeuge* und *Verkehrsmittel.*

Hängebahnfahrzeuge sind Laufkatzen oder Gehänge mit unterschiedlichen Lastaufnahmemitteln, die an Fahrschienen über Kopf verfahren. Die *Vorteile* der Hängebahnen gegenüber den Flurförderzeugen sind die *Flurfreiheit*, die allerdings häufig durch Schutzgitter und Führungsschienen beeinträchtigt wird, und die *permanente Stromversorgung*, die eine große Reichweite der Hängebahnfahrzeuge ermöglicht.

Hängebahnen werden konkurrierend zu den Kreisförderern vorwiegend für innerbetriebliche Transporte von schweren oder sperrigen Lasten über mittlere Entfernungen bei gleichbleibenden Transportrelationen eingesetzt.

Der innerbetriebliche Transport ist auch der Haupteinsatzbereich der Flurförderzeuge. Häufig verwendete Flurförderzeuge sind:

Hubwagen
Gabelstapler
Kommissionierfahrzeuge
Van-Carrier (18.18)
Lastfahrzeuge
Unterfahrschlepper
Schleppzüge.

Ein besonders einfaches und vielseitig nutzbares Flurförderzeug ist der in *Abb. 18.16* dargestellte *Gabelhandhubwagen* für Paletten. Gabelhubwagen werden im

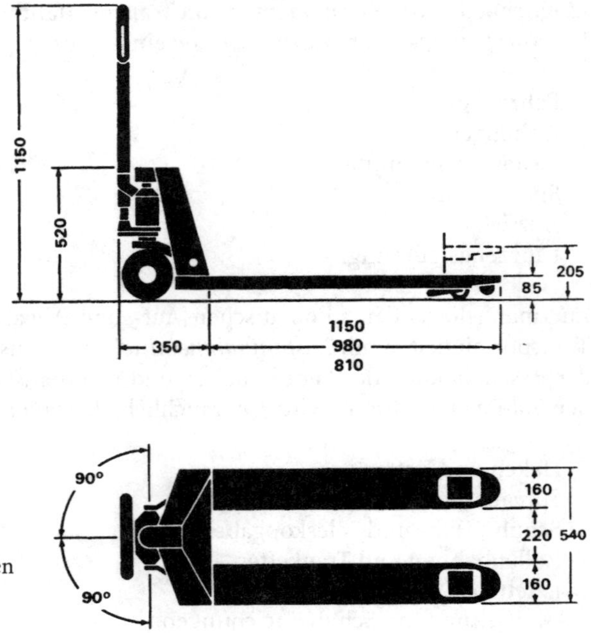

Abb. 18.16 Gabelhandhubwagen zum innerbetrieblichen Palettentransport

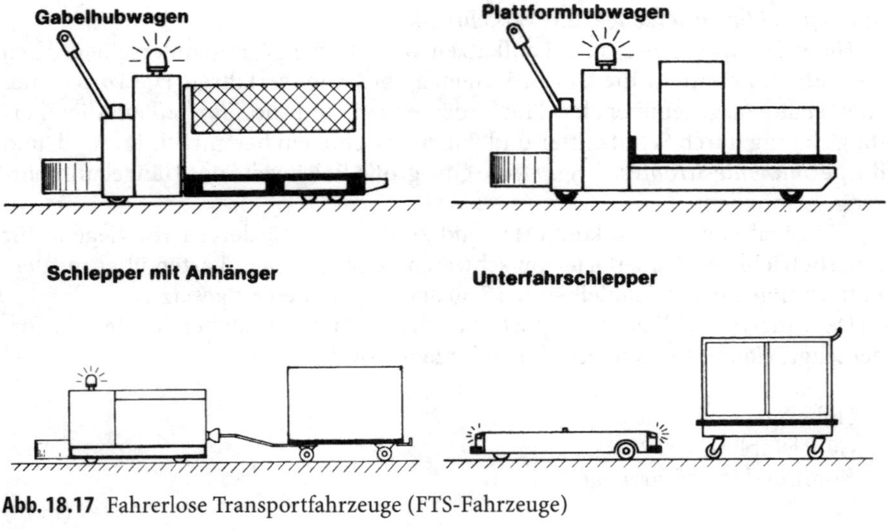

Abb. 18.17 Fahrerlose Transportfahrzeuge (FTS-Fahrzeuge)

Wareneingang und Warenausgang zum Entladen, Umsetzen und Beladen sowie für den innnerbetrieblichen Transport über kurze Entfernungen verwendet.

Die *Abb. 18.17* zeigt vier verschiedene Fahrzeugtypen von *Fahrerlosen Transport-Systemen*, kurz *FTS* genannt, die für unterschiedliche Lasten geeignet und

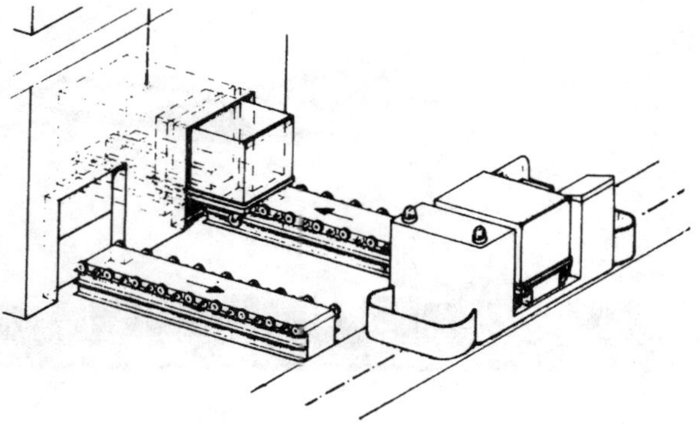

Abb. 18.18 FTS-Fahrzeug zum Transport von Roll-Containern mit automatischer Lastübergabe zu Rollenbahn und Hubstation

mit verschiedenen Lastaufnahmitteln ausgerüstet sind. Die FTS-Systeme konkurrieren im innerbetrieblichen Transport mit den mannbedienten Fahrzeugsystemen und den Hängebahnen, insbesondere wenn im Zwei- oder Dreischichtbetrieb gleichbleibend hohe Transportleistungen mit vielen, häufiger wechselnde Transportrelationen gefordert sind.

In *Abb. 18.15* ist ein *Schleppzug mit Anhängern* dargestellt. Haupteinsatzgebiete von Schleppzügen sind der innerbetriebliche Transport von Paletten und anderen Lasten über größere Entfernungen sowie der Gepäck- und Frachttransport auf Bahnhöfen und in Flughäfen. Das Schleppfahrzeug kann einen Elektro- oder Dieselantrieb haben und manuell oder automatisch gelenkt werden. Die Anhänger können zum automatischen Be- und Entladen mit unterschiedlichen Lastaufnahmemitteln ausgerüstet sein.

Als Beispiel für einen *Transportübergang* zwischen einem Fördersystem und einem innerbetrieblichen Fahrzeugsystem zeigt *Abb.18.18* ein FTS-Fahrzeug, das für den Transport und die automatische Lastaufnahme von Rollbehältern ausgerüstet ist.

Die *Abb. 18.19* zeigt jeweils ein Ausführungsbeispiel der *Verkehrsmittel*:

Straßenfahrzeug
Schienenfahrzeug
Schiff (18.19)
Flugzeug.

Verkehrsmittel werden primär im *außerbetrieblichen Transport* eingesetzt und bewegen sich auf den *Verkehrsträgern*:

Straße
Schiene (18. 20)
Wasser
Luft.

Als Beispiel für den automatischen Transportübergang zwischen einem innerbetrieblichen Fördersystem und einem außerbetrieblichen Fahrzeugsystem ist ins

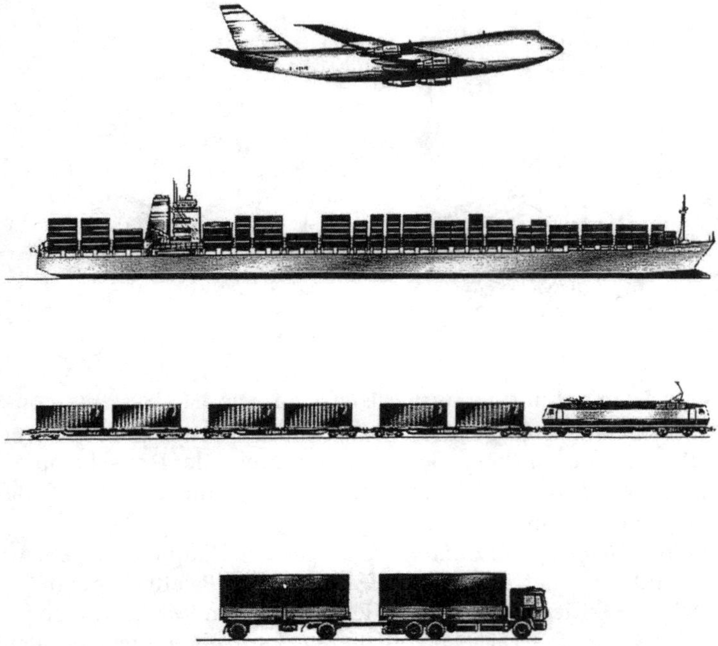

Abb. 18.19 Transportmittel auf Straße, Schiene, Wasser und in der Luft

Darstellung aus Firmenbroschüre *Kühne & Nagel*

Abb. 18.20 ein *Sattelaufliegerfahrzeug* dargestellt, das mit Tragkettenförderen zum automatischen Be- und Entladen von Paletten ausgerüstet ist. Ein solches Shuttle-Transportfahrzeug ist wirtschaftlich einsetzbar zwischen Produktion und Fertigwarenlagern, wenn der Transportweg nicht wesentlich größer als 100 km und der Betrieb mehrschichtig ist.

3. Spurführung und Fahrzeugnetze

Das Transportnetz, der Verkehrsablauf und die Transportstrategien hängen von der *Art der Spurführung* ab. Für diese bestehen folgende Möglichkeiten:

- *Feste Spurführung*: Die Fahrspur der Transportmittel ist durch eine *stationäre Spurführung* fest vorgegeben.
- *Freie Spurführung*: Die Fahrspur kann von der Fahrzeugsteuerung innerhalb eines bestimmten *Verkehrsraums* frei gewählt werden.

Bei *fester Spurführung* können die Fahrzeuge oder Züge die Fahrspur nur an den Knotenpunkten wechseln. Ein Überholen zwischen den Knotenpunkten ist nicht möglich. Die Geschwindigkeit der Fahrzeuge auf einer Fahrstrecke ist gleich. Die *Fahrspur* ist durch fest installierte Fahrschienen, Führungsschienen oder Leit-

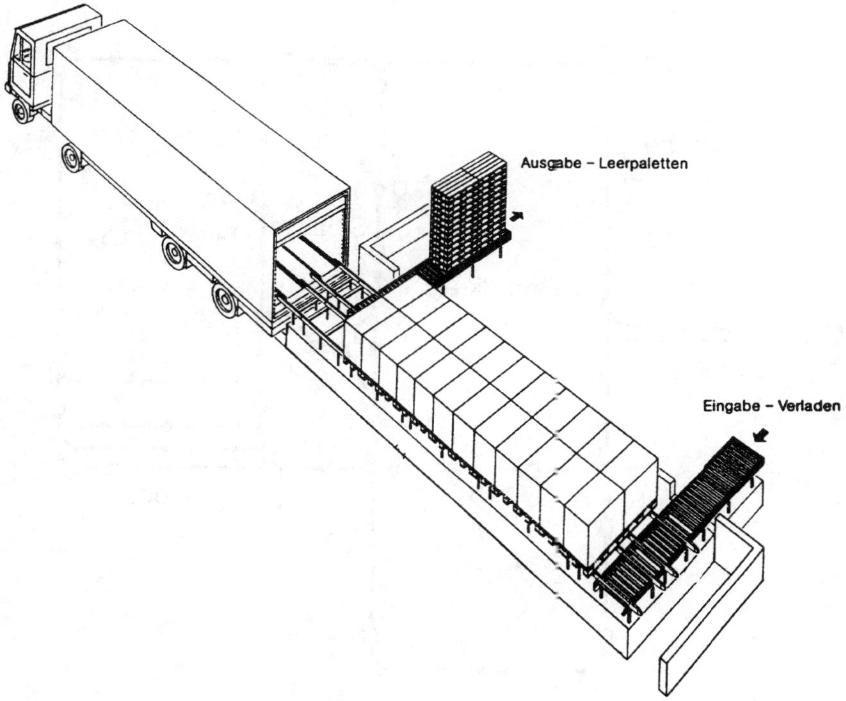

Abb. 18.20 Shuttle-Fahrzeug mit automatischer Palettenübergabestation

drähte oder durch optische, akustische oder elektronische Leitspuren räumlich fixiert.

Bei *freier Spurführung* sind *Spurwechsel*, *Spuränderungen* und *Überholvorgänge* an allen Punkten der Fahrtrasse möglich, soweit es die Verkehrslage und der Verkehrsraum zulassen. Daher können die Fahrzeuge bei freier Spurführung auf der selben Strecke unterschiedliche Geschwindigkeiten haben. Der *Verkehrsraum* ist durch eine Fahrbahn, Fahrtrasse oder Fahrrinne, durch eine Verkehrsfläche oder Wasserfläche oder durch einen vorgebenen Luftverkehrsraum begrenzt. Bis auf die Schienennetze der Bahn sind die *Verkehrsnetze* Transportnetze mit freier Spurführung.

Die *außerbetrieblichen Verkehrsnetze* – Straßennetze, Binnenschiffahrtsnetze, Seeverkehrsnetze und Luftverkehrsnetze – sind das Ergebnis einer historischen Entwicklung, die vom Industrie- und Bevölkerungswachstum, der Verkehrspolitik, der Infrastrukturplanung und der Städteplanung beeinflußt ist. Neue Verkehrswege werden von der *Verkehrswegeplanung* vorbereitet und abhängig von Bedarf und Finanzierbarkeit gebaut. Die öffentlichen Verkehrsnetze sind weitgehend vorgegeben und durch Unternehmen oder Verkehrsteilnehmer kaum veränderbar.

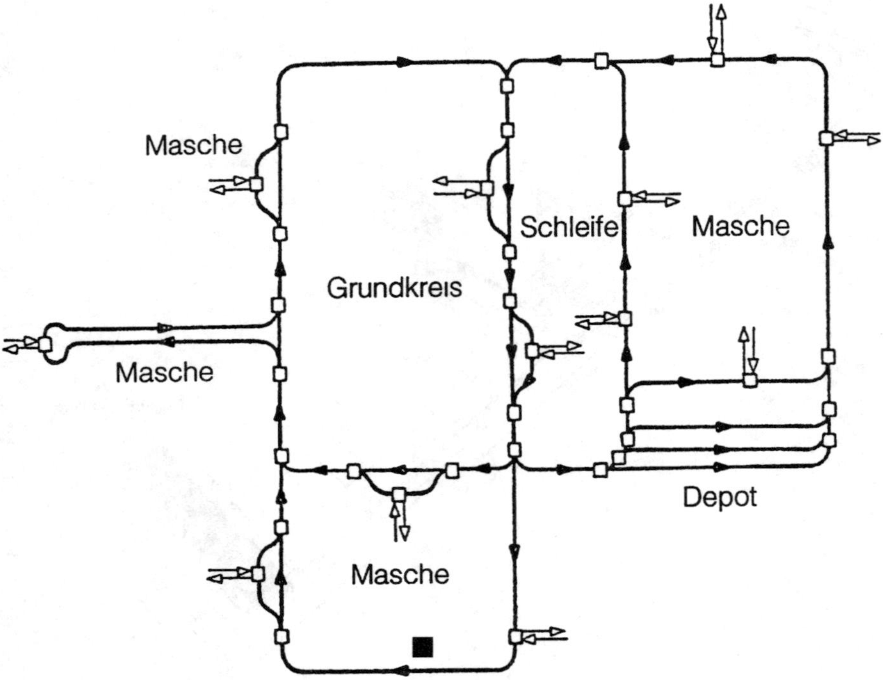

Abb. 18.21 Geschlossenes Transportnetz eines Fahrzeugsystems
Transportnetz eines FTS-Systems zur Ver- und Entsorgung eines Krankenhauses

Die flächendeckenden Verkehrsnetze in den Industrieländern bieten den Verkehrsteilnehmern jedoch eine große Wahlfreiheit für die *Fahrtrouten* zwischen den Stationen. Die weltumspannenden Verkehrsnetze zu Land, auf dem Wasser und in der Luft ermöglichen den Unternehmen den Aufbau *flexibler* oder *temporärer Logistiknetze*, die nur einen kleinen Teil der Verkehrsnetze nutzen. Diese *Handlungsspielräume* werden vom *Netzwerkmanagement* und in der *Tourenplanung* genutzt [175; 178].

Transportnetze mit fester Spurführung sind die *Schienennetze* von Eisenbahnen, Hängebahnen und innerbetrieblichen Schienfahrzeugen sowie die *Spurnetze* fahrerloser Transportsysteme. Als Beipiel zeigt *Abb. 18.21* das unterirdische Transportnetz eines FTS-Systems mit den in *Abb. 18.18* dargestellten Fahrzeugen zum Flächentransport von Containern, in denen die Stationen eines Krankenhauses über Aufzüge mit Wäsche, Mahlzeiten, Medikamenten und anderem Bedarf ver- und entsorgt werden.

Die Planung der *innerbetrieblichen Transportnetze* ist Aufgabe der *innerbetrieblichen Logistik* in Abstimmung mit der *Werks-* oder *Betriebsplanung*. Die Trassenführung der Verkehrswege und die Gestaltung der Schienen- und Spurnetze in den Werken und Betrieben resultieren aus dem Beförderungsbedarf zwischen den Leistungsstellen und den Betriebsbereichen. (s.u.)

4. Antriebstechnik und Energieversorgung
In den Transportmitteln kommen heute primär folgende *Antriebstechniken* zum Einsatz:

Gleichstrom- oder Drehstrommotor
Benzin-, Diesel- oder Gasmotor (18.21)
Düsentriebwerke.

Andere Antriebstechniken, wie die Windkraft oder die Dampfmaschine, sind von Dieselmotor und Elektroantrieb weitgehend verdrängt worden, oder befinden sich, wie der Gyroskopantrieb für Busse oder die Hybridantriebe, im Experimentierstadium.

Entscheidungskriterien für die Auswahl der Antriebstechnik eines Transportmittels sind Verfügbarkeit, Verbrauch und Kosten des *Energieträgers*, die benötigte *Antriebskraft*, die angestrebte *Fahrgeschwindigkeit* und *Beschleunigung* sowie die Art der *Energieversorgung*.

Für die *Energieversorgung* des Fahrzeugantriebs bestehen folgende Möglichkeiten:

- *Stationäre Energieversorgung* über Schleifleitungen, Stromschienen, Oberleitungen oder Schleppkabel.
- *Mitfahrende Energieversorgung* aus einem Treibstofftank, einer Batterie oder einem Akku oder durch einen mechanischen Energiespeicher, wie Gyroskop oder Feder.

Der *Vorteil* der *stationären Energieversorgung* ist, daß die Reichweite der Transportmittel nicht durch den Inhalt eines Energiespeichers begrenzt wird. Der Hauptnachteil sind die fest neben der Fahrspur installierten Versorgungsleitungen. Dadurch ist die stationäre Energieversorgung beschränkt auf spurgeführte Fahrzeugssysteme. Das heißt:

- Die *stationäre Energieversorgung* beschränkt die Beweglichkeit der Transportmittel auf feste Fahrspuren, ermöglicht aber den unterbrechungsfreien Einsatz der Fahrzeuge.

Eine *mitfahrende Energieversorgung* ist Voraussetzung für ein spurfreies Fahrzeugsystem. Sie erfordert keine festen Versorgungsleitungen entlang den Fahrwegen und ermöglicht dadurch eine größere *Beweglichkeit* der Transportmittel. Dieser Vorteil wird jedoch mit folgenden *Nachteilen* und *Einschränkungen* erkauft:

- Der Inhalt des mitfahrenden Energiespeichers begrenzt die *Reichweite* des Transportmittels.
- Energiespeicher und Energieträger benötigen Platz und haben ein *Eigengewicht*, das zu Lasten der Nutzlast geht und für dessen Beförderung Energie verbraucht wird.
- Zum Aufladen der Energiespeicher müssen in ausreichendem Abstand *Tankstellen* oder *Ladestationen* vorhanden sein, die eine eigene Versorgungslogistik benötigen.

- Das Tanken oder Aufladen erfordert Zeit, die für den Transporteinsatz verloren geht und die *Verfügbarkeit* der Transportmittel reduziert.

Hieraus folgt:

- Die *mitfahrende Energieversorgung* ermöglicht eine größere Bewegungsfreiheit der Transportmittel, begrenzt aber deren Reichweite und vermindert die Verfügbarkeit.

Die begrenzte Reichweite und die verminderte Verfügbarkeit sind *Restriktionen*, die bei der Systemauslegung und der Berechnung des Fahrzeugbedarfs sowie bei der Tourenplanung und Einsatzdisposition der Fahrzeuge berücksichtigt werden müssen.

18.8 Transportmatrix und Transportmittelbedarf

Damit ein Fahrzeugsystem eine Transportleistung erbringen kann, die durch eine *Beförderungsmatrix* λ_{ij} [LE/h] gefordert wird, müssen zwischen den Stationen S_i und S_j Transportströme fließen, die durch eine *Transportmatrix* $\lambda_{TE\,ij}$ [TE/h] gegeben sind. Die Transportmatrix wird benötigt zur Ermittlung der Verkehrsbelastung der Strecken und Knoten des Transportnetzes und zur Berechnung des Transportmittelbedarfs.

Die Transportströme zwischen den Stationen setzen sich zusammen aus einem *Voll-* oder *Ladungstransportstrom* $\lambda^{V}_{TE\,ij}$ von Transportmitteln *mit* Beladung und einem *Leertransportstrom* $\lambda^{L}_{TE\,ij}$ von Transportmitteln *ohne* Beladung:

$$\boldsymbol{\lambda}_{\mathbf{TE\,ij}} = \boldsymbol{\lambda}^{\mathbf{V}}{}_{\mathbf{TE\,ij}} + \boldsymbol{\lambda}^{\mathbf{L}}{}_{\mathbf{TE\,ij}} \qquad [\mathbf{TE/h}]\,. \tag{18.22}$$

Die funktionale Abhängigkeit der *Ladungstransportströme* und der *Leertransportströme* vom Beförderungsbedarf λ_{ij} und vom Fassungvermögen C_{TE} der Transportmittel wird von den Transportstrategien bestimmt.

1. Ladungstransportströme
Wenn jedes Transportmittel maximal beladen ist, befördert es C_{TE} Ladeeinheiten. Daraus folgt:

- Für Transportmittel mit dem Fassungvermögen C_{TE} [LE/TE] und eine geforderte Beförderungsleistung λ_{ij} [LE/h] ist der *minimale Ladungstransportstrom*

$$\lambda^{V}{}_{TE\,ij} = \lambda_{ij} / C_{TE} \qquad [TE/h]\,. \tag{18.23}$$

Minimale Ladungstransportströme sind durch maximale Ladungsbündelung mit der Strategie zielreiner Fahrten bei freier Abfertigungsreihenfolge erreichbar, wenn die Transportzeiten nicht begrenzt sind.

Wenn für eine Transportrelation eine maximale Abfertigungswartezeit Z_{ij} [h] gefordert ist, müssen die Transportfahrten mit einer *Mindestfrequenz* $\nu_{ij\,min} = 1/Z_{ij}$ [1/h] stattfinden, auch wenn die in der Zeit Z_{ij} für das Ziel S_j ankommenden Ladeeinheiten das Transportmittel nicht voll auslasten. Hieraus folgt:

- Bei *freier Abfertigungsreihenfolge* durch Transportmittel mit dem *Fassungsvermögen* C_{TE} [LE/TE], maximalen *Abfertigungswartezeiten* Z_{ij} [h], *zielreinen Fahrten* und einem *Beförderungsbedarf* λ_{ij} [LE/h] sind die *Ladungstransportströme*

$$\lambda^{V}{}_{TE\,ij} = \mathbf{MAX}\left(\lambda_{ij}/C_{TE}\,;1/Z_{ij}\right) \qquad [\mathrm{TE/h}]\,. \tag{18.24}$$

Bei fester Abfertigungsreihenfolge und zielreinen Fahrten können jeweils nur soviele Ladeeinheiten in einem Transportmittel befördert werden, wie nacheinander für die gleiche Zielrichtung ankommen. Für einen stochastisch durchmischt ankommenden Ladeeinheitenstrom ergibt sich die Anzahl zielrein aufeinander folgender Ladeeinheiten aus der *Folgenwahrscheinlichkeit* (13.45). Damit folgt [185]:

- Bei *fester Abfertigungsreihenfolge* durch Transportmittel mit dem *Fassungsvermögen C* [LE/TE], maximal zulässigen *Abfertigungswartezeiten* Z_{ij} [h], *zielreinen Fahrten* und *zielgemischten Beförderungsströmen* λ_{ij} [LE/h] sind die *Ladungstransportströme*

$$\lambda^{V}{}_{TE\,ij} = \mathbf{MAX}\left(\left(\left(1-\lambda_{ij}/\lambda_{Ei}\right)\Big/\left(1-\left(\lambda_{ij}/\lambda_{Ei}\right)^{C}\right)\right)\lambda_{ij};1/Z_{ij}\right) \qquad [\mathrm{TE/h}]\,. \tag{18.25}$$

Hierin sind λ_{Ei} die Einlaufströme (18.3) in die Stationen S_i. Bei einer Kapazität $C = 1$ LE/TE ist die Volltransportmatrix für beide Abfertigungsstrategien gleich der Belastungsmatrix.

Für zielgemischte Fahrten und für Fahrten mit Zuladen ergeben sich die Ladungstransportströme aus der Summation der erforderlichen Einzelfahrten. Die Anzahl der Einzelfahrten ist abhängig von der *Tourenplanung* (s. *Abschnitt 18.11*).

Fahrten mit Zuladung sind nur möglich, wenn ein Transportmittel eine Station teilgefüllt verläßt. Das kommt bei freier Abfertigungsreihenfolge immer dann vor, wenn sich in der maximalen Abfertigungswartezeit weniger als C_{TE} Ladeeinheiten für eine Zielrichtung ansammeln.

Für die Strategien der Fahrten mit Zuladung und der zielgemischten Fahrten gelten folgende *Einschränkungen*:

- Transportfahrten mit Zuladung haben nur einen positiven Effekt, wenn die Transportmatrix durch das Anfahren mehrerer Ziele deutlich kleiner wird als die Transportmatrix (18.24) für Fahrten ohne Zuladung.
- Zielgemischte Fahrten, die bei fester Abfertigungsreihenfolge eine volle Beladung der Transportmittel ermöglichen, sind nur sinnvoll, wenn die hiermit erreichbare Transportmatrix kleiner ist, als die Transportmatrix (18.25) für zielreine Fahrten.

Durch Beziehung (18.24) sind daher die maximalen Ladungstransportströme bei freier Abfertigungsreihenfolge und durch Beziehung (18.25) bei fester Abfertigungsreihenfolge gegeben. Für beide Abfertigungsstrategien kann daher das Fahrzeugsystem mit den Transportmatrizen (18.24) und (18.25) dimensioniert werden. Ein so ausgelegtes Fahrzeugsystem ist auch für andere Transportstrategien, wie zielgemischte Fahrten und Fahrten mit Zuladung, ausreichend bemessen [126].

2. Transportmatrix für einzelne und kombinierte Fahrten

Für die beiden einfachsten Leerfahrtzeugstrategien der einzelnen und der kombinierten Fahrten lassen sich die Leertransportströme und damit auch die Transportmatrix direkt berechnen. Bei Einzelfahrten ist der von einer Station S_j zu einer Station S_i zurückfließende Leertransportstrom gleich dem von der Station S_i zu der Station S_i hinfließenden Ladungstransportstrom

$$\lambda^{L}{}_{TE\,ij} = \lambda^{V}{}_{TE\,ij} \;. \tag{18.26}$$

Aus Beziehung (17.22) folgt damit die

- *Transportmatrix für einzelne Fahrten* mit leerer Rückfahrt

$$\boldsymbol{\lambda}_{TE\,ij} = \boldsymbol{\lambda}^{V}{}_{TE\,ij} + \boldsymbol{\lambda}^{V}{}_{TE\,ij} \;. \tag{18.27}$$

Bei kombinierten Fahrten ist der Transportstrom zwischen einer Station S_i zu einer Station S_i in beiden Richtungen jeweils gleich dem Maximum des hinfließenden und des rückfließenden Ladungstransportstroms. Daraus folgt die

- *Transportmatrix für kombinierte Fahrten* mit maximal genutzter Rückfahrt

$$\lambda_{TE\,ij} = \mathbf{MAX}\left(\lambda^{V}{}_{TE\,ij};\;\; \lambda^{V}{}_{TE\,ji}\right) . \tag{18.28}$$

Die Abhängigkeit der Transportströme (18.27) und (18.28) vom Fassungsvermögen und vom Beförderungsbedarf bewirkt, daß die *Transportmittelauslastung*

$$\eta_{TE\,ij} = \lambda_{TE\,ij} / \left(C_{TE} \cdot \lambda_{ij}\right) . \tag{18.29}$$

bei freier Abfertigungsreihenfolge besser ist als bei fester Abfertigungsreihenfolge. Daher nimmt der Transportmittelbedarf bei freier Abfertigungsreihenfolge mit zunehmendem Fassungsvermögen rascher ab als bei fester Abfertigungsreihenfolge.

Aus dem Zusammenwirken von Abnahme des Transportmittelbedarfs, Zunahme der Lastübernahmezeit und Anstieg des Fahrzeugpreises mit dem Fassungsvermögen wurde die in *Abb. 18.22* dargestellte Abhängigkeit der Investition für die Fahrzeuge eines FTS-Systems für Paletten vom Fassungsvermögen bei freier und bei fester Abfertigungsreihenfolge berechnet. Dieses Praxisbeispiel zeigt, wie wirkungsvoll sich ein Transportsystem durch richtige Abfertigungsstrategie und optimale Festlegung des Fassungsvermögens verbessern läßt [185].

3. Strombelegung

Die *Strombelegung* oder *Verkehrsbelastung* ergibt sich, indem die Ströme der Transportmatrix so auf die Strecken und Knoten des Netzes umgelegt werden, daß sie auf kürzestem Weg von den Ausgangsstationen zu den Zielstationen fließen.

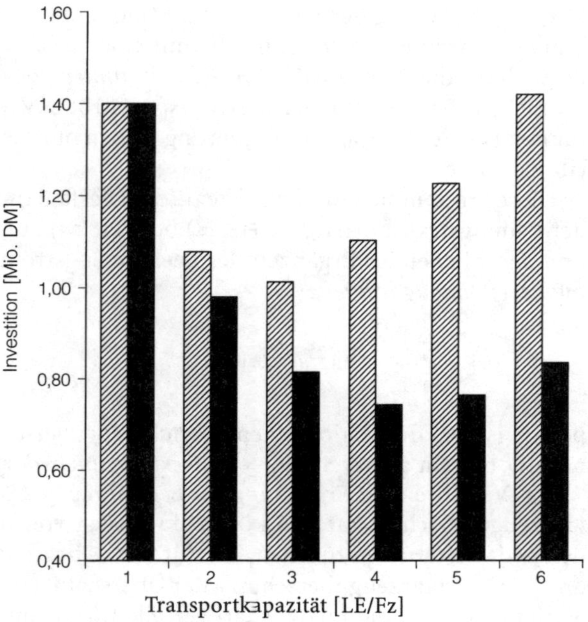

Abb. 18.22 Abhängigkeit der Transportmittelinvestition vom Fassungsvermögen der FTS-Fahrzeuge

Graue Balken: Feste Abfertigungsreihenfolge

Schwarze Balken: Freie Abfertigungsreihenfolge

Aus der Umlage der Transportströme resultiert die

- *Strombelegungsfunktion*

$$\varepsilon_{\text{ij}\,ka} = \begin{cases} 1 & \text{wenn } \lambda_{\text{TE ij}} \text{ das Element } TE_k \text{ in Funktion } F_{ka} \text{ durchläuft} \\ 0 & \text{wenn } \lambda_{\text{TE ij}} \text{ das Element } TE_k \text{ in Funktion } F_{ka} \text{ nicht durchläuft,} \end{cases} \quad (18.30)$$

Mit Hilfe der Strombelegungsfunktion ergeben sich die

- *partiellen Transportströme* durch das *Transportelement* TE_k in der *Einzelfunktion* $F_{k\alpha}$

$$\lambda_{ka} = \sum_{\text{i}} \sum_{\text{j}} \varepsilon_{\text{ij}\,ka} \cdot \lambda_{\text{TE ij}} \quad (18.31)$$

Für die Transportstrategien der einzelnen und der kombinierten Fahrten mit den Transportmatrizen (18.27) bzw. (18.28) ist das Umlegen der Transportströme anhand einer Abbildung des Transportnetzes einfach relativ durchführbar, indem zwischen zwei Stationen jeweils der kürzeste Weg gewählt wird.

4. Strombelegung bei Leerfahrtminimierung

Für Transportsysteme mit *Redundanz*, in denen zwischen den Stationen mehrere Wege zur Auswahl stehen, und für Fahrten mit Zuladen oder für zielgemischte Fahrten fehlen bisher geeignete *Algorithmen* zur Bestimmung der Transportmatrix, zur Herleitung der Belegungsfunktion und damit auch zur Berechnung der Transportströme und des Transportmittelbedarfs.

Auch für die Strategie der *Leerfahrtminimierung* gibt es bisher keine explizite Formel zur Berechnung der Leertransportströme. Zur Dimensionierung werden für den Fall der Leerfahrtminimierung jedoch nur die *partiellen Transportströme* (18.31) benötigt.

Diese ergeben sich für die Strategie der Leerfahrtminimierung durch Umlegen der Ladungstransportströme (18.24) oder (18.25) auf die jeweils kürzesten Wege und anschließendes Ergänzen der Leefahrzeugströme. Wenn für eine Station S_i die *Leerfahrzeugdifferenz*

$$\Delta\lambda^{L}{}_{\mathrm{TE\,i}} = \sum_{j}\left(\lambda^{V}{}_{\mathrm{TE\,ij}} - \lambda^{V}{}_{\mathrm{TE\,ji}}\right) . \qquad (18.32)$$

positiv ist, hat die Station einen *Leerfahrzeugüberschuß*. Ist die Differenz (18.32) negativ, besteht an der Station ein *Leerfahrzeugbedarf*.

Das Verfahren der *Ergänzung der Leerfahrzeugströme* besteht darin, den Leerfahrzeugüberschuß auf den kürzesten Wegen von den Überschußstationen zu den Bedarfsstationen zu leiten. Hierfür wird – beginnend bei der Station mit dem größten Leerfahrzeugüberschuß – der Überschuß (18.32) auf die nächstgelegenen Stationen mit Leerfahrzeugbedarf verteilt. Da die Summe über die Leerfahrzeugdifferenzen (18.32) gleich Null ist, enstehen nach diesem Verfahren minimale Leertransportströme.

5. Durchlaufzeiten und Transportzeiten

Auf dem Weg von Station S_i zu Station S_j durchläuft ein Transportmittel nacheinander N_{ij} Transportelemente TE_k. Es legt dabei einen *Gesamtfahrweg* l_{ij} zurück, der sich aus den *partiellen Durchlauflängen* $l_{k\alpha}$ durch die einzelnen Elemente zusammensetzt (s. Beziehung (18.7)).

Die Zeit für die Fahrt durch eine Verbindungstrecke der Durchlauflänge $l_{k\alpha}$ mit der Fahrgeschwindigkeit v_α ohne Anhalten, Beschleunigen oder Abbremsen ist:

$$Z_{Dka} = l_{ka} / v_a \ . \qquad (18.\ 33)$$

Wenn am Anfang oder Ende der Verbindungstrecke eine Beschleunigung oder ein Abbremsen stattfindet, erhöht sich die Durchlaufzeit um die Beschleunigungs- und Bremszeiten. Die Durchlaufzeit für eine Wegstrecke, an deren Anfang und Ende das Transportmittel steht, also die Geschwindigkeit 0 hat, ist durch Beziehung (16.59) gegeben.

Die Durchlaufzeit durch eine Belade- oder Entladestation mit der *Einlaufzeit* t_{ein}, der *Lastübergabezeit* für *C* Ladeeinheiten $t_{LÜ}(C)$ und der *Auslaufzeit* t_{aus} ist:

$$Z_{DLÜ} = t_{ein} + t_{LÜ}(C) + t_{aus} \ . \qquad (18.34)$$

Wenn $Z_{Dk\alpha}$ die *Durchlaufzeit* einer Transporteinheit durch das Transportelement TE_k in der partiellen Funktion $F_{k\alpha}$ ist, $Z_{Wk\alpha}$ die mittlere partielle *Wartezeit* vor dem Transportelement und $\varepsilon_{ij\,k\alpha}$ die durch Beziehung (18.30) definierte Strombelegungsfunktion des Netzes ist, folgt für die

- *Transportzeit* von Station S_i zu Station S_j

$$T_{ij} = \sum_k \sum_\alpha \varepsilon_{ij\,k\alpha} \cdot \left(Z_{D\,k\alpha} + Z_{W\,k\alpha} \right) \qquad [h] \,. \tag{18.35}$$

Das erste Transportelement dieser Summe ist die Beladestation und das letzte die Entladestation. Die *mittleren Wartezeiten* $Z_{W\,k\alpha}$ lassen sich bei bekannter Strombelastung mit Hilfe von Beziehung (13.67) aus *Kapitel 13/I* berechnen.

Für längere Fahrwege in Verkehrsnetzen wie auch zur Näherungsberechnung für innerbetriebliche Transportnetze genügt es, die Transportzeit zwischen den Stationen mit einer *Reise- oder Effektivgeschwindigkeit* v_{eff} zu berechnen, in der die Brems- und Beschleunigungszeiten auf den einzelnen Streckenabschnitten pauschal berücksichtigt sind. Dann gilt für die Transportzeiten ohne Wartezeiten die *Näherungsformel*:

$$T_{ij} \approx \left(\mathbf{n}_{Stop} + 1 \right) \cdot t_{Stop} + l_{ij} / \mathbf{v}_{eff} \qquad [\text{TE-Fahrt}] \,. \tag{18.36}$$

Hierin sind l_{ij} die Fahrwege zwischen den Stationen, n_{Stop} die Anzahl der Be- und Entladestops auf der Fahrt von S_i nach S_i einschließlich des Anfangs- und Endstops und t_{Stop} die mittlere Stopzeit.

Die Transportzeiten einschließlich der Wartezeiten sind um einen *Wartezeitfaktor* f_W größer als die reinen Transportzeiten (18.36). Der Wartezeitfaktor ist bei nur einem Fahrzeug im System gleich 1 und steigt mit der Auslastung des Transportsystems an (s. *Abb. 18.23*).

Aus den Transportzeiten (18.35) oder (18.36) folgt mit dem Ladungstransportstrom $\lambda^V_{TE\,ij}$ die *mittlere Nutzfahrzeit*:

$$T^V = \sum_i \sum_j \left(\lambda^V{}_{TE\,ij} / \lambda^V{}_{TE} \right) \cdot T_{ij} \,. \tag{18.37}$$

Die mittlere Nutzfahrzeit ist *Zielfunktion*, wenn eine Minimierung der Fahrzeiten in einem Transportsystem angestrebt wird. Das ist z.B. erreichbar durch das Einfügen von Abkürzungs- und Überholstrecken oder durch eine erhöhte Fahrgeschwindigkeit.

6. Berechnung des Transportmittelbedarfs nach dem Belegungsverfahren

Sind die Transportmatrix und die Transportzeiten bekannt, läßt sich der Transportmittelbedarf berechnen. Wenn von Station S_i zur Station S_j stündlich $\lambda_{TE\,ij}$ Fahrten mit einer Transportzeit T_{ij} [h] stattfinden, ist die Anzahl der im Einsatz befindlichen Transportmittel:

$$N_{TM\,ij} = \lambda_{TE\,ij} \cdot T_{ij} \qquad [\text{TE}] \,. \tag{18.38}$$

Durch Summation über alle Transportrelationen folgt hieraus für eine Transportmatrix $\lambda_{TE\,ij}$ und die Transportzeiten T_{ij} der

- *aktuelle Transportmittelbedarf* des Fahrzeugsystems

$$N_{TM} = \sum_i \sum_j \lambda_{TE\,ij} \cdot T_{ij} = N_{TE\,D} + N_{TE\,W} \quad [TE] \,. \tag{18.39}$$

Entsprechend der Zusammensetzung der Transportzeiten (18.35) aus Durchlaufzeiten und Wartezeiten ist die Anzahl der Transporteinheiten im System gleich einer Anzahl $N_{TE\,D}$ *durchlaufender Transporteinheiten*, die sich in einem der Transportelemente fortbewegen oder abgefertigt werden, und einer Anzahl $N_{TE\,W}$ *wartender Transporteinheiten*, die vor den Transportelementen auf Abfertigung warten (s. *Abb. 18.25*).

Für Transportmittel, deren *Verfügbarkeit* η_{ver} infolge technischer Strörungen oder wegen des Zeitbedarfs für das Aufladen kleiner 1 ist, ist der

- *effektive Transportmittelbedarf*

$$N_{TM\,eff} = N_{TM} / \eta_{ver} \quad [TE] \,. \tag{18.40}$$

Der effektive Transportmittelbedarf ist größer als der aktuelle Transportmittelbedarf.

So ist der Bedarf eines FTS-Systems mit Elektrofahrzeugen, deren Verfügbarkeit infolge der Aufladezeiten nur 85 % beträgt, um 18 % größer als die Anzahl aktuell im Einsatz befindlicher Fahrzeuge. Wenn das Aufladen außerhalb der Betriebszeit oder in auslastungsschwachen Zeiten möglich ist, steigt die Verfügbarkeit auf die rein ausfallbedingte Verfügbarkeit, die in der Regel besser als 98 % ist. Der effektive Fahrzeugbedarf sinkt dann um 15 %.

7. Berechnung des Transportmittelbedarfs nach dem Rundfahrverfahren
Besteht das Transportsystem aus Fahrzeugen, Zügen, Schiffen oder Flugzeugen, die von einer Station S_0 starten und nach einem *Umlauf* oder einer *Rundfahrt* zu n Zielorten S_j wieder zum Ausgangspunkt zurückkehren, läßt sich die *Umlaufzeit* oder *Rundfahrzeit* T_R [ZE] eines Transportmittels nach Beziehung (18.36) aus der Stopzahl, der effektiven Reisegeschwindigkeit und der Länge des Rundfahrwegs l_R berechnen.

In der innerbetrieblichen Logistik wird die Rundfahrzeit auch als *Spielzeit* t_R [s] bezeichnet und meist in *Sekunden* gemessen. Im außerbetrieblichen Transport wird die Umlaufzeit für Straßenfahrzeuge, Eisenbahnzüge und Flugzeuge in *Stunden* und für Schiffe in *Tagen* angegeben.

Die Anzahl Rundfahrten, die ein Transportmittel mit der *Verfügbarkeit* η_{ver} pro Zeiteinheit ZE durchführen kann, ist die *effektive Rundfahrtleistung*. Diese ist gegeben durch:

$$\mu_{R\,eff} = \eta_{ver} / T_R \quad [\text{TE-Fahrten/ZE}] \,. \tag{18.41}$$

Durch Auflösen nach T_R und Einsetzen in die Beziehungen (18.38) und (18.40) folgt aus Beziehung (18.41):

- Für einen *Rundfahrtbedarf* λ_R [TE/PE] pro Betriebsperiode PE ist der *Transportmittelbedarf* bei einer effektiven *Rundfahrtleistung* des Transportmittels μ_R [TE/PE]

$$N_{\text{TM eff}} = \left[\lambda_\text{R} / \mu_\text{R eff}\right] \qquad [\text{TE}] \,. \tag{18.42}$$

Das durch die eckigen Klammern angezeigte ganzzahlige Aufrunden auf die nächste ganze Zahl ist erforderlich, wenn ein Transportmittel zum Ende der *Betriebsperiode* PE, die im innerbetrieblichen Bereich eine Schicht und im außerbetrieblichen Transport ein Tag oder eine Woche sein kann, alle Rundfahrten beendet haben soll.

Die Dimensionierungsformel (18.42) wird in der innerbetrieblichen Logistik vielfach genutzt zur Berechnung des Bedarfs von Staplern, Lagergeräten oder Kommissionierern *(s. Kapitel 16* und 17). Im außerbetrieblichen Transport ist die Beziehung (18.42) zur Berechnung des Transportmittelbedarfs bei *Fahrplanbetrieb* geeignet (s.u.).

18.9 Auslegung und Dimensionierung von Fahrzeugsystemen

Für die Gestaltung und Optimierung innerbetrieblicher Fahrzeugsysteme wird häufig das Verfahren der *digitalen Simulation* propagiert [59; 60; 61]. Dabei wird in der Regel nicht gesagt, woher die zu simulierende Anfangslösung kommt. Die digitale Simulation ist jedoch nur ein *Modellversuch* zur Überprüfung der Leistungsfähigkeit und zur experimentellen Verbesserung einer bereits *existierenden Lösung* (s. *Abschnitt 5.3/I*).

Analytische Verfahren zur Gestaltung, Dimensionierung und Optimierung von Transportsystemen sind kaum bekannt. Daher gibt es nur wenige Untersuchungen der Auswirkungen der freien *Gestaltungsparameter* und der unterschiedlichen *Transportstrategien* auf die Leistung, den Fahrzeugbedarf und die Betriebskosten von Fahrzeugsystemen [126; 179; 180; 183; 185; 226].

Freie Parameter zur Gestaltung, Dimensionierung und Optimierung von Fahrzeugsystemen sind die *Netzparameter*

Streckenverlauf
Grundkreise
Maschen und Schleifen
Abkürzungstrecken
Parallelstrecken
Überholstrecken (18.43)
Gegenkreise
Nebenlinien
Stationsanordnung
Fahrtrichtung

und die *Fahrzeugparameter*

Fahrgeschwindigkeiten
Fassungsvermögen (18.44)
Lastübernahmezeit.

Die Fahrzeugparameter (18.44) sind in der Regel untereinander wie auch von den Leistungsanforderungen abhängig: Die Geschwindigkeit ist für Fahrzeuge mit geringerem Fassungsvermögen in der Regel größer als für Fahrzeuge mit großem Fassungsvermögen. Wenn nicht durch eine geeignete Ladetechnik dafür gesorgt wird, daß mehrere Ladeeinheiten gleichzeitig be- und entladen werden können, steigt die Lastübernahmezeit mit der Lademenge.

In der Planungspraxis bewährte analytische Verfahren zur Gestaltung, Dimensionierung und Optimierung von Fahrzeugsystemen, die von den Netzparametern (18.43) und den Fahrzeugparameterm (18.44) systematisch Gebrauch machen, sind das *Ringnetzauslegungsverfahren* für Ringtransportnetze, wie sie die *Abb. 18.1B, 18.4* und *18.21* zeigen, das *Liniennetzauslegungverfahren* für Liniennetze der in den *Abb. 18.1A* und *18.2A* gezeigten Art und die Kombination beider Verfahren für Ringliniennetze, für die in *Abb. 18.2C* ein Beispiel dargestellt ist [126].

Bei der Netzgestaltung werden die Standorte und der Beförderungsbedarf der Auf- und Abgabestationen zunächst als vorgegeben betrachtet. Die Stationen liegen optimal entweder direkt an Quellen und Senken mit einem großem Beförderungsbedarf oder in den *Transportschwerpunkten* von *Einzugsgebieten* mit einer größeren Anzahl von Quellen und Senken, von denen jede für sich nur einen geringen Beförderungsbedarf hat (*s. Abschnitt 18.10*).

1. Ringnetzauslegungsverfahren

Nach dem Ringnetzauslegungsverfahren, das für die Auslegung innerbetrieblicher Fahrzeugnetze besonders geeignet ist, sind folgende *Arbeitsschritte* iterativ zu durchlaufen:

1. Unter Berücksichtigung der räumlichen Randbedingungen werden die Stationen, zwischen denen ein permanenter Beförderungsbedarf besteht, durch eine *minimale Anzahl von Transportringen* kürzester Länge miteinander verbunden.
2. Die *Fahrtrichtung* in den Transportringen wird so festgelegt, daß die umlaufenden Fahrzeuge alle geforderten Transporte durchführen können.
3. Für diese *Ausgangslösung* und geeignete *Transportstrategien* wird mit den Beziehungen (18.22) bis (18.28) aus der Beförderungsmatrix und der Kapazität der Transportmittel die *Transportmatrix* berechnet.
4. Die Transportströme werden auf die Streckenelemente und Knotenpunkte des Transportnetzes umgelegt und so die *Strombelastung* ermittelt.
5. Mit einer *Funktions- und Leistungsanalyse* (s. *Abschnitt 13.7/I*) wird für die resultierende *Strombelastung* die Einhaltung der Grenzleistungs- und Staugesetze der Streckenelemente und Transportknoten überprüft.
6. Hierbei erkennbare *Engpässe* oder unzulässige *Staueffekte* werden durch Leistungssteigerung, Umgehung, Doppelung oder Änderung der Abfertigung beseitigt (s. *Kapitel 13/I*).
7. Unter Berücksichtigung der *Strombelastung* werden mit Hilfe von Beziehung (18.35) oder (18.36) die *Transportzeiten* berechnet und mit den geforderten Transportzeiten verglichen.
8. Wenn die Transportzeiten für einzelne Relationen länger als zulässig sind, werden passende *Abkürzungsstrecken* oder *Überholstrecken* in das Ringnetz eingefügt.

9. Für die aus dem Beförderungsbedarf errechnete Transportmatrix werden mit Hilfe von Beziehung (18.39) der *aktuelle Fahrzeugbedarf* und mit Beziehung (18.40) der *effektive Fahrzeugbedarf* errechnet.
10. Durch sukzessive *Variation der Netzparameter* (18.43), wie Hinzufügen oder Herausnehmen von *Abkürzungs-* und *Überholstrecken*, versuchsweise *Umkehr der Fahrtrichtung* im Netz und, soweit zulässig, durch *Veränderung der Stationsanordnung*, wird der Fahrzeugbedarf minimiert.
11. Durch schrittweise *Variation der Fahrzeugparameter* (18.44), wie Veränderung des Fassungsvermögens, der Fahrgeschwindigkeit und der Lastübernahmezeit, werden *Fahrzeugbedarf* und *Betriebskosten* weiter optimiert.

Zur rationellen Netzgestaltung und Netzoptimierung werden die zuvor entwikkelten Berechnungsformeln für die Transportzeiten und den Fahrzeugbedarf benötigt. Zwei FTS-Transportnetze, die nach diesem Verfahren gestaltet und optimiert wurden, zeigen die *Abb. 17.21* und *18.21*.

2. Liniennetzauslegungsverfahren
Das Liniennetzauslegungsverfahren ist speziell geeignet für die Auslegung von Bahnlinien und anderen Linienverkehrsnetzen. Die Arbeitsschritte dieses Verfahrens sind:

1. Je zwei weit voneinander entfernte Ausgangsstationen, zwischen denen ein großes Beförderungsaufkommen besteht, werden durch eine *Hauptlinie* mit Hin- und Rückfahrstrecke verbunden.
2. Soweit das ohne größere Umwege möglich ist, werden die Trassen der Hauplinien so gelegt, daß möglichst viele weitere Stationen mit geringerem Beförderungsbedarf an den Hauptstrecken liegen.
3. Jede Hauptlinie wird über die beiden Ausgangsstationen hinaus zu weiteren Außenstationen hin verlängert, von und zu denen ein Beförderungsbedarf besteht.
4. In senkrechter Richtung zu einer Hauptlinie werden noch nicht angeschlossene Stationen nacheinander erschlossen durch eine minimale Anzahl von *Zubringerlinien*, die in die Hauptlinie einmünden, oder von *Nebenlinien*, die an bestimmten *Umstiegspunkten* die Hauptstrecke kreuzen.
5. Soweit das ohne größere Umwege möglich ist, werden die Trassen der Zubringer- und Nebenlinien so gelegt und über die Endstationen hinaus verlängert, daß die restliche Stationen mit geringerem Beförderungsbedarf an einer der Linien liegen.
6. Die aus den Beförderungsströmen zwischen allen Stationen, die auf diese Weise miteinander verbundenen sind, mit der Transportkapazität C_{TE} der eingesetzten Züge oder Transportfahrzeuge errechneten Ladungstransportströme (18.24) werden auf den kürzesten Wegen auf die Haupt-, Zubringer- und Nebenlinien umgelegt. Hieraus resultieren die partiellen Transportströme (18.31) durch die Teilabschnitte der Haupt-, Zubringer- und Nebenlinien.
7. Die minimale *Transportfrequenz*, also die zur Beförderung des Bedarfs erforderliche Anzahl Transportfahrten auf einer Haupt-, Zubringer- oder Nebenlinie, ist gleich dem ganzzahlig aufgerundeten Maximum der summierten Transportströme entlang dieser Strecke. Die Anzahl der hierfür benötigten

Züge oder Transportmittel errechnet sich mit Hilfe der Beziehungen (18.41) und (18.42) aus der Umlaufzeit eines Zuges oder Transportmittels auf der betreffenden Haupt-, Zubringer- oder Nebenlinie.

8. Mit den vorangehenden Beziehungen werden danach die *Fahrzeiten* für die Streckenabschnitte und die *Transportzeiten* zwischen den Stationen berechnet.
9. Wenn das Liniensystem nach einem *festen Fahrplan* betrieben wird, werden die *Abfahrtzeiten von den Endstationen der Hauptlinien* unter Berücksichtigung des Tagesverlaufs des Beförderungsaufkommens so über die Betriebsperiode von einer Schicht, einem Tag oder einer Woche verteilt, daß für die Beförderungsaufträge minimale Wartezeiten entstehen.
10. Die *Abfahrtzeiten von den Endstationen der Zubringer- und Nebenstrecken* werden danach mit den Ankunftszeiten der Hauptlinientransporte an den Kreuzungs- und Umstiegspunkten so *synchronisiert*, daß die für den Umstieg benötigten Zeiten eingehalten werden und minimale Umstiegswartezeiten entstehen.
11. Durch sukzessive *Variation der Netzparameter*, wie Hinzufügen von *Direktverbindungen*, *Umkehr der Fahrtrichtung* oder *Veränderung der Stationsanordnung*, wird der Transportmittelbedarf minimiert.
12. Durch schrittweise *Variation der Fahrzeugparameter*, wie Veränderung des Fassungsvermögens, der Fahrgeschwindigkeit und der Lastübernahmezeit, werden *Fahrzeugbedarf* und *Betriebskosten* weiter optimiert.

Das hiermit nur im Ansatz skizzierte Liniennetzauslegungsverfahren kann ebenso wie das Ringnetzauslegungsverfahren durch zusätzliche Auslegungs- und Optimierungschritte stufenweise weiter verbessert werden. Nach diesem Verfahren lassen sich beispielsweise optimale Liniennetzwerke für den europaweiten *Hukkepacktransport* von Sattelaufliegern oder für die Distribution von Autos auf der Bahn konzipieren. Auch das Liniennetz einer weltweit tätigen *Containerschiff-Reederei* läßt sich auf diese Weise konzipieren und optimieren.

3. Dimensionierungsprogramme für Fahrzeugsysteme

Mit Hilfe der zuvor angegebenen Berechnungsformeln ist es möglich, die schrittweise Auslegung, Dimensonierung und Optimierung eines Fahrzeugsystems durch Dimensionierungsprogramme zu unterstützen und zu beschleunigen.

Eingabewerte eines *Dimensionierungsprogramms für Fahrzeugsysteme* sind die *Beförderungsmatrix*, die *Standorte der Stationen* und die *Leistungs- und Kostenkennwerte der Transportmittel*. Die technischen und betriebswirtschaftlichen Kennwerte der zur Auswahl stehenden Verbindungselemente und der Be-, Ent- und Umladestationen werden in Form von *Programmbausteinen* bereitgestellt. Aus diesen *Transportelementen* kann der Benutzer eine vorgebenenes Transportnetz im Programm nachbilden oder nach den vorangehenden Auslegungsverfahren eine neues Transportnetz aufbauen.

Die Programmbausteine der Transportelemente enthalten für unterschiedliche Abfertigungsstrategien die Formeln zur Berechnung der partiellen Grenzleistungen, Auslastungen, Durchlaufzeiten, Warteschlangen und Wartezeiten. Nach Aufruf des Programmbausteins für ein Transportelement gibt der Benutzer die Ausgangsnummern der vorausgehenden und die Eingangsnummern der nach-

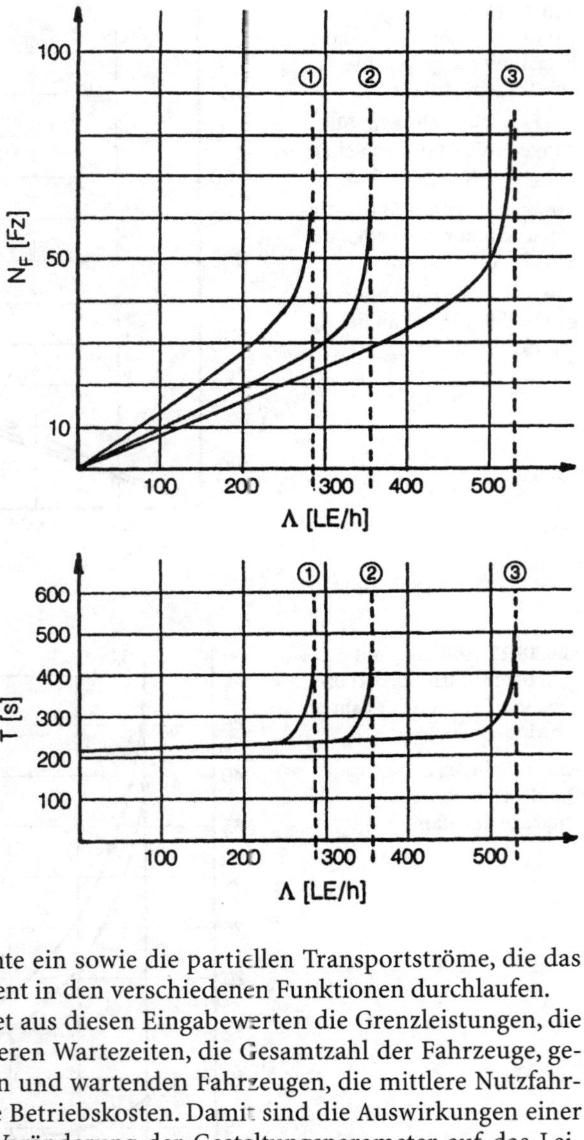

Abb. 18.23 Fahrzeuganzahl N_F und mittlere Transportzeit T als Funktion der Gesamtbelastung für verschiedene Leerfahrzeugstrategien
Kurve 1 Einzelfahrten, voll hin, leer zurück
Kurve 2 Kombinierte Fahrten zwischen je 2 Stationen
Kurve 3 Fahrten mit Leerfahrzeugoptimierung

folgenden Transportelemente ein sowie die partiellen Transportströme, die das betreffende Transportelement in den verschiedenen Funktionen durchlaufen.

Das Programm berechnet aus diesen Eingabewerten die Grenzleistungen, die Durchfahrtzeiten, die mittleren Wartezeiten, die Gesamtzahl der Fahrzeuge, getrennt nach durchlaufenden und wartenden Fahrzeugen, die mittlere Nutzfahrzeit, die Investition und die Betriebskosten. Damit sind die Auswirkungen einer Netzänderung oder einer Veränderung der Gestaltungsparameter auf das Leistungsvermögen, den Fahrzeugbedarf, die Kosten oder andere Zielgrößen sofort ablesbar und für den nächsten Optimierungsschritt nutzbar.

Mit Hilfe eines solchen Dimensionierungsprogramms für Fahrzeugsysteme wurde beispielsweise ein Hängebahnsystem mit insgesamt 35 Stationen und einer Anfangsnetzlänge von 526 m durchgerechnet und optimiert, das im Versandhandel zum Palettentransport zwischen dem Wareneingang, einem automatischen Hochregallager und anschließenden Kommissionierbereichen eingesetzt wird. Die *Abb. 18.23*, *18.24* und *18.25* zeigen einige für diesen Einsatzfall berechnete Ab-

Abb. 18.24 Fahrzeuganzahl N_F als Funktion der Gesamtbelastung für unterschiedliche Transportnetze

Kurve 1 Netz ohne Abkürzungen mit Stationen neben der Strecke, $L_{TN} = 640$ m

Kurve 2 Netz mit Abkürzungen und Stationen neben der Strecke, $L_{TN} = 820$ m

Kurve 3 Netz mit Abkürzungen und Stationen an der Strecke, $L_{TN} = 800$ m

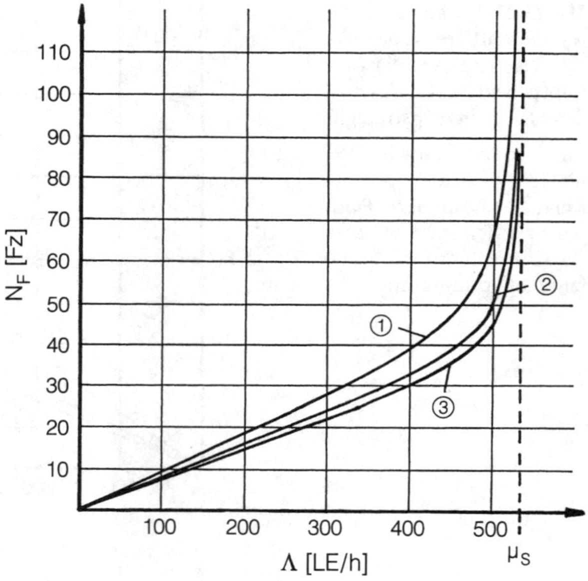

Abb. 18.25 Abhängigkeit des Fahrzeugbedarfs einer Hängebahnanlage von der Fahrgeschwindigkeit

Kreise: Fahrzeuggesamtzahl; Quadrate: in Bewegung, Dreiecke: im Stau

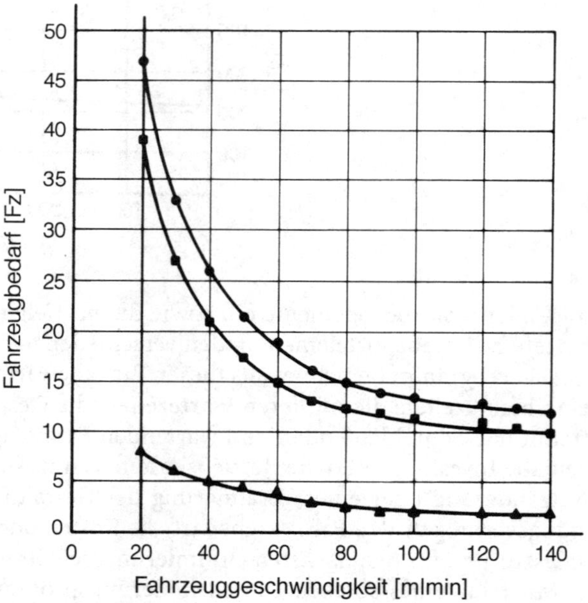

hängigkeiten des Fahrzeugbedarfs und der mittleren Nutzfahrzeit vom Beförderungsbedarf, von den Transportstrategien, von der Netzgestalt und von der Fahrgeschwindigkeit.

Für die Strategie der Leerfahrzeugminimierung errechnete das Dimensionierungsprogramm bei einer Fahrgeschwindigkeit von 42 m/min einen Bedarf von 28 Hängebahnfahrzeugen. Eine zum Test durchgeführte digitale Simulation ergab einen Fahrzeugbedarf von 29 Fahrzeugen. Durch systematische Vereinfachung der Streckenführung und Verbesserung der Stationsanordnung ließen sich der ursprünglich für notwendig gehaltene Fahrzeugbedarf von 29 auf 22 Fahrzeuge senken und die Gesamtnetzlänge von 526 auf 417 m reduzieren [126]. Ein anderes Fahrzeugsystem, das mit Hilfe des beschriebenen Dimensionierungsprogramms gestaltet und optimiert wurde, ist das in *Abb. 18.21* dargestellte FTS-System für die innerbetrieblichen Transporte in einem Warenverteilzentrum des Handels.

18.10 Optimale Logistikstandorte

Die Standortentscheidung für einen neuen Betrieb hängt von den Zielen des Unternehmens und von den speziellen Aufgaben des Betriebs ab [12]. Für reine Logistikbetriebe, wie Lager, Umschlagterminals und Logistikzentren, ist das Ziel der Standortwahl in der Regel die Minimierung der Logistikkosten.

Die standortabhängigen Logistikkosten sind die Summe der *Betriebskosten* des Standorts und der *Transportkosten* für die Zulauf- und Auslauftransporte des Logistikbetriebs. Hieraus folgt:

- Der *optimale Logistikstandort* ist der Standort, für den die Summe der Betriebskosten und der Transportkosten minimal ist.

Für einen Logistikstandort im Außenbereich eines Einzugsgebiets, das von einem Logistikbetrieb bedient werden soll, ist die Standortabhängigkeit der Transportkosten in der Regel weitaus größer als die Standortabhängigkeit der Kosten für die innerbetrieblichen Logistikleistungen, wie das Abfüllen, Verpacken, Lagern, Kommissionieren, Konfektionieren und Umschlagen (s. *Abb.18.27*).

Daher kann der optimale Logistikstandort für ein vorgegebenes *Servicegebiet*, wie es *Abb. 18.26* zeigt, in folgenden *Schritten* bestimmt werden:

1. Zuerst werden die *transportunabhängigen Standortfaktoren* zusammengestellt und analysiert, von denen die Kosten für die innerbetrieblichen Logistikleistungen abhängen.
2. Danach wird der *transportoptimale Standort* für die Zulaufströme aus den Beschaffungs- und Abholorten und für die Auslaufströme zu den Belieferungs- und Zustellorten bestimmt.
3. Für den transportoptimalen Standort und seine Umgebung werden mit den dort geltenden Standortfaktoren die *Betriebskosten* und die *Transportkosten* kalkuliert.
4. Durch Verschiebung des Standortes in Richtung der günstigsten Standortfaktoren wird die Summe von Betriebskosten und Transportkosten minimiert und damit der *optimale Standort* bestimmt.

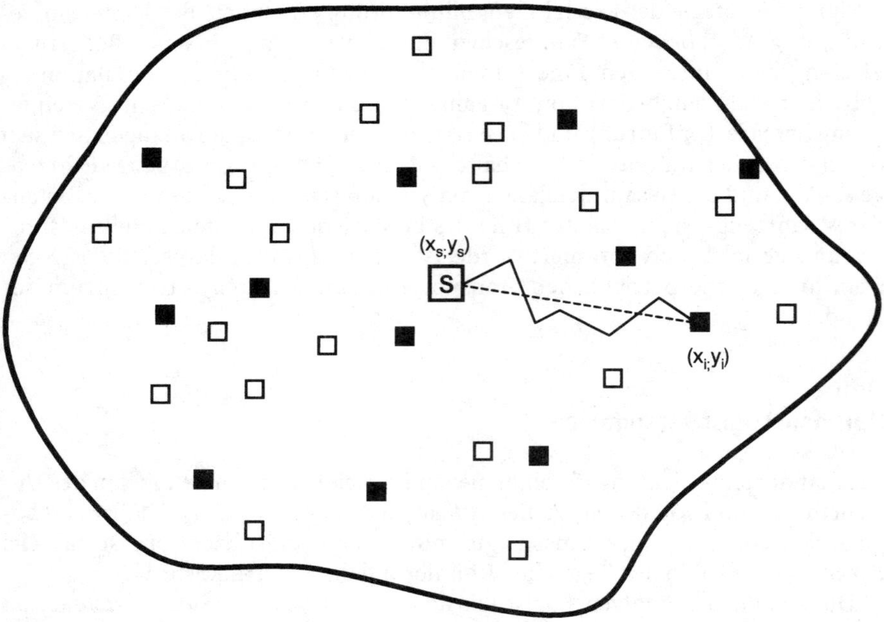

Abb. 18.26 Servicegebiet eines Logistikstandorts S
■ Quellen = Abholorte ☐ Senken = Zustellorte
---- Luftlinie ___ Fahrweg

Dieses Vorgehen zur Standortbestimmung hat gegenüber anderen, aufwendigeren OR-Verfahren den Vorteil, daß in jedem Schritt die Auswirkungen der unterschiedlichen *Einflußfaktoren*, deren Werte für die Zukunft nur ungenau bekannt sind, transparent bleiben. Außerdem führt das Verfahren schnell zu einem in der Praxis umsetzbaren Ergebnis.

1. Transportunabhängige Standortfaktoren
Allgemeine Standortfaktoren sind alle standortabhängigen Umstände, Kenngrößen und Parameter, die Einfluß auf die Betriebskosten und die Standortentscheidung haben.

Allgemeine *transportunabhängige Standortfaktoren* für einen Logistikbetrieb sind:

- *Grundstück und Gebäude*: Angebot, Bebaubarkeit und Flächenkosten von Baugrundstücken; Angebot und Eignung freier Hallen und Betriebsgebäude; Verkehrsflächen; Erschließung; Bebauungsvorschriften.
- *Erreichbarkeit und Verkehrsanbindung*: Zufahrten zu Hauptverkehrsstraßen; Bahnanschluß; Hafennähe; Flughafennähe; Nachtfahrverbote; Fahrbeschränkungen für LKW.

- *Arbeitskräfte und Personalkosten*: Potential geeigneter Arbeitskräfte; Löhne und Gehälter; Urlaubszeiten und Krankheitsquoten.
- *Allgemeine Rahmenbedingungen*: Öffentliche Fördermittel; Steuervergünstigungen; Steuern und Abgaben; Genehmigungszeiten; Arbeitszeitbeschränkungen.

Bei unzureichender Erfüllung der Anforderungen kann jeder dieser Standortfaktoren auch für einen transportoptimalen Standort zum *KO-Kriterium* werden.

Zu den allgemeinen Standortfaktoren kommen *projektspezifische Standortfaktoren* hinzu, wie die Bereitschaft von Logistikdienstleistern, einen geeigneten Logistikbetrieb anzubieten.

2. Transportabhängige Standortoptimierung

Die Kosten für die Zu- und Auslauftransporte werden bestimmt von den Fahrweglängen, den Transportzeiten und dem Transportmittelbedarf, die wiederum von der *Transportart*, wie Ganzladungen oder Teilladungen, und von der *Transportstrategie* abhängen.

Ganzladungstransporte laufen *direkt* von den Quellen zum Logistikzentrum und vom Logistikzentrum zu den Senken, wobei die Möglichkeit für kombinierte Hin- und Rückfahrten besteht. *Teilladungstransporte* finden entweder als *Sammelfahrten*, als *Zustellfahren* oder als kombinierte *Sammel- und Verteilfahrten* statt (s. *Abb. 19.5*).

Zur exakten Bestimmung des transportoptimalen Standorts müssen daher für jeden möglichen Standort und den zu erwartenden Beförderungsbedarf die kostengünstigsten Abhol- und Auslieferfouren von und zu den Quellen und Senken geplant, kalkuliert und miteinander verglichen werden.

Da der zukünftige Beförderungsbedarf grundsätzlich nicht genau bekannt ist, ist zur Bestimmung des transportoptimalen Logistikstandorts eine exakte Tourenplanung weder sinnvoll noch notwendig. Hierfür genügt eine Minimierung des *mittleren Transportwegs*

$$d_m = \sum_i \lambda_i \cdot d\big((x_i;y_i,),(x_s;y_s)\big)\Big/\Big(\sum_j \lambda_j\Big) \ . \tag{18.45}$$

Für Einzelfahrten zwischen den Quell- und Senkenstandorten $(x_i;y_i)$ mit dem *Beförderungsbedarf* λ_i [TE/PE] und dem gesuchten Logistikstandort $(x_s;y_s)$. In einem hinreichend dichten Verkehrsnetz gilt für die *Fahrwege* $d((x_i;y_i,),(x_s;y_s))$ zwischen den Quellen und Senken und dem Logistikstandort die *Näherungsformel*:

$$d\big((x_i;y_i,),(x_s;y_s)\big) = f_{umw} \cdot \sqrt{(x_i - x_s)^2 + (y_i - y_s)^2} \ . \tag{18.46}$$

Der *Umwegfaktor* f_{umw} berücksichtigt die mittlere Abweichung des tatsächlichen Fahrweges von der *Luftlinie*, die gleich der euklidischen Entfernung ist [196].

Wenn es entlang der Luftlinie einen direkten Fahrweg gibt, ist der Umwegfaktor 1. In einem rechtwinklich verlaufenden Verkehrsnetzes ist der Fahrweg im ungünstigsten Fall eine Treppenfunktion um die Luftlinie und damit um den Faktor $\sqrt{2}$ länger als die Luftlinie. Nach dieser Überlegung ist der *mittlere Umwegfaktor* theoretisch gleich dem Mittel aus den beiden Extremwerten, also gleich 1,21. Für das deutsche Straßennetz resultiert aus den exakten Entfernungen ein mittlerer Umwegfaktor $f_{umw} = 1{,}23$. Die mittlere Abweichung der einzelnen Fahrwege von den mit Beziehung (18.46) und dem mittleren Umwegfaktor $f_{umw} = 1{,}21$ errechneten Entfernungen ist kleiner als 9 %.

Nach Einsetzen von (18.46) in (18.45) folgen durch partielle Ableitung nach den Standortkoordinaten $(x_s;y_s)$ und Nullsetzen der beiden Ableitungen die

- *Lagekoordinaten des transportoptimalen Standorts*

(18.47)

$$x_s = \left(\sum_i \lambda_i \cdot x_i \Big/ \left((x_i - x_s)^2 + (y_i - y_s)^2\right)^{1/2}\right) \Big/ \left(\sum_j \lambda_j \Big/ \left((x_j - x_s)^2 + (y_j - y_s)^2\right)^{1/2}\right)$$

$$y_s = \left(\sum_i \lambda_i \cdot y_i \Big/ \left((x_i - x_s)^2 + (y_i - y_s)^2\right)^{1/2}\right) \Big/ \left(\sum_j \lambda_j \Big/ \left((x_j - x_s)^2 + (y_j - y_s)^2\right)^{1/2}\right) .$$

Im Nenner dieser Formeln erscheinen die gesuchten Koordinaten $(x_s;y_s)$ des optimalen Standorts. Die genauen Standortkoordinaten lassen sich daher nur durch eine *Iterationsrechnung* beginnend mit den Schwerpunktkoordinaten bestimmen [15; 38]. Hieraus folgt:

- Die *Lagekoordinaten des transportoptimalen Standorts* sind in erster Näherung gleich den den *Schwerpunktkoordinaten* des zu bedienenden Einzugsgebiets

$$\mathbf{x}_s = \left(\sum_i \boldsymbol{\lambda}_i \cdot \mathbf{x}_i\right) \Big/ \left(\sum_j \boldsymbol{\lambda}_j\right)$$

$$\mathbf{y}_s = \left(\sum_i \boldsymbol{\lambda}_i \cdot \mathbf{y}_i\right) \Big/ \left(\sum_j \boldsymbol{\lambda}_j\right) . \qquad (18.48)$$

Durch Einsetzen dieser Anfangslösung (18.48) in die Formel (18.47) ergibt sich die zweite Näherung der Standortkoordinaten und sofort. Modellrechnungen ergeben, daß die genaueren Lösungen für Gebiete mit mehr als 10 Quellen und Senken von den Schwerpunktkoordinaten nur geringfügg abweichen. Hieraus folgt weiterhin:

- Wegen der ungenauen Kenntnis des Beförderungsbedarfs und der Veränderlichkeit der Quell- und Senkenstandorte kann zur Standortbestimmung mit den Schwerpunktkoordinaten (18.48) gerechnet werden.

Aus Beziehung (18.48) folgt beispielsweise für ganz *Deutschland* und einen Beförderungsbedarf, der proportional zur Bevölkerungsdichte ist, ein *Transport-*

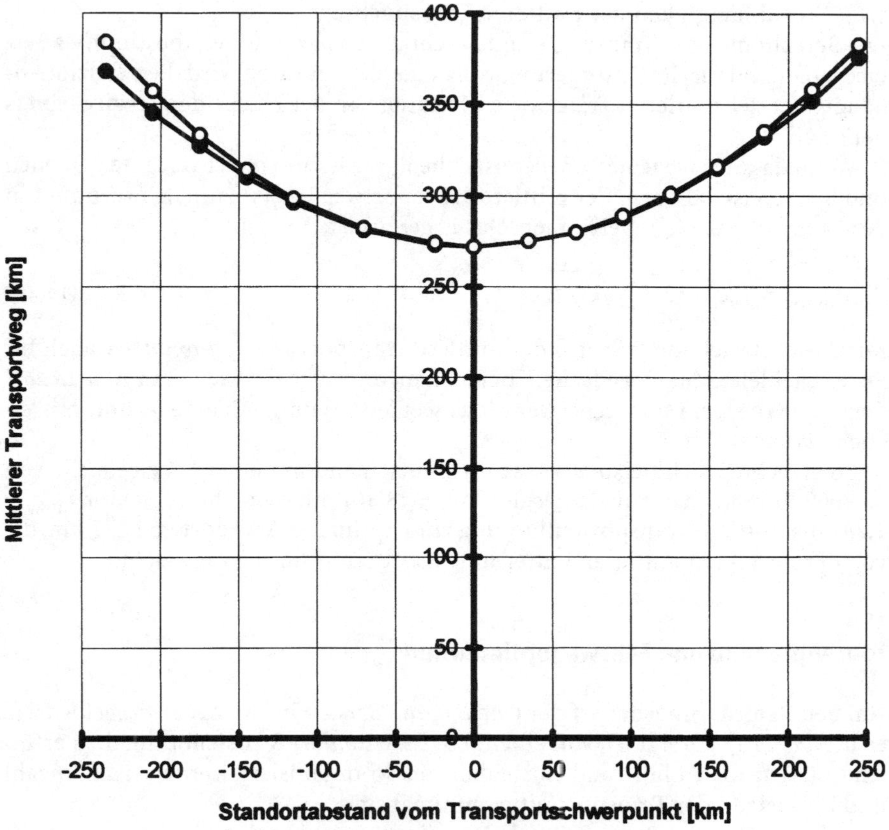

Abb. 18.27 Abhängigkeit der mittleren Transportentfernung vom Logistikstandort
Punkte: Ost-West-Standortentfernung vom optimalen Standort
Kreise: Nord-Süd-Standortentfernung vom optimalen Standort
Servicegebiet: Deutschland mit Servicefläche 358.000 km^2
Beförderungsbedarf proportional zur Bevölkerungsdichte

schwerpunkt in dem Städteviereck *Bad Hersfeld - Eisenach - Fulda - Meinigen.* Die mittlere Transportentfernung zum transportoptimalen Standort ist für Deutschland ca. 280 km.

Die *Abb. 18.27* zeigt für dieses Beispiel, wie wenig sich der mittlere Transportweg (18.45) im Nahbereich um den Transportschwerpunkt mit dem Abstand des Logistikstandorts vom Optimum verändert. Erst bei einem Abstand von mehr als 50 km wird die Verlängerung des mittleren Transportwegs signifikant. Die relativ geringe Abhängigkeit des mittleren Transportwegs vom Logistikstandort in der Nähe des Transportschwerpunkts rechtfertigt das beschriebene Näherungsverfahren zur Bestimmung des optimalen Logistikstandorts.

3. Flächenabhängigkeit des mittleren Transportwegs

Zur Berechnung von Transport- und Frachtkostensätzen für ein bestimmtes Servicegebiet und für die Optimierung von Logistikstrukturen wird die explizite Abhängigkeit der mittleren Transportentfernung von der Fläche des Servicegebiets benötigt.

Wenn das Servicegebiet eine Kreisfläche $F_S = \pi \cdot R^2$ mit gleichverteilten Quellen und Senken ist, läßt sich der mittlere Transportweg (18.45) zum Schwerpunkt in der Kreismitte explizit berechnen. Das Ergebnis ist:

$$d_{\text{mittel}} = f_{\text{umw}} \cdot (2/3) \cdot \sqrt{F_s/\pi} \,. \tag{18.49}$$

Mit dieser Beziehung läßt sich der mittlere Transportweg *approximativ* auch für Servicegebiete mit einer Fläche F berechnen, die – wie das Gebiet in *Abb. 18.26* – von der Kreisform abweicht, wenn das Gebiet zusammenhängend und hinreichend kompakt ist.

So errechnet sich beispielsweise für Deutschland mit einer Servicefläche von 358 000 km² aus der Näherungsgleichung (18.49) mit dem Umwegfaktor $f_{\text{umw}} = 1{,}23$ eine mittlere Transportentfernung zum optimalen Standort von 277 km, die von der korrekten mittleren Entfernung 280 km nur um 1 % abweicht.

18.11 Tourenplanung und Fahrwegoptimierung

Um den Beförderungsbedarf der *Quellen* und *Senken* in einem *Servicegebiet*, wie es in *Abb. 18.26* gezeigt ist, von einem *Logistikstandort* S kostenoptimal zu erfüllen, müssen die Abhol- und Zustellfahrten so organisiert werden, daß Anzahl und Einsatzzeit der Transportmittel minimal sind.

Dabei sind in der Regel folgende *Restriktionen* zu beachten:

- *Transportkapazität*: Das Fassungsvermögen der eingesetzten Transportmittel begrenzt die Ladungsmenge längs einer Fahrt.
- *Frachtgut*: Die Empfindlichkeit und die Beschaffenheit der Frachtstücke beschränken die Möglichkeiten der Beladung oder erfordern eine bestimmte *Packfolge*.
- *Fahrzeiten*: Die Fahrzeit pro Rundfahrt darf nicht länger sein als die zulässige Arbeitszeit des Fahrers.
- *Abhol- und Anlieferzeiten*: Für das Abholen und Anliefern sind bestimmte *Zeitpunkte* oder *Zeitfenster* vorgegeben.
- *Geschwindigkeit*: In der effektiven Fahrgeschwindigkeit müssen die verkehrsbedingten Geschwindigkeitsbegrenzungen und Staueffekte berücksichtigt werden.

Das *Tourenplanungsproblem* mit Restriktionen ist für eine größere Anzahl von Quellen und Senken mathematisch in begrenzter Zeit nicht exakt lösbar. Das *Operations Research* hat für das Tourenplanungsproblem jedoch eine Reihe von *heuristischen Lösungsverfahren* entwickelt, die bei Problemen ohne Zeitrestriktionen rasch zu guten Ergebnissen führen und in *Tourenplanungsprogrammen* genutzt werden. Die meisten *Tourenplanungsprogramme* arbeiten jedoch nicht allein mit OR-*Suchalgorithmen* sondern mit bestimmten *Konstruktionsverfahren* oder mit einer Kombinationen dieser beiden Verfahren [175; 178; 181; 186].

Bei mehrfachen Zeitrestriktionen und Einschränkungen der Beladefolge weisen die heutigen Standardprogramme zur Tourenplanung jedoch Unzulänglichkeiten auf [186; 196; 217]. Die Unzulänglichkeiten der Tourenplanungsprogramme sind auch darauf zurückzuführen, daß die in den Programmen verwendeten Algorithmen für den Benutzer nicht nachvollziehbar und die *Grenzen der Optimierungsmöglichkeiten* nicht allgemein bekannt sind. Das hat zur Folge, daß die Tourenplanungsprogramme den Anforderungen der Praxis nicht in allen Fällen gerecht werden und den Anwender enttäuschen. Der erfahrene *Disponent* ist daher auch weiterhin unentbehrlich [196].

Für die Planung und Optimierung von Logistikstrukturen und Logistikprozessen sowie für die Kalkulation von verursachungsgerechten Transport- und Frachtkostensätzen besteht ein zusätzlicher Nachteil der OR-Tourenplanungsprogramme darin, daß die Abhängigkeit der benötigten Fahrzeuganzahl und der mittleren Fahrweglänge vom Beförderungsbedarf und von der Größe des Servicegebiets nicht explizit berechenbar ist.

Für die Planung und die Kostenrechnung werden daher *analytische Verfahren* zur Tourenplanung und zur Fahrwegoptimierung benötigt, die möglichst rasch zu brauchbaren und kalkulierbaren Lösungen führen. Ein solches Verfahren ist das *Drehstrahlverfahren zur Tourenplanung* in Verbindung mit der *Streifenstrategie zur Fahrwegoptimierung*. Die nachfolgende Beschreibung dieser analytischen Verfahren gibt Einblick in die Probleme und Grenzen der Tourenplanung. Die aus dem Drehstrahlverfahren und der Streifenstrategie resultierenden Lösungen sind geeignet als *analytisches Benchmark* zur Beurteilung der am Markt angebotenen Tourenplanungsprogramme.

1. Verfahren der Tourenplanung

Die Tourenplanung ist relativ einfach für Quellen und Senken, die durch *Ganzladungstransporte* direkt bedient werden können. Die Fahrten zu den Quellen und Senken mit Ganzladungsaufkommen werden daher ausgesondert und separat geplant. Die Tourenplanung beschränkt sich für diese Quellen und Senken auf die Erzeugung *kombinierter Hin- und Rückfahrten* mit kürzesten *Leerfahrten* zwischen einer Senke und einer benachbarten Quelle.

Der schwierigere Teil der Tourenplanung besteht in der Planung der *Teilladungstransporte*. Dafür muß zunächst eine brauchbare *Ausgangslösung* konstruiert werden, die den Beförderungsbedarf unter Einhaltung der Restriktionen erfüllt. Die Ausgangslösung kann dann nach heuristischen Verfahren weiter verbessert werden.

Viele Tourenplanungsverfahren arbeiten zur Erzeugung der Anfangslösung mit einer *Clusterstrategie*: Im ersten Schritt werden benachbarte Quellen und Senken zu *Clustern* zusammengefaßt, die jeweils von einem Transportmittel bedient werden können. Im zweiten Schritt wird für die einzelnen Cluster der optimale Fahrweg bestimmt. Im nächsten Schritt wird die Einhaltung der übrigen Restriktionen überprüft. Bei Nichteinhaltung einer Restriktion wird versucht,

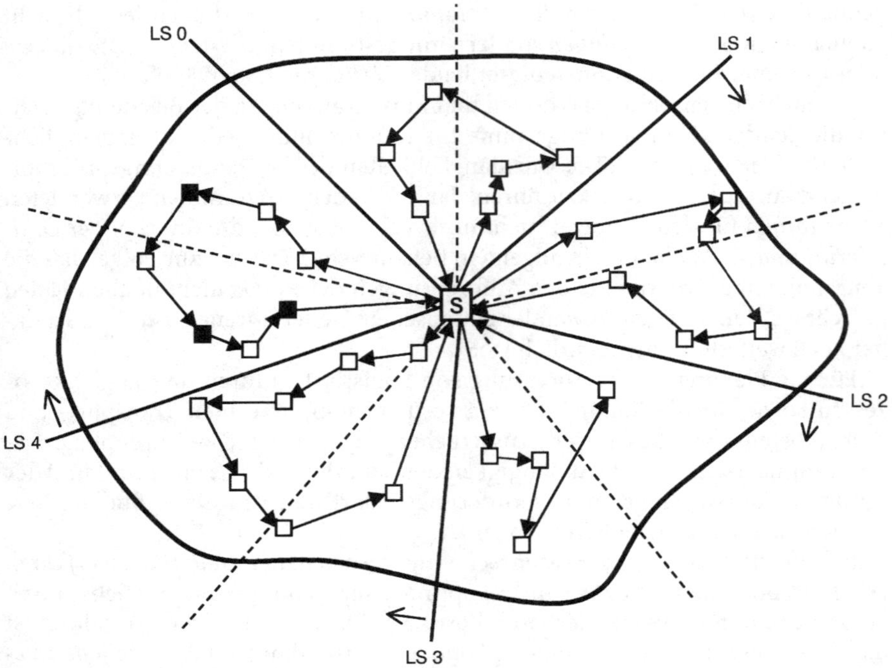

Abb. 18.28 Tourenplanung nach dem Drehstrahlverfahren mit Fahrwegoptimierung nach der Sektorstrategie

□ Zustellorte ■ Abholorte → Rundfahrwege
LS Leitstrahlen mit Drehrichtung --- Sektorteilungen

diese durch Veränderung der Reihenfolge und Zuordnung der Quellen und Senken zu erfüllen.

Das *Drehstrahlverfahren* ist eine analytische Clusterstrategie, deren Vorgehen in *Abb. 18.28* dargestellt ist. Sie wird zunächst für die Auslieferfahrten zu den Senken des Servicegebiets durchgeführt:

1. Vom Logistikstandort wird in eine beliebige Richtung ein *Grundstrahl* LS 0 durch das Servicegebiet gelegt, der möglichst durch eine leere Fläche verläuft und keine Quellen und Senken schneidet.
2. Beginnend beim Grundstrahl wird ein *Leitstrahl* LS 1 soweit gedreht, bis der Beförderungsbedarf einer betrachteten Zeitspanne, z.B. von 6, 12 oder 24 Stunden, zu allen Senken im Sektor zwischen LS 0 und LS 1 das Fassungsvermögen eines Transportmittels zu 80 % bis 90 % füllt.
3. Beginnend bei der Endstellung des ersten Leitstrahls wird ein zweiter Leitstrahl LS 2 soweit gedreht, bis das Fassungsvermögen eines zweiten Transportmittels ausgelastet ist. Auf diese Weise wird das Verfahren mit einem dritten, vierten bis N-ten Leitstrahl fortgesetzt, bis der Grundstrahl SL 0 erreicht ist und alle Senken einem Sektor zugeordnet sind.

4. Wenn die Füllung des Transportmittels im letzten Sektor kleiner ist, als die Summe der Restkapazitäten der übrigen Transportmittel, wird durch *sukzessives Vordrehen* der Leitstrahlen das Restaufkommen auf die Transportmittel der vorangehenden Sektoren gleichmäßig verteilt.
5. Ist eine Verteilung des Restaufkommens nicht möglich und die Auslastung des letzten Transportmittels deutlich geringer, als die übrige Auslastung, wird die Auslastung durch *sukzessive Rückdrehung* der Leitstrahlen vergleichmäßigt.
6. Anschließend werden für jeden *Bedienungssektor* der *optimale Fahrweg* des Transportmittels bestimmt und die *Gesamtfahrzeit* errechnet.
7. Ist die resultierende Gesamtfahrzeit des Transportmittels in einem Sektor länger als zulässig, werden durch Drehen der begrenzenden Leitstrahlen Zielorte an benachbarte Sektoren abgegeben, in denen ein Fahrzeug noch nicht voll ausgelastet ist.

Wenn in dem Servicegebiet zu gleicher Zeit *Quellen und Senken* zu bedienen sind, werden die Quellen sukzessive in die Fahrwegoptimierung der Auslieferfahrten einbezogen und nach jedem Auslieferort alle auf dem Weg liegenden Quellen angefahren, deren anstehende Ladung in den geleerten Frachtraum hineinpaßt.

Für die übrig bleibenden Quellen wird geprüft, ob sie auf dem Rückweg noch ungenutzter leerer Gangzladungsfahrten liegen und diesen zugewiesen. Für alle danach noch unbedienten Quellen ist eine gesonderte Tourenplanung nach dem Drehstrahlverfahren erforderlich.

Die nach dem Drehstrahlverfahren oder einem anderen Clusterverfahren gewonnene Ausgangslösung wird durch Vertauschen von Vorgängern und Nachfolgern einer Fahrt sowie durch Abgabe von Stops an oder von benachbarten Fahrten sukzessive optimiert, bis keine weitere Reduzierung der Transportmittel und keine wirtschaftlich interessante Verkürzung der Fahrzeiten mehr erreichbar ist.

2. Strategien zur Fahrwegoptimierung

Abhängig von der Zielvorgabe ist der *optimale Fahrweg* durch eine vorgegebene Anzahl von Zielorten der Weg mit der *kürzesten Fahrweglänge*, der *kürzesten Fahrzeit* oder den *geringsten Fahrtkosten*. Bei der Fahrwegoptimierung wird meist stillschweigend vorausgesetzt, daß die Transportkapazität *eines* Fahrzeugs zur Bedienung der Zielorte ausreicht. Die Fahrwegoptimierung im Rahmen der Tourenplanung wird erschwert durch die geforderten Abhol- und Anlieferfenster und andere Restriktionen.

Die Aufgabe, den optimalen Fahrweg von einem Startpunkt S_0 durch n Zielorte S_i zurück zum Startpunkt herauszufinden, ist das klassische *Travelling-Salesman-Problem* des *Operations Research* [11; 13; 171; 175; 178; 181; 186].

Für eine kleine Anzahl von Zielorten läßt sich der optimale Fahrweg nach dem *Verfahren der Vollenumeration* bestimmen:

- Für jeden der *n*! Rundfahrwege $S_0 \rightarrow S_i \rightarrow S_j .... \rightarrow S_r \rightarrow S_0$, die sich durch Permution der *n* Zielorte S_i ergeben, wird nacheinander die Einhaltung der Restriktionen geprüft. Unzulässige Fahrwege werden ausgeschieden. Für zulässige Wege werden die Fahrweglänge, die Fahrzeit oder die Fahrtkosten berechnet und mit den Werten des bis dahin besten Fahrwegs verglichen. Der Fahrweg mit dem besseren Zielwert wird ausgewählt. Danach wird der nächste Fahrweg durchgerechnet, bis am Ende der optimale Fahrweg übrig bleibt.

Da die Fahrweganzahl $n!$ mit der Anzahl Zielorte n stärker als exponentiell ansteigt, ist das Travelling-Saleman-Problem mit oder ohne Restriktionen für eine größere Anzahl von Zielorten nach dem Verfahren der Vollenumeration in begrenzter Zeit auch mit einem leistungsfähigen Rechner nicht lösbar. Die im OR entwickelten *heuristen Verfahren* zielen darauf ab, für größere n in kurzer Rechenzeit eine gute *Näherungslösung* zu finden, die von der optimalen Lösung möglichst wenig abweicht.

Viele dieser Verfahren arbeiten mit einer *Eröffnungsstrategie* zur Konstruktion einer brauchbaren *Anfangslösung*, die alle Restriktionen erfüllt und nach unterschiedlichen Verfahren schrittweise verbessert wird. Eine solche Eröffnungsstrategie ist die *Strategie des nächsten Zielorts:*

- Beginnend mit dem Startpunkt S_0 wird nach dem Zielort S_i als nächstes der Zielort S_j angefahren, zu dem die Entfernung, die Fahrzeit oder die Fahrkosten am geringsten sind, und so fort bis alle Zielorte abgefahren sind.

Die Strategie des nächsten Zielorts führt zu Fahrtrouten, die irgendwo im Servicegebiet enden und häufig einen langen Rückweg zum Startpunkt haben. Diesen Nachteil vemeidet die *Streifen-* oder *Sektorstrategie*[1] (s. *Abschnitt 17.6*):

- Das Zielgebiet wird durch Trennlinien in Längsrichtung in eine *grade Anzahl* von *Streifen* gleicher Breite oder *Sektoren* gleicher Fläche zerlegt. Im ersten Streifen werden die Zielorte nacheinander in der Richtung weg vom Startpunkt abgefahren. Nach Anfahrt des letzten Zielorts im ersten Streifen werden die Zielorte des zweiten Streifens in die umgekehrte Richtung zurück abgefahren und so fort, bis alle Streifen durchfahren sind.

Nach der Streifen- oder Sektorstrategie entstehen *Rundtouren*, die am Ausgangsort enden. Modellrechnungen führen zu der *Dispositionsregel* (s. *Abb. 18.30* und *18.31*):

- Bei Anfahrt von weniger als 30 Zielorten sind in der Regel 2 Streifen oder Sektoren wegoptimal. Bei mehr als 30 Zielorten können 4 Streifen oder Sektoren zu einer weiteren Wegverkürzung führen.

Für die Tourenplanung nach dem Drehstrahlverfahren sind die Streifen Teilsektoren, die durch Teilung der Zielsektoren zwischen den Leitstrahlen entstehen. Die aus einer *Zweistreifenstrategie* resultierenden Rundfahrten sind in *Abb. 18.28* dargestellt. Ein anderes Anwendungsbeispiel ist die in *Abb. 17.24* gezeigte *Streifenstrategie* zur Anfahrt von n Lagerorten einer vertikalen Lagerfläche mit einem Regalbediengerät. Auch die in *Abb. 17.23* dargestellte *Durchlaufstrategie* beim ein-

1 Die Streifenstrategie zur Fahrwegoptimierung ist eine Verallgemeinerung der von *J. Miebach* entwickelten, heute vielfach praktizierten *Zweistreifenstrategie* für das Kommissionieren [21; 165].

dimensionalen Kommissionieren ist eine *Mehrstreifenstrategie*, in der die Streifen die Gangmodule sind.

3. Zeitrestriktionen
Für die Anfangslösung, die aus einer Eröffnungsstrategie resultiert, wird geprüft, ob die geforderten Abhol- und Anlieferzeitfenster eingehalten werden, und durch geeignete Verfahren versucht, die Zeitanforderungen zu erfüllen.

Zur Erfüllung von zeitlichen Restriktionen, die auf einer geplanten Rundtour nicht eingehalten werden und sich auch nicht verändern lassen, bestehen folgende *Handlungsmöglichkeiten*:

- Umkehr der Fahrtrichung der Rundtour;
- Verschiebung der Startzeit der Rundtour auf einen passenderen Zeitpunkt;
- Vorziehen der Anfahrt zeitkritischer Zielorte und Verschiebung zeitunkritischer Zielorte;
- Anfahrt zeitkritischer Zielorte aus dem Rückfahrtstreifen bereits auf der Hinfahrt;
- Auslassen zeitunkritischer Zielorte und Anfahrt auf einer nächsten Tour;
- Aufteilung der Fahrt in zwei nacheinander stattfindende Rundtouren;
- Durchführung einer oder mehrerer zusätzlicher *Eilzustelltouren*
- Einsatz kleinerer *Expressfahrzeuge* zur Bedienung der dringlichsten Zielorte.

Diese Handlungsmöglichkeiten sind in aufsteigender Folge mit Leistungseinbußen oder Mehraufwand verbunden. Generell gilt der *Grundsatz*:

- Der Aufwand zur Erfüllung zeitlicher Restriktionen nimmt mit der Anzahl der Zielorte, für die feste Zeitfenster vorgegeben sind, und mit der geforderten *Termintreue* rasch zu.

Häufig wird nicht bedacht, daß auch das beste Fahrwegoptimierungsprogramm nicht alle Zeitanforderungen in einer Rundfahrt erfüllen kann. So können beispielsweise 3 voneinander entfernte Zielorte, die zum gleichen Zeitpunkt *Just-In-Time* angefahren werden sollen, nur mit 3 Direktfahrten pünktlich bedient werden.

4. Mittlere Fahrwege
Die mittlere Fahrweglänge von Rundfahrten nach der Streifenstrategie läßt sich für rechteckige Gebiete exakt und für andere Flächenformen approximativ berechnen. Das ist für die Planung und die Kostenrechnung ein wichtiger Vorteil der Streifenstrategie gegenüber den heuristischen OR-Verfahren, für die sich die mittlere Fahrweglänge nur durch aufwendige Simulationsrechnungen bestimmen läßt.

Wenn der Fahrweg zwischen zwei Punkten des Servicegebiets durch Beziehung (18.46) gegeben ist, folgt aus der in *Abb. 18.29* gezeigten Aufteilung eines rechteckigen Servicegebiets mit der *Länge L*, der *Breite B* und der *Fläche* $F = L \cdot B$ in eine grade Streifenanzahl N die

- *mittlere Fahrweglänge einer Rundfahrt nach der Streifenstrategie* zu *n gleichmäßig* über das Servicegebiet verteilten Zielorten

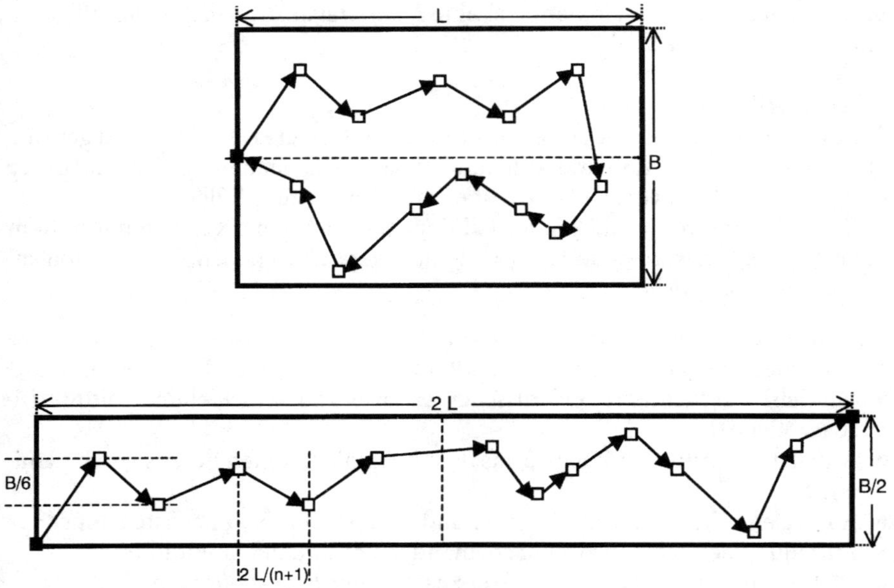

Abb. 18.29 Berechnung der mittleren Tourenlänge für ein rechteckiges Servicegebiet bei Abfahrt nach der Streifenstrategie
Oben: Originalgebiet Unten: Äquivalenzgebiet

$$l_R(n) = f_{umw} \cdot (n+1) \cdot \sqrt{(N \cdot L/(n+1))^2 + (B/3N)^2} \ . \qquad (18.50)$$

In *Abb. 18.30* ist die hiermit berechnete Abhängigkeit der mittleren Fahrweglänge von der Anzahl Stops pro Rundfahrt dargestellt. Hieraus ist die Regel ablesbar:

- Für geringe Stopzahlen nimmt der mittlere Fahrweg unterproportional und für große Stopzahlen proportional mit der Stopzahl zu.

Aus der Beziehung (18.50) ergibt sie der

- *mittlere Fahrweg pro Stop* bei gleichverteilten Zielorten

$$s_{Stop} = l_R(n)/n = f_{umw} \cdot (1/n) \cdot \sqrt{(N \cdot L)^2 + (n+1)^2 \cdot (B/3N)^2} \ . \qquad (18.51)$$

Abb. 18.31 zeigt die hieraus resultierende Abhängigkeit des mittleren Fahrwegs pro Stop von der Anzahl Stops pro Rundfahrt. Hieraus folgt die weitere *Regel*:

- Der mittlere Fahrweg pro Stop nimmt zunächst rasch mit der Stopzahl ab und erreicht für große Stopzahlen einen asymptotischen Grenzwert.

Außerdem geben die *Abb. 18.30 und 18.31* ein Beipiel für die zuvor genannte Regel, nach der sich die mittleren Fahrwege für weit mehr als 30 Stops pro Rundfahrt

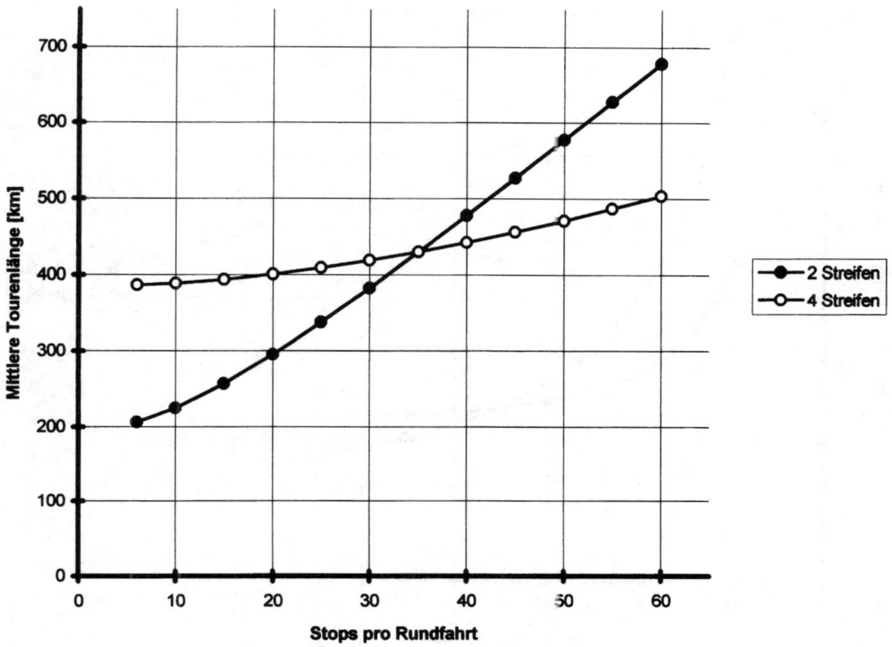

Abb. 18.30 Abhängigkeit des mittleren Rundfahrwegs von der Anzahl Stops pro Tour

Parameter Streifenanzahl der Rundfahrstrategie
Rechteckiges Servicegebiet mit 4.000 km² und f_{form} = L/B = 1,5
Umwegfaktor 1,24

durch den Übergang von einer Zweistreifen- zu einer Vierstreifenstrategie verkürzen lassen.

Ein Maß für die Abweichung einer Servicefläche $F_S = L \cdot B$ mit der *mittleren Länge L* und der *mittleren* Breite *B* vom Quadrat und vom Kreis ist der *Formfaktor*

$$f_{\text{form}} = \text{L}/\text{B} \,. \tag{18.52}$$

Mit dem Formfaktor (18.52) folgt aus Beziehung (18.50) die *Abhängigkeit des mittleren Rundfahrwegs* zu *n* Zielorten nach der N-Streifenstrategie von der *Servicefläche* F_S:

$$l_R(F,n) = f_{\text{umw}} \cdot \sqrt{f_{\text{form}} \cdot \text{N}^2 + (n+1)^2 / \left(9 f_{\text{form}} \cdot \text{N}^2\right)} \cdot \sqrt{F_S} \,. \tag{18.53}$$

In *Abb. 18.32* ist die mit Beziehung (18.53) errechnete Flächenabhängigkeit des Rundfahrwegs für drei verschiedene Formfaktoren dargestellt. Hieraus ist ablesbar:

- Die mittlere Rundfahrtlänge nimmt proportional zur Wurzel aus der Servicefläche zu und ist nur wenig abhängig von der Form des Servicegebiets.

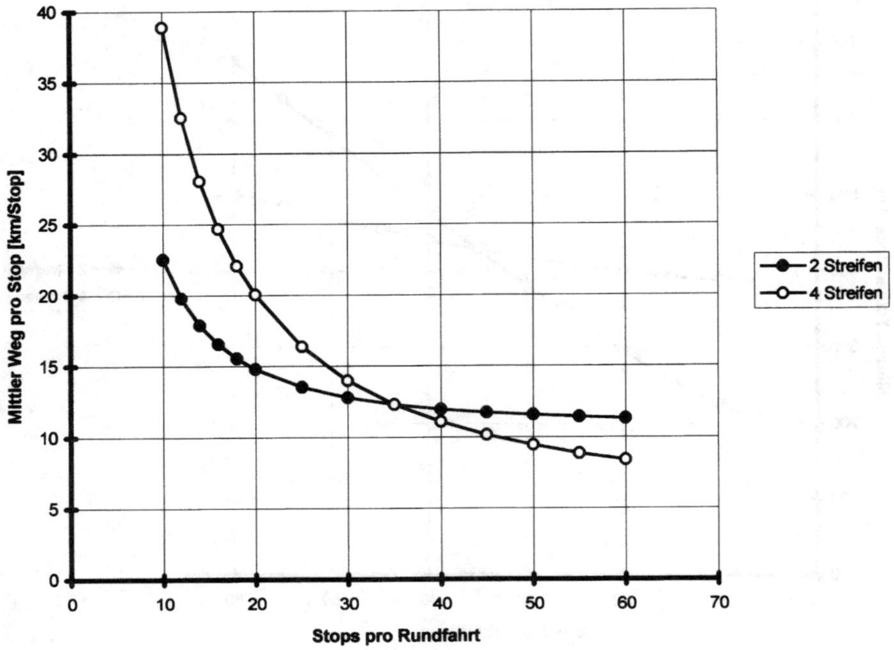

Abb. 18.31 Abhängigkeit des mittleren Fahrwegs pro Stop von der Anzahl Stops

Parameter s. *Abb. 18.30*

Wegen des relativ geringen Formeinflusses ist die Beziehung (18.53) auch zur *näherungsweisen* Berechnung des mittleren Fahrwegs für Servicegebiete geeignet, deren Fläche F nicht rechteckig ist. In diesen Fällen ist für den Formfaktor (18.52) das Verhältnis der *maximalen Länge* zur *mittleren Breite* des Servicegebiets einzusetzen.[2]

5. Transportmittelbedarf

Der Transportmittelbedarf in einem Verkehrssystem ist gleich der maximalen Anzahl Fahrten, die gemäß der Tourenplanung und Fahrwegoptimierung zu gleicher Zeit stattfinden müssen, um den Beförderungsbedarf unter Berücksichtigung aller zeitlichen und übrigen Randbedingungen zu befriedigen.

Werden die Touren nach dem Drehstrahlverfahren geplant und nach der Streifenstrategie abgefahren, ist der Fahrzeugbedarf für ein Servicegebiet maxi-

2 Es ist eine lohnende Forschungsaufgabe, die Ergebnisse der OR-Verfahren zur Standortbestimmung, Tourenplanung und Fahrwegoptimierung mit den Ergebnissen des analytischen Verfahrens zu vergleichen und die Genauigkeit und Grenzen der Näherungsformeln (18.48), (18.50) und (18.53) zu untersuchen.

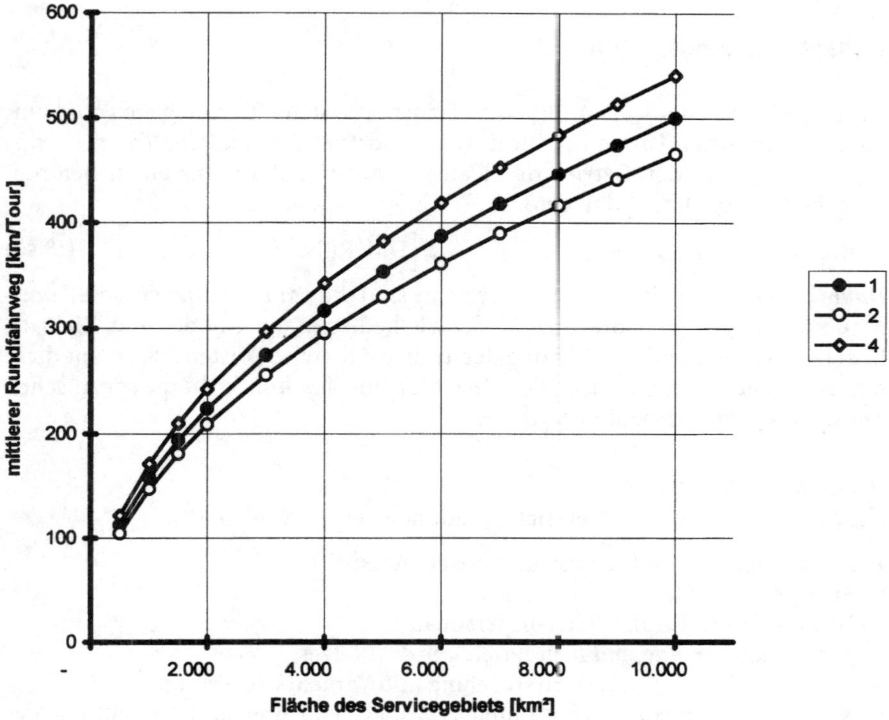

Abb. 18.32 Abhängigkeit des mittleren Rundfahrwegs von der Serviceflächenform

Parameter Formfaktor $f_{\text{form}} = L/B = 1, 2, 4$ Stopps pro Tour: 20
übrige Parameter s. *Abb. 18.30*

mal gleich der Anzahl Sektoren, die jeweils in einer Rundtour bedient werden. Wenn die Summe der Fahrzeiten von zwei oder mehr Touren kürzer als die zulässige Einsatzzeit eines Transportmittels ist und die zeitlichen Restriktionen damit verträglich sind, kann *ein* Transportmittel diese Touren nacheinander ausführen. Dadurch reduziert sich der Transportmittelbedarf. Die Fahrzeit pro Tour läßt sich näherungsweise mit Hilfe der Beziehungen (18.36) und (18.51) berechnen.

Das Drehstrahlverfahren in Verbindung mit der Streifenstrategie ist geeignet für die mittelfristige Transportplanung, zur Entwicklung fester Tourenpläne und für die approximative Berechnung des Transportmittelbedarfs. Dabei wird mit dem mittleren und dem maximalen täglichen Beförderungsbedarf bei einer durchschnittlichen Verteilung der Quellen und Senken gerechnet. Für die Fahrzeugdisposition im operativen Tagesgeschäft sind leistungsfähige Tourenplanungsprogramme besser geeignet, wenn sie für typische Testkonstellationen zu einem geringeren Transportmittelbedarf und deutlich kürzeren Fahrzeiten führen als das Drehstrahlverfahren [181; 186; 188; 217].

18.12 Transportleistungskosten

Die Betriebskosten K_{TS} [DM/PE] eines Transportsystems TS sind gleich der Summe der *Netzbetriebskosten* K_{TN} für das Transportnetz TN und der *Transportmittelkosten* K_{TM} für den Betrieb der Transportmittel TM, die für einen Beförderungsbedarf (18.2) benötigt werden:

$$K_{TS} = K_{TN} + K_{TM} \qquad [DM/PE] \,. \tag{18.54}$$

Hauptkostentreiber eines Transportsystems sind die *Transportmengen*, die *Transportentfernungen* und die *Anzahl* der zu bedienenden Abhol- und Zielorte. Durch Aufteilung und Zurechnung der Transportbetriebskosten (18.54) auf diese Kostentreiber lassen sich nach den Verfahren aus *Abschnitt 6.6/I* die spezifischen *Transportkostensätze* kalkulieren.

1. Netzbetriebskosten

Die *Netzbetriebskosten* setzen sich zusammen aus (s. *Kapitel 6/I*):

- *Abschreibungen und Zinsen* für die Netzinvestition,
- *Energiekosten* für den Netzbetrieb,
- *Personalkosten* für das Betriebspersonal,
- *Kosten für Wartung und Instandsetzung* des Netzes,
- *Steuerungskosten* für Verkehrsregelung und Verkehrssicherung,
- *Netzmanagementkosten* für Aufbau, Ausbau, Führung und Verwaltung des Netzwerks.

Die Höhe der Netzbetriebskosten wird bestimmt von der Gesamtnetzlänge $L_{TN} = \Sigma\, l_{k\alpha}$ und von den *Stationen* und *Transportelementen* TE_k mit den *Durchfahrlängen* $l_{k\alpha}$ und *Funktionen* $F_{k\alpha}$. Die installierten Grenzleistungen der Transportelemente hängen von den maximalen *Transportleistungen* $\lambda_{k\alpha\,max}$ ab, die in Spitzenzeiten für die Funktionen $F_{k\alpha}$ erwartet werden.

Wenn die Betriebskosten $K_{TN} = K_{TN}(\lambda_{k\alpha}; l_{k\alpha})$ [DM/PE] für das Netz kalkulatorisch auf die für eine Periode geplante *Gesamtransportleistung* $\Sigma\lambda_{k\alpha} \cdot l_{k\alpha}$ [TM-km/PE] umgelegt werden, ergeben sich die

- *spezifischen Netzkosten* pro Transportmittel-Kilometer

$$k_{TN} = K_{TN} / \left(\sum \lambda_{ka} \cdot l_{ka} \right) \qquad [DM/TM\text{-}km] \,. \tag{18.55}$$

Bis auf die Wartungs- und Instandhaltungskosten sind die Netzbetriebskosten unabhängig von der aktuellen Verkehrsbelastung des Transportnetzes und damit überwiegend *Fixkosten*. Daher trägt der Eigentümer oder Betreiber eines Transportnetzes ein hohes *Auslastungsrisiko*.

Wenn das Transportnetz, wie die öffentlichen Verkehrsnetze, nicht vom Betreiber sondern von anderen Transportdienstleistern oder von Verkehrsteilnehmern genutzt wird, müssen diese mit den Netzkosten belastet werden. Dafür sind aus den spezifischen Netzkosten (18.55) unter Annahme einer bestimmten Planauslastung *Netzbenutzungsgebühren* zu kalkulieren, die auch das *Auslastungsrisiko* durch einen entsprechenden *Risikozuschlag* berücksichtigen.

Möglichkeiten zur Kostenbelastung der Benutzer eines Transportnetzes sind:

- *Zeitabhängige Direktbelastung*: Steuern, Grundgebühren oder Eintrittsgelder, die pro Transportmittel für eine bestimmte Nutzungszeit unabhängig von der Fahrleistung erhoben werden.
- *Nutzungsabhängige Direktbelastung*: Maut, Wegegeld, Nutzungsgebühren oder andere Abgaben, die abhängig von der gefahrenen Weglänge und der Größe des Transportmittels unmittelbar vor oder nach Beendigung der Nutzung kassiert werden.
- *Indirekte Belastung*: Gebühren oder Steuern, die im Kraftstoffpreis oder in den Energiekosten enthalten sind.

In der Praxis ist eine Kombination dieser Belastungsformen üblich. Da der Kraftsstoff- oder Energieverbrauch weitgehend proportional zur Fahrleistung, zur Fahrzeugkapazität und zur Fahrwegbelastung ist, entspricht die indirekte Kostenbelastung am besten dem Verursachungsprinzip (s. *Abschnitt 7.1/I*). Außerdem ist diese Form der indirekten Belastung mit den geringsten Erfassungskosten verbunden, da keine Mautstellen erforderlich sind.

Bei der nutzungsabhängigen Direktbelastung besteht die Möglichkeit, zu Hauptverkehrszeiten höhere Netzgebühren zu erheben als zu verkehrsschwachen Zeiten. Damit wird ein Teil der Verkehrsbelastung aus der Hauptverkehrszeit in Nebenzeiten verdrängt. Ein solches Verfahren aber kann für einige Verkehrsteilnehmer unerwünschte soziale Folgen haben, die sich nur schwer durch andere verkehrspolitische Maßnahmen ausgleichen lassen.

Hin und wieder wird auch überlegt, für Haupt- und Nebennetze mit unterschiedlichen *Teilnetzkosten* zu kalkulieren. Eine solche Differenzierung ergibt für stark befahrene *Hauptnetze* meist geringere spezifische Netzkosten als für schwach befahrene *Nebennetze*. Bei einer verursachungsgerechten Belastung der Netzbenutzer würde das zu einer Verdrängung des Verkehrs auf die Hauptnetze und zur Abnahme der Nutzung der Nebennetze führen. Daraus aber resultiert ein Teufelskreis, wenn die Nutzungsgebühren für das Nebennetz weiter erhöht werden.

Die dargestellten Abhängigkeiten und Wechselwirkungen machen deutlich, daß die Umlage der Netzkosten auf die Netzbenutzer eine schwieriges Problem ist, das bislang noch nicht allgemeingültig und zufriedenstellend gelöst wurde.

2. Transportmittelkosten

Abgesehen von den Kosten für eventuelle Transportbehälter sind die Betriebkosten eines *Fördersystems* gleich den Netzbetriebskosten. Für die *Fahrzeugsysteme* kommen zu den Netzbetriebskosten die *Betriebskosten der Transportmittel* hinzu.

Die Transportmittelkosten setzen sich zusammen aus:

- *Abschreibungen und Zinsen* für die Transportmittel einschließlich Fahrzeugsteuerung;

- *Kraftstoff- und Energiekosten* für den Antrieb;
- *Personalkosten* für die Besatzung der Transportmittel;
- *Wartungs- und Instandhaltungskosten* für die Transportflotte;
- *Steuerungskosten* für die Transportmitteldisposition, Einsatzsteuerung und Einsatzkontrolle;
- *Flottenmanagementkosten* für Planung, Beschaffung und Verwaltung der Transportmittel.

Die Kosten für Abschreibungen, Zinsen, Wartung und Instandhaltung der *Transporthilfsmittel* sind gesondert zu kalkulieren, denn ihre Zurechnung hängt davon ab, ob die Transporthilfsmittel dem Verlader oder dem Betreiber der Transportmittel gehören.

Die Zinsen, die Steuerungskosten und die Kosten für das Flottenmanagement hängen ab von der *Anzahl*, vom *Typ* und von der *Kapazität* der Transportmittel einer Flotte, die für einen geplanten Transportbedarf bereitgehalten wird. Die Personalkosten werden von der *Einsatzdauer* und der *Besetzung* der Transportmittel bestimmt.

Die Abschreibungen für Abnutzung, die Kraftstoff- und Energiekosten und die Wartungs- und Instandhaltungskosten sind proportional zur *Fahrleistung* (s. *Kapitel 6/I*).

3. Transportkostensätze und Transportleistungspreise

Nach den in *Kapitel 6/I* und *7/I* beschriebenen Verfahren lassen sich aus den Transportbetriebskosten (18.54) mit den Kennzahlen der *Transporteinheiten* [TE], den *Einsatzzeitzeiten*, der *Fahrzeugbesetzung* und den mittleren *Stoppzeiten* die *Transportkostensätze* kalkulieren:

$$\begin{array}{lll} \textit{Grundkosten} & k_{Gr} & [\mathrm{DM/TM\text{-}Fahrt}] \\ \textit{Stoppkosten} & k_{Stop} & [\mathrm{DM/TM\text{-}Stop}] \\ \textit{Fahrwegkosten} & k_{Weg} & [\mathrm{DM/TM\text{-}km}]\,. \end{array} \qquad (18.56)$$

Mit diesen Kostensätzen sind die *Transportkosten* für eine Transportfahrt, die sich insgesamt über eine *Fahrweglänge* l_{FW} [km] erstreckt und zwischen Start- und Endpunkt der Nutzfahrt mit n_{Stop} *Stops* verbunden ist, gegeben durch:

$$K_{TF}(l_{FW};n_{Stop}) = k_{Gr} + n_{Stop} \cdot k_{Stop} + l_{FW} \cdot k_{Weg} \qquad [\mathrm{DM/TE\text{-}Fahrt}]\,. \qquad (18.57)$$

Auch der Betreiber einer Transportmittelflotte trägt ein *Auslastungsrisiko*, wenn auch nicht in gleichem Ausmaß, wie der Netzbetreiber, da ein größerer Teil der Transportmittelkosten variabel ist. Mit den kalkulatorischen Zuschlägen für das Auslastungs- und Bereithaltungsrisiko sowie für Verwaltung, Vertrieb und Gewinn folgen aus den Transportkostensätzen (18.56) nach Beziehung (7.1) die *Transportleistungspreise*.

Für ausgewählte Transportmittel und verschiedene Verkehrsträger sind in *Tabelle 18.4* Kennwerte für Transportleistungspreise angegeben, die mit Hilfe eines

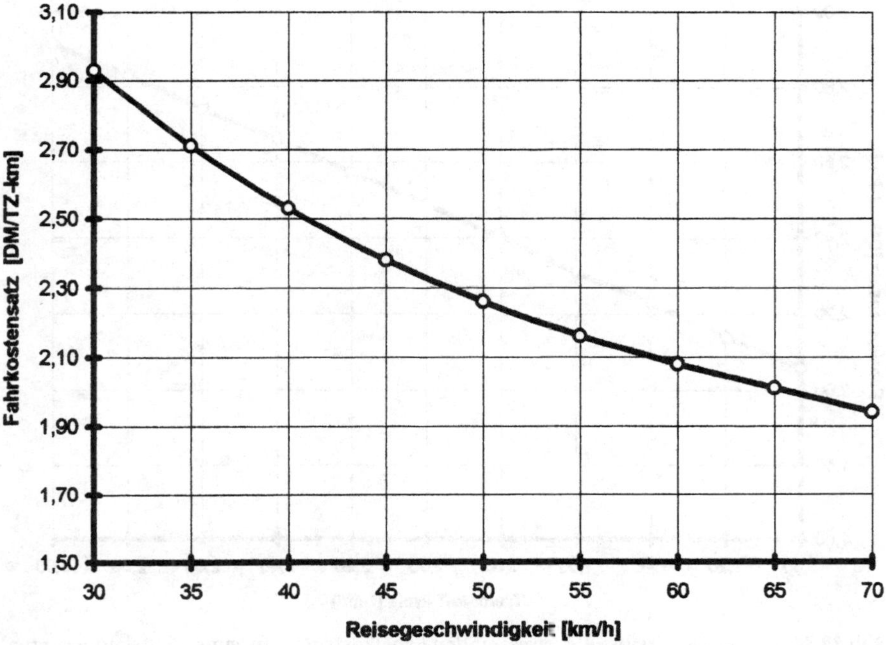

Abb. 18.33 Abhängigkeit des Fahrtkostensatzes für einen Sattelaufliegerzug von der Reisegeschwindigkeit

Kalkulationsprogramms für Transportkosten auf Preisbasis 1998 unter bestimmten Annahmen für die mittlere Auslastung und die Einsatzdauer berechnet wurden. Das *Transportkostenprogramm* wurde nach den in *Kapitel 6 und 7/I* dargestellten Kalkulationsverfahren erstellt und macht von den in diesem Kapitel entwickelten Berechnungsformeln Gebrauch. In den Wegpreisen sind die anteiligen Netzkosten (18.55) enthalten.

Mit Hilfe des Transportkostenprogramms lassen sich Auswirkungen der unterschiedlichen Einflußfaktoren auf die Transportkosten analysieren. Die *Abb. 18.33* bis *18.37* zeigen die Ergebnis einer Sensitivitätsanalyse der Transportkostensätze und Transportpreise für die in *Abb. 12.5/I* und *18.20* dargestellten *Sattelaufliegerzüge.*

Die Abhängigkeit des Fahrtwegkostensatzes k_{Weg} [DM/TM-km] von der effektiven Reisegeschwindigkeit zeigt *Abb. 18.33*. Mit zunehmender Reisegeschwindigkeit sinken die Fahrwegkosten. Hieraus ist erkennbar, wie groß der Einfluß von Geschwindigkeitsbegrenzungen und Staus auf die Transportkosten ist.

Die Auswirkungen einer Änderung der Kraftstoffpreise auf den Fahrtkostensätze ist in *Abb. 18.34* dargestellt. Eine Verdopplung des Dieselkraftstoffpreises von 1,50 auf 3,00 DM/*l* würde einen Anstieg der Transportkosten von 2,50 auf 2,90 DM/km, also um 16 % bewirken.

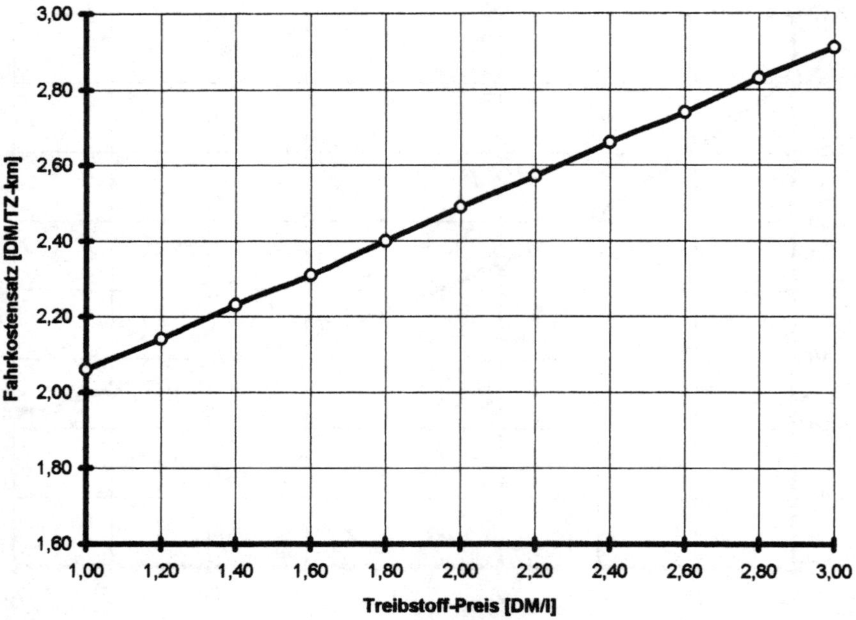

Abb. 18.34 Einfluß des Treibstoffpreises auf den Fahrtkostensatz für einen Sattelaufliegerzug

Abb. 18.35 zeigt den linearen Anstieg des mit Beziehung (18.57) kalkulierten *Relationspreises* für Transportfahrten von einem Verladeort zu einem Zielort mit der Transportentfernung. Der Relationspreis hängt sehr empfindlich vom *Leerfahrtanteil* ab, also vom Anteil der ungenutzten Fahrten vom Zielort zum nächsten Verladeort (s. *Abb. 18.35* und *18.36*).

4. Paarigkeit des Ladungsaufkommens

Bei Betrieb eines Fahrzeugsystems im Shuttle-Verkehr mit kombinierten Hin- und Rückfahrten zwischen je zwei Stationen hängt die Auslastung des Transportsystems und damit die Transportkosten von der Paarigkeit des Ladungsaufkommens zwischen den Stationen ab.

Wenn das *Hinlaufaufkommen* λ_{ij} von S_i nach S_j größer ist als das *Rücklaufaufkommen* λ_{ji} von S_j nach S_i, wenn also $\lambda_{ij} > \lambda_{ji}$, ist die Paarigkeit der Relation $S_i \rightarrow S_j$ gleich dem Quotienten $\lambda_{ji}/\lambda_{ij}$. Wenn $\lambda_{ji} > \lambda_{ij}$ ist, ist die Paarigkeit $\lambda_{ij}/\lambda_{ji}$. Allgemein gilt:

- Die *Relationspaarigkeit des Ladungsaufkommens* zwischen zwei Stationen S_i und S_j ist

$$\eta_{ij\,paar} = \mathrm{MIN}\left(\lambda_{ji}/\lambda_{ij};\lambda_{ij}/\lambda_{ji}\right) \qquad [\%] \qquad (18.58)$$

Besteht nur in einer Richtung ein Ladungsaufkommen, ist die Paarigkeit 0 %. Ist das Ladungsaufkommen in beide Richtungen gleich, ist die Paarigkeit 100 %.

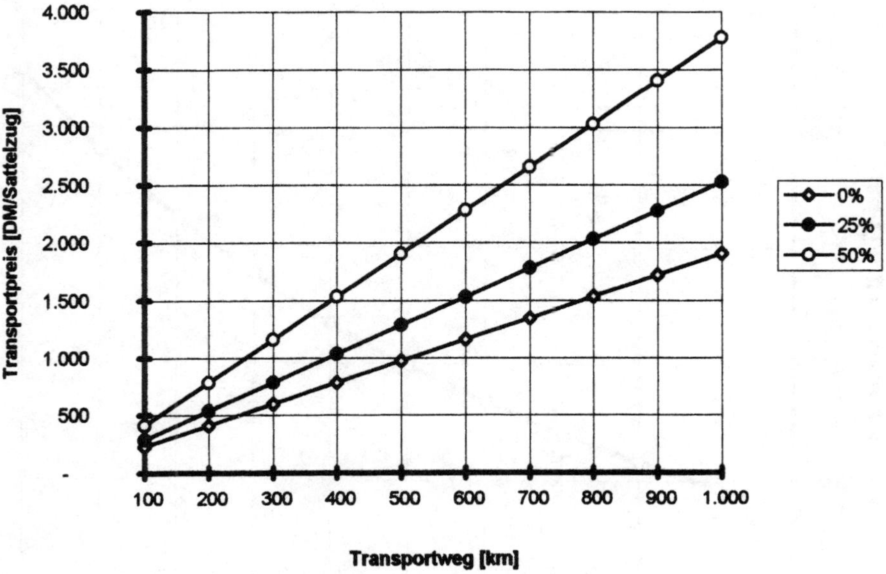

Abb. 18.35 Entfernungsabhängigkeit der Relationspreise für Transportfahrten mit einem Sattelaufliegerzug

Parameter Leerfahrtanteil

Wenn das Rücklaufaufkommen halb so groß ist wie das Hinlaufaufkommen ist $\lambda_{ji} = \lambda_{ij}/2$ und die Paarigkeit 50 %.

Ist die Relationspaarigkeit $\eta_{ij\ paar}$, dann ist der *Leerfahrtanteil* bei reinem Shuttlebetrieb mit vollen Fahrzeugen:

$$\eta_{ij\ leer} = \left(1 - \eta_{ij\ paar}\right)/2 \qquad [\%] \qquad (18.59)$$

So ist beispielsweise für eine Paarigkeit von 50 % der Leerfahrtanteil bei kombinierten Fahrten mit vollen Fahrzeugen 25 %.

Für Transportsysteme mit mehr als zwei Stationen ergibt sich aus den Relationspaarigkeiten (18.58) und dem *Gesamtladungsaufkommen*

$$\lambda = \sum_{i,j} \lambda_{ij} \qquad [LE/PE] \qquad (18.60)$$

durch gewichtete Summation über alle Stationen die *Systempaarigkeit*:

$$\eta_{TS\ paar} = \sum_{i,j} \left(\lambda_{ij}/\lambda\right) \cdot MIN\left(\lambda_{ji}/\lambda_{ij}; \lambda_{ij}/\lambda_{ji}\right) \qquad [\%] \qquad (18.61)$$

Wenn sich die Summation (18.60) und (18.61) auf die Stationen in zwei voneinander getrennten Servicegebieten beschränkt, ergibt (18.61) die *Gebietspaarigkeit des Ladungsaufkommens* zwischen diesen Gebieten.

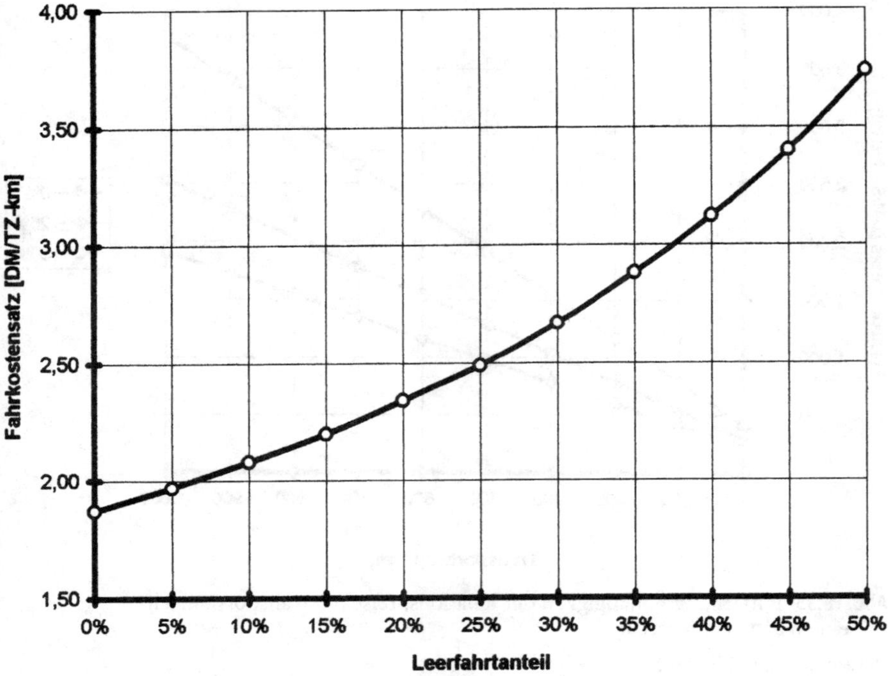

Abb. 18.36 Abhängigkeit des effektiven Fahrtkostensatzes für Transportfahrten vom Leerfahrtanteil

Die Paarigkeit ist maßgebend für die Auslegung des Trassennetzes und die Betriebsstrategien des Transportsystems. Bei hoher Paarigkeit und einem Ladungsaufkommen zwischen zwei Stationen, das regelmäßig verkehrende Transportfahrzeuge ausreichend füllt, ist eine direkte Linientrasse mit Hin- und Rückfahrten sinnvoll. Bei geringer Paarigkeit und schwachem Ladungsaufkommen zwischen den Stationen sind Netze mit *Ringstruktur und Rundfahrten* oder Netze mit *Sternstruktur und gebrochenem Transport* vorteilhafter (s. *Abb. 18.1, 18.21, 19.15* und *19.16*).

Wenn der Rückfahrweg nicht genutzt und auch nicht vergütet wird, muß der Fahrtkostensatz für die produktive Hinfahrt entsprechend erhöht werden. Bei 50 % Leerfahrtanteil ist daher der effektive Fahrtkostensatz für die Hinfahrt doppelt so hoch wie bei 0 % Leerfahrtanteil, also bei 100 % bezahlter Nutzung der Rückfahrt. Dieser Zusammenhang macht die großen Einsparungsmöglichkeiten deutlich, die sich mit einer *paarweisen Nutzung* von Relationsfahrten und einer *Reduzierung des Leerfahrtanteils* von Rundfahrten erzielen lassen.

Aus den unterschiedlichen Chancen für bezahlte Rückfahrten erklären sich auch die häufig recht stark voneinander abweichenden Transportkostensätze, die am Markt angeboten werden. Zwischen Gebieten mit einem ausgeglichenem Hin- und Rückfrachtaufkommen sind die Transportpreise niedriger als zwischen

Gebieten, zwischen denen ein ungleiches Transportaufkommen besteht. Für ungleichgewichtige Relationen sind die Transportkosten in der Richtung mit dem kleinerem Transportaufkommen in der Regel deutlich geringer als in der Gegenrichtung.

5. Entfernungskostensätze

Wenn die Transportkosten nicht differenziert mit den Kostentreibern *Fahrt, Stop* und *Transportweg* kalkuliert sondern nur auf die Transportentfernung bezogen werden, ergibt sich die in *Abb. 18.37* dargestellte Entfernungsabhängigkeit des resultierenden *Entfernungskostensatzes* $k_{entf} = K_{TF}(l_{FW})/l_{FW}$.

Der pauschale Entfernungskostensatz nimmt mit zunehmender Transportentfernung ab, da die darin anteilig enthaltenen Grundkosten für Anfahrt, Warten, Rangieren und Laden immer weniger ins Gewicht fallen. Die bei Spediteuren üb-

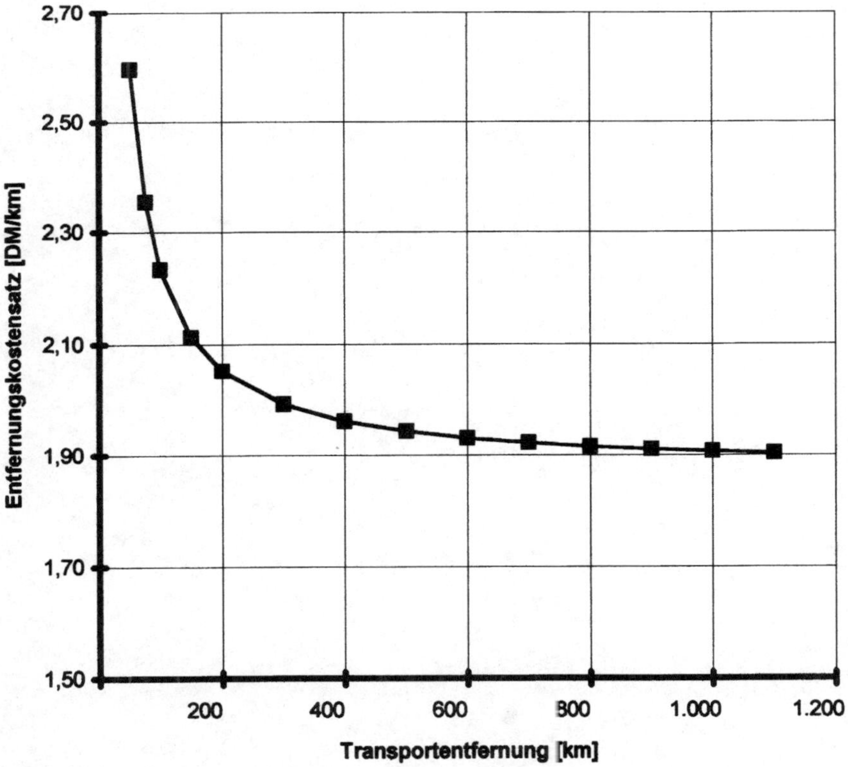

Abb. 18.37 Abhängigkeit des Entfernungskostensatzes für Transportfahrten mit einem Sattelaufliegerzug von der Transportentfernung

Transportkosten einschließlich Anfahrt, Warten, Rangieren und Ladezeit bei 100% Rückfrachtnutzung

liche Abrechung von Ladungstransporten nach pauschalen Entfernungssätzen entspricht daher nicht den Grundsätzen einer transparenten und fairen Preisgestaltung (s. *Abschnitt 7.1/I*).

Abhängig von *Kapazität* und *Füllungsgrad* der Transportmittel resultieren aus den Transportkosten die *Frachtkosten*. Die Kalkulation und die Einflußfaktoren der Frachtkosten werden in den *Abschnitten 19.13* und *19.14* behandelt.

19 Optimale Lieferketten

Das *Management der Lieferketten*, das sogenannte *Supply Chain Management*, umfaßt die Auswahl, die Gestaltung, die Organisation und den Betrieb *optimaler Lieferketten* zur Versorgung von *Bedarfsstellen* oder *Kunden* aus den *Liefer-* oder *Versandstellen*. Dazu gehört auch die Disposition von *Nachschub* und *Beständen* in den Stationen der Lieferketten.

Eine *Lieferkette* ist eine *Aneinanderreihung* von *Transportverbindungen* und *Zwischenstationen*. Sie verbindet eine *Lieferstelle* mit einer *Empfangsstelle* und wird von *Waren* und *Sendungen* in einer bestimmten *Belieferungsform* durchlaufen. Abhängig von der Aufgabe und Betrachtung werden die Lieferketten auch als *Versorgungsketten, Beschaffungsketten, Transportketten, Beförderungsketten* oder *Entsorgungsketten* und allgemein als *Logistikketten* bezeichnet.

Für die *Lieferung* der Waren und Güter, die eine Empfangsstelle von einer Lieferstelle anfordert, wie auch für die *Beförderung* von Sendungen und Personen gibt es in der Regel mehrere Logistikketten. Daraus resultiert die *allgemeine Belieferungsaufgabe:*

- Für vorgebene *Warenströme* oder *Sendungen* ist aus den möglichen Logistikketten die *optimale Liefer- und Transportkette* auszuwählen, die bei Einhaltung der geforderten *Lieferzeiten* und *Randbedingungen* mit den geringsten *Kosten* verbunden ist.

Hinter der allgemeinen Belieferungsaufgabe, die auf den ersten Blick recht einfach erscheint, verbirgt sich die gesamte *Logistik* [94; 95; 96; 97; 98; 192; 236].

Die Belieferungsaufgabe stellt sich zwischen den Unternehmen, Betrieben und Konsumenten, aber auch innerhalb eines Betriebs. Zu unterscheiden sind daher interne und externe Lieferketten. *Interne Lieferketten* verbinden die Quellen und Senken innerhalb eines Betriebs oder zwischen den Produktions- und Leistungsstellen in einem abgeschlossenen Betriebsgelände. Eine durchgängige *interne Logistikkette* beginnt im Wareneingang und endet im Warenausgang *desselben Betriebs*.

Externe Lieferketten verbinden den Warenausgang eines Unternehmens, Betriebs oder Erzeugers mit dem Wareneingang eines *anderen* Unternehmens, Betriebs oder Verbrauchers. Eine durchgängige *externe Logistikkette* beginnt im Warenausgang einer Lieferstelle und endet im Wareneingang einer Empfangsstelle.

Für das laufende Geschäft beschränkt sich die Belieferungsaufgabe auf die Auswahl der jeweils kostenoptimalen aus einer Anzahl *vorhandender Lieferketten.* Darüber hinaus muß das Unternehmen, das die Belieferungskosten trägt, zur Sicherung seiner Wettbewerbsfähigkeit permanent die vorhandenen Lieferketten optimieren und bei Bedarf *neue Logistikstrukturen* schaffen.

Bei Lieferung *frei Haus* stellt sich die *Belieferungsaufgabe* primär dem Lieferanten. Bei Beschaffung *ab Werk* übernimmt der Empfänger die *Beschaffungsaufgabe.* Wenn ein *Logistikdienstleister* eingesetzt wird, muß dieser die *Beförderungaufgabe* lösen.

In diesem Kapitel werden *Verfahren* und *Berechungsformeln* zur Lösung der allgemeinen Belieferungsaufgabe entwickelt. Der Schwerpunkt liegt dabei auf der Optimierung externer Lieferketten. Das allgemeine Vorgehen und die hierfür entwickelten Verfahren sind jedoch auf interne Logistikketten übertragbar.

Bestimmungsfaktoren für den Aufbau und die Auswahl optimaler Lieferketten sind die *Strukturbedingungen* der jeweils betrachteten Lieferbeziehungen sowie die *Leistungs- und Serviceanforderungen* der Kunden und Lieferanten. *Handlungsmöglichkeiten* bieten die *Gestaltungsparameter* der Lieferketten. Von besonderer Bedeutung sind dabei die *Transportverbindungen* und die *Zwischenstationen,* aus denen sich die Lieferketten zusammensetzen.

Auswahl und *Nutzung* der Lieferketten regeln *Belieferungsstrategien.* Diese werden nachfolgend konzipiert. Daraus leiten sich *Strategieparameter* ab, deren Auswirkungen zu analysieren sind. Wenn die Leistungs- und Serviceanforderungen erfüllt sind, ist das primäre *Ziel* der Optimierung der Lieferketten eine Senkung der *Belieferungskosten.* Die Berechnung der Belieferungskosten ist daher ein Schwerpunkt dieses Kapitels.

Auf dieser Grundlage wird ein allgemeines *Prozeßkostenmodell* entwickelt, das zur Bestimmung optimaler Lieferketten sowie zur Kalkulation von Transport- und Frachtkosten für unterschiedliche Transportketten geeignet ist. Ergebnisse sind *Optimierungsmöglichkeiten* und *Auswahlkriterien* für optimale Lieferketten sowie Hinweise auf Potentiale zur *Leistungsverbesserung* und *Kostensenkung.*

19.1 Strukturbedingungen

Die Strukturbedingungen sind gegeben durch die *Lieferstellen* und *Empfangsstellen,* die durch Lieferketten miteinander zu verbinden sind, sowie durch die *Zwischenstationen* und *Transportverbindungen,* die für die Beförderung der Waren, Sendungen oder Personen zur Verfügung stehen.

Ein Teil der Strukturbedingungen, wie die Standorte der Lieferanten und der Kunden, sind *Fixpunkte,* die sich nicht verändern lassen oder oder nur langfristig beeinflußbar sind. Andere Strukturbedingen, wie die Anzahl und Standorte der Zwischenstationen und die Funktionen dieser Stationen, sind mit mehr oder minder hohem Aufwand veränderbar und daher *Gestaltungsparameter der Logistikstruktur.*

1. Empfängerstruktur

Empfangsstellen, *Kunden* oder *Senken* der Waren- und Ladungsströme können innerbetriebliche Leistungsstellen, Filialen eines Handelsunternehmens, Werke von Industriebetrieben, Kunden eines Herstellers, Lager und Logistikzentren oder die Endverbraucher in einer Region sein.

Kennzahlen der Kunden- oder *Empfangsstruktur* sind:

- *Anzahl* N_E der Empfangsstellen;
- *Standorte* $(x_j;y_j)$ der Empfangsstellen $j = 1,2 \ldots N_E$.

Die Kunden werden von den Lieferanten häufig nach vertrieblichen oder historisch gewachsenen Gesichtspunkten zu *Kundengruppen* zusammengefaßt. Eine solche Kundenklassifizierung sollte jedoch für die Organisation der Belieferung nicht bindend sein. Im Gegenteil:

- Erst nach Loslösung von der vertrieblichen Kundenklassifizierung lassen sich in vielen Fällen die Lieferketten und die Distributionsstrukturen wirkungsvoll optimieren.

Außer der kommerziellen *Einkaufstätigkeit*, die im wesentlichen vor dem Warenabruf stattfindet, wird in den Empfangsstellen für die laufende Beschaffung der benötigten Waren eine Reihe von administrativen und operativen Logistikleistungen erbracht.

Administrative Logistikleistungen der Empfangsstelle zur Auslösung und Kontrolle der Lieferungen sind:

Disposition von Nachschub und Beständen
Abruf der benötigten Mengen bei den Lieferstellen (19.1)
Erteilen von Speditionsaufträgen bei Beschafffung ab Werk
Verfolgung der Liefermine und der Lieferqualität.

Operative Logistikleistungen nach Eintreffen der Ware in der Empfangsstelle sind:

Entladen, Auspacken und Eingangskontrolle
Einlagern und Bevorraten der Ware (19.2)
Bereitstellen und Puffern am Bedarfs- oder Verbrauchsort
Sammeln und Bereitstellen von geleerten Ladungsträgern.

So ist beispielsweise der Verbrauchsort in einer Automobilfabrik das Montageband. Die Bedarfsorte in einer Handelsfiliale sind die Verkaufstheken und die Selbstbedienungsregale.

Die Logistikleistungen (19.1) und (19.2), die in den Empfangsstellen erbracht werden, sind mit *Kosten* verbunden, die von den Parametern der Lieferketten, wie der *Lieferfrequenz* und der *Belieferungsform* abhängen. Die Logistikkosten der Empfangsstelle sind Bestandteil der *Belieferungskosten*.

2. Lieferantenstruktur

Lieferstellen oder *Quellen* der Güter, mit denen ein Abnehmerkreis versorgt wird, können Produktionsstätten oder Fertigwarenlager von Industriebetrieben sein, Logistikzentren von Handelsunternehmen, Importlager, Anlieferstationen, wie

Bahnstationen, Seehäfen oder Flughäfen, aber auch Betriebsstätten und Leistungsstellen innerhalb eines Unternehmens.

Kennzahlen der Lieferantenstruktur sind:

- *Anzahl* N_L der Lieferstellen;
- *Standorte* $(x_i;y_i)$ der Lieferstellen $i = 1,2 \ldots N_L$.

Die Lieferanten werden von den Kunden häufig nach Einkaufsgesichtspunkten oder anderen Kriterien in Lieferantenklassen eingeteilt. Wie für die Kundenklassifizierung gilt der *Grundsatz*:

- Erst nach Befreiung von den Lieferantenklassifizierungen des Einkaufs lassen sich die Lieferketten und Beschaffungsstrukturen optimieren.

So befinden sich Verkauf und Auftragsannahme eines Lieferanten häufig an *einer* Stelle, auch wenn der Lieferant mehrere Auslieferstellen hat. Für die Logistik sind jedoch primär die Auslieferstandorte des Lieferanten und deren Funktionen von Interesse.

Außer der Vertriebstätigtätigkeit, die vor der Auftragsannahme stattfindet, werden auch in den Lieferstellen Logistikleistungen erbracht. *Administrative Logistikleistungen* der Lieferstelle zur Auslösung und Kontrolle der Lieferungen sind:

Annahme und Prüfung der Bestellungen
Auftragsdisposition
Disposition der Fertigwarenbestände
Erteilung von Fertigungsaufträgen (19.3)
Erzeugung von Kommissionieraufträgen
Erteilen von Speditionsaufträgen bei Lieferung frei Haus
Verfolgung der Liefermine und der Lieferqualität.

Operative Logistikleistungen bis zum Verladen der Ware in der Lieferstelle sind:

Bevorraten der Lagerware
Ansammeln kundenspezifischer Ware
Abfüllen loser Ware
Konfektionieren und Kommissionieren (19.4)
Verpacken und Ladeeinheitenbildung
Versandbereitsstellung und Ausgangskontrolle.

Zusätzliche Aufgaben der Lieferstelle können das *Verladen* der Sendungen in die Transportmittel und die *Ladungssicherung* sein.

Die interne *Auftragsdurchlaufzeit* der Lieferstelle trägt maßgebend zur *Lieferzeit* bei. Bei lagerhaltiger Ware ist die Auftragsdurchlaufzeit die Summe der administrativen und der operativen *Auftragsbearbeitungszeit.* Bei Waren und Produkten, die nach Auftrag kundenspezifisch gefertigt oder beschafft werden, erhöht sich die interne Auftragsdurchlaufzeit um die *Fertigungsdurchlaufzeit* bzw. um die *Beschaffungszeit.*

Auch die Logistikleistungen der Lieferstellen sind mit *Kosten* verbunden, die von den Parametern der Lieferketten, wie der *Belieferungsform* und den eingesetzten *Transportmitteln* abhängen. Diese Kosten der Lieferstelle sind ebenfalls Bestandteil der Belieferungskosten.

Bei *produzierenden Lieferstellen* hängen Fertigungsdurchlaufzeit und Lagerkosten für Fertigwaren von der *Produktionsstruktur* ab, also davon, ob es sich um eine *kontinuierliche* oder *diskontinuierliche Produktion* oder um *Massen-* oder *Einzelfertigung* handelt. Weitere Einflußfaktoren auf die Fertigwarenbestände und die Produktionsdurchlaufzeit sind die *Produktionskapazität*, die *Rüstkosten* und die *minimalen Losgrößen* (s. *Kapitel* 10/I).

3. Zwischenstationen

In den Zwischenstationen, die von den Waren und Sendungen zwischen der Lieferstelle und der Empfangsstelle durchlaufen werden, wird das angelieferte Frachtgut abgeladen, umgeladen, bei Bedarf zwischengepuffert, gelagert oder verändert und wieder verladen [115; 193].

In den *Zwischenstationen* finden also *Umschlagprozesse*, *Lagerprozesse* und *Umwandlungsprozesse* statt. Mit *Transitgütern* oder *Durchlaufwaren* können, wie in *Abb. 19.1* dargestellt, in einer Umschlagstation folgende *Umschlagprozesse* stattfinden:

- *Umschlag ohne Ladungsträgerwechsel* (*Crossdocking*): Die Waren und Sendungen, die ohne Ladungsträger oder auf zielrein gefüllten Ladungsträgern

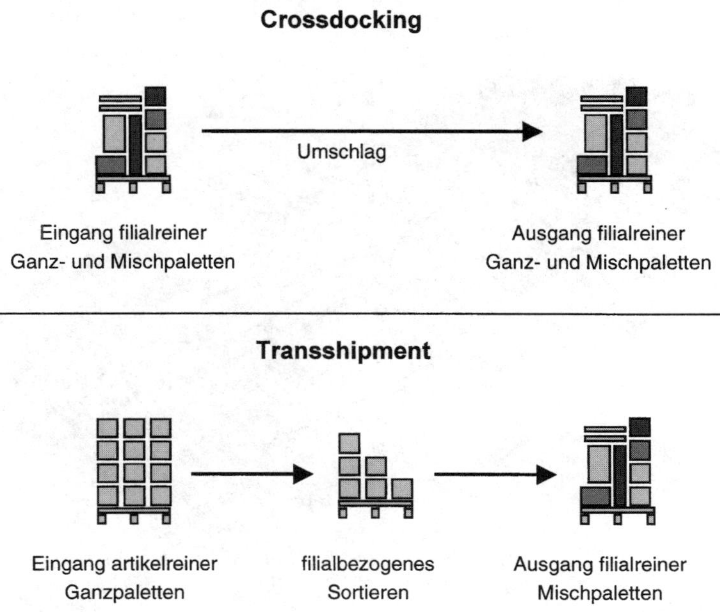

Abb. 19.1 Crossdocking und Transshipment von Palettenware

in zielgemischt beladenen Transporteinheiten ankommen, werden innerhalb kurzer Zeit – in der Regel in weniger als 24 Stunden – nach Bestimmungsorten oder Touren auf die Warenausgangspuffer verteilt oder direkt in bereitstehende Transporteinheiten verladen. Es findet ein Wechsel des Transportmittels, aber keine Veränderung in der Zusammensetzung der Ladeeinheiten statt.

- *Umschlag mit Ladungsträgerwechsel (Transshipment)*: Die in zielgemischt gefüllten Ladungsträgern ankommenden Waren und Sendungen werden innerhalb kurzer Zeit ohne Rest auf zielreine Ladungsträger verteilt, umgepackt und verdichtet (*Split to Zero*). Die so entstehenden zielrein gefüllten Ladungsträger werden nach Bestimmungsorten oder Touren auf die Warenausgangspuffer verteilt oder direkt in bereitstehende Transporteinheiten verladen. Es findet ein Wechsel des Transportmittels *und* eine Änderung der Zusammensetzung der Ladeeinheiten statt.

Speziell in der *Handelslogistik* wird mit *Crossdocking* der Umschlag vorkommissionierter Sendungen und mit *Transshipment* der Umschlag nicht vorkommissionierter Ware bezeichnet [23; 194].

Ein Beispiel für eine *Umschlagstation*, die ganz ohne Ladungsträger arbeitet, ist die in *Abb. 19.2* gezeigte Umschlaganlage eines *Paketdienstleisters*, in der zielgemischt angelieferte Pakete über Teleskopbänder entladen, von *Hochleistungssortern* direkt auf die Ausgangstore verteilt und dort in die bereitstehenden Transportfahrzeuge verladen werden.

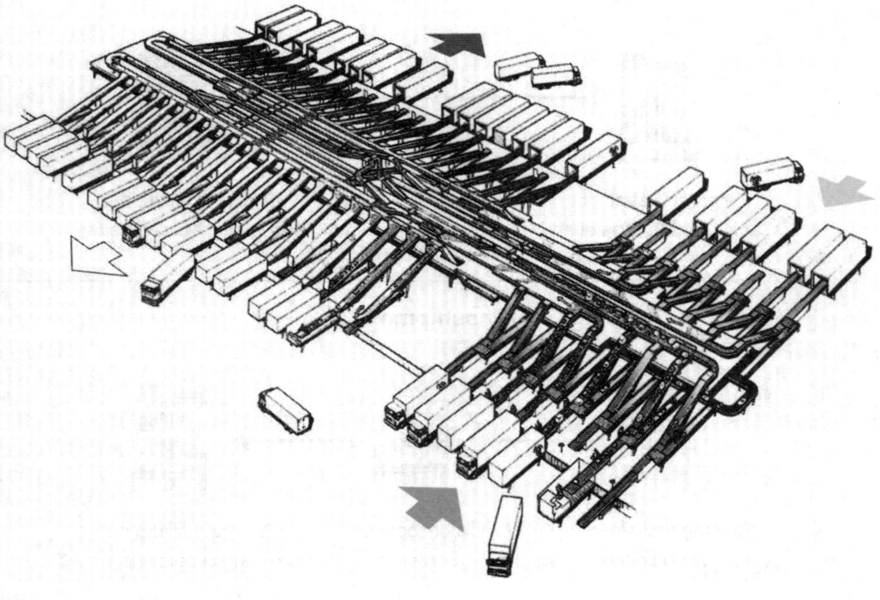

Abb. 19.2 Umschlagstation eines Paketdienstleisters
Abbildung einer Sorteranlage der Firma *VanderLande*

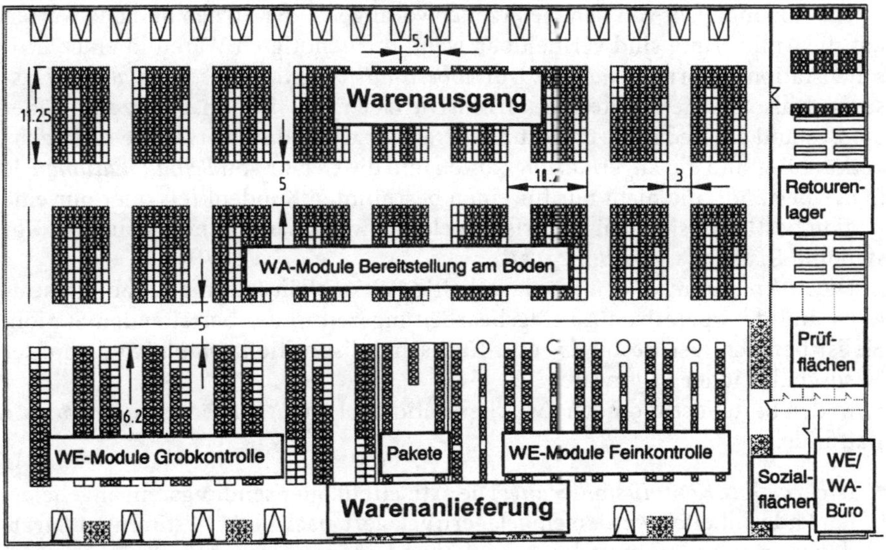

Abb. 19.3 Umschlagstation einer Handelskette
Prinzipdarstellung ZLU [250]

Ein anderes Beispiel für eine *Logistikstation mit gemischter Funktion* ist die in *Abb. 19.3* dargestellte *Umschlagsstation* einer Filialhandelskette. Hier werden *filialreine Paletten* entladen, kontrolliert und auf die Pufferflächen für die Filialsendungen vor den Warenausgangstoren verteilt. *Artikelreine Paletten* und Sendungen mit Paketen für mehrere Filialen werden nach dem Verfahren der *inversen Kommissionierung* auf einer gesonderten Fläche zu filialrein beladenen Paletten aufgebaut und verdichtet, die anschließend ebenfalls auf die Pufferflächen im Warenausgang verteilt werden (s. *Abb. 17.5*).

In den kleineren Umschlagstationen der Speditionen - auch *Transshipment-Punkte* (TSP) genannt - führen *Gabelstapler* und *Schnellläufer* den Transport der Paletten und das Verteilen auf die Ausgangstore oder Verladestellen durch. In großen Umschlagstationen, wie in den *Luftfrachtzentren*, werden zusätzlich *Schleppzüge, Unterflurschleppkettenförderer* oder *fahrerlose Transportsysteme* (FTS) eingesetzt. Paketdienstleister arbeiten zunehmend mit vollautomatischen Sorteranlagen. Im *Containerumschlag* wird mit Kranen, Spezialstaplern, Van Carriern und neuerdings auch mit FTS-Systemen gearbeitet.

Durch die *Umschlagzeiten* in den Stationen einer Lieferkette verlängert sich die Lieferzeit im Vergleich zum Direkttransport. Die *minimale Umschlagzeit* ist die Summe der Transport- und Handlingzeiten zwischen dem Entladen und dem Verladen in einer Logistikstation. Die *effektive Umschlagzeit* ist gleich der Summe der minimalen Umschlagzeit und der *Wartezeit* bis zur Abfahrt des nächsten Transports oder bis zum Eintreffen der letzten Sendung, die für eine ausgehende Ladung bestimmt ist.

Die Abhängigkeit von den Lieferzeiten vorangehender Stellen und das Warten auf die Anlieferung sind vermeidbar, wenn die benötigten Waren in einer Zwischenstation bevorratet werden. Durch *bestandsführende Zwischenstationen* lassen sich also die Lieferzeiten verkürzen. Die Lieferzeit wird umso kürzer, je näher ein Bestand am Bedarfsort lagert. Der Preis für die dadurch erreichte Lieferzeitverkürzung sind die *Lagerhaltungskosten* und die Gefahr von *Fehlallokationen*. Je näher Bestände, die nicht nur für einen bestimmten Kundenkreis oder nur eine Region bestimmt sind, am Bedarfsort gelagert werden, umso höher sind die Kosten und Risiken (s. *Abschnitt 11.3/I*).

Die *Auftragsdurchlaufzeit* für lagerhaltige Ware ist die Summe der administrativen und der operativen Auftragsbearbeitungszeit in der betreffenden Station. Sie ist bei richtiger Bestands- und Nachschubdisposition *unabhängig* von der Nachschubzeit der Lagerware.

In den bestandsführenden Zwischenstationen können folgende *Lagerprozesse* stattfinden:

- *Lagern ohne Kommissionierung*: Die artikelrein oder sendungsrein angelieferten Ladeeinheiten werden eingelagert, gelagert, nach einer bestimmten *Lagerdauer* unverändert ausgelagert und *ohne Ladungsträgerwechsel* zum Versand gebracht.
- *Lagern mit Kommissionierung*: Die artikelrein oder sendungsgemischt angelieferten Ladeeinheiten werden eingelagert und gelagert, nach dem Lagern jedoch zerlegt und zu sendungsreinen Versandeinheiten kommissioniert, wobei ein *Ladungsträgerwechsel* stattfindet.

Beim Lagern mit Kommissionieren entstehen aus artikelreinen oder sendungsgemischten Ladeeinheiten artikelgemischte Versandeinheiten und sendungsreine Ladeeinheiten. Verfahren, Technik, Dimensionierung und Beispiele sind für *Lagersysteme* in *Kapitel 16* und für *Kommissioniersysteme* in *Kapitel 17* dargestellt.

Die *Umwandlungsprozesse*, die in einer Zwischenstation stattfinden können, lassen sich nach dem *Grad der Veränderung* der Waren, Güter und Stoffe unterscheiden in:

- *Abfüllen und Abpacken*: *Lose Ware* wird in Fässer, Säcke, Tüten oder andere *Gebinde* abgefüllt und abgepackt. Aus loser Ware wird abgepackte Ware.
- *Zuschneiden und Ablängen*: Flächige Ware, wie Bleche, Platten oder Stoffbahnen, wird auf gewünschte Maße zugeschnitten; Langgut, wie Stangenmaterial, Kabel oder Bandmaterial, wird auf Länge abgeschnitten.
- *Umpacken und Konfektionieren*: Mehrere Artikel- oder Verpackungseinheiten werden unter Verwendung von Träger- und Packmaterial zu *Displays*, *Trays* oder *kundenspezifischen Verkaufseinheiten* zusammengestellt, aufgebaut und neu verpackt. Aus abgepackter Ware wird anders verpackte Ware.
- *Aufbau und Montage*: Angelieferten Teile oder Baugruppen werden zu einbaufertigen *Modulen*, fertigen *Produkten* oder ganzen *Anlagen* zusammengesetzt, montiert und aufgebaut. Die verwendeten Teile bleiben dabei im wesentlichen unverändert.

- *Erzeugung und Herstellung*: Aus Roh-, Hilfs- und Betriebsstoffen werden in einem *verfahrenstechnischen Prozeß* andere Stoffe erzeugt oder Produkte hergestellt. Die einlaufenden Waren werden dabei chemisch und/oder phyikalisch verändert und verformt.

In den reinen *Logistikstationen*, auf die sich die weitere Betrachtung beschränkt, finden *keine* Montage- und Produktionsprozesse statt. *Logistikleistungen* in diesen Stationen sind:

Verladen, Entladen, Umladen
Ein- und Ausgangskontrolle
Aufbau- und Abbau von Ladeeinheiten
Ein- und Auslagern (19.5)
Puffern und Lagern
Abfüllen und Abpacken
Konfektionieren und Umpacken
Sortieren und Kommissionieren.

In den *internen Logistikketten* sind die *Zwischenstationen* Puffer und Lager für Roh-, Hilfs- und Betriebsstoffe, für Halbfertigfabrike und Fertigwaren sowie die Produktions- und Leistungsstellen des Betriebs. Der Aufbau, die Gestaltung und die Optimierung der internen Logistikketten sind Aufgabe der *Werksplanung* und der *Materialflußtechnik* [29; 104; 127]

In den *Logistikstationen* einer *externen Lieferkette* werden in der Regel mehrere Logistikleistungen parallel durchgeführt. So wird in *Regionalzentren* neben der dominierenden Umschlagtätigkeit auch Ware zwischengelagert und kommissioniert. In *Regionallagern* wird neben der Lager- und Kommissioniertätigkeit auch *Transitware* umgeschlagen. In den *Logistikzentren* sind außer dem Lagern und Kommissionieren von *Lagerware* und dem Umschlag von *Transitware* weitere Funktionen gebündelt, wie Konfektionieren, Umpacken, Retourenbearbeitung oder Abfüllen loser Ware. In den *Transitterminals*, die in Seehäfen, Flughäfen und an den Landesgrenzen zu finden sind, werden außer dem Umladen auch Packarbeiten, Verzollungen und Warenkontrollen durchgeführt.

Allgemein gilt:

- In einer Logistikstation stehen für die gleichen Waren oder Sendungen zwischen Eingang und Ausgang in der Regel *mehrere interne Logistikketten* zur Auswahl, die sich in den Durchlaufzeiten und Leistungskosten unterscheiden.

Die Auswahl der Logistikketten in den Zwischenstationen, die für die verschiedenen Waren und Sendungen jeweils am besten geeignet sind, ist daher eine weitere *Handlungsmöglichkeit* zur Optimierung der Lieferketten.

Von den Leistungen, die an den durchlaufenden Waren und Sendungen erbracht werden, hängen die Betriebskosten der Zwischenstationen ab. Die daraus resultierenden Leistungskosten, wie die *Umschlagkosten*, die *Lagerkosten* und die *Kommissionierkosten*, tragen wesentlich zu den Belieferungskosten bei.

4. Transportverbindungen
Für die Beförderung der Güter und Sendungen zwischen den Stationen der Lieferkette stehen im Prinzip folgende *Verkehrsträger* zur Auswahl, von denen im praktischen Einzelfall jedoch meist nur ein, zwei oder drei infrage kommen:

Straße
Schiene
Binnenwasserweg (19.6)
Seeweg
Luftweg.

Für Gase und Flüssigkeiten – unter bestimmten Voraussetzungen auch für Feststoffe und Stückgut – besteht darüber hinaus die Möglichkeit des *Rohrleitungstransports*, der jedoch nur bei kontinuierlichen Bedarf über viele Jahre wirtschaftlich ist. Für Schüttgut und Stückgut ist auch der Transport durch *Stetigförderanlagen* und mit *Seil-* oder *Hängebahnen* möglich (s. *Kapitel* 18).

Über Umschlag- und Umladestationen lassen sich die verschiedenen Verkehrsträger miteinander zu *intermodalen Transportketten* verbinden, wie sie in *Abb. 19.4* gezeigt sind [115; 193]. Auf den einzelnen Verkehrsträgern können unterschiedliche *Transportmittel* eingesetzt werden (s. *Abb. 18.19*):

- *Straßentransport*: Kleinlaster, Lieferfahrzeuge, Sattelaufliegerzüge, Gliederzüge mit Wechselbrücken, Silofahrzeuge und Tanklastzüge.
- *Schienentransport*: Waggons, Silowagen und Kesselwagen, die für den Ferntransport zu Waggongruppen, Halbzügen und Ganzzügen verkoppelt werden.
- *Wassertransport*: Barken, Binnenschiffe, Frachtschiffe, Containerschiffe, Feederschiffe und Tankschiffe.
- *Lufttransport*: Kleinflugzeuge, Großflugzeuge, Passagierflugzeuge, Frachtflugzeuge und Frachtzeppeline.

Zwischen den Stationen können die Transportmittel auf unterschiedlichen *Transportwegen*, *Touren* oder *Fahrtrouten* verkehren [115].

Jedes Transportmittel hat eine bestimmte *Transportkapazität* C_{TE} [ME/TE, VPE/TE, LE/TE], die von den *Laderaumabmessungen* und der zulässigen *Nutzlast* abhängt. Sie wird für lose Waren in *Volumen-* oder *Gewichtseinheiten* [t oder m^3] gemessen, für abgepackte Waren ohne Ladungsträger in *Verpackungseinheiten* [VPE] und für Ladungen mit Ladungsträger in *Ladeeinheiten* [LE]. Die Nutzlast, der Laderaum und die Kapazität einiger Transportmittel für den Straßen-, den Schienen- und den Seeverkehr sind in *Tabelle 18.3* angegeben.

Die *Tabelle 18.4* enthält die *Leistungs- und Kostenkennwerte* dieser Transportmittel. Die *Leistungspreise* für den Transport sind *verursachungsgerecht* aufgeteilt in einen *Grundpreis* [DM/Einsatzfahrt], einen *Stoppreis* [DM/Zwischenstop] und einen *Fahrwegpreis* [DM/km].

Transportmittel mit großer Kapazität, wie Sattelauflieger und Wechselbrücken auf der Straße, Ganzzüge auf der Schiene und große Containerschiffe auf dem Wasser, haben bei guter Auslastung sehr günstige Fahrwegkosten pro Ladeeinheit aber relativ hohe Grund- und Stoppkosten. Große Transportmittel sind da-

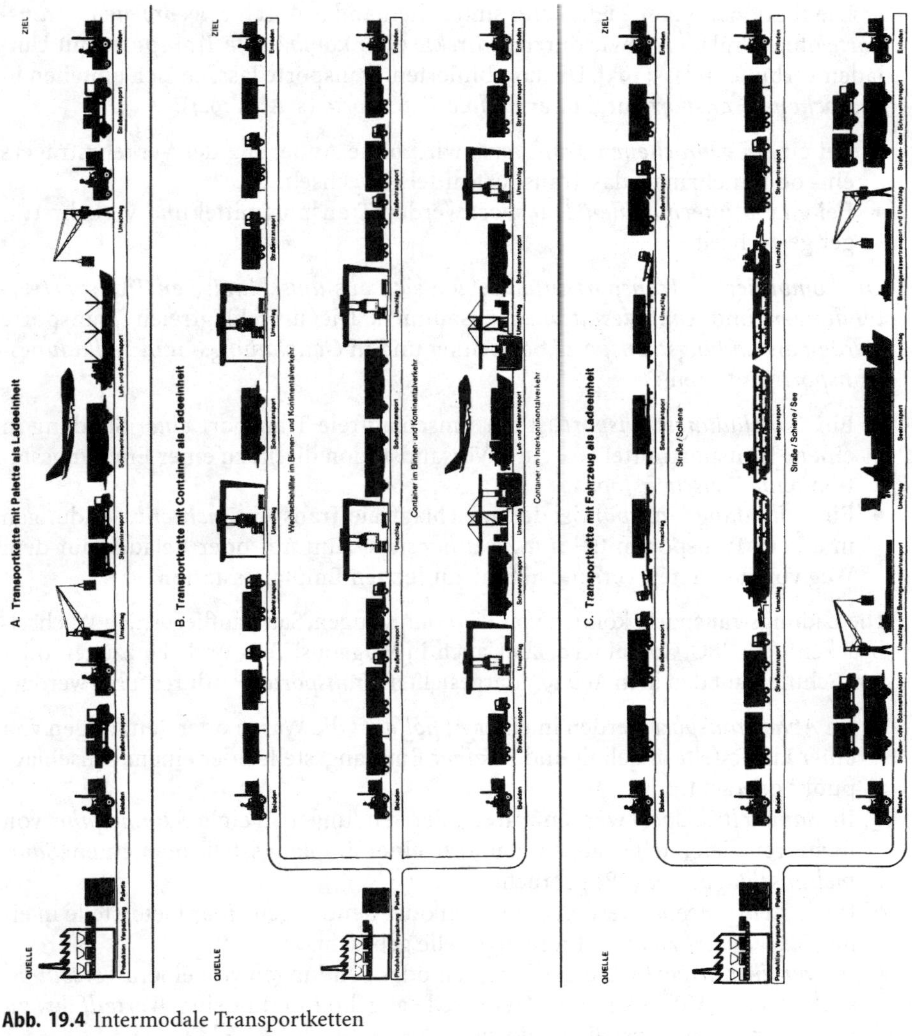

Abb. 19.4 Intermodale Transportketten
Quelle: Studiengesellschaft für den kombinierten Verkehr e.V. [115]

her für den Transport großer Mengen über weite Entfernungen bei wenigen Stops besonders geeignet.

Transportmittel mit geringer Kapazität, wie die kleineren *Transporter* auf der Straße, der *Cargosprinter* der Bahn und die *Feederschiffe* für Container, haben meist deutlich günstigere Grund- und Stoppreise, dafür aber pro Ladeeinheit relativ hohe Fahrwegkosten. Kleinere Transportmittel sind daher vorteilhafter für den Transport geringer Mengen über kürzere Entfernungen bei vielen Stops einsetzbar.

Die Stationen einer Lieferkette sind miteinander durch *ungebrochene Transporte* ohne Umladen sowie durch *indirekte* oder *kombinierte Transporte* mit Umladen verbunden [115; 193]. Die kombinierten Transporte lasssen sich einteilen in *gebrochene Transporte* und *intermodale Transporte* (s. *Abb. 19.4*):

- Bei einem *gebrochenen Transporte* wird ohne Änderung des Verkehrsträgers ein- oder mehrmals das Transportmittel gewechselt.
- Bei einem *intermodalen Transport* werden Transportmittel *und* Verkehrsträger gewechselt.

Die *kombinierten Transportketten* setzen sich aus *umschlagfreien Transportverbindungen* und *Umladestationen* zusammen. Die umschlagfreien Transporte werden als *Ladungstransporte* bezeichnet und in *Ganzladungs- und Teilladungstransporte* unterteilt:

- Ein *Ganzladungstransport* ist der umschlagfreie Transport *einer* Sendung in einem Transportmittel von einer Versandstation direkt zu einer Empfangsstation *ohne Zwischenstop.*
- Ein *Teilladungstransport* ist der umschlagfreie Transport *mehrerer* Sendungen in einem Transportmittel *mit Zwischenstops* zum Ab- oder Beladen auf dem Weg von der ersten Versandstation zur letzten Empfangsstation.

Die Ladungstransporte können von Lieferfahrzeugen, Sattelaufliegern, in Wechselbrücken oder ISO-Containern, aber auch in Waggons, Teil- und Ganzzügen oder von Schiffen mit den in in *Abb.19.5* dargestellten *Transportarten* durchführt werden:

- Im *Abholtransport* werden in einer *Abholfahrt* die Waren oder Sendungen von *einer* Lieferstelle abgeholt und zu *einer* Empfangsstelle oder einem Umschlagpunkt gebracht.
- Im *Sammeltransport* werden Waren oder Sendungen in einer *Sammelfahrt* von mehreren Lieferstellen abgeholt und zu einer Empfangsstelle oder einem *Sammelumschlagpunkt* (SP) gebracht.
- Im *Zustelltransport* werden die Waren oder Sendungen *einer* Lieferstelle in einer *Zustellfahrt* zu *einer* Empfangsstelle gebracht.
- Im *Verteiltransport* werden die Waren oder Sendungen von einem *Verteilumschlagpunkt* (VP) oder einer Lieferstelle abgeholt und in einer *Verteilfahrt* zu mehreren Empfangsstellen befördert
- Ein kombinierter *Verteil- und Sammeltransport* holt Waren und Sendungen von einem *Umschlagpunkt* (UP) ab, bringt sie auf einer *Verteil- und Sammelfahrt* zu den Empfangsstellen, holt auf derselben *Rundfahrt* von Lieferstellen Waren oder Sendungen ab und befördert sie zum Ausgangspunkt der Fahrt.

Die *Beförderungszeit einer Sendung* ist gleich der *Wartezeit* bis zur Abfahrt des Transportmittels, der *Fahrzeit* für den Weg von der Beladestation über eventuelle Zwischenstops bis zur Entladestation und der Summe der *Stopzeiten* einschließlich der Beladezeit an der Ausgangsstation und der Entladezeit in der Endstation.

Die *Wartezeit* auf das nächste Transportmittel wird von der Transportbetriebsart bestimmt. Die *Transportbetriebsarten* sind Organisationsformen für Transportfahrten:

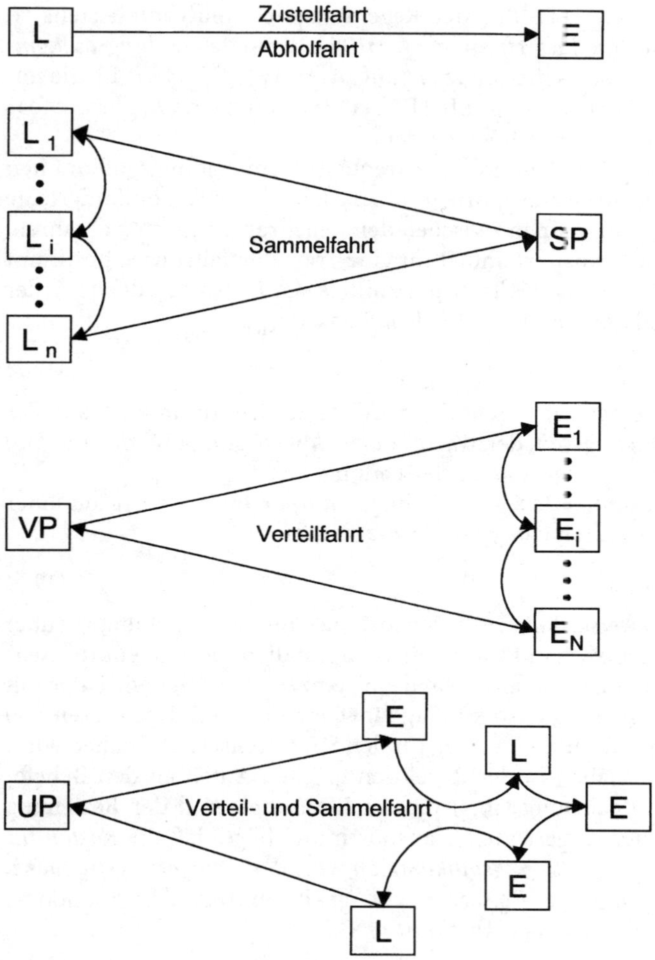

Abb. 19.5 Transportarten im Ladungsverkehr

L_i : Lieferstellen
E_j : Empfangsstellen
SP : Sammelumschlagpunkt
VP : Verteilumschlagpunkt
UP : Umschlagpunkt mit kombinierter Funktion

- *Regeltransporte*, *Touren* oder *Linienfahrten* finden *regelmäßig* mit einer *festen Frequenz* oder nach *Fahrplan* zu *festen Zeiten* auf vorausgeplanten *Fahrtrouten* statt.
- *Bedarfstransporte*, *Trampfahrten* oder *Spontanfahrten* werden *bedarfsabhängig* auf unterschiedlichen Fahrtrouten durchgeführt, wenn eine ausreichend große oder eine besonders eilige Ladung zum Transport ansteht.

Die Transportfrequenz λ_{TE} [TE/PE] der Regeltransporte muß mindestens so groß sein wie die benötigte Lieferfrequenz f_L [1/PE]. Wenn das *Ladungsaufkommen* λ_{LE} [LE/PE] größer ist als die *Grenzleistung* $\mu_{LE} = \lambda_{TE} \cdot C_{TE}$ [LE/PE], die mit Transportmitteln der Kapazität C_{TE} [LE/TE] bei einer Frequenz λ_{TE} erreichbar ist, muß die Transportfrequenz erhöht werden.

Wegen der Abhängigkeit der Transportfrequenz vom Ladungsaufkommen werden in der Praxis die Regeltransporte mit Bedarfstransporten kombiniert, die bei erhöhtem Ladungsaufkommen zwischen den Regeltransportzeiten abfahren.

Die *Einsatzzeit* einer Transporteinheit für eine Transportfahrt wird bestimmt von der *Reiseschwindigkeit* v_{TE} des Transportmittels, der *Länge* s_{tour} der Tour, der *Anzahl der Stops n* und der *durchschnittlichen Stopzeit* t_{stop}:

$$T_{TE\,ein} = s_{tour} / v_{TE} + n \cdot t_{stop} \qquad [PE]. \tag{19.7}$$

Die Stopzeit, die für einen Halt benötigt wird, setzt sich zusammen aus der *Brems-* und *Beschleunigungszeit*, der *Wartezeit* auf Abfertigung und der *Be- und Entladezeit* zur Aufnahme oder Abgabe der Ladung.

Die *Anzahl Transporteinheiten*, die bei einer *Transportfrequenz* λ_{TE} auf einer Fahrtroute mit der Einsatzzeit (19.7) *im Einsatz* sind, ist:

$$N_{TE\,ein} = \lambda_{TE} \cdot T_{TE\,ein}. \qquad [TE]. \tag{19.8}$$

So ergibt sich beispielsweise, daß für die Versorgung einer Automobilfabrik über eine Entfernung von 3.400 km mit CKD-Teilen im Rundlauf permanent 11 Eisenbahnzüge im Einsatz sind, wenn alle 3 Tage ein Ganzzug benötigt wird, der mit einer Reisegeschwindigkeit von 250 km/Tag fährt, eine Be- und Entladezeit von je 1 Tag hat und an einer Grenze einen Tag für den Spurwechsel aufgehalten wird.

Die *Transportkosten* haben in der Regel den größten Anteil an den Belieferungskosten. Aus der Beziehung (19.7) für die Einsatzzeit und der Beziehung (19.8) für die Anzahl der eingesetzten Transportmittel folgt, daß die *Kosten für den Ladungstransport* vom *Ladungsaufkommen*, von der *Belieferungsfrequenz*, der mittleren *Fahrweglänge*, der *Reisegeschwindigkeit*, der *Anzahl Stops* und von der *mittleren Stopzeit* abhängen (s. *Abschnitt 18.8*).

19.2 Lieferanforderungen

Maßgebend für das Supply Chain Management sind das *Serviceangebot* der Lieferanten sowie die *Serviceerwartungen* und *Leistungsanforderungen* der Kunden. Die Leistungsanforderungen lassen sich einteilen in *primäre Leistungsanforderungen*, wie die *Sortimentsanforderungen* und die *Sendungsanforderungen*, und in die hieraus ableitbaren *sekundären Leistungsanforderungen*, wie die *Durchsatzanforderungen* und die *Bestandsanforderungen*.

1. Sortimentsanforderungen

Das in den Produktions- und Lieferstellen gefertigte oder bereitgehaltene Sortiment ist Gegenstand der *Programmplanung* und der *Lagerhaltungspolitik*. Die Festlegung des Warensortiments in den Empfangsstellen ist Aufgabe der *Sorti-*

mentsplanung der Kunden. Nach dem Kräftespiel von Angebot und Nachfrage leitet sich aus der Programmplanung der Lieferanten und den Sortimentsanforderungen der Kunden das aktuelle *Liefersortiment* ab.

Aus dem Liefersortiment resultieren die *Sortimentsanforderungen*:

- *Artikelanzahl* N_A des aktuell lieferbaren Sortiments;
- *Beschaffenheit* der Artikel: *lose Ware* oder *verpackte Ware*, Form, Sperrigkeit, Haltbarkeit und Wertigkeit; Gefahrenklasse; Brandklasse; Food und Nonfood; Kühlware und Tiefkühlware.
- *Mengeneinheiten* [ME = t, m^3, m^2 oder m] der *losen Ware*;
- *Verpackungseinheiten* [VPE = Gebinde, Packstück oder Palette] der *verpackten Ware* mit *Abmessungen* l_{VPE}, b_{VPE}, h_{VPE} [mm], *Volumen* v_{VPE} [*l*/VPE] und *Gewicht* g_{VPE} [kg/VPE];

Für die Auswahl und Gestaltung der Lieferketten ist es erforderlich, das Liefersortiment zu segmentieren in *Sortimentsklassen*, die lager- und transporttechnisch miteinander verträglich sind. So sind beispielsweise *Zusammenlagerverbote* oder *Zusammentransportverbote* Restriktionen für die Optimierung der Lieferketten.

In den einzelnen Abschnitten der Lieferketten können die Waren und Artikel in unterschiedlichen *Logistikeinheiten* befördert werden (s. *Kapitel 12/I*). Die verschiedenen *Verpackungsstufen* mit den möglichen *Logistikeinheiten* und *Ladungsträgern* sowie die üblichen *Bezeichnungen* und die hier verwendeten *Abkürzungen* sind in *Tabelle 12.1* zusammengestellt.

Jede Logistikeinheit einer unteren Verpackungsstufe kann mit der Logistikeinheit der nächst höheren Stufe identisch sein. Dann ist die Kapazität C_{LEn+1} der Logistikeinheit LE_{n+1} der Verpackungsstufe n+1 gleich der Kapazität C_{LEn} der Logistikeinheit LE_n der Verpackungsstufe n: $C_{LEn+1} = C_{LEn}$. Wenn sich die Logistikeinheiten in zwei aufeinander folgenden Abschnitten einer Lieferkette unterscheiden, ist in der Zwischenstation ein *Aufbauen* (*Build Up*), ein *Abbauen* (*Brake Down*) oder ein *Umpacken* (*Repacking*) der Logistikeinheiten erforderlich.

Die Verpackungseinheiten der *verpackten Ware* sind in der Regel fest vorgegeben. Die *Versandheiten*, in denen die Verpackungseinheiten zum Versand kommen, und die *Ladeeinheiten*, in denen die Versandeinheiten einer Sendung verladen und befördert werden, sind hingegen grundsätzlich frei wählbar und damit Gestaltungsparameter der Lieferkette.

Für *lose Ware* sind die Ladungsträger, wie Kanister, Tankcontainer oder Transportsilos, und die Art und Kapazität der Transportmittel, wie Silofahrzeuge oder Kesselwagen, in der Regel freie Gestaltungsparameter.

2. Serviceanforderungen

Die Serviceanforderungen resultieren aus der angebotenen *Lieferfähigkeit*, den zugesicherten *Lieferzeiten* und der angestrebten *Logistikqualität*.

Die von den Lieferstellen angebotene oder von den Kunden geforderte *Lieferfähigkeit* betrifft die *Breite des lieferbaren Warensortiments* und bestimmt die *Höhe der Sicherheitsbestände*, die von den einzelnen Artikeln des Sortiments vorgehalten werden müssen.

Die *Lieferzeitforderung* besteht entweder aus einer zugesicherten *Lieferzeit* oder aus einem bestätigten *Liefertermin.* Die *Lieferzeit* T_{LZ} einer bestandsführenden Lieferstelle ist gleich der Summe der internen *Auftragsdurchlaufzeit* T_{Auf} vom Auftragseingang bis zur Warenbereitstellung an der Rampe der Lieferstelle und der externen *Sendungslaufzeit* T_{Send} vom Warenausgang der Lieferstelle bis zur Wareneingangsrampe des Kunden:

$$T_{LZ} = T_{Auf} + T_{Send} \quad [h]. \tag{19.9}$$

Wenn $T_{send\,min}$ die *minimale Sendungslaufzeit* in der ausgewählten Lieferkette ist, muß der vollständige Sendungsinhalt spätestens zum *Versandttermin*

$$t_{VT} = t_{LT} - T_{send\,min} \quad [d{:}h]. \tag{19.10}$$

im Warenausgang der Lieferstelle versandfertig bereitstehen, um einen vereinbarten Liefertermin t_{LT} einzuhalten.

Die Lieferzeit ist eines der wichtigsten Auswahlkriterien für die Lieferketten. Die Einhaltung fester *Liefertermine* und *Anlieferzeitfenster* sind für die Kunden oft wichtiger als kurze Lieferzeiten [226]. Die geforderten Anliefertermine stellen in der Regel für die Auswahl der Lieferkette eine größere Restriktion dar, als das Einhalten einer *allgemeinen Lieferzeitzusage*, wie ein 24- oder 48-Stunden-Service.

Die *Logistikqualität* wird bestimmt von der *Pünktlichkeit* oder *Termintreue*, also der Einhaltung der zugesicherten *Lieferzeiten* oder *Liefertermine*, von der *Lieferbereitschaft*, das heißt der Erfüllung der vereinbarten *Lieferfähigkeit*, und von der *Sendungsqualität.* Die Sendungsqualität umfaßt die *Vollständigkeit*, die *Unversehrtheit* und die *Mängelfreiheit* der ausgelieferten Sendungen. Termintreue und Sendungsqualität sind wichtige Merkmale einer Lieferkette (s. *Abschnitte 5.2/I* und *17.4*).

3. Sendungsanforderungen

Eine *Sendung* ist eine bestimmte Menge von Waren oder Gütern, die innerhalb einer vorgegebenen Zeit an einen Zielort zu befördern ist.

Eine *Massengutsendung* besteht aus einer größeren *Versandmenge* von Gas, Flüssigkeit oder Schüttgut. Eine *Stückgutsendung* umfaßt eine Anzahl einzelner *Versandeinheiten*, die auch als *Packstücke, Frachtstücke* oder *Collis* bezeichnet werden. Im Personenverkehr ist die Sendung ein *Beförderungsauftrag* für eine Person oder Personengruppe.

Versandeinheiten [VE] können die einzelnen Verpackungseinheiten der Artikel eines Sortiments sein oder Versandbehälter, wie *Kartons, Pakete, Mehrwegbehälter, Klappboxen, Rollbehälter, Paletten* oder *Container*, die mit der Versandmenge gefüllt sind.

Eine Stückgutsendung kann den Inhalt eines oder mehrerer Lieferaufträge enthalten, die Teilmengen eines größeren Auftrags umfassen oder mehrere Einzelsendungen enthalten, die in einer Sammelstation gebündelt und in einer nachfolgenden Verteilstation wieder aufgeteilt werden.

Kundensendungen sind für die Empfangsstellen am Ende der betrachteten Lieferketten bestimmt. *Zwischensendungen* sind *Sammelsendungen*, *Teilsendungen* oder *Nachschubsendungen* an eine vorgeschaltete Zwischenstation.

Aus der Anzahl und dem Inhalt der Bestellungen der Empfangsstellen resultieren die *Sendungsanforderungen:*

- *Sendungsart*: Normal-, Termin- oder Eilsendungen; Gefahrgut- oder Wertsendungen;
- *Lieferzeiten* oder *Beförderungszeiten* [h]
- *Abfahrt-*, *Abhol-* und *Anliefertermine* [Tag:Stunde];
- *Sendungsinhalt*: *Schüttgut*, *Stückgut* oder *Personen*;
- *Sendungsgröße*: *Packstückanzahl* m_S [VPE/Snd], *Sendungsvolumen* V_S [*l*/Snd] und *Sendungsgewicht* G_S [kg/Snd];
- *Sendungsstruktur*: *Aufträge* oder *Positionen pro Sendung* n_S [Pos/Snd]; *Auftragsmenge* [ME/Auf] oder *Versandeinheiten pro Sendungsposition* m_{VE} [VE/Pos];
- *Sendungsaufkommen* λ_S [Snd/PE]: Anzahl Sendungen, die pro *Periode* [Stunde, Tag, Woche, Monat oder Jahr] von einer *Versandstelle* zu einer *Empfangsstelle* zu befördern sind.

Die Fracht- oder Packstücke einer Stückgutsendung lassen sich nach Gewicht, Volumen, Abmessungen und weiteren Kriterien klassifizieren. Eine für viele Zwecke geeignete *Packstückklassifizierung* unterscheidet:

- *Kleinpackstücke* mit Abmessungen bis 600 mm und Gewichten unter 30 kg, wie *Pakete*, *Behälter* und *Klappboxen*;
- *Normpaletten* mit Grundmaßen bis 1.400 mm, Höhe bis 2.000 mm und Gewichten bis 1.000 kg, wie CCG1- und CCG2-Paletten, *EURO-*, *Chemie-* und *Industriepaletten, Gitterboxpaletten, Rollbehälter* und *Container* mit Palettenmaßen;
- *Großpackstücke* mit Grundmaßen über 1.400 mm, Höhen über 2.000 mm und Gewichten bis 2 t, wie *Frachtkisten*, *Langgutkassetten* und große *Lastbehälter*;
- *Schwergut* mit Gewichten über 2 t und *Sperriglasten* mit Maßen über 2 m .

Homogene Sendungen bestehen aus Packstücken oder Versandeinheiten der gleichen Art und Größenklasse. *Inhomogene* oder *gemischte Sendungen* enthalten Versandeinheiten unterschiedlicher Art und Größenklassen. Für den rationellen Transport und Ladungsumschlag derartiger *Mischsendungen* gelten folgende *Versandregeln*:

- Eine aus Paketen, Paletten und anderen Frachtstücken bestehende Mischsendung sollte, wenn möglich, mittels Ladungsträger in eine homogene Sendung umgewandelt werden.
- Wenn eine Homogenisierung durch Ladungsträger nicht möglich ist und die komplette Sendung nicht direkt zugestellt werden kann, muß eine Mischsendung für die Zustellung über größere Entfernungen in homogene Teilsendungen aufgeteilt werden.

Aus der Anzahl *Sendungspositionen* und der mittleren *Positionsmenge* einer homogenen Sendung resultiert die *Sendungsgröße in Packstücken* oder *Versandeinheiten:*

$$m_S = n_S \cdot m_{VE} \qquad [VE/Snd]. \tag{19.11}$$

Mit dem mittleren *Packstückvolumen* v_{VE} [*l*/VE] ergibt sich das *Sendungsvolumen*

$$V_S = n_S \cdot m_{VE} \cdot v_{VE} \qquad [l/Snd]. \tag{19.12}$$

und mit dem mittleren *Packstückgewicht* g_{VE} [kg/VE] das *Sendungsgewicht*

$$G_S = n_S \cdot m_{VE} \cdot g_{VE} \qquad [kg/Snd]. \tag{19.13}$$

Zur Rationalisierung des Be- und Entladens und des Ladungsumschlags werden kleinere Packstücke oder Versandeinheiten einer Sendung auf *Ladungsträgern*, wie Paletten, Gitterboxen, Rollbehältern und Containern, zu größeren *Ladeeinheiten* [LE] zusammengefaßt. Bei der Auswahl und Dimensionierung der Ladungsträger ist stets zu bedenken [193]:

- Einer Rationalisierung des Umschlags durch den Einsatz von Ladungsträgern stehen der *Mehraufwand* für den *Auf- und Abbau der Ladeeinheiten* und der *Verlustraum* der nur teilweise gefüllten *Anbrucheinheiten* gegenüber.

Auswahl, *Gestaltung* und *Abmessungen* der Ladeeinheiten sowie die *Zuweisungkriterien* zu den unterschiedlichen Sendungsgrößen sind daher weitere Handlungsparameter zur Optimierung der Belieferungskosten (s. *Kapitel 12/I*).

Werden die Versandeinheiten einer *einzelnen homogenen Sendung* auf *Ladeeinheiten* mit dem Fassungsvermögen C_{LE} [VE/LE] verladen, dann ist die Anzahl der entstehenden Ladeeinheiten:

$$M_S = [m_S / C_{LE}] \qquad [LE/Snd]. \tag{19.14}$$

Hierin bedeuten die eckigen Klammern ein *Aufrunden* auf die nächste ganze Zahl, denn pro Sendung entsteht bei *sendungsreiner Beladung* der Ladungsträger eine *Anbrucheinheit*, es sei denn, die Sendungsgröße ist grade ein ganzzahliges Vielfaches der Ladeeinheitenkapazität.

Zur Gestaltung und Optimierung der Lieferketten für ein anhaltendes *Sendungsaufkommen* ist es erforderlich, die *mittlere Sendungstruktur* und deren *Streuung* zu kennen, das heißt den *Mittelwert* und die *Varianz* der Anzahl Sendungspositionen und der Sendungsgröße. Wenn die Struktur der einzelnen Sendungen eines Sendungsaufkommens sehr unterschiedlich ist, müssen *Sendungsklassen* mit in sich ähnlicher Struktur gebildet und diese getrennt betrachtet werden, beispielsweise *Kleinmengensendungen* und *Großmengensendungen* oder *Einstück-*, *Einpositions-* und *Mehrpositionssendungen.*

Aus der Beziehung (19.14) für die Anzahl Ladeeinheiten einer einzelnen Sendung folgt durch Mittelwertbildung über eine Vielzahl homogener Sendungen einer Sendungsklasse:

- Wenn die Versandeinheiten auf *sendungsrein gefüllten Ladungsträgern* mit dem *Fassungsvermögen* C_{LE} [VE/LE] verladen werden, ist die mittlere *Anzahl Ladeeinheiten pro Sendung*, das heißt, die *mittlere Sendungsgröße in Ladeeinheiten*

$$\mathbf{M_S = MAX\left(1; m_S/C_{LE} + \left(C_{LE} - 1\right)/2C_{LE}\right) \quad \left[LE/Snd\right].} \tag{19.15}$$

Der Zusatzterm $(C_{LE}-1)/2C_{LE}$ ist gleich dem *mittleren Anbruchverlust*, der sich pro Auftrag daraus ergibt, daß jeweils eine Ladeeinheit nicht vollständig gefüllt ist. Wenn die Ladeeinheiten gleich den Versandeinheiten sind, verschwindet der Anbruchverlust, da $C_{LE} = 1$ ist. Für sehr große Ladeeinheiten, das heißt für $C_{LE} \gg 1$, wie auch für Massengutsendungen ist der mittlere Anbruchverlust gleich einer halben Ladeeinheit.

Zur Reduzierung der Anbruchverluste und damit der Anzahl der zu befördernden Ladeeinheiten bieten sich unter geeigneten Voraussetzung folgende *Befüllungsstrategien* an:

- *Verdichtung sendungsreiner Anbrucheinheiten* zu sendungsgemischten Ladeeinheiten.
- *Auffüllen oder Abrunden der Liefermenge* auf den Inhalt ganzer Ladeeinheiten.

Wenn ein Auf- oder Abrunden zulässig ist, entfällt der Term für den Abruchverlust. Bei einer Verdichtung der Ladeeinheiten von N Sendungen zu gemischten Ladeeinheiten reduziert sich in Beziehung (19.15) der Term für den Abruchverlust um den Faktor 1/N (s. *Abschnitt 12.5/I*).

Ein Beispiel für die Verdichtung von Anbrucheinheiten ist die Bildung von sogenannten *Sandwichpaletten* aus mehreren nur flach beladenen filialreinen Auftragspaletten. So werden Sandwichpaletten zur Belieferung von Handelsfilialen über *Crossdocking-Stationen* gebildet.

Für die Auswahl und Zuweisung kostenoptimaler Transportketten ist es zweckmäßig, die Sendungen abhängig von der Sendungsgröße nach *Versandarten* einzuteilen. Für größere *Sendungen* sind folgende *Versandarten* möglich:

- *Ganzladungssendungen* (GLS) sind Einzelsendungen, die ein Transportmittel soweit auslasten, daß Direkttransporte in gesonderten Transporteinheiten wirtschaftlich sind. Für den Inhalt einer Ganzladungssendung gilt

$$f_{GS} \cdot C_{TE} < M_S \leq C_{TE} \qquad \text{mit } f_{GS} = 0{,}6 \text{ bis } 0{,}9. \tag{19.16}$$

- *Teilladungssendungen* (TLS) sind Sendungen, die zusammen mit anderen Sendungen ein Transportmittel soweit füllen, daß ein gemeinsamer Direkttransport wirtschaftlich ist. Für den Inhalt einer Teilladungssendung gilt

$$f_{TS} \cdot C_{TE} < M_S < f_{GS} \cdot C_{TE} \qquad \text{mit } f_{TS} = 0{,}1 \text{ bis } 0{,}2. \tag{19.17}$$

Durch Einsatz eines Transportmittels mit geringerer Kapazität C_{TE} ist es möglich, aber nicht immer wirtschaftlich, aus einer Teilladungssendung eine Ganzladungssendung zu machen. Umgekehrt kann bei Einsatz eines größeren Transportmittels eine Ganzladungssendung zu einer Teilladungssendung werden. Die

Kapazitäten der Transportmittel, die zwischen den Stationen eingesetzt werden, sind daher weitere Gestaltungsparameter der Lieferketten.

Für kleinere Sendungen ist ein Direkttransport ohne Umschlag nur innerhalb eines *Nahgebiets* mit begrenzter Ausdehnung und über größere Entfernungen nur als *Beiladung* wirtschaftlich:

- *Beiladungssendungen* (BLS) sind kleinere Sendungen, die in den Restladeraum eines Ladungstransports passen und deren Bestimmungsort auf der gleichen Tour liegt.

Mit Beiladungen verbessert mancher Frachtführer und Spediteur seinen Gewinn. Beispiele für Beiladungen sind die Nutzung des Gepäckraums von Passagierflugzeugen für die Luftfracht oder die Last-Minute-Reisenden.

Für kleinere Sendungen, die sich nicht als Beiladung direkt befördern lassen, ist bei größeren Entfernungen ein *indirekter Transport* über einen oder mehrere Umschlagpunkte erforderlich. Übliche *Versandarten* für *kleinere Sendungen* sind Stückgutsendungen und Paketsendungen:

- *Stückgutsendungen* (SGS) bestehen aus einer kleineren Anzahl von *Ladeeinheiten* oder *Großpackstücken*. Für den Inhalt einer Stückgutsendung gilt:

$$C_{LE} < M_S < f_{TS} \cdot C_{TE} \qquad \text{mit } f_{TS} = 0{,}1 \text{ bis } 0{,}2. \tag{19.18}$$

- *Paketsendungen* (PKS) bestehen aus einem oder wenigen *Kleinpackstücken* oder *Paketen*, deren Anzahl nach oben begrenzt wird durch das Fassungsvermögen C_{LE} einer Ladeeinheit

$$M_S < f_{PS} \cdot C_{LE} \qquad \text{mit } f_{PS} = 0{,}1 \text{ bis } 0{,}3. \tag{19.19}$$

Die Grenzen zwischen den *Versandarten* (19.16) bis (19.19) und die Größe des Nahgebiets sind weitere *Gestaltungsparameter*, die zur Optimierung der Lieferketten nutzbar sind. Dabei gelten für den Straßentransport andere Optimalitätsgrenzen als für den Schienentransport, den Lufttransport und den Seetransport.

Im Straßenverkehr wird die untere Grenze für Ganzladungen von den Speditionen in der Regel mit 10 bis 15 t oder 20 bis 25 Palettenstellplätzen pro Sendung und für Teilladungen mit 2,5 t oder 5 Palettenstellplätzen pro Sendung angegeben. Die obere Grenze der Paketdienste liegt bei 31,5 kg pro Packstück. Die *optimale Grenze* zwischen Teilladungsstransport und Stückgut liegt jedoch keineswegs immer bei den üblichen 2,5 t pro Sendung, sondern in vielen Fällen deutlich darunter.

Die *kostenoptimalen Grenzen* zwischen den Sendungsarten und das *optimale Nahgebiet*, für das sie gelten, sind abhängig von der Größe der eingesetzten Ladeeinheiten, vom Transportmittel, vom Verkehrsträger sowie vom *Sendungsaufkommen*. Für das Sendungsaufkommen gilt der *Kooperationsgrundsatz*:

- Wenn das *eigene Sendungsaufkommen* des Unternehmens, das seine Lieferketten optimieren will, nicht ausreicht, um eine gute Auslastung der Transportmittel zu erreichen oder die Grenze zu einer kostengünstigeren Versandart zu überschreiten, sollte das *fremde Sendungsaufkommen* anderer Unternehmen, die von den gleichen oder von benachbarten Lieferstellen beliefert werden und gleiche oder benachbarte Empfangsstellen haben, in die Optimierung einbezogen werden.

Das Bündeln des eigenen Sendungsaufkommens mit dem Sendungsaufkommen anderer Unternehmen ist entweder durch eine *Logistikkooperation* oder durch den Einsatz von *Logistikdienstleistern* möglich, deren Kerngeschäft das Bündeln des Logistikbedarfs mehrerer Unternehmen und Versender ist. Auch die Logistikdienstleister schließen *Allianzen*, um das gemeinsames Ladungsaufkommen zu bündeln und eine bessere Auslastung der Systeme zu erreichen.

4. Durchsatzanforderungen

Aus dem Sendungsdurchsatz und der Sendungsgröße ergeben sich der *Volumendurchsatz*

$$\lambda_V = V_S \cdot \lambda_S \qquad [l/PE], \tag{19.20}$$

der *Gewichtsdurchsatz*

$$\lambda_G = G_S \cdot \lambda_S / 1000 \qquad [t/PE], \tag{19.21}$$

und der *Versandeinheitendurchsatz*

$$\lambda_{VE} = m_S \cdot \lambda_S \qquad [VE/PE]. \tag{19.22}$$

Aus der Beziehung (19.15) resultiert für ein Sendungsaufkommen λ_S [Snd/PE] der *Durchsatz der Ladeeinheiten*, die pro Periode zu versenden sind:

$$\lambda_{LE} = \lambda_S \cdot \mathbf{MAX}\left(\mathbf{1; m_S / C_{LE} + (C_{LE} - 1)/2C_{LE}}\right) \qquad [\mathbf{LE/PE}]. \tag{19.23}$$

Der Volumen-, Tonnen- oder Ladeeinheitendurchsatz für eine Transportrelation ist gleich dem *Ladungsaufkommen*, das auf dieser Relation zu befördern ist.

Aus der Beziehung (19.23) sowie aus der nachfolgenden Beziehung (19.30) ist ablesbar:

- Infolge des Anbruchverlustes, der mit dem Fassungsvermögen und der Lieferfrequenz ansteigt, sind der Ladeeinheitendurchsatz und der Transportmittelbedarf größer als der Durchsatz bei vollständiger Füllung.

Eine Kostensenkung, die durch den Einsatz größerer Lade- oder Transporteinheiten erreichbar ist, kann durch die erhöhten Anbruchverluste soweit aufgezehrt werden, daß es günstiger ist, mit kleineren Logistikeinheiten zu arbeiten. Es gibt daher für jede Sendungsklasse eine *optimale Größe* der *Ladeeinheiten* und der *Transporteinheiten*.

Bei der Gestaltung und Optimierung von Belieferungswegen und Distributionsstrukturen ist zu berücksichtigen, daß die Durchsatzwerte *stochastischen Schwankungen* sowie täglichen, wöchentlichen und *saisonalen Veränderungen* unterworfen sind. Die Transportkapazität der betreffenden Transportverbindungen und die Durchsatzfähigkeit der Zwischenstationen müssen daher *flexibel* ausgelegt sein.

Die Regelmäßigkeit und Gleichmäßigkeit des Sendungsaufkommens bestimmt auch die *Transportbetriebsart*. *Plantransporte* sind nur für ein regelmäßiges, anhaltendes und hinreichend großes Sendungsaufkommen wirtschaftlich. Für unregelmäßig oder sporadisch auftretende Sendungen wechselnden Inhalts müssen *Bedarfstransporte* mit unterschiedlichen Transportmitteln durchgeführt werden.

Aus Sicht der *Distribution* sind die Lieferketten für die Durchsatzwerte λ_j von einer Lieferstation L zu $N_E > 1$ Empfangsstationen E_j zu gestalten und zu optimieren. Aus Sicht der *Beschaffung* werden die optimalen Lieferketten für die Durchsatzwerte λ_i von $N_L > 1$ Lieferstationen L_i zu einer Empfangsstation gesucht.

Werden auch die *Rücklauftransporte* und das *Sendungsaufkommen anderer Unternehmen* berücksichtigt, sind die Lieferketten für die $N_E \cdot N_L$ Durchsatzwerte λ_{ij} von N_L Lieferstationen L_i zu N_E Empfangsstationen E_j zu betrachten. Dabei sind die geforderten *Lieferzeiten* T_{ij} [h] zwischen den betrachteten Lieferstellen und Empfangsstellen einzuhalten, deren *minimale Entfernungen* D_{ij} [km] sich aus den vorgegebenen Standorten ergeben.

Hierzu ist es notwendig, die *Regionalstruktur der Belieferungsanforderungen* zu analysieren, das heißt die *Standortverteilung* und das *regionale Mengenaufkommen* der betrachteten Quellen und Senken.

Abb. 19.6 zeigt als Beispiel die Standortverteilung der Empfangsstellen eines deutschen Einzelhandelskonzerns mit über 2.500 Filialen. In *Abb. 19.7* ist die Verteilung der Versandmengen aus zwei benachbarten Baustoffwerken nach zweistelligen Postleitzahlen dargestellt.

5. Bestandsanforderungen

Abhängig von den Beständen in einer Lieferkette lassen sich unterscheiden:

- *Transport-*, *Speditions-* und *Beförderungsketten* ohne Warenbestände in den Stationen zwischen der Versandstelle und der Empfangsstelle.
- *Bevorratungs-* oder *Vorratsketten* mit Warenbeständen in einer oder mehreren Zwischenstationen der Lieferkette.

Die *Lagerbestände* und die *Präsenssortimente* in den Zwischenstationen und in den Empfangsstellen einer Bevorratungskette sind *Optimierungsparameter*, die sich zur Erfüllung der *Lieferzeitforderungen* und zur *Kostenminimierung* nutzen lassen.

Die Höhe der Bestände von *Waren mit regelmäßigem Bedarf*, kurz *Dispositionsware* oder *Stapelware* genannt, wird in allen Stationen der Lieferkette durch die *Bestands- und Nachschubdisposition* bestimmt. Sie ergibt sich aus der Höhe der *Bestellmengen* der Kunden, aus der Lieferzeit der jeweils vorangehenden Lieferstelle und dem vorgehaltenen *Sicherheitsbestand*.

Bei Kenntnis der Prozeßkosten der zuführenden Lieferkette sowie der Lagerhaltungskosten der Lagerstelle lassen sich die *optimalen Nachschubmengen* für Disposionsware aus dem geplanten oder prognostizierten Absatz pro Periode errechnen. Aus der mittleren Nachschubmenge resultiert die durchschnittliche *Nachschubfrequenz*. Der *Sicherheitsbestand* errechnet sich aus der geplanten Lieferfähigkeit, dem Absatz, den *Lieferzeiten* und der *Termintreue* für den Nachschub (s. *Kapitel 11/I*).

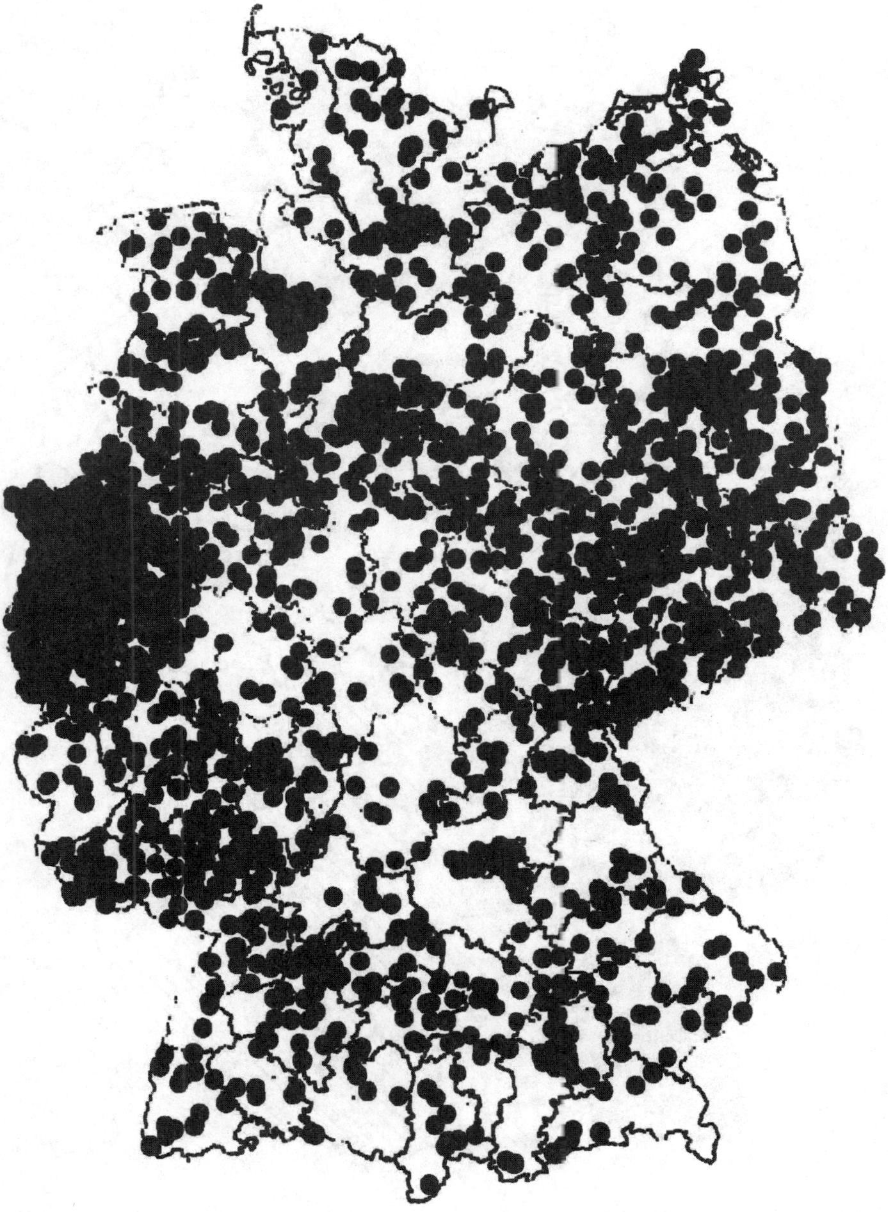

Abb. 19.6 Typische Standortverteilung der Empfangsstellen eines deutschen Einzelhandelskonzerns

Prinzipdarstellung ZLU [250]

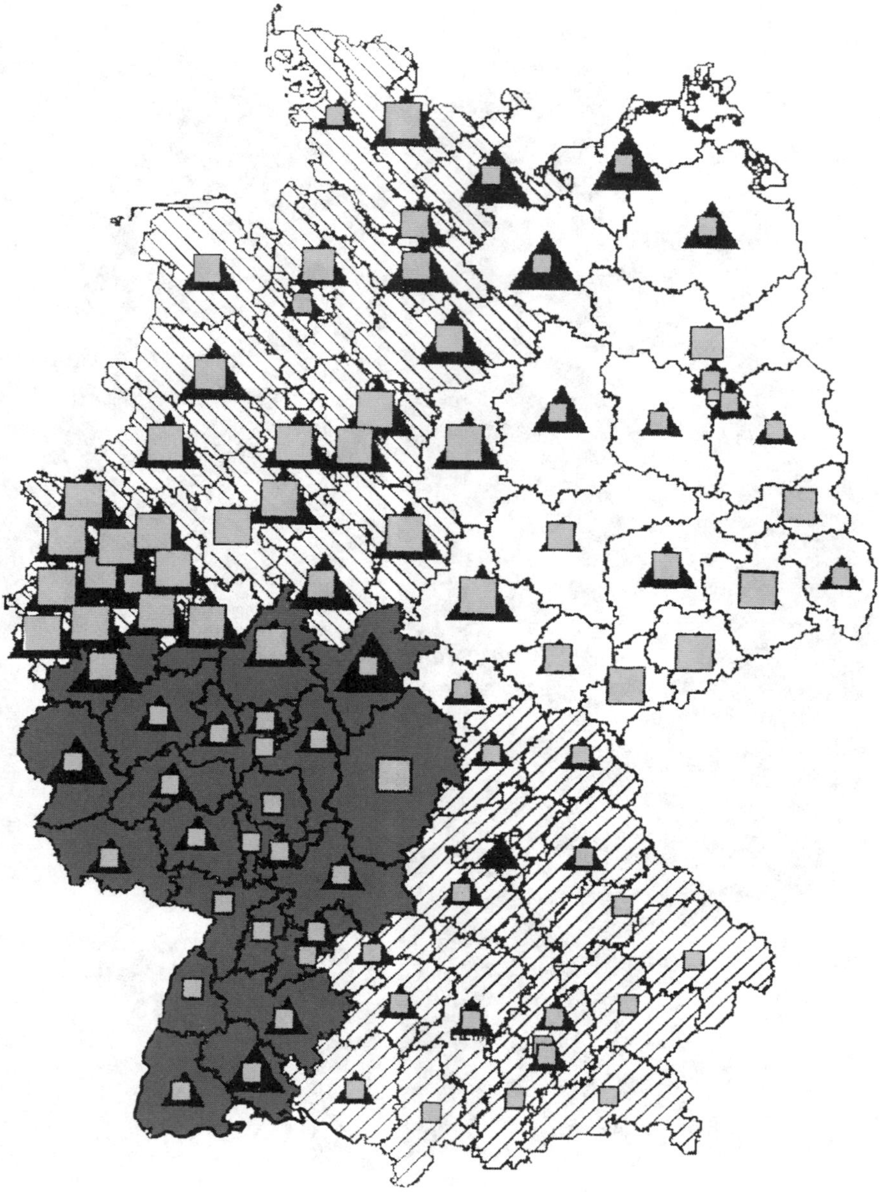

Abb. 19.7 Regionalverteilung der Versandmengen und Gebietseinteilung für das Distributionsnetz eines Baustoffherstellers

Dreiecke: Mengen aus Werk 1
Quadrate: Mengen aus Werk 2
Prinzipdarstellung ZLU [250]

Bei optimaler Nachschub- und Bestandsdisposition in allen Stufen der Lieferkette, beginnend mit der letzten Empfangsstelle und endend bei der ersten Lieferstelle, ergeben sich selbstregelnd die sogenannten *Pullbestände*. Für die Pullbestände gilt:

- Ein *Pullbestand* ist in einer Zwischenstation der Lieferkette nur erforderlich, wenn die Lieferzeiten bei Direktbelieferung oder Transitbelieferung über die Zwischenstation zu lang sind.
- Die *Höhe der Pullbestände* wird bestimmt von der geforderten Lieferfähigkeit, den Lieferzeiten und den Belieferungskosten bis zur betreffenden Lagerstelle und ist bei optimaler Disposition proportional zur Wurzel aus dem Periodenbedarf

$$M_{B\,VKE} = c_{Dis} \cdot \sqrt{\lambda_{VKE}} \qquad [VKE]. \qquad (19.24)$$

Der *Dispositionsfaktor* c_{Dis} hängt ab von den Logistikkosten der Beschaffung und der Bestandshaltung, von der angestrebten Lieferfähigkeit sowie von weiteren Einflußfaktoren (s. *Abschnitt 11.10/I*).

Zusätzlich zu den reinen Pullbeständen können durch *Vorproduktion* oder *Vorratsbeschaffung* für vorhersehbare *Saisonspitzen*, für geplante *Verkaufsaktionen* oder für *Produktneueinführungen* sogenannte *Pushbestände* entstehen. Für die Pull- und die Push-Bestände in den Lieferketten gilt der allgemeine *Grundsatz*:

- *Bestände* für mehrere Bedarfsstellen sind in der niedrigsten Verpackungsstufe möglichst nahe der Erzeugungsstelle zu lagern, da dort die Lagerkosten und das Risiko der Fehlallokation am geringsten sind.

Pushbestände sollten daher erst dann in die Belieferungskanäle fließen, wenn sie nach dem Pullprinzip aktuell benötigt werden oder wenn der geplante Verkaufszeitpunkt erreicht ist.

6. Hochrechnungs- und Änderungsfaktoren

Aufgrund der Marktentwicklung, infolge des technischen Fortschritts und durch geschäftspolitische Maßnahmen, wie *Sortimentsbereinigung* oder *Umsatzausweitung*, können sich die Lieferanforderungen verändern.

Für die langfristige Optimierung der Lieferketten und die Umgestaltung der Beschaffungs- und Distributionssysteme ist es daher erforderlich, die Auswirkungen der absehbaren marktseitigen Veränderungen und der geplanten geschäftspolitischen Veränderungen zu quantifizieren. Das ist mit Hilfe von *Hochrechnungs-* und *Änderungsfaktoren* für die Mittelwerte der Lieferanforderungen möglich, die sich aus den Gesetzen der Statistik, den voranstehenden Zusammenhängen zwischen den Leistungsrößen und dem *Wurzelsatz für die Lagerzentralisierung* (s. *Abschnitt 11.10/I*) ergeben:

- Ein Anstieg der Absatzmengen, der gleich dem preisbereinigten Umsatzwachstum ist, um einen *Zuwachsfaktor* f_U bewirkt für den Mengendurchsatz einen linearen Anstieg mit dem gleichen Faktor. Der Auftragsdurchsatz und die Positionsmengen von Einpositionsaufträgen nehmen mit dem Faktor $f_U{}^{1/2}$

zu. Für Mehrpositionsaufträge steigen der Auftragsdurchsatz, die mittlere Anzahl Auftragspositionen und Positionsmengen mit dem Faktor $f_U^{1/3}$.

- Die *Pullbestände* steigen bei optimaler Nachschubdisposition um den Faktor $f_U^{1/2}$, während die *Pushbestände* linear mit dem Faktor f_U ansteigen.
- Eine Reduktion der Empfangsstellen, beispielsweise infolge der Konzentration des Handels, um einen *Konzentrationsfaktor* f_K führt bei gleichbleibendem Umsatz und Sortiment im Jahresmittel zu einer Senkung des Sendungsaufkommens um den Faktor $1/f_K$ und zu einem Anstieg der Sendungsgrößen um den Faktor f_K.
- Eine Reduktion der Empfangsstellen wegen einer Belieferung der Dispositionsware über Zentrallager um einen *Zentralisierungsfaktor* f_Z führt bei gleichbleibendem Umsatz und Sortiment zu einer Senkung des Positionsdurchsatzes um den Faktor $1/\sqrt{f_Z}$ und zu einem Anstieg der Positionsmengen um den Faktor $\sqrt{f_Z}$.

Eine Reduzierung der Empfangsstellen beispielsweise um den Faktor 2 führt bei gleichbleibendem Umsatz im Mittel zu einer Halbierung des Sendungsaufkommens und einer Verdopplung der Liefermengen.

Werden 9 Empfangsstellen in Zukunft über ein Zentrallager beliefert, reduziert sich der betroffene Positionsdurchsatz im Jahresmittel auf ein Drittel, während sich die Liefermengen pro Position im Mittel verdreifachen.

19.3 Gestaltungsparameter der Lieferketten

Eine Lieferkette [LK] zwischen einer *Lieferstelle* L_i und einer *Empfangsstelle* E_j wird durch folgende *Gestaltungsparameter* festgelegt:

- *Belieferungsformen* [*BF*]: *Liefermenge, Lieferfrequenz, Ladungsinhalt, Verpackungsart, Versandeinheit* und *Ladeeinheit*, in denen die Güter befördert und gelagert werden.
- *Strukturparameter* [*SP*]: *Anzahl* N_Z, *Zuordnung, Funktionen* (19.5) und *Bestände* der Zwischenstationen, die von den Gütern von der Quelle bis zur Senke durchlaufen werden.
- *Transportparameter* [*TP*]: *Verkehrsträger, Transportmittel, Transportarten, Fahrwege* und *Betriebsart*, die für den Transport zwischen den Stationen zum Einsatz kommen.

Mit den *optimalen Werten der Gestaltungsparameter* werden die *Leistungsanforderungen* und der gewünschte *Lieferservice* unter Berücksichtigung der technischen und organisatorischen *Randbedigungen* zu *minimalen Kosten* für die gesamte Kette erfüllt.

1. Belieferungsformen

Die Logistikleistungen (19.1) und (19.2) in den Empfangstellen und die Leistungen (19.3) und (19.4) in den Lieferstellen beeinflussen die *Belieferungsform*, die *Belieferungsfrequenz* und die *Versandmengen*.

Die *Verpackungsart* und die *Verpackungseinheiten* sind in der Regel durch die Liefer- oder Versandaufträge vorgegeben. Grundsätzlich sind zwei verschiedene *Verpackungsarten* möglich:

- *Lose Ware* wird ohne Packmittel, abgefüllt in Tanks, Silos oder Transportbehälter oder lose in Rohrleitungen befördert.
- *Verpackte Ware* wird in *Packmitteln*, wie Säcke, Tüten, Fässer, Flaschen, Dosen und Kartons, zu *Gebinden* oder *Verpackungseinheiten* [VPE] abgefüllt, gelagert und befördert.

Wie vorangehend beschrieben, können die *Gebinde* für den Versand zu *Versandeinheiten* und für das Lagern, den Umschlag und den Transport mit Hilfe von *Ladungsträgern*, wie Paletten und Behälter, zu *Ladeeinheiten* zusammengefaßt werden (s. *Tabelle 12.2/I*).

Hierfür gilt der *Grundsatz*:

- Auswahl und Dimensionierung der Versandeinheiten und der Ladeeinheiten, in denen die Waren und Sendungen in den Abschnitten der Lieferkette gebündelt werden, sind wichtige Handlungsmöglichkeiten zur Gestaltung und Optimierung der Lieferketten.

Um ein aufwendiges Umpacken zu vermeiden gelten für die Ladeeinheiten die *Einsatzregeln*:

- In den Zwischenstationen und Transportabschnitten einer Lieferkette sollten soweit wie möglich durchgängig die gleichen Ladeeinheiten zum Einsatz kommen.
- Ein Wechsel der Ladeeinheiten sollte möglichst nicht mit einem Auspacken oder Umpacken verbunden sein, sondern sich auf die Bildung größerer Ladeeinheiten aus mehreren kleineren Ladeeinheiten beschränken, deren Inhalt dabei unberührt bleibt.

So ist es in der Regel sinnvoll, Paletten für den Ferntransport in ISO-Container oder Wechselbrücken zu verladen und die Container über noch größere Entfernungen mit der Bahn oder auf Schiffen zu befördern. Wenn der Frachtraum, wie in der *Luftfracht*, besonders knapp oder teuer ist, kann es jedoch kostengünstiger sein, zielgemischt gefüllte einlaufende Ladeeinheiten vollständig abzubauen und durch geschicktes Stauen für den Weitertransport zielreine Ladeeinheiten mit möglichst hohem Füllungsgrad aufzubauen (s. *Abschnitt 12.5/I*).

2. Strukturparameter

Zusätzlich zur Kunden- und Lieferantenstruktur, die in der Regel vorgegeben ist, wird die Struktur eines Logistiksystems durch folgende *Parameter* bestimmt:

- *Anzahl* N_Z der logistischen Zwischenstationen;
- *Standorte* $(x_k; y_k)$ der Zwischenstationen $k = 1,2 \ldots N_Z$;
- *Funktionen* (19.5) der Zwischenstationen.

Aus *Sicht eines Lieferanten* ist die Belieferung einer größeren Anzahl von Empfangsstellen aus einer oder wenigen Quellen zu optimieren. Die Belieferungsaufgabe ist ein *One-to-Many-* oder *Few-to-Many-Problem*, das darin besteht, die optimalen Lieferketten in einem bestehenden *Distribitionssystem* auszuwählen oder die Betriebskosten durch ein neues System zu minimieren.

Aus *Sicht eines Unternehmens* mit einer oder wenigen Empfangsstellen, die laufend Ware aus mehreren Lieferstellen bekommen, reduziert sich die Belieferungsaufgabe auf ein *Many-to-One-* oder *Many-to-Few-Problem*, das heißt, auf die Optimierung der Lieferketten in einem *Beschaffungssystem*.

Das *Many-to-Many-Problem* stellt sich *Handelsunternehmen* mit Hunderten oder Tausenden von Lieferanten und Filialen, und *Speditionen*, die täglich flächenddeckend Sendungen vieler Versender an viele Empfänger ausliefern. Hierzu sind die jeweils optimalen Beförderungsketten durch ein *Speditionssystem* auszuwählen, dessen Struktur permanent dem sich ändernden Bedarf anzupassen ist.

Die Anzahl der Zwischenstationen, die von den Waren in einer Lieferkette durchlaufen werden, bestimmt die *Stufigkeit* der Lieferkette:

- Eine *N-stufige Lieferkette* besteht aus *N Transportabschnitten* oder *Kettengliedern*, die durch *N*-1 *Zwischenstationen* miteinander verbunden sind.

Eine *einstufige Lieferkette* ist eine *Direktbelieferung*, im Handel auch *Streckenlieferung*[1] genannt, die von der Lieferstelle *ohne Zwischenstation* direkt zur Empfangsstelle führt. Entsprechend den möglichen Versand- und Ladeeinheiten und den zur Auswahl stehenden Verkehrsträgern, Transportmitteln, Transportarten, Fahrwegen und Transportbetriebsarten gibt es eine Vielzahl unterschiedlicher einstufiger Lieferketten.

In den *zweistufige Lieferketten* laufen die Waren über *eine* Zwischenstation. Mögliche *Logistikstationen* sind:

- *Auslieferlager* (AL) unmittelbarer beim Lieferanten;
- *Sammelumschlagpunkte* (SP) am Transportschwerpunkt eines *Abholgebiets*;
- *Umschlagzentren* (ZU) in der Nähe des Schwerpunkts des *Servicegebiets*;
- *Zentrallager* (ZL) in der Nähe des Schwerpunkts des gesamten *Servicegebiets*; (19.24)
- *Verteilumschlagpunkte* (VP) am Transportschwerpunkt eines *Verteilgebiets*;
- *Regionallager* (RL) in der Nähe des Schwerpunkts eines *Verteilgebiets*
- *Vorratslager* (VL) unmittelbar beim Empfänger.

1 Unter *Streckenlieferung* wird im Handel häufig die Belieferung *frei Haus* bis an die Rampe der Filiale durch den Lieferanten oder seinen Spediteur verstanden, auch wenn die Lieferung über einen oder mehrere Umschlagpunkte läuft. Diese irreführende Pauschalbetrachtung verbirgt jedoch wichtige Handlungsmöglichkeiten zur Optimierung der Lieferketten.

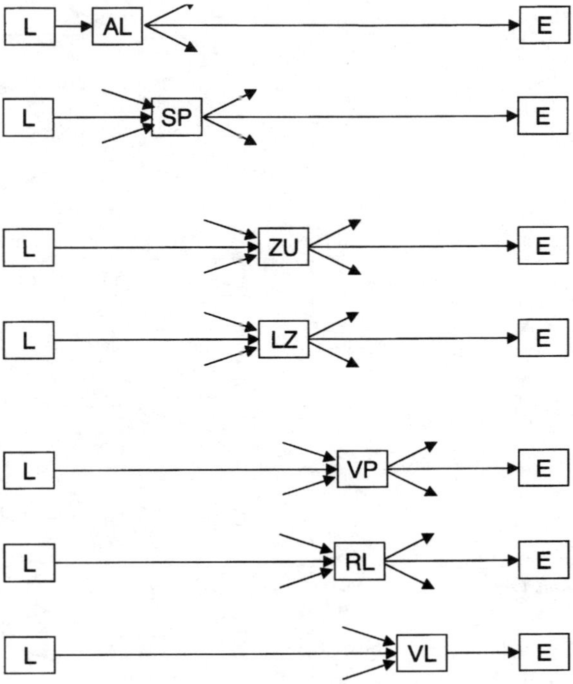

Abb. 19.8 Zweistufige Lieferketten

L : Lieferstelle
AL : Auslieferlager
SP : Sammelumschlagpunkt
ZU : Zentralumschlagpunkt
LZ : Logistikzentrum
VP : Verteilumschlagpunkt
RL : Regionallager
VL : Vorratslager
E : Empfangsstelle

Mit diesen *Logistikstationen* ergeben sich die in *Abb. 19.8* dargestellten *zweistufigen* und die in *Abb.19.9* gezeigten *dreistufigen Lieferketten.*

Der Unterschied zwischen einem regionalen und einem zentralen Umschlagpunkt wie auch zwischen einem Auslieferlager, einem Zentrallager, einem Regionallager und einem Vorratslager wird bestimmt von der Gebietseinteilung, von der Anzahl der Stationen und vom Standort zwischen den Versandorten und den Empfangsstellen. Mit zunehmender Entfernung vom Versandort und Annäherung an die Empfangsorte wird ein Sammelumschlagpunkt zum Umschlagzentrum und ein Umschlagzentrum zum Verteilumschlagpunkt: SP → ZU → SP. Ebenso wird ein Auslieferlager zum Zentrallager, ein Zentrallager zum Regionallager und ein Regionallager zum Vorratslager: AL → ZL → RL → VL.

Die funktionsreinen Logistikstationen (19.24) können auf verschiedene Art miteinander kombiniert werden:

- Die Kombination eines Verteilpunktes und eines Sammelpunktes, die das gleiche Einzugsgebiet bedienen, ist ein *regionaler Umschlagpunkt* RU = VP + SP.
- Aus der Kombination eines Verteilumschlagpunktes mit einem Regionallager wird ein *Regionalzentrum* RZ = VP + RL.
- Durch Kombination eines Umschlagzentrums mit einem Zentrallager entsteht ein *Logistikzentrum* LZ = ZU + ZL.

Für eine Belieferung mit loser Ware sind zusätzlich zu den logistischen Zwischenstationen (19.24) folgende Abfüllstationen möglich:

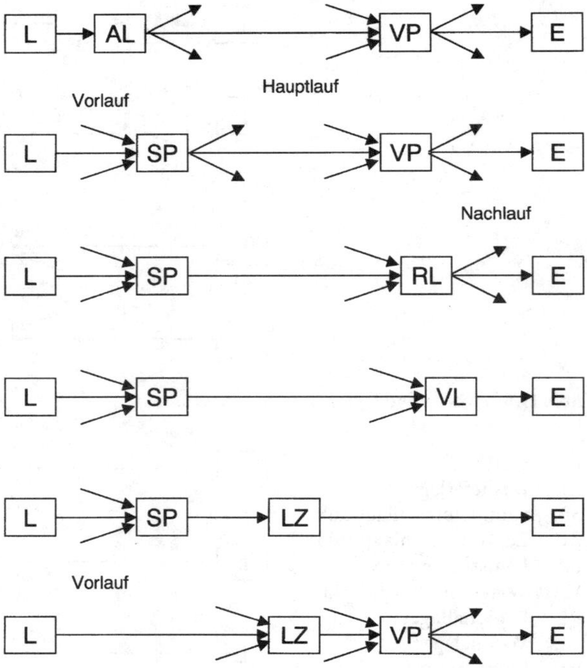

Abb. 19.9 Dreistufige Lieferketten

Bezeichnungen: s. Abb. 19.8

Lieferanten-Abfüllstation (LA)
Zentrale Abfüllstationen (ZA) (19.25)
Regionale Abfüllstationen (RA)
Kunden-Abfüllstation (KA).

Die Abfüllstationen können wieder mit den Umschlagstationen und Lagerstationen auf unterschiedliche Art kombiniert werden.

Dreistufige Lieferketten laufen über zwei der Zwischenstationen (19.24) und (19.25), beispielsweise von der Lieferstelle über ein Zentrallager und eine Verteilstation oder über eine Sammelstation und ein Regionallager zum Empfänger. Sechs dreistufige Lieferketten, die besonders häufig vorkommen, sind in *Abb. 19.9* dargestellt. *Vierstufige Lieferketten* nutzen drei der Zwischenstationen (19.24) und (19.25). Die ein-, zwei-, drei- und vierstufigen Lieferketten von vier unterschiedlichen Logistiksystemen deutscher Industrie- und Handelsunternehmen zeigen die *Abb. 19.14, 19.21, 19.23* und *19.25*.

Wie die einstufigen Lieferketten können sich die mehrstufigen Lieferketten in den Belieferungsformen und in den Parametern der Transporte zwischen den Stationen voneinander unterscheiden. Generell gilt:

- Die Anzahl möglicher Lieferketten nimmt mit der Stufigkeit rasch zu, während der Bedarf für längere Lieferketten mit der Stufigkeit abnimmt.

Zusätzliche Handlungsparameter sind die möglichen *Funktionen* (19.5) in den Zwischenstationen. So ist zu entscheiden, in welchen Zwischenstationen ein bestandsloser Umschlag mit oder ohne Ladungsträgerwechsel durchgeführt werden soll und in welchen Stationen Waren bevorratet und kommissioniert werden.

3. Transportparameter

Eine *Ladung* [Ldg] ist eine Anzahl von Sendungen, die in einem *Direkttransport* zu einem gemeinsamen Zielort oder in einem *Linientransport* auf einer Rundfahrt zu mehreren Empfangsstellen zu befördern sind. Wenn die Sendungen mit einer *Lieferfrequenz* f_L [1/PE] befördert werden sollen, muß mindestens f_L mal pro Periode ein Transport von der Lieferstelle abfahren.

Für ein Ladungsaufkommen λ_{LE} [LE/PE], das mit Beziehung (19.23) aus dem Sendungsaufkommen und der mittleren Sendungsgröße resultiert, ist die *durchschnittliche Ladungsgröße*, die jeweils bis zur Abfahrt eines Regeltransports aufgelaufen ist:

$$M_L = \lambda_{LE} / f_L \qquad [LE]. \tag{19.26}$$

Die Transportkosten werden von der Anzahl der Transportmittel bestimmt, die für eine aufgelaufene Ladungsmenge benötigt wird. Der *Transportmittelbedarf* für eine Gesamtladung, die aus N_S Sendungen mit unterschiedlichen Sendungsgrößen M_{Sk}, $k = 1,2....N_S$, besteht, hängt davon ab, wie die Frachtstücke im Laderaum verstaut werden. Wenn mehr als ein Transportmittel benötigt wird, ist der Transportmittelbedarf außerdem davon abhängig, ob die Verteilung einer Sendung über mehrere Transporteinheiten zulässig ist.

Das optimale Verstauen von *Frachtstücken unterschiedlicher Abmessungen* in einem Laderaum ist ein *dreidimensionales Verschnittproblem* [120]. Für das möglichst raumsparende Packen und Verstauen einer bestimmten Ladung unter Berücksichtigung eventueller *Restriktionen*, wie vorgegebene *Orientierungsrichtung* oder einzuhaltende *Sendungsfolgen*, gibt es heute leistungsfähige *Packoptimerungs-* und *Stauprogramme* [120; 121; 122]. Der so ermittelte Transportmittelbedarf ist jedoch nicht mit Hilfe einer geschlossenen Formel berechenbar.

Zur Kalkulation der Transportkosten für ein anhaltendes Sendungsaufkommen, das mit einer bestimmten *Lieferfrequenz* f_L [1/PE] befördert werden muß, ist die Kenntnis des *mittleren Transportmittelbedarfs* ausreichend. Analog zur Beziehung (19.15) für den Ladeeinheitenbedarf pro Sendung gilt:

- Wenn keine besondere Füllstrategie verfolgt wird, ist der *mittlere Transportmittelbedarf pro Ladung* bei einer *durchschnittlichen Ladungsgröße* M_L [LE/Ldg] und einer *effektiven Transportmittelkapazität* C_{TEeff} [LE/TE]

$$\mathbf{M_{TE} = MAX\left(1; M_L / C_{TEeff} + \left(C_{TEeff} - 1\right) / 2C_{TEeff}\right) \qquad [TE/Ldg].} \tag{19.27}$$

Die Beziehung (18.27) besagt, daß für eine Ladung mindestens eine Transporteinheit benötigt wird und daß *ohne Füllstrategie* pro Ladung ein mittlerer *Anbruchverlust* $(C_{TEeff} - 1)/2C_{TEeff}$ entsteht, wenn die Ladung mehr als eine Transporteinheit füllt (s. *Abschnitt 12.5/I*).

Die Kapazität C_{TE} [LE/TE] eines betrachteten Transportmittels ist bei *gleichartigen Ladeeinheiten*, wie Paletten oder Behältern mit gleichen Abmessungen, relativ einfach zu berechnen und eine feste Größe. Bestehen die Sendungen jedoch aus unterschiedlichen Frachtstücken, hängt die Kapazität von der Größe, Form und Verteilung der Ladeeinheiten sowie von der *Packstrategie* ab. Für unterschiedliche Frachtstücke läßt sich eine *mittlere Kapazität* C_{TE} [LE/TE] der Transportmittel aus Erfahrungwerten ableiten [195]. Wenn keine Erfahrungswerte vorliegen, ist mit ausreichender Näherung auch eine analytische Berechnung der mittleren Transportmittelkapazität aus dem durchschnittlichen Gewicht und Volumen der Frachtstücke und Ladeeinheiten möglich (s. *Abschnitt* 12.5/*I*).

Die verfügbare Kapazität pro Transportmittel ist nur vollständig nutzbar, wenn die Frachtstücke einer Ladung unabhängig von ihrer Sendungszugehörigkeit auf mehrere Transporteinheiten verteilt werden dürfen. Wenn jedoch der Inhalt einer Sendung nicht getrennt oder nur auf eine begrenzte Anzahl von Transporteinheiten aufgeteilt werden darf, entsteht pro Transporteinheit in der Regel ein zusätzlich zu berücksichtigender *Füllverlust.*

Nur im günstigsten Fall füllt eine beliebig ausgewählte Anzahl Sendungen eine Transporteinheit ohne Füllverlust vollständig aus. Im ungünstigsten Fall ist die Größe M_S der letzten Sendung, die in eine Transporteinheit zu verladen ist, genau um eine Ladeeinheit zu groß. Dann bleibt in der Transporteinheit ein Leerraum für M_S-1 Ladeeinheiten ungenutzt. Darf eine Sendung auf N_{TS} Transportmittel verteilt werden, reduziert sich der maximale Füllverlust auf $(M_S-1)/N_{TS}$. Bei einer *durchschnittlichen Sendungsgröße* M_S entsteht also pro Transporteinheit im Mittel der *Füllverlust* $(M_S-1)/2N_{TS}$.

Hieraus folgt:

- Wenn eine große Anzahl von Sendungen mit einer mittleren Sendungsgröße M_S [LE/Snd] in Transportmittel verladen wird und die einzelnen Sendungen maximal auf N_{TS} Transportmittel aufgeteilt werden dürfen, reduziert sich die mittlere Kapazität C_{TE} [LE/TE] der Transportmittel infolge des Füllverlustes auf die *effektive Kapazität:*

$$C_{TEeff} = C_{TE} - (M_S - 1)/2N_{TS} \qquad \text{für } C_{TE} \geq M_S \geq 1. \qquad (19.28)$$

Wenn die Sendungsgröße M_S = 1 LE ist, verschwindet der Füllverlust. Bei *unzulässiger Sendungsteilung* ist N_{TS} = 1 und der Füllverlust am größten. Bei beliebiger Sendungsteilung, das heißt für $N_{TS} \to \infty$, ist die effektive Kapazität gleich der Transportmittelkapazität. *Abb. 19.10* zeigt die mit Hilfe der Beziehung (19.28) errechnete Abhängigkeit der effektiven Transportmittelkapazität von der mittleren Sendungsgröße und der Sendungsteilung.

Durch Einsetzen den effektiven Kapazität (19.28) in Beziehung (19.27) läßt sich der *Füllungsgrad* $\eta_{TE} = M_L/(M_{TE} \cdot C_{TE})$ der Transporteinheiten errechnen. *Abb. 19.11* zeigt die resultierende Abhängigkeit des Füllungsgrads von der Ladungsgröße für eine Beladung *ohne* Sendungsteilung und die *Abb. 19.12* für eine Beladung *mit* zulässiger Sendungsteilung.

Der *Füllungsverlust* in den ersten Transporteinheiten und der zusätzliche *Anbruchverlust* in der letzten Transporteinheit einer zur Beförderung anstehenden Ladung lassen sich durch folgende *Füllstrategien* vermeiden oder reduzieren:

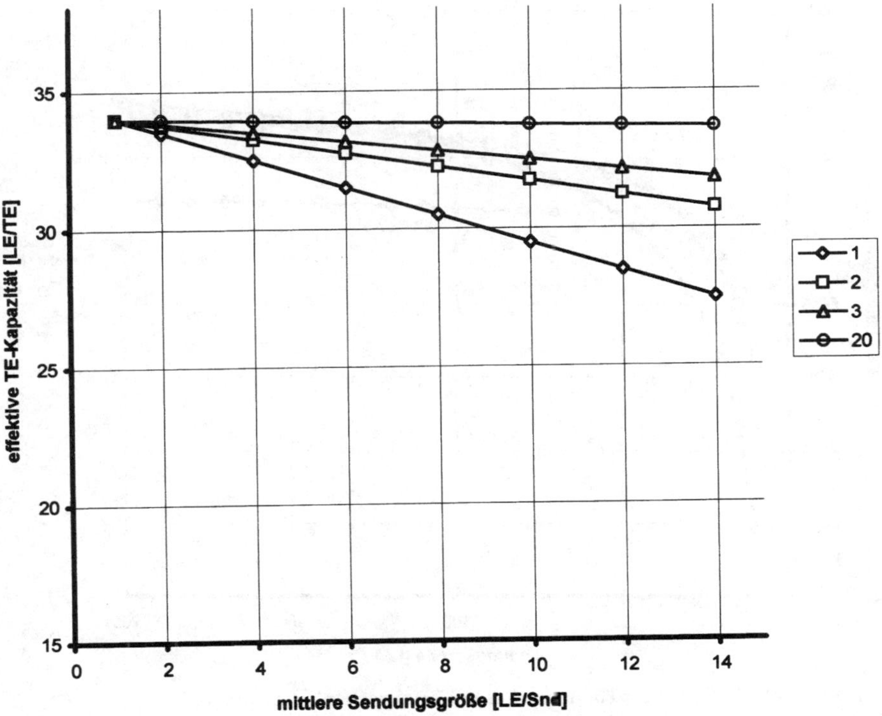

Abb. 19.10 Abhängigkeit der effektiven Transportmittelkapazität von der mittleren Sendungsgröße und der zulässigen Sendungsteilung

Zulässige Sendungsteilung: $N_{TS} = 1, 2, 3, 20$ TE/Snd
Maximale TE-Kapazität: 34 LE/TE

- *Zurücklassen unkritischer Sendungen*: Die zur Beförderung anstehenden Sendungen werden nach Dringlichkeit ihres Versandtermins verladen. Sendungen mit unkritischem Versandtermin, deren Mitnahme zu einer teilgefüllten Transporteinheit führen würde, werden für einen späteren Transport zurückgelassen.
- *Vorziehen späterer Sendungen*: Zum Auffüllen des Anbruchverlustes, der nach Verladen der regulären Sendungen frei bleibt, werden, soweit vorhanden, Sendungen mit einem späteren Versandtermin vorgezogen.
- *Beiladen von Kleinsendungen*: Bei Ganz- und Teilladungstransporten wird der Restladeraum, der nach Verstauen der regulären Sendungen übrig bleibt, mit kleineren Sendungen gefüllt, die sonst als Stückgut befördert werden.

In einigen Bereichen des Transportgewerbes, wie in der Luftfracht und in der Passagierbeförderung, wird versucht, durch attraktive *Last-Minute-Preise* kurzfristig Bedarf zu erzeugen. Damit aber ist das Risiko verbunden, daß kein zusätzlicher Bedarf geweckt wird sondern nur ein Teil des späteren regulären Bedarfs vorgezogen und zu niedrigeren Preisen bedient wird.

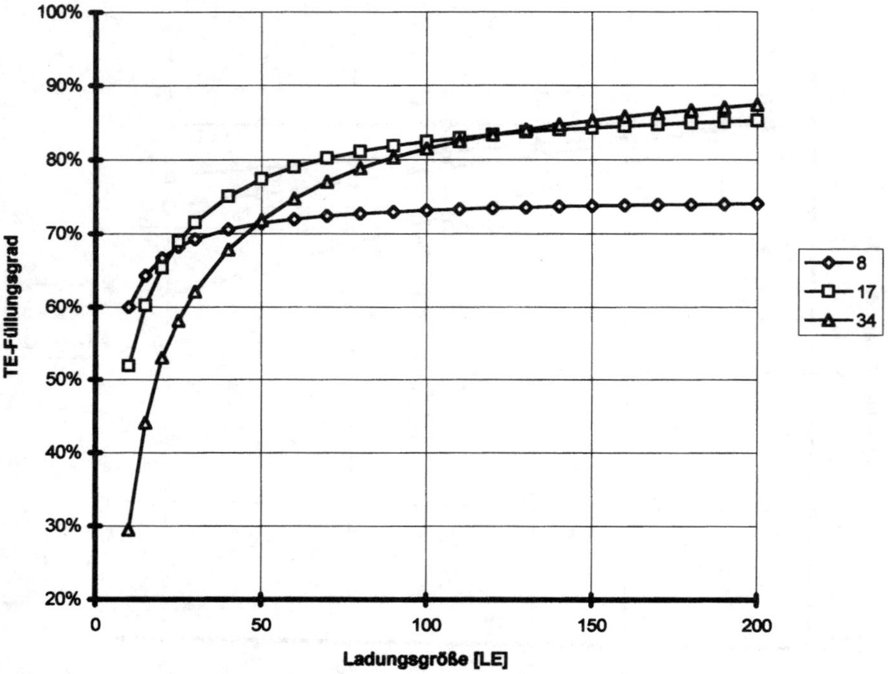

Abb. 19.11 Abhängigkeit des Füllungsgrads der Transporteinheiten von der Ladungsgröße ohne Sendungsteilung

Kapazität der Transporteinheiten $C_{TE} = 8, 17, 34$ LE/TE
Mittlere Sendungsgröße $M_S = 5$ LE/Snd

Für einen Transportmittelbedarf M_{TE} pro anstehender Ladung resultiert bei einer *Lieferfrequenz* f_L [Ldg/PE] für das *Transportaufkommen:*

$$\lambda_{TE} = f_L \cdot M_{TE} \qquad [\text{TE/PE}]. \tag{19.29}$$

Durch Einsetzen von (19.26) in (19.27) und von (19.27) in (19.29) folgt:

- Ein zu befördernder Ladeeinheitenstrom erzeugt bei einer Lieferfrequenz f_L [1/PE] das *Transportaufkommen*

$$\lambda_{TE} = \mathbf{MAX}\left(f_L ; \lambda_{LE} / C_{TEeff} + f_L \cdot (C_{TEeff} - 1)/2C_{TEeff}\right) \qquad [\mathbf{TE/PE}]. \tag{19.30}$$

Das *Transportaufkommen* λ_{TE} auf einer bestimmten Fahrtroute ist gleich der *Transportfrequenz*, mit der die Transporteinheiten auf dieser Fahrtroute verkehren und bestimmt nach Beziehung (19.8) die Anzahl der für die Ladungsbeförderung benötigten Transporteinheiten.

Aus der grundlegenden Beziehung (19.30) folgt:

- Wenn keine kleineren Transportmittel eingesetzt werden können, steigt mit zunehmender Lieferfrequenz das Transportaufkommen, da die mittlere La-

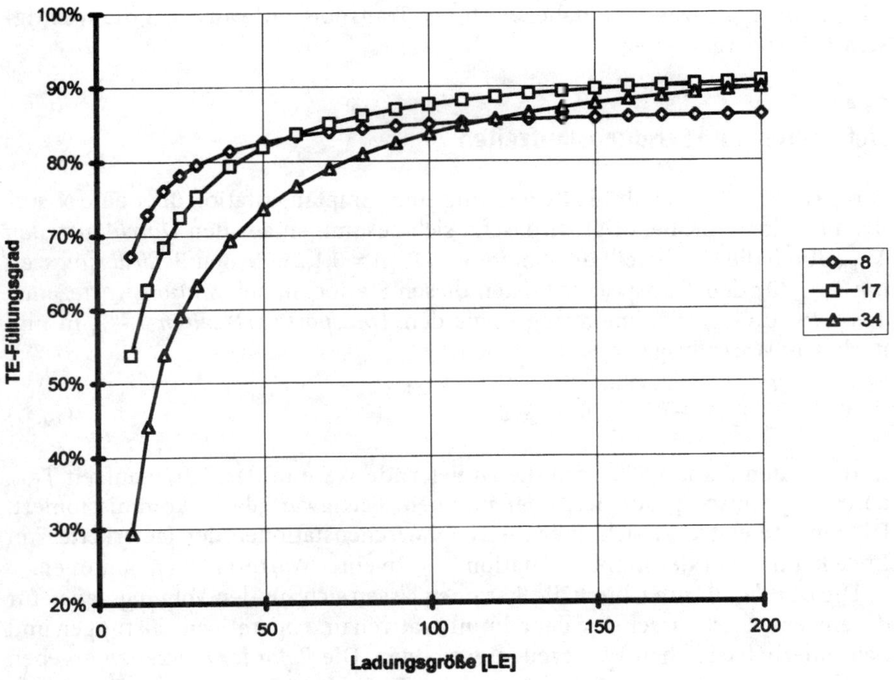

Abb. 19.12 Abhängigkeit des Füllungsgrads der Transporteinheiten von der Ladungsgröße mit einfacher Sendungsteilung
Zulässige Sendungsteilung $N_{TS} = 2$ Snd/TE
Übrige Parameter : s. *Abb. 19.11*

dungsgröße abnimmt und infolgedessen der Füllungsgrad der Transporteinheiten immer schlechter wird.

Dieser Zusammenhang führt zu dem *Lieferzeitdilemma der Logistik:*

- Kurze Lieferzeiten erfordern hohe Lieferfrequenzen. Hohe Lieferfrequenzen führen zu kleineren Ladungen. Kleinere Ladungen bewirken geringere Transportmittelauslastung oder den Einsatz kleinerer Transportmittel. Beides führt zu höheren Frachtkosten.

Für das Beispiel der Distribution von Stückgutsendungen aus einem Logistikzentrum über regionale Verteilumschlagpunkte an den Handel zeigt *Abb. 19.32* die Auswirkung einer Verringerung der Lieferfrequenz auf die mittlere Sendungslaufzeit einerseits und auf die Frachtkosten andererseits. Eine Konsequenz aus dem Lieferzeitdilemma ist der *Lieferfrequenzgrundsatz*:

- Zur Optimierung einer Lieferkette müssen die Lieferfrequenzen für die Transportverbindungen zwischen den Stationen soweit gesenkt werden, wie grade noch mit den geforderten Lieferzeiten verträglich.

Die Lieferfrequenzen sind daher nach der Transportmittelauswahl die wichtigsten Transportparameter.

19.4 Lieferzeiten und Sendungslaufzeiten

Die *Lieferzeit* T_{LZ}, die für die Belieferung einer Empfangsstation über eine *N*-stufige Lieferkette LK benötigt wird, setzt sich zusammen aus den *Durchlaufzeiten* T_{DLn} durch die *N*+1 beteiligten Stationen ST_n, n = 0,1,2 ... *N*, den *Beförderungszeiten* T_{BFn} für den Transport zwischen diesen Stationen, den *Stationswartezeiten* T_{SWn} vor und im Wareneingang sowie den *Transportwartezeiten* T_{TWn} in und nach dem Warenausgang der Stationen:

$$T_{LZ} = \sum_{n=0}^{N} \left(T_{DL\,n} + T_{BF\,n} + T_{SW\,n} + T_{TW\,n} \right). \tag{19.31}$$

In der ersten Station ST_0 wird die zu liefernde Ware in der Durchlaufzeit T_{DLo} auftragsspezifisch produziert oder in einem Fertigwarenlager kommissioniert. Die Summe erstreckt sich über die N-1 Zwischenstationen der Lieferkette. Am Ende kann es vor der Empfangsstation ST_N zu einer Wartezeit T_{SWN} kommen.

Die *Durchlaufzeiten* durch die Stationen lassen sich aus den *Vorgangszeiten* für die einzelnen Arbeitsschritte der administrativen und operativen Leistungen und den innerbetrieblichen Wartezeiten errechnen. Die *Beförderungszeiten* ergeben sich bei bekannten technischen Daten des Transportmittels aus der Transportweglänge, der Anzahl Sendungen pro Transport und der Beladung. Die *Sendungslaufzeit* ist gleich der Auslieferzeit einer Sendung über eine bestimmte Transport- oder Speditionskette.

In der *Sendungsdisposition* ist zwischen zwischen planmäßigen und unplanmäßigen Wartezeiten zu unterscheiden:

- Die *planmäßigen Wartezeiten* ergeben sich aus der Abstimmung der Betriebszeiten und der Durchlaufzeiten der Stationen mit den Abfahrtzeiten für die Regel- und Bedarfstransporte.
- Die *unplanmäßigen Wartezeiten* sind die Folge von Verzögerungen und Verspätungen in den Leistungsstellen und auf den Transportverbindungen.

Wenn die Betriebs- und Durchlaufzeiten der Stationen mit den Abfahrtzeiten der Transporte richtig abgestimmt sind, liegt die planmäßige Wartezeit bei einer Lieferfrequenz f_L im Bereich:

$$0 \leq T_{PW} \leq 1/f_L . \tag{19.31}$$

Für eine Lieferfrequenz von zweimal pro Tag, das heißt für $f_L = 2$ pro 24 Stunden, beträgt hiernach die planmäßige Wartezeit minimal 0 Stunden, maximal 12 Stunden und bei zufallsverteiltem Eintreffen der Versandaufträge im Mittel 6 Stunden.

Ursachen der unplanmäßigen, meist stochastischen Wartezeiten können eine Überlastung der Stationen oder der Verkehrswege sein, aber auch der Ausfall von Betriebs- und Transportmitteln sowie Störungen, Streiks und Fehler aller Art.

Die unplanmäßigen Wartezeiten schwanken abhängig von der Tages- und Jahreszeit und lassen sich grundsätzlich nicht vorausberechnen. Sie sind daher in der Lieferzeitberechnung durch *Erfahrungswerte* oder entsprechende *Zuschläge* auf die Durchlauf- und Beförderungszeiten zu berücksichtigen. Wenn nichts genaueres bekannt ist, kann für die Summe der Transportwartezeit hinter einer Station ST_n und der Stationswartezeit vor der Station ST_{n+1} mit 10 % der Stationsdurchlaufzeit und mit 5 % der Beförderungszeit von ST_n zur folgenden ST_{n+1} gerechnet werden.

Das Bemühen aller *Just-In-Time-Strategien* zielt darauf ab, die Betriebs- und Transportzeiten so gut aufeinander abzustimmen, daß im Idealfall keine planmäßigen Wartezeiten auftreten und die Ware genau zu dem Zeitpunkt eintrifft, zu dem sie benötigt wird (s. *Abschnitt 8.10/I*). Abgesehen von den erhöhten Kosten aber scheitert dieses Bemühen in vielen Fällen an den unplanmäßigen Wartezeiten. Deren Auswirkungen lassen sich nur durch ausreichende *Zeitpuffer* oder *Warenpuffer* oder durch eine Verlagerung der Fertigungsendstufe der benötigten Teile nahe an den Bedarfsort ausgleichen.

19.5 Belieferungskosten

Die *Sendungskosten* $k_{S\,ij}$ für die Lieferung einer Sendung S von einer Lieferstelle L_i an eine Empfangsstelle L_j sind gleich der Summe der *anteiligen Kosten* $k_{ST\,n}$ für die in Anspruch genommenen Leistungen in den N_{ij} Stationen ST_n und der *anteiligen Kosten* $k_{TR\,n}$ für die Transporte zwischen den N_{ij} Stationen der Lieferkette, die von der Sendung durchlaufen wird:

$$k_{S\,ij} = \sum_{n=1}^{N_{ij}} \left(k_{ST\,n} + k_{TR\,n}\right) \qquad [\mathrm{DM/Snd}]. \tag{19.32}$$

Wenn $\lambda_{S\,ij}$ [Snd/PE] das *gesamte Sendungsaufkommen* zwischen allen betrachteten Lieferstellen L_j, i = 1,2 ... N_L, und Empfangsstellen E_j, j = 1,2 ... N_E, ist, ergeben sich aus (19.32) die *Belieferungskosten* pro Periode:

$$K_{BLK} = \sum_{i,j} \lambda_{S\,ij} \cdot k_{S\,ij} \qquad [\mathrm{DM/PE}]. \tag{19.33}$$

Um die Belieferungskosten pro Periode kalkulieren zu können, muß das gesamte Sendungsaufkommen in den einzelnen Lieferketten bekannt sein, aus dem die Sendungsströme durch die verschiedenen Stationen und Transportverbindungen resultieren.

Aus den Sendungsströmen läßt sich mit Hilfe der zuvor angegebenen Beziehungen der *Durchsatz* an Aufträgen, Leistungen, Mengen, Ladeeinheiten und Transporteinheiten errechnen, der von den Sendungsströmen in den Stationen und Transportverbindungen ausgelöst wird. Zur Kalkulation der Belieferungskosten sind diese Durchsatzwerte mit den jeweiligen *Leistungskostensätzen* für die Logistikleistungen in den Stationen und mit den *Transport-* oder *Frachtkostensätzen* für die Transporte zwischen den Stationen zu multiplizieren.

Zur Optimierung und Neukonzeption sowie für Vergleichsrechnungen genügt es, mit *Richtwerten* für die Leistungskosten und Leistungspreise zu kalkulieren, die auf Abschätzungen, Modellrechnungen und Erfahrungswerten beruhen. Für die Entscheidung zur Realisierung eines neuen Logistikkonzepts und zur Auswahl der optimalen Lieferketten im operativen Tagesgeschäft werden hingegen *aktuelle Kosten* und *echte Preise* benötigt, die das Ergebnis entsprechender Ausschreibungen, der Angaben von Logistikdienstleistern oder einer genaueren Eigenkalkulation sind.

Ein besonderes Problem für die Optimierung der Lieferketten resultiert daraus, daß die Leistungskosten und Leistungspreise wegen der *Mengendegression* von der Höhe des Leistungsdurchsatzes und wegen der *Fixkosten* von der Auslastung der Stationen abhängen (s. *Abschnitte 16.13* und *Abschnitt 17.14*). Analog sind die Transportpreise und Frachttarife vom Ladungsaufkommen und von den Sendungsgrößen abhängig (s. *Abb. 19.27, 19.28* und *19.27*). Hinzu kommt die prinzipiell nicht vorauskalkulierbare Abhängigkeit der Preise von *Angebot* und *Nachfrage*.

Die Mengen- und Auslastungsabhängigkeit der Kosten und Preise läßt sich dadurch berücksichtigen, daß die Sendungs- und Belieferungskosten zunächst mit *vorläufigen Kosten* und *Preisen* kalkuliert werden, die für den Durchsatz, die Auslastung und die Transportmengen einer *Anfangslösung* gelten. Wenn aus einem Optimierungsschritt ein Durchsatz resultiert, der erheblich von dem zunächst angesetzten Durchsatz abweicht, müssen die Kostensätze und Preise vor Durchführung des nächsten Optimierungsschritts entsprechend korrigiert werden.

Dabei kann es vorkommen, daß der Durchsatz für einzelne Stationen oder Transportverbindungen unter einen Wert absinkt, für den der Betrieb einer Station oder die Durchführung regelmäßiger Transporte nicht mehr wirtschaftlich ist. Wenn diese *kritische Masse* für eine Station oder Verbindung nicht erreicht wird, muß der Durchsatz auf benachbarte Stationen und Verbindungen verlegt werden. Alternativ können auch mehrere benachbarte Stationen mit unzureichendem Durchsatz oder Regionen mit einem zu geringen Sendungsaufkommen zusammengelegt werden. Beide Maßnahmen verändern die Struktur des Logistiksystems.

Solange das eigene Ladungsaufkommen ausreicht, ist es in der Regel von Vorteil, die Transportmittel ausschließlich für den Eigenbedarf zu nutzen. Hierfür können entweder eigene Transportmittel, zum Beispiel aus einem Fuhrpark, eingesetzt oder fremde Transportmittel angemietet werden. Die Transportkostensätze für diese *Transportleistungen* sind gleich den Leistungskosten der eigenen Transportmittel bzw. gleich den Leistungspreisen für den fremden Laderaum (s. *Tabelle 18.2*).

Dabei ist zu berücksichtigen, daß die Leistungspreise davon abhängen, ob die Transporteinheiten auf der *Rückfahrtstrecke* vom Auftraggeber selbst oder vom Spediteur genutzt werden. Dementsprechend ist der Kilometersatz im Straßentransport für die selbst genutzte Rückfahrt geringer als für die Hinfahrt (s. *Abschnitt 18.12*). Hieraus folgt der *Grundsatz*:

- Durch *paarige Hin- und Rücktransporte*, die sich zum Beispiel durch die Kombination von Beschaffungs-, Distributions- und Entsorgungstransporten ergeben, lassen sich die Transportkosten deutlich reduzieren.

Wenn das eigene Ladungsaufkommen nicht ausreicht, um ein Transportmittel bei der benötigten Lieferfrequenz wirtschaftlich auszulasten, müssen die Sendungen zusammen mit dem Ladungsaufkommen anderer Versender befördert werden. Für diese *Frachtleistungen* gelten die *Frachttarife* für *Teilladungen*, *Stückgutsendungen* und *Paketsendungen* (s. *Tabellen 19.3, 19.4* und *19.5*).

Für die Kalkulation und Optimierung der Belieferungskosten sind nur Leistungspreise, Transportpreise und Frachttarife verwendbar, die eindeutig von den Leistungseinheiten und den relevanten Kostentreibern abhängen, wie den Mengeneinheiten, den Ladeeinheiten und den Sendungsgrößen. Da Spediteure nicht immer von sich aus transparente und verursachungsgerechte Preise anbieten, ist es erforderlich, die benötigte *Preisstruktur* in den Anfragen und Ausschreibungen für Logistik- und Transportleistungen entsprechend vorzugeben (s. *Kapitel 20*).

19.6 Auftragsprozesse und Informationsfluß

Die Bereitstellung der Ausliefermengen in den Lieferstellen wird durch *Liefer-* oder *Nachschubaufträge* ausgelöst. Die Liefer- und Nachschubaufträge laufen vor Beginn der Lieferung *entgegen dem Warenfluß* von den Empfangsstellen zu den Lieferstellen.

Die Beförderung der Sendungen durch die Lieferkette zu den Empfangsstellen wird durch *Versand-*, *Transport-* und *Beförderungsaufträge* veranlaßt, die in der Regel vom Versender erteilt werden und vor, parallel oder mit den Sendungen zu den Empfängern laufen.

Die mit dem Auftragsdurchlauf verbundenen *administrativen Auftragsprozesse*

Auftragserteilung
Auftragsannahme
Auftragsbearbeitung
Auftragsdisposition (19.34)
Sendungsankündigung
Empfangsbestätigung

bestimmen sehr wesentlich die Auftragsdurchlaufzeiten, die Belieferungsstrategien und damit auch die Belieferungskosten. Daher sind die Analyse und Gestaltung der Auftragsprozesse für die Optimierung der Lieferketten von besonderer Bedeutung [85; 223; 241].

Der Waren- und Sendungsstrom durch die Lieferketten wird von einem *Informations- und Datenfluß* begleitet. Die sendungsbegleitenden Daten und Informationen sind notwendig, um den Lauf der Sendungen zu steuern und zu verfolgen.

Das Kennzeichnen der Waren und Sendungen durch Etiketten oder Beschriftung, das Erstellen der Begleitdokumente, wie der *Frachtbriefe*, sowie das Lesen, Prüfen und Verarbeiten der Informationen in den Stationen der Lieferkette sind mit einem nicht zu unterschätzenden Zeit- und Kostenaufwand verbunden, der bei den Durchlaufzeiten und Leistungspreisen zu berücksichtigen ist.

Die Lieferung einer Sendung wird mit dem *Quittieren* der Vollständigkeit und Richtigkeit der zugestellten Warenmenge durch den Empfänger abgeschlossen. Die *Empfangsbestätigung* muß möglichst schnell dem Lieferanten oder Versender zugeleitet werden, damit dieser den Auftrag abschließen und gegebenenfalls die Rechnung fakturieren kann.

Die Informations- und Kommunikationsprozesse im Zusammenhang mit der Belieferung sind kein Selbstzweck sondern notwendige Voraussetzung zur Realisierung optimaler *Belieferungsstrategien* und zur Sicherung einer hohen *Sendungsqualität*. Viele Belieferungsstrategien und Optimierungsmöglichkeiten der Lieferketten scheitern immer noch an den unzureichenden *Informations- und Kommunikationssystemen* oder an der Nichtverfügbarkeit, Fehlerhaftigkeit und Unvollständigkeit der benötigten *Logistikdaten* von Artikeln und Sendungen [47; 85; 223].

19.7 Belieferungsstrategien

Alle wesentlichen Belieferungsstrategien lassen sich herleiten aus den drei Grundstrategien *Bündeln*, *Ordnen* und *Sichern* und den Gegenstrategien *Trennen*, *Umordnen* und *Entsichern* (s. *Abschnitt 5.2/I*).

1. Bündelungsstrategien der Belieferung

Die Bündelungsstrategien zur Optimierung der Belieferung sind in der Regel auf eine *Kostensenkung* ausgerichtet. Hierzu gehören:

- *Auftragsbündelung*: Die Lieferaufträge für mehrere Besteller werden von einer *produzierenden Lieferstelle* zusammen ausgeführt oder in einer *bestandsführenden Lieferstelle* oder *Zwischenstation* als Serienauftrag kommissioniert. Strategieparameter ist die *Fertigungslosgröße*, *Seriengröße* oder *Batchgröße*.
- *Ladungsbündelung*: Der Inhalt eines oder mehrerer Aufträge, die für einen Empfänger bestimmt sind, wird auf Ladeeinheiten zusammengefaßt, um das Be-, Ent- und Umladen zu erleichtern. *Strategieparameter* ist die Kapazität der Ladeeinheiten.
- *Zeitliche Sendungsbündelung*: Das Sendungsaufkommen wird in einer Versandstation oder in einer Zwischenstation für eine bestimmte Zeit angesammelt, damit eine größere Ladung erreicht wird. In der *Bündelungszeit* T_{BZ} [PE], die der Strategieparameter ist, läuft im Mittel eine *Bündelungsmenge*

  $$M_B = \lambda_S \cdot M_S \cdot T_{BZ} \qquad [LE]. \qquad (19.35)$$

  auf, wenn λ_S [Snd/PE] das Sendungsaufkommen und M_S [LE/Snd] die mittlere Sendungsgröße sind. Mit ansteigender Bündelungszeit wächst die Bündelungsmenge. Zugleich aber nehmen die Lieferfrequenz, für die $f_L \geq 1/T_{BZ}$ gilt, ab und damit die Lieferzeiten zu.
- *Quellenbündelung*: Die für *eine* Empfangsstelle bestimmten Sendungen von mehreren Versendern, von benachbarten Lieferstellen oder aus einem Sammelgebiet werden zusammen abgeholt und gemeinsam bearbeitet.

- *Senkenbündelung*: Sendungen einer Versandstelle, die für mehrere Empfangsstellen oder für ein Zustellgebiet bestimmt sind werden gemeinsam bearbeitet und zusammen befördert.
- *Transportbündelung*: Mehrere Ladungen, die auf einer Tour abgeholt oder zugestellt werden können, werden in einer Transporteinheit befördert. Für den Ferntransport werden kleinere Transporteinheiten zu einer größeren Transporteinheit gebündelt. *Strategieparameter* sind die Kapazitäten der eingesetzten Transporteinheiten.

Eine Gegenstrategie zur Transportbündelung ist die *Aufteilung von größeren Sendungen* auf mehrere Transportmittel zur besseren Laderaumnutzung. Eine Gegenstrategie zur Sendungsbündelung ist die

- *Sendungstrennung*: Die Sendungen werden nach Sendungsgröße in Klassen mit kleinen, mittleren und großen Sendungen eingeteilt und auf den jeweils optimalen Transportketten ausgeliefert.

Weitere Gegenstrategien zur Sendungsbündelung sind die *Just-In-Time-Strategie* und das *One-Piece-Flow-Prinzip*, die auf eine Minimierung der Liefer- und Wartezeiten ausgerichtet sind [72]. Für diese Strategien sind im Extremfall die Bündelungszeit gleich 0 und die Batchgröße gleich 1. Der Preis hierfür sind in der Regel erhöhte Belieferungskosten.

Eine Bündelungsstrategie zur Senkung der Bestands- und Lagerkosten im gesamten Belieferungssystem ist die

- *Zentralisierung der Bestände*: Die Warenbestände von Artikeln, die für mehrere Bedarfsstellen bestimmt sind, werden an einer oder wenigen Standorten soweit zentralisiert, wie dadurch nicht die Lieferzeiten und die Lieferfähigkeit beeinträchtigt werden.

Wenn infolge einer zu starken Zentralisierung der Bestände die Serviceanforderungen nicht mehr eingehalten werden können, ist als Gegenstrategie eine teilweise *Dezentralisierung der Bestände* mit einer Bevorratung kostenminimaler Puffermengen in der Nähe der Bedarfsstellen erforderlich (s. *Abschnitt 11.10/I*).

2. Ordnungsstrategien der Belieferung

Durch folgende Ordnungsstrategien lassen sich Zeiten und Kosten innnerhalb einer Lieferkette optimieren:

- *Priorisierung*: Eilaufträge, Expreßsendungen und andere vorrangige Aufträge werden sofort ausgeführt, nachrangige Aufträge und Sendungen nur soweit es die verfügbaren Kapazitäten zulassen.
- *Optimale Bearbeitungsfolgen*: In den Stationen werden Aufträge und Sendungen in der Reihenfolge bearbeitet, die mit den geringsten Rüstkosten und Wechselzeiten verbunden ist.
- *Packstrategien*: Versandeinheiten oder Packstücke werden in einer solchen Reihenfolge und Orientierung in die *Ladeeinheiten* gepackt, daß Volumen und Nutzlast der Ladeeinheit optimal genutzt werden (s. *Abschnitt 12.4/I*).

- *Staustrategien*: Die Ladeeinheiten und Frachtstücke der Sendungen einer ausgehenden Gesamtladung werden in einer solchen Reihenfolge und Orientierung in den *Transporteinheiten* verstaut, daß Frachtraum und Nutzlast optimal genutzt werden und eine vorgegebene *Beladefolge* der Sendungen eingehalten wird (s. *Abschnitt 12.5/I*).
- *Füllstrategien*: Durch Auf- oder Abrunden der Liefermengen, durch Vorziehen oder Zurücklassen zeitunkritischer Sendungen oder durch Sendungsteilung werden die Abruchverluste in den Lade- und Transporteinheiten minimiert (s. *Abschnitt 12.5/I*).
- *Optimale Transportfolgen*: Transportaufträge und Transportfahrten werden in *der* Reihenfolge und auf *den* Fahrwegen ausgeführt, die mit dem geringsten Aufwand und Zeitbedarf verbunden sind [11; 13; 24; 196].

Wenn für eine Relation mehrere Liefer- oder Transportketten zur Auswahl stehen, kann grundsätzlich für jede anstehende Sendung gesondert errechnet werden, welche der bestehenden Möglichkeiten die kostengünstigste ist. Wenn das zu aufwendig oder wegen Unkenntnis der Logistikdaten und Kosten nicht möglich ist, werden *Zuweisungsstrategien* benötigt, die festlegen, für welche Sendungsart welche Lieferkette zu wählen ist.

2. Sicherheitsstrategien der Belieferung

Zur Absicherung der Belieferung bei Ausfällen und Verzögerungen sind folgende *Sicherheitsstrategien* geeignet:

- *Sicherheitsbestände*: Zur Sicherung der *Lieferfähigkeit* bei Schwankungen der Wiederbeschaffungszeit und des Bedarfs werden in den bestandsführenden Stationen der Lieferkette *Sicherheitsbestände* vorgehalten (s. *Abschnitt 11.8/I*).
- *Mengenpuffer*: Stochastisch schwankende Ankunftsraten und Abfertigungszeiten führen zu Staus und Warteschlangen, zu deren Aufnahme ausreichend bemessene Stauräume und Pufferstrecken vorgehalten werden müssen (s. *Abschnitt 13.5/I*).
- *Zeitpuffer*: Zur Sicherung des unterbrechungsfreien Betriebsablaufs in den Stationen und der pünktlichen Einhaltung der Fahrpläne gegen unplanmäßige Wartezeiten und Schwankungen der Durchlaufzeiten sind angemessene *Zeitpuffer* einzuplanen (s. *Abschnitt* 8.6/*I*).
- *Redundanzen*: Ausfälle, Störungen und Betriebsunterbrechungen einzelner Stationen oder Verbindungen einer Lieferkette können durch Ersatzstationen und Ausweichverbindungen überbrückt werden (s. *Abschnitt 13.6/I*).

19.8 Spezifikation der Lieferketten

Ein gut geführtes Logistikprojekt beginnt mit der Aufnahme und Analyse der Auftragsprozesse, Logistikstrukturen und Lieferketten einschließlich der damit verbundenen Informations- und Datenflüsse. Das Ergebnis einer Optimierung oder Neukonzeption der Unternehmenslogistik wird in Form von Strukur-, Ablauf- und Flußdiagrammen dargestellt und durch Spezifikation der angestrebten Systeme, Prozesse und Lieferketten beschrieben.

Zur *Übersichtsdarstellung* genügen die in *Abb. 19.8* und *19.9* dargestellten *Lieferkettendiagramme*, in denen die Stationen als *Kästen* und die Transportverbindungen als gerichtete *Pfeile* symbolisiert sind. Durch Bezeichnung der Stationen werden die Strukturen und durch Beschriftung der Verbindungen die Warenströme und Transportmittel angegeben. Die *Abb. 19.14, 19.21, 19.23* und *19.25* geben auf diese Weise einen Überblick über die Lieferketten einiger Industrie- und Handelsunternehmen. *Abb. 19.17* zeigt die wichtigsten *Frachtketten* von Speditionsunternehmen und *Beförderungsketten* von Transportdienstleistern.

Zur genaueren *Spezifikation* ist eine *Belieferungstabelle* mit den *qualitativen Merkmalen* der Lieferketten erforderlich, wie sie *Tabelle 19.1* für ein Beispiel aus der Konsumgüterindustrie zeigt, dessen Distributionsstruktur in *Abb. 19.13* und dessen Auslieferungsketten in *Abb. 19.14* dargestellt sind. Beginnend mit den Lieferstellen werden über die Stufen der Lieferketten, die in den Spalten der Tabelle aufgeführt sind, für alle Stationen bis hin zu den Empfangsstellen, die *operativen Logistikleistungen* (19.2), (19.4) und (19.5) aufgelistet, die in den Stationen erbracht werden. Außerdem werden die *Versand- und Ladeeinheiten* spezifiziert, die die einzelnen Stationen verlassen. Die Transportverbindungen zwischen den Stationen der Lieferketten werden durch Angabe des *Verkehrsträgers*, des *Transportmittels* und der gewählten *Transportart* spezifiziert.

Durch Grenzlinien können in den Diagrammen und in der Matrixtabelle die *Gefahrenübergänge* zwischen den Beteiligten der Lieferkette markiert und die *Verantwortung* für die Abschnitte der Lieferketten abgegrenzt werden. So liegt die Gefahrenübergang für Lieferungen *ab Werk* für das in *Tabelle 19.1* angegebene

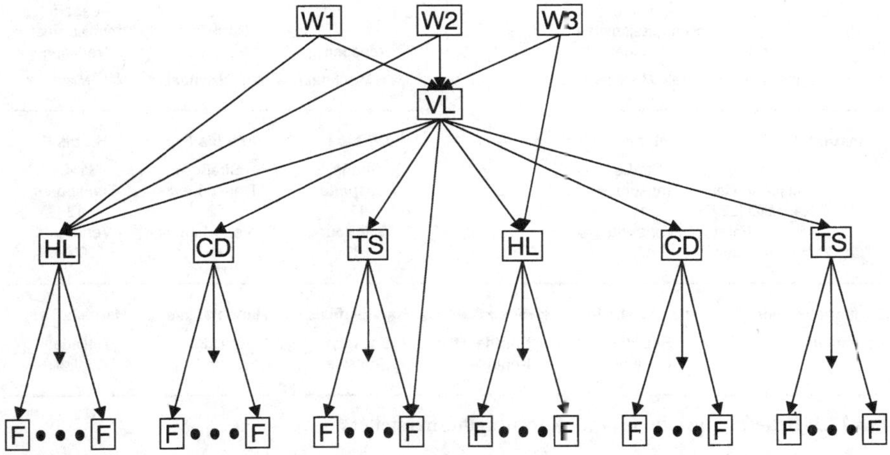

Abb. 19.13 Distributionsstruktur eines Konsumgüterherstellers

Wi : Produktionswerke	VL : Versandlager
CD: Crossdocking-Stationen	TS: Transshipment-Stationen
HL: Handelslager	F : Filialen des Einzelhandels

	LK 1	LK 2	LK 3	LK 4	LK 5
Lieferstelle	**Werk**	**Werk**	**Werk**	**Werk**	**Werk**
Funktionen	Produktion Verladen	Produktion Verladen	Produktion Verladen	Produktion Verladen	Produktion Verladen
Ladeeinheiten	artikelr. Ganzpal.	artikelr. Ganzpal.	artikelr. Ganzpal.	artikelr. Ganzpal.	artikelr. Ganzpal.
Transport 1		**W bis VL**	**W bis FL**	**W bis FL**	**W bis FL**
Verkehrsträger		Straße	Straße	Straße	Straße
Transportmittel		Shuttle-Fahrzeug	Shuttle-Fahrzeug	Shuttle-Fahrzeug	Shuttle-Fahrzeug
TE-Kapazität [LE]		34	34	34	34
Tour		Direkt	Direkt	Direkt	Direkt
Rückfrachtauslastung		0%	0%	0%	0%
Zwischenstation 1		**Versandlager**	**Versandlager**	**Versandlager**	**Versandlager**
Funktionen		Einlagern Lagern Kommissionieren Verladen	Einlagern Lagern Kommissionieren Verladen	Einlagern Lagern Auslagern Verladen	Einlagern Lagern Auslagern Verladen
Ladeeinheiten		filalr. Mischpal.	filalr. Mischpal.	artikelr. Ganzpal.	artikelr. Ganzpal.
Transport 2	**W bis HL**	**VL bis F**	**VL bis CD**	**VL bis TS**	**VL bis HL**
Verkehrsträger	Straße	Straße	Straße	Straße	Straße
Transportmittel	Sattelfaufl./WAB	Sattelfaufl./WAB	Sattelfaufl./WAB	Sattelfaufl./WAB	Sattelfaufl./WAB
TE-Kapazität [LE]	34	34	34	34	34
Fahrt	Ladungstransport	Ladungstransport	Ladungstransport	Ladungstransport	Ladungstransport
Rückfrachtauslastung	0%	0%	0%	0%	0%
Zwischenstation 2	**Handelslager**		**Cross-Docking**	**Transshipment**	**Handelslager**
Funktionen	Einlagern Lagern Kommissionieren Verladen		Entladen Verladen	Entladen Sortieren Verladen	Einlagern Lagern Kommissionieren Verladen
Ladeeinheiten	filalr. Mischpal.		filalr. Mischpal.	filalr. Mischpal.	filalr. Mischpal.
Transport 3	**HL bis F**		**CD bis F**	**TS bis F**	**HL bis F**
Verkehrsträger	Straße		Straße	Straße	Straße
Transportmittel	Transporter		Transporter	Transporter	Transporter
TE-Kapazität [LE]	12		12	12	12
Fahrt	Verteiltour		Verteiltour	Verteiltour	Verteiltour
Rückfrachtauslastung	0%		0%	0%	0%
Empfangsstellen	**Handelsfilale**	**Handelsfilale**	**Handelsfilale**	**Handelsfilale**	**Handelsfilale**
Funkionen	Entladen Kontrolle	Entladen Kontrolle	Entladen Kontrolle	Entladen Kontrolle	Entladen Kontrolle

Tab. 19.1 Belieferungstabelle eines Konsumgüterherstellers
.... Stationsgrenzen ________ Verantwortungsgrenzen
LK_i: Lieferkette i=1,2,3,4,5
übrige Abkürzungen: s. Legende Abb. 19.13 u. 19.14

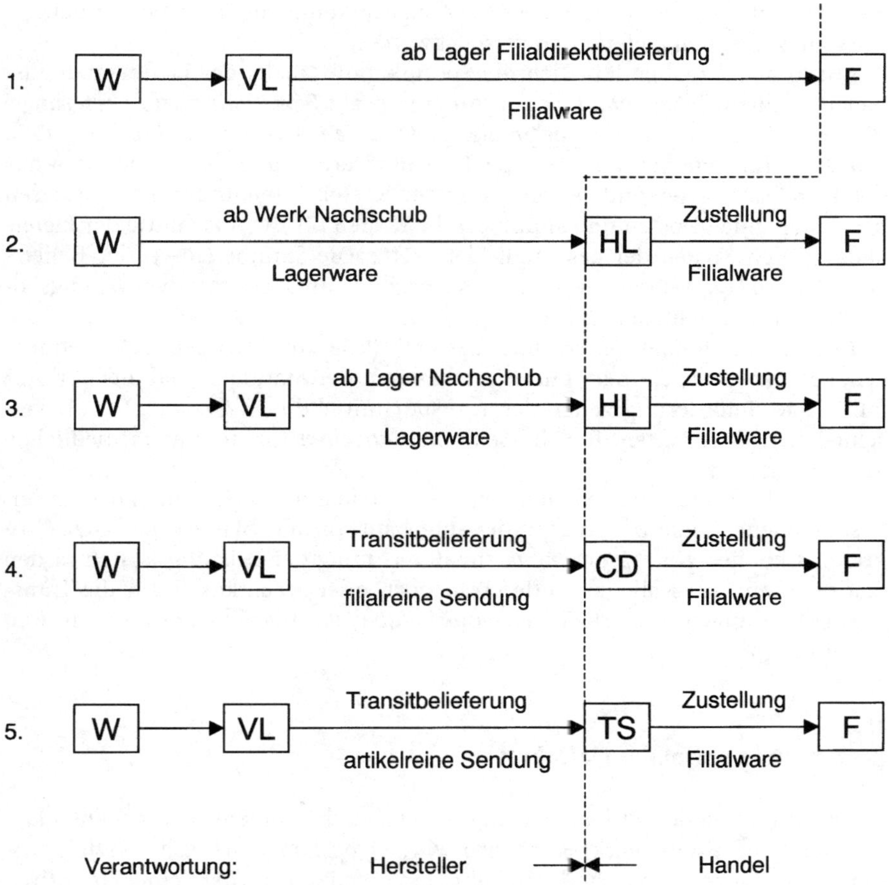

Abb. 19.14 Distributionsketten eines Konsumgüterherstellers

W : Produktionswerk
VL : Versandlager
CD: Crossdocking-Station
F : Filiale des Einzelhandels
HL: Handelslager
TS: Transshipment-Station

Beispiel an der Versandrampe der Produktion oder des Fertigwarenlagers und für Lieferungen *frei Haus* an der Eingangsrampe der Handelslager, der Crossdokking-Stationen oder der Handelsfilialen.

Zur Berechnung der Lieferzeiten und Kosten sowie zur Dimensionierung eines neuen Logistikkonzepts wird eine weitergehende *Detailspezifikation* der Lieferketten benötigt. Die Detailspezifikation umfaßt die Aufträge, die Durchsatzwerte und die Bestände der einzelnen Stationen sowie das Sendungsaufkommen und die Ladungsströme zwischen den Stationen der Lieferketten. Außerdem sind die Belieferungsform, die Strukturparameter und die Transportparameter des gesamten Logistiksystems und der einzelnen Lieferketten zu quantifizieren. Damit ist festgelegt, welche Empfangsstellen von welchen Lieferstellen heute oder in

Zukunft mit welchem Anteil ihres Sendungsaufkommens über welche der zur Auswahl stehenden Lieferketten versorgt werden.

Mit diesen Angaben läßt sich die Spezifikationstabelle der Lieferketten ausbauen zu einem *Tabellenkalkulationsprogramm zur Berechnung der Belieferungskosten* und zur *Bestimmung optimaler Lieferketten* (BOL). Das BOL-*Programm* errechnet für jede Station und jede Transportverbindung der Lieferketten aus den Durchsatzwerten und den eingegebenen Kostensätzen und Leistungspreisen die enstehenden Kosten und summiert die Kosten für die Abschnitte der Lieferkette zu den Kosten der gesamten Lieferkette. Die Summe (19.33) der Belieferungskosten (19.32) über alle Lieferketten ergibt dann die Gesamtbelieferungskosten für die betrachtete Periode.

In einer weiteren Stufe errechnet das BOL-Programm aus den Lieferfrequenzen, aus den Bearbeitungs- und Betriebszeiten der Stationen und aus den Abfahrt- und Beförderungszeiten der Transportmittel die *Lieferzeiten* für die verschiedenen Lieferketten und die *Sendungslaufzeiten* für die unterschiedlichen Transportketten.

Das BOL-Programm ist *modular* aus den miteinander verknüpften Blättern eines Tabellenkalkulationsprogramms aufgebaut. In den Blättern des BOL-Programms können *Unterprogramme* zur Berechnung der Leistungskosten in den Stationen und zur Kalkulation der Transport- oder Frachtkosten für die Transportverbindungen hinterlegt sein oder *Tabellen* mit Leistungspreisen und Frachttarifen.

19.9 Bestimmung optimaler Lieferketten

Die Bestimmung der *optimalen Lieferketten* zwischen einem vorgegebenen Lieferanten- und Abnehmerkreis ebenso wie der *optimalen Transportketten* zwischen vorgegebenen Versand- und Empfangsstellen erfordert einen *iterativen Optimierungsprozeß*. Die *Arbeitsschritte* der Optimierung sind:

1. *Aufnahme* und *Analyse* der bestehenden *Logistikstrukturen*, *Auftragsprozesse* und *Lieferketten* einschließlich der damit verbundenen *Informations- und Datenflüsse.*
2. *Spezifikation der Strukturbedingungen*, also der Kunden- oder Empfängerstruktur, der Lieferanten- oder Versenderstruktur, der vorgegebenen Zwischenstationen und der verfügbaren Transportverbindungen.
3. *Erfassung der Lieferanforderungen*, das heißt, der Sortimentsanforderungen, der Serviceanforderungen und der Sendungsanforderungen, sowie Bestimmung der Hochrechnungs- und Änderungsfaktoren zur Berechnung der *Lieferanforderungen für den Planungshorizont.*
4. *Klassifizierung der Sortimente*, *Aufträge* und *Sendungen* in hinreichend homogene Gruppen mit in sich ähnlichen Eigenschaften.
5. *Festlegung der benötigten Lieferketten* mit *Spezifikation der Belieferungsformen*, *Strukturparameter* und *Transportparameter.* Dafür werden zuerst die einstufigen Lieferketten festgelegt, danach die zweistufigen und dann die

drei- und mehrstufigen Ketten. Höherstufige Lieferketten werden nur berücksichtigt, wenn sie zur Erfüllung der Anforderungen erforderlich sind oder geringere Kosten erwarten lassen.

6. *Analyse der regionalen Verteilung* der Standorte der Liefer- und Empfangsstellen, des Sendungsaufkommens und der Ladungsströme
7. Vorläufige *Einteilung des Servicegebiets* in *Sammel- und/oder Verteilregionen.*
8. *Entwicklung einer Ausgangslösung für die Netzwerkstruktur,* entweder ausgehend von den bestehenden Strukturen durch Streichung vorhandener und Hinzufügen anderer Zwischenstationen oder durch grundlegende Neukonzeption mit einer Minimalzahl von Zwischenstationen in den *Transportschwerpunkten* der zuvor gebildeten Regionen (s. *Abschnitte 18.10 und 19.10*).
9. *Umlegung des Sendungsaufkommens* auf die kostenoptimalen Lieferketten der Ausgangslösung. Dabei werden die größeren und eiligen Sendungen den Lieferketten mit geringer Stufigkeit zugeordnet und die kleineren und weniger dringlichen Sendungen höherstufigen Ketten.
10. *Ableitung der Durchsatzanforderungen* und der *Bestandsanforderungen* aus dem Sendungsaufkommen, das in den Stationen der Lieferkette zu bearbeiten und zwischen den Stationen zu befördern ist. Hierzu werden die zuvor angegebenen Zusammenhänge und Berechnungsformeln benötigt.
11. Erstellen eines projektspezifischen *BOL-Programms* aus Programm-Modulen für die Lieferstellen, Logistikstationen und Empfangsstellen sowie für die Transportverbindungen zwischen diesen Stationen.
12. *Berechnung der Lieferzeiten* und Überprüfung der Einhaltung der Lieferanforderungen für die *Ausgangslösung.*
13. *Berechnung der Belieferungskosten* und *Überprüfung der kritischen Durchsatzmengen* auf der Basis *vorläufiger Prozeßkostensätze,* die für die abgeleiteten Durchsatz- und Bestandsanforderungen der Ausgangslösung gelten.
14. Iterative *Optimierung* der *Lieferketten* und der *Netzwerkstruktur* durch schrittweise *Variation der freien Gestaltungsparameter,* wie der Liefer- und Nachschubfrequenzen, der Belieferungsformen, der Strukturparameter und der Transportparameter.
15. *Gestaltung* der *Auftragsprozesse* zur Auslösung und der *Informations- und Datenflüsse* zur Steuerung und Kontrolle der Belieferungsprozesse.

Zur Optimierung der Lieferketten werden nacheinander die zur Auswahl stehenden Lieferketten mit den zu bearbeitenden Einzelsendungen oder Sendungsströmen belegt. Dabei wird stets die *optimale Lieferkette* gewählt, die bei Einhaltung der Lieferzeitanforderungen und übrigen Restriktionen für eine betrachtete Lieferbeziehung die geringsten Gesamtprozeßkosten hat.

Für die Strukturentwicklung und Grobdimensionierung der Lieferketten ist es ausreichend, den Optimierungsprozeß mit dem *durchschnittlichen Sendungsaufkommen* für Sendungsklassen mit in sich ähnlicher Struktur durchzuführen. Für genauere Rechnungen wird das *echte Sendungsaufkommen* für ein Geschäftsjahr Sendung für Sendung nach *Zuteilungsregeln* kostenoptimal auf die Lieferketten umgelegt.

Durch Summation der Ströme in den optimalen Lieferketten für die verschiedenen Lieferbeziehungen ergeben sich die *Leistungsanforderungen* an das Logistiksystem, das heißt, die benötigten *Logistikleistungen* in den Stationen und das *Ladungsaufkommen* zwischen den Stationen des Systems. Wenn im Zuge der Optimierung die Durchsatz- und Bestandsanforderungen gegenüber der Ausgangslösung erheblich verändert werden, müssen die Prozeßkostensätze überprüft und gegebenenfalls korrigiert werden.

Die Durchsatzanforderungen für einzelne Stationen oder Transportverbindungen können so gering werden, daß die Prozeßkosten infolge der Fixkosten überproportional ansteigen und der Betrieb unwirtschaftlich ist. Wenn es nicht möglich ist, die betreffenden Stationen und Verbindungen zusätzlich mit *fremden Sendungsaufkommen* auszulasten und damit das Fixkostendilemma zu umgehen, muß der Optimierungsprozeß bei der Strukturkonzeption ab *Schritt 7* erneut begonnen werden.

Die Optimierung der Lieferketten wird abwechselnd unter dem *Strukturaspekt* und unter dem *Prozeßaspekt* durchgeführt, bis sich eine stabile und konsistente Gesamtlösung ergibt, die alle Anforderungen erfüllt. Eine reine *Strukturoptimierung*, die für eine Lieferbeziehung jeweils nur eine Lieferkette berücksichtigt, führt ebensowenig zum Ziel, wie eine reine *Prozeßoptimierung* ohne Beachtung der resultierenden Auslastung der Stationen und Transportverbindungen.

Wegen der Vielzahl der Gestaltungsparameter hat das dargestellte Optimierungsproblem in der Regel einen recht *großen Lösungsraum*. Dieser wird jedoch durch eine Reihe von projektabhängigen *Restriktionen* erheblich eingeschränkt. Dabei ist nicht auszuschließen, daß die aus einer *Anfangslösung* durch iterative Optimierung resultierende *optimierte Lösung* ein Nebenoptimum ist und das theoretische Optimum minimaler Gesamtbelieferungskosten verfehlt wird. Maßstab für den Erfolg der Optimierung aber sind weniger die optimalen Gesamtbelieferungskosten sondern die IST-Belieferungskosten (s. *Abschnitt 15.5*).

Durch einen Vergleich der Gesamtkosten für die *resultierende Lösung* mit den Gesamtkosten für die IST-Lieferketten ergibt sich das *Einsparungspotential*, das durch *Optimierungsmaßnahmen* oder eine optimale Gesamtlösung erreichbar ist. Diesem Einsparungspotential müssen die eventuell erforderlichen *Investitionen* für den Aus- und Aufbau der benötigten Strukturen gegenübergestellt werden. Zusätzlich ist die *Kapitalrückflußdauer* (ROI) zu errechnen und mit dem von der Unternehmensleitung vorgegebenen maximalen ROI-Wert zu vergleichen (s. *Abschnitt 5.1/I*).

Das BOL-Programm kann auch dazu genutzt werden, *Sensitivitätsrechnungen* für absehbare Veränderungen der Lieferanforderungen oder der Randbedingungen durchzuführen. Auf diese Weise läßt sich beispielsweise quantifizieren, wie sich der Fortfall oder das Hinzukommen eines bestimmten Sendungsaufkommens auf die übrigen Belieferungskosten auswirken würde.

Wenn ein Liefer- oder Beförderungssystem erst einmal in einem Belieferungsprogramm analytisch abgebildet ist, können mit dem Programm auch die Kostenersparnisse und Kostenverschiebungen der *Umstellung eines Lieferanten* auf einen anderen Belieferungsweg oder von einer *Frei-Haus-* auf eine *Ab-Werk*-Belieferung kalkuliert werden. Ebenso lassen sich auf diese Weise die *Auftragslogistikkosten*, die *Beförderungskosten* oder die Kostenersparnisse und damit die zulässigen *Logistikrabatte* für eine veränderte Belieferungsform berechnen.

Für das operative Tagesgeschäft wird ein BOL-Programm benötigt, um die täglich anstehenden Sendungen den jeweils optimalen Lieferketten zuzuweisen. Solange ein BOL-Programm nicht zur Verfügung steht, müssen die Sendungen nach allgemeinen *Zuweisungsstrategien* auf die Lieferketten verteilt werden. Die Zuweisungsstrategien lassen sich mit Hilfe von *Modellrechnungen* für das betreffende Logistiksystemen entwickeln. Beispiele für solche Zuweisungsstrategien sind die *Grenzkriterien* (19.16) bis (19.19) zwischen Ganzladungs-, Teilladungs-, Stückgut- und Paketsendungen.

Das hier dargestellte allgemeine Vorgehen zur Optimierung von Lieferketten und Logistiknetzen wird nachfolgend anhand mehrerer Beispiele aus der Beratungspraxis näher erläutert. Dabei ergeben sich weitere Aspekte und projektspezifische Besonderheiten.

Außer einem geeigneten Verfahren und brauchbaren Rechnertools erfordert die Gestaltung der Logistikstrukturen und die Optimierung der Lieferketten *Kreativität* und *Erfahrung* sowie die Kenntnis der *Handlungsmöglichkeiten* und ihrer Auswirkungen. Modellrechnungen zeigen, daß die verschiedenen Handlungs- und Strategieparameter sehr unterschiedliche Auswirkungen auf die Belieferungskosten haben und in der Regel nur wenige Parameter für die Praxis interessante Kostensenkungen bewirken.

19.10 Transportnetze und Transportketten

Die *Transportdienstleister* – Frachtführer, Speditionen, Paketdienstleister, Luftfahrtunternehmen, Verkehrsgesellschaften, Reedereien, Post und Bahn – führen laufend die *Transport-* und *Beförderungsaufträge* einer Vielzahl unterschiedlicher *Versender* aus. Daneben vermieten oder verchartern sie *Laderaum* und *Transportmittel*. Für dieses Dienstleistungsgeschäft halten die Transportdienstleister *Transportkapazitäten* sowie ein *Transport-* oder *Speditionsnetz* vor, das ein bestimmtes *Servicegebiet* abdeckt. Dadurch können sie unterschiedliche *Transportketten* – auch *Frachtketten*, *Beförderungsketten* oder *Speditionsketten* genannt – anbieten (s. *Abb. 19.4*).

1. Aufbau von Transport- und Speditionsnetzen

Ein *Transport-* oder *Speditionsnetz* besteht aus einer Anzahl *regionaler Umschlagpunkte* (RU). Von jedem Umschlagpunkt aus wird ein zugehöriges *Einzugsgebiet* oder *Nahgebiet* bedient.

Zwischen den regionalen Umschlagpunkten finden mit bestimmten *Beförderungs- oder Transportfrequenzen* sogenannte *Hauptlauftransporte* statt:

- In einem *dezentralen Netz*, wie es in *Abb. 19.15* dargestellt ist, sind N regionale Umschlagpunkte durch maximal N(N-1)/2 Transportverbindungen *direkt* miteinander verbunden, auf denen regelmäßig Hin- und Rücklauftransporte stattfinden.

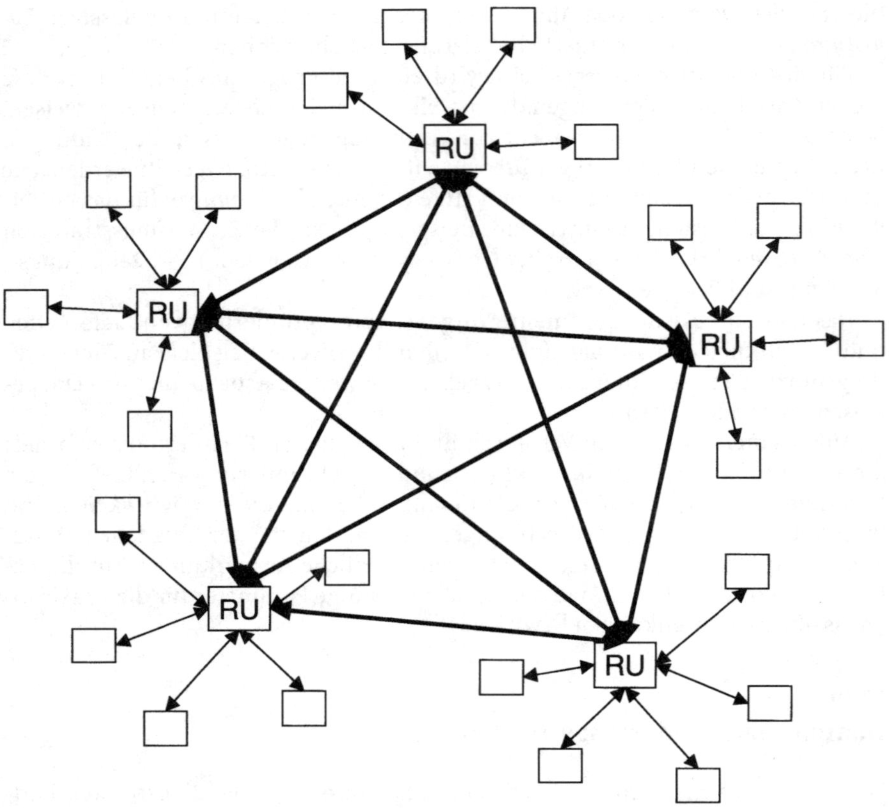

Abb. 19.15 Dezentrales Speditions- oder Transportnetz
RU: Regionale Umschlagpunkte (N = 5)

- In einem *zentralen Netz*, das *Abb. 19.16* zeigt, sind N regionale Umschlagpunkte über N Transportverbindungen, die als *Speichen* (*spoke*) bezeichnet werden, mit einem *zentralen Umschlagpunkt*, der *Nabe* (*hub*) genannt wird, verbunden. In dem *Zentralumschlagpunkt* (ZU) werden die aus mehreren Regionen einlaufenden Ladungen zu auslaufenden Ladungen umsortiert und gebündelt.

Der Vorteil dezentraler Netze sind die im Mittel kürzeren Entfernungen und Beförderungszeiten zwischen den Stationen. Der Nachteil ist eine geringere Auslastung großer wirtschaftlicher Transportmittel bei unzureichenden Ladungsströmen und höherer Transportfrequenz.

In einem *zentralen Netz* – auch *Nabe-Speiche-System* (*Hub and Spoke*) genannt – reduziert sich die Zahl der Transporte bei gleicher Belieferungsfrequenz gegenüber dem dezentralen Netz maximal um den Faktor (N-1)/2. Um den gleichen Faktor erhöht sich im Mittel das Ladungsaufkommen der Transportrelationen vom und zum zentralen Umschlagpunkt. Daraus resultieren für das zentrale Transportnetz folgende *Vorteile*:

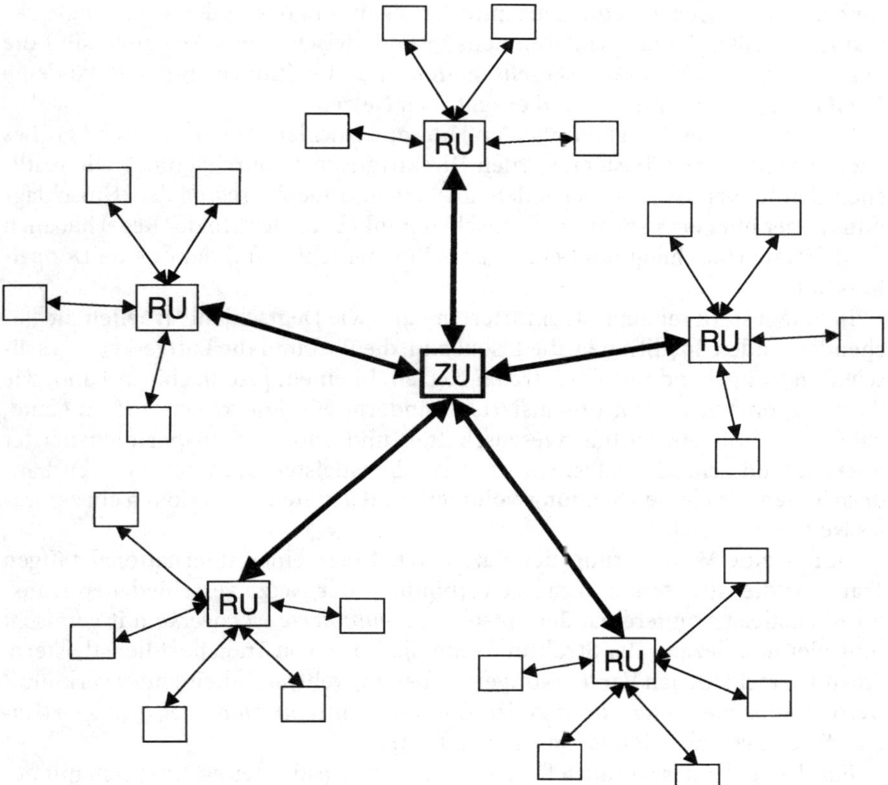

Abb. 19.16 Zentrales Speditions- oder Transportnetz
RU : Regionale Umschlagpunkte (N = 5)
ZU : Zentraler Umschlagpunkt (Nabe oder Hub)

- In einem zentralen Netz können für die Transporte zwischen den regionalen Umschlagpunkten und dem zentralen Umschlagpunkt entweder mit gutem Füllungsgrad größere Transportmittel eingesetzt oder mit gleich großen Transportmitteln eine höhere Beförderungsfrequenz als in einem dezentralen Netz geboten werden.

Dieser positive Effekt tritt ab 4 Umschlagpunkten ein und nimmt linear mit der Anzahl der Umschlagpunkte zu. Der Preis und damit der Nachteil des zentralen Netzes sind die Kosten und der Zeitverlust für den zusätzlichen Umschlag sowie die längeren Transportwege für Lieferungen aus benachbarten Umschlagpunkten, die über den Zentralumschlagpunkt laufen. Hieraus folgt die *Regel*:

- Ein zentrales Netz ist zur Verbindung einer großen Anzahl weit voneinander entfernter Umschlagpunkte sinnvoll und wirtschaftlich, wenn das direkte wechselseitige Ladungsaufkommen relativ gering oder unpaarig ist.

Aufgrund der unterschiedlichen Anforderungen und des in der Regel ungleichmäßig verteilten Ladungsaufkommens in und zwischen den Regionen sind die Transportnetze der Verkehrsgesellschaften und Speditionen in der Praxis eine *Kombination* von zentralen und dezentralen Netzen.

Soweit zwischen zwei Stationen im Hin- und Rücklauf ein hinreichend großes Ladungsaufkommen besteht, werden Direkttransporte durchgeführt. Die restlichen Sendungen werden entweder über einen anderen regionalen Umschlagpunkt oder über einen zentralen Umschlagpunkt befördert. In der Regel hat auch der zentrale Umschlagpunkt ein eigenes Einzugsgebiet und damit eine Doppelfunktion.

In einem stark regional strukturierten Land wie Deutschland arbeiten die flächendeckenden Speditionen, die Eisenbahn, die Post und die Luftverkehrsgesellschaften weitgehend mit dezentralen Netzen. In einem großflächigen Land, wie die USA, und in zentral organisierten Ländern, wie Frankreich und England, haben Speditionen, Luftfahrtgesellschaften und andere Transportdienstleister überwiegend zentrale Netze. Für die Paketdienstleister ist in den meisten Ländern wegen des kleinen Sendungsvolumens und der vielen Relationen ein zentrales Netz von Vorteil.

Durch eine Verknüpfung der nationalen Netze eines international tätigen Transportdienstleisters und durch Verbindung der Netze verschiedener Transportdienstleister untereinander entstehen *kombinierte Netzwerke* mit gemischt zentraler und dezentraler Struktur. Wenn die Netze von Transportdienstleistern, die mit verschiedenen Verkehrsträgern arbeiten, weltweit miteinander verknüpft werden, entstehen *internationale Transportnetze* mit *intermodalen Transportketten*, die den ganzen Globus umspannen (s. *Abb. 19.4*).

Für die Versender wie auch für die Transportdienstleister eröffnet sich mit der Vielfalt und der Komplexität der internationalen Transportnetze eine kaum noch überschaubare Fülle möglicher Transportketten. Zur Auswahl unter den Transportketten sind daher *Tools* für die Berechnung der Beförderungskosten und Laufzeiten sowie allgemeingültige *Zuweisungsstrategien* unerläßlich.

2. Standardtransportketten

Für die Entwicklung von Zuweisungsstrategien und zur Quantifizierung der entsprechenden Strategieparameter, wie der Grenzkriterien (19.16) bis (19.19), ist es zweckmäßig, die möglichen Transportketten nach aufsteigender Stufigkeit in *Standardtransportketten* einzuteilen.

Der größte Teil des nationalen und internationalen Frachtaufkommens durchläuft eine der 5 *Standardtransportketten*, die in *Abb. 19.17* dargestellt sind. Diese Transportketten fächern sich weiter auf durch die verschiedenen Verkehrsträger, Transportmittel, Transportarten und Betriebsarten.

Die *Transportkette 1* des Direkttransports ohne Umschlag zwischen einer Lieferstelle und einer Empfangsstelle ist bei ausreichendem Ladungsaufkommen für mittelgroße Sendungen innerhalb eines Nahgebiets und für größere Ladungen auch über größere Entfernungen am schnellsten und wirtschaftlichsten. Am häufigsten ist der Direkttransport im Straßenverkehr. Bei großem und regelmäßigen Ladungsaufkommen, beispielsweise zwischen den Werken der Grund-

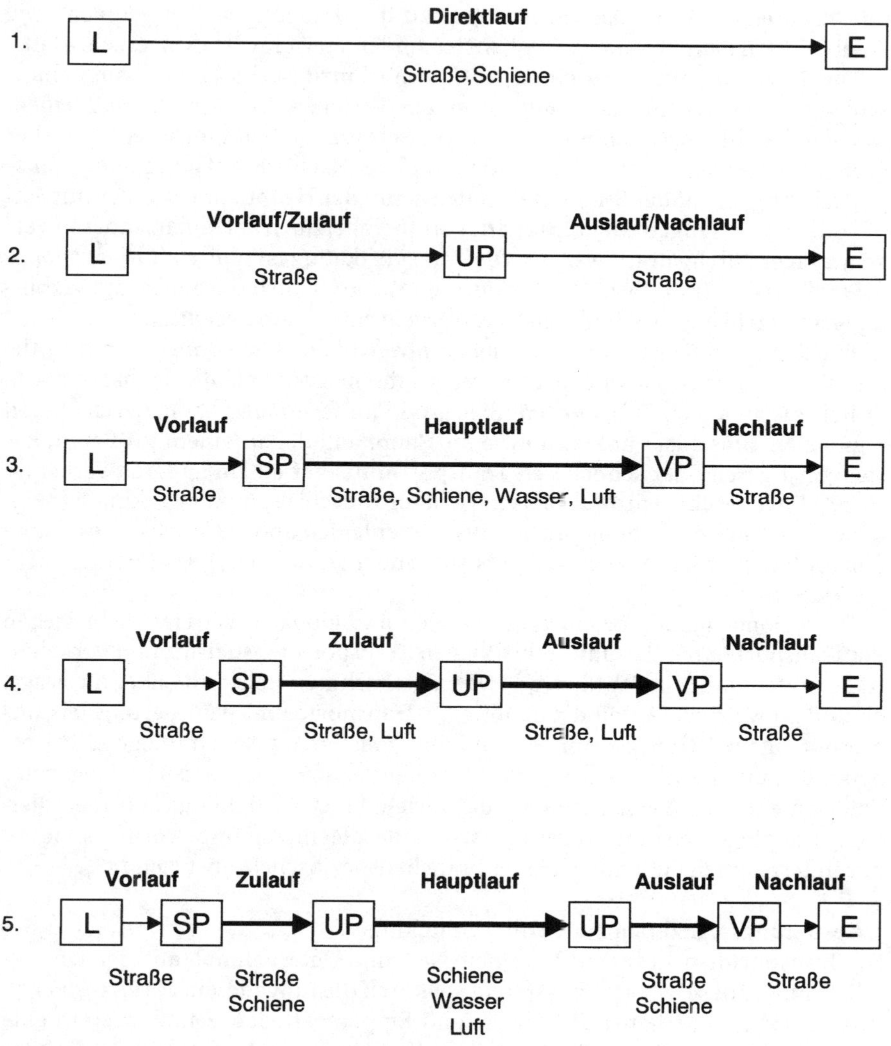

Abb. 19.17 Standardtransportketten zwischen Lieferant und Empfänger
UP: Umschlag- oder Umladepunkt
SP: Sammelumschlagpunkt
VP: Verteilumschlagpunkt

stoff- und der Konsumgüterindustrie, ist auch eine direkte Bahnverbindung wirtschaftlich.

Die *Transportkette 2* ist typisch für die Verteilung kleinerer Sendungen innerhalb des Einzugsgebiets eines Umschlagpunktes. Die zu befördernden Sendungen werden im *Vorlauf* auf *Sammelfahrten* bei mehreren Kleinversendern oder in Abholfahrten bei einem Großversender, der auch weiter entfernt sein kann, abgeholt und nach einem Umschlag im *Nachlauf* zu den Empfangsstellen gebracht. Die kombinierten Sammel- und Verteilfahrten finden meist im Straßenverkehr statt.

Die *Transportkette 3* mit einem *Vorlauf* im Einzugsgebiet eines Sammelumschlagpunktes, einem *Hauptlauf* zu einem Verteilumschlagpunkt und einem *Nachlauf* in einem anderen Gebiet ist typisch für die Sendungsspedition über größere Distanzen. Während der Vorlauf und der Nachlauf mit geeigneten Transportfahrzeugen auf der Straße stattfinden, kann der Hauptlauf entweder mit Sattel- oder Gliederzügen ebenfalls auf der Straße, aber auch auf einem anderen Verkehrsträger durchgeführt werden. Die Transportkette 3 ist typisch für *intermodale Straße-Bahn-Transporte* (s. *Abschnitt* 19.16). Sie ist auch die einfachste Verbindungsmöglichkeit im Schiffs- und Luftverkehr mit einem *dezentralen Netz.*

Für Transportdienstleister mit einem *zentralen Netz* ist die *Transportkette* 4, die mit zwei Hauptläufen über einen zentralen Umschlagpunkt läuft, charakteristisch.

Bei intermodalen Transporten über große Entfernungen kann zwischen den regionalen Umschlagpunkten und dem Hauptlauf, der in einem größeren, kostengünstigeren oder schnelleren Transportmittel auf einem anderen Verkehrsträger durchgeführt wird, jeweils ein weiterer Umschlagpunkt zweckmäßig sein, in dem auch andere Ladungsströme zusammenlaufen und ein Wechsel des Transportmittels oder des Verkehrsträgers stattfindet (s. *Abb. 19.4*). Dadurch entsteht die *Transportkette 5*.

Im regionalen, nationalen, kontinentalen und globalen Warenverkehr stehen die Transportketten der unterschiedlichen Transportdienstleister und Verkehrsträger miteinander im Wettbewerb. Den Unternehmen stellt sich daher die Frage, ob und zu welchem Anteil die benötigten Transporte und Beförderungsleistungen mit eigenen Transportmitteln und über ein eigenes Netz durchgeführt werden sollen und wann besser ein Transportdienstleister einzusetzen ist. Wegen der unterschiedlichen Anforderungen und Ziele gibt es für die Frage, ob Fremdleistung oder Eigenleistung, in der Logistik keine allgemeingültige Lösung sondern nur unternehmensindividuelle oder branchenspezifische Antworten [28].

3. Gestaltungsprinzipien zur Gebietseinteilung

Für Transportdienstleister mit eigenem Netz und Unternehmen mit eigenem Beschaffungs- oder Distributionssystem stellt sich die Aufgabe, ein *Servicegebiet*, in dem sich die zu bedienenden Liefer- und Empfangsstellen befinden, so in eine Anzahl von Regionen aufzuteilen, daß bei Einhaltung der Liefer- und Laufzeitanforderungen insgesamt die kostengünstigsten Lieferketten möglich sind.

Für ein bestehendes Netz und vorhandene Standorte der Umschlagpunkte ist es möglich, nach Abbildung des Netzes, der Lieferketten und der Anforderungen in einem BOL-Programm die Anzahl der Gebiete und die Zuordnung der Standorte nach einem zielführendem *Suchalgorithmus* zu verändern und auf diese Weise eine optimale Gebietseinteilung zu entwickeln. Ein solches Vorgehen ist jedoch recht aufwendig und birgt zugleich die Gefahr in sich, daß eine strukturell grundlegend andere Lösung mit deutlich günstigeren Kosten verfehlt wird. Daher ist es in vielen Fällen ratsam, zur Gebietseinteilung eine *Anfangslösung* neu zu konstruieren und für diese eine Optimierung der Lieferketten durchzuführen.

Für die Gebietseinteilung haben sich folgende *Gestaltungsprinzipien* bewährt:

- *Prinzip der mimimalen Anzahl*: Die Zahl der Gebiete sollte so klein wie möglich sein, damit eine geringe Anzahl von Umschlagpunkten entsteht, deren Fixkosten sich auf einen hohen Durchsatz verteilen, für die sich der Einsatz rationellster Technik lohnt und die sich im Hauptlauf durch kostengünstige Transporte verbinden lassen.
- *Prinzip der notwendigen Anzahl*: Die Ausdehnung der einzelnen Gebiete wird nach oben begrenzt durch die maximale *Reichweite der Auslieferfahrzeuge*, die von der zulässigen Auslieferzeit, der effektiven Reisegeschwindigkeit und der Anzahl und Dauer der Stops bestimmt wird. Aus der gewünschten Abdeckung des Servicegebiets durch die *Auslieferungskreise* resultiert die minimal notwendige Anzahl von Gebieten.
- *Prinzip des ausgeglichenen Ladungsaufkommens*: Die einzelnen Gebiete sollten ein annähernd gleiches Ladungsaufkommen haben, damit die Umschlagpunkte nicht zu unterschiedlich belastet sind und zwischen den Umschlagpunkten, von einem Logistikzentrum oder aus einem Werk im Hauptlauf viele *paarige Hin- und Rücktransporte* entstehen.
- *Prinzip der Gebietsteilung*: Wenn das Sendungsaufkommen eines Gebiets so groß ist, daß ein Umschlagpunkt mit zunehmendem Durchsatz keine Kostendegression mehr aufweist, wird das Gebiet aufgeteilt in Gebiete mit annähernd gleichem Sendungsaufkommen und von zwei Umschlagpunkten bedient.

Zur Erläuterung der Anwendung dieser Gestaltungsprinzipien zeigt *Abb. 19.18* für das Beipiel des in *Abb. 19.24* dargestellten Distributionssystems einer Großhandelskette, wie sich aus einer maximalen Tagestourenlänge eines Auslieferfahrzeugs von 350 km ein Radius des maximalen Auslieferkreises von 145 km Luftlinie und des *mittleren Auslieferkreises* von 120 km Luftlinie errrechnen läßt [196]. In *Abb. 19.19* ist dargestellt, wie die Auslieferkeise mit einem Radius von 120 km um 5 *Regionalzentren* annähernd 90 % der Empfangsstellen in Deutschland abdekken, wenn die Standorte in den Bedarfsschwerpunkten der zugeordneten 5 *Ausliefergebiete* liegen. Bei einem Absatzzuwachs im Gebiet *Mitte-Ost* ist eine Gebietsteilung mit einem zusätzlichen Umschlagpunkt in der Umgebung von Erfurt vorgesehen.

Die in *Abschnitt 18.10* beschriebenen und in *Abb. 18.27* dargestellten Modellrechnungen haben gezeigt, daß die Zuordnung der Empfangs- und Lieferstellen an den Gebietsgrenzen zu dem einen oder anderen Nachbargebiet und die Abweichung der Standorte der Umschlagpunkte vom Transportschwerpunkt einen relativ geringen Einfluß auf die Summe der Belieferungskosten haben. Hieraus folgt das

- *Prinzip der zulässigen Vereinfachung*: Für die Praxis ist eine relativ grobe Gebietseinteilung, beispielsweise auf der Ebene zweistelliger Postleitzahlen, und eine Anordnung der Standorte der Umschlagpunkte in einem Umkreis um den Transportschwerpunkt der Einzugsgebiete ausreichend, der einen Radius von ca. 10% des Gebietsdurchmessers hat.

Die genaue Lage der Umschlagpunkte ergibt sich ohnehin erst während der Realisierung aus den bestehenden Möglichkeiten und vorliegenden Restriktionen.

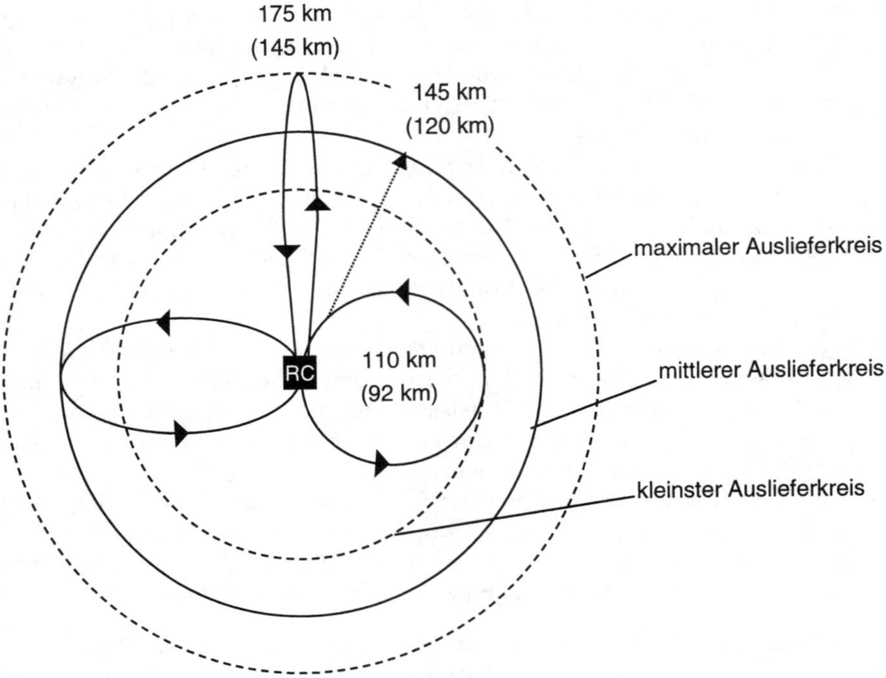

Abb. 19.18 Auslieferttouren und Auslieferkreise eines Regionalzentrums (RC)
Maximale Tagestourenlänge der Auslieferfahrzeuge 350 km
Mittlerer Umwegfaktor = Straßenentfernung : Luftlinie = 1,2
xxx km : Straßenentfernungen
(xxx km) : Luflinienentfernungen

Die Zuordnung einzelner Liefer- und Empfangsstellen zu den Umschlagpunkten wird von der konkreten *Tourenplanung* bestimmt und kann sich im Verlauf der Zeit ändern (s. *Abschnitt 18.11*) [24; 196].

Eine weitere Möglichkeit zur Gebietseinteilung von *Distributionssystemen mit einer Quelle*, von *Beschaffungssystemen mit einer Senke* und von *zentralen Netzen* ist das

- *Stern- und Kreisverfahren*: Um die zentrale Liefer- oder Empfangsstelle, das Umschlagzentrum oder das Logistikzentrum wird ein konzentrisches *Nahgebiet* geschaffen, dessen Größe durch den maximalen Auslieferkreis der eingesetzten Transportmittel bestimmt wird. Das darum herumliegende *Ferngebiet* wird in eine minimale Anzahl von *Sektoren* mit etwa gleichem Ladungsaufkommen aufgeteilt. Bei großer Gesamtgebietsausdehnung wird jeder Sektor in weitere Distributions- oder Beschaffungsgebiete zerlegt.

Als Beispiel für die Anwendung des Stern- und Kreisverfahrens zeigt *Abb. 19.20* die Anfangslösung einer Gebietseinteilung zur europaweiten *Distribution von*

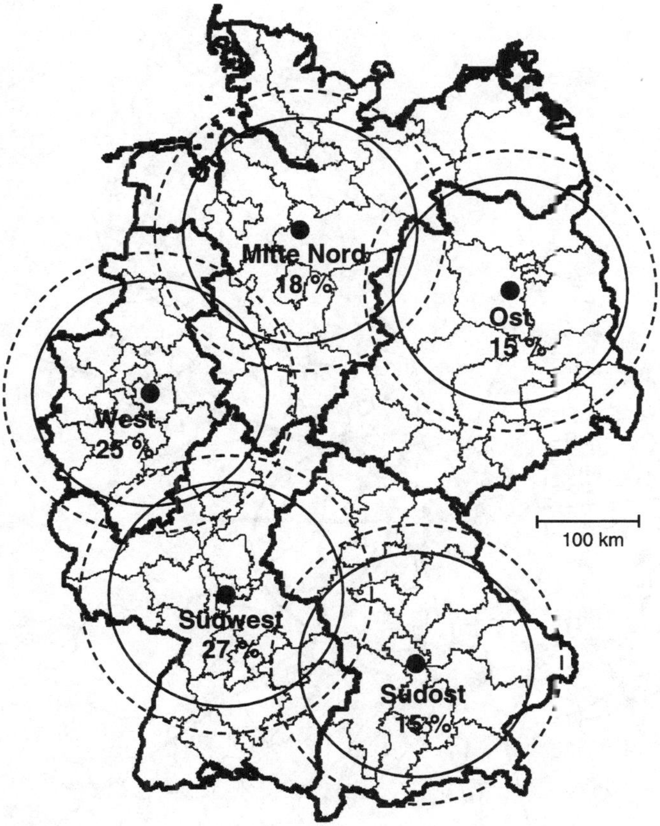

Abb. 19.19 Regionalzentren mit Gebieten und Auslieferkreisen einer Großhandelskette für Installationsmaterial

Prozentangaben: Anteil der Gesamtsendungen pro Jahr
Punkte Optimale Standorte der Regionalzentren
——— mittlere Auslieferkreise (120 km)
………… maximale Auslieferkreise (145 km)
Prinzipdarstellung ZLU [250]

Fertigwaren, Autos oder Ersatzteilen aus Deutschland, die nach diesen Gestaltungsgrundsätzen entwickelt wurde.

Die zugehörigen *Distributionsketten* für Fertigfahrzeuge sind in *Abb. 19.21* dargestellt. Nach einer europaweiten Ausschreibung wurden die Gebiete im Zuge einer Feinplanung optimiert, arrondiert und an die konkreten Gegebenheiten der einzelnen Verkehrsträger und Dienstleister angepaßt. Das *Fahrzeugdistributionssystem* arbeitet inzwischen erfolgreich und hat im Vergleich zu bestehenden Systemen bei kurzen Laufzeiten deutlich günstigere Distributionskosten.

Mit Hilfe der Gestaltungsprinzipien zur Gebietseinteilung läßt sich bei Kenntnis der *Standortverteilung* und des *Sendungsaufkommens* für die Liefer- und

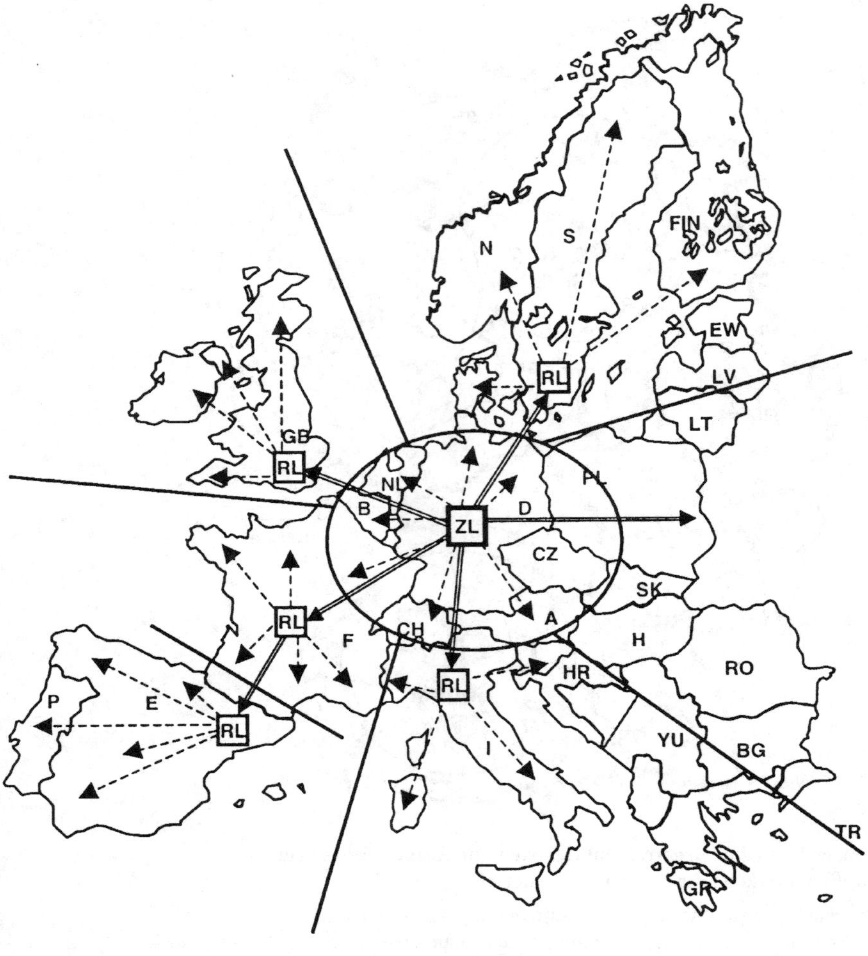

Abb. 19.20 Aufteilung von Europa nach dem Stern- und Kreisverfahren in Servicegebiete zur Eurodistribution von Fertigwaren und Ersatzteilen aus Deutschland

Zentrales Umschlaglager (ZL) zur *Kundenbelieferung* in der Zentralregion und zur *Nachschubbelieferung* der *Regionalen Umschlaglager* (RL)

→ Nachschubbelieferungen → Kundenbelieferungen

Empfangsstellen, wie es beispielsweise in den *Abb. 19.6* und *19.7* dargestellt ist, recht schnell eine brauchbare *Anfangslösung* konstruieren. Wenn ein mehrstufiges Logistiksystem benötigt wird, beispielsweise mit zwei oder drei Regionallagern, muß die Gebietsaufteilung nach den o.g. Gestaltungsgrundsätzen zunächst in *Hauptgebiete* und danach für jedes Hauptgebiet in *Umschlaggebiete* durchgeführt werden.

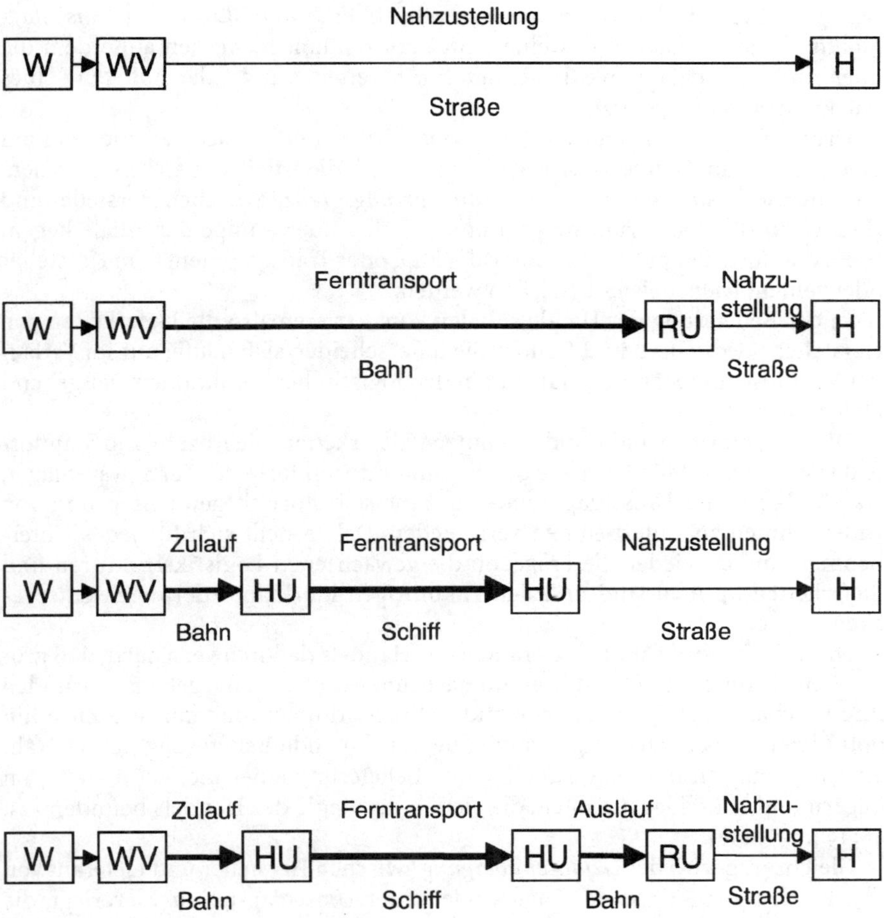

Abb. 19.21 Fahrzeugauslieferungsketten der Automobilindustrie
W : Montagewerk H : Fahrzeughändler
WV : Werksverladung mit Pufferflächen
HU : Hafenumschlagpunkt Bahn/Schiff
RU : Regionaler Umschlagpunkt Bahn → Straße

19.11 Distributionsketten der Konsumgüterindustrie

Aus den Werken der Konsumgüterindustrie werden die Filialen der Handelkonzerne, der Konsumgenossenschaften, der Einzelhandelsketten und der kleinen Einzelhändler regelmäßig mit Ware versorgt [23].

Eine häufige *Distributionstruktur* für Konsumgüter zeigt *Abb. 19.13*. Fünf der möglichen Distributionsketten innnerhalb dieser Struktur sind in *Abb. 19.14* dargestellt und in *Tabelle 19.1* spezifiziert. Sie führen vom *Werk* oder über *Fertigwa-*

renlager direkt zu den *Handelsfilialen* oder über *Handelslager* und *Umschlagpunkte* zu den Filialen. Für kleinere Stückgutsendungen werden außerdem die über einen Umschlagpunkt laufenden Frachtketten 2 und 3 der *Abb. 19.17* eines Stückgutpediteurs genutzt.

Grundsätzlich ist zu entscheiden, ob die Lager und Umschlagstationen vom Lieferanten, vom Handel oder von einem Logistikdienstleister betrieben werden. So kann die in *Abb. 19.14* gezeigte *Verantwortungsgrenze* zwischen Hersteller und Handel für die Belieferungswege 4 und 5 auch an der Rampe der Filiale liegen, wenn die Umschlagpunkte mit Crossdocking oder Transshipment vom Hersteller oder seinem Dienstleister betrieben werden.

In der Belieferung der Handelsfilialen konkurrieren also die Lieferketten von Hersteller, Spediteuren und Handel. Sie unterscheiden sich häufig nur im Verlauf der Verantwortungsgrenze und sind in den logistischen Funktionen weitgehend gleich.

Die von Industrie und Handel genutzen Lieferketten, die Anzahl und Standorte der Werke und Filialen sowie die Anzahl und Standorte der Fertigwarenlager, Handelslager und Umschlagpunkte sind meist historisch gewachsen und von Unternehmen zu Unternehmen verschieden. Daher stellt sich für jedes Unternehmen immer wieder die Frage, ob die gewachsenen Logistikstrukturen und Lieferketten optimal sind und den zukünftigen Marktanforderungen entsprechen.

Diese Frage wird für die Lieferanten des Handels dadurch verschärft, daß große Handelsunternehmen aus den im nächsten Abschnitt angegebenen Gründen ihre Beschaffungslogistik zunehmend selbst bestimmen und auf ihre Ziele hin optimieren wollen. Die Folgen sind eine abnehmende Belieferung der Vielzahl einzelner Filialen und eine zunehmende Belieferung einer kleinen Anzahl von Lagern und Umschlagstationen, die sich in der Regie des Handels befinden [23; 48; 194; 197; 198].

Gleichzeitig wird der *Gefahrenübergang* zwischen Hersteller und Lieferant von den Filialen zur Rampe des Lagers oder einer Umschlagstation vorverlegt, die vom Handelsunternehmen selbst oder von einem beauftragten Logistikdienstleister betrieben werden. Im Extremfall geht das Handelsunternehmen zur *Selbstabholung* über. Die Ware wird der Industrie ab Werk oder ab Fertigwarenlager abgenommen, um auch die Zulauftransporte selbst disponieren und mit den Auslieferfahrten zu den Filialen zu *paarigen Transporten* kombinieren zu können.

Parallel zu der Veränderung der Lieferketten durch den Handel aber müssen von der Industrie weiterhin die verbleibenden Einzelhändler und die Filialen kleinerer Handelsketten frei Haus beliefert werden. Hierfür setzt die Industrie zunehmend Logistikdienstleister ein (s. *Kapitel* 20).

Die logistischen *Veränderungen* des Marktes und die sich fortsetzende *Konzentration* im Handel, die einhergehen mit einem Abbau regionaler Handelslager und einer Konzentration der Lagerbestände in wenigen großen Logistikzentren, zwingen die Konsumgüterindustrie zur Anpassung und Neuausrichtung ihrer Distributionslogistik.

Ein Instrument hierfür ist das dargestellte *BOL-Verfahren* zur Bestimmung der optimalen Lieferketten. Dieses Verfahren wurde erfolgreich zur Neuausrichtung der Unternehmenslogistik mehrerer Konsumgüterhersteller und anderer Lieferanten des Handels eingesetzt.

So verfügte beispielsweise ein mittelständischer Hersteller von *Spirituosen*, der aus dem Zusammenschluß mehrerer kleiner Unternehmen entstanden ist, über 3 Werke an verschiedenen Standorten und über 8 Fertigwarenlager. Mit eigenem Fuhrpark sowie von einer wechselnden Anzahl von Spediteuren wurde eine Menge von jährlich 150.000 t Fertigwaren auf 240.000 Paletten an fast 12.000 Kunden ausgeliefert, die pro Jahr ca. 110.000 Lieferaufträge erteilen.

Ergebnisse einer Neuausrichtung der Unternehmenslogistik und der Optimierung der Distributionsketten waren in diesem Fall: Schließung eines Werkes; mittelfristige Konzentration der Massenproduktion auf einen Hauptstandort; Auslieferung aus einem Logistikzentrum am Standort des Hauptwerks; Auflösung des eigenen Fuhrparks und Übertragung der Auslieferertransporte an maximal 3 Speditionsdienstleister.

Die mit Hilfe des BOL-Programms errechneten jährlichen Einsparungen allein im Bereich der Distribution – ohne die Effekte aus einer Bestandssenkung durch optimale Losgrößen und aus der Werkszusammenlegung – lagen bei über 7 Mio.DM pro Jahr oder 18 % der bisherigen Kosten. Die prognostizierte Kostensenkung wurde innerhalb von 2 Jahren voll realisiert. Außerdem wurden durch die neue Unternehmenslogistik die Flexibilität erhöht, die Anfälligkeit gegen die Selbstabholung verringert und der Service deutlich verbessert [255].

Zu ähnlichen Ergebnissen führte auch die Neuausrichtung der Unternehmenslogistik eines führenden Herstellers von *Haushalts- und Körperpflegemitteln*. Dieses Unternehmen belieferte aus zwei Inlandswerken und mehreren europäischen Werken über 2 Fertigwarenlager ca. 2.300 Handelsfilialen und etwa 200 Zentrallager und Crossdocking-Stationen des Einzelhandels pro Jahr mit fast 115.000 t Fertigwaren.

Aus der Optimierung der Strukturen und der Distributionsketten resultierte die Lösung, die Auslieferung von einem *Logistikzentrum* an einem optimalen Standort durchzuführen. Der Bau des Logistikzentrum wurde an einen Generalunternehmer vergeben. Den Betrieb soll ein Logistikdienstleister übernehmen. Für die Distribution in Deutschland werden 3 Spediteure eingesetzt. Bei deutlich verbessertem Service und erhöhter Flexibilität erreichten die Kosteneinparungen in diesem Fall über 20 % der bisherigen Distributionskosten.

19.12 Beschaffungsketten des Handels

Untersuchungen der Geschäftsprozesse in den Filialen des Handels haben gezeigt, daß die Mitarbeiter in den Filialen zu 30 bis 40 %, in einigen Fällen sogar zu über 50 % mit *logistischen Tätigkeiten* beschäftigt sind, wie Warenannahme, Eingangsprüfung, Lagerarbeiten, Umräumen, Regalbefüllung, Leergutentsorgung, Warenbereitstellung für die Kundenzustellung und Disposition. Der eigentliche Verkauf ist dagegen mit weniger als 30 % der Arbeitszeit nachrangig [197].

Eine wesentliche Ursache hierfür ist die große Anzahl ungeregelt über den ganzen Tag eintreffender Sendungen. Diese Erkenntnis hat viele Handelsunter-

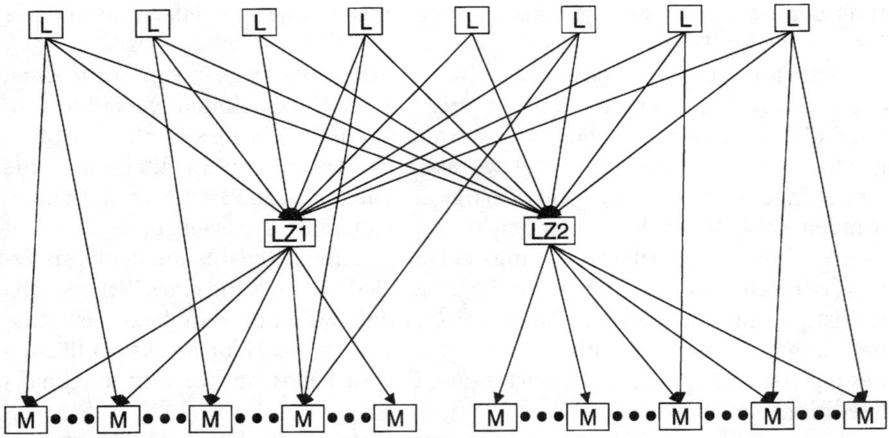

Abb. 19.22 Beschaffungsstruktur einer Baumarktkette
L : Lieferanten (ca. 1.200) M : Märkte (ca. 80)
LZ : Logistikzentren mit Crossdocking, Transshipment und Lager

nehmen dazu veranlaßt, ihre Beschaffungslogistik einer kritischen Überprüfung zu unterziehen und neu zu gestalten.

Ziele einer zukunftsweisenden *Handelslogistik* sind [18; 23; 48; 194; 197]:

Stärkung des Verkaufs
Reduzierung der Rampenkontakte
Entlastung der Filialen von operativen Logistikaufgaben
Erleichterung und Verbesserung der Disposition
Erhöhte Warenpräsens in den Filialen (19.36)
Vermeidung von Ausschuß und Retouren
Optimierung der Bestände
Senkung der Kosten für die gesamte Beschaffungskette.

Außerdem muß sich der Handel darauf einstellen, daß ein zunehmender Anteil der Kunden eine *Zustellung* der Waren fordert, die in einer Filiale, nach Katalog oder über *Electronic-Commerce* (E-Commerce) per *Internet* bestellt werden [35].

Das erste *Fallbeispiel* ist eine expansive *Baumarktkette* mit einem Sortiment von mehr als 60.000 Artikeln [256]. Die über Deutschland und das angrenzende Ausland verteilten 80 Märkte wurden bisher von den mehr als 1.200 Lieferanten frei Markt beliefert. Jeder Markt erhielt täglich zwischen 30 bis 60, in der Spitze weit über 100 Sendungen. Die Sendungsgröße liegt zwischen einem Paket, mehreren Paletten und einer vollen LKW-Ladung. Die Belastung der Filialbelegschaft durch Logistiktätigkeiten betrug 30 bis 35 % der Arbeitszeit.

Die Optimierung der Unternehmenslogistik führte in diesem Fall zu der in *Abb. 19.22* dargestellten Logistikstruktur mit zunächst 2 und nach weiterer Expansion 3 Logistikzentren an optimalen Standorten. Vier der möglichen Beschaffungsketten und die Verantwortungsabgrenzung zwischen den Lieferanten und

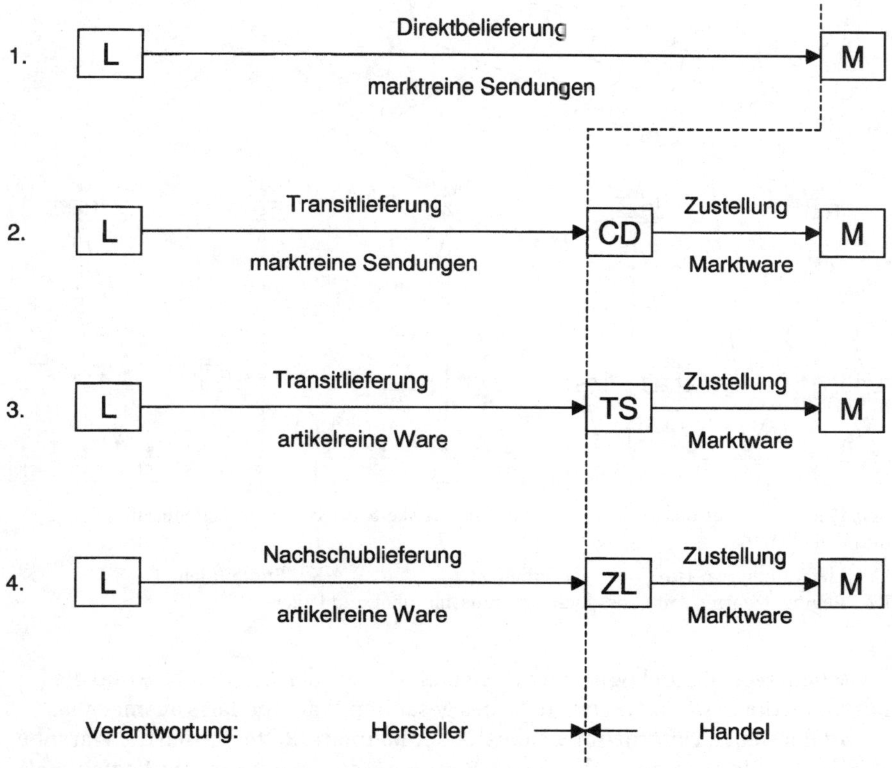

Abb. 19.23 Beschaffungsketten einer Baumarktkette

L : Lieferant
CD : Crossdocking
ZL : Zentrallager
M : Markt mit Verkaufsbeständen
TS : Transshipment

dem Handelsunternehmen zeigt *Abb. 19.23*. Die Wareneingangsprüfung wird damit für alle Lieferungen, die über die Logistikzentren laufen, in diese vorverlegt.

Etwa 55 % der Warenstücke mit 70 % des Volumens werden von den Lieferanten weiterhin als Ganz- oder Teilladungssendungen über die *Beschaffungskette* 1 direkt oder von Fachspediteuren an die Märkte geliefert. Das sind im wesentlichen Sendungen mit mehr als 5 Paletten oder über 1 t Gewicht, sperrige oder großvolumige Artikel, wie Teppiche und Gefahrgut, und unverträgliche Waren, wie Zement, Steine und Düngemittel.

Über die eigenen Logistikzentren laufen etwa 45 % der Warenstücke, die ca. 50 % vom Umsatz aber nur 30 % des Volumens ausmachen. Rund 50 % der Lieferungen an die Logistikzentren, deren Inhalt größer als 1/2 Palette pro Markt ist, werden über die *Beschaffungskette* 2 nach dem *Crossdocking-Verfahren* abgewickelt. Rund 40 % der Lieferungen mit kleineren Mengen durchlaufen die *Beschaffungskette* 3 nach dem *Transshipment-Verfahren*. Über die *Beschaffungskette* 4 mit

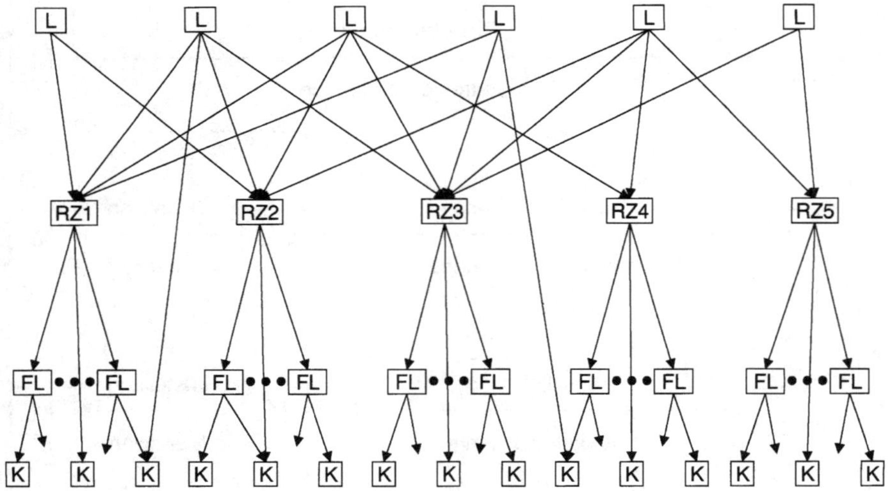

Abb. 19.24 Distributionsstruktur einer Großhandelskette für Installationsmaterial und Elektroartikel

L : Lieferanten (ca. 450) FL : Filialen (ca. 110) K : Endkunden
RZ : Regionalzentren mit Crossdocking, Transshipment und Lager

Zwischenlagerung im Logistikzentrum läuft ein Teil der Aktionsware und die Importware, die zusammen etwa 10 % des gesamten Warenbedarfs ausmachen.

Mit der neuen Unternehmenslogistik der Baumarktkette werden die Warenbestände bei gleichzeitig verbesserter Warenpräsenz abgebaut, die Logistikbelastung der Märkte erheblich reduziert und die Beschaffungskosten für die betreffenden Warenströme um mehr als 15 % gesenkt. Zugleich werden damit die Voraussetzungen für eine rechnergestützte Disposition, eine verstärkte Verkaufstätigkeit und die weitere Expansion geschaffen.

Das zweite *Fallbeispiel* ist eine Unternehmensgruppe des *Elektrogroßhandels* mit über 110 Verkaufsstellen, die flächendeckend über Deutschland verteilt sind. Bisher wurde die bei den Lieferanten kundenspezifisch bestellte oder ab Lager gekaufte Ware von den Kunden in den Verkaufsstellen selbst abgeholt oder mit angemieteten Fahrzeugen zugestellt. Die Lieferbereitschaft war unzufriedenstellend, die Lieferzeiten teilweise zu lang und unverläßlich, das Präsenssortiment zu gering und die Beschaffungskosten zu hoch.

Die Optimierung der Unternehmenslogistik ergab in diesem Fall die in *Abb. 19.24* dargestellte *Beschaffungs- und Distributionsstruktur* mit zunächst 5 und später 6 *Regionalzentren*, deren Standorte und Einzugsgebiete in *Abb. 19.19* gezeigt sind. Die resultierenden 6 *Beschaffungs- und Lieferketten* und die Verantwortungsabgrenzung zwischen den Lieferanten, dem Handelsunternehmen und den Kunden zeigt *Abb. 19.25*.

In den Regionalzentren wird ein breites *regionales Sortiment* vorrätig gehalten, in den Verkaufsstellen ein schmaleres *lokales Sortiment*. Die *Kundenzustellung* wird auf den Belieferungsketten 2 und 3 und die *Filialbelieferung* auf den Be-

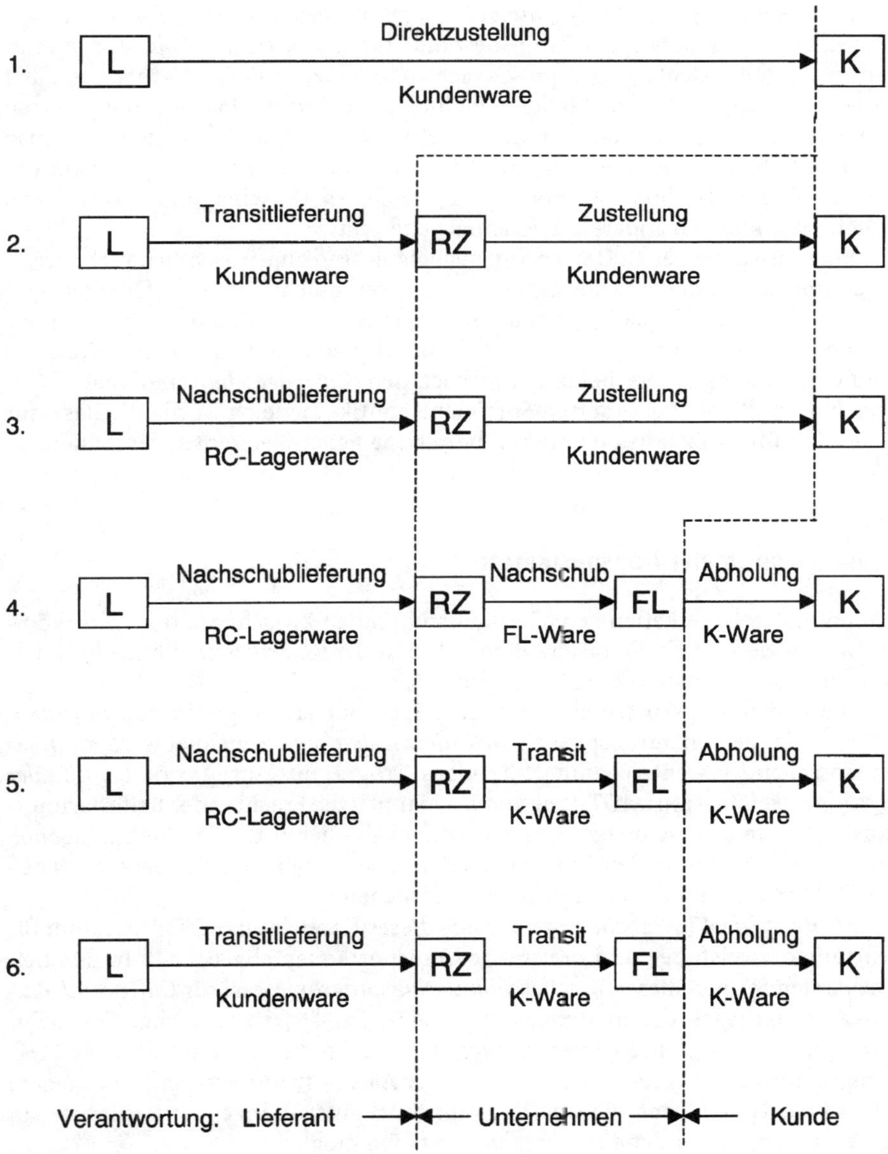

Abb. 19.25 Beschaffungs- und Lieferketten der Großhandelskette für Installationsmaterial und Elektroartikel

schaffungsketten 4, 5 und 6 grundsätzlich von einem zugeordneten Regionalzentrum aus im *Ladungsverkehr* in bestimmten *Touren* durchgeführt. Je nach Sendungsaufkommen werden dafür Sattelaufliegerfahrzeuge, Wechselbrückenzüge oder kleinere Lieferfahrzeuge eingesetzt.

Die Verteilung der *Kleinsendungen* bis zu 3 Paketen übernimmt ein *Paketdienstleister*, von dessen Speditionsnetz die Transportkette 3 in *Abb. 19.17* mit nur einem Verteilumschlagpunkt pro Gebiet und dem zugehörige Nachlauf genutzt wird. Der Hauptlauf ist ein täglicher Ladungstransport der Paketsendungen vom Regionalzentrum zum nächsten Umschlagpunkt des Paketdienstleisters. Ebenso werden Stückgutsendungen, die nicht in eine feste Tour passen, von einem *Gebietsspediteur* abgeholt und über dessen nächsten Umschlagpunkt zusammen mit den Sendungen anderer Lieferanten zugestellt.

Ergebnisse der neuen Unternehmenslogistik sind eine wesentlich verbreiterte Warenpräsenz, eine erhöhte Lieferfähigkeit, verläßliche kurze Lieferzeiten und eine Senkung der Logistikkosten um mehr als 20 %. Die Veränderung der Unternehmenslogistik löste eine Neuausrichtung der gesamten Geschäftspolitik aus mit einer klaren Unterscheidung zwischen dem *Zustellgeschäft* und dem *Abholgeschäft* und einer veränderten Sortimentspolitik. Zugleich wurde die Basis für eine zukünftige Expansion unter Einbeziehung neuer Lieferanten geschaffen.

19.13 Auswahl optimaler Transportketten

Wenn in den Lieferketten keine bestandsführenden Zwischenstationen vorkommen, reduzieren sich die Lieferketten auf reine *Transportketten*. Einige Beispiele intermodaler Transportketten zeigt die *Abb. 19.4*.

Die Belieferungskosten sind für reine Transportketten gleich den *Frachtkosten*, die im Personentransport als *Beförderungskosten* bezeichnet werden. Dementsprechend lassen sich mit Hilfe eines Programms zur *Auswahl optimaler Transportketten* – kurz *AOT-Programm* genannt – die Fracht- oder Beförderungskosten für unterschiedliche Transportketten kalkulieren, die Sendungslaufzeiten errechnen, die optimalen Transportketten bestimmen und die verschiedenen *Einflußfaktoren* auf die Frachtkosten untersuchen.

Als *Beispiel* ist in *Tabelle 19.7* am Ende dieses Kapitels ein AOT-Programm für einstufige, zweistufige und dreistufige Transportketten abgedruckt. In den beiden ersten Spalten dieses *Tabellenkalkulationsprogramms* ist für *Ganz- und Teilladungssendungen* die in *Abb. 19.17* gezeigte *Transportkette* 1 abgebildet. Für *Stückgutsendungen* und *Paketsendungen* beinhalten die Spalten 3 bis 6 des AOT-Programms die *Transportketten* 2 und 3 der *Abb. 19.17* mit ein- und zweifachem Umschlag. In den Umschlagstationen für Stückgutsendungen ist wahlweise ein *Crossdocking* (CD) oder ein *Transshipment* (TS) möglich.

Die *Lieferstellen* können ein oder mehrere Logistikzentren, Regionallager oder Werke sein, aber auch eine größere Anzahl von Versendern. Als *Empfangsstellen* sind wenige Großabnehmer, eine größere Anzahl mittlerer Abnehmer oder eine Vielzahl von flächenverteilten Kunden möglich.

Das *AOT-Programm* berücksichtigt keine Bestände in den Umschlagpunkten zwischen den Liefer- und Empfangsstellen. Es läßt sich jedoch durch Hinzufügen der Logistikfunktionen (19.5) in den Versandstellen, Zwischenstationen und Empfangsstellen erweitern zu einem *BOL-Programm* für die *Bestimmung opti-*

maler Lieferketten mit bestandsführenden Stationen. Durch zusätzliche *Programmzeilen* können weitere Zwischenstationen und Transportverbindungen eingefügt werden. Damit werden Beförderungs- und Lieferketten mit höherer Stufigkeit möglich, die in weiteren *Programmspalten* abgebildet werden.

Rückfrachten, Leergutrückführung und *Entsorgungstransporte* können über die gleichen Transportketten wie die Belieferung zurücklaufen, aber auch andere Transportketten nutzen. In beiden Fällen lassen sich Rücktransporte durch zusätzliche Spalten im AOT-Programm erfassen. Bei Nutzung der gleichen Transportmittel errrechnet das Programm aus den betreffenden Hin- und Rückfrachtströmen den Anteil der *paarigen Transporte* und die daraus resultierenden Transportkostenersparnisse.

Für die *Entfernungen* zwischen den Lieferstellen, den Umschlagstationen und den Empfangsstellen können entweder die mit dem Sendungsaufkommen gewichteten *mittleren Entfernungen* zwischen den betrachteten Regionen oder die *genauen Entfernungen* für spezielle Relationen und einzelne Sendungen eingegeben werden.

Die Leistungskosten für den Umschlag, die Transporte und andere Logistikleistungen werden in entsprechenden *Unterprogrammen* errechnet. Sie können bei Bedarf durch aktuelle Leistungspreise überschrieben werden. Für Transportmittel unterschiedlicher Verkehrsträger können die entsprechenden Kapazitäten, Reisegeschwindigkeiten und Leistungskosten eingegeben werden.

Die Abmessungen und Gewichte der *Logistikeinheiten*, wie die Verpackungseinheiten, die Ladeeinheiten und die Transporteinheiten, werden in ein weiteres Unterprogramm eingegeben, das hieraus mit Hilfe der in *Kapitel 12/I* angegebenen Formeln die *effektiven Kapazitäten* errechnet. Aus den Kapazitäten der Logistikeinheiten und den *Sendungsanforderungen* errechnet das Programm mit Hilfe der Formeln (19.15) bis (19.30) den Ladeeinheitenbedarf, das Transportaufkommen und den Leistungsdurchsatz.

Eingabewerte des AOT-Programms sind die *Sendungsanforderungen* und die *Strukturparameter. Ergebnisse* sind die *Beförderungskosten pro Periode* für die verschiedenen Transportketten und die *Frachtkosten pro Verpackungseinheit, pro Ladeeinheit* oder *pro 100 kg*.

19.14 Einflußfaktoren der Frachtkosten

Um die Auswirkungen der verschiedenen Einflußfaktoren auf die Frachtkosten zu quantifizieren wurden mit Hilfe des AOT-Programms der Tabelle 19.2 eine Reihe von *Modellrechnungen* durchgeführt.

Als *Beispiel* wurde die in *Abb. 19.13* gezeigte *Distributionsstruktur* mit einem Logistikzentrum gewählt, das den Einzelhandel in Deutschland flächendeckend mit *palettierten* und *unpallettierten Verpackungseinheiten* beliefert. Die Auslieferung erfolgt auf der Straße im Zu- und Hauptlauf mit Sattelauflieger- oder Wechselbrücken-Zügen und im Nachlauf mit 7,5 t-Transportern. Die Ergebnisse der Modellrechnungen für dieses Beispiel aus der Praxis sind in den *Abb. 19.26* bis *18.32* dargestellt.

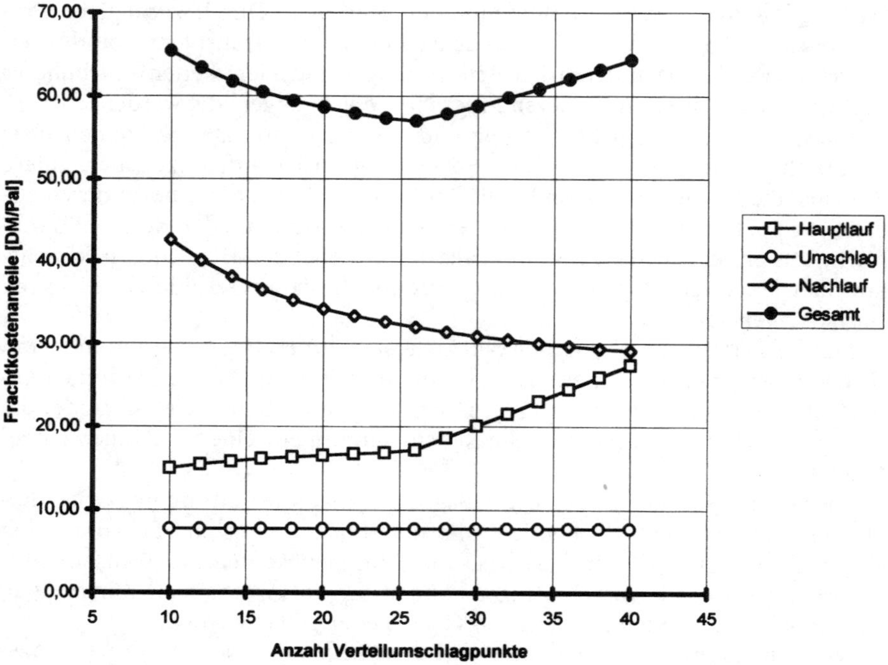

Abb. 19.26 Abhängigkeit der Frachtkosten für Stückgutsendungen von der Anzahl Umschlagpunkte bei zweistufiger Transportkette

Frachtaufkommen:	30.000 VPE/Tag = 600 Voll-Pal/Tag = 75.000 t/a
Mittl. Sendungsinhalt:	50 VPE/Snd = 1,0 Voll-Pal/Snd
Mitt. Verpackungseinheit:	VPE = Karton mit 12 l/VPE und 10 kg/VPE
Ladeeinheiten:	LE = CCG1 Paletten mit im Mittel 49 VPE/LE
Mittl. Entfernung L→E	280 km
Stufigkeit	zweistufig über 1 Verteilumschlagpunkt (VP)
Abwicklungsform	Crossdocking

Die Sendungsanforderungen und weitere Parameter der Modellrechnungen sind in der Legende zu *Abb. 19.26* angegebenen. In der Legende der weiteren Abbildungen sind nur die jeweils veränderten Parameter aufgeführt. Die verschiedenen Abhängigkeiten gelten *ceteris paribus*.

In *Abb. 19.26* ist die Abhängigkeit der mittleren Frachtkosten pro Palette von der *Anzahl der Umschlagpunkte* dargestellt, die sich für eine *zweistufige Auslieferung* von Stückgutsendungen über jeweils einen Verteilumschlagpunkt mit Crossdocking ergibt. Ein ähnlicher Verlauf ergibt sich für die zweistufige Auslieferung von Paketsendungen.

Bis zu 25 Umschlagpunkten nehmen die Nachlaufkosten stärker ab als die Hauptlaufkosten zunehmen, sodaß die Frachtkosten insgesamt sinken. Ab 25 Umschlagpunkte aber steigen die Hauptlaufkosten stärker als die Nachlaufkosten abnehmen, da bei dem betrachteten Ladungsaufkommen der mittlere Füllungsgrad

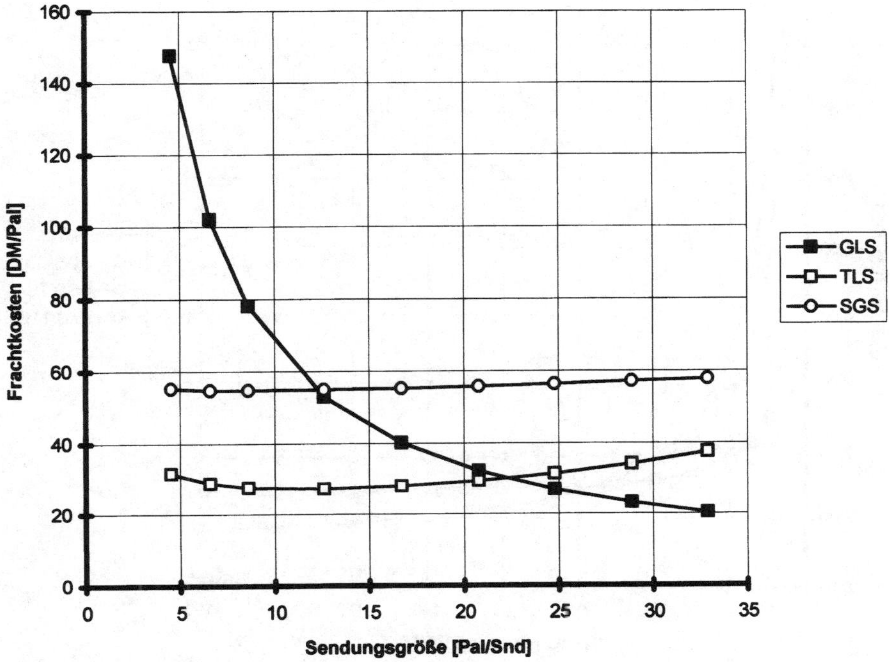

Abb. 19.27 Abhängigkeit der Frachtkosten von der Sendungsgröße für Ganzladungs-, Teilladungs- und Stückgutsendungen

GLS :	Ganzladungssendungen
TLS :	Teilladungssendungen
SGS :	Stückgutsendungen
Struktur	20 Verteilumschlagpunkte
Parameter	wie *Abb. 19.26*

der exklusiven Ganzladungstransporte zu den Umschlagpunkten immer schlechter wird. Die optimale Anzahl Umschlagpunkte ist daher in diesem Fall 25.

Durch Parametervariation ergeben sich aus den Modellrechnungen für die Stückgut- und Paketsendungen folgende *Zusammenhänge*:

- Die Frachtkosten verändern sich im Bereich der optimalen Anzahl nur wenig mit der Anzahl der Umschlagpunkte.
- Bei zweistufiger Belieferung über Verteilumschlagpunkte in den Zielregionen verschiebt sich die optimale Anzahl der Umschlagpunkte mit zunehmendem Frachtaufkommen und abnehmender Sendungsgröße nach oben, mit abnehmendem Frachtaufkommen und zunehmender Sendungsgröße nach unten.
- Wenn das Frachtaufkommen einen *kritischen Wert* unterschreitet, ist eine dreistufige Belieferung über einen regionalen Sammelpunkt in der Nähe des Versandortes mit gemeinsamen Hauptlauf zusammen mit dem Ladungsauf-

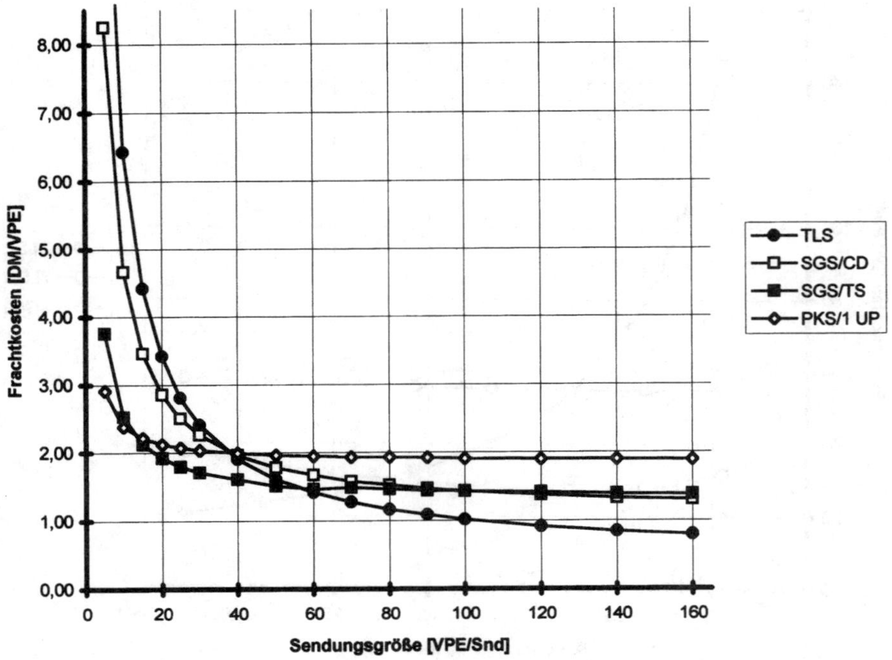

Abb. 19.28 Abhängigkeit der Frachtkosten von der Sendungsgröße für Teilladungs-, Stückgut- und Paketsendungen

TLS :	Teilladungssendungen
SGS/CD :	Stückgutsendungen über 1 UP mit Crossdocking
SGS/TS :	Stückgutsendungen über 1 UP mit Transshipment
PKS/1 UP :	Paketsendungen über 1 Verteilumschlagpunkt
übrige Parameter	wie *Abb. 19.26*

kommen anderer Versender zu den regionalen Verteilumschlagpunkten günstiger als die zweistufige Belieferung nur über die Verteilumschlagpunkte in der Zielregion (s. *Abb. 19.29*).

- Ein Hauptlauf direkt vom Auslieferort zum regionalen Verteilumschlagpunkt ist nur bei einem täglichen Ladungsaufkommen von mehr als einer Ganzladung wirtschaftlich oder wenn eine Kombination des Zulauftransports zum Verteilumschlagpunkt mit der Direktbelieferung eines Großkunden in der Region möglich ist.

Die errechnete *Abhängigkeit der Frachtkosten von der Sendungsgröße* ist für Ganzladungs-, Teilladungs- und Stückgutsendungen in *Abb. 19.27* gezeigt und für Teilladungs-, Stückgut- und Paketsendungen in *Abb. 19.28*. Hieraus sind folgende *Gesetzmäßigkeiten* und *Abhängigkeiten* ablesbar:

- Die Frachtkosten hängen für alle Sendungsarten und Abwicklungsformen sehr stark von der Sendungsgröße ab.

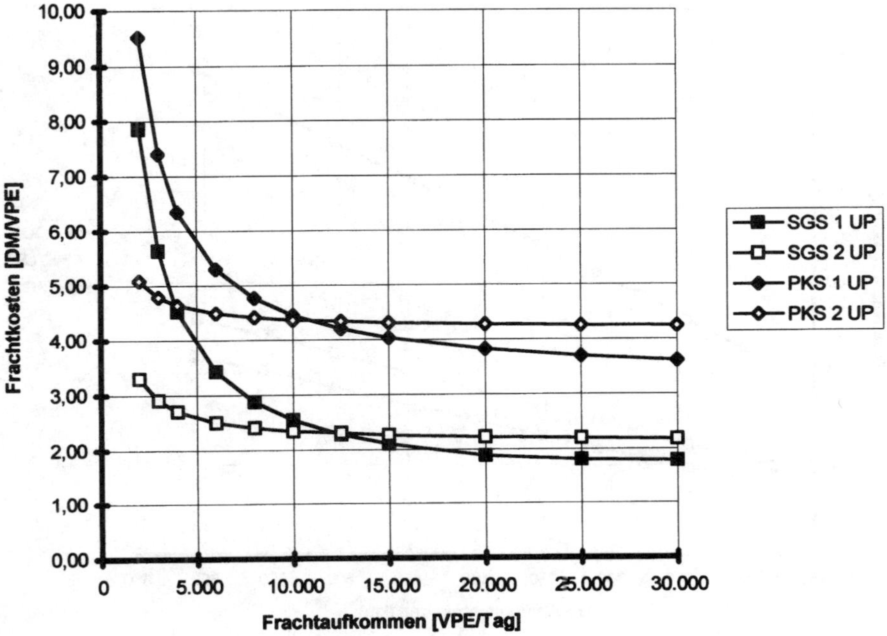

Abb. 19.29 Abhängigkeit der Frachtkosten vom Frachtaufkommen

SGS 1 UP :	Stückgutsendungen über 1 UP mit Cross-Docking
SGS 2 UP :	Stückgutsendungen über 2 UP mit Cross-Docking
PKS 1 UP :	Paketsendungen über 1 Verteilumschlagpunkt
PKS 2 UP :	Paketsendungen über 2 UP
Sendungsgrößen	SGS: 50 VPE/Snd PKS: 3 VPE/Snd
übrige Parameter	wie *Abb. 19.26*

- Ausgehend von kleinen Sendungsgrößen können sich die Frachtkosten bei einer Verdopplung der Sendungsgröße mehr als halbieren.
- Der Ganzladungstransport ist für Sendungen mit mehr als etwa 22 Paletten oder 11 t kostengünstiger als der Teilladungstransport (s. *Abb. 19.27*).
- Soweit das gesamte Sendungsaufkommen für direkte AuslieferTouren ausreicht, ist der Teilladungstransport für Sendungen ab 1,5 und 750 kg wirtschaftlicher als die Stückgutspedition (s. *Abb. 19.28*).
- Kleinere Stückgutsendungen mit weniger als ca. 1,5 Paletten sind wirtschaftlicher nach dem *Transshipment-Verfahren*, größere Stückgutsendungen günstiger nach dem *Crossdocking-Verfahren* auszuliefern (s. *Abb. 19.28*).
- Die Frachtkosten von Sendungen mit weniger als 10 Verpackungseinheiten sind als Paketsendungen geringer als für Stückgutsendungen (s. *Abb. 19.28*).
- Die *Optimalitätsgrenzen* zwischen den verschiedenen Sendungsarten hängen ab von der Größe und vom Gewicht der Paletten und Verpackungseinheiten sowie vom Frachtaufkommen zwischen Quellgebiet und Zielgebiet.

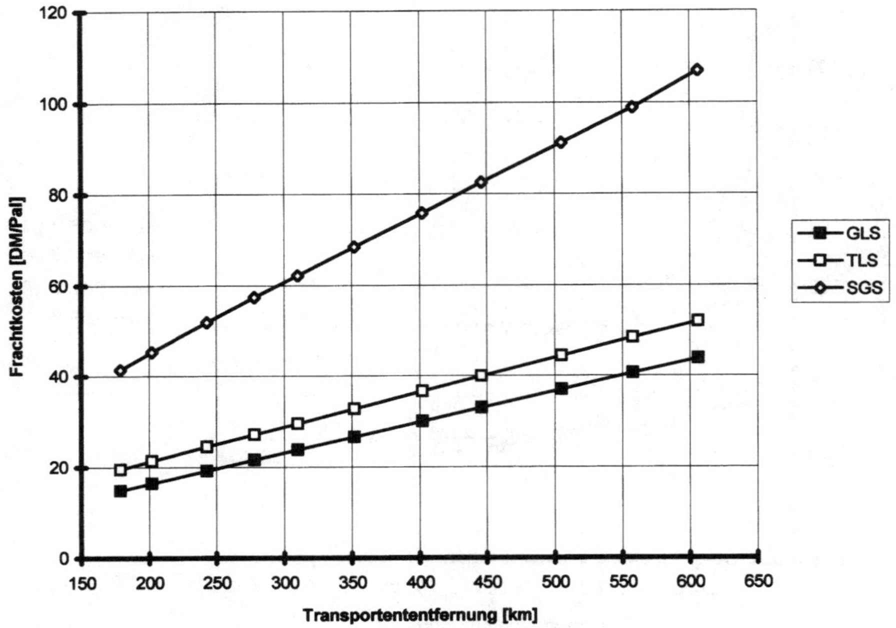

Abb. 19.30 Abhängigkeit der Frachtkosten von der Transportentfernung

GLS :	Ganzladungssendungen mit 1.500 VPE= 31 Pal/Snd
TLS :	Teilladungssendungen mit 600 VPE = 12,6 Pal/Snd
SGS :	Stückgutsendungen mit 75 VPE = 2 Pal/Snd
übrige Parameter	wie *Abb. 19.26*

Die hier quantifizierten Optimalitätsgrenzen sind ein Beipiel für die zuvor beschriebenen *Zuweisungskriterien* (19.16) bis (19.19) für optimale Lieferketten.

Die Abhängkeit der Frachtkosten vom *Frachtaufkommen* und von der *Stufigkeit* der Transportketten zeigt *Abb. 19.29* Dabei unterscheidet sich die mittlere Größe der Stückgutsendungen (50 VPE/Snd) von der mittleren Größe der Paketsendungen (3 VPE/Snd). Aus dieser Abhängigkeit sowie aus weiteren Modellrechnungen ergeben sich die *Regeln*:.

- Mit abnehmendem Frachtaufkommen steigen die Frachtkosten für Stückgut- und Paketsendungen wegen der schlechteren Auslastung der Lade- und Transporteinheiten stark an.
- Mit zunehmendem Frachtaufkommen erreichen die Frachtkosten bei optimaler Auslastung der Lade- und Transporteinheiten asymptotisch einen Grenzwert.
- Wenn das Frachtaufkommen nicht ausreicht zur Belieferung der Verteilumschlagpunkte in hinreichend gefüllten Sattelaufliegern oder Wechselbrücken, ist ein Transport über zwei Umschlagpunkte kostengünstiger.
- Die *Optimalitätsgrenze* zwischen der zweistufigen und der dreistufigen Belieferung liegt in diesem Fall bei ca. 12,5 Paletten pro Relation. Sie hängt ab von der Zulaufentfernung sowie von der Höhe Umschlagkosten.

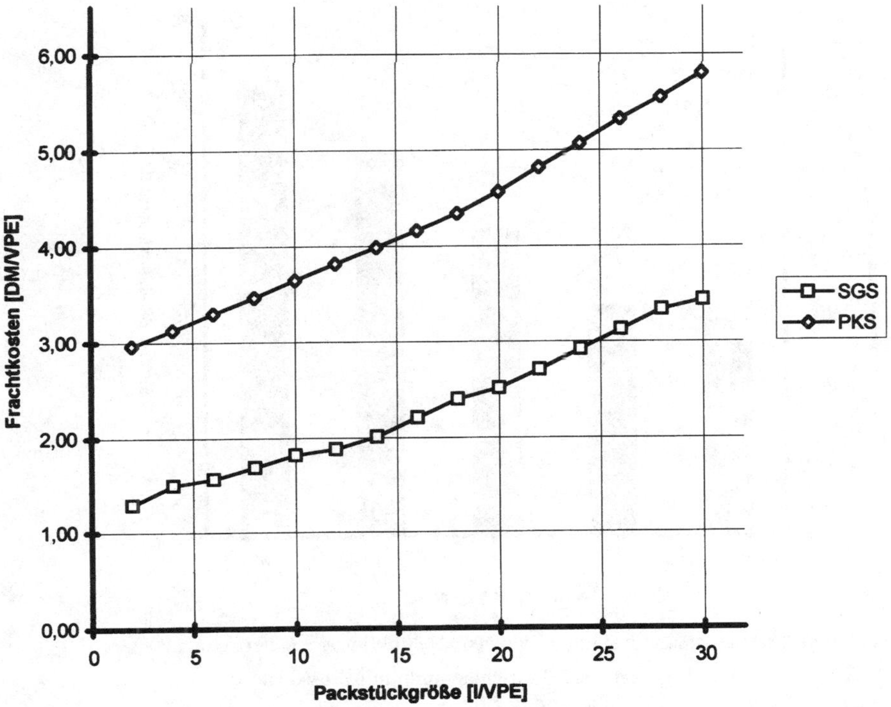

Abb. 19.31 Abhängigkeit der Frachtkosten von der Packstückgröße

SGS : Stückgutsendungen mit 50 VPE/Snd
PKS : Paketsendungen mit 3 VPE/Snd
Frachtaufkommen 20.000 VPE/Tag
übrige Parameter wie *Abb. 19.26*

Die errechnete Abhängigkeit der Frachtkosten von der *Transportentfernung* zwischen Versandort und Empfangsstelle zeigt die *Abb. 19.30*. Hieraus sind folgende Abhängigkeiten und *Regeln* ablesbar:

- Die Frachtkosten nehmen für alle Sendungsarten mit der Entfernung *linear* zu.
- Der entfernungsbedingte Kostenanstieg ist für Stückgut- und Paketsendungen etwas größer als für Ganz- und Teilladungssendungen.

Ein weitere wichtige Einflußgröße auf die Frachtkosten ist die *Frachtstückgröße*. Die *Abb. 19.31* zeigt die Abhängigkeit der Frachtkosten vom Packstückvolumen bei konstant gehaltenem Frachtaufkommen. Hieraus ist der *Zusammenhang* ablesbar:

- Bei gleicher Sendungsstruktur und Sendungsart nehmen die Frachtkosten linear mit der Größe der Packstücke zu.

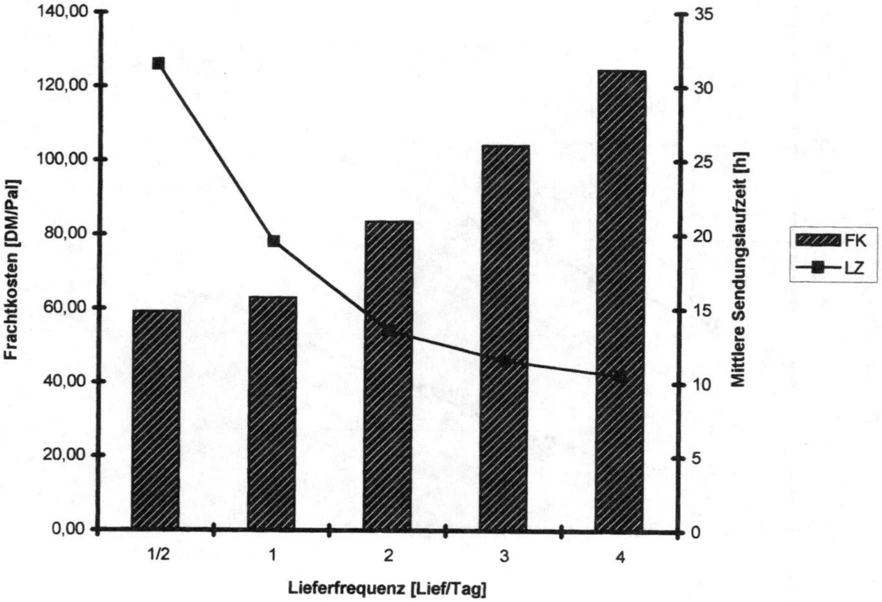

Abb. 19.32 Frachtkosten und Sendungslaufzeit als Funktion der Lieferfrequenz
Palettensendungen über einen Verteilumschlagpunkt mit Crossdocking
Frachtaufkommen: 27 Pal/Tag und Region
Mittl. Sendungsinhalt: 2 Pal/Snd
übrige Parameter wie *Abb. 19.26*

Bei gleichem Sendungsaufkommen bewirken jedoch große Packstücke ein größeres Ladungsaufkommen als kleine Packstücke, sodaß ein Wechsel zu einer anderen Sendungsart, beispielsweise von Paketsendungen zu Stückgutsendungen oder von Stückgutsendungen zu Teilladungen kostengünstiger sein kann.

Als letzte Abhängigkeit zeigt *Abb. 19.32* für Stückgutsendungen, die über einen Verteilumschlagpunkt ausgeliefert werden, den Einfluß der Lieferfrequenz auf die Sendungslaufzeit und auf die Lieferkosten. Der Anstieg der Frachtkosten mit zunehmender Lieferfrequenz resultiert in diesem Fall aus der abnehmenden Auslastung der Zulauftransporte zu den Verteilumschlagpunkten. Bei weiterer Erhöhung der Lieferfrequenz kommen die Mehrkosten für den Einsatz kleinerer Auslieferfahrzeuge und für Sonderfahrten hinzu. Allgemein gilt die *Regel*:

- Mit zunehmender Lieferfrequenz wird die Verkürzung der Sendungslaufzeiten immer geringer, während die Frachtkosten stärker ansteigen.

Insgesamt zeigen die Modellrechnungen, daß die optimale Transportkette und die Frachtkosten sehr stark von den Leistungsanforderungen abhängen, insbesondere vom Frachtaufkommen, von der Frachtstückgröße und von der Sendungsgröße. Sie werden außerdem durch eine Reihe von Parametern beeinflußt, wie den Lieferfrequenzen, den Strukturparametern, den Entfernungen und der Größe des Servicegebiets.

Ohne genaue Kenntnis der Anforderungen, Randbedingungen und übrigen Gegebenheiten sind daher Frachtkostenvergleiche und *empirische Benchmarks* für die Transportkosten irreführend. Mit Hilfe eines AOT-Programms lassen sich hingegen projektspezifische *analytische Benchmarks* für die Frachtkosten errechnen. Der Vergleich der aktuell gezahlten Frachtpreise und der daraus resultierenden Frachtkosten mit den analytischen Benchmark-Werten zeigt am sichersten die *Einsparungs- und Verbesserungspotentiale* auf, die durch eine Optimierung der Transport- und Lieferketten erreichbar sind.

19.15 Transportpreise und Frachttarife

Zur Beförderung seiner Sendungen kann ein *Versender*, der selbst keine Transportmittel besitzt oder längerzeitig anmieten will, am Transportmarkt entweder *Transportleistungen* oder *Frachtleistungen* einkaufen.

1. Transportleistungspreise

Transportleistungen sind Transportfahrten, die von einem *Auftragnehmer* mit einem bestimmten Transportmittel nach Anweisung eines *Auftraggebers* durchgeführt werden. *Auftraggeber* können Privatpersonen, Unternehmen aus Industrie und Handel aber auch Logistikdienstleister sein. *Auftragnehmer* sind im Straßentransport die sogenannten *Frachtführer*, in der Binnernschiffahrt die *Partikuliere*, in der Seeschiffahrt und im Luftverkehr die *Chartergesellschaften*.

Die Transportmittel werden vom Auftragnehmer mit Fahrpersonal bereitgestellt und einschließlich Treib- und Schmiersstoffe sowie Reparatur und Wartung betriebsfähig gehalten. Die *Einsatzzeiten* werden zwischen Auftraggeber und Auftragnehmer vereinbart und die *Transportfahrten* nach den Anforderungen und Vorgaben des Auftraggebers durchgeführt.

Für den Straßentransport können beispielsweise Sattelaufliegerzüge, Wechselbrücken-Gliederzüge oder Transporter mit einer Kapazität angefordert werden, die durch Nutzlast und Laderaum definiert ist. Im Seeverkehr können für den Transport bemannte Schiffe gechartert werden, im Schienenverkehr Eisenbahnzüge mit Waggons, Lok und Fahrdienstpersonal.

Für die Vergütung von Transportleistungen gibt es im Transportgewerbe eine Vielfalt von Möglichkeiten und Usancen[64; 199; 200; 219]. Die verschiedenen *Transportvergütungssysteme* lassen sich grundsätzlich unterscheiden in:

- *Vergütung des Transportmitteleinsatzes nach Zeit und Aufwand* zu bestimmten *Tagessätzen* zuzüglich *einsatzbedingter Kosten* für Treibstoffverbrauch, Trassennutzung u.s.w (z.B. Autovermietung).
- *Vergütung des Transportmitteleinsatzes nach Leistung* zu verursachungsgerechten *Leistungspreisen* (z.B. Taxifahrt).

Um die Transportketten für den Versender zu optimieren, ist die Vergütung nach Leistung geeigneter als eine Vergütung nach Zeit und Aufwand oder nach anderen Verfahren. Die *leistungsabhängige Vergütung* mit den verursachungsgerechten *Transportleistungspreisen*

$$\begin{array}{lll} \textbf{Grundpreis} & P_G & [\text{DM/TE-Fahrt}] \\ \textbf{Stoppreis} & P_{ST} & [\text{DM/TE-Stop}] \\ \textbf{Fahrwegpreis} & P_{FW} & [\text{DM/TE-km}]. \end{array} \tag{19.37}$$

setzt voraus, daß die Art der *Transporteinheiten* durch die Angabe der Daten von Transportmittel und Laderaum eindeutig spezifiziert ist, daß das Einsatzgebiet, die *Einsatzzeit* und die mit einer *Transportfahrt* verbunden *Grundleistungen*, wie das Bereitstellen einschließlich Be- und Entladen klar vereinbart wurden und daß die mittleren *Stoppzeiten* bekannt sind.

Mit den Leistungspreisen (19.37) ist der *Transportpreis* für die Durchführung einer Transportfahrt, die sich insgesamt über einen *Fahrweg* s_{FW} [km] erstreckt und zwischen Start- und Endpunkt der Nutzfahrt mit n_{ST} *Stops* erbunden ist, gegeben durch:

$$P_{TR} = P_G + n_{ST} \cdot P_{ST} + s_{FW} \cdot P_{FW} \qquad \left[\text{DM/TE-Fahrt}\right]. \tag{19.38}$$

Ein *Beispiel* für verursachungsgerechte Transportpreise sind die Taxipreise. Für die Beförderung ist ein Grundpreis festgelegt, der abhängig von Einsatzgebiet, Einsatzzeit und Anfahrweg zur Zeit zwischen 4,00 und 6,00 DM pro Fahrt liegt, und ein Fahrwegpreis, der gegenwärtig zwischen 1,80 und 2,20 DM/km beträgt. Darüber hinaus wird für den Zu- oder Ausstieg eines Fahrgastes an einem Zwischenhalt oder für größere Gepäckstücke ein Zuschlag erhoben. Entsprechende Leistungspreise anderer Transportmittel sind in *Tabelle 18.4* angegeben.

2. Frachtleistungspreise

Das Abholen, Befördern und Zustellen von *Sendungen* ist eine *Frachtleistung*, die mehr umfaßt als den reinen Transport. Das Frachtunternehmen kann eine Spedition, ein Paketdienstleister, die Bahn, die Post oder ein Verkehrsbetrieb sein. Es organisiert die *Frachtketten* zur Ausführung von Versandaufträgen und verfügt dafür in der Regel über ein festes Frachtnetz. Für die Transporte werden eigene oder fremde Transportmittel eingesetzt.

Für die Vergütung von Frachtleistungen gibt es eine noch größere Vielfalt von Tarifsystemen, Frachttabellen, Fahrpreisen und Beförderungstarifen als für die Vergütung von Transportleistungen [199; 200; 201; 219]. Viele der Frachtpreise und Tarife, die von Beförderungsunternehmen angeboten, teilweise auch staatlich festgelegt werden, sind jedoch nur wenig leistungsabhängig und kaum verursachungsgerecht (s. *Abschnitt 7.1/I*) [64].

Eine verursachungsgerechte Frachtkostenkalkulation – zum Beispiel mit dem AOT-Programm – ergibt, daß die Frachtkosten für die in *Abb. 19.17* dargestellten Standardtransportketten in weiten Grenzen linear von der Frachtstückgröße und von der Entfernung zwischen Versandort und Zustellort abhängen (s. *Abb.19.30* und *19.31*). Ein weiterer Einflußfaktor auf die Frachtkosten ist die Sendungsgröße (s. *Abb. 19.28*).

Transportkette Frachtaufkommen	Sendungspreis DM/Sendung	Mengenpreis DM/PalStp	Entfernungspreis DM/Pal-km
Zustellung über 1 UP größer 20 Pal/Tag pro Zielgebiet	6,60	6,60	0,180
Zustellung über 2 UP kleiner 20 Pal/Tag pro Zielgebiet	13,20	27,00	0,180

Tab. 19.3 Frachtleistungspreise für Stückgutsendungen
Modellrechnung für Crossdocking von Euro-Paletten
Preise = Kostensätze + 20% Gemeinkosten
Gesamtfrachtaufkommen größer 20 Pal/Tag
Grundmaße 800 × 1.200, Gewicht bis 500 kg/Pal

Die von Frachtstückgröße, Entfernung und Sendungsgröße verursachten Frachtkosten werden ausreichend genau wiedergeben durch ein *Frachtvergütungssystem*, das die Sendungen mit folgenden *Frachtleistungspreisen* abrechnet:

$$\begin{array}{lll} \textbf{Sendungspreis} & P_S & [\text{DM/Snd}] \\ \textbf{Mengenpreis} & P_{ME} & [\text{DM/ME}] \\ \textbf{Entfernungspreis} & P_E & [\text{DM/ME-km}]\,. \end{array} \qquad (19.39)$$

Mengenpreis und Entfernungspreis hängen von der gewählten Mengeneinheit ME ab und erhöhen sich mit der Größe der Mengeneinheit.

Zur Erläuterung sind in *Tabelle 19.3* die Frachtpreise für die Zustellung von Stückgutsendungen in Deutschland über die beiden *Standardtransportketten* 2. und 3. aus *Abb. 19.17* zusammengestellt. Die Frachtkostensätze wurden mit Hilfe des zuvor beschriebenen AOT-Programms kalkuliert. Die Frachtpreise der *Tabelle 19.3* sind gegenüber den kalkulierten Frachtkostensätzen um einen *Gemeinkostenzuschlag* erhöht. Der Gemeinkostenzuschlag, den ein Spediteur für Verwaltung, Vertrieb, Disposition, Steuerung, Sendungsverfolgung, Leerfahrtrisiko, Leistungsbereitschaft und Gewinn benötigt, wurde hier mit 20 % angesetzt.

Die aktuellen Leistungspreise und damit auch der erwirtschaftete Deckungsbeitrag hängen von *Angebot* und *Nachfrage* auf dem Transport- und Frachtmarkt zum Zeitpunkt der Auftragsverhandlung ab. Daher können die gezahlten Transportpreise und Frachttarife bis zu ± 20 % von den auf Kostenbasis kalkulierten Preisen und Tarifen abweichen, die in den *Tabellen 18.2, 19.3, 19.4* und *19.5* angegeben sind.

Mit den Leistungspreisen (19.39) ist der *Frachtpreis* für eine Sendung der Größe m_S [ME/Snd], die über eine Entfernung d_E [km] zu befördern ist, gegeben durch:

$$P_{FR} = P_S + m_S \cdot (P_{ME} + d_E \cdot P_E) \qquad [\text{DM/Snd}]. \qquad (19.40)$$

Entfernung km von	bis	Sendungsgewicht bis 500	500 bis 1.000	1.000 bis 1.500	1.500 bis 2.000	2.000 bis 2.500	kg/Snd
	100	14,28	10,76	10,06	9,75	9,59	DM/100kg
100	200	18,78	15,26	14,56	14,25	14,09	DM/100kg
200	300	23,28	19,76	19,06	18,75	18,59	DM/100kg
300	400	27,78	24,26	23,56	23,25	23,09	DM/100kg
400	500	32,28	28,76	28,06	27,75	27,59	DM/100kg
500	600	36,78	33,26	32,56	32,25	32,09	DM/100kg
600	700	41,28	37,76	37,06	36,75	36,59	DM/100kg
700	800	45,78	42,26	41,56	41,25	41,09	DM/100kg
800	900	50,28	46,76	46,06	45,75	45,59	DM/100kg
900	1.000	54,78	51,26	50,56	50,25	50,09	DM/100kg

Tab. 19.4 100kg- Frachttarife für Palettenzustellung über zwei Umschlagpunkte

Stückgutbeförderung von EURO-Paletten

Gesammtfrachtaufkommen	> 30Pal/Tag		> 12t/Tag
Sendungspreis	13,20 DM/Snd		13,20 DM/Snd
Mengenpreis	27,00 DM/Pal		6,75 DM/100kg
Entfernungspreis	0,18 DM/Pal-km		0,045 DM/100kg-km
	min	mittel	max
Palettengewicht	200	400	600kg/Pal

Hieraus ergibt sich für den *Frachtpreis pro Mengeneinheit*

$$p_{ME} = P_{FR}/m_S = P_S/m_S + P_{ME} + d_E \cdot P_E \quad [DM/ME]. \qquad (19.41)$$

Nach dieser Preisberechnung nimmt der Frachtpreis pro Mengeneinheit entsprechend dem Verlauf *Abb. 19.28* umgekehrt proportional mit der Sendungsgröße ab und entsprechend dem Verlauf *Abb. 19.30* linear mit der Entfernung zu. Über die Abhängigkeit der Leistungspreise (19.39) von der Größe der Mengeneinheit ergibt sich der in *Abb. 19.31* gezeigte Anstieg des spezifischen Frachtpreises (19.41) mit dem Frachtstückvolumen.

3. Frachttarife

Die Sendunggröße wird in unterschiedlichen *Mengeneinheiten* ME gemessen:

$$ME = kg,\ t,\ m^3,\ Paket,\ Palette,\ ISO\text{-}Container\ oder\ LE. \qquad (19.42)$$

Entfernung km von	bis	Sendungsgewicht bis 500	500 bis 1.000	1.000 bis 1.500	1.500 bis 2.000	2.000 bis 2.500	kg/Snd
	100	10,73	7,21	6,51	6,20	6,04	DM/100kg
100	200	15,23	11,71	11,01	10,70	10,54	DM/100kg
200	300	19,73	16,21	15,51	15,20	15,04	DM/100kg
300	400	24,23	20,71	20,01	19,70	19,54	DM/100kg
400	500	28,73	25,21	24,51	24,20	24,04	DM/100kg
500	600	33,23	29,71	29,01	28,70	28,54	DM/100kg
600	700	37,73	34,21	33,51	33,20	33,04	DM/100kg
700	800	42,23	38,71	38,01	37,70	37,54	DM/100kg
800	900	46,73	43,21	42,51	42,20	42,04	DM/100kg
900	1.000	51,23	47,71	47,01	46,70	46,54	DM/100kg

Tab. 19.5 100kg- Frachttarife für Palettenzustellung über einen Umschlagpunkt

Stückgutbeförderung von EURO-Paletten

Gesammtfrachtaufkommen	> 30Pal/Tag		> 12t/Tag
Sendungspreis	13,20 DM/Snd		13,20 DM/Snd
Mengenpreis	27,00 DM/Pal		6,75 DM/100kg
Entfernungspreis	0,18 DM/Pal-km		0,045 DM/100kg-km
	min	mittel	max
Palettengewicht	200	400	600kg/Pal

Die Mengeneinheit, die für eine Frachtkostenabrechnung zu wählen ist, hängt ab von der Frachtbeschaffenheit und von der Transport- und Umschlagtechnik, die in der Transportkette eingesetzt wird.

Die Frachtkosten hängen sehr wesentlich von der Kapazität der Transportmittel ab, die bei *volumenbestimmter Fracht* durch den *Laderaum* und bei *gewichtsbestimmter Fracht* durch die *Nutzlast* begrenzt wird. Daher wird die Sendungsgröße für volumenbestimmte Fracht in *Liter* oder *Kubikmeter* gemessen und für gewichtsbestimmte Fracht in *Kilogramm* oder *Tonnen* (s. *Abschnitt 12.5/I*).

Dementsprechend wird die Ladung in der *Möbelspedition* in Laderaummetern und bei der Beförderung von Gas in Kubikmetern gemessen. In der *Massengutbeförderung* von Flüssigkeiten und Feststoffen wird die Ladungsgröße in Tonnen und die Entfernungsleistung in Tonnen-Kilometer-Sätzen abgerechnet.

Servicegebiet	Zustellpreis Pakete bis 5 kg	Pakete 5 bis 15 kg	Pakete 15 bis 31 kg	
Nahgebiet	7,90	8,60	9,90	DM/Paket
Ferngebiete	9,30	10,10	11,90	DM/Paket

Tab. 19.6 Frachtkostensätze für die Paketzustellung
Einzelstücksendungen (1 Sendung = 1 Paket)
Frachtaufkommen bis 5.000 Pakete pro Tag
Preise = Kostensätze + 20% Gemeinkosten
Nahgebiet Umschlag über 1 Umschlagpunkt
Ferngebiet Umschlag über 2 Umschlagpunkte

In der *Stückgutspedition* sind entfernungsabhängige 100kg-Frachtkostensätze und Tabellenwerke üblich [199; 201]. Als Beispiel sind in den *Tabellen 19.4* und *19.5* die 100kg-Frachttarife für Paletten zusammengefaßt, die für die angegebenen Palettengewichte und Lieferketten aus den jeweiligen Mittelwerten der Tabellengrenzen mit Hilfe der Frachtformel (19.41) und den Frachtleistungspreisen aus *Tabelle 19.3* kalkuliert wurden.

Die 100kg-Sätze haben jedoch den Nachteil, daß sie die Größe und Beschaffenheit der Frachtstücke nicht direkt berücksichtigen, von denen die Kosten für das Be- und Entladen und das Handling in den Umschlagstationen abhängen. Wenn die Fracht aus einzelnen *Frachtstücken* mit definierter Größe oder aus diskreten *Ladeeinheiten*, wie Pakete, Behälter, Paletten oder Container, besteht, deren Abmessungen und Gewichte standardisiert sind, sollte daher die Sendungsgröße in den entsprechenden *Versandeinheiten* gemessen und die Frachtkosten mit Hilfe der Formel (19.40) abgerechnet werden. So ist bei den Paketdienstleistern eine Abrechung nach *Packstücken* verschiedener Gewichtsklassen üblich, wie sie die *Tabelle 19.6* zeigt [219]. Im Containerverkehr werden 20"- und 40"-ISO-Container abgerechnet.

Wenn sich die Sendungsstruktur für einen vereinbarten Abrechnungszeitraum nur wenig ändert, kann der Sendungspreis in den Mengenpreis einkalkuliert werden. Für feste Frachtrelationen zwischen definierten Gebieten mit hinreichend gleichbleibendem Frachtaufkommen kann auch mit einem durchschnittlichen Entfernungspreis gerechnet werden. Dieser wird dann, wie in der *Frachttabelle 19.6* für die Paketzustellung, mit dem Mengenpreis zu einem *Einheitstarif* pro Mengeneinheit zusammengefaßt.

Eine *Mischkalkulation* zur Vereinfachung der Frachttarife verwässert jedoch das Prinzip verursachungsgerechter Preise, denn durch die höheren Stückpreise für große Sendungen und für Sendungen über kurze Entfernungen werden die nicht auskömmlichen Stückpreise für kleine Sendungen und für Sendungen über große Entfernungen subventioniert (s. *Abschnitt 7.1/I*).

Bei einer Abrechnung nach Frachttabellen kommt zur Problematik der Mischkalkulation noch die *Rundungsproblematik* hinzu. Da sich die Tarifsätze an den Grenzwerten einer Tabelle sprunghaft ändern, kann sich der Frachtpreis für eine Sendung, deren Gewicht oder Entfernung nur minimal über einer Grenze liegt, erheblich vom Frachtpreis einer nahezu gleich großen Sendung mit Werten kurz unterhalb der Grenze unterscheiden. Hier helfen auch Glättungsregeln wenig. Einfacher und zugleich verursachungsgerecht ist daher die Frachtabrechnung mit Hilfe der Formel (19.40) unter Verwendung vereinbarter Leistungspreise (19.39).

Allgemein gilt für die Kostenabrechnung der *Grundsatz*:

- Die *Differenzierung der Transportpreise und Frachttarife* wird von der *Zielsetzung* und von der *Verfügbarkeit* der zur Abrechung benötigten *Daten* bestimmt.

In dem Maße, wie die Logistikdaten der Artikel und Sendungen in den Stammdateien der Warenwirtschaftssysteme vollständig erfaßt sind und zusammen mit den hinterlegten Entfernungen von Versand- und Empfangsorten von den Transportleitsystemen zur Sendungssteuerung genutzt werden, wird sich eine verursachungsgerechte Abrechnung der Transport- und Frachtleistungen mit den Leistungspreisen (19.37) und (19.39) durchsetzen.

19.16 Kombinierter Ladungsverkehr

Im kombinierten Ladungsverkehr, kurz *KLV* genannt, werden *Sattelauflieger* (SA) oder *Wechselbrücken* (WB) auf der Straße durch Lastzüge von den Versandorten zu einem *Umschlagterminal* der Bahn gefahren. Dort werden die Transportbehälter auf Waggons verladen und von einem Zug zu einem Zielumschlagterminal transportiert. Nach dem Entladen an der Zielstation werden die Sattelauflieger oder Wechselbrücken von Zugmaschinen abgeholt und auf der Straße zum Bestimmungsort gebracht [238; 239; 240].

Der KLV-Transport ist ein Beispiel für den *intermodalen Transport* mit einer *dreistufigen Standardtransportkette*, wie sie in den *Abb. 19.4* und *Abb. 19.17* dargestellt ist. Durch den KLV können Transporte von der Straße auf die Schiene umgeleitet und damit die Straßen entlastet werden. Voraussetzung ist jedoch, daß der KLV im Vergleich zum direkten Straßentransport für Versender und Spediteure *zeitlich* und *wirtschaftlich* attraktiv ist.

Durch geeignete Fahrplangestaltung ist heute eine effektive Reisegeschwindigkeit der Züge auf der Schiene von $v_{Zug} \approx 100$ km/h möglich, während die Lastzüge auf den Straßen eine mittlere Reisegeschwindigkeit von $v_{Lkw} \approx 60$ km/h erreichen. Die kürzere Fahrzeit auf der Schiene verlängert sich jedoch um die Fahrzeit für den Vor- und Nachlauf auf der Straße über eine mittlere Stationsentfernung d_{Stat} [km] und durch die Warte- und Verladezeit T_{Stat} [h] an den Umschlagstationen. Daher ist der KLV zeitlich erst für *Transportweglängen* l_{Trans} attraktiv, die größer sind als die *zeitkritische Entfernung*:

$$l_{Z\,krit} = 2 \cdot v_{Zug} \cdot (d_{Stat} + T_{Stat} \cdot v_{Lkw})/(v_{Zug} - v_{Lkw}) \quad [\text{km}]. \tag{19.43}$$

Der Grenzwert (19.43) hängt entscheidend von der Vor- und Nachlaufentfernung d_{Stat} und von der Warte- und Verladezeit T_{stat} ab.

Mit den genannten Richtwerten für die Reisegeschwindigkeiten auf Straße und Schiene resultiert beispielsweise bei einer mittleren Stationsentfernung $d_{Stat} = 30$ km und einer Stationsaufenthaltszeit $T_{stat} = 1$ h eine kritische Entfernung von 450 km, ab der ein KLV-Transport eine kürzere Fahrzeit bietet als der direkte Straßentransport. Bei einer größeren *Zuverlässigkeit* und *Pünktlichkeit* der Bahn im Vergleich zum Straßenverkehr kann der KLV-Transport auch für kürzere Transportentfernungen zeitlich interessant werden.

Um wirtschaftlich attraktiv zu sein, müssen die Transportkosten für den KLV-Transport günstiger sein als für den direkten Straßentransport. Die Straßentransportkosten sind für eine Direktfahrt durch Beziehung (18.57) mit dem Fahrweg $l_{FW} = l_{Trans}$ gegeben und für den Vor- und Nachlauf mit dem Fahrweg $l_{FW} = d_{Stat}$. Für einen Sattelaufliegerzug ergibt die Transportkostenrechnung auf Preisbasis 1998 bei 100 % Paarigkeit einen *Grundkostensatz* $k_{Str\,Gr} = 71{,}00$ DM/Transportfahrt und einen *Fahrwegkostensatz* $k_{Str\,Weg} = 1{,}70$ DM/SA-km.

Auch die Kosten für den Schienentransport in Abhängigkeit von der Transportentfernung $l_{FW} = l_{Trans}$ lassen sich mit der Beziehung (18.57) errechnen, wenn die entsprechenden Kostensätze (18.56) für den Bahntransport bekannt sind. Für ein konkretes Praxisbeispiel zur Untersuchung einer neuartigen Umschlagtechnik für Sattelauflieger wurden nach den in *Kapitel* 18 beschriebenen Verfahren unterschiedliche Schienennetze geplant und die KLV-Kostensätze für ein Belastungsszenario mit einer effektiven Zugauslastung von 75 % kalkuliert. Der *Grundkostensatz* für das Be- und Entladen und die Stationskosten beträgt für dieses KLV-System $k_{Zug\,Gr} = 107{,}00$ DM/Transportfahrt und der *Fahrwegkostensatz* $k_{Zug\,Weg} = 0{,}76$ DM/SA-km. Dabei wurden die Trassenkosten für die Nutzung des Schienennetzes durch einen Zug mit 39 Waggons mit 10,00 DM/Zug-km angesetzt.

Die Entfernungsabhängigkeit der Kosten für einen KLV-Transport über zwei Umschlagpunkte ist damit gegeben durch:

$$k_{KLV} = 2\cdot(k_{Str\,Gr} + d_{Stat}\cdot k_{Str\,Weg}) + k_{Zug\,Gr} + l_{Trans}\cdot k_{Zug\,Weg} \quad [\mathrm{DM/SA}]. \qquad (19.44)$$

In *Abb.19.33* ist die hiermit errechnete Abhängigkeit der Transportkosten für den KLV im Vergleich zum direkten Straßentransport dargestellt. Ohne die Kosten für den Vor- und Nachlauf auf der Straße ist der KLV-Transport bereits für Transportentfernungen ab 100 km wirtschaftlich. Durch den Vor- und Nachlauf auf der Straße verteuert sich jedoch der KLV-Transport bei einer mittleren Stationsentfernung von 30 km um ca. 244 DM pro SA-Transport. Infolgedessen verschiebt sich in dem betrachteten Fallbeispiel die wirtschaftliche Einsatzgrenze für den KLV-Transport wie in *Abb. 19.33* dargestellt auf ca. 300 km.

Die Modellrechnungen zeigen, daß die wirtschaftliche Einsatzgrenze für den KLV-Transport sehr empfindlich von einer Reihe von Einflußfaktoren abhängt, vor allem vom *Trassenpreis*, von der *Zugkapazität*, von der *Auslastung* und von den Betriebskosten der *Umladetechnik* und der Stationen. Die Auswirkungen der unterschiedlichen Einflußfaktoren auf die Laufzeiten und die Transportkosten lassen sich mit den hier entwickelten Auslegungs- und Kalkulationsverfahren untersuchen und quantifizieren.

Kritisch für den Erfolg des KLV-Transports im Wettbewerb mit dem Straßentransport sind außer den genannten Einflußfaktoren die *Gemeinkostenzuschläge* und *Gewinnerwartungen*, mit der die Beteiligten an der Transportkette ihre *Leistungspreise* kalkulieren. Solange die Bahn mit Zuschlagssätzen kalkuliert, die weitaus höher sind, als die Gemeinkostensätze und Gewinnzuschläge der Speditionen für den Straßenverkehr, verschiebt sich die kritische Kostengrenze für den KLV-Transport zu größeren Entfernungen in den Bereich über 500 km. Oberhalb dieser Grenze aber ist das Ladungsaufkommen für einen wirtschaftlichen KLV-Netzbetrieb in den meisten Relationen zu gering.

Analog wie für das hier betrachtete Beispiel des KLV-Transports über *Straße-Schiene-Straße* lassen sich nach dem beschriebenen Verfahren auch die Kosten für andere intermodale Transportketten, wie *Straße-Schiff-Straße* oder *Straße-Luft-Straße*, kalkulieren und die jeweils optimale Transportkette auswählen.

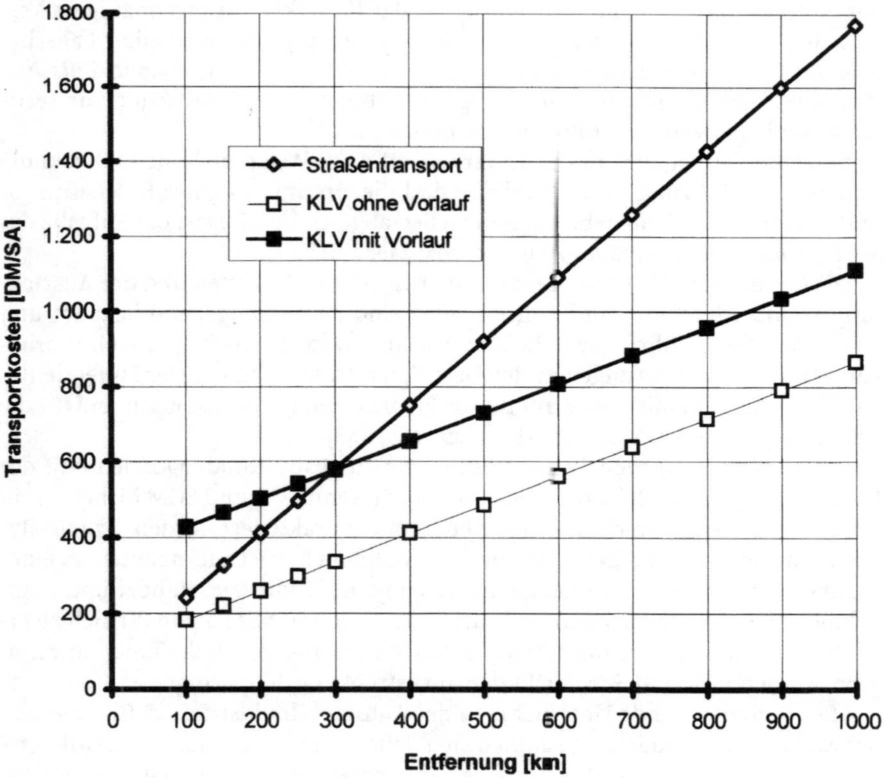

Abb. 19.33 Vergleich der Transportkosten des KLV-Transports und des Straßendirekttransports von Sattelaufliegern

Kostensätze	Straße	Schiene	
Grundkosten	71,00	106,70	DM/SA-Fahrt
Fahrwegkosten	1,70	0,76	DM/SA-km

Stationsentfernung: 30 km im Zulauf und Nachlauf

19.17 Kundenausrichtung der Lieferketten (ECR und SCM)

Efficient Consumer Response (ECR) und *Supply Chain Management* (SCM) bedeuten Ausrichtung aller Aktivitäten und Prozesse entlang den Lieferketten auf den Kunden [23; 47; 48; 95; 97; 98; 194; 202; 236; 241; 243; 246].

Die Aktivitäten beginnen mit dem Informations- und Datenaustausch. Die Verkaufsstellen informieren die Lieferstellen *unverzüglich* – am einfachsten durch *elektronischen Datenaustausch* (EDI) – über die aktuellen Absatzdaten und die Höhe der Verkaufsbestände. Verkaufsplanung und Marketing der Lieferstellen informieren die Abnehmer rechtzeitig über neue Produkte, geplante Aktionen, Produktionsänderungen und die verfügbaren Lagerbestände.

Aus den aktuellen Informationen über den Absatz aller Verkaufsstellen können die Lieferanten nach den in *Kapitel 9/I* dargestellten Verfahren mit relativ hoher Verläßlichkeit den zukünftigen Bedarf der Produkte mit regelmäßigem Verbrauch prognostizieren. Aus der Absatzprognose und den aktuellen Lagerbeständen lassen sich nach den in *Kapitel 10/I* und *11/I* beschriebenen *Entscheidungskriterien* und *Dispositionsstrategien* Aufträge an die Produktion zur Fertigung von Lagerware und Kundenware herleiten.

In letzter Konsequenz des ECR werden auf diese Weise auch die Entwicklung und Markteinführung neuer Produkte und die Optimierung der Beschaffungs- und Lieferketten mit allen beteiligten Stellen abgestimmt. Das ist die Aufgabe des *Supply Chain Management* [95; 96; 97, 202; 236; 241; 244].

Die Chancen und Vorteile der Optimierung der Lieferketten und der Ausrichtung auf die Abnehmer und Konsumenten sind heute weitgehend bekannt und unstrittig. Die Einführung von ECR und SCM erfordert jedoch erhebliche Vorleistungen und Veränderungen in den beteiligten Unternehmen. Der laufende Betrieb ist außerdem mit Kosten für den elektronischen Datenaustausch und für die Abstimmung der Aktivitäten verbunden [247; 248].

Innerhalb des eigenen Logistiknetzwerks stellt die Kundenausrichtung der Lieferketten prinzipiell kein Problem dar, auch wenn ECR und SCM bisher nur in wenigen Unternehmen realisiert und konsequent praktiziert werden. Grundsätzliche Schwierigkeiten ergeben sich jedoch, wenn mehrere Unternehmen an einer Lieferkette beteiligt sind. Solange die Beteiligten – Industrie, Handel und Logistikdienstleister – versuchen, den Nutzen von ECR und SCM allein für sich zu erreichen und die Vorleistungen und Kosten auf die anderen Teilnehmer zu verlagern, werden ECR und SCM nicht den angestrebten Erfolg bringen.

Marktbeherrschende Unternehmen der Automobilindustrie, der Chemie und der Konsumgüterindustrie bemühen sich daher, die Grenzen ihres Logistiknetzwerks auf der Zulieferseite wie auf der Abnehmerseite immer weiter auszudehnen, um sich als *Systemführer* die Vorteile von ECR und SCM zu sichern. Seit einiger Zeit besteht auch die Tendenz, daß große Handelsunternehmen ihre Beschaffungslogistik stärker beeinflussen oder vollständig in eigene Regie nehmen [23; 47; 192; 197; 234; 236; 241; 243; 245; 246; 247; 248]. Andere Unternehmen versuchen, durch vertikale und horizontale Kooperation ihre Lieferketten zu optimieren und die Kundenausrichtung der Prozesse zu erreichen.

Unabhängig davon, wer *Prozeßführer* der Lieferketten ist, optimale Lieferketten, SCM und ECR sind nur möglich durch Kooperation aller Beteiligten. Eine offene und vertrauensvolle Kooperation läßt sich weder erzwingen noch staatlich verordnen. Auch Apelle wirken nicht kurzfristig. Die Einsicht in die Notwendigkeit zur Kooperation in den Lieferketten kann sich nur im freien Spiel der Marktkräfte aus dem Eigeninteresse der Beteiligten entwickeln.

So werden mit der anhaltenden Konzentration des Handels sowie mit den Zusammenschlüssen und Allianzen von Speditionen, Reedereien, Fluggesellschaften und anderen Logistikdienstleistern größere Transportaufkommen, die Zusammenlegung von Beständen und ein Überschreiten der kritischen Masse für rationelle Logistikbetriebe angestrebt. Ziel der großen Unternehmen und Allianzen ist eine Beherrschung der Beschaffungs-, Beförderungs- und Lieferketten, um diese weiter zu rationalisieren und zu optimieren [23; 35; 248].

	Ladungen Ganzlad.	Ladungen Teillad.	Stückgut 1 UP CD	Stückgut 2 UP CD	Pakete 1 UP	Pakete 2 UP	Einheit
LIEFERSTELLEN	Anzahl	1	**Logistikzentrum**		100	km vom GS	
Lieferfrequenz	1	1	1	1	1	1	pro BT
Versandeinheit	Karton	Karton	Karton	Karton	Karton	Karton	VPE
Volumen	12,0	12,0	12,0	12,0	12,0	12,0	l/VPE
Gewicht	10,0	10,0	10,0	10,0	10,0	10,0	kg/VPE
VPE-Durchsatz	30.000	30.000	30.000	30.000	30.000	30.000	VPE/BT
Jahrestonnage	74.700	74.700	74.700	74.700	74.700	74.700	t/Jahr
Ladeeinheit	CCG1	CCG1	CCG1	CCG1	CCG1	CCG1	LE
Kapazität	49	49	49	49	49	49	VPE/LE
LE-Durchsatz	618	632	804	804	618	608	LE/BT
Sendungen	20	50	400	400	10.000	10.000	Snd/BT
VPE	1.500	600	75	75	3	3	VPE/Snd
Ladeeinheiten	30,9	12,6	2,0	2,0	0,1	0,1	LE/Snd
Gewicht	14.940	5.976	747	747	30	30	kg/Snd
VORLAUF	**ohne**	**ohne**	**ohne**	**LS - UPl**	**ohne**	**LS - UPl**	
Aufkommen				eigen		eigen	
Mittlerer Fahrweg				50		50	km/Fahrt
Transporteinheit				Sattelzug		Sattelzug	
Kapazität				34		34	LE/TE
effektiv				33,5		34,0	LE/TE
Transportaufkommen				24,5		18,4	TE/BT
Transportkostensätze							
Fahrt				81,00		81,00	DM/Fahrt
Weg				2,10		2,10	DM/TE-km
Stop				30,00		30,00	DM/Stop
Vorlaufkosten	**0**	**0**	**0**	**4.554**	**0**	**3.419**	**DM/BT**
UMSCHLAG I	**ohne**	**ohne**	**ohne**	**1**	**ohne**	**1**	**UPl**
Umschlagkostensätze							
Sendung				3,00		0,50	DM/Snd
VPE						0,40	DM/VPE
Ladeeinheit				6,00			DM/Pal
Umschlagkosten	**0**	**0**	**0**	**6.024**	**0**	**17.000**	**DM/BT**
Servicefläche	357.000	km²	Betrieb	250	BT/Jahr	Umwegfkt.	1,2

Tabelle 19.7 (*Blatt 1*) AOT-Programm zur Auswahl optimaler Transportketten
Eingabefelder sind unterstrichen, übrige Felder enthalten Ergebnisse

HAUPTLAUF	**LS - ES**	**LS - ES**	**LS - UPII**	**UPI - UPII**	**LS - UPII**	**UPI - UPII**	
Aufkommen	eigen	eigen	eigen	eig.+fremd	eigen	eig.+fremd	
Mittlerer Fahrweg	292	314	232	232	232	232	km/Fahrt
Transporteinheit	Sattelzug		Sattelzug		Sattelzug		
Kapazität	34	34	34	34	34	34	LE/TE
Sendungsteilung		1	2	2	2	2	TE/Snd
effektiv		28,2	33,7	33,7	34,0	34,0	LE/TE
Transportaufkommen	20,0	22,9	24,3	23,8	20,0	17,9	TE/BT
Transportkostensätze							
Fahrt	81,00	81,00	81,00	81,00	81,00	81,00	DM/Fahrt
Weg	2,10	2,10	2,10	2,10	2,10	2,10	DM/TE-km
Stop	30,00	30,00	30,00	30,00	30,00	30,00	DM/Stop
Hauptlaufkosten	**13.881**	**17.799**	**13.792**	**13.517**	**11.348**	**10.154**	**DM/BT**
UMSCHLAG II	**ohne**	**ohne**	**20**	**20**	**20**	**20**	**UPII**
Umschlagkostensätze							
Sendung			3,00	3,00	0,50	0,50	DM/Snd
VPE			0,20	0,20	0,40	0,40	DM/VPE
Ladeeinheit			6,00	6,00			DM/Pal
Umschlagkosten	**0**	**0**	**6.024**	**6.024**	**17.000**	**17.000**	**DM/BT**
NACHLAUF	**ohne**	**ohne**	**UPII - ES**	**UPII - ES**	**UPII - ES**	**UPII - ES**	
Aufkommen			eig.+fremd	eig.+fremd	eig.+fremd	eig.+fremd	
Mittlerer Fahrweg			121	121	121	121	km/Tour
Transporteinheit			Lastwagen		Transporter		
Kapazität			12	12	233	233	LE/TE
Füllungsgrad			80%	80%	70%	70%	
Transportaufkommen			92,9	92,9	193,9	193,9	TE/BT
Transportkostensätze							
Fahrt			37,00	37,00	19,00	19,00	DM/Fahrt
Weg			1,85	1,85	1,30	1,30	DM/TE-km
Stop			9,30	9,30	4,75	4,75	DM/Stop
Nachlaufkosten	**0**	**0**	**27.887**	**27.887**	**81.584**	**81.584**	**DM/BT**
EMPFANGSSTELLEN	**Großabnehmer**		**Standardkunden**		**Kleinkunden**		**ES**
Anzahl	200	400	10.000	10.000	50.000	50.000	pro Jahr
Empfänger	20	50	400	400	10.000	10.000	pro BT
GESAMTKOSTEN	**13.881**	**17.799**	**47.703**	**58.005**	**109.932**	**129.157**	**DM/BT**
pro VPE	**0,46**	**0,59**	**1,59**	**1,93**	**3,66**	**4,31**	**DM/VPE**
pro LE	**22,47**	**28,14**	**59,34**	**72,15**			**DM/LE**
pro 100 kg	4,65	5,96	15,96	19,41	36,79	43,23	DM/100 kg

Tabelle 19.7 (*Blatt 2*) AOT-Programm

20 Einsatz von Logistikdienstleistern

Jedes Unternehmen steht vor der Frage, welche Leistungen und Produkte es selbst erzeugen soll und welche besser fremd zu beschaffen sind. Das gilt auch für die Logistikleistungen. Die Entscheidung über Eigenleistung oder Fremdleistung – *Make or Buy* – hängt von den *Unternehmenszielen*, dem *Leistungsbedarf* und dem *Dienstleistungsangebot* ab[28].

Lange Zeit waren die Unternehmen bestrebt, möglichst viel selbst zu machen. Werksfuhrparks führten die Transporte durch. Lager wurden in eigener Regie errichtet und betrieben. Konzernspeditionen organisierten die Frachten. Unternehmen, die entgegen dem allgemeinen Trend die Transport-, Fracht- und Lagerleistungen von Logistikdienstleistern ausführen ließen, konnten dagegen ihre Kräfte und Ressourcen auf ihre *Kerngeschäftsfelder* konzentrieren und waren damit häufig erfolgreicher als Unternehmen mit hohem Eigenleistungsanteil.

Inzwischen hat sich der Trend umgekehrt. Die Unternehmen vergeben einen zunehmenden Teil der Logistikleistungen bis hin zum innerbetrieblichen Transport einschließlich Bereitstellung am Montageband an Logistikdienstleister. Manche Unternehmen gehen soweit, ihre gesamte Beschaffungs- oder Distributionslogistik an einen *Systemdienstleister* zu vergeben [37].

In einigen Fällen hat die vollständige Fremdvergabe in eine Hand jedoch zum Verlust der eigenen Logistikkompetenz, zur Abhängigkeit vom Dienstleister und zur Enttäuschung der Erwartungen geführt [204]. Das „Rundum-Sorglos-Paket", das einige Systemdienstleister anpreisen, ist nicht zum Nulltarif zu haben. Aufbau und Management eines kundenspezifischen Logistiksystems haben ihren Preis. Die maßgeschneiderte Systemdienstleistung ist daher nicht selten teurer als die Summe der kostenoptimal beschafften Einzelleistungen. Eine Fremdvergabe der gesamten Beschaffungs- oder Distributionslogistik an einen Dienstleister ist daher nur unter bestimmten Voraussetzungen für den Auftraggeber von Vorteil.

Voraussetzung für den erfolgreichen Einsatz von Logistikdienstleistern ist ein sorgfältiges Vorgehen in folgenden *Schritten*:

1. Gesamtkonzeption der *Unternehmenslogistik*,
2. Abgrenzung und Quantifizierung des *Leistungsbedarfs*,
3. Entwicklung und Verabschiedung der *Vergabepolitik*,
4. Durchführung der *Ausschreibung*,
5. *Leistungskontrolle* und *Leistungsvergütung*.

Wenn die Logistikdienstleister auf diese Weise sorgfältig ausgewählt und optimal eingesetzt werden, sind durch Fremdvergabe erhebliche Verbesserungen von Leistungen und Service erreichbar und zugleich Kostensenkungen um 20 % und mehr möglich [37; 204].

In diesem Kapitel werden die Verfahren und Inhalte der Arbeitsschritte zum Einsatz von Logistikdienstleistern dargestellt, die Merkmale und Einsatzkriterien für Einzel-, Verbund- und Systemdienstleister entwickelt sowie die Chancen und Risiken der Fremdvergabe von Systemleistungen aufgezeigt.

20.1 Konzeption der Unternehmenslogistik

Vor der Entscheidung über die Fremdvergabe von Logistikleistungen sollte ein schlüssiges und zukunftsweisendes Gesamtkonzept der *Unternehmenslogistik* vorliegen. Wenn die eigenen Kräfte und Kenntnisse im Unternehmen hierfür nicht ausreichen, kann eine *Unternehmensberatung* mit fundierter Logistikkompetenz mit der Konzeption der Unternehmenslogistik beauftragt werden.

Die Entwicklung eines Logistikkonzepts sollte nicht einem Logistikdienstleister übertragen werden und auch nicht im Zuge einer Ausschreibung erfolgen. Dienstleister haben eigene Interessen, die teilweise mit den Zielen des Auftraggebers konkurrieren, und neigen im Konfliktfall zur *Selbsoptimierung*.

Aus der Konzeption der Unternehmenslogistik resultieren:

- Grenzen, Struktur und Stationen des eigenen Logistiknetzwerks;
- Vorgaben für das Netzwerkmanagement und die Systemführung;
- Benchmarks für die Transport- und Frachtkosten;
- Benchmarks für die Kosten und Preise innerbetrieblicher Logistikleistungen;
- Benchmarks für Investition und Betriebskosten unternehmensspezifischer Logistikzentren.

Außerdem leiten sich aus dem Gesamtkonzept der Unternehmenslogistik die benötigten *Leistungsumfänge* und *Leistungsmengen* ab.

1. Vorplanung als Benchmark
Wenn für die Realisierung des Logistikkonzepts der *Neubau* eines Logistikzentrums oder eines anderen Logistikbetriebs erforderlich ist, sollte vor der Ausschreibung eine *neutrale Vorplanung* durchgeführt werden.

Ergebnisse der *Systemfindung und Layoutplanung* sind Budgetwerte für die zu erwartende *Investition* des Baus und *Richtkosten* für den Betrieb des Logistikzentrums. Hieraus ergeben sich *analytische Benchmarks* für die *Leistungspreise* zur Beurteilung der Angebote.

2. Prüfung der Kooperationsmöglichkeiten
Im Zuge der Konzeptentwicklung ist auch zu prüfen, ob und wieweit durch *interne Kooperation* mit anderen Konzerngesellschaften oder durch *externe Kooperation* mit benachbarten Unternehmen, die einen ähnlichen Leistungsbedarf ha-

ben, Bündelungseffekte und andere Einkaufsvorteile bei der Leistungsbeschaffung erreichbar sind.

So können durch eine gemeinsame Ausschreibung und Vergabe eines größeren Fracht- und Transportaufkommens günstigere Preise erzielt werden als bei getrennter Vergabe, wenn das gemeinsame Aufkommen einen Kostendgressioneseffekt erwarten läßt. *Abb. 20.1* zeigt beispielsweise die Mengendegression der Transportpreise für Ladungstransporte. Mehrere Koperationspartner, die zusammen ein Transportaufkommen von mehr als 60.000 t pro Jahr haben, können hiernach je nach Verteilung ihres Aufkommens Einsparungen in einer Größenordnung von 10 % und darüber erreichen.

20.2 Leistungsbedarf

Entscheidend für den Erfolg der Ausschreibung und Vergabe von Logistikleistungen sind die *Abgrenzung* und *Spezifikation* der *Leistungsumfänge*, die Kenntnis der benötigten *Leistungsmengen*, eine unstrittige, verursachungsgerechte *Vergütung* und die Vorgabe der *Rahmenbedingungen*, unter denen die Leistungen zu erbringen sind. Eine klare Abgrenzung und detaillierte Spezifikation des logistischen *Leistungsbedarfs* des Unternehmens sind sowohl für die Entscheidung zur Fremdver-

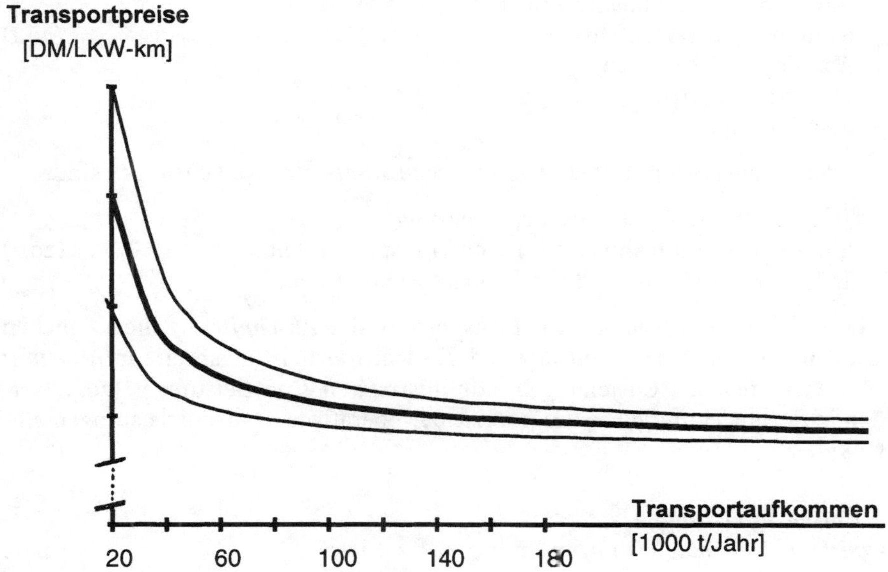

Abb. 20.1 Degression der Transportpreise für Ladungstransporte mit dem Transportaufkommen

LKW: Zugmaschine mit 1 Sattelauflieger oder 2 Wechselbrücken
Quelle: Auswertung von Transportausschreibungen aus den Jahren 1996 bis 1998 und Modellrechnungen [250]

gabe an Einzel-, Verbund- oder Systemdienstleister erforderlich wie auch für die Eigenleistung durch Unternehmensbereiche, die als *Profitcenter* arbeiten.

Entsprechend den unterschiedlichen Verfahren, Techniken und Betriebsmitteln sind die *Logistikleistungen* voneinander abzugrenzen in logistische *Einzelleistungen* des Transports, Umschlags und Lagerns, damit verbundene *Zusatzleistungen*, die benötigten *administrativen Leistungen* und in nichtlogistische *Sonderleistungen*. Die maßgebenden *Leistungseinheiten*, die relevanten *Rahmenbedingungen* und die *Leistungspreise* der Transport-, Umschlag- und Lagerleistungen wurden bereits in den vorangehenden Kapiteln definiert und beschrieben.

Durch Zusammenfassung von Einzelleistungen, Zusatzleistungen und administrativen Leistungen enstehen verkettete *Leistungsumfänge*, die eine Prozeßkette von Einzelleistungen umfassen, und aus diesen vernetzte *Systemleistungen*, die eine Vielzahl von Leistungsumfängen enthalten. Die verketteten Leistungsumfänge und vernetzten Systemleistungen sind nach den Einzelleistungen zu bemessen und abzurechnen, die in ihnen erzeugt werden Die administrativen Zusatzleistungen können entweder gesondert abgerechnet oder – wie die Gemeinkosten und der Gewinn – anteilig den operativen Leistungen zugerechnet werden.

1. Transportleistungen
Operative *Transportleistungen* sind:

innerbetriebliche Transporte
Ganz- und Teilladungstransporte
Sammel- und Verteilfahrten (20.1)
Abholen und Zustellen
Linientransporte
Relationsfahrten.

Mit dem Transport unmittelbar verbundene *administrative Leistungen* sind:

Tourenplanung und Fahrwegoptimierung
Einsatzdisposition von Fahrern und Transportmitteln (20.2)
Transportverfolgung und Sendungsinformation.

Die Leistungsanforderungen für Transporte sind in *Abschnitt 18.2*, die möglichen Transportmittel in *Abschnitt 18.7* und die Transportleistungspreise in *Abschnitt 18.12* dargestellt. Die Kosten für die administrativen Zusatzleistungen (20.2) werden in der Regel in die Leistungspreise der operativen Transportleistungen einkalkuliert.

2. Umschlagleistungen
Operative *Umschlagleistungen* sind:

Be- und Verladen
Umladen
Auflösen und Bilden von Ladeeinheiten (20.3)
Sortieren
Aus- und Entladen

Mit den Umschlagleistungen können folgende *administrative Leistungen* verbunden sein:

Pack- und Stauoptimierung
Disposition von Lade- und Transporthilfsmitteln (20.4)
Aufbau und Führung eines Umschlagbetriebs.

Die Umschlagleistungen (20.3) einschließlich der administrativen Zusatzleistungen (20.4) sind in der Regel Teilleistungen einer längeren Liefer- oder Frachtkette. Die Umschlagkosten werden daher – wie in *Abschnitt 19.13* und *19.14* beschrieben – meist in die *Frachtkostensätze* eingerechnet. Unter Umständen kann aber auch eine gesonderte Abrechnung der Umschlagkosten sinnvoll sein.

3. Lagerleistungen

Operative *Lagerleistungen* sind:

Ein- und Auslagern
Puffern und Lagern (20.5)
Kommissionieren
Auftragszusammenführung.

Mit dem Lagern und Kommissionieren unmittelbar verbundene *Zusatzleistungen* sind:

Ent- und Beladen
Qualitätsprüfung
Verpacken und Etikettieren (20.6)
Aufbau von Ladeeinheiten
Verdichten von Ladungen.

Das Lagern und Komissionieren mit den operativen Zusatzleistungen (20.6) finden in einem *Lagerbau* oder *Logistikbetrieb* statt und erfordern entsprechende Betriebseinrichtungen. Mit den Lagerleistungen sind in der Regel folgende *administrative Leistungen* verbunden:

Aufbau und Führung des Lagerbetriebs
Lagerplatzverwaltung (20.7)
Bestandsführung
Auftragsbearbeitung.

Die Leistungsanforderungen an ein Lager- und Kommissioniersystem sind in den *Abschnitten 16.1* und *17.1*, die Kalkulation der Betriebskosten und Leistungspreise in den *Abschnitten 16.13, 16.14* und *17.14* beschrieben.

4. Sonderleistungen

Mit den spezifisch logistischen Dienstleistungen lassen sich unterschiedliche nichtlogistische Leistungen verbinden. Beispiele für derartige Sonderleistungen, die parallel zu den Logistikprozessen und vielfach am gleichen Standort ausgeführt werden, sind:

Abfüllen
Konfektionieren
Displayherstellung
Verzollungen
Leergutdienste (20.8)
Inkasso
Reparaturdienste
Montagearbeiten.

Je höher der Anteil der nichtlogistischen Leistungen ist, desto mehr wird das Logistiksystem zu einem allgemeinen *Leistungssystem*, das mit anderen Leistungssystemen der Produktion und des Handels konkurriert.

5. Verkettete Leistungsumfänge
Beispiele für *verkettete Leistungsumfänge* sind:

- *Erzeugen versandfertiger Aufträge*: Hierzu sind die Teilleistungen Einlagern, Lagern, Auftragsbearbeitung, Auslagern, Kommissionieren, Verpacken und Versandbereitstellung durchzuführen.
- *Fracht-, Speditions- und Beförderungsleistungen*: Diese werden durch Verkettung von Transport- und Umschlagleistungen erzeugt.
- *Bereitstellen von Teilen und Modulen am Verbauort* oder von *Waren am Verkaufsort*: Das umfaßt die Einzelleistungen Lagern, Kommissionieren, Beladen, Transport, Abladen, Zwischenpuffern und Zuführung.

Das Verketten der Einzelleistungen zu Leistungsumfängen erfordert zusätzlich folgende *Prozeßleistungen*:

Aufbau und Organisation der Leistungsketten
Auftragsannahme und Auftragsabwicklung (20.9)
Sendungsverfolgung und Sendungsrückmeldung.

Die Leistungsanforderungen und Randbedingungen für einen verketteten Leistungsumfang ergeben sich aus den enthaltenen Einzelleistungen. Die Leistungskosten und Leistungspreise für logistische Leistungsumfänge einschließlich der dafür erforderlichen Zusatzleistungen (20.9) lassen sich nach den in *Kapitel 6/I* und 7 entwickelten Verfahren kalkulieren. Für ausgewählte Liefer- und Frachtleistungen sind die Anforderungen, Kosten und Preise in den *Abschnitten 19.2, 19.13* und *19.14* dargestellt.

6. Systemleistungen
Beispiele für vernetzte *Systemleistungen* sind:

- Betrieb eines *Frachtsystems*, das aus einem Netzwerk von gleichen oder unterschiedlichen Transportsystemen besteht, die durch flächenverteilte Umschlagpunkte miteinander verknüpft sind.
- Betrieb eines *Logistikzentrums*, in dem unterschiedliche Lager-, Kommissionier- und Umschlagleistungen erbracht werden.

- Betrieb eines *Beschaffungs-*, *Bereitstellungs- oder Distributionssystems*, das mehrere miteinander vernetzte Transport-, Umschlag- und Lagerketten umfaßt.

Voraussetzungen für vernetzte Systemleistungen sind entsprechende Logistikstationen und Logistiknetzwerke.

Darüber hinaus sind folgende administrative *Systemleistungen* erforderlich:

Aufbau und Organisation des Logistiknetzwerks
Netzwerkmanagement
Aufbau und Organisation der Logistikstationen (20.10)
Betriebsführung
Systemführung.

Die Leistungen eines Logistiksystems sind komplette *Leistungsumfänge*, die in dem System erzeugt werden. Die Leistungsanforderungen und Leistungspreise ergeben sich nach den in *Kapitel 6/I* und *7/I* dargestellten Verfahren der Logistikkostenrechnung und Leistungsvergütung aus den Einzelleistungen der Leistungsumfänge

Die Kosten für die administrativen Systemleistungen (20.10), die eine Größenordnung von 5 bis 10 % der operativen Leistungskosten haben, werden entweder anteilig den Leistungspreisen für die Leistungsumfänge zugerechnet oder als *Systemleistungskosten* gesondert in Rechnung gestellt.

20.3 Logistikdienstleister

Nach den in *Tabelle 20.1* aufgeführten *Eigenschaften* und *Merkmalen* lassen sich die Logistikdienstleister einteilen in

Einzeldienstleister
Verbunddienstleister (20.11)
Systemdienstleister.

Viele der am Markt tätigen Logistikdienstleister sind als Einzel-, Verbund- oder Systemdienstleister spezialisiert auf bestimmte *Güter*, wie

Wertgut	Frischwaren	Gase	Druckerzeugnisse	
Gefahrgut	Kühlwaren	Flüssigkeiten	Briefe	(20.12)
Möbel	Getränke	Baustoffe	Werbemittel	
Schwerlasten	Lebensmittel	Abfallstoffe	Tonträger.	

Andere Logistikdienstleister konzentrieren ihre Leistungen auf bestimmte *Frachtarten*, wie

Stückgut	Container	(20.13)
Massengut	Pakete,	

oder auf spezielle *Branchen*, wie die

Merkmale	Einzel-dienstleister	Verbund-dienstleister	System-dienstleister
Leistungsumfang	**Einzelleistungen** Transport, Umschlag Lagern, Spezialleist.	**Verbundleistungen** Speditions- und Frachtketten	**Systemleistungen** Betrieb von Lager-, Bereitst. und Distr.Syst.
Ressourcen Know-how	**Transportmittel** **Logistikbetriebe** Technisches Spezialwissen	**Transportnetzwerke** **Umschlagterminals** Technik, DV, I+K Organisation	**Logistiknetzwerke** **Logistikzentren** Logistik, DV, I+K, Planung Projektmanagement
Ausrichtung	**fachspezifisch** Güter Regionen, Relationen regional und national	**leistungsspezifisch** Frachtarten Netzwerke national und global	**kundenspezifisch** Branchen und Kunden Standorte, Funktionen lokal, national, global
Kundenkreis	klein, temporär wechselnd	groß, anonym veränderlich	wenige Großkunden gleichbleibend
Auschreibung und Vertrag	Anfrage Auftrag Auftragsbestätigung	Anfrage/Auschreibung Auftrag Rahmenvereinbarung	Ausschreibung Absichtserklärung (LOI) Dienstleistungsvertrag
Bindung Vertragslaufzeit	**kurz** unterschiedlich	**mittel** bis 1 Jahr	**lang** 3 bis 10 Jahre

Tab. 20.1 Eigenschaften und Merkmale von Logistikdienstleistern

Automobilindustrie	Stahlindustrie	
Chemische Industrie	Bauindustrie	(20.14)
Getränkeindustrie	Grundstoffindustrie	
Konsumgüterindustrie	Handelsunternehmen.	

Personenverkehrsunternehmen spezialisieren sich auf ausgewählte *Personengruppen*, wie Urlaubsreisende, Berufstätige, Geschäftsreisende oder Kranke und auf bestimmte Nahverkehrsregionen oder Fernverkehrsrelationen.

Der *Aktionsradius* eines Logistikdienstleisters kann sehr unterschiedlich sein. So gibt es lokale, regionale, nationale und internationale Logistikdienstleister, die als Einzeldienstleister, Verbunddienstleister oder Systemdienstleister in den unterschiedlichsten Spezialisierungformen (20.11) bis (20.14) tätig sind.

Viele Logistikdienstleister treten am Markt in mehrfacher Funktion auf und bieten unterschiedliche Einzel-, Verbund- oder Systemdienstleistungen an. Die großen Logistikkonzerne versuchen auf diese Weise, ihre Ressourcen maximal auszulasten, große Bündelungseffekte zu erreichen und zusätzliche Synergien zu erzielen. Daraus ergibt sich die Chance zu weiteren *Kostenreduzierungen*, aber auch die Versuchung der *Selbstoptimierung* zu Lasten der Kunden.

1. Einzeldienstleister

Die Einzeldienstleister der Logistik beschränken sich auf die Durchführung abgegrenzter Transport-, Umschlag- oder Lagerleistungsumfänge. Sie sind häufig auf bestimmte Güter, Frachtarten und Branchen spezialisiert und in begrenzten Gebieten oder festen Relationen tätig.

Beispiele für Einzeldienstleister der Logistik sind:

- *Transportdienstleister*: Fuhrunternehmen, Abhol- und Zustelldienste, Taxibetriebe, Unfallnotdienste, Umzugsunternehmen, Wertgutransporteure, Binnenschiffer, Reedereien, Luftfahrtgesellschaften;
- *Umschlagdienstleister*: Hafenbetriebe, Umschlagbetriebe, Stauereien, Umschlagterminals, Bahnhöfe, Flughafenbetriebe;
- *Lagerdienstleister*: Lagerhausgesellschaften, Betreiber von Tank- und Silolagern, Lagereibetriebe für Stückgut, Paletten oder Möbel, Kühlhausbetreiber, Parkplatzbetreiber, Parkhäuser, Stapelhäuser, Deponien.

Hinzu kommen die mit der Logistik unmittelbar oder mittelbar zusammenarbeitenden

- *Sonderdienstleister*: Abfüllbetriebe, Verpackungsunternehmen, Konfektionäre, Leergutdienste, Reparaturbetriebe, Verzollungsbetriebe, DV- und I&K-Dienstleister.

Für die Transport- und Beförderungsleistungen verfügen die Transportdienstleister über eigene Transportmittel. Die Lager- und Kommissionierleistungen und andere innerbetriebliche Logistikleistungen werden meist in eigenen Logistikbetrieben ausgeführt.

Spezialisierte Einzeldienstleister arbeiten in der Regel auf der Grundlage einer längerfristigen Vereinbarung für feste Kunden oder als *Subkontraktor* für größere Verbund- und Systemdienstleister. Weniger spezialisierte Einzeldienstleister sind auf der Basis kurzfristig erteilter Aufträge für wechselnde Auftraggeber tätig.

In Zukunft können die Transportdienstleister ihre Aufträge auch von einer *Frachtenbörse* über das *Internet* erhalten. Sie gewinnen dadurch eine größere Unabhängigkeit von den marktbeherrschenden Verbund- und Systemdienstleistern. In den USA ist diese Möglichkeit bereits Realität [203]. In Europa müssen hierfür erst noch die rechtlichen und technischen Rahmenbedingungen geschaffen werden.

2. Verbunddienstleister
Ein Verbunddienstleister integriert mehrere logistische Einzelleistungen zu größeren Leistungsumfängen. Er betreibt hierfür mit eigenen und fremden Ressourcen Umschlag- und Logistikzentren und ein Transport-, Speditions- oder Logistiknetzwerk, das auf den Bedarf eines *anonymen Kundenkreises* ausgerichtet ist.

Beispiele für Verbunddienstleister (*integrator*) sind:

Paketdienste und Paketpost
Expressdienste
Frachtdienstleister
Containerdienste
Briefpost (20.15)
Speditionen
Eisenbahngesellschaften
Fluggesellschaften
Schiffahrtsreedereien
Betreiber von Logistikzentren
Entsorgungsdienste.

Das Leistungsangebot eines Verbunddienstleisters umfaßt Einzelleistungen, verkettete Leistungsumfänge und vernetzte Systemleistungen, die meist aufgrund kurzfristig erteilter Aufträge für einen wechselnden Kundenkreis ausgeführt werden. Die *Bindefrist* von Rahmenvereinbahrungen mit festen Leistungspreisen zwischen einem Verbunddienstleister und seinen Kunden beträgt in der Regel maximal 1 Jahr.

3. Systemdienstleister
Ein Systemdienstleister entwickelt, realisiert und betreibt ein Logistiksystem, das auf den speziellen Bedarf eines oder weniger fester Kunden ausgerichtet ist. Das Logistiksystem eines Systemdienstleisters ist weitgehend *kundenspezifisch*.

Der Systemdienstleister läßt sich von anderen Logistikdienstleistern durch folgende *Merkmale* abgrenzen [204]:

- Der Systemdienstleister bietet ein integriertes Logistiksystem, das den Leistungsbedarf eines oder weniger Kunden besonders rationell, zuverlässig und qualitativ überlegen erbringt.
- Für den vereinbarten Leistungsbedarf des Auftraggebers übernimmt der Systemdienstleister die volle Leistungs-, Qualitäts- und Kostenverantwortung.

Der Systemanbieter im Dienstleistungsgeschäft entspricht in vieler Hinsicht dem *Generalunternehmer* im Anlagengeschäft oder im Baugewerbe. Im Unterschied zum Generalunternehmer, dessen Leistungsschwerpunkte in der Planung und Realisierung liegen und der in der Regel das vom ihm ausgeführte System schlüsselfertig an einen anderen Betreiber übergibt, ist der Systemdienstleister selbst der *Betreiber* des von ihm oder gemeinsam mit dem Kunden konzipierten und aufgebauten Systems.

Abhängig vom Bedarf und von der Aufgabenstellung muß der Systemdienstleister in der Lage sein, ein breites Spektrum logistischer Leistungen selbst zu erbringen oder zu beschaffen. Er muß also über ausreichende *Ressourcen* für außerbetriebliche und innerbetriebliche *Logistikleistungen* sowie für die *Disposition, Information* und *Kommunikation* verfügen [85].

Aus einem Logistikdienstleister, der über ausreichende Ressourcen für die benötigten Einzelleistungen verfügt, wird erst ein Systemdienstleister, wenn er auch die *Kompetenz* hat, die Einzelleistungen bedarfsgerecht zu *organisieren*, zu einer Gesamtleistung zu *integrieren* und das laufende Geschäft zu *managen. Ziel* eines Systemdienstleisters muß es sein, die von ihm übernommenen Aufgaben wesentlich *besser* und *kostengünstiger* durchzuführen, als es dem Auftragsgeber selbst oder unterstützt von Einzel- und Spezialdienstleistern möglich ist. Andernfalls ist die Fremdvergabe eines größeren Leistungsumfangs an einen Systemdienstleister für den Auftraggeber uninteressant.

Ein guter Systemdienstleister erreicht dieses Ziel durch folgende *Erfolgsfaktoren* und *Qualifikationsmerkmale*:

- kompetentes Management;
- vertrauenswürdige und qualifizierte Mitarbeiter;
- größere Effizienz durch Professionalität, Erfahrung und Spezialisierung;
- Synergien durch bessere Auslastung, Mehrfachnutzung der Ressourcen und Bündelung;
- günstigeres Personalkostenniveau durch niedrigere Lohn- und Gehaltstarife;
- eigene Ressourcen für die funktionskritischen Leistungen;
- leistungsfähige Steuerungs-, Informations- und Kommunikationssysteme;
- günstigere Beschaffungsmöglichkeiten für Einzelleistungen durch bessere Marktkenntnis und größere Marktmacht.
- hohe Flexibilität und gute Ausgleichsmöglichkeiten für Spitzenlasten durch kurzfristig verfügbare Ressourcen.

Der Systemdienstleister erbringt ein vereinbartes Leistungsspektrum für ein bestimmtes Unternehmen auf der Grundlage eines *langfristigen Dienstleistungsvertrags* zu festen Leistungspreisen. Abhängig von der Höhe der *Investition* für die kundenspezifischen Bauten und Betriebsmittel und ihrer technischen *Nutzungsdauer* liegt die *Vertragslaufzeit* zwischen 3 und 10 Jahren. In einigen Fällen ist die tatsächliche Bindung noch länger.

20.4 Vergabepolitik

Nicht alle Logistikleistungen eignen sich für eine Fremdvergabe. Nicht jedes Unternehmen braucht einen Systemdienstleister. Ohne Kenntnis der Unternehmensziele läßt sich nicht entscheiden, ob und in welchem Ausmaß die Logistik zur Kernkompentenz gemacht, in Teilen an Einzel- und Verbunddienstleister vergeben oder als Ganzes einem qualifizierten Systemdienstleister übertragen werden sollte.

Wenn Logistikleistungen zu den wesentlichen Wettbewerbsfaktoren des Unternehmens gehören, ist es falsch, diese einem Logistikdienstleister zu übertragen, auch wenn sich hierdurch kurzfristig die Kosten senken oder Investitionen vermeiden lassen. Das Unternehmen muß in diesem Fall die Logistik für die betreffenden Bereiche zu seiner Kernkompetenz machen und ein eigenes wettbewerbsfähiges und kostengünstiges Logistiksystem aufbauen.

Eine Frage, die sich mit dem Einsatz eines *Lagerdienstleisters* für Industrie- und Handelsunternehmen gleichermaßen stellt, ist die Verantwortung für die Höhe der Bestände. Wenn die Bestandshöhe und die Nachschubfrequenz nicht selbstregelnd nach dem *Pull-Prinzip* durch den Absatz sondern nach dem *Push-Prinzip* von Produktion und Beschaffung bestimmt werden, läßt sich diese Aufgabe der Warenwirtschaft und der Unternehmensplanung grundsätzlich nicht an einen Dienstleister delegieren.

Nachdem ein Unternehmen seine Vergabepolitik für die benötigten Logistikleistungen formuliert hat und Umfang und Mengen der fremd zu beschaffenden Leistungen festgelegt sind, muß eine *Vergabestrategie* entwickelt werden, die sicherstellt und festlegt, daß und wie die Ziele der Fremdvergabe erreicht werden können.

Mit der Fremdvergabe von Logistikleistungen werden von den Handels- und Industrieunternehmen folgende *Ziele* verfolgt [37; 204]:

Leistungssteigerung
Serviceverbesserung
Kostensenkung
Konzentration auf Kernkompetenzen
Freisetzung eigener Ressourcen (20.16)
Personalabbau
Nutzung externer Spezialkompetenz
Vermeidung von Investitionen
Erhöhte Flexibilität.

Durch dem Einsatz von Systemdienstleistern sind für den Auftraggber zusätzlich vereinfachte Abläufe und eine Reduzierung der Komplexität seiner Geschäftsprozesse erreichbar.

1. Logistikdienstleister in der Industrie

Die Logistikkosten betragen in der Industrie zwischen 5 und 15 % der Gesamtkosten [36; 37]. Die Logistik ist daher für Produktionsunternehmen in der Regel keine Kernkompetenz. Sie muß funktionieren, ist aber nicht geschäftsentscheidend.

Die *Industrie* – voran die Automobilindustrie – ist daher zunehmend bereit, immer umfassendere Anteile ihrer Logistikketten geeigneten Dienstleistern zu übertragen. Auf der *Beschaffungsseite* übernehmen Systemdienstleister die gesamte Vorratshaltung und Teilebereitstellung bis hin zum Produktionsprozeß. Wenn der Systemdienstleister auch noch die Vormontage von Teilen oder die Fertigung ganzer Module übernimmt, wird er zum *Systemlieferanten*. Er konkurriert dann mit den Lieferanten, die ihre Fertigungsleistungen um Logistikleistungen ergänzen.

Auf der *Absatzseite* sind Systemdienstleister für die gesamte Fertigwarenlagerung, Ersatzteilhaltung und Distribution verantwortlich. Sie errichten und betreiben Transportnetze und Logistikzentren, die vollständig oder in entscheidenden Teilen auf den speziellen Kundenbedarf zugeschnitten sind.

Die *Grenzen der Fremdvergabe* von Logistikdienstleistungen liegen für ein Industrieunternehmen da, wo unmittelbar das Geschäftsinteresse berührt wird. Die Grenze kann auf der Beschaffungsseite durch die Forderung nach absoluter *Versorgungssicherheit* für teure oder kontinuierlich arbeitende Produktionseinrichtungen gegeben sein.

In der Distribution ergibt sich die Grenze der Fremdvergabe aus der Art des *Kundenkontaktes* bei der Anlieferung der Ware. Wenn die Warenanlieferung untrennbar mit speziellen Verkaufs-, Montage-, Service- oder Beratungsleistungen verbunden ist und hierduch eine besondere *Kundenbindung* oder *Kundenbeobachtung* angestrebt wird, verbietet es sich, die Zustellfahrten einem Fremdunternehmen zu übertragen.

Auch wenn ein Industrieunternehmen einen großen Anteil seines Logistikleistungsbedarfs mit Nutzen und Gewinn fremd vergibt, muß sichergestellt sein, daß es die *Systemführung* seiner Unternehmenslogistik nicht aus der Hand gibt und das Management seines Logistiknetzwerks in eigener Regie behält.

2. Logistikdienstleister im Handel

Im Handel betragen die Logistikkosten zwischen 15 und 25 % des Umsatzes. Die Logistik vebraucht damit 30 bis 50 % der Handelsspanne und ist allein deshalb ein zentraler Wettbewerbsfaktor [36; 37].

Viele Einzelhandelsketten, Einkaufsgenossenschaften und Versandunternehmen betrachten daher die Logistik neben der Beschaffung, der Sortimentspolitik und dem Verkauf als *Kernkompetenz*. Sie wollen sich durch eigene Logistiksysteme einen entscheidenden Wettbewerbsvorteil verschaffen und Abhängigkeiten vermeiden. Das kann soweit gehen, daß ein Versandhaus seinen eigenen Paketdienst betreibt. Um sich trotzdem die Vorteile eines Systemdienstleisters zu sichern, organisieren diese Handelsunternehmen ihre Logistik vielfach so, daß die unternehmenseigenen Logistikgesellschaften wie fremde Systemdienstleister arbeiten. Im Extremfall betreiben die Logistikgesellschaften des Handels auch Dienstleistungsgeschäfte für Dritte.

Andere Handelsketten und die großen Kaufhauskonzerne entwickeln zwar ihre Logistiksysteme mit den erforderlichen Prozeßabläufen, Strukturen und Logistikzentren selbst, suchen sich aber für die *Realisierung* und den *Betrieb* einzelner Logistikzentren und regionaler Warenverteilzentren qualifizierte Systemdienstleister. Die Systemführung für die gesamte Beschaffung und Distribution aber gibt der Handel nicht aus der Hand.

Immer mehr Handelsunternehmen bestimmen selbst ihre *Lieferketten*. Sie schreiben der Industrie zunehmend auch die *Lieferkonditionen* vor, für die folgende *Möglichkeiten* bestehen [205]:

- *Frei Verkaufsstelle*: Der Lieferant oder der von ihm beauftragte Logistikdienstleister liefert an die Rampen der Filialen, Märkte und Kaufhäuser.

- *Frei Logistikstelle*: Der Lieferant oder sein Transportdienstleister beliefert die Logistikzentren oder Umschlagpunkte, die vom Handelsunternehmen selbst oder von einem beauftragten Systemdienstleister betrieben werden.
- *Ab Werk*: Ein vom Handelsunternehmen beauftragter Transportdienstleister holt die versandfertig bereitgestellten Sendungen an der Werksrampe oder vom Fertigwarenlager des Lieferanten ab.

Durch Verlagerung des Wareneingangs an eine vorgeschaltete Logistikstelle und aus den dadurch möglichen Bündelungseffekten ergeben sich für den Handel interessante Kostensenkungspotentiale. Außerdem bekommt der Handel die Rampen der Filialen in eigene Regie. Die daraus resultierende Entlastung der Filialen von unplanbaren Wareneingangsaufgaben kann zu weiteren *Kosteneinsparungen* und zu *Umsatzsteigerungen* führen.

Die positiven Effekte einer vorverlegten Rampe gelten jedoch nicht für alle Waren und Sendungen. Sendungen, die ohne Umschlag als *Teil- oder Ganzladungen* direkt von der Versandstelle des Lieferanten an die Handelsfilialen geliefert werden, lassen sich über eine zwischengeschaltete Logistikstelle nicht kostengünster liefern. Für spezielle Waren, wie Gefahrgüter, Großteile und Sperrigwaren, sind die hierauf ausgerichteten Distributionssysteme der Industrie und der Spezialdienstleister besser geeignet als die Beschaffungssysteme des Handels, die meist nur für Stückgut, Paletten und Behälterware ausgelegt sind.

3.Einsatz von Verbund- und Systemdienstleistern

Systemdienstleister und Verbunddienstleiser bieten folgende *Vorteile* und *Chancen*:

- vorhandene Logistikressourcen, wie Fachpersonal, Transportnetze, Logistikzentren, Umschlagspunkte sowie Informations-, Steuerungs- und Kommunikationssysteme;
- größere Leistungsfähigkeit und bessere Logistikqualität durch Professionalität, Erfahrung und Spezialisierung;
- geringere Kosten durch größere Effizienz und bessere Auslastung der Ressourcen;
- günstigere Lohn- und Gehaltsstruktur durch andere Tarifverträge.

Hierdurch lassen sich in vielen Fällen die Kosten senken, Investitionen vermeiden und die Flexibilität verbessern. Das kann vor allem für Unternehmen interessant sein, die in einen etablierten Markt eindringen, ein neues Geschäft aufbauen oder einen bestehenden Geschäftszweig ausbauen und die damit verbundenen Schwellenkosten für die Logistik vermeiden wollen.

Die Vorteile, die sich mit dem Einsatz eines Systemdienstleisters erreichen lassen, sind jedoch mit einigen Nachteilen und Risiken verbunden. Der schwerwiegendste und unvermeidliche *Nachteil* der Vergabe an einen Systemdienstleister ist die langfristige vertragliche Bindung an ein anderes Unternehmen. Weitere *Nachteile* und *Risiken* sind:

- Abhängigkeit vom Systemdienstleister bei Aufgabe des eigenen Logistik-Know-how;

- finanzielle Schwäche und mangelnde Investitionsfähigkeit des Sytemdienstleisters;
- Inkompetenz und schlechte Qualifikation der Mitarbeiter des Dienstleisters;
- unzureichende Kostentransparenz und Kostenkontrolle;
- mangelnder Leistungsanreiz und nachlassendes Interesse;
- Kumulation von Gemeinkosten- und Gewinnzuschlägen bei Weitergabe von Teilleistungen an Subkontraktoren;
- Nichtweitergabe von Kosteneinsparungen aus Rationalisierung, Mengenwachstum oder Einkaufsvorteilen;
- Offenlegung innerbetrieblicher Schwachstellen gegenüber dem Systemdienstleister.
- Mißbrauch vertraulicher Geschäftsdaten und Kundeninformationen, insbesondere wenn der Systemdienstleister auch für den Wettbewerb arbeitet.

Diese Nachteile und Risiken lassen sich durch richtige Partnerwahl, Ausschreibung und Vertragsgestaltung vermeiden oder begrenzen. Daher ist für den erfolgreichen Einsatz von Systemdienstleistern eine gute Auschreibung entscheidend.

4. Vergabestrategien

Wenn die Grundsatzentscheidung zum Einsatz von Logistikdienstleistern gefallen ist, bleibt zu entscheiden, auf wieviele Anbieter die Ausschreibung beschränkt werden soll und wie die benötigten Leistungsumfänge am besten auf eine begrenzte Dienstleisteranzahl verteilt werden.

In zahlreichen Ausschreibungen von inner- und außerbetrieblichen Logistikleistungen für Industrie- und Handelsunternehmen haben sich folgende *Vergabestrategien* für den Auftraggeber als vorteilhaft erwiesen:

- Mit den Transport- und Umschlagleistungen der Lieferketten in ein bestimmtes Zielgebiet und der Beschaffungsketten aus einem Herkunftsgebiet wird am besten nur ein Speditionsdienstleister beauftragt.
- Teil- und Ganzladungen aus dem und in das gleiche Gebiet werden zusammen ausgeschrieben und an den gleichen Transportdienstleister vergeben, damit dieser die aus der Rückfahrtauslastung resultierenden Kosteneinsparungen an den Auftraggeber weitergibt.
- Ganzladungs-, Teilladungs- und Stückgutsendungen werden grundsätzlich getrennt von Paketsendungen und anderen Spezialsendungen ausgeschrieben und vergeben, da nur wenige Logistikdienstleister auf allen Gebieten die gleiche Kompetenz haben.
- Um einerseits einen ausreichenden Wettbewerb zu sichern und andererseits den Bietern eine attraktive Erfolgschance zu bieten, werden für eine landesweite Ausschreibung von Transport- und Frachtdienstleistungen mindestens 5 und maximal 10 Logistikdienstleister zum Angebot aufgefordert.
- Wenn das Gesamtladungsaufkommen in einem größeren Land wie Deutschland ausreicht, werden für Ganz- und Teilladungssendungen wie auch für Stückgutsendungen mindestens 2 und maximal 3 Dienstleister eingesetzt, die jeweils ein bestimmtes Gebiet bedienen, um ein internes Benchmark zu haben und um sich eine Austauschoption zu bewahren.

- Für *Paketsendungen* ist in einem Land der Einsatz nur eines Verbunddienstleisters von Vorteil, da mit einem größeren Gesamtaufkommen günstigere Leistungspreise zu erzielen sind. Das gleiche gilt für andere Verbunddienstleistungen, wie Briefpost oder Werbemitteldistribution.
- Außerbetriebliche Logistikleistungen, wie Transport- und Frachtleistungen, und innerbetriebliche Logistikleistungen, wie Lager- und Kommissionierleistungen, werden besser an unterschiedliche Dienstleister, und wenn an einen Dienstleister, in *getrennten Verträgen* vergeben, da nur wenige Dienstleister auf allen Gebieten gleiche Kompetenz haben, die Gefahr der Selbstoptimierung des Dienstleisters besteht, die Vertragslaufzeiten unterschiedlich sind und für beide Bereiche eine gesonderte Austiegsoption gewahrt bleiben muß.
- Wenn innerbetriebliche Logistikleistungen an mehreren Standorten zu vergeben sind, beispielsweise in getrennten Regionallagern oder unterschiedlichen Werken, ist der Einsatz von mindestens zwei Logistikdienstleistern ratsam, um zwischen diesen ein internes Benchmark zu betreiben.
- Wenn die Lagerleistungen oder andere innerbetriebliche Logistikleistungen in einem bestehenden Betrieb des Auftraggebers oder des Dienstleisters ausgeführt werden, ist die Aufforderung von 5 bis 10 Bietern sinvoll.

Für Lagerleistungen, Kommissionierleistungen und andere Logistikleistungen, die in einem speziellen *Logistikbau* ausgeführt werden, der bereits existiert oder erst noch zu errichten ist, gibt es folgende *Handlungsmöglichkeiten*:

- *Eigenbau und Eigenbetrieb*: Der Logistikbau mit den erforderlichen lager-, förder- und steuerungstechnischen Einrichtungen wird auf eigene Kosten realisiert und in eigener Regie vom Unternehmen selbst betrieben.
- *Eigenbau und Fremdbetrieb*: Der Logistikbau mit allen Einrichtungen ist Eigentum des Unternehmens. Der Betrieb wird an einen Logistikdienstleister vergeben, der darin die vereinbarten Leistungen erbringt.
- *Fremdbau und Fremdbetrieb*: Der Logistikbau mit den lager-, förder- und steuerungstechnischen Einrichtungen wird von einem Systemdienstleister errichtet oder als Eigentümer übernommen, um darin die Logistikleistungen zu erbringen.

Der Aufbau und Betrieb eines Logistiksystems, das speziell auf den Bedarf eines Kunden zugeschnitten ist und nur für einen Auftraggeber Leistungen erbringt, durch einen Systemdienstleister ist, wenn keine erheblichen Tarifdifferenzen bestehen, erfahrungsgemäß um 10 bis 15 % teurer als der optimale Eigenbetrieb. Die Mehrkosten resultieren aus dem *Gemeinkosten- und Gewinnzuschlag* auf die Leistungskosten, mit dem Dienstleister zur Abdeckung von Management-, Verwaltungs- und Vertriebskosten, Finanzierungskosten und Risiken sowie zum Erzielen eines angemessenen Gewinns kalkuliert.

Der Zuschlag für Gemeinkosten und Gewinn wird jeweils auf die vom Dienstleister zu tragenden Kosten kalkuliert: bei Bau und Betrieb durch den Dienstleister auf die Betriebskosten *einschließlich* Abschreibungen und Zinsen für den Logistikbau, bei Betrieb ohne Eigentum am Logistikbau auf die Betriebskosten *ohne* Abschreibungen und Zinsen.

Bei der Entscheidung zwischen Eigen- und Fremdbau sowie zwischen Eigen- und Fremdbetrieb sind die Mehrkosten gegen die Vorteile der Fremdvergabe abzuwägen. Dabei ist zu berücksichtigen, daß das Unternehmen bei Eigenbau und Eigenbetrieb ebenfalls Risiken tragen muß, Verwaltungskosten hat und für das eingesetzte Kapital einen Gewinn erwirtschaften will. Bei einer *Betriebsübernahme nach BGB § 613a* entstehen *Transferkosten*, wie *Abfindungen* für ausscheidende Mitarbeiter und *Kompensationszahlungen* für Mitarbeiter, die vom Dienstleister übernommen werden.

Da die Kosten für die Planung eines neuen Logistikstandorts und damit auch die Angebotskosten relativ hoch sind, ist nach der Entscheidung für eine Fremdvergabe von Bau und Betrieb der *Ausschreibungsgrundsatz* zu beachten:

- Für Lager- und Logistikleistungen, die an einem neu aufzubauenden Standort erbracht werden, sollten nicht mehr als 5 Logistikdienstleister zum Angebot aufgefordert werden.

Ein Abweichen von diesem Grundsatz führt erfahrungsgemäß zu Absagen der qualifiziertesten Dienstleister und zu schlecht ausgearbeiteten Angeboten, sobald die Bieter erkennen, daß die Auftragsschancen wegen der großen Bewerberanzahl gering sind.

Die Vergabestrategien sind je nach Marktlage und Anbieterverhalten im Verlauf der Ausschreibung flexibel zu handhaben. So lassen sich durch das Inaussichtstellen größerer Vergabeumfänge im Einzelfall weitere Preisvorteile erzielen.

Aus den Vergabestrategien resultiert, daß der Einsatz nur eines Systemdienstleisters für die *gesamte* Beschaffung und Distribution mit *allen* Lager- und Transportleistungen entgegen dem Trend von Befragungen eher die Ausnahme als die Regel ist [137]. Viele *out-sourcing-geschädigte* Unternehmen, über die keine Trendanalyse berichtet, da sich kaum ein Geschädigter dazu bekennen mag, lösen sich wieder aus der zu weitgehenden Bindung an einen Systemdienstleister und suchen sich stattdessen mehrere neue Dienstleistungspartner.

20.5 Ausschreibung von Logistikleistungen

Für die Fremdvergabe von Transport- und Frachtleistungen wie auch von anderen Logistikleistungen, die seitens der Anbieter keine größeren Investitionen erfordern, genügt eine einfache *Leistungsanfrage*. Die an einen ausgewählten Bieterkreis zu versendende Leistungsanfrage muß folgenden *Angaben* und *Anlagen* enthalten:

- Kurzbeschreibung des Leistungsbedarfs,
- Tabellen mit den benötigten Leistungsmengen,
- vom Anbieter auszufüllende Preisblanketten,
- allgemeine Einkaufsbedingungen für Logistikleistungen.

Für die Vergabe von Verbundleistungen, von Lagerleistungen, die mit einer größeren Investition verbunden sind, und von komplexen Systemleistungen ist eine *Leistungsausschreibung* erforderlich. Die Besonderheiten und Risiken einer Leistungsausschreibung sind in vielen Unternehmen nicht ausreichend bekannt. Aufwand und Zeitbdarf werden meist unterschätzt.

Die *Schritte einer Leistungsausschreibung* sind in *Abb. 20.2* dargestellt. Es sind die gleichen Schritte wie bei einer Anlagenausschreibung. Zusätzlich ist in *Abb. 20.2* der für die einzelnen Schritte benötigte Zeitbedarf angegeben. Bei zügiger Durchführung ergibt sich für einfachere Ausschreibungen mit einem Vergabewert von unter 10 Mio.DM/Jahr ein *Gesamtzeitbedarf* von 10 bis 12 Wochen und für größere Ausschreibungen mit meinem Vergabewert von mehr als 10 Mio.DM/Jahr eine Ausschreibungsdauer von 20 bis 30 Wochen.

Mit der Durchführung der Ausschreibung sollte die Unternehmensleitung ein *Ausschreibungsteam* beauftragen, in dem der Einkauf, die Logistik und Beauftragte der betroffenen Fachbereiche vertreten sind. Das Ausschreibungsteam wählt den Bieterkries aus, gibt die Ausschreibungsunterlagen frei, führt die Verhandlungen mit den Bietern und schlägt der Unternehmensleitung einen ausgewählten Anbieter zur Vergabe vor.

Für die Ausarbeitung der Ausschreibungsgrundlagen und des Mengengerüsts, das Verfassen der Ausschreibungsblankette, die Betreuung der Bieter während der Angebotsausarbeitung, die Auswertung der Angebote und das Führen der Verhandlungen werden erfahrene Fachleute benötigt. Wenn diese im Unternehmen nicht verfügbar sind, kann hiermit eine *Unternehmenberatung* beauftragt werden, die auf Leistungsausschreibungen spezialisiert ist.

1. Ausschreibungsunterlagen

Für die Ausschreibung von Verbund-, Lager- oder Systemleistungen ist das Verfahren der *funktionalen Leistungsausschreibung* einer *detaillierten Lösungsausschreibung* vorzuziehen.

Die funktionale Leistungsausschreibung gibt das Grundkonzept und die Ziele der Unternehmenslogistik vor. Sie spezifiziert die benötigten *Funktionen* und *Leistungsumfänge* und grenzt sie so voneinander ab, daß eindeutige *Leistungspakete* entstehen, für die gesonderte Leistungspreise abzugeben sind. Für die einzelnen Leistungspakete werden jedoch keine technischen Lösungen festgelegt und Ausführungvorschriften gemacht. Damit erhalten die Anbieter die Möglichkeit, durch eigene Ideen und geschickten Einsatz ihrer Ressourcen zur Optimierung beizutragen. Außerdem wird auf diese Weise sichergestellt, daß der Anbieter im Auftragsfall die volle *Funktionsverantwortung* übernimmt.

Inhalte der *Ausschreibungsblankette* für eine funktionale Leistungsausschreibung sind:

- Kurzbeschreibung von Grundkonzept und Zielen der Unternehmenslogistik
- Darstellung von Auschreibungsgegenstand und Vorgehen
- Angebotstermin, Vergabezeitpunkt und Bindefrist
- Spezifikation der Leistungsumfänge
- Service- und Qualitätsanforderungen
- Angabe der benötigten Leistungsmengen
- Abgrenzung der anzubietenden Leistungspakete
- Anforderungen und Schnittstellen von DV und I+K

Abb. 20.2 Schritte und Zeitbedarf einer Leistungsausschreibung
Dauer von Einzel- und Verbundausschreibungen: 10 bis 12 Wochen
Dauer von Lager- und Systemausschreibungen: 20 bis 30 Wochen

- Einkaufs- und Vergabebedingungen
- vertragsrechtliche Rahmenbedingungen
- Leistungserfassung und Leistungsvergütung
- Pönalisierung von Qualitätsmängeln
- vom Bieter auszufüllende Preisblanketten
- vom Anbieter zu unterzeichnende Einverständniserklärung.

Um zu verhindern, daß ein Anbieter nach der Auftragserteilung versucht, durch einen eigenen Vertragsentwurf mit anderen Konditionen die Angebotsgrundlage nachträglich zu verändern oder umzuinterpretieren, ist es erforderlich, bereits in der Auschreibungsblankette alle kosten- und leistungsrelevanten Bedingungen für den Auftrag oder Dienstleistungsvertrag vorzugeben und durch eine Einverständniserklärung bestätigen zu lassen. Hierzu gehören *Vertragslaufzeit* und *Kündigungsfristen*, *Versicherungspflichten*, *Haftung und Gewährleistung*, *Preisanpassungsregelungen* und *Kontrollrechte* sowie *Rechtsgrundlagen* und *Vorschriften* [206].

Um spätere Mißverständnisse zu vermeiden und die Angebotsausarbeitung zu erleichtern, müssen die *Struktur der Unternehmenslogistik*, der *Waren- und Auftragsfluß*, die wichtigsten *Beschaffungs-, Distributions- und Leistungsketten*, der *DV-Rahmen*, das *Mengengerüst* und die *Preisblanketten* in Form von Strukturdiagrammen, Prozeßabläufen und Tabellen dargestellt werden und Bestandteil der Auschreibungsunterlage sein. Der Anbieter muß schriftlich erklären, daß er diese Unterlagen geprüft hat, für plausibel hält und die angebotenen Leistungen auf dieser Grundlage erbringen kann.

2. Angebotsauswertung

Vor der Einladung ausgewählter Anbieter müssen die eingegangenen Angebote nach formalen, sachlichen und kommerziellen Kriterien geprüft und ausgewertet werden.

Bereits die Einhaltung des *Angebotstermins* gibt Aufschluß über das Interesse und die Verläßlichkeit der Anbieter. Wenn die Angebotsfrist ausreichend lang bemessen war und diese von mindestens 3 Anbietern eingehalten wurde, sollten verspätet eingehende Angebote nur in begründeten Ausnahmefällen berücksichtigt werden.

Die *formale Angebotsprüfung* dient der Beurteilung der *Angebotsqualität*. Sie umfaßt die Prüfung von *Vollständigkeit* und *Aufmachung*. Sind Angebot, Preisblanketten und Einverständniserkärung rechtsgültig unterschrieben? Sind alle Preisblanketten wie vorgegeben ausgefüllt? Sind alle geforderten Informationen und Angaben enthalten? Wie ist der Gesamteindruck?

Beurteilungskriterien für die Angebote sind: Übersichtlichkeit und Gliederung; Verständlichkeit; Fehlerhäufigkeit, Lesbarkeit, Sauberkeit; Brauchbarkeit von Zeichnungen, Tabellen und Diagrammen. Die Angebotsqualtität gibt einen ersten Eindruck von der zu erwartenden Qualität der Leistungen und von der Kundenorientierung des Anbieters.

Zur *sachlichen Angebotsauswertung* gehört die Prüfung von:

- *Systemlösung*: Kann die angebotene Systemlösung alle Funktionen und Leistungen zuverlässig und flexibel erfüllen?
- *Funktionserfüllung*: Wie werden die ausgeschriebenen Funktionen und Leistungsumfänge realisiert? Art und Technik der eingesetzten Betriebsmittel.
- *Leistungserfüllung*: Reichen die angebotenen Kapazitäten und Ressourcen zur Erfüllung der benötigten Leistungsmengen aus?
- *DV- und I+K-Kompetenz*: Entsprechen die DV-Systeme und die I+K-Konzeption des Anbieters den Anforderungen?
- *Personalqualifikation*: Erfahrung, Verläßlichkeit, Fluktuation und Kompetenz der Mitarbeiter und Führungskräfte des Anbieters für die ausgeschriebenen Leistungen

Bewertungskriterien	Gewicht	Bieter 1	Bieter 2	Bieter 3	Bieter 4	Bieter 5	Bieter 6
Angebotsqualität	10%	3,0	3,5	4,0	2,0	2,5	2,5
Referenzen und Kompetenz	15%	3,0	1,5	3,0	2,0	3,0	2,5
Leistungserfüllung	30%	3,0	3,5	3,0	1,5	2,5	2,0
DV-Systeme	20%	2,0	2,0	2,5	2,0	2,0	2,0
Eigene Ressourcen	10%	3,0	2,0	2,0	2,0	4,0	1,5
Personalqualifikation	15%	2,0	2,5	2,5	1,5	3,0	2,0
Gesamtbewertung	**100%**	**2,7**	**2,6**	**2,8**	**1,8**	**2,7**	**2,1**

Abb. 20.3 Nutzwertanalyse von Logistikleistungsangeboten

Anbieter von Transport- und Frachtleistungen zur Distribution von Handelsware aus einem Logistikzentrum in ein Zielgebiet

1: sehr gut 2:gut 3: befriedigend 4: ausreichend 5: mangelhaft

- *Referenzen*: Sind die angegebenen Referenzen und Erfahrungen zutreffend und relevant für den ausgeschriebenen Leistungsumfang.

Die sachlichen Prüfungspunkte sind in der Regel *K.O.-Kriterien*. Wenn ein oder mehrere K.O.-Kriterien nicht erfüllt sind und auch durch Rückfragen beim Anbieter nicht geklärt werden können, scheidet der Anbieter aus, es sei denn, kein Anbieter kann die betreffende Anforderung erfüllen. In diesem Fall ist vom Ausschreibungsteam die Machbarkeit der gestellten Anforderungen zu überprüfen. Danach ist die Anforderung eventuell zu revidieren.

Die formale und sachliche Angebotsprüfung resultiert in einer Benotung der vorliegenden Angebote nach dem *Nutzwertverfahren* (s. *Abschnitt 3.11/I*). Die *Abb.20.3* zeigt das Ergebnis der Bewertung von 6 Angeboten für unterschiedliche Transport- und Frachtleistungen zur Distribution von Handelsware an Verkaufsstellen und Kunden. Nach dieser Synopse hat der *Bieter 4* mit der Note 1,8 das beste Angebot und der *Bieter 6* mit der Note 2,1 das zweitbeste Angebot abgegeben. Kein Bieter ist wegen Nichterfüllung eines K.O.-Kriterums ausgeschieden.

In der anschließenden *kommerziellen Angebotsauswertung* werden folgende Punkte geprüft und verglichen:

- *Leistungspreise* für die verschiedenen Leistungsumfänge.
- *Jahreskosten*, die mit den Planmengen aus den Leistungspreisen resultieren.
- *Zahlungsbedingungen*: Anerkennung der vorgegebenen oder Forderung anderer Zahlungsfristen.

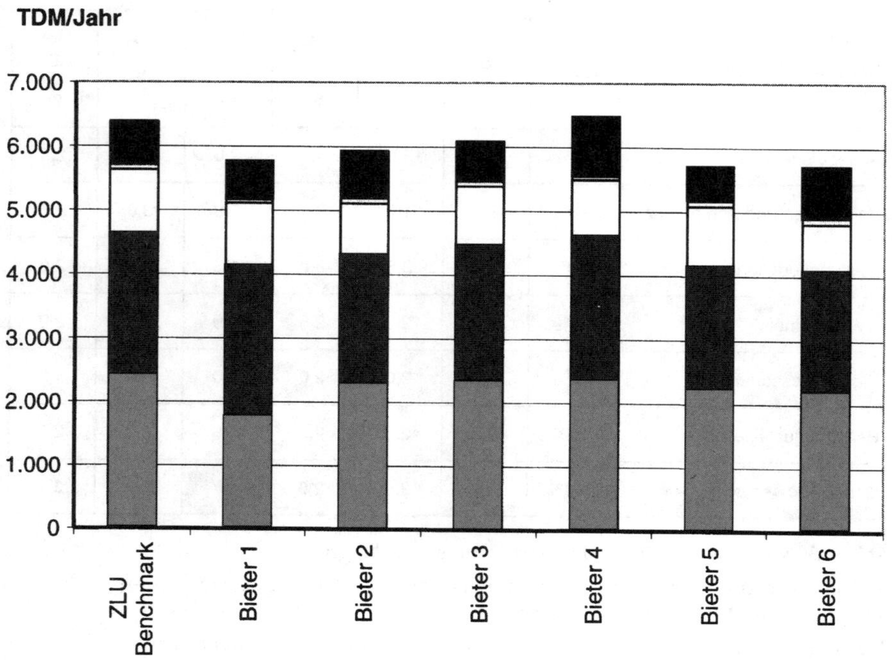

Abb. 20.4 Transport- und Frachtkostenvergleich [250]

Bedeutung der Balkeninhalte von unten nach oben:
1. Ganz- und Teilladungstransporte mit Sattelaufliegern oder Wechselbrücken
2. Grundlasttouren mit 7,5 t Transporten
3. Spitzenlastfahrten mit 7,5 t Transportern
4. Umschlagkosten von Relaisstationen
5. Stückgutsendungen über einen Umschlagpunkt

- *Haftung und Gewährleistung*: Höhe und Dauer der Gewährleistungszusagen; Haftungssummen; Höhe der Malussätze zur Qualitätssicherung.

Nach der Leistungserfüllung sind die aus den Leistungspreisen für die Planmengen resultierenden *Jahresbetriebskosten* das wichtigste Auswahlkriterium für die Auswahl des Logistikdienstleisters. Wegen unterschiedlicher Kalkulationsverfahren, aus taktischen Gründen oder wegen Quersubvention zwischen verschiedenen Leistungsumfängen weichen die angebotenen *Leistungspreise* für Logistikleistungen nicht selten bis zu ± 50 % voneinander ab. Die Unterschiede zwischen den resultierenden *Betriebskosten* sind in der Regel geringer, liegen aber in vielen Fällen, insbesondere bei Lagerleistungen, immer noch bei ± 25 %. Wegen der erfahrungsgemäß häufig sehr großen Preisdifferenzen von Angeboten für Lagerleistungen, die mit einer Neuinvestition verbunden sind, ist zur Orientierung ein fundiertes *Benchmarking* erforderlich, das aus einer neutralen Planung und Kostenbudgetierung resultiert.

Für die oben als Beispiel angegebene Ausschreibung von Fracht- und Transportleistungen sind die aus den angebotenen Leistungspreisen errechneten Jahreskosten in *Abb. 20.4* einander gegenübergestellt. Die Spreizung zwischen dem günstigsten und dem ungünstigsten Angebot der Jahreskosten beträgt in diesem Fall 12 %. Der *Bieter 4* mit dem qualitativ besten Angebot ist – wie so häufig – mit 6,5 Mio.DM/Jahr der Teuerste. Der *Bieter 6* mit der zweitbesten Angebotsbewertung macht das kostengünstigste Angebot, das mit 5,8 Mio.DM/Jahr den zuvor kalkulierten Benchmarkwert von 6,3 Mio.DM/Jahr unterschreitet.

3. Bietergespräche und Vergabeverhandlungen
Zur Präsentation ihres Unternehmens und zur Angebotsdurchsprache sollten mindestens zwei, maximal vier Anbieter mit dem besten Preis-Leistungsverhältnis eingeladen werden. Damit sie sich vorbereiten können, sollten den Bietern mit der Einladung und der Tagesordnung die offenen Fragen mitgeteilt und Hinweise auf größere Preisabweichungen gegeben werden.

Manche Logistikdienstleister neigen in der Präsentation zur übertriebenen Selbstdarstellung, wobei die Belange des Kunden und die Fragen des Angebots häufig zu kurz kommen. Niemand sollte sich von bunten Folien und Hochglanzbroschüren von der Kernfrage ablenken lassen, ob das Unternehmen mit seinen Repräsentanten als Partner für die ausgeschriebenen Logistikleistungen geeignet ist.

Nach den Gesprächen mit den ausgewählten Bietern und Klärung aller offenen Punkte werden die Anbieterbewertung und der Preisvergleich erneut durchgeführt und eventuell revidiert. Das Ergebnis der Bietergespräche ist eine fundierte *Vergabeempfehlung* des Auschreibungsteams an das Management. Der ausgewählte Logistikdienstleister wird zur abschließenden *Vergabeverhandlung* eingeladen. Wenn es mehr als einen Favoriten gibt, müssen diese zur Abgabe eines letzten Preisgebots aufgefordert werden.

Bei der Forderung des letzten Preisgebots und den Vergabeverhandlungen sind Augenmaß und Erfahrung erforderlich. Der zukünftige Geschäftspartner muß mit seinen Erlösen langfristig leben können. Zu vermeiden ist auch, daß sich ein Dienstleister mit nicht kostendeckenden Kampfpreisen den Auftrag erkauft und später, wenn sich die Bindung nur mit hohem Aufwand lösen läßt, Nachforderungen stellt.

4. Auftrag und Vertragsabschluß
Bei einer Leistungsanfrage kommt der Vertrag zur Leistungserbringung durch *Auftragsschreiben* und *Auftragsbestätigung* zustande. Diese einfache Form des Vertragsabschlusses sollte auch für den Abschluß einer Leistungsausschreibung gewählt werden, wenn keine besonderen Gründe für einen formellen *Dienstleistungsvertrag* sprechen.

Um die verhandelten Leistungspreise und Konditionen sowie die Vorrangigkeit der Auschreibungsunterlage rechtlich bindend zu machen, muß das Auftragsschreiben folgende *Rangfolge* der Gültigkeit der dem Auftrag zugrundeliegenden Dokumente festschreiben:

1. Auschreibungsunterlage und Einkaufsbedingungen des Auftraggebers
2. Preise und Vereinbarungen der Auftrags- und Vergabeverhandlungen
3. Angebot und Verkaufsbedingungen des Auftragnehmers.

Wenn für die Leistungserstellung eine größere Investition und umfangsreiche Vorarbeiten seitens des Auftragnehmers erforderlich sind, ist es für beide Seiten vorteilhafter, daß der Auftraggeber unmittelbar nach der Auftragsentscheidung zunächst eine einseitige Absichtserklärung in Form eines *Letter of Intent* (LOI) abgibt. Zusätzlich zur Erklärung der Bereitschaft zum Vertragsabschluß sollte der Letter of Intend die gleiche Festlegung der Rangfolge der Auschreibungs- und Angebotsunterlagen und der bereits getroffenen Abmachungen enthalten, wie ein Auftragsschreiben.

Wenn die Systemlösung und der aufzubauende Logistikbetrieb im Zuge der Auschreibung noch nicht ausreichend genau durchgeplant werden konnten, darf der Auftrag nur mit dem *Vorbehalt* der Einhaltung der angebotenen Leistungen und Kosten erteilt werden. In diesem Fall ist zunächst ein *Vorvertrag* zur Detailplanung, Ausarbeitung und Ausschreibung der vorgeschlagenen Lösung abzuschließen.

Wenn die ausgeplante und durch entsprechende Ausschreibungen abgesicherte Lösung alle Anforderungen erfüllt und sich im Rahmen der angebotenen Kosten realisieren läßt, werden mit dem Systemdienstleister ein *Realiserungs-* oder *Projektmanagementvertrag* und ein *Dienstleistungs-* oder *Betreibervertrag* abgeschlossen:

- Der *Realisierungsvertrag* regelt für den Fall des Fremdbaus und der *Projektmanagementvertrag* für den Fall des Eigenbaus die Projektleitung, die Leistungs-, Termin- und Kostenkontrolle der mit dem Bau beauftragten Firmen sowie die Bezahlung und die Pflichten der Vertragspartner für den Aufbau und die Inbetriebnahme des zukünftigen Logistikbetriebs bis zum Start der produktiven Leistungserbringung.
- Der *Dienstleistungsvertrag* regelt bei Fremdeigentum des Logistikbetriebs und der *Betreibervertrag* bei einem Logistiksystem, das Eigentum des Auftraggebers ist, die Leistungen und Pflichten von Auftragnehmer und Auftraggeber sowie die Rahmenbedingungen und die Vergütung ab Betriebsbeginn für die gesamte Dauer der Leistungserbringung.

Für den Fall, daß mit der Vergabe eines bestehenden oder neuen Logistikbetriebs an einen Dienstleister eigene Mitarbeiter, die bis dahin in diesem Bereich tätig waren, freigestellt oder übernommen werden sollen, ist in dem Dienstleistungs- oder Betreibervertrag auch die *Mitarbeiterübernahme* gemäß *BGB §613a* zu regeln.

Um Auslassungen und Veränderungen der in der Auschreibungsunterlage vorgegeben Vertragsbedingungen zu vermeiden, ist es ratsam, daß die Vertragsentwürfe vom Auftraggeber formuliert und dem Auftragnehmer zur Prüfung übergeben werden. Rechtsabteilungen oder Anwälte sollten erst hinzugezogen werden, wenn die sachlichen und kommerziellen Vertragspunkte zwischen den Partnern unstrittig geregelt sind [206].

Für die langfristige Bindung an einen Partner, wie sie mit dem Einsatz eines Systemdienstleisters angestrebt wird, sind vor allem die *Vertrauenswürdigkeit*, die *Einsatzbereitschaft* und die *Fähigkeiten* der für die Systementwicklung, den Systemaufbau und den laufenden Betrieb verantwortlichen *Fach- und Führungskräfte* des Systemdienstleisters entscheidend. Der Systemanbieter muß daher frühzeitig, spätestens zum Zeitpunkt der Angebotspräsentation, das vorgesehene *Projektteam* mit dem verantwortlichen *Projektmanager* vorstellen. Während der Angebots- und Vertragsverhandlungen und der System- oder Ausführungsplanung zeigt sich rasch, wie die Zusammenarbeit klappt und ob eine langfristige Partnerschaft möglich ist.

Die endgültigen Verträge für die Realisierung und den Betrieb des Logistiksystems sollten erst unterzeichnet werden, wenn ein gutes Vertrauensverhältnis zwischen den Partnern besteht. Das setzt nicht nur Kompetenz, Leistungsfähigkeit und Vertrauenswürdigkeit beim Systemdienstleister voraus sondern auch Offenheit, Kooperationsbereitschaft und den Willen zur gemeinsamen Lösung unerwartet auftretender Probleme beim auftraggebenden Unternehmen.

20.6 Dienstleisterkontrolle und Vergütung

Wenn die Leistungsvergütung des Logistikdienstleisters richtig geregelt ist, beschränken sich die Kontrollaufgaben des Auftraggebers auf die *Überprüfung* der inhaltlichen und mengenmäßigen Richtigkeit der in Rechnung gestellten Leistungen und die laufende *Verfolgung* der Leistungsqualität anhand von Fehlerstatistiken, Reklamation seitens der Kunden und Qualitätsberichten. Eine zusätzliche Aufgabe des *Logistikcontrollings* ist die Verfolgung des Leistungsangebots und der Preisentwicklung auf dem Dienstleistungsmarkt.

Ein Logistikcontrolling, das darüber hinaus auch die Abläufe und den Ressourceneinsatz im Verantwortungsbereich des Dienstleisters kontrolliert, ist nicht erforderlich und verursacht nur zusätzliche Kosten. Für die an einen Dienstleister fremd vergebenen Logistikleistungen gilt vielmehr der *Grundsatz*:

- Der Logistikcontrolling innerhalb seines Logistiksystems oder Logistikbetriebs ist Aufgabe des Dienstleisters und nicht des Auftraggebers.

Die Grundsätze einer verursachungsgerechten und selbstregelnden Leistungsvergütung, die Entwicklung von Leistungs- und Qualitätsvergütungssystemen für Logistikleistungen und Verfahren zur rationellen Leistungserfassung und Vergütung sind in *Kapitel 7/I* dargestellt.

Literatur

Angesichts der rasch wachsenden Anzahl Bücher, Fachzeitschriften, Berichte, Veröffentlichungen und wissenschaftlichen Arbeiten über Logistik ist eine vollständige Angabe der Literatur zu den in diesem Buch behandelten Themen nicht möglich.

In den einzelnen Kapiteln werden alle Werke zitiert, aus denen Anregungen, Strategien, Methoden, Verfahren, Algorithmen, Daten, Darstellungen oder Beispiele in den Text eingeflossen sind. Zusätzlich ist eine Auswahl einschlägiger Fachbücher und weiterführender Arbeiten zum jeweiligen Thema angegeben. Für Hinweise auf Publikationen, die hier dargestellte Strategien und Verfahren zu einem früheren Zeitpunkt behandeln als die zitierten Arbeiten, ist der Verfasser dankbar.

1. von Kleist H., (1810), Über die allmähliche Verfertigung der Gedanken beim Reden, in Heinrich von Kleist Sämtliche Werke, Knauer Klassiker, München/Zürich
2. Feldmann G. D.; (1998), Hugo Stinnes, Biographie eines Industriellen, 1870–1924, C.H. Beck, München
3. Hoffmann G.; (1998), Das Haus an der Elbchaussee, Die Godeffroys – Aufstieg und Niedergang einer Dynastie, Kabel-Verlag, Deutsches Schiffahrtsmuseum, Hamburg
4. Leithäuser G.L.; (1975), Weltweite Seefahrt, Safari-Verlag, Berlin
5. Jomini A.H., (1881), Abriß der Kriegskunst (Originaltitel: Précis d' art de la guerre), Berlin
6. Kant E., (1793), Über den Gemeinspruch: Das mag in der Theorie richtig sein, taugt aber nicht für die Praxis. Berl. Monatschrift, Neu: J. Ebbinghaus, Vittorio Klostermann, Frankfurt a. M. (1968)
7. Gudehus T., (1975), Transporttheorie, Programm einer neuen Forschungsrichtung, Industrie-Anzeiger Nr.64, S. 1379 ff,
8. Weise H.; (1998), Logistik – ein neuer interdisziplinärer Forschungszweig entsteht, Internationales Verkehrswesen (48) 6/98, S. 49 ff
9. Hubka V.; (1973), Theorie der Maschinensysteme, Grundlagen einer wissenschaftlichen Konstruktionslehre, Spinger, Berlin-Heidelberg-New York
10. Popper K.; (1973), Logik der Forschung, Zweiter Teil: Bausteine zur Theorie der Erfahrung, J.C.B. Mohr (Paul Siebeck), Tübingen, 5. Auflage, S. 30 ff
11. Churchman C. W., Ackhoff L. A., Arnoff E. L., (1961), Operations Research, R. Oldenbourg, Wien-München
12. Domschke W., Drexl A., (1990), Logistik: Standorte, R. Oldenbourg, München-Wien
13. Müller-Merbach H., (1970), Optimale Reihenfolgen, Springer-Verlag, Berlin-Heidelberg-New York
14. Wöhe G., (1969), Allgemeine Betriebswirtschaftslehre, Franz Vahlen, München
15. Baumgarten H. u.a. (1981–1999), RKW-Handbuch Logistik; Erich Schmidt Verlag, Berlin
16. Toporowski W., (1996), Logistik im Handel, Optimale Lagerstruktur und Bestellpolitik einer Filialhandelsunternehmung, Physica-Verlag, Heidelberg
17. Kapoun J., (1981), Logistik, ein moderner Begriff mit langer Geschichte, Zeitschrift für Logistik, Jg. 2,, Heft 3, S. 124 ff

18. Henning D.P., (1981), Spezifische Aspekte der Logistik im Handel, RKW-Handbuch Logistik, Band 3, Hrg. Prof. Dr. H. Baumgarten, ESV-Verlag, Berlin
19. Pfohl H.-Chr., (1990), Logistiksysteme, Betriebswirtschaftliche Grundlagen, 4. Aufl., Springer, Berlin-Heidelberg-New York
20. Krampe H., (1998), Territoriale Logistik, in Grundlagen der Logistik, hussverlag, München, 2. Auflage, S. 277 ff
21. Gudehus T, (1973), Grundlagen der Kommissioniertechnik, Dynamik der Warenverteil- und Lagersysteme, Girardet, Essen
22. Straube F., Gudehus T., (1994), Auch die Logistik gehört auf den Prüfstand, HARVARD BUSINESS manager, 4/1994, S. 42 ff
23. Laurent M., (1996), Vertikale Kooperation zwischen Industrie und Handel: neue Typen und Strategien zur Effiziensteigerung im Absatzkanal, Dt. Fachverlag, Frankfurt am Main
24. Gerhardt M., Rechnergestützte Dispositionsverfahren für die Transportlogistik, Logistik im Unternehmen 9, Nr.7/8, S. 40 ff
25. Baumgarten H. u.a.; (1998), Zukunftspotentiale in der euoropäischen Logistikforschung, 15. Internationaler Logistikkongress, Europa vernetzen, Berichtsband 2, S. 839 ff
26. Heymann K.; (1997), Vernetzte Systeme beherrschen, Jahrbuch der Logistik 98, Verlagsgruppe Handelsblatt, S. 35 ff
27. Darr W.; (1992), Integrierte Marketing Logistik, Auftragsabwicklung als Element der marketinglogistischen Strukturplanung
28. Baumgarten H., (1992), Make-or-Buy entscheidet der Manager; Jahrbuch der Logistik ´92, Verlagsgruppe Handelsblatt, Düsseldorf
29. Arnold D.; (1995), Materialflußlehre, Viehweg, Braunschweig-Wiesbaden
30. SAP, (1994), R/3-System MM, Verbrauchsgesteuerte Disposition, Software Handbuch, SAP AG, Walldorf
31. Centrale für Coorganisation GmbH (CCG); (1994), EAN 128-Standard, Internationale Codierung zur Übermittlung logistischer Dateninhalte, Coorganisation 1/94
32. Centrale für Coorganisation GmbH (CCG); (1995), Das EAN-Nummernsystem: Grundlage aller Coorganisation
33. Centrale für Coorganisation GmbH (CCG); (1993), Der SINFOS-Datenpool
34. Förster H., (1995), EDI in Europa, Rollt der EDI-Zug ?, Coorganisation 2/95, S. 14 ff.
35. Schmidt H., (1998), Das Diktat der Netzwerke, Frankfurter Allgemeine Zeitung, 27.6.1998, N.46/S. 13
36. Baumgarten H., Wolff S.; (1993), Perspektiven der Logistik, Trend-Analysen und Unternehmensstrategien, hussverlag, München
37. Baumgarten H.; (1996), Trends und Strategien der Logistik 2000, Analysen-Potentiale-Perspektiven, Technische Universität Berlin, Bereich Logistik
38. Gudehus T, (1972), Ermittlung der Planungsgrundlagen für Warenverteil- und Lagersysteme, dhf deutsche hebe und fördertechnik, Nr. 3/72
39. Kleiber W., (1992), HOAI Honorarordnung für Architekten und Ingenieure, Rehm, München
40. Gudehus T., (1973), Planung von Warenverteil- und Lagersystemen, Betriebs-Management Service
41. Gudehus T., (1994), Gestaltung und Optimierung außerbetrieblicher Logistikstrukturen, Fördertechnik 3/94
42. DIN 66001; (1993), Sinnbilder und ihre Anwendung, Standardsymbole zur Darstellung von Programm-, Prozeß- und Funktionsabläufen, Beuth, Berlin-Wien-Zürich, 12/93
43. Scheer A.-W.; (1995), Architektur integrierter Informationssysteme – Grundlagen der Unternehmensmodellierung, 2. Aufl., Berlin
44. Krallmann H.; (1996), Systemanalyse, R. Oldenbourg, München
45. Gudehus T.; (1979), Mechanisierung und Automatisierung in Transportsystemen, in Lagerlogistik; Verlag Industrielle Organisation, Zürich, S. 104 ff.
46. Mehldau M., (1991), Beitrag zur Teilautomatisierung des Materialfluß als Instrument logistischer Systemgestaltung, in Schriftenreihe BVL, Hrsg. Baumgarten H. und Ihde G.B., Band 25, hussverlag, München, Dissertation TU Berlin, Bereich Logistik

47. Ritter S., (1997), Warenwirtschaft, ECR und CCG, Dynamik im Handel 7-97, S. 18 ff
48. Breiter P. M., (1996), ECR – Efficient Consumer Response, Wer hat was davon ?, Distribution 7-98, S. 12 ff
49. Zangemeister C., (1972), Nutzwertanalyse in der Systemtechnik, Wittemannsche Buchhandlung, München
50. Borries R., Fürwentsches W., (1975), Kommissioniersysteme im Leistungsvergleich, moderne industrie, München
51. Schuh G.; (1996), Logistik in der virtuellen Fabrik, in Logistik Management, Springer, Berlin-Heidelberg-New York
52. Warnecke H.J.; (1993), Revolution der Unternehmenskultur – Fraktale Unternehmen, Springer, Berlin-Heidelberg-New York
53. DIN EN ISO 9000 ff; (1994) Qualitätsmanagement und Qualitätsssicherung, Beuth, Berlin-Wien-Zürich
54. Baumgarten H., (1993), Prozeßanalyse logistischer Abläufe, Fabrik 43. Jhrg. 6, S. 14-17
55. Leibfried K.H.J., McNair C.J.; (1992), Benchmarking, Von der Konkurrenz lernen, die Konkurrenz überholen, Haufe, Freiburg i.Br.
56. Röder A., Friehmuth U.; (1998), Standards für den Logistikvergleich, Logistik Heute, 10-98, S. 48 ff
57. Gudehus T (1992), Strategien in der Logistik, Fördertechnik 9/92, S. 5ff.
58. Horváth, P., (1992), Controlling, Verlag Franz Vahlen, München, 4. Aufl., S. 500 ff
59. Kuhn A., Reinhardt A., Wiendahl H.-P.; (1993), Handbuch der Simulationsanwendungen in Produktion und Logistik, Vieweg, Braunschweig Wiesbaden
60. Lanzendörfer R.; (1975), Simulationsmodelle von Transport-, Lager- und Verteilsystemen, Materialflußsysteme II, S. 135 ff, Krausskopf, Mainz
61. Volling K., Utter H.; (1972), Digitale Simulation diskreter Zufallsprozesse, fördern und heben 4 (Herr H. Utter hat auf dem Rechner der Demag-Fördertechnik AG die Simulationsrechnungen zum Test der analytischen Näherungsformeln durchgeführt)
62. Gudehus T, (1992), Analytische Verfahren zur Dimensionierung und Optimierung von Kommissioniersystemen, dhf 7/8-92
63. Gabler-Wirtschafts-Lexikon, (1992), Bd. 5, Th. Gabler, Wiesbaden
64. Berry L.L., Yadav M.S., (1997), Oft falsch berechnet und verwirrend- die Preise für Dienstleistungen, HARVARD BUSINESS manager 1/1997, S. 57 ff
65. Simon H., (1996), Können wir uns Dienstleistungen noch leisten ?, Frankfurter Allgemeine Zeitung, 1.4.1996
66. Mayer R., (1991), Prozeßkostenrechnung und Prozeßkostenmanagement, Verlag Franz Vahlen, München, S. 74 ff.
67. Weber J. (Hrsg.), (1993), Praxis des Logistik-Controlling, Schäffer-Poeschel Verlag, Stuttgart
68. Gudehus T., (1996), Systemdienstleister in der Logistik. Chancen, Risiken, Auswahlkriterien, TECHNICA 4/96, S.14–19
69. Gudehus T., (1995), Beschaffungsstrategien, Wettstreit der Konditionen, LOGISTIK HEUTE, 11-95, S.36–95
70. Gudehus H.; (1959), Bewertung und Abschreibung von Anlagen, Th. Gabler, Wiebaden
71. Landes D.S.; (1983), Revolution in Time, Harvard University Press, Cambridge, Massachusetts, and London, England
72. Zibell R. M.; (1990), Just-in-Time-Philosophie, Grundlagen, Wirtschaftlichkeit, in Schriftenreihe BVL, Hrsg. Baumgarten H. und Ihde G.B., Band 22, hussverlag, München, Dissertation TU Berlin, Bereich Logistik
73. Wolff S.; (1994), Zeitoptimierung der logistischen Ketten, in Schriftenreihe BVL, Hrsg. Baumgarten H. und Ihde G.B., Band 35, hussverlag, München, Dissertation TU Berlin, Bereich Logistik
74. Witt P.; (1998); Netzplantechnik, Handbuch Logistik, Hrg. J. Weber und H. Baumgarten, Schäffer-Pöschel, Stuttgart, S.412 ff
75. Ferschl F., (1964), Zufallsabhängige Wirtschaftsprozesse, Physica-Verlag, Wien-Würzburg

76. Lewandowski R.; (1974), Prognose- und Informationssysteme und ihre Anwendungen, de Gruyter, Berlin-New York
77. Nullau B. u.a.; (1969), Das Berliner Verfahren, Ein Beitrag zur Zeitreihenanalyse, DIW-Beiträge zur Strukturforschung, Heft 7, Duncker&Humblot, Berlin
78. Gudehus T., (1975), Grenzleistungsgesetze für Verteiler- und Zusammenführungselemente, Zeitschrift für Operations Research, Physica Verlag Würzburg, Band 20, 1976 B37-B61
Gudehus T., (1975), Grenzleistungsgesetze für Verteiler- und Sammelemente, fördern und heben, Krausskopf-Verlag, Mainz, Nr.16
Gudehus T., (1976), Grenzleistungen bei absoluter Vorfahrt, Zeitschrift für Operations Research, Physica Verlag Würzburg, Band 20, 1976 B127-B160
79. Gudehus T., (1976), Staueffekte vor Transportknoten, Zeitschrift für Operations Research, Würzburg, B207–B252
80. Soom E., (1979), So senken Sie die Lagerkosten, in Lagerlogistik, Hrsg. Rupper P. und Scheuchzer R.H., Verlag Industrielle Organisation, Zürich, S. 17 ff
81. Krampe H. , Lucke H.-J. (Hrg), (1993), Grundlagen der Logistik, Einführung in Theorie und Praxis logistischer Systeme, hussverlag, München
82. Kreyszig E., (1975), Statische Methoden und ihre Anwendungen, Vandenhoek & Ruprecht, Göttingen
83. Glaser H., Petersen L.; (1998), Verfahren der Produktionsplanung und -kontrolle, Handbuch Logistik, Hrg. Weber J. und Baumgarten H., Schäffer-Pöschel, Stuttgart, S.425 ff
84. Wiendahl H.P., (1998), Belastungsorientierte Auftragsfreigabe (BOA), Handbuch Logistik, Hrg. Weber J.und Baumgarten H., Schäffer-Pöschel, Stuttgart, S.436 ff
85. Scheer A.-W.; (1998), Informations- und Kommunikationssysteme in der Logistik, Handbuch Logistik, Hrg. Weber J.und Baumgarten H., Schäffer-Pöschel, Stuttgart, S. 495 ff.
86. Schneeweiß CH., (1981), Modellierung industrieller Lagerhaltungssysteme; Springer, Berlin-Heidelberg-New York
87. Popp W., (1979) Lagerhaltungsplanung, in Handwörterbuch der Produktionswirtschaft, Band VII, S. 1046 ff., C.E. Poeschel, Stuttgart
88. von Zwehl W., (1979), Wirtschaftliche Losgrößen, in Handwörterbuch der Produktionswirtschaft 1. Aufl., Band VII, S. 1166 ff., C.E. Poeschel, Stuttgart
89. Jünemann R., (1989), Materialfluß und Logistik, Springer, Berlin-Heidelberg-New York
90. Bogaschewski, R., (1996), Losgröße, Handwörterbuch der Produktionswirtschaft, 2. Aufl., Band 7, S. 1163 ff. C.E. Poeschel, Stuttgart
91. Harris F., (1913), How Many Parts to Make at Once, Factory - The Magazine of Management, S. 135–136 und S.152
92. Bellmann R., Glicksberg I., Gross O.; (1955), On the Optimal Inventory Equation, Management Science 2; S. 83 ff.
93. VDI-Richtlinie (1983); Sortiersysteme für Stückgut VDI 3619, Beuth, Berlin-Wien-Zürich
94. Bucklin L. P.,(1966), A Theory of Distribution Channel Structure; CA:IBER Special Publications
95. Cooper M.C., Lambert M.L., Pagh J.D., (1997); Supply Chain Management: More Than a New Name for Logistics, The International Logistics Management, Vol. 8, No. 1
96. Cavonato J. I., (1992); A Total Cost/Value Model for Supply Chain Competitiveness, Journal of Buisiness Logistics, Vol. 13, No. 2
97. Christofer M.; (1992), Logistics and Supply Chain Management; London, Pitman Publishing
98. Scott Ch., Westbrook R.; (1991), New Strategic Tools for Supply Chain Management, International Journal of Physical Distribution and Logistics Management, Vol. 21, No. 1
99. Singer P., (1995), Losgrößenverfahren, Neues Verfahren versus Andler, LOGISTIK HEUTE 10–95
100. Andler K., (1929), Rationalisierung der Fabrikation und optimale Losgröße, R. Oldenbourg, München
101. Taft E.W., (1918), Beitrag in „The Iron Age", Band 101, S. 1410, USA
102. Maister D.H., (1976), Centralisation of Inventories and the „Square Root Law", International Journal of Physical Distribution, Vol.6, No. 3, S. 126 ff.

103. Heidenbluth V., (1992), Kriterien zur Lagerkapazitätsbestimmung, TECHNIKA, Industrieverlag, Zürich
Heidenbluth V., (1992), Neues Optimierung-Modell für Bestände und Kapazitäten von Lagern , fördern und heben
104. Schulte C., (1995), Logistik, Wege zur Optimierung des Material- und Informationsflusses, Franz Vahlen, München
105. Gudehus T., Kunder R .(1977), Optimierung von Ladeeinheiten, Betriebswirtschaftliche Forschung und Praxis, Heft 1/1977
106. Grundke G.; (1995), Fortschritte bei Verpackungen, Jahrbuch der Logistik 1995, Verlagsgruppe Handelsblatt, S. 118 ff
107. Baumgarten H., (1972), Über technische und organisatorische Möglichkeiten zur Anpassung der Industriebetriebe an das Containersystem, Dissertation, TU Berlin
108. DIN 55510; (1982), Verpackung, Modulare Koordination im Verpackungswesen, Modulare Teilflächen des Flächenmodul 600 mm x 400 mm, Beuth, Berlin-Wien-Zürich
109. Michaletz T., (1994, Wirtschaftliche Transportketten mit modularen Containern; in Schriftenreihe BVL, Baugarten H. und Ihde G.B. hussverlag, München.
110. Centrale für Coorganisation GmbH (CCG); (1985), CCG1 und CCG2, Einheitliche Ladehöhen für EURO-Paletten
111. Richtlinien zur Standardisierung von Ladeeinheiten:
DIN 55405, Packstücke
DIN 30820, Kleinladungsträger
DIN 15146, Paletten
DIN 15155, Gitterbox
DIN 70013 und DIN/EN 284, Wechselbehälter
ISO R 668 und 830, Überseecontainer
112. Lange K., Reinhardt M., (1992), Ermittlung von Außenmaßen und Volumen der Warenstücke im Regionalverteilzentrum Norderstedt der HERTIE AG, Projektbericht ZLU, Zentrum für Logistik und Unternehmensplanung GmbH, Berlin
113. Centrale für Coorganisation GmbH (CCG); (1995), Logistik-Verbund für Mehrwegtransportverpackungen
114. Wollboldt F., Frerich-Sagurna R.; (1990), Logistikgerechte Palette, Mit weniger mehr erreichen, Jahrbuch der Logistik 1990, Verlagsgruppe Handelsblatt, S. 241 ff
115. DIN 30 781, (1989), Transportkette, Teil 1: Grundbegriffe, Teil 2: Systematik der Transportmittel und Transportwege, Beuth, Berlin-Wien-Zürich
116. Paulsmeyer J.; (1997), Mehrwegtransportverpackung, Der Boom ist ausgeblieben, Logistik Heute, 9-97, S. 50 ff
117. Wehking K.H.; (1994), Mehrwegtransportverpackung, Jahrbuch der Logistik 1994, Verlagsgruppe Handelsblatt, S. 115 ff
118. Stölzle W., Queisser J.; (1994), Gestaltung von Mehrwegtransportsystemen, Jahrbuch der Logistik 1994, Verlagsgruppe Handelsblatt, S. 183 ff
119. Verpackungsverordnung; (1991), Bundesgesetzblatt Teil 1, Nr. 36, S. 1234 ff
120. Gilmore P., Gomory R.E.; (1965), Multistage Cutting Stock Problems of Two and More Dimensions, Operations Research, Jg. 13, Heft 1
121. MULTISCIENCE GmbH, (1995), MULTIPACK, Optimierungs-Software für Logistik und Verpackungs-Entwicklung, , Heilbronn, Firmendruckschrift
122. MULTISCIENCE GmbH, (1995), Randvolle Laster dank richtiger Software, EUROCARGO 6/95
123. o. Verfasser, (1995), Gebindeabmessungen und optimale Packungsschemata, NORDMILCH e.G., PHILIP MORRIS u.a. [ZLU].
124. Gudehus T., (1977), Transportsysteme für leichtes Stückgut, VDI-Verlag, Düsseldorf
125. VDI- und FEM-Richtlinien zu Zuverlässigkeit und Verfügbarkeit, Beuth, Berlin-Wien-Zürich
(1983) Zuverlässigkeit und Verfügbarkeit von Transport- und Lageranlagen, VDI 3581
(1980) Grundlagen zur Erfassung von Störungen an Hochregalanlagen VDI 3580

(1992) Anwendung der Verfügbarkeitsrechnung für Förder- und Lagersysteme, VDI 3649
(1989) Regeln über die Abnahme und Verfügbarkeit von Regalbediengeräten und anderen Gewerken, FEM 9.222
126. Gudehus T., (1993), Analytische Verfahren zur Dimensionierung von Fahrzeugsystemen, OR Spektrum 15, 147–166
127. Martin H., (1995), Transport- und Lagerlogistik, Vieweg, Braunschweig-Wiesbaden
128. Wehner B.; (1970), Abwicklung und Sicherung des Verkehrsablaufs, Hütte, Band II,S. 364 ff., Wilhelm Ernst & Sohn, Berlin München Düsseldorf
129. Leutzbach W.; (1956), Ein Beitrag zur Zeitlückenverteilung gestörter Verkehrsströme, Dissertation, TH Aachen
130. Harders J.; (1968), Die Leistungsfähigkeit nicht signalgerelter Verkehrsknoten. Forschungsbericht Heft 7, Forschungsgesellschft e. V. des Bundesverkehrsministeriums, Bonn
131. Dorfwirth R.; (1961), Wartezeiten und Rückstau von Kraftfahrzeugen an nicht signalgesteuerten Verkehrsknoten. Forschungsarbeiten aus dem Straßenverkehrswesen, Neue Folge, Heft 43, Bad Godesberg
132. Gnedenko B.W.; (1984), Handbuch der Bedienungstheorie, Akademieverlag, Berlin
133. Krampe H., Kubat J., Runge W.; (1973), Bedienungsmodelle, München Wien
134. Schaßberger R.; (1973), Warteschlangen, New York Wien
135. Schütze P.; (1974) Überlastwahrscheinlichkeiten und Wartezeiten an Lichtsignalanlagen, Straßenbau und Verkehrstechnik, Heft 160
136. Ren G. ; (1998), Verhalten der Zwischenzeit der Fördereinheiten bei Verteiler- und Sammelelementen, S. 65 ff., deutsche hebe- und förderetchnik, 3/98
137. Gudehus T., Zuverlässigkeit und Verfügbarkeit von Transportsystemen,
Teil I (1976), Kenngrößen der Systemelemente, fördern+heben 26, Nr. 10, S 1021 ff,
Teil II (1976), Kenngröße von Systemen, fördern+heben 26, Nr. 13, S 1343 ff,
Teil III (1979) Grundformeln für Systeme ohne Redundanz, fördern+heben 29, Nr. 1, S 23 ff
138. Seifert W., Simon H.-J.; (1975), Systemzuverlässigkeit der Gepäckförderanlage im Flughafen Frankfurt, Techinsche Mitteilung AEG-Telefunken, 65. Jahrg., Heft 8, S. 320 ff
139. VDI Handbuch (1992), Technische Zuverlässigkeit, VDI Verlag Düsseldorf
140. Schwanda V.; (1974), Technische Zuverlässigkeit, in Materialflußsystem I, Krausskopf, Mainz, S. 235 ff,
141. Kaufmann A.; (1970), Zuverlässigkeit in der Technik, R. Oldenbourg, München
142. Hummitz P.; (1965), Zuverlässigkeit von Systemen, VEB-Verlag Technik, Berlin
143. Messerschmitt-Bölkow-Blohm; (1971), Technische Zuverlässigkeit, Springer, Berlin-Heidelberg-New York
144. Gudehus T.; (1995), Engpässe in Fördersystemen, fördern und heben 25, Nr. 3/4, S.206 ff
145. mehrere Verfasser, (1992), Lagertechnik `92, Sonderpublikation des Fördermittel Journals, Europa Fachpresse Verlag
146. Bäune R., Martin H., Schulze L; (1991), Handbuch der innerbetrieblichen Logistik, Logistiksysteme mit Flurförderzeugen, Hrg. Jungheinrich AG, Hamburg
147. Gudehus T., Hofmann K., (1973), Die optimale Höhe von Hochregallagern, deutsche hebe- und fördertechnik Nr. 2
148. Gudehus T., (1979), Transportsysteme für automatische Hochregallager, Teil I: Theoretische Grundlagen, fördern und heben 29, Nr. 7, S. 629 ff, Teil II: Technische Lösungsmöglichkeiten, fördern und heben 29, Nr. 9, S. 775 ff.
149. Gudehus T., Kunder R., (1974), Kapazität und Füllungsgrad von Stückgutlagern, Industrie-Anzeiger, Nr. 93/74 und Nr.104
150. Gudehus T., (1972), Wohin mit der Kopfstation ?, Materialfluß Nr. 8,
151. Workfactor, Leistung und Lohn, Arbeitgeberverband Deutschland
152. VDI, Richtlinie VDI 3590, Kommissioniersysteme, Blatt 1,2,3, (1994/1976/1977), Beuth, Berlin-Wien-Zürich

153. FEM-Richtlinie: Berechnungsgrundlagen für die Regalbediengeräte Toleranzen, Verformungen und Freimaße im Hochregallager, FEM 9.831, (1995)
154. Klimmek K., (1993), Kommissionierautomaten, Rentabilitätsrechnung vor Prestigeprojekt, Logistik Heute, 10-93
155. Vogt G., (1993), Kommissionier-Handbuch, Sonderpublikation der Zeitschrift Materialfluß, verlag moderne industrie
156. mehrere Verfasser, (1991), Europäischer Materialfluß Markt 1991
157. Miebach J., (1991), Zero Defect Picking- eine neue Sicht bei der Entwicklung von Kommissionierstrategien, Deutscher Logistik Kongreß, Berlin, Tagungsbericht, Band 1, S. 251 ff.
158. Gudehus T., (1974), Lagern und Kommissionieren, Trennen oder Kombination von Reservelager und Kommissionierbereich, fördern und heben Nr.15
159. Gudehus T., (1978), Die mittlere Anzahl von Sammelaufträgen, Zeitschrift für Operations Research, Würzburg, Band 22, B71-B78
160. VDI-Richtlinie VDI 3311; (1998), Beleglose Kommissioniersysteme (Entwurf)
161. Reinhardt M., (1993), Strategien für Planung und Betrieb eines Kommissioniersystems innerhalb eines Warenverteilzentrums, Diplomarbeit, TU Berlin, Bereich Logistik
162. Gudehus T., (1974), Dimensionierung von Durchlauflagern, Industrie-Anzeiger Nr. 48
163. Schröder F., (1994), Simulationsgestützte Überprüfung des Kommissionieraufwands für alternative Organisationsformen bei statischer Bereitstellung, Diplomarbeit, TU Berlin, Bereich Logistik
164. Gudehus T., Kunder R., (1975), Mittlere Wegzeiten beim eindimensionalen Kommissionieren, Zeitschrift für Operations Research, Band 19, S. B53 ff.
165. Miebach J., (1971), Die Grundlagen einer systembezogenen Planung von Stückgutlagern, dargestellt am Beispiel des Kommissionierlagers, Dissertation, TU Berlin
166. Schulte J, (1996), Berechnungsgrundlagen konventioneller Kommissioniersysteme, Dissertation, Universität Dortmund
167. MTM, Grundzüge des MTM, Programmierte Unterweiseung, Deutsche MTM-Vereinigung, Hamburg
168. REFA, (1972), Methodenlehre des Arbeitsstudiums, Karl Hanser Verlag, München
169. Gudehus T., (1979), Transportsysteme, Handwörterbuch der Produktionswirtschaft, Poeschel, S. 2015 -2027
170. Bahke E.; (1973), Transportsysteme heute und morgen; Krauskopf, Mainz
171. Domschke W.; (1995), Logistik: Transport; R. Oldenbourg, München-Wien
172. Busacker R.G., Saaty T.L.; (1968), Endliche Graphen und Netzwerke, R. Oldenbourg, München-Wien
173. König D.; (1936), Theorie der endlichen und unendlichen Graphen; Leipzig
174. Sachs H.; (1988), Einführung in die Theorie der endlichen Graphen; Hanser, München
175. Vogt M.; (1997), Tourenplanung in Ballungsgebieten, Dissertation, Universität GH Kassel
176. Kern A.; (1994), Transportsteuerungssysteme – Konzeption, Realisierung und Systembeurteilung für den wirtschaftlichen logistischen Einsatz, in Schriftenreihe BVL, Baumgarten H. und Ihde G.B., hussverlag, München, Dissertation TU Berlin, Bereich Logistik
177. Ihde G.B.; (1991), Transport, Verkehr, Logistik, Vahlen, München
178. Matthäus F.; (1978), Tourenplanung, Verfahren zur Einsatzdisposition von Fuhrparks, Toechte Mittler, Darmstadt
179. Modaschl J.; (1986), Verhalten von Transportsystemen bei unterschiedlichen Fahrzeugeinzelstrategien, Dissertation, Universität Stuttgart,
180. Xiao W.; (1990), Verhalten von Transportsystemen, Einfluß unterschiedlicher Randbedingungen auf die Wirkungsweise von Transportstrategien, Dissertation, Universität Stuttgart
181. Domschke W.; (1985) Logistik, Rundreisen und Touren, R. Oldenbourg, München-Wien
182. Brandes T., (1997), Betriebsstrategien für Materialflußsysteme unter besonderer Berücksichtigung automatisierter Lagersysteme, Dissertation, TU Berlin, Bereich Logistik

183. Schmidt F.; (1988), Beitrag zur mathematisch-analytischen Erfassung der fahrzeuganzahlbestimmenden Wirkungszusammenhänge komplexer fahrerloser Transportsysteme, Dissertation, Universität Dortmund
184. Dullinger H.; (1996), Sortereinsatz in Kommissioniersystemen, Berichtsheft des 35. BVL-Forums „Pick&Pack – Fortschritte in der Kommissioniertechnik", BVL, Bremen
185. Gudehus T.; (1978); Transportmatrix und Fassungsvermögen, Zeitschrift für Operations Research, Band 22, B219ff, Physica Verlag, Würzburg
186. Vahrenkamp R., Vogt M; (1998), Tourenplanung und Fuhrparkmanagement, Logistik Jahrbuch 1998, S. 166 ff, handelsblatt fachverlag
187. Heymann K; (1997); Vernetzte Systeme beherrschen, Logistik Jahrbuch 1997, S. 166 ff, handelsblatt fachverlag
188. Feige D; (1998); Tourenplanung, Szenariotechnik optimiert Disposition, LOGISTIK HEUTE, 5-98, S. 21 ff
189. DIN 25 003; (1998), Systematik der Schienenfahrzeuge; Übersicht, Benennung, Begrifsserkärung (z.Z. Entwurf)
190. DIN 15 003; (1997), Hebezeuge; Lastaufnahmeeinrichtungen, Lasten und Kräfte, Begriffe
191. Michaletz T.; (1994), Wirtschaftliche Transportketten mit modularen Containern, Logistisches Konzept zur Umverteilung des Güterverkehrsaufkommens, hussverlag, München
192. Kuhn A. (Hrg.), (1995), Prozeßketten in der Logistik: Entwicklungstrends und Umsetzungsstrategien, Dortmund
193. Herrmann G., Kliem D., Müller K.W., (1976), Normung in der Transportkette, Grundlagen, Aufgaben, Organisation, Probleme, deutsche hebe und fördertechnik, 9/76, S. 67 ff
194. Bock D., Hildebrand H., Krampe K., (1996), Handelslogistik, in Grundlagen der Logistik, hussverlag, München, 2. Auflage, S.233 ff
195. Kempcke Th., (1997), Jährliche Fahrleistung 60.00 km, Dynamik im Handel, 7-97, S. 28 ff
196. Diruf G.; (1998); Modelle und Methoden der Tourenplanung, Handbuch Logistik, Schäffer-Pöschel, Stuttgart, S. 367 ff.
197. Prümper W., (1979), Logistiksysteme im Handel, die Organisation der Warenprozesse in Großbetrieben des Einzelhandels, Thun-Verlag, Frankfurt a.M.
o. V., (1998), Karstadt testet Neuorganisation, Lebensmittelzeitung 13/98
198. Gudehus T., (1995), Beschaffungsstrategien, Wettstreit der Konditionen, LOGISTIK HEUTE, 11-95, S. 36 ff
199. o. V. , (1994), Kosteninformationssysteme für die leistungsorientierte Kalkulation von Straßengütertransporten, Bundesverband des deutschen Güterfernverkehrs (BDF) e.V.
200. Pittrohf K., (1996), KURT Kostenorientierte unverbindliche Richtpreistabellen, Hrg. Bundesverband des Deutschen Güternahverkehrs (BDN) e.V., Frankfurt
201. o. V., (1998,1997,1996), Preisspiegel Gütertransporte, Informationsdienst der Zeitschrift Distribution
202. o.V., (1995), Continuous Replenishment, Coorganisation 2/95, S. 31 ff.
203. Keebler J.S., Andraski J.C., Sease G.J.; (1998), Logistics Strategies in North America, Tagungsbericht des 15. Deutscher Logistikkongress, Berlin, Band 1 S. 49 ff.
204. Gudehus T.; (1994); Systemdienstleister – ja oder nein ?, Jahrbuch für Logistik, S. 180 ff.
205. Gudehus T.; (1995); Frei Haus oder ab Werk ?, Wettstreit der Konditionen, Jahrbuch für Logistik, S. 176 ff
206. Griesshaber H.; (1998), Industrie-, Transport- und Logistikbedingungen, Die AGB-Alternative des neuen Transportrechts, Verlag Dr. Grieshaber, München
207. Schaab W.; (1969), Automatisierte Hochregalanlagen, Bemessung und Wirtschaftlichkeit, VDI-Verlag, Düsseldorf
208. Gudehus H.; (1955), Das optimale Seitenverhältnis von Stückguthallen, Interne Stellungnahme zu einer Untersuchung von G. Kienbaum für die Hamburger Hafen- und Lagerhaus AG über Probleme des Stückgutumschlags
Gudehus H.; (1958/59), Stadtautobahnnetz Hamburg, Interne Studie, Behörde für Wirtschaft und Verkehr der Hansestadt Hamburg
Gudehus H.; (1967), Wirtschaftlichkeit von Containerschiffen, Interne Studie, Behörde

für Wirtschaft und Verkehr der Hansestadt Hamburg
Gudehus H. (1967), Über den Einfluß der Frachtraten auf die optimale Schiffsgeschwindigkeit, Schiff und Hafen, 19.Jg., Heft 3/67
Gudehus H.; (1971) Optimierung von Handelsschiffen, Interne Studie, Behörde für Wirtschaft und Verkehr der Hansestadt Hamburg
Gudehus H.; (1971) Zur Besteuerung des Straßenverkehrs, Interne Studie, Behörde für Wirtschaft und Verkehr der Hansestadt Hamburg

209. Ewers H.-J., (1973), Systemorientierte Integration von Transportabläufen im Güterverkehr, Beiträge aus dem Institut für Verkehrswissenschaften an der Universität Münster, Heft 72, Göttingen.
210. Schlitgen R., Streitber H.J., (1995), Zeitreihenanalyse, R. Oldenbourg, Wien
211. Rürup B., (1995), Fischer Wirtschaftslexikon, Fischer Taschenbuch Verlag GmbH, Frankfurt am Main.
212. Gudehus T., (1971), Langgut- und Flachgutlagerung in automatisierten Hochregallagern, Industrie-Anzeiger Nr. 21
213. Feuchtinger ; (1954); Die Berechnung signalgesteuerter Knotenpunkte des Straßenverkehrs, Kirschbaum, Bielefeld
214. Großeschallau W.; (1984), Materialflußrechnungen, Logistik in Industrie, Handel und Dienstleistungen, Springer, Berlin-Heidelberg-New York
215. Ford L.R, Fulkerson D.R. ; (1962), Flows in Networks, Princeton University Press, Princeton, New York,
216. Berndt T., Krampe H, Lochmann G., Lucke H.J; (1983) Algorithmen für die Dospositive Steuerung des innerbetrieblichen Transportwesens, Hochschule für Verkehrswesen, 30, Nr. 3
217. Isermann H.; (1997), Softwaresysteme für die operative Tourenplanung. Wann kommt der Durchbruch ? Jahrbuch der Güterverkehrswirtschaft
218. Pawellek G.; (1997); Verkehrssysteme und Logistik, Innovative Methoden und Konzepte der Transportsystemplanung, Zeitschrift Mensch und Technik, VDI/VDE S. 23 ff
219. o. V., (1995), Was kostet die Welt ?, Kurier-, Expreß- und Paketdienste, Umfrage, LOGISTIK HEUTE 8-95, S. 19 ff.
220. Brockhaus Lexikon; (1984), Deutscher Taschenbuch Verlag, München, Band 17
221. Ihde B., Lukas G., Merkel H., Neubauer H., (1988), Ersatzteillogistik, hussverlag, München
222. Gudehus H.; (1967), Über den Einfluß der Frachtraten auf die optimale Schiffsgeschwindigkeit, Schiff und Hafen, Heft 3/67, 19. Jg., S. 173 ff
223. Schönsleben P.; (1998), Integrales Logistikmanagement, Planung und Steuerung von umfassenden Geschäftsprozessen, Springer, Berlin-Heidelberg-New York
224. Wiendahl H.P.; (1997), Betriebsorganisation für Ingenieure, Hanser Verlag, München-Wien, 4. Aufl.
225. Stommel H.J.; (1976), Betriebliche Terminplanung, de Gruyter, Berlin-New York
226. Boutellier R., Corsten D. (1997), Bessere Prognosen in der Logistik, Datenqualität und Modellgenauigkeit, Jahrbuch der Logistik 1997, Verlagsgruppe Handelsblatt, S. 115 ff
227. Andersen H. Chr.; (1835 ff.), Des Kaisers neue Kleider, in Das große Märchenbuch, Diogenes, Zürich
228. Churchman, C.W.; (1970), Einführung in die Systemanalyse, München
229. VDI-Richtlinie; (1982), Zeitrichtwerte für Arbeitsspiele und Grundbewegungen von Flurförderzeugen, VDI 2391.
230. Hammel W.; (1963), Das System des Marketing, Freiburg
231. Rall B.; (1998), Analyse und Dimensionierung von Materialflußsystemen mittels geschlossener Warteschlangengesetze, Dissertation, TH Karlsruhe
232. Greiling M.; (1997); Verbesserung der Produktionslogistik durch Losgrößenharmoniesierung, Ein bedientheoretischer Ansatz, Dissertation, TH Karlsruhe
233. Lenk, H., Ropohl G. (Hrsg.); (1978), Systemtheorie als Wissenschaftsprogramm, Athenäum, Königstein/Taunus

234. Fritsche B.; (1999), Advanced Planning and Scheduling (APS), Die Zukunft von PPS und Supply Chain, LOGISTIK HEUTE, Heft 5-99, S. 50 ff
235. LOGISTIK HEUTE; (1992), Umfrage, Was bieten PPS-Systeme, LOGISTIK HEUTE, Heft 9-92, S. 81 ff
236. Scheutwinkel W.; (1999), SCM-Marktübersicht, Anspruch und Wirklichkeit, LOGISTIK HEUTE, Heft 5-99, S. 60 ff.
237. Axmann, N.; (1993), Handbuch für Materialflußtechnik, Stückgutförderer, expert-Verlag, Ehningen bei Böblingen
238. Bläsius, W.; (1999), Quo Vadis - Kombinierter Verkehr ?, deutsche hebe-und fördertechnik, dhf 3/99
239. Arnold D.; Rall B.; (1998), Analyse des Lkw-Ankunftsverhaltens in Terminals des Kombinierten Verkehrs, Internationales Verkehrswesen 6/98
240. Buscher R., Hayens O.; (1998), KV-Verkehr wirtschaftlich ?, Logistik Heute 7/8-98
241. Wolff S., Buscher R.; (1999), Porzeßbeschlunigung mit Logistik und IT, Branchenreport 1999 Automobilzulieferer, Verband der Automobilindustrie e.V. (VDA)
242. Gabler Wirtschaftslexikon (1993), 13. Aufl., Th. Gabler, S. 2156 ff. Wiesbaden
243. Baumgarten H.; (1999), Prozeßkettenmanagement, in Handbuch Logistik, Schäffer-Pösche, Stuttgart, S. 226 ff
244. Baumgarten H.; (1996), Wertschöpfungspartner Lieferant, in Jahrbuch Logistik 1996, Verlagsgruppe Handelsblatt, Düsseldorf, S. 10-13
245. Baumgarten H., Darkow I.; (1999), in Jahrbuch Logistik 1999, Verlagsgruppe Handelsblatt, Düsseldorf, S. 146 ff.
246. Baumgarten H., Wolff S.; (1999), Versorgungsmanagement - Erfolge durch Integration von Beschaffung und Logistik, in Handbuch Industrielles Beschaffungsmanagement, Gabler, Wiesbaden
247. Buscher R., Koperski D.; (1999), Logistikstrategien für die flexible Kundenwunschfabrik, in Jahrbuch Logistik 1999, Verlagsgruppe Handelsblatt, Düsseldorf, S. 190 ff.
248. Straube F.; (1999), Erfolgsfaktor der internationalen Logistik; Flexibilität und Stabilität durch Prozeß-Standardisierung, Logistik im Unternehmen, 10.Jg., Heft 9, S.3 ff
249. Straube F.; (1988), Kriterien zur Planung und Realisierung von Instandhaltungskosten in logistikorientierten Unternehmen, in Schriftenreihe BVL, Hrsg. Baumgarten H. u. Ihde G.B., hussverlag, München, Dissertation, TU Berlin
250. ZLU, Zentrum für Logistik und Unternehmensplanung GmbH, Berlin-Sao-Paulo-Boston
251. Krause B., Metzler P.; (1988), Angewandte Statistik, VEB Deutscher Verlag der Wissenschaften, S. 343 ff.
252. Gabler Lexikon Logistik, Management logistischer Netzwerke und Flüsse; (1998), Hrg. Klaus P. und Krieger W., Gabler, Wiesbaden
253. Schneider E.; (1969), Einführung in die Wirtschaftstheorie, J.C.B. Mohr, Tübingen, S. 312 ff.
254. Ahrens J., Straube F.; (1999), The Pull Principle, Logistics Europe, September 99, S. 64 ff.
255. Berentzen Chr.; (1999), 3. Logistik-Restrukturierung nach Firmenübernahmen in der Spirituosenindustrie, 16. Deutscher Logistik-Kongress, Tagungsbericht I, S. 751 ff.
256. Makowski E.; (1999), Maßstab für mehr Effizienz, Crossdocking bei Hornbach, Logistik Heute 4 EXTRA Handelslogistik, S. 82 ff.

Sachwortverzeichnis

für Band 1 (I) und Band 2 (II)

E

M

T

U

Zentrale Aufgabe der Logistik ist die effiziente Bereitstellung und Entsorgung von Stoffen, Teilen, Waren und Gütern zur richtigen Zeit am rechten Ort. Hierfür sind optimale Netzwerke und Logistiksysteme aufzubauen und die Auftrags- und Leistungsprozesse zu organisieren. Dieses zweibändige Standardwerk schafft die Grundlagen zur kreativen Bearbeitung der vielfältigen Logistikaufgaben.

In Band 2 werden die Grundlagen, Verfahren und Strategien aus Band 1 eingesetzt zur Gestaltung, Dimensionierung und Optimierung innovativer Logistiksysteme und Versorgungsnetze. Ausgehend von den Gestaltungsgrundsätzen für Logistiknetzwerke zeigt der Autor technische, organisatorische und informatorische Lösungen für Lager-, Kommissionier-, Umschlag- und Transportsysteme. Weitere Inhalte sind das Management der Lieferketten und Versorgungsnetzwerke von Industrie und Handel sowie der zielführende Einsatz von Logistikdienstleistern.

Die organisatorischen, technischen und wirtschaftlichen Aspekte der Logistik werden gleichrangig behandelt. Beispiele aus der Beratungspraxis erläutern die vielfältigen Anwendungsmöglichkeiten. Erprobte Berechnungsformeln und Algorithmen, nützliche Tabellen mit Kostensätzen und Leistungsdaten sowie zahlreiche Abbildungen und Diagramme machen das Buch zum Nachschlagewerk und Handwerkszeug für die kreative Beratungs-, Planungs- und Forschungsarbeit. Für den operativen Betrieb enthält das Buch wertvolle Anregungen.

- Betriebswirtschaft
- Organisation
- Materialwirtschaft
- Anwendung

ISBN 3-540-66850-0

9 783540 668503

http://www.springer.de